教育部农科类卓越中等职业学校教师培养计划改革项目

动物疾病学

陈金山　郑玉姝　韩庆功　主编

中国农业大学出版社
·北京·

内容简介

本书包括外科学、内科学、产科学、传染病学、寄生虫病学五个部分,其主要特点有:突出基础理论、基本知识和基本技能;对养殖生产中反刍动物、猪、禽以及宠物的常见病和多发病进行了系统而全面的阐述;内容侧重于临床上和生产中的应用;书后所附的动物病理彩图,给学习者加深病例印象,易于理解和掌握。

图书在版编目(CIP)数据

动物疾病学 / 陈金山,郑玉姝,韩庆功主编. — 北京:中国农业大学出版社,2018.4
ISBN 978-7-5655-2004-4

Ⅰ.①动… Ⅱ.①陈…②郑…③韩… Ⅲ.①动物疾病-诊疗 Ⅳ.①S858

中国版本图书馆 CIP 数据核字(2018)第 068927 号

书 名	动物疾病学
作 者	陈金山 郑玉姝 韩庆功 主编

策划编辑	梁爱荣	**责任编辑**	梁爱荣
封面设计	郑 川		
出版发行	中国农业大学出版社		
社 址	北京市海淀区圆明园西路 2 号	**邮政编码**	100193
电 话	发行部 010-62818525,8625	**读者服务部**	010-62732336
	编辑部 010-62732617,2618	**出 版 部**	010-62733440
网 址	http://www.caupress.cn	**E-mail**	cbsszs @ cau.edu.cn
经 销	新华书店		
印 刷	北京鑫丰华彩印有限公司		
版 次	2018 年 4 月第 1 版 2018 年 4 月第 1 次印刷		
规 格	787×1 092 16 开本 28.25 印张 700 千字 彩插 7		
定 价	80.00 元		

图书如有质量问题本社发行部负责调换

编 写 人 员

主 编 陈金山 郑玉姝 韩庆功

副主编 安志兴 葛亚明 赵 朴 朱惠丽

编 者（按姓氏笔画排序）

王 松 尹志红 刘学涵 朱惠丽

安志兴 陈金山 陈俊杰 郑玉姝

赵 朴 葛亚明 韩庆功 程 亮

P 前 言
PREFACE

本教材是根据《教育部关于实施卓越教师培养计划的意见》(教师〔2014〕5 号)和《关于推进卓越教师培养计划改革项目实施工作的通知》(教师司函〔2015〕16 号)文件精神,为动物科技卓越师资班学生编写的。

动物疾病学是研究动物疾病的发生发展规律、发生机理、临床特征、病理变化、诊断方法以及防治方法等的一门临床应用性学科。内容包括动物外科学、内科学、产科学、传染病学、寄生虫病学五个部分,是临床和生产从业人员的必修课程,掌握的好坏将直接影响着畜牧业的健康快速发展,甚至关系到动物的生命。编写者根据自己多年的教学经验,结合生产、科研成果,在大量收集国内外资料的基础上编写了本教材,其主要特点有:突出基础理论、基本知识和基本技能;对养殖生产中反刍动物、猪、禽以及宠物等常见病和多发病进行了系统而全面的阐述;内容侧重于临床上和生产中的应用;书后所附的动物病例彩图,给学习者加深病例印象,易于理解和掌握。

参加本书编写的单位有河南科技学院和新乡市动物卫生监督所。其中动物外科学部分由陈金山、韩庆功、刘学涵编写,内科学部分由葛亚明、尹志红编写,产科学部分由安志兴、程亮编写,传染病学部分由郑玉姝、赵朴编写,寄生虫病学部分由朱惠丽、王松编写,书后所附的彩图由陈金山、陈俊杰负责提供。

本教材在出版过程中,得到了河南科技学院教务处、中国农业大学出版社有关领导的关心和大力支持;在编写过程中,参考和引用了许多国内同行专家的有关文献,在此一并表示衷心的感谢!

由于时间仓促,编者水平所限,书中不妥之处在所难免,恳请各位专家和广大读者批评指正,以便进一步完善。

编者

2017 年 11 月

C目录
ONTENTS

第二篇　动物内科学

第三篇　动物产科学

第四篇　动物传染病学

第五篇　动物寄生虫病学

绪　论

近年来,随着我国畜牧业形势的快速发展,尤其是中小规模的养殖场和散养户的出现,对动物疾病防治知识了解得很少,从而导致生产中疾病屡见不鲜;而随着畜牧生产的工厂化、集约化、产业化的发展,动物因管理设施、内外环境变化、日粮的配合、饲养方法等因素的影响,加之养殖密度不断增加,科学管理水平跟不上生产规模的快速扩大,都可能导致动物机体代谢失调和营养障碍,直接或间接地给畜牧业发展造成了严重的经济损失,特别是群发性疾病已成为制约规模化养殖场发展的主要因素。我国动物疫病种类多、病原复杂、流行范围广。口蹄疫、猪高致病性繁殖与呼吸综合征、高致病性禽流感等重大动物疫病仍在部分区域呈流行态势,存在免疫带毒和免疫临床发病现象。某些营养代谢病、寄生虫病、中毒病及环境性疾病,寒冷应激、炎热气候等导致畜禽生长缓慢,出栏率低,严重影响动物正常发育、生殖和生产能力,降低畜种及畜产品数量和质量,甚至导致动物大批死亡。全球动物疫情日趋复杂,牛海绵状脑病、非洲猪瘟等外来动物疫病传入风险持续存在。布鲁菌病、狂犬病、包虫病等人畜共患病呈上升趋势,局部地区甚至出现暴发流行;据资料报道,75%的人类传染病来源于动物或动物源性食品,如不加强动物疫病的防治,将会严重危害公共卫生安全,甚至危及人类的健康。

动物疾病学详细阐述了各种动物生产过程中常见的疾病种类以及防控方法,是动物医学专业、动物科学专业的核心课程,通过学习可以培养学生独立分析问题和解决问题的能力。

本课程与动物解剖学、动物生理学、动物微生物学、动物诊断学、动物病理学、动物药理学等专业基础理论课有着密切的关系。为了掌握动物疾病的发生发展特点,就必须学会这些课程的基本理论、基本知识和基本技能。

动物疾病学是一门理论性和实践性都很强的临床专业课,学习的目的是使学生熟练地掌握动物疾病的临床诊断方法和防控技术。如何才能学好本课程?具体方法如下:

(1)坚持理论联系实践。在全面学习本课程的基础理论知识的同时,更应该注重实习、实践的学习;只有理论与实践相结合,才能巩固学过的知识,才能运用所学的知识解决生产中存在的问题,才能培养学生的专业综合能力。

(2)在学习中,必须熟悉掌握本课程的基本理论、基本知识和基本技能。听课时要集中精力注意听讲,要善于做笔记。课后对学过的内容要进行温习,做到对答如流。另外,要充分运用互联网平台学习新的知识和技术。

(3)要树立终身学习的理念,在生产过程中,总有一些新的疾病出现;临床上经常会遇到一些疑难杂症,如果只凭着自身的经验工作,有时可能会造成误诊。随着分子生物学、现代电子技术、科学技术的发展,ELISA、PCR、DR 影像等技术已经广泛用于临床上。只有与时俱进,不断地学习新的知识,才能应用这些方法解决实际问题。

    (4)在实践中,对动物疾病要始终遵循"预防为主,防重于治"的方针,作为一名未来优秀的兽医师,不仅要掌握本专业的知识和能力,而且还要具备丰富的管理经验和市场驾驭能力,只有这样才能适应 21 世纪畜牧业发展的需要,从而保证畜牧业快速健康发展。

第一篇

动物外科学

第一章　　动物外科手术学

学习要点

　　了解动物外科手术学的意义、任务、手术学习方法和完成手术的一般认识；掌握手术计划的拟定，手术人员的组织与术前准备，患病动物、器械及敷料的准备，人员的分工，术后管理中一般护理、预防和控制感染及患病动物的饲养与管理。

第一节　概　论

　　外科手术学是兽医临床学科的重要组成部分，是在动物体上进行手术的基本理论和基本操作技术、诊断及治疗疾病，从而提高动物价值的一门学科。也就是利用外科手术器械在动物体上进行的观血操作或无血操作技术。

一、学习动物外科手术的意义

　　学习动物外科手术可以借助于手和器械为动物外科疾病提供治疗手段。为动物内科病、产科病、寄生虫病及传染病提供诊断及治疗手段；为药理学、生理学、生物学等多学科的实验提供实验手段；通过手术提高动物的经济价值，如人工培植牛黄，活熊取胆等；通过手术提高肉品质量、数量，如阉割术，限制劣种繁殖；通过手术提高役畜的使役能力和保护人畜的安全；实施宠物的整容手术和生理手术，如犬耳成形术、断尾术、绝育术等。

二、动物外科手术学的基础

　　动物外科手术学是建立在动物解剖学、生理学、病理学、药理学和微生物学等学科基础之上的一门学科。外科手术与解剖学有着密切的联系，只有具备坚实的解剖学知识，在手术时才能灵活应用解剖学知识，科学、合理地选择最适的手术通路，除去病变组织，保护健康组织，使手术获得最大限度的成功；掌握并运用生理学知识是全面认识动物机体机能，确保手术合理和加快术后愈合的基础，因为在除去病变组织同时，还要注意纠正机体生理机能的紊乱，单纯施行手术、局部治疗不能达到合理治疗疾病的目的；病理学知识可以确保正确区别正常组织和病变组织，了解疾病发生、发展规律，通过手术除去病变组织，以及判断病患对机体的影响，有助于判断疾病的预后；微生物学和药理学与外科手术学有着直接联系，如利用物理方法、化学方法控制病原微生物对手术的影响，达到手术无菌要求及术前、术中、术后抗感染等技术，都是外科手术学的重要组成部分。

三、学习动物外科手术的方法

（一）理论与实践相结合

动物外科手术是实践性很强的学科，单纯依靠书本理论学习不能真正掌握，要求学习者多接触患病动物，不断加强实践锻炼。但在实践锻炼时，决不能靠单纯的"经验"，如不依托理论知识而只进行单纯实践，仅能成为一名熟练的技师，不能达到更高层次。外科手术正确的学习方法，是理论与实践紧密结合，只有这样才能不断提高手术技术和具备解决外科疾病的综合能力。

（二）熟练基本操作与精通手术技巧

熟练基本操作与精通手术技巧是指对手术基本操作的熟练程度和手术技巧的精通程度。"熟能生巧"是表示反复操作和精通之间的关系，通过多次反复操作，不仅能提高对疾病的认识，也能不断增加手术时手术人员的臂力、速度、耐力和灵活性，使手术人员逐渐达到手与大脑的高度统一，有效地完成手术操作。

（三）要培养外科手术必备的素养

外科手术要求基本素质的训练，要养成必备的三大素养，即"无菌素养、正确使用各种外科手术器械、正确对待组织"。无菌素养是指外科医生在平时要养成良好的卫生习惯，在手术中自觉遵守无菌操作规程，主要包括手术用品的准备和灭菌、手术人员的准备与消毒、患病动物的准备与消毒、手术室的准备与消毒以及手术进行中无菌操作等。正确对待组织是指在对动物进行外科手术时，以对动物机体正常生理机能干扰最小的情况，以最小的创伤为机体除去疾病的一种技术素养。但是在实际临床中，要做到这一点并不容易，禁止轻率、粗暴、不正确地对待活组织，使活组织遭受不应有的损伤，影响创口的愈合和功能恢复。正确使用各种外科手术器械是指对于进行外科手术所需的每一种器械要熟悉其功能、要学会正确使用和保养，防止滥用和不规范使用器械，避免器械过度损耗。

俗话说"台上一分钟，台下十年功"，手术基本功的掌握和练习对于完成手术具有重要意义。手术基本功的基本条件是术者必须具有正常的生理功能（包括体力、眼力及正常的神经活动）和强健体魄。另外，作为外科医生，除了身体条件和专业知识水平外，医德显得更为重要。一个执意追求科学的人，必定具备勇往直前、艰苦奋斗的精神，敢于在困难环境中锻炼自己，能在艰苦条件下完成任务。

第二节　手术的组织、分工

外科手术是一项集体活动，术前要有良好分工，以便在手术期间各尽其职，有条不紊，迅速而准确地完成手术。术者和手术人员在手术时要了解每个人的职责，切实做好准备工作。一般如下分工。

▶ 一、术者

手术重要操作者，即执刀人。负责术前对患畜的全面检查、拟订手术计划和主持手术的全过程。

▶ 二、助手

协助术者进行手术的人，可设1～3人。其中：第一助手负责局部麻醉、术部消毒、术部隔离，配合术者进行切开、止血、结扎、缝合、清理术部和显露术部等。特殊情况下,可以代替术者完成手术。第二、三助手主要补充第一助手的不足,如牵拉创钩、牵引线,清理术部或协助器械助手准备缝线、传递器械等。

三、麻醉助手

负责麻醉前用药和给麻醉药。同时负责对麻醉动物观察,在手术过程中要正确掌握麻醉的进程;与术者配合,根据手术的需要调整麻醉深度,确保手术的顺利进行;同时在动物麻醉过程中,连续监视患病动物的呼吸、循环、体温以及动物各种反射变化;评价动物供氧和排除二氧化碳的状态及水与电解质的稳定情况。发现异常要尽快找出原因并加以纠正,使患病动物能在相对的正常生理范围内耐受手术。吸入麻醉需要专门的麻醉师监控麻醉状况。

四、器械助手

负责器械及敷料的供应和传递。因此,事先必须掌握手术操作及进程,能敏捷地配合手术的需要,传递默契。还要利用手术的空隙时间经常维持器械台的整齐和清洁,随时清除剩余线头、血迹并归类放置器械,使工作完全处于有条不紊的状态。在闭合胸、腹等手术前,要清点敷料和器械的数目。术后负责器械的清洁和整理。

五、保定助手

负责手术过程中的动物保定。人数要根据手术的性质、麻醉的方法、动物的不同而定。

对手术人员组织分工时,应根据动物疾病的程度,动物的大小,麻醉的方法等确定。原则上既不浪费人力,又要有利于手术的进行。

第三节 术前准备

术前准备的主要内容包括术者的准备、病畜的准备、手术器械和敷料的准备。

一、术者的准备

术者的准备最为重要的是建立信心。为此要做好以下工作。

(一)术前要充分休息

术者在术前休息好,精力充沛,精神集中,技术才能充分发挥,顺利达到预期效果。

(二)做好无菌准备

当做大型或复杂手术时,为了防止术中污染术部,除按常规无菌操作外,要求术者在大手术的前一天,不得作直肠检查、剥离胎衣和腐蹄的处理(即污染手术)等各项操作,以减少污染的机会。

(三)建立手术信心

术者准备最重要的是建立信心,手术能否成功取决于自身的能力和信心。为树立信心,术者要在以往检查的基础上,再进行一次复查,核实病情,做到心中有数,对初学者更应如此。当择期手术时可以详细去查阅资料和复习局部解剖等,借以认识患病区域的微细情况,加深了解或增强记忆。紧急手术需要马上进行,没有更多的准备时间,手术知识的准备只能靠平时积累和认识。因此,要加强手术理论知识和操作技能的积累。

（四）拟订手术计划

手术计划是外科医生判断力的综合体现,也是检查判断力的依据。在手术进行中,有计划和有秩序的工作,可减少手术中失误,即使出现某些意外,也能设法应付,不致出现慌乱,造成贻误,对初学者尤为重要。手术计划一般应包括以下内容:①手术人员的分工。②保定方法和麻醉种类的选择(包括麻前给药)。③手术通路及手术进程。④术前体检,术前还应做的事项,如禁食、导尿、胃肠减压等。⑤手术方法及术中应注意的事项。⑥可能发生的手术并发症以及预防和急救措施,如虚脱、休克、窒息、大出血等。⑦特殊药品和器械的准备。⑧术后护理、治疗和饲养管理。

二、病畜的准备

尽可能使手术动物处于正常的生理状态,各项生理指标接近正常,从而提高动物对手术的耐受力。包括以下方面:

(1)手术时间　手术前准备的时间视疾病情况而分为紧急手术、择期手术和限期手术 3 种。紧急手术(如大创伤、大出血、胃肠穿孔和肠胃阻塞等),手术前准备要求迅速和及时,绝不能因为准备而延误手术时机。择期手术是指手术时间的早与晚可以选择,又不致影响治疗效果,如十二指肠溃疡的胃切除手术和慢性瘤胃食滞的胃切开手术等,有充分时间做准备。限期手术(如恶性肿瘤的摘除),当确诊之后应积极做好术前准备,又不得拖延。

(2)术前禁食　有许多手术术前要求禁食,如开腹术,充满腹腔的肠管形成机械障碍,会影响操作。饱腹为动物麻醉后的呕吐增加机会,特别是犬、猫、牛、羊等更为严重。禁食时间要根据动物患病的性质和动物身体状况而决定,多数病例以禁食 24 h 为宜,禁水不超过 12 h 即可满足手术要求。因为小动物消化管比大动物短,容易将肠内容物排空,故禁食一般不要超过 12 h,反刍动物瘤胃内蓄积很多,有时要超过 24 h。禁食可使肝脏降低糖原的储备,过长禁食是不适宜的。当肛门或阴门手术时,为防止粪便污染,术前要求直肠排空,在大家畜可令助手从直肠掏出蓄粪,而小动物则可将肛门做假缝合或行灌肠术,以截断排泄,可大大减少污染。

(3)术前补充营养　蛋白质是组织修复不可缺少的物质,是维持代谢功能和血浆渗透压的重要因素。术前宜注意检查,如血清蛋白(TP)过低,可出现严重的蛋白缺乏征象,应给予紧急补充,以维持氮平衡状态。避免慢性病或禁食时间过长、大创伤、大出血等造成营养低下或水、电解质失衡,从而增加手术的危险性和术后并发症的发生率。同时也要注意碳水化合物、维生素的补充。

(4)保持安静　术前要减少动物的紧张与恐惧。麻醉前最好有畜主伴随,或者麻醉人员要多和患病动物接触,以消除其紧张情绪。根据临床观察,环境变化对马和犬影响较大,牛则较为迟钝,而猪对环境变化相当敏感。长时间运输的患病动物,应留出松弛时间(急腹症的除外)。尽量减少麻醉和手术给动物造成的应激、代谢紊乱和水、电解质平衡失调,要注意术前补液,特别是休克动物。

(5)特殊准备　主要针对肺、肝、肾功能的异常。术前和术后应避免使用对肾脏有明显损害的药物,如卡那霉素、多黏菌素、磺胺类药物等;对肾血管产生强烈收缩药物,如去甲肾上腺素等也应避免使用。

三、手术器械及敷料的准备

详见第三章"无菌术"。

第四节　术后管理

术后管理是手术医疗的重要环节。俗话说"三分治疗、七分护理",表明术后管理的重要性。对于这一点,不仅医护人员应有明确的认识,且饲养人员也应有正确的理解。否则一时的疏忽都可造成严重的后果和不应有的损失。术后管理常包括下列内容。

一、一般护理

一般护理主要包括下列几个方面:

(一)麻醉苏醒

全身麻醉的动物,手术后宜尽快苏醒。过多拖延时间,可能导致发生某些并发症,尤其是大动物,由于体位变化,会影响呼吸和循环等。在全身麻醉未苏醒之前,应有专人看管,苏醒后辅助站立,避免撞碰和摔伤。小动物(如犬、猫)应有专人看护。特别是动物未完全恢复吞咽功能之前,绝对禁止饮水、喂饲,以防止误咽。

(二)保温

全身麻醉后的动物体温降低,应披上毯子或棉被,注意保温,防止感冒,尤其是在冬天或晚上。

(三)监护

术后 24 h 内严密观察动物的体温、呼吸和心血管的变化,并将观察、检测结果详细记录,若发现异常,尽快找出原因,采取相应措施。对较大的手术也要注意评价患病动物的水和电解质变化,若有失调,及时给予纠正。

(四)术后并发症

手术后注意早期休克、出血、窒息等严重并发症,应针对性地给予处理。

(五)安静和活动

术后要保持安静。能活动的患病动物,2～3 d 后可进行户外活动,开始时间宜短,而后逐步增多,以改善血液循环,促进功能恢复与新陈代谢,增加食欲。虚弱的患病动物不得过早、过量运动,以免导致术后出血,缝线断裂,反而影响愈合。重症起立困难的动物应多加垫草,对大动物要帮助翻身,每日 2～4 次,防止发生褥疮。四肢骨折、腱和韧带的手术,开始宜限制活动,以后要根据情况适度增加练习。犬和猫关节手术,在术后一定时期内进行强制人工被动关节活动。四肢骨折内固定手术后,应当做外固定,以确保制动。

二、预防和控制感染

手术创的感染取决于无菌技术的执行和患病动物对感染的抵抗能力。而术后护理不当也是发生继发感染的重要原因,为此要保持病房干燥,勤换垫料,清除粪便,尽一切努力保持清洁,尽可能减少继发感染。对蚊蝇孳生季节和多发地区,要杀蝇灭蚊。对大面积或深创要预防破伤风感染。犬、猫防止自我损伤、咬、啃、舐、摩擦,采用颈环、颈圈等方法施行保护。

抗生素和磺胺类药物,对预防和控制术后感染,提高手术治愈率,有良好效果。在大多数"清洁"手术病例中,污染多发生在手术期间,所以在手术结束后,全身应用抗生素不能产生预防作用,因为感染早已开始。如在术前使用,手术时血液中含有足够量的抗生素,并可保持到一段时间。抗生素的治疗,首先对病原菌进行了解,在没有做药物敏感试验的条件下,使用广谱抗生素是合理的。抗生素绝不可滥用,对严格执行无菌操作的手术,不一定使用抗生素。这不仅减少浪费,还可避免具有抗菌性菌株的增加。

三、术后患病动物的饲养与管理

手术后的动物要求适量营养,所以不论在术前或术后都应注意食物的摄取。患病动物,要求每天提供适当的营养,如水、糖、脂肪、蛋白质、维生素和矿物质(电解质),才能使获得量和丢失量保持平衡,尤其是维生素 C 和维生素 B 在手术时常常应用。

对于犬、猫等伴侣动物,手术后有适合于动物恢复体能的术后食品可供选择,食疗是小动物临床上常用的手段之一。

大家畜的消化道手术,术后 1~3 d 禁止饲喂草料,应静脉内输入葡萄糖。也可根据情况,给半流体或流体食物。犬和猫的消化道手术,一般 24~48 h 禁食后,给半流体食物,再逐步转变为日常饲喂。牛的瘤胃手术一般不需要禁食,可适当减量。

对非消化道手术,术后食欲良好者,一般不限制饮食,但一定要防止暴饮暴食,应根据病情逐步恢复到日常用量。

思考题

1. 动物外科手术学的主要任务有哪些?
2. 简述手术人员的组织与分工。
3. 术前准备包括几个方面?
4. 书写手术计划的内容有哪些?
5. 术后管理一般采取哪些措施?

第二章　动物保定技术

学习要点

掌握各种动物常用保定方法,尤其是大动物与小动物的区别;熟知各种动物保定时的注意事项。

动物保定(restraint animals)是指根据人的意愿和诊疗目的对动物实行控制的方法,从简单地用缰绳牵引动物,直到对动物的卧倒、捆绑都应列入保定的内容。近几十年采用药物方法控制动物,称为化学保定,是传统机械保定的发展。

兽医临床工作要与多种动物接触,为了更有效地对动物实行控制,首先应懂得各类动物的习性和与动物相处的有关知识。一般动物与不熟悉的人接近,往往产生不安、戒备、逃跑或攻击等行为,是动物自身防御的本能。从这个基本认识出发,当与动物靠近时,应注意消除其紧张和不安,既要表现出善意和耐心,争取它的合作,又要加强戒备防止动物攻击自己。粗暴的动作或不适当的控制手段,不仅完不成保定任务,还容易出现意外事故。因此,了解各种动物的习性、行为、驾驭手段和合理的保定方法等,应成为临床保定工作的重要组成部分。

兽医临床的保定有两个基本要求:一是方便诊疗或手术操作,二是确保人和动物的安全。其内容应包括下列几点:①对动物实行有效的控制(包括机械的或化学的),能为诊断或治疗提供安定条件,有利于外科手术技术的发挥。②手术部位的显露有赖于保定技术和方法,有的手术要求体位变化,有的手术需要体肢的转位,没有这些,手术将无法进行。③防止动物的自我损伤(咬、舔、抓)也是保定的内容。自身损伤破坏机体组织和医疗措施,使手术变得复杂。临床用的犬颈环、嘴套、马的侧杆等,是为了预防患病动物咬断缝线、撕碎绷带、损伤局部组织,保证创伤愈合,以提高医疗效果。④对动物的束缚本身包含对手术人员安全的保障。术者或参术成员在手术过程中负伤,小则直接影响手术进程,大则造成极为严重后果。

保定的最终目的,是在保证完成诊疗的同时,保护人和动物的安全、健康。每种手术都有常规的保定方法,不合理的保定技术或对保定技术中的某些细节的疏忽,都可能给动物或医护人员造成伤害,如骨折、腱和韧带撕裂、脱臼、神经麻痹甚至内脏损伤等。

临床兽医除了要通晓各种动物的习性和攻击的手段之外,在兽医临床实践中还要确实遵循各种手术保定技术的规定。

第一节　家畜的保定技术

一、牛的保定技术

（一）牛头部保定技术

把牛鼻钳子钳在鼻中隔的两侧，并用力合并把柄，同时向前方用力拉，使头颈部保持水平状态。也可徒手保定，用左（或右）手拇指和食指抓住牛的鼻中隔，抬高和转动牛头，向后上方提举保持之。对穿有鼻环的牛，牵拉鼻环绳即可。另外，还可用一根绳拴在双侧牛角根部，并用此绳将牛头固定于立柱或树上。

（二）牛肢蹄保定技术

1.前肢提举和固定

可在一前肢前臂部装一绳环，然后用一小木棍插入环内，绞绕绳环，达到保定目的。也可将一前肢提起，用绳把掌部和前臂部缠绕起来。

2.后肢提举和固定

防止后肢弹人，可将牛尾从后方经右后肢外侧拉向前方，绕过双后肢前侧，再经左后肢外侧绕回后方，拉紧保持之。也可用小指粗、长度适当的绳折成双叠，围绕两后肢跗关节上方一周后，将双绳两游离端穿过另端折叠套，拉紧系好。也可在两后肢跗关节上部作"∞"字形缠绕固定。

3.尾保固法

用手将尾向上方翘起，这是一种简单的防踢方法，可作为检查乳房或后躯时控制动物的方法。

（三）牛的柱栏保定技术

1.四柱栏保定法

四柱栏从结构上少两个门柱，从两侧前柱各向前伸出两个臂，臂上备有铁环，供栓缰绳用。

保定时先将前带装好，然后将牛经两后柱间牵入柱栏内，立刻装上后带，并把缰绳拴在前柱伸出臂上的金属环上。这样牛既不能前进也不能后退。然后装好鬐甲带，以防止牛跳起。为防止牛卧下，可装置腹带。诊疗工作完毕，先解除鬐甲带，再解除腹带和前带，即可将牛从前柱间牵出四柱栏。

2.五柱栏保定法

五柱栏的结构是在四柱栏的正前方设一单柱，用于牛头的固定，其他步骤与四柱栏保定法类似。

3.六柱栏保定法

六柱栏基本结构为 6 个柱子，有木制和铁制的两种。用直径 8～10 cm 的无缝钢管焊接制成，固定在地面上，也有的为可移动的六柱栏。两个门柱用于固定头颈部，前柱和后柱中间有横梁相连，用于固定躯体和四肢，同侧前后柱间的上梁和下梁，用于装吊胸带和腹带防止牛卧下。

具体方法与四柱栏保定法相似。

4.栅栏旁保定

当没有保定栏或只有栅栏时，用一单绳将牛围在栅栏旁边，牛头绑在坚固的柱子上，做一不滑动的绳套装在牛的颈部,绳的游离端沿牛体向后,绕过后肢,绑在后方的另一柱上。为防止牛摆动,可在髋结节前做一围绳,把牛体和栅栏的横梁捆在一起。

(四)牛的倒卧技术

采用一条绳倒牛法。用 12~15 m 长的圆绳 1 条,一端拴在牛角根部,另一端由颈背侧引向后方,经肩胛后方及髋结节前方时,分别绕背胸及腰腹部各做一环套,再引绳向后。两环套之绳交叉点均在倒卧对侧。随后,由 1~2 人固定牛头并向倒卧侧按压,由 2~3 人向后牵拉倒绳,牛因绳套压紧,胸腹肌紧缩,后肢屈曲而自行倒卧,需长时间保定时,可将两前肢用绳捆在一起,向前伸直,固定;同样,两后肢捆好后,向后拉直固定;另一人固定头部。

二、猪的保定技术

1.站立保定法

先抓住猪尾、猪耳或后肢,然后根据需要做进一步的保定。亦可用绳的一端做一活套或用鼻捻棒绳套自鼻部下滑,套入上颌犬齿后面并勒紧或向一侧捻紧即可固定。此法适用于一般临床检查、灌药及肌肉注射等。

2.提举保定法

抓住猪的两耳,迅速提举,使前肢悬空,同时用膝部夹住其背胸或腰腹部,使腹部朝前。此法适用于灌药及肌肉注射。

3.侧卧保定法

左手抓住猪的右耳,右手抓住右侧膝前皱褶,并向术者怀内提举放倒,然后使前后肢交叉,用绳在掌跖部拴紧固定。此法适用于大公、母猪的去势,腹腔手术及静脉、腹腔注射。

4.倒立保定法

用绳分别拴住两后肢飞节,头部朝下,另一端吊在横梁上,或两手握住后肢飞节,并将其后躯提起,头部朝下,夹住其背部即可固定。此法适用于脱肛及阴道脱的整复、腹腔注射以及阴囊和腹股沟疝手术等。

三、羊的保定技术

1.站立保定法

抓住羊的角或两耳后,并骑在羊背部上,作为静脉注射或采血等操作时的保定;也可面向尾部骑在羊身上,抓紧两侧后肢膝褶,将羊倒提起,然后再将手移到跗上部并保持之。

2.倒立式保定法

保定者将羊的两后肢搭在墙上或桌子上,并由另一保定者抓持羊角或两耳,适用于阴道脱、子宫脱的整复。

3.侧卧保定法

右手提起羊的右后肢,左手抓在羊的右侧膝皱襞,保定者用膝抵在羊的臀部。左手用力提拉羊膝皱,在右手的配合下将羊放倒,然后捆绑四肢即可。

第二节　小动物的保定技术

一、犬的保定技术

犬的种类很多,体型差异较大,由于生长环境的不同,用途的不同,培养出来的气质也不尽相同,所以每条犬的表现有极大的差异,故在临床中不管犬的教养程度如何都要保持警惕,对极端训教不良的犬,也要有耐心,不得给犬以粗暴的感觉。对犬的保定,最重要的是防止伤人,临床上可采用下列方法进行保定。

1. 扎口保定法

用绷带绑住上下颌(扎口)是最简便的保定法。取绷带一段,先以半结作成套,置于犬的上、下颌,迅速扎紧,另个半结在下颌腹侧,接着将游离端顺下颌骨后缘绕到顶部打结。短口吻的犬,捆嘴有困难,极易滑脱。可在前述扎口法的基础上,再将两绳的游离端经额鼻自上向下,与扎口的半结环相交和打结,有固定的加强效果。

2. 嘴套保定法

选择不同型号、不同材质、大小合适的嘴套戴在犬嘴上,即可防止在检查、治疗过程中犬咬伤人。

3. 握耳保定法

用双手分别握住犬两耳,并骑在犬背上,用两腿夹住胸部。

4. 提举后肢保定法

助手确实保定头部,术者握住两后肢,倒立提起后躯,并用腿夹住颈部。

5. 四肢捆绑保定法

分别握住犬的前后肢,将一侧前臂部和小腿部合并在一起捆绑固定,另一侧前后肢以同样方法固定。

6. 保定台保定法

可利用适宜的桌子、台架,将犬保定成需要的姿势(侧卧、仰卧或伏卧)。小动物专用保定台可以前后左右移动或倾斜。

7. 颈钳保定法

对凶猛咬人的犬,可采用此法。颈钳保定法需要一个合适的颈钳。颈钳系用铁杆制成,钳长90～100 cm,钳端由两个长 20～25 cm 半圆形的钳嘴组成。保定时,保定人员手持颈钳,张开钳嘴并套入犬的颈部。合拢钳嘴后,手持钳柄即可将犬保定。此法对凶猛咬人的犬保定可靠,使用也较方便,也适于捕捉处于兴奋状态的病犬。

二、猫的保定技术

猫在陌生环境下常比犬更胆怯、惊慌,故当人伸手接触时,猫会愤怒,耳向后伸展,并发出嘶嘶的声音或抓咬。保定者应戴上厚革制长筒手套,抓住猫颈、肩、背部皮肤,提起,另一手快速抓住两后肢伸展,将其稳住,以达到保定的目的。但是,个别猫反应敏捷、灵活,用手套抓猫难奏效时,可借助颈绳套或捕猫网将其捕捉。

1. 网套保定法

为防止猫咬,可用革制的口网套在猫嘴上,固定在颈后。

2. 保定袋保定法

用帆布制成大小适宜的袋子,装上拉链。使用时,将需处置的部位露在外面,例如,施行体温检测、肌肉注射、静脉注射时,可将后躯露在外面。也可根据猫的体型缝制大、中、小三种圆桶状猫袋(长分别为 65 cm、45 cm、35 cm,宽分别为 25 cm、20 cm、15 cm)。袋的一端用抽紧带封闭,另一端开放。保定时,可根据诊断需要,只露出相应部位,保定人员隔着布袋抓住猫的四肢或头部。

? 思考题

1. 各类动物的保定技术有哪些?

2. 各类动物的习性以及保定时的注意事项是什么?

3. 简述兽医临床保定的基本要求及内容。

第三章　无菌术

学习要点 ////////////////////////////////////

　　了解灭菌和消毒概念；理解物理消毒法和化学消毒法的原理；掌握手术动物术部、手术人员手与臂、手术器械与敷料等的常用灭菌和消毒方法。

　　无菌术就是针对感染来源所采取的一系列防御措施，包括灭菌法、消毒法。灭菌法是指主要采用物理方法，彻底消灭与手术区或伤口接触的物品上所附带微生物的一种方法。消毒法又称抗菌法，是指主要采用化学药物来杀灭微生物的一种方法。无菌术中的操作规程及管理制度，主要是防止灭菌和消毒过的物品、手术人员的手臂、无菌区等不再被污染的方法。

第一节　灭菌与消毒方法

▶ 一、常用灭菌方法

（一）高压蒸汽灭菌法

　　温度可达 121.6～126.6℃，维持 30 min 左右，能杀灭物品上的所有细菌，包括具有顽强抵抗力的芽孢杆菌，是比较可靠的灭菌方法。

　　手术金属器械应分门别类，清点装袋内。金属注射器应松开螺旋，玻璃注射器应抽出针栓后装入袋内；各种敷料、缝合材料清点后用布袋包好。向高压灭菌锅内装入待灭菌物品应有顺序，应将手术中最先用的物品放在锅的上面，如衣服、手套、创巾等。装好后拧紧锅盖上的螺旋，通电加热，待锅内水沸，压力表上升时，打开排气阀，放掉锅内冷空气后，关闭排气阀，继续加热，待压力表指针指示达到 0.1～0.137 MPa，温度达到 121.6～126.6℃时，维持 30 min。消毒完毕，打开排气阀立即放气，待气压表指示至 0 处，旋开锅盖及时取出锅内物品。切记不可待其自然降温冷却后再取出，否则物品变湿，妨碍使用。如果是消毒液体类或试剂，则应自然降温，不可放气，否则液体会猛然溢出。打开锅盖，取出大单子，在器械台上铺好后，再取出锅内的手术器械及其他物品，分门别类地摆放整齐，准备手术。

　　高压蒸汽灭菌的注意事项：①灭菌的物品打包不宜过大，体积常为 40 cm×30 cm×30 cm。②灭菌器内的包裹排列不宜过密，以免妨碍蒸汽透入而影响效果。③易爆易燃物品（如碘伏、苯类等），禁用高压蒸汽灭菌。④瓶装液体灭菌时，要用玻璃纸和纱布包扎瓶口，如用橡皮塞，应插入针头排气。⑤已灭菌的物品应注明有效期，并与未灭菌的物品分开放置，避免混淆。⑥检验灭菌效果时,可用指示纸带完成。在预消毒包内和包外各放指示纸带一条,在压力及温度达到灭菌标准条件并持续 15 min,指示纸带即出现黑色条纹,表示已达到灭菌效果。⑦灭菌后的物品应注明灭菌日期和物品保存时限,在干燥的情况下一般可保存 10～14 d。

(二)干热灭菌法

干热灭菌法是指在干燥环境(如火焰或干热空气)进行灭菌的技术。一般有火焰灭菌法和干热空气灭菌法。火焰灭菌法仅用于金属器械的灭菌,将需灭菌的金属器械放置在搪瓷或金属盘中,倒入适量的 95％乙醇溶液,点燃后待酒精烧尽即可。此法易使器械变钝或损坏,因此仅在特殊情况下或紧急需要时使用。干热空气灭菌法使用干热灭菌箱进行灭菌。灭菌条件:温度 160℃,维持 2 h;温度 170℃,维持 1 h;温度 180℃,维持 30 min;即可达到灭菌效果。适用于金属、玻璃、陶瓷、纱布条等物品的灭菌。

二、常用消毒方法

(一)新洁尔灭

新洁尔灭是应用最多、最普遍的一种化学药品,毒性较低,刺激性小,消毒能力较强,略带一种芳香气味。使用时配成 0.1％溶液,最常用于浸泡消毒手臂、器械或其他可浸湿用品等。市售为 5％水溶液,使用时 50 倍稀释即成 0.1％溶液。这一类的药物还有灭菌王、洗必泰、杜米芬和消毒净,其用法基本相同。使用时注意以下几点:

(1)浸泡器械 浸泡 30 min,不再用灭菌水冲洗,可直接应用,对组织无损害,使用方便;稀释后的水溶液可以长时间储存(一般不超过 4 个月);可以长期浸泡器械,浸泡器械时必须按比例加入 0.5％亚硝酸钠(即 1 000 mL 的 0.1％新洁尔灭溶液中加入医用亚硝酸钠 5 g),配成防锈新洁尔灭溶液。

(2)其他物质对其消毒能力的影响 环境中的有机物会使新洁尔灭的消毒能力显著下降,故应用时需注意不可带有血污或其他有机物;不可与肥皂、碘酊、升汞、高锰酸钾和碱类药物混合应用。

(3)颜色变化 应用过程中溶液颜色变黄后即应更换,不可继续再用。

(二)聚乙烯酮碘

聚乙烯酮碘为广谱强效消毒剂,能杀灭病毒、真菌、致病菌及其芽孢。该药呈棕黄色粉末,可溶于水和乙醇,着色浅,易洗脱,对皮肤、黏膜刺激性小,不需用乙醇脱碘,无腐蚀作用,且毒性低。本品含有效碘 9％～12％,当接触到皮肤或黏膜时,能逐渐释出碘而起到消毒及杀灭微生物的作用。刺激性较碘酊低,对细菌、真菌和病毒均有很强的杀灭作用。临床上常用 7.5％溶液(有效碘 0.75％)消毒皮肤,1％～2％溶液用于阴道消毒,0.55％以喷雾方式用于鼻腔、口腔、阴道的黏膜防腐。医疗器械浸泡灭菌时,10～30 min 可达到灭菌。在小动物临床已开始应用。

(三)2％戊二醛

2％戊二醛为灭菌剂,具有广谱、高效杀菌作用,较甲醛杀菌力强而刺激小,能迅速杀死包括芽孢在内的各种微生物,是目前首选的高效化学消毒剂。一般手术器械浸泡 30 min 可达消毒作用;浸泡 6～10 h 可达灭菌作用。适用于浸泡内镜和刀剪,不损坏光学仪器,不影响刀剪锋利度。

药液浸泡消毒法的注意事项:①浸泡前应将器械或仪器擦洗洁净、去油脂;②物品要求浸没在药液中,张开器械的轴节;管状物品应使药液充满管腔;③选择适合的药液浸泡消毒;④消毒后物品使用前需用灭菌生理盐水将药液冲洗干净,以免器械和物品遭受药液的损害;⑤一般 2 周更换一次消毒液。

第二节　器械用品的准备与无菌处理

手术时,手术器械、敷料以及其他物品都有可能对手术创伤造成直接或间接的接触感染。手术中所使用的器械和其他物品种类繁多,性质各异,有金属制品、玻璃制品、搪瓷制品、棉织品、塑料制品、橡胶制品等。而灭菌和消毒的方法也很多,且各种方法都有其特点。所以,应根据手术性质和缓急、物品的特性(可否耐受高压、高温)以及当时条件等,合理选用灭菌和消毒方法。平时应做好手术器械和敷料的保管和保养工作。

一、金属手术器械

先检查器械是否好用,刀、针的锋利程度,止血钳闭合情况,弹力如何,注射针头是否通畅,尖端是否锐利等,并将表面保护油脂擦拭干净。能够打开的器械最好打开灭菌,有刃、尖的器械用纱布包好。临床常用煮沸灭菌法、高压蒸汽灭菌法。金属器械煮沸灭菌时应待水沸腾后再将器械放入,以免煮沸时间过长,金属器械生锈。紧急情况下,可以用化学药物浸泡消毒后用。

二、手术衣、帽、口罩、手术巾及敷料

手术衣、帽、口罩等洗净、整理、折叠并包好,裁好手术用小纱布块(25 cm×25 cm)叠成方块,10块为一包,大纱布块(50 cm×50 cm)五块为一包。放入储槽内,不宜过紧。采用高压蒸汽灭菌法灭菌。

三、缝合材料

丝(棉)线,在灭菌前先缠绕在线轴上或玻璃板上,松紧适当,其长度、型号根据手术性质具体情况而决定,以免缠绕过多(一次用不完,反复灭菌会失去抗张力)。常采用高压蒸汽灭菌法灭菌或化学药物浸泡法消毒。肠线,一般制作时封闭在玻璃管内或塑料袋内,用时用酒精消毒玻璃管或塑料袋外面,打破玻璃管或撕破塑料袋,取出肠线放在灭菌生理盐水中泡软再用。

四、橡胶、乳胶和塑料类用品

橡胶手套高压灭菌时,用灭菌滑石粉于手套内外撒布均匀,并用纱布块插入手套内,防止橡胶粘连。其他各种橡胶导管常采用化学药物浸泡法消毒;一次性的塑料手套用生理盐水冲洗后即可手术。

五、无菌物品的保存

应设无菌物品室专放无菌物品,所有物品均应注明消毒灭菌日期、名称以及执行者的姓名。高压灭菌的物品有效期为 7 d,过期后需重新消毒才能使用。煮沸消毒和化学消毒有效期为 12 h,超过有效期限后,必须重新消毒。已打开的手术物品只限 24 h 内存放手术间使用。

手术室中的器械经消毒灭菌后还应注意防止再污染。运送灭菌后的手术包、敷料包等,不论从供应室领取或是手术室内周转,均应使用经消毒的推车或托盘,绝不可与污染物品混放或混用。手术室内保存的灭菌器材,应双层包装,以防开包时不慎污染。小件器材应包装后进行灭菌处理,连同包装储存。存放无菌器材的房间,应干燥无尘,设通风或紫外线消毒装置,尽量减少人员的进出,

并定期进行清洁和消毒处理。

六、手术使用后的器械等物品的清洁、处理和保管

一切器械和用品使用后,都必须经过去污染处理,重新消毒灭菌后方可使用。依据物品种类、污染的性质和程度不同而采用不同的处理方法。

(1)清洗 一般无特殊污染的器械应经刷洗,清除其沟、槽、轴节等处的污垢,清水冲洗、擦干,再涂油防锈,备下次使用。

(2)消毒灭菌 被血液、脓液、特殊致病菌或病毒污染的器械应先用高、中效消毒剂,如0.5%过氧乙酸消毒液(10～15 min)或含有效氯2 000～5 000 mg/L的消毒液等浸泡(30 min),然后常规清(刷)洗、干燥、高温高压灭菌两次。

(3)一次性用品不可重复使用 一次性材料,如纱布、手套、一次性注射器等使用后应按医用垃圾进行无害化处理,不宜再用。

第三节 手术人员的准备与无菌处理

一、更衣

手术人员进入手术室前,换上清洁的衣裤和鞋子/鞋套。上衣最好是短袖衫,以充分裸露手臂,并戴好手术帽和口罩。手术帽和口罩,目前多用一次性手术帽和口罩。手术帽应把头发全部遮住,其帽的下缘应到达眉毛直上和耳根顶端。手术口罩应完全遮住口和鼻,对防止手术创发生飞沫感染和滴入感染极为有效。如戴的是纱布制口罩,为避免戴眼镜的手术人员因呼吸水气使镜片模糊,可将口罩的上缘用胶布贴在面部,或是在镜片上涂抹薄层肥皂(用干布擦干净)。若没有清洁鞋,应穿上一次性鞋套。在上述准备之后就可以进行手臂的准备与消毒。

二、手、臂的清洁与消毒

人的手臂和皮肤存在许多皮脂腺、汗腺和毛囊,有大量微生物存在,手的皱纹、甲缘等地方也有微生物存在。为保证手术无菌要求,手臂的消毒应该引起足够的重视。消毒前应修剪指甲剔除甲缘下污垢,手臂有创口时暂用胶布封闭,再进行消毒。

1. 手、臂的洗刷

用肥皂反复擦刷和用流水充分冲洗以对手臂进行初步的机械性清洁处理。擦刷顺序为先对指甲缝、指端进行仔细地擦刷,然后按手指端、指间、手掌、掌背、腕背、前臂、肘部及以上的顺序擦刷。刷洗5～10 min,然后用流水将肥皂沫充分洗去,再用灭菌纱布或毛巾将手、臂擦拭干。

2. 手、臂的消毒

有酒精浸泡法、新洁尔灭浸泡法和聚乙烯酮碘涂刷法。在上述基础上将手臂浸入0.1%新洁尔灭溶液中浸洗5 min,灭菌纱布块擦干,再在70%酒精内浸泡,灭菌纱布块擦干。不论哪种方法,最后均涂抹2%碘酊于指的皱褶部分和甲缘,再用70%酒精脱碘,待手术。也可用7.5%聚乙烯酮碘溶液,使用方法有皮肤消毒液和消毒刷(其消毒液吸附在消毒刷背面的海绵内)两种。用消毒液拭擦皮肤或用消毒刷拭刷手、臂。先拭刷手、臂5 min,再刷3 min。

三、穿无菌手术衣

手、手臂清洗、消毒后。手术人员应根据无菌要求穿无菌手术衣：手术衣以后开身系带的长罩衫为好，长袖紧口，用纯棉材料制成，以采用浅蓝或浅绿色较为合理；手术衣应干净，必须经过高压灭菌处理（也可用一次性手术衣）；穿手术衣要在空间较大的地方，远离其他人员和设备，由助手打开手术衣包，手术人员将手术衣轻轻抖开，提起衣领两角，将两手插入衣袖内，两臂前伸，让助手协助穿上和系紧其背后的衣带或腰带。穿灭菌手术衣时应避免衣服外面朝向自己或碰到其他未消毒、灭菌物品和地面，不要让衣下端触及地面。

四、戴一次性灭菌手套

任何一种手的消毒方法均不能使手皮肤达到绝对无菌，为防止手术人员被感染和减轻对组织的损伤，戴手套进行手术是非常必要的。

临床上手套主要有两种：一是经高压灭菌的干手套；二是经消毒液浸泡的湿手套。如果采用干手套，应先穿手术衣，后戴手套；如采用湿手套，应先戴手套，后穿手术衣。虽然干手套和湿手套的戴法不同，但戴手套的一个重要原则：未戴手套的手不可触及手套的外面，已戴手套的手只可触及手套的外面。

1. 戴干手套步骤

（1）穿好手术衣，取出手套包（或盒）内的无菌滑石粉小纸包，将滑石粉撒在手心，然后均匀地抹在手指、手掌和手背上，使手干燥光滑。

（2）用左手捏住左右两手套套口翻折部，先将右手插入手套内，注意勿触及手套外面，再用戴好手套的右手指插入左手手套的翻折部，帮助左手插入手套内。

（3）已戴手套的右手不可触及左手皮肤，将手套折叠部翻回盖住手术衣袖口。

（4）左手将右手手套折叠部翻回盖住手术衣袖口。

（5）用灭菌生理盐水洗净手套外面的滑石粉。

2. 戴湿手套步骤

手套内应灌入适量的消毒液（0.1%新洁尔灭），使手套撑开，便于戴上。戴好手套后，将手腕部向上举起，使水顺前臂沿肘流下，再穿手术衣。

穿好手术衣，戴好手术套后，即可参加手术。如施术动物未准备完毕，应在胸前举起双手等待。

第四节　手术动物和术部的准备与无菌处理

一、病畜的准备

首先对动物进行营养状况、体温、脉搏、呼吸等全身检查以及局部检查。根据动物身体状况最后决定能否手术，将检查结果写入病志。

对畜体适当刷洗，以减少污染机会，必要时可禁饲 1 d。某些手术术前进行瘤胃穿刺、盲肠穿刺、导尿和清肠等。

二、术部的准备与消毒

对于各种手术部位,术部必须充分清洗干净,处理的范围要大于切口以外 10 cm 以上,然后涂以碘酊消毒。

1. 术部剃毛

"顺毛剃,逆毛剪",动物被毛浓密、柔软、附着有大量微生物和污物,将术部周围被毛用电推子剃干净或用毛剪剪短,然后肥皂水洗刷。若被毛无法剃干净,可涂上肥皂水使用手术刀片或刮须刀刮净被毛,再用消毒液清洗。剃毛范围:大动物要超出切口周围 20～25 cm,小动物为 5～7 cm 的范围。

2. 术部消毒

手术区域用肥皂水清洗、拭干、清水清洗、拭干,随后小动物用 2％碘酊棉球,大动物用 5％碘酊棉球对剪毛区域消毒一次,间隔 5 min 左右,再用碘酊涂擦一次、间隔 5 min 左右,用 70％酒精棉球脱碘。消毒范围为剪毛区,消毒顺序:由中心开始,由内向外。也可采取 0.1％新洁尔灭消毒法。

3. 术部隔离

为防止动物骚动、挣扎时灰尘、毛屑等落入术部,采用有孔手术创巾覆盖术区或用四块手术巾顺时针围在切口周围,将手术切口部位露出,用创巾钳或缝针缝合固定,畜体其他部位用大的无菌创巾遮盖。

第五节　手术室的无菌处理

一、紫外灯照射消毒

紫外线的杀菌范围广,可以杀死一切微生物,包括细菌、分支杆菌、病毒、芽孢和真菌等,但是紫外线穿透力差,只能杀灭物体表面的微生物。因此,照射距离一般以 1 m 之内最好,超过 1 m 则效果减弱。另外,紫外线照射过程中产生的臭氧也起到一定杀菌作用。

每次手术前和手术后各消毒一次。每次时间不少于 30 min。

二、化学药物熏蒸消毒

1. 甲醛熏蒸法

40％甲醛溶液,按 2 mL/m³ 用量,加等量水后加热蒸发。

2. 甲醛加氧化剂

40％甲醛溶液(为 x mL)加高锰酸钾粉(为 $1/2x$ g),将高锰酸钾粉直接小心地加入甲醛溶液中,数秒钟之后便可产生大量的甲醛蒸气。消毒持续 4 h,使用前通风散去甲醛气味。

3. 乳酸熏蒸法

乳酸用量 10～20 mL/m³,加等量水后加热蒸发,持续 60 min。

手术进行过程中的无菌意识与以上灭菌准备同样重要。无论手术器械、人员、术部消毒得多么彻底,如果手术过程不按照一定的操作管理规程执行,均会使一切无菌准备功亏一篑。因此,在手术过程中应注意以下事项:手术时减少说话和走动;手到肘,手术台以上至手术人员胸前区域务必保持无菌,尤其是手消毒后,尽量放置在胸前,不要随意触摸其他未消毒的物品;未消毒人员不要触碰已灭菌物品;创巾等隔离术部的物品应该是防水的;手术过程中,器械、敷料污染后应及时处理或更换,做好无菌—有菌—无菌等手术环节的转换,禁止人为造成污染。

思考题

1. 简述手术器械及敷料准备与消毒方法。
2. 手术人员如何准备与消毒?
3. 简述动物术部的准备与消毒方法。
4. 树立无菌观念的重要意义是什么?

第四章　　麻　醉

学习要点

　　了解麻醉、局部麻醉、全身麻醉的概念。掌握不同麻醉方法的原理、适用动物以及不同动物常用麻醉方法。掌握局部麻醉方法及药物的选择；全身麻醉方法和常用药物及全身麻醉时可能的并发症；马属动物、反刍动物、犬、猪等常用全身麻醉药物。

第一节　麻醉的分类

一、麻醉的概念

　　麻醉(anaesthesia)是指用人为的方法(包括化学的和物理的方法)局部或全身地抑制或改变神经、体液的活动，从而导致有机体暂时性的局部感觉迟钝或丧失，直至伴有肌肉松弛的全身知觉的完全消失的方法。安全的麻醉是保证外科手术顺利进行的必要条件，其目的：①简化保定方法，节省保定人力；②使肌肉松弛，便于手术操作；③避免动物在实施手术中骚动，保证无菌手术操作的顺利进行；④避免手术不良刺激传入神经中枢而引起疼痛性休克；⑤在手术过程中，避免人、动物的意外损伤，保障人、动物安全。

二、麻醉的分类

(一)根据麻醉的范围分类

局部麻醉和全身麻醉。

(二)根据给药方式分类

根据给药方式，麻醉分为吸入麻醉和非吸入麻醉。

吸入麻醉指采用气态或挥发性液态麻醉药经过呼吸由肺毛细血管进入血液循环，达到中枢，使中枢神经系统产生麻醉效应的方式。

非吸入麻醉是指麻醉药不经过吸入方式而进入体内并产生麻醉效应的方式。非吸入麻醉包括静脉内麻醉、肌肉内麻醉、口服麻醉、直肠灌注、腹腔内注射等。

(三)根据使用麻醉药的种类和时间分类

根据使用麻醉药的种类和时间，麻醉分为单纯麻醉、复合麻醉、混合麻醉、合并麻醉、配合麻醉。

1. 单纯麻醉

仅单纯采用一种全身麻醉剂施行的麻醉称为单纯麻醉。

2. 复合麻醉

为了增加麻醉药的作用,减轻其毒性和副作用,扩大麻醉药的应用范围而选用几种麻醉药联合使用的麻醉称为复合麻醉。

3. 混合麻醉

在复合麻醉中,同时注入两种或数种麻醉剂的混合物,以达到麻醉的方法(如水合氯醛－酒精、水合氯醛－硫酸镁等)称为混合麻醉。

4. 合并麻醉

间隔一定时间,先后应用两种或两种以上麻醉剂的方法称为合并麻醉。

5. 配合麻醉

采用全身麻醉的同时配合局部麻醉称为配合麻醉。

第二节　局部麻醉

局部麻醉是指利用某些药物暂时阻断神经末梢、神经纤维以及神经干的冲动传导,使其分布或支配的相应局部组织暂时丧失痛觉的一种麻醉方法。局部麻醉包括表面麻醉、浸润麻醉、传导麻醉、脊髓麻醉等。

许多短小的手术可以在局部麻醉的情况下直接进行。与全身麻醉相比,局部麻醉有许多优点,它保证动物在站立情况下可完成较长时间手术,这在大动物避免了长期躺卧手术带来的危险。少量局麻药吸收后对心血管系统、呼吸系统以及实质器官的毒害作用轻微,危重病例不会因麻醉而加重病情。能站立的动物,手术后即可自由行走,便于术后护理。局部麻醉技术并不复杂,不需要昂贵、复杂的仪器设备,便于操作。

▶ 一、常用的局部麻醉药

临床上常用局部麻醉药主要有盐酸普鲁卡因、盐酸可卡因、盐酸利多卡因。

▶ 二、局部麻醉的方法

(一)表面麻醉

表面麻醉指的是将局部麻醉药滴、涂布或喷洒于黏膜表面,利用麻醉药的渗透作用,使其穿过黏膜而阻滞浅在的神经末梢而产生的麻醉方式。表面麻醉常用盐酸可卡因、盐酸利多卡因。

1. 结膜和角膜麻醉

2%利多卡因溶液眼部用药,滴入结膜囊内对结膜和角膜进行麻醉,每隔 5 min 用药 1 次,每次 1~2 滴,共 2~3 次。

2. 气管内插管

常使用利多卡因凝胶,涂抹在气管插管的末端,再行气管内插管,可以防止插管插入后引发咳嗽。

3. 导尿

0.5％丁卡因或2％利多卡因溶液涂抹在导尿管的末端或者阴茎的尿道口处,可用于结石引起的尿道阻塞的导尿。

(二)局部浸润麻醉

局部浸润麻醉指的是将局部麻醉药沿手术切口线皮下注射或深部分层注射,阻滞周围组织中的神经末梢而产生麻醉的方式。局部浸润麻醉可用于简单切除体表肿物、清创或者创口缝合、剖腹产切开和幼犬断尾。常用0.25％～1％盐酸普鲁卡因、0.5％利多卡因。药物注射的方法有直线、菱形、扇形和基部浸润麻醉等方式。

(三)传导麻醉

传导麻醉指的是将局部麻醉药注射到神经干周围,使其所支配的区域失去痛觉而产生麻醉的方式。常用2％～5％盐酸普鲁卡因、2％盐酸利多卡因。其方法:腰旁神经传导麻醉(马属动物选择第一、二、三腰椎横突,位置分别为前、后、后;牛选择第一、二、四腰椎横突,位置分别为前、后、前),为最后肋间神经、髂下腹神经与髂腹股沟神经同时传导麻醉,分3个点刺入。

1. 最后肋间神经刺入点

用手触摸第一腰椎横突游离端前角,垂直皮肤进针,深达腰椎横突前角的骨面,将针尖沿前角骨缘再向前下方刺入0.5～0.7 cm,注射3％的盐酸普鲁卡因溶液10 mL以麻醉最后肋间神经。注射时应左右摆动针头,使药液扩散面扩大。然后提针至皮下,再注入10 mL药液,以麻醉最后肋间神经的浅支。营养良好的动物,可在最后肋骨后缘2.5 cm、距脊中线12 cm处进针。

2. 髂下腹神经刺入点

用手触摸第二腰椎横突游离端后角,垂直皮肤进针,深达横突骨面,将针沿横突后角骨缘再向下刺入0.5～1 cm,注射药液10 mL,然后将针退至皮下再注射药液10 mL,以麻醉第一腰神经浅支。

3. 髂腹股沟神经刺入点

马在第三腰椎横突游离端后角进针,牛在第四腰椎横突游离端前角或后角进针,其操作方法和药液注射量同前。

第三节　全身麻醉

一、全身麻醉的概念

麻醉药经吸入、静脉、肌肉或直肠等途径进入动物体内,对中枢神经系统产生广泛抑制,从而使机体呈现可逆的感觉和意识丧失、痛觉迟钝或消失、神经反射及肌肉活动不同程度受到抑制,这种方法称全身麻醉。

二、吸入麻醉药种类与性质

异氟醚,无色稍有刺激性的挥发气体,吸入时不会引起强烈反抗。异氟醚全麻效能高,介于氟烷和恩氟醚之间。对呼吸道有一定的刺激性。过量可引起呼吸、循环衰竭。对肝肾影响较小,肌松好,诱导平稳而快,苏醒也快,术后复原好,很少有不良副作用。异氟醚可适用于各种年龄、各个部位及各种疾病的手术。

恩氟醚(enflurane)，又称安氟醚，为无色透明液体，无明显刺激味。恩氟醚全麻效能高，强度中等。临床应用时对呼吸道无明显刺激，不增加气道分泌，可扩张支气管，较少引起咳嗽、喉痉挛。能抑制胃肠道蠕动和腺体分泌，麻醉后恶心、呕吐少。对呼吸、循环的抑制作用较强，尤以深麻醉时为然，故应控制吸入浓度，谨防麻醉过深。恩氟醚的适应证很广，可用于各种年龄、各部位的大小手术。对糖尿病、重症肌无力及眼科手术，具有明显的优点。

三、吸入麻醉机的组成

吸入麻醉机包括氧源(氧气瓶、氧气总阀门和减压阀)、蒸发罐、氧气流量计、氧气压力表、气道压力表、呼吸回路、呼吸机二氧化碳吸收装置。

(一)循环紧闭式的呼吸回路

呼吸回路是麻醉机与患病动物相连接的联合气路装置，为患病动物输送氧气和麻醉剂，同时清除患病动物产生的 CO_2，从而完成麻醉和正常的气体交换(图 4-1)。

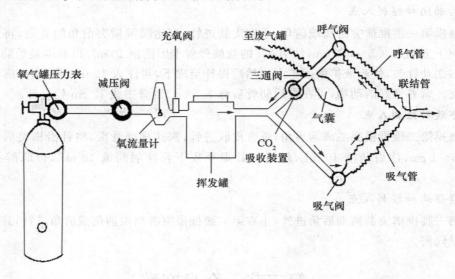

图 4-1 紧闭式呼吸回路

(二)氧流量的控制

使用循环紧闭式呼吸麻醉，动物氧流量一般在 $10\sim15$ mL/min。诱导麻醉后吸入麻醉的初始浓度一般在 $4\%\sim5\%$，氧气的浓度通过分钟通气量给予评价(分钟通气量＝呼吸频率×潮气量)，然后根据动物的麻醉深度调节麻醉药浓度和氧气流量。

(三)对气管插管的检查

首先检查大小是否合适，其次检查气囊是否漏气，如再次循环利用必须要清洁消毒。

(四)拔除气管插管的体征

动物恢复会厌反射即可以拔除气管插管。动物可能会出现呛咳、吞咽及舌头恢复张力等情况。拔除气管插管前，必须先抽除气囊内的气体。

四、吸入麻醉操作方法

(一)开启麻醉机

打开氧源,调节减压阀使压力在 0.2～0.4 MPa;检查快速供氧通路是否漏气。检查呼吸回路中的气囊是否正常工作;打开快速供氧的开关,检查气囊是否能够充盈,挤压气囊回路的吸气瓣是否打开。检查碱石灰是否已经无效,添加适量的吸入麻醉药。打开电源,检查呼吸机是否正常工作,如无异常,根据动物和手术需要调节好潮气量和呼吸频率以及呼吸比。

(二)麻醉前给药

阿托品 0.02～0.05 mg/kg,皮下注射;格隆溴铵 1 mg/kg,皮下注射。这些药物可明显减少呼吸道和唾液腺的分泌,使呼吸道保持通畅;降低胃肠蠕动,防止手术时呕吐;阻断迷走神经反射,预防反射性心率减慢或骤停。

(三)诱导麻醉

丙泊酚 3～5 mg/kg。

(四)气管插管

待动物会厌反射消失,使患病动物俯卧,用绷带将动物的口腔张开,向外牵拉舌头,暴露会厌软骨。可用咽喉镜向下压住会厌软骨,当能看见气管入口处时,立即插入气管插管,并将气管插管上的套囊充气固定气管插管,接上氧源和麻醉药混合气体。

(五)气管插管的固定

在动物口腔中塞入大小合适的绷带卷,并用绷带将其固定在口腔中,以防止犬苏醒时咬破气管插管。

(六)维持麻醉

给予麻醉药和氧气混合气体。每 5 min 监测 1 次,根据麻醉深度调节麻醉药浓度并监视呼吸机的使用。手术结束后,停止吸入异氟醚,给予纯氧。根据动物会厌反射的恢复情况,适时拔除气管插管。

(七)观察记录动物苏醒过程及其表现

当患病动物手术完成,气管插管拔出后进入苏醒区时,兽医护理人员应根据动物所进行的手术将其保定好。每 15～30 min 测量一次直肠温度;每隔 5 min 对脉搏和心脏情况进行测量记录;每隔 5 min 记录一次呼吸频率和呼吸深度。观察黏膜的颜色,进行毛细血管充盈时间的监测;观察动物疼痛反应;观察眼球位置、瞳孔大小,并详细记录。

五、注意事项

犬、猫等动物麻醉前给药,15 min 后进行诱导麻醉,麻醉确实之后进行气管插管,成功后立即接上吸入麻醉机,麻醉 30 min,记录观察动物麻醉中的状态。

气管插管的注意事项:选择合适的气管插管;在动物镇静,咽喉反射基本消失的条件下进行气管插管;插管位置不宜过深,一般在胸腔入口处;气囊不能过度充盈,防止对气管造成损伤。

如何判断气管插管是否正确插入气管?大部分动物在插入气管插管时会有呛咳;按压胸腔耳

听插管端口是否有呼吸音;可直接在颈部触摸气管,然后稍微活动气管插管,感觉插管是否在气管内;也可将毛发放在插管端口观察其是否与呼吸动作相应。如确定插入气管内,将气管插管的指示囊充气、固定。

如何判断二氧化碳吸收剂是否有效?通常根据吸收剂颜色来判断。如果是碱石灰,若有1/3~1/2的碱石灰颜色由淡粉变成白色,则此时应该更换吸收剂。更换吸收剂时,不要将吸收罐全部填满,以避免增加吸收不良的死腔;要保持吸收剂平整。

六、麻醉监护

(一)手术动物的监护

麻醉监护的目的在于及早发现机体生理平衡异常,以便能及时治疗。麻醉监护可借助人的感官和特定监护仪器观察、监察和记录器官的功能改变。监护的重点在诱导麻醉和手术准备期间。

(二)诱导麻醉期的监护

此时期监护应监察脉搏、黏膜颜色、毛细血管再充盈时间以及呼吸深度与频率。此外,还应该观察动物是否发生呕吐。

(三)手术期间的监护

(1)麻醉深度　取决于手术引起的疼痛刺激程度。监测眼睑反射、眼球位置和咬肌紧张度、呼吸频率及血压的变化。

(2)呼吸　几乎所有的麻醉药均抑制呼吸,监护呼吸具有特殊意义。主要监测呼吸的通畅度、呼吸频率、呼吸幅度和黏膜颜色等指标,有条件的还可以对潮气量、动脉血气分析、二氧化碳分压和血氧饱和度等实施监测。

(3)循环系统　综合脉搏、心率、节律和毛细血管充盈时间、血压等指标综合评价心脏功能。

(4)全身状态　注意神志变化,痛觉反应以及其他的反射。

(5)体温变化　动物麻醉时体温一般会下降1~2℃或3~4℃,体温监测以直肠内测量为好。

(6)体位变化　体位变化有可能会影响呼吸。

七、临床常用非吸入全身麻醉药

(一)速眠新注射液

速眠新注射液又称846。主要成分:盐酸赛拉唑、氟哌啶醇、双氢埃托啡。可用于手术麻醉,在犬、猫广泛应用,也可用于马、牛、羊、熊、兔、猴和鼠等。使用剂量:纯种犬0.03~0.08 mL/kg,杂交犬0.08~0.1 mL/kg,猫、兔0.1~0.12 mL/kg,马0.01~0.015 mL/kg,牛0.005~0.015 mL/kg,羊0.01~0.03 mL/kg,猴0.1~0.15 mL/kg;对心血管和呼吸系统有一定的抑制作用,特效解救药为苏醒宁,以1:(1~2)静脉或肌肉注射给药。

(二)舒泰注射液

主要成分:噻环己胺、咪唑安定。

根据动物的全身状态和需要选择麻醉剂量。犬使用舒泰的剂量如表4-1所示。

表 4-1　犬用舒泰的使用剂量　　　　　　　　　　　　　　　　　　　　　　　　mg/kg

临床要求	肌肉注射	静脉注射	追加剂量
镇静	7~10	2~5	
小手术(<30 min)	4	7	
小手术(>30 min)	7	10	
大手术(健康犬)	5(麻醉前给药)	5	
大手术(老龄犬)		2.5(麻醉前给药),5	5
气管插管(诱导麻醉)		2	2.5

对机体的影响:体温易降低;抑制心血管功能,使心率、血压升高。

使用舒泰后 30~120 min 内动物苏醒,苏醒后动物的肌肉协调性恢复快,可用于癫痫、糖尿病和心脏功能不佳的动物的麻醉。

思考题

1.牛腰旁神经传导麻醉的操作如何进行?

2.麻醉前用药的意义及吸入麻醉时气管插管的要领包括哪些?

3.注射麻醉与吸入麻醉的优缺点是什么?

第五章　外科基本技术

第一节　常用外科手术器械认识及使用

一、各种手术器械的名称及使用方法

(一)手术刀

手术刀主要用于切开和分离组织。另外刀柄还用于组织钝性分离，或代替骨膜分离器分离骨膜。在手术器械不足的情况下，可暂代手术剪切开腹膜、切断缝线等操作。

手术刀分固定刀柄和活动刀柄两种。活动刀柄手术刀由刀柄和刀片两部分组成。装刀片的方法是用止血钳或持针钳夹持刀片约上 1/3 处，装置于刀柄前端的槽缝内；手术结束后轻轻夹起刀片背侧尾端，平行向前推动即可将刀片退下。

刀柄和刀片有不同的型号。常用的刀柄规格有 4、6、8 号，这 3 种型号刀柄适合安装 19、20、21、22、23、24 号大刀片；3、5、7 号刀柄适合安装 10、11、12、15 号小刀片。刀片不能混装于不同型号的刀柄上。手术刀片按刀刃的形状可分为圆刃手术刀、尖刃手术刀和弯形手术刀等。手术刀片应及时更换，以确保刀刃的锋利。

执刀方法要正确，动作力度应得当、准确、有效，避免造成组织过度损伤。主要的执刀姿势有如下几种。

1. 指压式

通过拇指、食指、中指夹持手术刀，食指放在刀片与刀柄接合部，拇指和中指放在刀柄的横纹或纵槽处，其他指辅助，切割过程中主要用腕与手指的力量切割，故为最常用的执刀方法。适用于切开皮肤、腹膜及切断钳夹组织，坚韧的较长距离的组织切开。

2. 执笔式

如同握钢笔，力量较小，主要在手指，但操作精细，适用于切开短小切口，分离血管、神经等。

3. 全握式

用手全握。力量较大在手腕，用于切开坚韧的组织。如皮肤的切开及一些肌腱和韧带组织的切开。

4. 反挑式

刀刃向上,挑开表层组织,以免损伤深部组织。如胆囊壁、脓肿及腹膜的切开。

外科手术时,应根据手术的种类和性质选择不同的执刀方式。不论采用何种方式,拇指均应放在刀柄横纹或纵槽处,食指放在刀柄对侧的近刀片端,以稳定刀柄并控制刀片的方向和力量。刀柄握得过高或过低都会影响操作:过高不易控制运刀的方向和力度;过低则会妨碍视线。用手术刀切开或分离组织时,除特殊情况外,一般用刀刃突出部分,避免因刀尖插入看不见的深层组织内而误伤重要的组织和器官。此外,手术操作时要根据不同部位的解剖特点控制力量和深度,避免造成意外的组织损伤。

(二)手术剪

依据用途不同,手术剪分为组织剪和剪线剪两种。组织剪用于组织分离和剪断组织,剪线剪用于剪断缝线。组织剪的尖端较薄,剪刃要求锋利而精细。剪线剪头钝而直,刃较厚。为适应不同性质和部位的手术,手术剪分大小、长短、弯直几种,其中直的组织剪用于浅部手术操作,弯剪用于深部组织分离。

正确执剪方法:以拇指和第四指插入剪柄的两环内,不宜插入过深,食指轻压在剪柄和剪刀交界处的关节上,中指放在第四指插入环的前外方柄上,准确地控制剪开的方向和长度。其他的执剪方法则各有缺点,均不正确。

(三)手术镊

手术镊用于夹持、稳定或提起组织以利切开和缝合。手术镊有不同的大小、长度,其尖端有有齿和无齿、尖头和钝头之分。有齿镊损伤性大,用于夹持坚硬组织。无齿镊损伤性小,用于夹持脆弱的组织和器官。

正确的持镊方法是用拇指对食指和中指持拿,持夹的力度应适中。

(四)止血钳

止血钳又叫血管钳,主要用于夹住出血部位的血管或出血点,以达到直接钳夹止血的效果;有时也用于分离组织、牵引缝线。止血钳分为直、弯两种,直钳用于浅表组织和皮下止血,弯钳还可用于深部止血。

使用止血钳止血时,应尽可能地避免夹过多的组织,防止影响止血的效果或造成不必要的组织损伤。任何止血钳对组织都有挤压作用,所以不宜用于夹持脏器及脆弱组织。

松钳方法:用右手时,将拇指及第四指插入柄环内捏紧使扣分开,再将拇指内旋即可;用左手时,拇指及食指持一环柄,第三、四指顶住另一环柄,二者相对用力,即可松开。

(五)持针钳

持针钳又叫持针器,用于夹持缝针缝合组织。持针钳分握式和钳式持针钳两种,大动物手术常用握式持针钳,小动物手术常用钳式持针钳。

使用持针钳夹持缝针时,缝针应夹在靠近持针器的尖端,若夹在齿槽中间,则易将针折断。一般夹在缝针的针尾1/3处,缝线应重叠1/3,以便于操作。

(六)缝合针

缝合针用于缝合组织或贯穿结扎。分两种类型:无眼缝合针(无损伤缝针)和有眼缝合针。无损伤缝针有特定的包装,保证无菌,可以直接使用,多用于血管、肠管的缝合。有眼缝针根据针孔的不同又分为穿线缝合针和弹机孔缝合针,后者针孔有裂槽,缝线由裂槽直接压入针眼,便于穿线。

缝合针根据弧度的不同分为直形、1/4弧形、1/2弧形、3/8弧形、5/8弧形和半弯形。缝合针针尖分为圆锥形和三角形两种。圆针主要用于胃肠、膀胱、子宫等脏器的缝合;三角形针有锐利的刃缘,用于较厚致密组织的缝合,如皮肤、腱、筋膜等。

(七)牵开器

牵开器分手持牵开器和固定式牵开器两种,用于牵开术部表面组织,加大深部组织的显露,以利于手术操作。手持拉钩的优点是,可以随着手术操作的需要,灵活改变牵拉的位置、方向和力量。当人力不足时,显露不需要改变或不能改变的区域,可用固定牵开器。

(八)巾钳

巾钳用以固定手术巾。用时连同手术巾一起夹住皮肤。防止手术巾移动,通过手术巾隔离避免手或器械与术部接触而造成污染。

(九)肠钳

肠钳用于肠管手术,其齿槽薄,弹性好,对组织损伤小,可以阻断肠内容物的移动、溢出或肠壁出血。使用时需套上乳胶管,可进一步减少对组织的损伤。

(十)探针

探针分普通探针和有沟探针。用于探查窦道,借以引导进行窦道及瘘管的切除或切开。在腹腔手术中,常用有沟探针引导切开腹膜。

二、手术器械的使用及传递方法

在施行手术时,所需要器械较多,为了避免在手术操作过程中刀、剪、缝针等器械误伤手术操作人员和争取手术时间,手术器械必须按一定的方法传递。器械的整理和传递是由器械助手负责,器械助手在手术前应将所用的器械分门别类依次放在器械台的一定位置上,传送时器械助手须将器械之握持部递交到术者或第一助手的手掌中。例如传递手术刀时,器械助手应控住刀柄与刀片衔接处的背部,将刀柄端送至术者手中。切不可将刀刃传递给术者,以免刺伤。

传递剪刀、止血钳、手术镊、肠钳、持针钳等,器械助手应握住钳、剪的中部,将柄端递给术者。在传递直针时,应先穿好缝线,拿住缝针前部送给术者,术者取针时应握住针尾部,切不可将针尖传给操作人员。

三、外科手术器械的保养与存储

爱护手术器械是外科工作者必备的外科素养之一。除正确合理地使用手术器械外,还应注意爱护和保养器械。在存放及消毒的过程中要注意将普通器械与利刃和精密器械分开,以免互相碰撞而造成损伤。器械使用后,应立即清点和清洗。手术刀应及时卸下手术刀片,并将刀柄前端的槽缝清洗干净,器械清洗时,应尽量将关节部位打开,以利清洗残存的血凝块和组织碎片,清洗后应仔细擦干。不允许用止血钳夹持坚、厚物品,更不允许用止血钳夹持碘酊棉球等消毒药棉。金属器械在非紧急情况下禁用火焰灭菌。被脓汁或粪便污染的器械,应置于2%的煤酚皂中浸泡1 h,然后清洗干净,并要经高压蒸汽灭菌或煮沸消毒,然后置于干燥箱内烘干。

不经常使用的器械,应在清洁干燥后,涂上一层凡士林或液状石蜡以便储存。

第二节 打结技术

打结是确保外科手术能够迅速、有效完成的最基本的操作技能之一。正确而牢固地打结是结扎止血和缝合的重要环节。熟练打结不仅可以防止结扎线的松脱而造成创伤裂开和继发性出血，而且可以缩短手术时间。

一、结的种类

常用的结有方结、三叠结和外科结(图 5-1)。

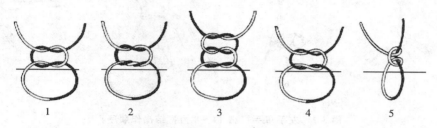

图 5-1 各种线结
1.方结　2.外科结　3.三叠结　4.假结(斜结)　5.滑结

(一)方结

方结又称单结,是由两个方向不同的简单单结构成。用于结扎较小血管和各种缝合时的打结,不易滑脱。

(二)三叠结

三叠结又称加强结,是在方结的基础上再加一个结,共 3 个结。较牢固,结扎后即使松脱一道,也无妨,但遗留于组织中的结扎线较多。常用于缝合张力大的组织、大血管及肠线的结扎。

(三)外科结

打第一个结时绕两次,增加摩擦力,打第二结时第一结不易滑脱和松动,此结牢固可靠。多用于大血管、张力较大的组织和皮肤缝合。

(四)错误的结

1.假结(斜结)

打结时手法不正确所打出的结,此结易松脱。

2.滑结

打方结时,两手用力不均,只拉紧一根线,虽两手交叉打结,结果仍形成滑结,而非方结,亦易滑脱,应尽量避免发生。

二、打结的方法

常用打结方法有 3 种,即单手打结、双手打结和器械打结。

(一)单手打结法

单手打结法为常用的一种方法,简便迅速。左右手均可打结。随个人的打结习惯而不同,但基本动作相似。其中左手单手打结是最为常用的一种打结方法,因手术中右手常用于持拿器械,所以左手单手打结较为简便迅速,具体打结方法见图 5-2。

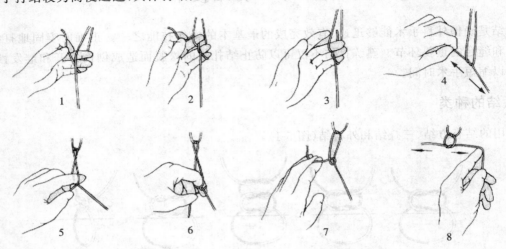

图 5-2　左手单手打结(1～8 为打结操作顺序)
来源:林德贵. 兽医外科手术学. 5 版

(二)双手打结法

双手打结法除用于一般结扎外,对深部或张力大的组织的缝合,较为方便可靠,具体打结方法见图 5-3。

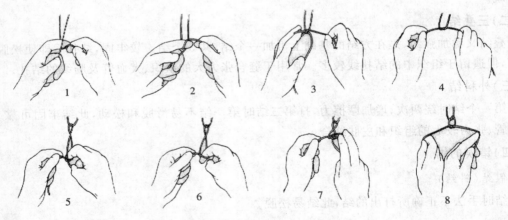

图 5-3　双手打结(1～8 为打结操作顺序)
来源:林德贵. 兽医外科手术学. 5 版

(三)器械打结法

器械打结法用持针钳或止血钳打结。适用于结扎线较短、狭窄的术部、创伤深处和某些精细手术的打结。方法是把持针钳或止血钳放在缝线的较长端与结扎物之间,用长线头端缝线环绕持针钳一圈后,夹住短线头收紧即完成第一结。打第二结时用相反方向环绕持针钳一圈后夹住短线头拉紧,即成为方结,具体打结方法见图 5-4。

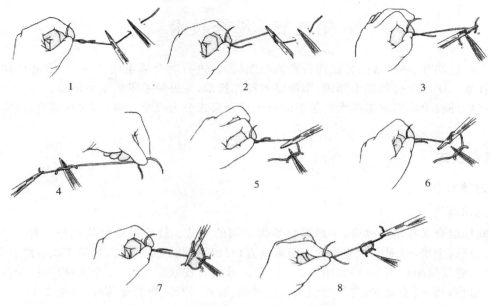

图 5-4　器械打结（1～8 为打结操作顺序）

来源:林德贵.兽医外科手术学. 5 版

三、打结注意事项

打结收紧时要求三点成一条直线,即左、右手的用力点和结扎点成一条直线,不可成角向上提起,否则使结扎点容易撕脱或结松脱。无论用何种方法打结,第一结和第二结的方向不能相同,即两手需交叉,否则即成假结。如果两手用力不均,可成滑结。两手用力要均匀,两手的距离不宜离线太远,特别是深部打结时,最好用两手食指伸到结旁,以指尖顶住双线,两手握住线端,徐徐拉紧,否则易松脱。

四、剪线和拆线

正确剪线方法是术者打结结束后,将双线尾提起,略偏身体左侧,助手用稍张开的剪刀尖沿着拉紧的缝线滑至结扣处,再将剪刀稍向上倾斜,然后剪断。总结起来可以四个字概括"顺、滑、斜、剪"。倾斜的角度取决于要留线头的长短。理论上,为减少组织的反应,应在确保线结牢固的基础上尽可能将线端留短。但肠线和聚乙醇酸线应适当留长,以避免线结滑脱。

拆线指拆除皮肤缝线。缝线拆除时间一般为术后的 7～8 d,但当出现营养不良、贫血、老龄家畜、缝合部位活动性大、创缘呈紧张状态等情况时,应适当延长拆线时间。当创伤已化脓或创缘已被缝线撕断不起缝合作用时,可根据创伤治疗的情况需要,随时拆除全部或部分缝线。

正确拆线方法:①用碘酊消毒创口和缝线及创口周围皮肤后,将线结用镊子轻轻提起,剪刀插入线结下,紧贴皮肤针眼将线剪断;②拉出缝线,拉线方向应朝向拆线的一侧(挤压创口),动作应轻巧,否则可能将伤口拉开;③用碘酊再次将创口及周围皮肤消毒。

第三节　缝合技术

缝合是将已切开、切断或因外伤而分离的组织、器官进行对合或重建其通道,保证良好愈合的基本操作技术。学习缝合的基本知识,掌握基本操作技术,是外科手术的重要环节。

当前兽医外科手术的基本技术将组织缝合的缝合模式分为三个方面,即对接缝合、内翻缝合和张力缝合。

一、缝合模式

(一)对接缝合

1.单纯间断缝合

单纯间断缝合又称结节缝合,是最简单最为常用的方法。缝合时缝针从创缘一侧 0.5～1 cm 处垂直刺入穿透全层,至对侧相应位置等距离垂直出针后打结,每缝 1 针,打结 1 次。缝合时,创缘要密切对合,缝线间距相等(一般间距 0.5～1.5 cm 或缝合皮肤时 1～1.5 个皮厚)。打结在切口一侧,防止压迫伤口。用于皮肤、皮下组织、筋膜、黏膜、血管、神经、胃肠道等缝合(图 5-5)。

优点:操作简便,迅速。在愈合过程中,即使个别缝线断裂,其他邻近缝线不受影响,不致整个创口裂开。能够根据各种创缘的张力正确调整每个缝线张力。如果创口有感染可能,可拆除少数缝线进行排液。对切口创缘血液循环影响较小,有利于创口愈合。

缺点:缝合需要时间长,使用缝线较多,组织内异物多。

2.单纯连续缝合

单纯连续缝合又称螺旋形连续缝合。用一条长的缝线自始至终连续缝合一个创口,最后打结。第一针和打结操作同结节缝合,以后每缝一针都应事先确保创缘对合,使用同一缝线等距离缝合,拉紧缝线,最后留下线尾,在一侧打结。注意每针都需拉紧缝线对合创缘,针距相等,不宜过紧。常用于具有弹性、无太大张力的较长切口。如肌肉、筋膜、腹膜,以及子宫、胃、肠等第一层的缝合(图 5-6)。

其优点是节省缝线和时间,密闭性好。缺点是若一处断裂,则整个缝线拉脱,造成创口哆开。

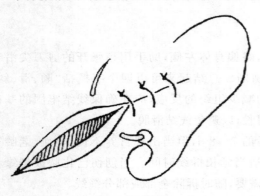

图 5-5　结节缝合　　　　　　　　　　　　　　图 5-6　螺旋形连续缝合

3.表皮下缝合

表皮下缝合适用于小动物的皮肤缝合。缝针从创缘一端开始刺入真皮下,再翻转缝针刺入另一侧真皮下,在组织深处打结。再应用连续水平褥式缝合,最后缝针翻转刺向真皮打结,将线结埋置于深部组织内。常选择可吸收性缝合材料(图5-7)。

其优点是能消除普通缝合针孔的小瘢痕。操作快,节省缝线。缺点是具有连续缝合的特点,一处断裂,则整个缝线拉脱,且张力强度较差。

4.压挤缝合法

缝针刺入浆膜、肌层、黏膜下层和黏膜层进入肠腔。在越过切口前,从肠腔再刺入黏膜到黏膜下层。越过切口,转向对侧,从黏膜下层刺入黏膜层进入肠腔。在同侧从黏膜层、黏膜下层、肌层到浆膜层刺出肠表面。两端缝线拉紧、打结。这种缝合方法是浆膜、肌层相对接;黏膜、黏膜下层内翻。这种缝合是肠组织本身组织的相互挤压,可以很好地防止泄漏,使肠管密切对接,保证正常的肠腔容积。常用于犬、猫等小动物肠管的吻合(图5-8)。

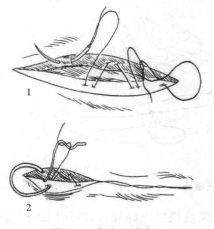

图5-7 表皮下缝合

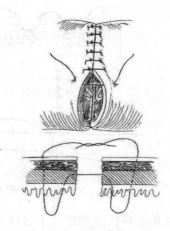

图5-8 压挤缝合

5.十字缝合法

第一针开始,缝针从一侧到另一侧做结节缝合,第二针平行第一针从一侧到另一侧穿过切口,缝线的两端在切口上交叉形成十字形,拉紧打结。用于张力较大的皮肤缝合(图5-9)。

6.连续锁边缝合法

这种缝合方法与单纯连续缝合基本相似,只是在缝合时每次将缝线交锁,此种缝合可以使每一针缝线在进行下一次缝合前就得以固定,能使创缘对合良好。适用于皮肤直线形切口及薄而活动性较大的部位缝合(图5-10)。

图5-9 十字缝合

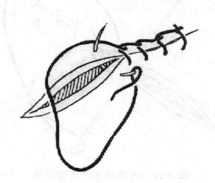

图5-10 连续锁边缝合

(二)内翻缝合

1. 伦勃特氏缝合法

伦勃特氏缝合法又称垂直褥式内翻缝合法,用于胃、肠、子宫等空腔器官的浆膜肌层缝合,能使创缘内翻,避免污染,利于愈合。分间断和连续两种,缝合方法是缝线于同侧进针同侧出针后压过创缘至对侧后再同侧进针同侧出针,进针和出针的方向与切口垂直。

分为以下 2 种方法:

(1)间断伦勃特氏缝合法 缝线分别穿过切口两侧浆膜及肌层即行打结,使部分浆膜内翻对合,用于胃肠道的外层缝合(图 5-11)。

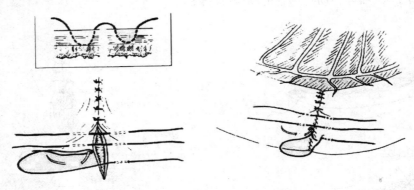

图 5-11　间断伦勃特氏缝合

(2)连续伦勃特氏缝合法 于切口一端开始,先做一浆膜肌层内翻缝合,再用同一缝线做浆膜肌层连续缝合至切口另一端(图 5-12)。其用途与间断内翻缝合相同。

2. 库兴氏缝合法

库兴氏缝合法又称连续水平褥式内翻缝合法。这种缝合方法是从伦勃特氏缝合方法连续缝合演变来的。缝合方法是缝线于切口一端开始先做一浆膜肌层间断内翻缝合,再用同一缝线同侧进针同侧出针后压过创缘至对侧后再同侧进针同侧出针,进针和出针的方向与切口平行,最后在切口另一端再做一浆膜肌层间断内翻缝合。此法适用于胃、子宫、膀胱浆膜肌层的缝合(图 5-13)。

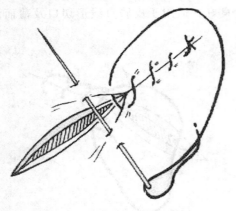

图 5-12　连续伦勃特氏缝合法

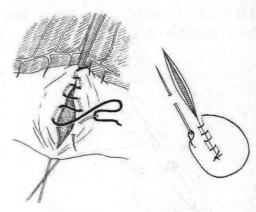

图 5-13　库兴氏缝合

3.康乃尔氏缝合法

康乃尔氏缝合法又称全层水平褥式内翻缝合法。这种缝合方法与库兴氏缝合方法相似,不同的是缝针要贯穿全层组织(即浆膜层、肌层、黏膜下层、黏膜层),而库兴氏缝合方法仅穿透胃、肠、子宫壁切口的浆膜肌层(图 5-14)。

4.荷包缝合

荷包缝合主要用于空腔器官较小的切口或穿孔的环形连续缝合,以及瘘管的固定等。一般作浆膜肌层或浆膜层、肌层和黏膜层的缝合,最后打结,锁紧整个创口(图 5-15)。

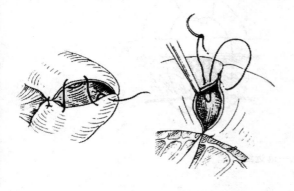

图 5-14　康乃尔氏缝合

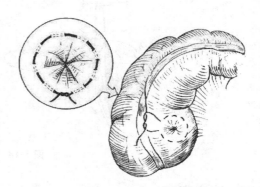

图 5-15　荷包缝合

(三)张力缝合

1.间断垂直褥式缝合

距创缘 8 mm 入针刺入真皮下至对侧 8 mm 出针,再于对侧 4 mm 入针至同侧 4 mm 出针后打结。缝线垂直于切口,线距 5 mm。其特点是对合良好,抗张力强。缝合时要求缝针必须刺入皮肤真皮下,接近切口的两侧刺入点要求接近切口,这样皮肤创缘对合良好,不出现外翻(图 5-16)。

2.间断水平褥式缝合

用于牛、马等大动物皮肤缝合,减张性好。与上类似,但缝线方向与切口平行。出入针距创缘约 4 mm,出入点距离约 8 mm;针距约 4 mm。皮外缝线可安置胶管或纽扣增大抗张力。缝合时要求缝针必须刺入皮肤真皮下,不能刺入皮下组织,这样皮肤创缘对合良好,不出现外翻(图 5-17)。

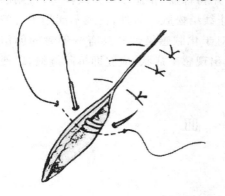

图 5-16　间断垂直褥式缝合

图 5-17　间断水平褥式缝合

3.近远—远近缝合

用于张力大的皮肤、筋膜缝合,减张性及创口对合良好,但皮外留双线。第一针接近创缘垂直刺入皮肤,越过创底,至对侧距切口较远处垂直刺出皮肤。翻转缝线,越过创口至第一针刺入侧距创缘较远处垂直刺入皮肤,越过创底,至对侧距创缘较近处垂直刺出皮肤,与第一针缝线末端拉紧打结(图5-18)。

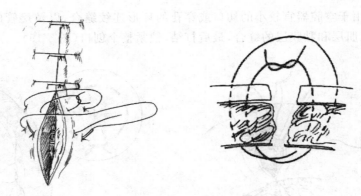

图 5-18 近远—远近缝合

二、注意事项

(一)缝合应严格遵守无菌操作

缝合前必须彻底止血,清除血凝块、异物及坏死的组织。缝合时应同层组织相缝合,进针和出针的位置应彼此相对,针距相等,并且确保两针孔之间有一定的抗张距离。缝合后,创缘、创壁应互相均匀对合,皮肤创缘不得内翻,创伤深部不应留有死腔。

(二)选择合适的缝合材料与缝合方法

要根据缝合材料的特性、具体手术的部位和情况的需要选择适宜的缝合材料和缝合方法,应确保缝合的严密性以及缝线能够达到所需要承受的张力,并尽可能地减小由缝线引起的组织反应。使用肠线之前应先在温生理盐水中浸泡片刻,待其柔软后再用,以防止因线质过硬而影响打结的效果;但浸泡的时间也不宜过长,以免肠线膨胀易断。不可用持针器、止血钳夹持线体部,否则肠线易断。使用肠线和聚乙醇酸缝线打结均应打加强结,以防止线结松脱。另外,丝线不能用于管腔器官的黏膜层缝合,也不能用于缝合被污染或感染的创伤。对于化脓感染创和具有深创囊的创伤可不缝合,或必要时做部分缝合。已缝合的创伤,若在手术后出现感染症状,应立即拆除缝线,以便于创液排出和创伤愈合。

第四节 止 血

一、出血种类

(一)按照受伤血管不同分类

(1)动脉出血 出血速度快,喷射,鲜红。

(2)静脉出血 出血速度较慢,涌出,暗红或紫红。

(3)毛细血管出血 渗出,点状出血。颜色在动、静脉出血颜色之间。

(4)实质器官出血 实质器官、骨松质及海绵组织损伤,为混合性出血,有动、静脉出血。

(二)按照出血次数和时间分类

(1)初次出血 直接发生在组织受到创伤之后的出血称为初次出血。

(2)二次出血 血管出血止血后,又再次出血称为二次出血,多发生在动脉。

(3)重复出血 多次重复出血,见于破溃的肿瘤。

(4)延期出血 受伤当时并未出血,经若干时间后发生出血。

二、术中失血量的推算

手术中准确地推算失血量并及时补充,是防止手术休克的重要措施。常用方法有称纱布法和根据临床征象推算。

(1)称纱布法 失血量=(血纱布重-干纱布重)+吸引瓶中血量

按血液比重为 1 g/mL 推算

(2)根据临床征象推算:手术过程中不易觉察。

三、止血方法

(一)全身预防性止血法

全身性预防性止血法是在手术前给动物注射增高血液凝固性的药物和同类型血液,借以提高机体抗出血的能力,减少手术过程中的出血。常采用以下几种方法。

(1)肌肉注射维生素 K 注射液 可以促进血液凝固,增加凝血酶原。

(2)肌肉注射安络血注射液 可以增强毛细血管的收缩力,降低毛细血管渗透性。

(3)肌肉注射止血敏注射液 可以增强血小板机能及黏合力,减小毛细血管渗透性。

(二)局部预防性止血法

(1)肾上腺素止血 应用肾上腺素做局部预防性止血,常配合局部麻醉进行。一般是在每1 000 mL 普鲁卡因溶液中加 0.1%肾上腺素溶液 2 mL,利用肾上腺素收缩血管的作用,达到减少手术局部出血的目的。

(2)止血明胶海绵 促进血液凝固,提供凝血时所需的支架结构。

(3)止血带 可暂时阻断血流,减少手术中的失血,有利于手术操作。在向心端结扎,用于四肢、尾部等部位手术。松止血带时,应慢慢松,严禁一次松开。

(三)手术过程中止血

(1)钳夹止血 利用止血钳最前端夹住血管断端,钳夹方向应尽量与血管垂直,钳夹的组织越少越好,切不可做大面积钳夹。

(2)钳夹结扎 用于较大血管出血。止血钳钳夹后,血管断端用缝线进行结扎。

(3)压迫止血 是用灭菌纱布压迫出血的部位,以清除术部的血液,弄清组织和出血径路及出血点,以便进行止血。在毛细血管渗血和小血管出血时,如果机体凝血机能正常,压迫片刻,出血即可自行停止。为了提高压迫止血的效果,可选用温生理盐水、1%～2%麻黄素、0.1%肾上腺素、2%氯化钙溶液浸湿后拧干的纱布块做压迫止血。在止血时,必须是按压,不可擦拭,以免损伤组织或使血栓脱落。

（4）纱布填塞　深部大血管出血，一时找不到血管断端，钳夹或结扎止血困难时，用灭菌纱布紧塞于出血创口或解剖腔内，压迫血管断端达到止血目的。在填入纱布时，必须将创腔填满，以便有足够的压力压迫血管断端。填塞止血留置的敷料通常在12～48 h后取出。

（5）电凝止血　利用高频电流凝固组织的作用达到止血的目的。使用方法是用止血钳夹住血管断端，向上轻轻提起，擦干血液，将电凝器与止血钳接触，待局部发烟即可。

电凝时间不宜过长，否则烧伤范围过大，影响切口愈合。在空腔脏器、大血管附近及皮肤等处不可用电凝止血，以免组织坏死发生并发症。

电凝止血的优点是止血迅速，不留线结于组织内，但止血效果不完全可靠，凝固的组织易于脱落而再次出血，所以对较大的血管仍应以结扎止血为宜，以免发生继发性出血。

使用电凝止血时，止血钳除了与所夹的出血点接触外，不应与周围组织接触。电凝止血多用于较表浅的小出血点或不易结扎的渗血。

（6）烧烙止血　利用电烧烙器或烙铁烧烙的作用，使血管断端收缩封闭而止血。其缺点是损伤组织较多，兽医临诊上多用于弥散性的出血、一些摘除手术后的止血。使用烧烙止血时，应将电阻丝或烙铁烧得微红才能达到止血的目的，但也不宜过热，以免组织炭化过多，使血管断端不能牢固堵塞。烧烙时，烙铁在出血处略加按压后即迅速移开，否则组织会黏附在烙铁上，烙铁移开时会将组织扯离。

? 思考题

1.各种外科手术器械的使用方法是什么？

2.结的种类有哪些？哪些结是正确的？哪些结是错误的？

3.缝合的方法有哪些？每种缝合方法应用的范围如何？

4.临床上在手术过程中常用的止血方法有哪些？

第六章

临床常见的外科手术

学习要点 //////////////////////////////////

了解颈部手术、腹部手术(胃、肠)、泌尿生殖系统手术适应病症及局部解剖构造,理解各种手术原理。掌握颈部手术、腹部手术(胃、肠)、泌尿生殖系统手术术式。

第一节   食管切开术

一、适应症

当动物因吃食物或异物发生食管梗塞,不能通过口腔或推入胃取出时,常采用食管切开术,另外食管切开也适用于食道憩室的治疗和新生物的摘除。

二、麻醉与保定

采用全身镇静,局部配合浸润麻醉,也可全身麻醉。
采取侧卧保定,也可站立保定。颈部伸直,固定头部。

三、术式

1.切口选择

颈部食管手术通常分为上部切口与下部切口。①上部切口是在颈静脉的上缘,臂头肌下缘0.5～1 cm处,沿颈静脉与臂头肌之间做切口。此切口距离主手术食管最近,手术操作较为方便。优点是食管位置浅在,易分离;缺点是感染后易波及颈静脉。②下部切口即在颈静脉与胸头肌之间做切口。优点是感染后不易波及颈静脉,术后有利于创液的排除;缺点是食管位置较深,不易分离。

2.术部处理

术部处理包括常规剪毛、消毒、隔离。

3.手术步骤

(1)打开手术通路　用手术刀切开皮肤、筋膜,钝性分离颈静脉和肌肉(臂头肌或胸头肌)之间的筋膜,在不破坏颈静脉周围结缔组织腱膜的前提下,用剪刀剪开纤维性腱膜。根据解剖位置,寻找到食管。

(2)引出食管　食管暴露后,小心将食管拉出,并用生理盐水浸湿的灭菌纱布隔离、固定。若食管梗塞的时间不长,食管壁损伤轻,可在梗塞物处切开食管壁;若食管梗塞的时间过长,食管壁炎性水肿、食管黏膜有坏死,应在梗塞物的稍后方切开食管,切口大小应以能取出梗塞物为宜。

(3)切开食管　用手术刀切开全层食管壁,取出异物。取出异物后,擦净唾液和血液,用酒精棉球擦拭消毒后缝合食道切口。

(4)闭合食管切口　食管闭合必须确认在局部无严重血液循环障碍的情况下方可进行。食管作两层缝合,第一层采取可吸收缝线连续缝合黏膜层,第二层用可吸收缝线对纤维肌肉层做结节缝合。

(5)关闭手术通道　食管周围的筋膜、肌肉和皮肤分别作结节缝合。

◆ 四、术后护理

术后1～2 d,禁止饮水和喂食,以减少对食管创的刺激,以后给柔软饲料和流体食物。必要时静脉注射葡萄糖和生理盐水,以供给动物能量和液体。为防止术后感染,使用抗生素治疗5～7 d。

第二节　瘤胃切开术

◆ 一、适应症

临床上严重的瘤胃积食,经保守疗法治疗无效。创伤性网胃炎或创伤性心包炎,进行瘤胃切开取出异物。胸部食管梗塞且梗塞物接近贲门者,进行瘤胃切开取出食管梗塞物。瓣胃梗塞、皱胃积食,可做瘤胃切开术进行胃冲洗治疗。误食有毒饲料、饲草,且毒物尚在瘤胃中滞留,手术取出毒物并进行胃冲洗。网瓣胃孔角质爪状乳头异常生长者,可经瘤胃切开拔除。网胃内结石、网胃内有异物(如金属、玻璃、塑料布、塑料管等),可经瘤胃切开取出结石或异物。瘤胃或网胃内积沙,可经瘤胃切开取出。

◆ 二、麻醉与保定

腰旁或椎旁神经传导麻醉结合局部浸润麻醉。采用站立保定,也可进行右侧卧保定。

◆ 三、术式

1.选择手术路径

根据不同的手术目的选择不同的手术径路,瘤胃积食、网胃探查、右侧腹腔探查,可用左侧肷部中切口;较大体型牛的网胃探查、瓣胃梗塞、皱胃积食手术采用左侧肷部前切口;瘤胃积食兼右侧腹腔探查手术,采用左侧肷部后切口。

2.术部处理

术部进行常规剃毛、消毒、隔离。

3.手术步骤

(1)打开手术通路　左肷部按常规切开腹壁。切开腹膜时应注意按照腹膜切开的原则进行,以免误切瘤胃壁。

(2)瘤胃固定与隔离　左肷部切口的腹壁切开,因牛的腹壁肌层较薄,切开时注意腹膜,以免过早地切开胃壁,造成术部污染。瘤胃切开术是一个无菌手术与污染手术交替的手术,所以为了有效地防止胃内容物对术野及腹腔的污染,将瘤胃从腹腔部分引出后,必须充分地作好瘤胃壁的固定与隔离。临床上瘤胃固定与隔离有多种方法:瘤胃浆膜肌层与皮肤切口创缘的连续缝合固定与隔离法;瘤胃六针固定和舌钳夹持黏膜外翻法;瘤胃四角吊线固定法;瘤胃缝合胶布固定法(图6-1、图6-2、图6-3)。

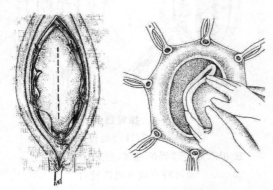

图 6-1　瘤胃六针固定与舌钳夹持黏膜外翻法

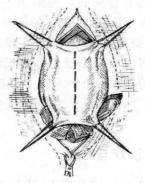

图 6-2　瘤胃四角吊线固定法

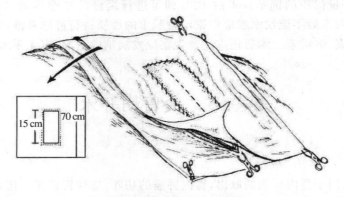

图 6-3　瘤胃缝合胶布固定法

以瘤胃六针固定和舌钳夹持黏膜外翻法固定与隔离瘤胃为例:即显露瘤胃后,通过瘤胃的浆膜肌层与邻近的皮肤创缘作六针钮孔状缝合,打结前应在瘤胃与腹腔之间,填入浸有温生理盐水的纱布。胃壁固定后,在瘤胃壁和皮肤切口创缘之间,填以温生理盐水纱布,以便在胃壁切开、黏膜外翻时,胃壁浆膜面能受到保护,减少对浆膜面的刺激。

(3)瘤胃切开　先在瘤胃切开线的上1/3处,用手术刀刺透胃壁,放出瘤胃内气体,然后用手术剪扩大瘤胃切口,并迅速用舌钳夹持左右侧胃壁创缘,向上向外提起胃壁创缘,防止胃内容物溢出,将胃壁拉出腹壁切口并向外翻;随即用巾钳将舌钳柄夹住,固定在皮肤和创布上,以便胃内容物流出,然后套入橡胶洞巾。

(4)胃腔内探查与各种类型病区的处理　瘤胃切开后即可对瘤胃、网胃、网瓣胃孔、瓣胃及皱胃、贲门等部位进行探查,并对各种类型病区进行处理。

(5)清理瘤胃创口与胃壁缝合　病区处理结束后,除去橡胶洞巾,用生理盐水冲净附着在瘤胃壁上的胃内容物和血凝块。拆除钮孔状缝合线,在瘤胃壁创口进行自下而上的全层连续缝合(图6-4),缝合要求平整、严密,防止黏膜外翻。

（6）缝合瘤胃　用生理盐水再次冲洗胃壁浆膜上的血凝块,并用浸有青霉素盐酸普鲁卡因溶液的纱布覆盖已缝的瘤胃创缘上,拆除瘤胃浆膜肌层与皮肤创缘的连续缝合线,与此同时,助手用灭菌纱布抓持瘤胃壁并向腹壁切口外牵引,以防当固定线拆除完了后瘤胃壁向腹腔内陷落。再次冲洗瘤胃壁浆膜上的血凝块,除去遗留的缝合线头及其他异物后,手术人员重新洗手消毒,污染的器械不许再用。准备瘤胃壁的第二层伦勃特氏缝合方法缝合（图6-4）,此阶段由污染手术转入无菌手术。

（7）关闭手术通道　左肷部腹壁切口按常规闭合。

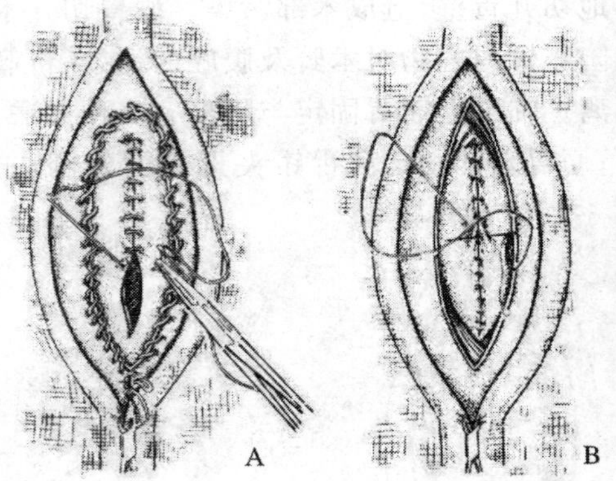

图6-4　瘤胃缝合
A. 连续全层缝合瘤胃壁
B. 拆除固定瘤胃的缝线,然后进行连续伦勃贝特氏或库兴氏缝合

四、术后治疗与护理

术后禁食 36～48 h 以上,待瘤胃蠕动恢复、出现反刍后开始给以少量优质的饲草。术后 12 h 即可进行缓慢的牵遛运动,以促进胃肠机能的恢复。术后不限饮水,对术后不能饮水者应根据动物脱水的性质进行静脉补液;术后 4～5 d 内,每天使用抗生素,如青霉素、链霉素。术后还应注意观察原发病消除情况,有无手术并发症,并根据具体情况进行必要的治疗。

第三节　犬胃切开术

一、适应症

犬的胃切开术常用于胃内异物的取出,胃内肿瘤的切除,急性胃扩张—扭转的整复、胃切开、减压或坏死胃壁的切除,慢性胃炎或食物过敏时胃壁活组织检查等。

二、麻醉与保定

全身麻醉,气管插入气管插管,以保证呼吸道通畅,减少呼吸道死腔和防止胃内容物逆流误咽。或者速眠新肌肉注射全身麻醉,仰卧保定。

三、术式

1. 切口选择

做犬胃切开术时,一般选择脐前腹中线切口。从剑状软骨向后至脐孔之间沿腹中线作切口,但不可自剑突旁侧切开。犬的膈肌在剑突旁切开时,极易同时开放两侧胸腔,造成气胸而引起致命危险。切口长度因动物体型、年龄大小及动物品种、疾病性质而不同。幼犬、小型犬和猫的切口,可选择从剑突到耻骨前缘之间;胃扭转的腹壁切口及胸廓深的犬腹壁切口均可延长到脐后 4～5 cm 处。

2. 术部处理

常规剃毛、消毒、隔离。

3.手术步骤

（1）打开手术通路 沿腹中线切开腹壁，显露腹腔。对镰状韧带应予以切除，若不切除，不仅影响和妨碍手术操作，而且再次手术时因大片粘连而给手术造成困难。

（2）胃的显露 将胃从腹腔引出，打开腹腔后轻轻拉出胃，然后在胃壁周围用数块温生理盐水纱布垫填塞在胃和腹壁切口之间，以抬高胃壁并将胃壁与腹腔内其他器官隔离开，以减少胃切开时对腹腔和腹壁切口的污染。

（3）胃的固定 胃的切口位于胃腹面的胃体部，在胃大弯和胃小弯之间的无血管区内，采用纵向切口。在胃的腹面胃大弯与胃小弯之间的预定切开线两端，用艾利氏钳夹持胃壁浆膜肌层，或用7号丝线在预定切开线的两端，通过浆膜肌层缝二根牵引线。用艾利氏钳或两牵引线向后牵引胃壁，使胃壁显露在腹壁切口之外。

（4）胃的切开及检查处理 先用外科刀在胃壁上向胃腔内戳一小口，退出手术刀，改用手术剪通过胃壁小切口扩大胃的切口。胃壁切口长度视需要而定。对胃腔各部检查时的切口长度要足够大。胃壁切开后，胃内容物流出，清除胃内容物后进行胃腔检查，应包括胃体部、胃底部、幽门、幽门窦及贲门部。检查有无异物、肿瘤、溃疡、炎症及胃壁是否坏死。若胃壁发生了坏死，应将坏死的胃壁切除（图6-5）。

（5）胃壁的缝合 进行胃内手术后，进行犬胃的缝合。犬胃壁切口的缝合，第一层用3/0～0号的肠线或1～4号丝线进行康乃尔氏缝合，清除胃壁切口缘的血凝块及污物后，用3～4号丝线进行第二层的连续伦勃特氏方法缝合。拆除胃壁上的牵引线或除去艾利氏钳，清理除去隔离的纱布垫后，用温生理盐水对胃壁进行冲洗。冲洗干净后将胃还纳腹腔。若术中胃内容物污染了腹腔，用温生理盐水对腹腔进行灌洗，然后转入无菌手术操作（图6-5）。

（6）关闭手术通路 最后常规方法缝合腹壁切口。

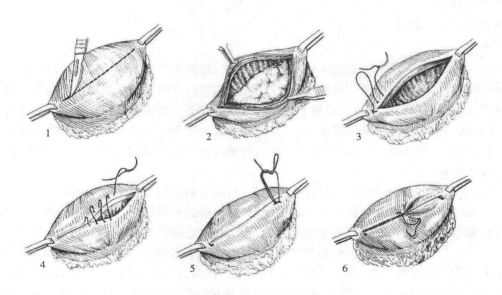

图 6-5 犬胃切开与缝合

1.用艾利氏钳夹持预定切开线两端 2.切开胃壁显露胃腔 3.康乃尔氏缝合开始
4.第一层康乃尔氏缝合开始 5.第一层康乃尔氏缝合结束 6.伦勃特氏缝合第二层

四、术后治疗与护理

术后 24 h 内禁饲,不限饮水。24 h 后给予少量肉汤或牛奶,术后 3 d 可以给予软的易消化的食物,应少量多次喂给。术后 5 d 内每天定时给予抗生素,预防感染。手术后还应密切观察胃的解剖复位情况,特别在胃扩张—扭转的病犬,经胃切开减压整复后,注意犬的症状变化,一旦发现胃扩张—扭转复发,应立即进行救治。

第四节　肠部分切除术

一、适应症

适用于因各种类型肠变位引起的肠坏死、广泛性肠粘连、不易修复的广泛性肠损伤或肠瘘,以及肠肿瘤的根治。

二、麻醉与保定

大动物进行全身麻醉或椎旁、腰旁神经传导麻醉,犬、猫等小动物进行全身麻醉,并进行气管插管,以防呕吐物逆流入气管内。大动物进行侧卧保定,小动物进行仰卧保定。

三、术式

1. 切口选择

手术通路大动物采用左(马)、右(牛)肷部中切口,小动物采取脐前腹中线切口。

2. 术部处理

常规剃毛、消毒、隔离。

手术步骤

(1)打开手术通路　沿肷部或腹中线切口切开腹壁,显露腹腔,将大网膜向前拨动后探查腹腔。

(2)病变肠管的牵引与隔离　将病变肠管尽量拉出腹外,周围用浸有生理盐水的纱布垫与腹腔及腹壁隔离。判定肠管的生命力。有如下情况时可判定肠管已经坏死:肠管呈暗紫色、黑红色或灰白色;肠壁菲薄、变软无弹性,肠管浆膜失去光泽;肠系膜血管搏动消失;肠管失去蠕动能力等。若判可疑,可用生理盐水温敷 5～6 min,若肠管颜色和蠕动仍无改变,肠系膜血管仍无搏动者,可判定肠壁已经发生坏死。

(3)肠部分切除的范围　展开病变肠管及肠系膜,确定肠切除范围,肠切除线一般在病变部位两端 5～10 cm 的健康肠管上。在肠管切除范围上,对相应肠系膜做 V 形或扇形预定切除线,在预定切除线两侧,将肠系膜血管进行双重结扎,然后在结扎线之间切断血管和肠系膜。肠壁预切除线外侧 1～1.5 cm 用肠钳夹住,沿预切除线切断肠管,肠系膜对侧切除多些。扇形肠系膜切断后,结扎肠断端肠系膜三角区的出血(图 6-6 和图 6-7)。助手扶持并合拢两肠钳,使两肠断端对齐靠近,检查准备吻合的肠管是否有无扭转。然后用 70% 酒精对断端进行消毒,修剪外翻的肠黏膜。肠系膜侧和肠系膜对侧做两根预制缝线,开始肠管的吻合。

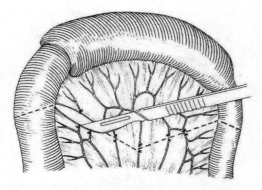

图 6-6　肠系膜血管双重结扎后的肠系膜切除线

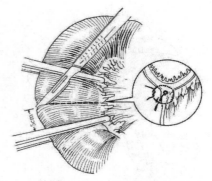

图 6-7　在预切除肠管线两侧钳夹无损伤肠钳，距健侧肠钳 5 cm 处切断肠管，注意结扎肠系膜侧三角区内出血点

（4）吻合断端肠管　肠吻合方法有端端吻合、侧侧吻合与端侧吻合 3 种，端端吻合符合解剖学与生理学要求，临床常用。但在肠管较细的动物，吻合后易出现肠腔狭窄，应特别注意。侧侧吻合适用于较细的肠管吻合，能克服肠腔狭窄之虑。端侧吻合在兽医临床上仅在两肠管口径相差悬殊时使用。①端端吻合：第一层的后壁采取全层连续缝合，前壁采取康乃尔缝合；第二层采取间断伦勃特氏缝合（图 6-8 至图 6-14）。犬、猫等动物采取压挤缝合法或单纯间断缝合法。②侧侧吻合：首先分别闭合两肠管断端，第一层采取连续缝合两肠管断端，第二层采取连续伦勃特氏缝合。然后进行侧侧吻合，后壁的第一层采取连续伦勃特氏缝合（或间断缝合）→沿肠管盲端纵向切开→进行全层连续缝合；前壁采取康乃尔缝合，之后再采取连续伦勃特氏缝合（或间断缝合）。肠系膜做单纯间断缝合。③端侧吻合：首先对切除后的回盲口进行闭合，第一层采取连续缝合，第二层采取内翻缝合。然后对回盲和盲肠侧壁预做切口处的后壁外层采取伦勃特氏缝合→切开肠壁→形成新的吻合口。对新吻合口前后壁采取连续缝合，之后对前壁外层进行间断伦勃特氏缝合。回盲系膜做单纯间断缝合。

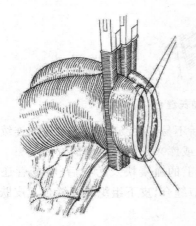

图 6-8　肠端端吻合，肠系膜侧与对肠系膜侧做牵引线（全层）

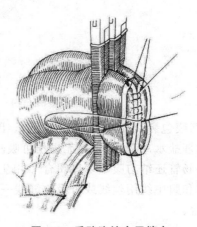

图 6-9　后壁连续全层缝合

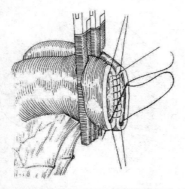

图 6-10　自后壁缝至前壁的翻转运针方法之一

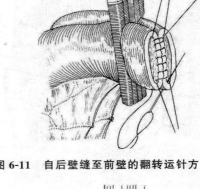

图 6-11　自后壁缝至前壁的翻转运针方法之二

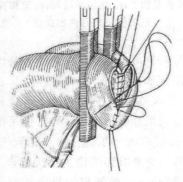

图 6-12　康乃尔氏缝合前壁

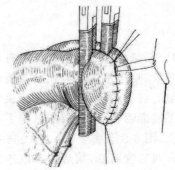

图 6-13　前壁与后壁线尾打结于肠腔内

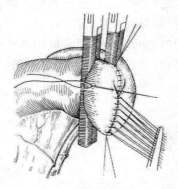

图 6-14　前后壁做间断伦勃特氏缝合

　　大网膜包裹切开部位后还纳腹腔。因结肠粗大,缝合后不易发生肠腔狭窄,也可先连续缝合黏膜,温生理盐水冲洗后,再用无损伤可吸收线连续伦勃特氏或库兴氏缝合浆膜肌层。

　　(5)肠管还纳与腹壁切口闭合　用生理盐水清洗肠管上的血凝块及污物后,将肠管还纳腹腔内,腹膜和腹中线用丝线或可吸收缝线一起连续缝合或结节缝合,皮下组织连续缝合。皮肤用丝线结节缝合。

◀▶ 四、术后护理

　　术后禁食 36～48 h,不限制饮水,全身使用抗生素。

第五节　犬、猫卵巢子宫切除术

卵巢子宫摘除的目的是为了绝育，即阻止发情和繁衍后代，并可预防和治疗卵巢、子宫和乳房等部位易发的雌性动物生殖系统疾病，如脓性子宫内膜炎、增生性子宫内膜炎、乳腺肿瘤、阴道增生、阴道脱垂等。

一、适应症

雌性犬、猫绝育术，健康犬、猫 5～6 月龄是手术的适宜时期，成年犬在发情期、怀孕期不能进行手术。卵巢囊肿、卵巢肿瘤、子宫蓄脓经抗生素等治疗无效，子宫肿瘤或伴有子宫壁坏死的难产，雌性激素过剩症，乳腺增生和肿瘤等的治疗。治疗这些疾病进行卵巢子宫切除时，不受时间限制。还可用于控制某些内分泌疾病（如糖尿病）和皮肤病（如全身性螨病）。

二、麻醉与保定

全身麻醉，仰卧保定。腹部剃毛、消毒，铺设创巾后进行手术。

三、术式

1. 切口选择

脐后腹中线切口，根据动物大小，切口长 8～10 cm。犬在脐孔后腹部的前 1/3 切开，切口紧靠脐孔，胸深的动物往往需要切开脐孔。但对于剖腹产、子宫蓄脓病例，切口需向后延长 2～4 cm，以便切除子宫体。

2. 手术步骤

（1）打开手术通路　沿腹正中线切开皮肤、皮下组织及腹白线与腹膜，显露腹腔。

（2）将子宫角及卵巢引出　术者用牵引钩或手指贴住腹壁探入腹腔，勾取一侧子宫角，或在骨盆前口膀胱与结肠之间找到子宫体，沿子宫体向前找到一侧子宫角并牵引至创口，顺子宫角提起输卵管和卵巢，显露子宫角前端和卵巢囊，钝性分离卵巢悬韧带，将卵巢提至腹壁切口外。

（3）结扎卵巢动静脉及悬韧带　在靠近卵巢血管的卵巢系膜上开一小孔，用 3 把止血钳穿过小孔夹住卵巢血管及其周围组织（三钳钳夹法），其中一把靠近卵巢，另两把远离卵巢；然后在卵巢远端止血钳外侧 0.2 cm 处用缝线做一结扎，除去远端止血钳，或者先松开卵巢远端止血钳，在除去止血钳的瞬间，在钳夹处做一结扎；然后从中止血钳和卵巢近端止血钳之间切断卵巢系膜和血管，观察断端有无出血，若止血良好，取下中止血钳，再观察断端有无出血，若有出血，可在中止血钳夹过的位置做第二次结扎，注意不可松开卵巢近端止血钳（图 6-15 和图 6-16）。

（4）分离子宫阔韧带　将游离的卵巢从卵巢系膜上撕开，并沿子宫角向后分离子宫阔韧带，到其中部时剪断索状的圆韧带，继续分离，直到子宫角分叉处。用同样的方法切断对侧卵巢系膜及相应血管。

（5）结扎子宫体　结扎子宫颈后方两侧的子宫动、静脉并切断，然后尽量伸展子宫体，采用上述三钳钳夹法钳夹子宫体，第一把止血钳夹在尽量靠近阴道的子宫体上，在第一把止血钳与阴道之间的子宫体上做一贯穿结扎，除去第一把止血钳，从第二、三把止血钳之间切断子宫体，去除子宫和卵巢。松开第二把止血钳，观察断端有无出血，若有出血可在钳夹处做第二针贯穿结扎，最后把整个蒂部集束结扎(图6-17和图6-18)。

(6)关闭手术通路　确认腹腔内无出血和遗留物品,大网膜复位;清创后常规缝合腹壁切口。

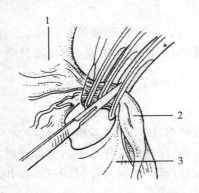

图6-15　三钳钳夹法结扎卵巢血管

1.肾　2.卵巢　3.卵巢系膜

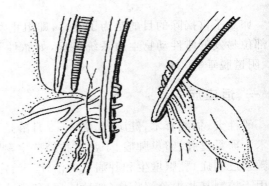

图6-16　在松钳的瞬间结扎卵巢血管,
然后切断卵巢系膜和血管

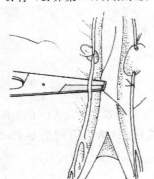

图6-17　贯穿结扎子宫血管

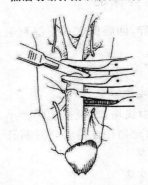

图6-18　三钳钳夹法切断子宫体

第六节　公犬去势术

一、适应症

适用于犬的睾丸癌或经一般治疗无效的睾丸炎症、良性前列腺肥大和生理绝育。还可用于改变公犬的不良习性,如发情时的野外游走、与别的犬咬斗等。

二、麻醉与保定

犬全身麻醉,仰卧保定,两后肢向两侧牵引固定在手术台上,充分暴露会阴部和腹底壁。

三、术式

阴囊前方及两大腿内侧常规无菌处理。

1.显露睾丸

在阴囊基部前方切开皮肤和皮下组织,其切口长度视睾丸能从此处挤出为宜。一手从阴囊后方向前挤压一睾丸至切口处。切开精索筋膜,用一止血钳钝性分离附睾尾韧带,并将其夹住,结扎和切断。将睾丸引出,精索拉紧,钝性分离附着在总鞘膜壁上的脂肪,并向腹腔方向推移,充分显露总鞘膜、精索。

2.切除

结扎精索,切断精索,去掉睾丸。根据动物大小,选用不同方法切除睾丸和附睾。

(1)闭合式　适用于 20 kg 以下的犬。先用三把止血钳从总鞘膜、精索近端依次钳夹总鞘膜和精索。取下离皮肤切口最近的一把止血钳,在此留下压痕处贯穿结扎总鞘膜和精索。然后,取下第二把止血钳,在压痕处贯穿结扎。用手术镊夹住总鞘膜和精索近端残端,沿第三把止血钳近皮肤侧切断总鞘膜和精索,检查其近端有无出血,如有再结扎一道,如无则松开手术镊,让总鞘膜和精索退回原位。

(2)开放式　适用于 20 kg 以上的犬。用闭合式可能不能很好地扎住血管。纵向切开总鞘膜,将总鞘膜与精索分离开,完全显露精索,再用三把止血钳钳压、结扎和切断精索动、静脉和输精管。在还纳前用镊子夹住近端残端,观察有无出血,如有再结扎一道,如无则松开镊子,让其退回原位。

3.缝合阴囊切口

用 2～0 铬制肠线或 4 号丝线间断缝合皮下组织,用 4～7 号丝线间断缝合皮肤。

四、术后护理

一般不需治疗。但应注意阴囊区有无明显肿胀。若阴囊有感染倾向,可给予广谱抗生素治疗。

第七节　犬膀胱切开术

一、适应症

膀胱或尿道结石,膀胱肿瘤。

二、麻醉与保定

全身麻醉或高位硬膜外腔麻醉,仰卧保定。

三、术式

1.切口选择

母犬在耻骨前方至脐孔腹中线上切口(脐后腹中线),公犬在脐后腹中线旁 2～3 cm 处做平行于腹中线切口(包皮侧一指宽)。

2.手术步骤

(1)腹壁切开　术部常规剪毛、消毒、隔离后,纵向切开腹壁皮肤 3～5 cm。母犬行腹中线切口;公犬在切开皮肤后,将创口的包皮边缘拉向侧方,露出腹白线,在腹白线切开腹壁,显露腹腔。

(2)将膀胱引出体外并隔离　显露腹腔后,牵拉出膀胱,纱布隔离。如果膀胱内充满尿液,采取穿刺的方法排空膀胱内蓄积的尿液,使膀胱空虚。

(3)膀胱切开　在膀胱顶背侧无血管区纵向切开膀胱壁。

（4）取出结石　使用茶匙或胆囊勺除去结石或结石残渣。对于较小的结石,可用大量温热生理盐水反复灌注冲洗,将膀胱内和尿道内的结石冲洗干净。即从外阴插入导尿管,使导尿管尖端位于膀胱颈,用大量温热生理盐水将尿道结石向膀胱内冲洗。然后拔除逆行插入的导尿管,经膀胱切口插入另一无菌导尿管,再次冲洗膀胱,确认尿道内结石冲洗干净。最后,确认膀胱和尿道内均无结石后,缝合膀胱。

（5）缝合膀胱　采用库兴氏缝合法,对膀胱壁浆膜肌层进行连续内翻水平褥式缝合,然后选用伦勃特氏缝合法,对膀胱壁浆膜肌层进行连续内翻垂直褥式缝合。特别注意要保持缝线不能露出膀胱内,因为缝线暴露在膀胱腔内能增加结石复发的可能性。

（6）缝合腹壁　膀胱经灭菌生理盐水冲洗后,还纳腹腔,确认腹腔无遗留物后,常规缝合腹壁各层。

四、术后护理

术后输液治疗,纠正体况。注意观察犬、猫排尿情况,特别是在手术后48～72 h,有轻度血尿或尿中有少量血凝块属正常情况。全身应用抗生素药物治疗,防止术后感染。

思考题

1.试述胃切开术术式及手术过程的关键环节。

2.试述肠部分切除术术式及手术过程的关键环节。

3.试述卵巢子宫切除术术式及手术过程的关键环节。

4.试述膀胱切开术术式及手术过程的关键环节。

第七章　　肿　瘤

学习要点 ///

　　了解肿瘤的病因、流行病学、肿瘤的分类、肿瘤的全身症状;理解和掌握良性肿瘤与恶性肿瘤的鉴别方法;肿瘤的局部症状;肿瘤的诊断方法、治疗方法。

　　肿瘤是动物机体中正常组织细胞,在不同的始动与促进因素长期作用下,器官、组织的细胞在基因水平上失去对其生长的正常调控,导致异常增生与异常分化而形成的病理性新生物。它与受累组织的生理需要无关,无规律生长,丧失正常细胞功能,破坏原器官结构,有的转移到其他部位,危及生命。肿瘤与"组织再殖"或"炎性增殖"时的组织增殖现象有质的不同。当致瘤因素停止作用之后,该新生物仍可继续生长。

　　畜禽肿瘤已日益引起兽医、医学界的共同重视,国内外已有较多的专著报道和调查研究,各地临床兽医及食品卫生检验均证明畜禽肿瘤的发病率有所上升。现已证明马、牛、羊、猪、犬、猫、兔、鸡、鸭、鹅、火鸡、蛙、鱼类等都可发生,狮、虎、熊、熊猫、豹、鹿、猴、鹦鹉、水貂、雉、碧玉鸟、天鹅、鸵鸟等野生动物也有发生肿瘤的报道。

第一节　肿瘤概述

一、肿瘤发生的病因

(一)肿瘤发生的内因

1.机体的免疫状态

　　若免疫功能正常,小的肿瘤可能自消或长期保持稳定,尸体剖检生前无症状的肿瘤可能与此有关。在实验性肿瘤中证实体液免疫和细胞免疫两种机理都存在,但以细胞免疫为主。在抗原的刺激下,体内出现免疫淋巴细胞,它能释放淋巴毒素和游走抑制因子等,破坏相应的瘤细胞或抑制肿瘤生长。因此,肿瘤组织中若含有大量淋巴细胞是预后良好的标志。如有先天性免疫缺陷或各种因素引起的免疫功能低下,则肿瘤组织就有可能逃避免疫细胞监视,冲破机体的防御系统,从而瘤细胞大量增殖和无限地生长。由此可见机体的免疫状态与肿瘤的发生、扩散和转移有重大关系。

2.内分泌系统

　　实验证明性激素平衡紊乱,长期使用过量的激素均可引起肿瘤或对其发生有一定的影响。如肾上腺皮质激素、甲状腺素的紊乱对癌的发生起一定的作用。

3.遗传因素

实验证明遗传因子与肿瘤的发生有关。不同种属的动物对肿瘤的易感性存在十分明显的差异，即使是同种动物，因其品种或品系的不同，肿瘤的发生率也有很大的差异。动物实验证明乳腺癌鼠族进行交配，其后代常出现同样的肿瘤。

4.其他因素

动物种类、品系、品种、年龄、性别及营养因素等与肿瘤的发生也有很大关系。

(二)肿瘤发生的外因

1.化学性因素

外界环境中的致癌因素 90%以上是化学性的。现在已知有致癌作用的化合物达 100 种以上。亚硝胺类的二甲基亚硝胺、二乙基亚硝胺可诱发哺乳动物多种组织的各类肿瘤，如牛皱胃癌、猪胃癌等。其他如芳香胺类的联苯胺、乙萘胺、吖啶类化合物、砷、铬、镍、锡、石棉等都具有一定的致癌作用。

2.物理性因素

如长期的机械性刺激及热、紫外线、X 线、放射性刺激、异物等都可引发肿瘤。

3.生物性因素

自 Rous(1910)用鸡肉瘤滤液接种健康鸡发生肉瘤后，到目前已证明有数十种动物肿瘤都是病毒所致的，如鸡的白血病/肉瘤群，野兔的皮肤乳头状瘤，小鼠、大鼠、豚鼠、猫、犬、牛和猪的白血病等。

二、肿瘤的分类及特征

动物机体任何部位的任何组织都有发生肿瘤的可能，因此肿瘤种类繁多、特性各异。肿瘤分类的目的在于明确肿瘤的部位、性质和组织来源，有助于确定正确的诊断名称、选择治疗方案并揭示预后。肿瘤的分类原则和命名是相同的，依据组织来源和性质分类。临床上，根据肿瘤对患病动物危害程度的不同，通常分为良性肿瘤与恶性肿瘤；在诊断病理学中，根据肿瘤的组织来源、组织形态和性质不同，可分为上皮组织肿瘤、间叶组织肿瘤、淋巴及造血组织肿瘤、神经组织肿瘤和其他类型肿瘤。在实际工作中，常常把两者结合起来进行分类（表 7-1）。

表 7-1　肿瘤的分类

组织类别	组织来源	良性肿瘤	恶性肿瘤
上皮组织	鳞状上皮	乳头状瘤	鳞状细胞癌
	腺上皮	腺瘤、囊腺瘤、混合瘤	腺癌、囊腺癌、混合癌
	移行上皮	乳头状瘤	移行上皮癌
	基底细胞		基底细胞癌
间叶组织	脂肪	脂肪瘤	脂肪肉瘤
	平滑肌	平滑肌瘤	平滑肌肉瘤
	纤维组织	纤维瘤	纤维肉瘤
	横纹肌	横纹肌瘤	横纹肌肉瘤
	血管、淋巴管	血管瘤、淋巴管瘤	血管肉瘤、淋巴管肉瘤
	骨组织、软骨组织	骨瘤、软骨瘤	骨肉瘤、软骨肉瘤
	滑膜	滑膜瘤	滑膜肉瘤

续表 7-1

组织类别	组织来源	良性肿瘤	恶性肿瘤
神经组织	胶质细胞	胶质细胞瘤	多形胶质母细胞瘤
	神经鞘	神经鞘瘤	恶性神经鞘瘤
	神经节	神经节细胞瘤	成神经节细胞瘤
	脑膜	脑膜瘤	脑膜肉瘤
淋巴及造血组织	淋巴组织	淋巴瘤	恶性淋巴瘤
	造血组织		白血病、多发骨髓瘤
	绒毛组织	葡萄胎	绒毛上皮癌、恶性葡萄胎
其他	生殖细胞		精原细胞瘤
	多胚叶组织	畸胎瘤	恶性畸胎瘤
	成黑色素细胞瘤	黑色素瘤	恶性黑色素瘤

三、良性肿瘤与恶性肿瘤的区别

一般情况下,良性肿瘤多呈膨胀性生长,不侵蚀或破坏周围组织,瘤体生长缓慢,外周有结缔组织增生形成的包膜,表面光滑,瘤体与周围组织界限清楚;不发生转移,而瘤细胞分化得比较好,其细胞形态和组织结构与其起源的组织细胞形态和结构很相似,细胞比较成熟;但位于重要器官的良性肿瘤也可威胁生命;少数肿瘤也可发生恶变。恶性肿瘤多呈侵袭性或浸润性生长方式,生长快,侵蚀或破坏周围的正常组织或器官,肿瘤周围无包膜,或缺乏完整的包膜,与周围组织界限不清楚;可沿淋巴或血管发生转移,瘤细胞分化程度较低,与其起源组织细胞形态和结构很少相似,细胞在形态结构、胞核大小及染色性方面与正常成熟组织不同,显示高度异型性,分化程度差异大;病程重,发展快,并常有全身症状表现;恶病质是恶性肿瘤的晚期表现;浸润性生长的恶性肿瘤可从其原发部位通过血管、淋巴管或浆膜腔转移到其他部位继续生长,形成新的肿瘤。具有转移性是恶性肿瘤的最重要的特性,瘤细胞通过血管或淋巴管转移到其他器官组织形成继发瘤,常是造成动物机体死亡的主要原因。良性肿瘤与恶性肿瘤的临床病理特征鉴别见表 7-2。

表 7-2　良性肿瘤与恶性肿瘤的临床病理特征鉴别

项目	良性肿瘤	恶性肿瘤
生长速度	缓慢,可能自然停止或退化	迅速,多为无限制生长
包膜形成	有	常无
生长方式	多为膨胀性生长,无侵蚀性和破坏性	多为浸润性生长,有侵蚀性和破坏性
细胞分裂	分化良好,细胞及组织结构与起源的正常组织相似	分化不良或不分化,细胞为多形性,与起源的正常组织差异性大
核分裂相	很少或不见	很多或显非典型性
核染色质	正常	增多,染色增深
转移	不转移,切除后极少复发	常转移,切除不彻底容易再发生
对机体的影响	一般无严重影响,极少死亡,如果发生在重要部位,可产生阻塞、压迫等症状,影响全身	影响极大,对局部组织产生直接破坏作用,常引起出血、贫血、继发感染、疼痛、发热及恶病质,往往致死

四、肿瘤的症状

肿瘤的症状取决于其性质、发生组织、部位和发展程度。肿瘤早期多无明显临床症状。但如果发生在特定的组织器官上，可能有明显症状出现。

（一）局部症状

1. 肿块（瘤体）

肿块是体表或浅在肿瘤的主要症状，常伴有相关静脉的扩张、增粗；肿块位于深在组织或内脏器官时，不易触及，但可表现相关功能异常。良性肿瘤所形成的肿块生长较慢，表面光滑，界限清楚，活动性好；恶性肿瘤一般生长较快，表面不平，活动性差。

2. 疼痛

肿块的膨胀生长、损伤、破溃、感染等可使神经受到刺激或压迫，表现出不同程度的疼痛。肿瘤引起疼痛的原因不同，因而发生疼痛的早晚及性质也有所不同。某些来源于神经的肿瘤及生长较快的肿瘤（如骨肉瘤），常早期出现疼痛；而某些肿瘤晚期由于包膜紧张、脏器破裂、肿瘤转移或压迫浸润神经造成的疼痛则出现较晚。

3. 溃疡

体表、消化道肿瘤生长过快时，引起供血不足而继发坏死或感染导致溃疡。恶性肿瘤呈菜花状，肿块表面常有溃疡，并有恶臭和血性分泌物。

4. 出血

肿瘤易损伤、破溃、出血。消化道肿瘤可能引起呕血或便血；泌尿系统肿瘤可能出现血尿。

5. 功能障碍

如支气管肿瘤可引起呼吸困难，食管肿瘤可引起吞咽困难，大小肠肿瘤可引起肠梗阻症状，胆管、胰头肿瘤可引起黄疸等。

（二）全身症状

良性和早期恶性肿瘤，一般无明显全身症状或有贫血、低烧、消瘦、无力等非特异性的症状；全身症状，如肿瘤影响营养摄入或并发出血和感染时，可出现明显的全身症状。恶病质是恶性肿瘤晚期全身衰竭的主要表现，但肿瘤发生部位不同，恶病质出现迟早各异。有些部位的肿瘤可能出现相应的功能亢进或低下，继发全身性改变，如颅内肿瘤可引起颅内压增高和定位症状等。

五、肿瘤的诊断

关键是早期诊断，才能提高疗效。通过问诊、局部检查及全身检查，进行初步诊断，先判断一下是良性的还是恶性的。最后通过组织学检查来确诊。取样方法有针头或小套管针吸取法；手术切取法和脱落细胞涂片检查法。取样后放在 10% 福尔马林溶液中保存送检。

还可通过化验室检查、透视、X 光检查、CT/MRI 检查、超声波检查、免疫学检查、放射性同位素检查等方法来诊断肿瘤。

第二节　肿瘤的治疗

一、治疗原则

早发现、早诊断、早治疗。中西医结合，贯彻整体性观念，调动内因，进行综合治疗。

二、治疗方法

1.手术疗法

手术切除是最彻底的治疗手段,适用于良性肿瘤和恶性肿瘤的早期,当良性肿瘤有恶变倾向、占位生长、影响使役等情况下需手术治疗。临床治愈的前提是肿瘤尚未扩散或转移。在手术切除病灶时,应将肿瘤病灶与其周围的部分健康组织一同切除,特别应注意切除附近的淋巴结。为了避免因手术而带来癌细胞的扩散,应注意:手术过程中的各项操作要轻巧,切忌挤压和不必要的翻动肿瘤。手术应在健康组织范围内进行,不要进入肿瘤组织。尽可能阻断肿瘤细胞扩散的通路(动、静脉与区域淋巴结),肠癌切除时要阻断肿瘤上、下段的肠腔。尽可能将肿瘤连同原发器官和周围组织一次整块切除。术中用纱布保护好肿瘤和各层组织切口,避免种植性转移。高频电刀、激光刀切割的止血效果良好,可减少扩散。对部分肿瘤在术前、术中可用化学消毒液冲洗肿瘤区(如0.5%次氯酸钠液用氢氧化钠缓冲至 pH 为 9,与手术创面接触 4 min)。

手术方法有摘除法、切除法、结扎法等。手术时应注意麻醉要充分,做好人员防护,边手术边止血,皮肤常出现缺损影响愈合,切除不彻底时可以配合烧烙、腐蚀剂疗法等。良性肿瘤手术效果好,对恶性肿瘤手术要慎重,否则因手术刺激更容易转移。鳞状上皮癌可以手术,黑色素瘤、肉瘤一般不手术。

2.化学疗法

肿瘤的化学治疗简称化疗,即用化学药物治疗恶性肿瘤。化疗是目前治疗肿瘤的主要手段之一。多种化学药物作用于细胞生长繁殖的不同环节,抑制或杀灭肿瘤细胞,达到治疗目的。目前,随着化疗药物种类的逐渐增加,用药方法的不断进步,临床治疗效果日益提高,化疗已从以前的姑息性治疗向根治性治疗过渡。过去的化疗以全身治疗为主,现在有些肿瘤可用化学药物进行局部治疗,以减轻或避免化疗药物的全身毒副作用。根据化疗药物其化学结构和作用机制的不同,化疗药物可分为很多类型,包括烷化剂类(如环磷酰胺、苯丁酸氮芥、美法仑等)、抗代谢类(如氟尿嘧啶、阿糖胞苷、甲氨喋呤等)、长春花碱类(如长春新碱、长春花碱、异长春花碱等)、抗生素类(如放线菌素、米托蒽醌、多柔比星、表柔比星等)。各类药物单独使用或选择性地搭配在一起,形成各种治疗方案治疗各种肿瘤。

3.放射疗法

肿瘤放射疗法是利用 X 线、γ线、电子线、中子束、质子束及其他粒子束等照射肿瘤,使其生长受到抑制而死亡。细胞对放射线的敏感性与所处细胞周期有关,在分裂期最高,在 DNA 合成期其敏感性最低。放射疗法不那么损伤周围正常组织,仅是对异常增殖的肿瘤给予大量的杀伤,使之缩小,同时机体又再次尽可能发挥最大的调节功能。近来,为了尽可能少影响到周围正常组织,采用了从多方向对病灶进行照射的方法;这种疗法分根治照射、姑息照射以及和手术合并进行放射疗法等。

4.其他疗法

其他疗法有烧烙法、冷冻法、放射线等物理疗法,以及免疫疗法、中药疗法、骨髓移植疗法等。

思考题

1.试述肿瘤的概念与分类。

2.在临床特征上如何鉴别良性肿瘤与恶性肿瘤。

3.肿瘤常用的治疗方法是什么?

第八章 损 伤

学习要点

　　了解损伤的概念、分类；开放性损伤-创伤的愈合特征；创伤愈合的类型；局部症状，创伤局部检查的内容；闭合性损伤-血肿、淋巴外渗发生的原因。理解开放性损伤-创伤愈合的条件；创伤处理的原理。掌握开放性损伤-创伤的概念，影响创伤愈合的因素、创伤的治疗方法。闭合性损伤-血肿、淋巴外渗的治疗方法。

　　损伤(trauma)是由各种不同外界因素作用于机体，引起机体组织器官产生解剖结构上的破坏或生理功能上的紊乱，并伴有不同程度的局部或全身反应的病理性损害。

　　损伤的病因主要有机械性因素、物理性因素、化学性因素和生物性因素等，常见的如机械外力、烧伤、冻伤、电击、强酸或强碱刺激以及各种细菌和毒素的损害等。

　　根据损伤的组织器官的性质不同可分为软部组织损伤和硬部组织损伤。根据皮肤及黏膜的完整性是否受到破坏，又可将软组织损伤分为开放性损伤和非开放性损伤(闭合性损伤)。

第一节 创 伤

一、创伤的概念与分类

(一)创伤的概念

　　创伤(wound)是因锐性外力或强烈的钝性外力作用于机体组织或器官，使受伤部皮肤或黏膜出现伤口及深在组织与外界相通的机械性损伤。

　　创伤一般由创缘、创口、创壁、创底、创腔、创围等部分组成。创缘为皮肤或黏膜及其下的疏松结缔组织；创缘之间的间隙称为创口；创壁由受伤的肌肉、筋膜及位于其间的疏松结缔组织构成；创底是创伤的最深部分，根据创伤的深浅和局部解剖特点，创底可由各种组织构成；创腔是创壁之间的间隙，管状创腔又称为创道；创围指围绕创口和创缘周围的皮肤或黏膜。

(二)创伤的一般症状

1. 出血

　　出血量的多少取决于受伤的部位、组织损伤的程度、血管损伤状况和血液的凝固性等。出血可分为原发性出血和继发性出血，内出血和外出血，动脉性出血、静脉性出血和毛细血管性出血等。

2.创口裂开

创口裂开是因受伤组织断离和收缩而引起。创口裂开的程度取决于受伤的部位,创口的方向、长度和深度以及组织的弹性。活动性较大的部位,创口裂开比较明显;长而深的创伤比短而浅的创口裂开大;肌腱的横创比纵创裂开宽。

3.疼痛及机能障碍

疼痛是因为感觉神经受损伤或炎性刺激而引起的。疼痛的程度取决于受伤的部位、组织损伤的性状、动物种属和个体差异。富有感觉神经分布的部位(如蹄冠、外生殖器、肛门和骨膜等处)发生创伤则疼痛显著。由于疼痛和受伤部的解剖组织学结构被破坏,常出现局部或全身的机能障碍。

重度创伤会出现全身性症状,如体温升高、呼吸、脉搏改变,食欲减退,精神沉郁等,甚至发生创伤性休克。

(三)创伤的分类及临床特征

创伤的分类方法很多。一般按照伤后经过的时间、创伤有无感染、致伤因素及创伤的形状进行分类。

1.按伤后经过的时间分类

按伤后经过的时间可分为新鲜创、陈旧创。

(1)新鲜创 伤后的时间较短(一般不超过 8～12 h),创内尚有血液流出或有血凝块,且创内各部组织的结构和轮廓仍能识别,有的虽被严重污染,但未出现创伤感染症状。

(2)陈旧创 伤后经过时间较长(病程在 12～24 h 或以上),创内各组织的轮廓不易识别,出现明显的创伤感染症状,有的排出脓汁,有的出现肉芽组织。

2.按创伤有无感染分类

按创伤有无感染可分为无菌创、污染创、感染创。

(1)无菌创 通常在无菌条件下做的手术创称为无菌创。

(2)污染创 创伤被细菌和异物所污染,但进入创内的细菌仅与损伤组织发生机械性接触,并未侵入组织深部发育繁殖,也未呈现致病作用。污染较轻的创伤,经过适当的外科处理后,可能取第一期愈合。污染严重的创伤,在未及时而彻底地进行外科处理时,常转为感染创。

(3)感染创 进入创内的致病菌大量发育繁殖,对机体呈现致病作用,使伤部组织出现明显的创伤感染症状,甚至引起机体的全身性反应。

3.按致伤因素分类

按致伤因素可分为刺创、切创、砍创等。

(1)刺创 由尖锐细长物体,如钢丝、铁叉、树枝等刺入组织发生的创伤。刺创创口小,创道狭而长,一般创道较直,有的由于肌肉收缩而使创道弯曲,深部组织常被损伤,并发生内出血或形成组织内血肿。刺入物有时折断,作为异物残留于创道内,再加上致伤物体带入创道的污物,刺创极易感染化脓,甚至形成化脓性窦道或引起厌氧性感染。

(2)切创 因锐利的刀、铁片、玻璃片等切割组织发生的创伤。切创的创缘及创壁比较平整,组织受挫轻微,出血量多,疼痛较轻,创口裂开明显,污染较少。一般经适当的外科处理和缝合能较快愈合。

(3)砍创 由柴刀、马刀等砍切组织发生的损伤。因致伤物体重,致伤力量强,故创口裂开大,组织损伤严重,出血量较多,疼痛剧烈。

此外,还有挫创、裂创、压创、搔创、缚创、咬创、毒创、火器创、坠落创、复合创等。

二、影响创伤愈合的因素

创伤愈合的速度常受许多因素的影响,这些因素包括外界条件方面的、人为的和机体方面的。创伤诊疗时,应尽力消除妨碍创伤愈合的因素,创造有利于愈合的良好条件。

(一)创伤感染

创伤感染化脓是延迟创伤愈合的主要因素,由于病原菌的致病作用,一方面使受伤部组织遭受更大的破坏,延长愈合时间;另一方面机体吸收了细菌毒素和有害的炎性产物,降低机体的抵抗力,影响创伤的修复过程。

(二)创内存有异物或坏死组织

当创内特别是创伤深部存留异物或坏死组织时,炎性净化过程不能结束,化脓不会停止,创伤就不能愈合,甚至形成化脓性窦道。

(三)受伤部血液循环不良

创伤的愈合过程是以炎症为基础的过程,受伤部血液循环不良,既影响炎性净化过程的顺利进行,又影响肉芽组织的生长,从而延长创伤愈合时间。

(四)受伤部不安静

病初,动物未限制休息,受伤部经常进行有害的活动,容易引起继发损伤,并破坏新生肉芽组织的健康生长,从而影响创伤愈合。

(五)处理创伤不合理

如止血不彻底,施行清创术过晚和不彻底,引流不畅,不合理的缝合与包扎,频繁地检查创伤和不必要的换绷带以及不遵守无菌规则、不合理地使用药剂等,都可延长创伤的愈合时间。

(六)机体营养缺乏

慢性营养不良,如蛋白质缺乏、锌缺乏将延迟伤口愈合;维生素 A 缺乏时,上皮细胞的再生作用迟缓,皮肤出现干燥及粗糙;维生素 B 缺乏时,能影响神经纤维的再生;维生素 C 缺乏时,由于细胞间质和胶原纤维的形成障碍,毛细血管的脆性增加,致使肉芽组织水肿、易出血;维生素 K 缺乏时,由于凝血酶原的浓度降低,致使血液凝固缓慢,影响创伤愈合时间。

(七)其他因素

贫血、缺氧、肿瘤、使用皮质类固醇类药物和放射线等均会延缓创伤愈合。

三、创伤的检查

检查创伤的目的在于了解创伤的性质,决定治疗措施和观察愈合情况。

(一)一般检查

先询问病史,了解致伤原因、创伤发生的时间、作用部位等发病当时的情况及伤后出现的症状。然后,检查患病动物的体温、呼吸、脉搏、可视黏膜颜色及精神状态。

(二)创伤外部检查

检查前,动物应镇静或全身麻醉,局部剪毛、消毒。按由外向内的顺序,仔细地对受伤部位进行检查。先视诊观察创伤的部位、大小、形状、方向、性质,创口裂开的程度,有无出血,创围组织状态和被毛情况,有无创伤感染现象。之后观察创缘及创壁是否整齐、平滑,有无肿胀及血液浸润情况,有无挫灭组织及异物。然后对创围进行柔和而细致的触诊,以确定局部温度的高低、疼痛情况、组织硬度、皮肤弹性及移动性等。

(三)创伤内部检查

进行创伤内部检查应遵守无菌规则。首先创围剪毛、消毒。检查创壁时,应注意组织的受伤情况、肿胀情况、出血及污染情况。检查创底时,应注意深部组织的受伤情况,有无异物、血凝块及创囊的存在。必要时可用消毒的探针、硬质胶管等,或用带消毒乳胶手套的手指进行创底检查,摸清创伤深部的具体情况。

对于有分泌物的创伤,应注意分泌物的颜色、气味、黏稠度、数量和排出情况等。对于出现肉芽组织的创伤,应注意肉芽组织的数量、颜色和生长情况等。

四、创伤的治疗

(一)新鲜创的治疗

新鲜创都伴有出血。且绝大多数都有不同程度的污染。因此应特别注意止血和防止感染。尽早施行清创术。创造创伤愈合的良好条件。使创伤边缘接近关闭形成无腔愈合。一般治疗步骤如下。

1.清洁创围

以消毒纱布覆盖创口后。对创围剪毛、清洁、消毒。

2.清洁创面

揭去覆盖创面的纱布块,用生理盐水冲洗创面后,持消毒镊子除去创面上的异物、血凝块或脓痂。再用生理盐水或防腐液反复清洗创伤,直至清洁为止。

3.止血

根据创伤部位、出血种类和程度,采用适当方法。尽早彻底止血。

4.清理创腔

浅在性的无挫灭组织的小创伤,不必进行机械处理。组织损伤严重的创伤,可在麻醉下,修整创缘,扩大创口,消除创囊,暴露创底,除去异物、血块及挫灭失活的组织。彻底止血后以生理盐水或弱防腐液(0.1%高锰酸钾溶液、0.1%雷佛奴尔溶液)反复冲洗。直至洗干净为止。并用灭菌纱布吸净残留药液。

5.创伤用药

对外科处理彻底,创面整齐,便于缝合的创伤可不用药。创口不能缝合且污染严重的创伤,应撒布少许青霉素粉、磺胺粉、碘仿磺胺粉(1:9)等。

6.创伤缝合

对创面整齐,处理彻底的新鲜创可密闭缝合,对污染严重并有发展成为感染危险的,或组织缺损较多,创腔较大的,可进行部分缝合。在创口下角留排液孔,并放置引流物;创口裂开过宽时在创口两端作若干个结节缝合。组织损伤严重或不便于缝合时可行开放疗法。

(二)化脓创的治疗

原则是防止感染的发展和中毒。除去创内异物、坏死组织和脓汁。促进创伤自家净化。消除创围急性炎症。治疗顺序如下。

1. 清洗创面

选择下列药液反复冲洗干净为止,如碘双氧水(3%过氧化氢加入少量碘配制)、0.1%～0.2%高锰酸钾溶液、0.1%～0.2%新洁尔灭溶液等。厌气性细菌感染时用氧化剂(3%过氧化氢溶液、0.5%高锰酸钾溶液)。

2. 处理创腔

按照具体情况进行扩创,消除创囊,排脓,除去异物,切除坏死组织,处理务求干净、彻底。

3. 应用药物

应选择能加速坏死组织液化脱落,促进创伤净化过程,具有抗菌和消炎作用,并能碱化创伤环境的药物。如魏氏流膏、磺胺鱼肝油乳剂,以及 20%硫酸镁或硫酸钠溶液、10%氯化钠溶液,进行创伤灌注或创伤引流。

4. 创伤引流

随时排除创液和脓汁,并向创内导入上述药物,一般采用纱布条引流。

(三)全身性疗法

受伤动物是否需要全身性治疗,应按具体情况而定。许多患病动物因组织损伤轻微、无创伤感染及全身症状等,可不进行全身性治疗。但当受伤动物出现体温升高、精神沉郁、食欲减退、白细胞增数等全身症状时则应施行必要的全身性治疗,以防止病情恶化。例如,对污染较轻的新鲜创,经彻底的外科处理后,一般不需要全身性治疗;对伴有大出血和创伤愈合迟缓的动物,应输入血浆代用品或全血,对严重污染而很难避免创伤感染的新鲜创,应使用抗生素或磺胺类药物,并根据伤情的严重程度,采取必要的输液、强心措施,注射破伤风抗毒素或类毒素;对局部化脓性炎症剧烈的动物,为了减少炎性渗出物和防止酸中毒,可静脉注射10%氯化钙溶液100～150 mL 和 5%碳酸氢钠溶液 500～1 000 mL(大动物用),必要时连续使用抗生素或磺胺类制剂以及进行强心、输液、解毒等措施。

第二节 血　肿

血肿是指由于各种外力作用,导致血管破裂,溢出的血液分离周围组织,形成充满血液的腔洞。

一、病因及病理

血肿常见于软组织非开放性损伤,但骨折、刺创、火器创也可形成血肿,马的血肿常发生于胸前、鬐甲、股部、腕和跗部。牛的血肿常发生于胸前和腹部。犬、猫血肿可发生于耳部、颈部、胸前和腹部等。血肿可发生于皮下、筋膜下、肌间、骨膜下及浆膜下。根据损伤的血管不同,血肿分为动脉性血肿、静脉性血肿和混合性血肿。

血肿形成的速度较快,其大小取决于受伤血管的种类、粗细和周围组织性状,一般均呈局限性肿胀,且能自然止血。较大的动脉断裂时,血液沿筋膜下或肌间浸润,形成弥漫性血肿。较小的血肿,由于血液凝固而缩小,其血清部分被组织吸收,血凝块在蛋白分解酶的作用下软化、溶解和被组织逐渐吸收。其后由于周围肉芽组织的新生,使血肿腔结缔组织化。较大的血肿周围,可形成较厚的结缔组织囊壁,其中央仍储存未凝的血液,时间较久则变为褐色甚至无色。

二、症状

血肿的临床特点是肿胀迅速增大,肿胀呈明显的波动感或饱满有弹性。4～5 d 后肿胀周围坚实,并有捻发音,中央部有波动,局部增温。穿刺时,可排出血液。有时可见局部淋巴结肿大和体温升高等全身症状。血肿感染可形成脓肿,需注意鉴别。

三、治疗

治疗重点应从制止溢血、防止感染和排除积血着手。初期可于患部涂碘酊,装压迫绷带。经4～5 d 后,可穿刺或切开血肿,排除积血或血凝块和挫灭组织。如发现继续出血,可行结扎止血,清理创腔后再行缝合创口或开放疗法。

第三节 淋巴外渗

淋巴外渗是在钝性外力作用下,由于淋巴管破裂,致使淋巴液聚积于组织内的一种非开放性损伤。其原因是钝性外力在动物体上强行滑擦,致使皮肤或筋膜与其下部组织发生分离,淋巴管发生断裂。淋巴外渗常发生于淋巴管较丰富的皮下结缔组织,而筋膜下或肌间则较少。大动物常发生于颈部、胸前部、鬐甲部、腹侧部、臂部和股内侧部等。小动物常发生于颌下、颈部、肩前、腹背部及股内侧部等。

一、症状

淋巴外渗在临床上发生缓慢,一般于伤后 3～4 d 出现肿胀,并逐渐增大,有明显的界限,呈明显的波动感,皮肤不紧张,炎症反应轻微。穿刺液为橙黄色稍透明的液体,或其内混有少量的血液。时间较久,析出纤维素块,如囊壁有结缔组织增生,则有明显的坚实感。

二、治疗

首先使动物安静,有利于淋巴管断端的闭塞。较小的淋巴外渗可不必切开,于波动明显处用注射器抽出淋巴液,然后注入 95％酒精或酒精福尔马林液(95％酒精 100 mL,福尔马林 1 mL,碘酊数滴,混合备用),停留片刻后,将其抽出,以期淋巴液凝固堵塞淋巴管断端,而达到制止淋巴液流出的目的。应用 1 次无效时,可行第 2 次注入。

较大的淋巴外渗,可行切开,排出淋巴液及纤维素,用酒精福尔马林液冲洗,并将浸有上述药液的纱布填塞于腔内作假缝合。当淋巴管完全闭塞后,可按创伤治疗。

治疗时应当注意,长时间的冷敷能使皮肤发生坏死;温热、刺激剂和按摩疗法均可促进淋巴液流出和破坏已形成的淋巴栓塞,都不宜使用。

思考题

1.影响创伤愈合的因素是什么?

2.试述不同情况创伤的治疗方法。

3.试述血肿、淋巴外渗的治疗措施。

第九章　外科感染

学习要点

　　了解外科感染的概念、特点；外科感染发生发展的基本因素、外科感染的病程演变、外科感染的诊断与治疗；了解全身性化脓性感染。理解外科局部感染的病因、病理；掌握外科感染与其他感染的不同点；外科局部感染——脓皮病、脓肿、蜂窝织炎等的概念、治疗方法以及脓肿手术治疗时的注意事项。

第一节　概　　述

一、外科感染的概念和特点

　　外科感染是动物有机体与侵入体内的致病菌相互作用所产生的局部和全身反应。它是有机体对致病菌的侵入、生长和繁殖造成的损害的一种反应性病理过程，也是有机体与致病菌之间感染和抗感染斗争的结果。外科感染的一般定义是指需要用手术方法治疗（包括切开引流，去除异物等）的感染性疾病以及在创伤或手术后发生的感染并发症。

　　外科感染不同于其他感染，具有以下的特点：①绝大部分的外科感染是由外伤所引起；②外科感染一般均有明显的局部症状；③常为混合感染；④损伤的组织或器官常发生化脓和坏死过程，治疗后局部常形成瘢痕组织；⑤在治疗方法上常常采用抗生素疗法和手术疗法。

二、外科感染时常见的致病菌

　　外科感染的致病菌有需氧菌、厌氧菌和兼氧菌。当前外科感染最常见的病原菌是金黄色葡萄球菌、大肠杆菌和铜绿假单胞菌，其他比较常见的病原菌是凝固酶阴性葡萄球菌、变形杆菌、化脓棒状杆菌、克雷伯菌属和肠球菌。总的来说，革兰阴性杆菌占 $60\%\sim65\%$；革兰阳性球菌占 $30\%\sim35\%$。近年来，厌气性感染、厌氧菌与需氧菌共同感染以及真菌感染已越来越多见。不同种类的外科感染，病原菌构成有所不同。

　　这些致病菌常存在于动物的皮肤和黏膜表面，也存在于厩舍、用具、手术器械和其他物体上，如皮肤或黏膜损伤或手术时就可能导致感染。

三、外科感染的病程演变及其结局

　　外科感染的演变是动态的过程。致病菌、机体抵抗力以及治疗措施3方面的消长决定了在不同时期感染可以向不同的方向发展。外科感染发生后受致病菌毒力、局部和全身抵抗力及治疗措施等影响,可有 3 种结局。

(一)局限化、吸收或形成脓肿

当动物机体的抵抗力占优势,感染局限化,有的形成脓肿。小的脓肿也可自行吸收,较大的脓肿在破溃或经手术切开引流后,转为恢复过程,病灶逐渐形成肉芽组织、瘢痕化而愈合。

(二)转为慢性感染

当动物机体的抵抗力与致病菌致病力处于相持状态,感染病灶局限化,形成溃疡、瘘、窦道或硬结,由瘢痕组织包围,不易愈合。此病灶内仍有致病菌,一旦机体抵抗力降低时,感染可重新发作。

(三)感染扩散

在致病菌毒力超过机体抵抗力的情况下,感染不能局限化,可迅速向四周扩散,或经淋巴、血液循环引起严重的全身感染。

第二节　脓皮病

脓皮病是由化脓性细菌引起的皮肤化脓性感染。目前本病以犬最易感。

一、病因

分为原发性和继发性两种。临床上根据发病情况也可分为浅层脓皮病和深层脓皮病。最常分离到的病原微生物有葡萄球菌、链球菌、棒状杆菌、假单胞菌和奇异变形杆菌。有时也可检出绿脓杆菌及大肠杆菌等。

外寄生虫感染、代谢性和内分泌性疾病是浅层脓皮病的主要病因;机体营养不良、免疫缺陷,以及皮肤不洁、毛囊炎、皮肤表皮损伤、皮肤受雨水浸渍等因素,都可以导致皮肤感染而发生脓皮病。

二、症状

临床上脓皮病常见于犬,猫及其他动物偶有发生。

犬的脓皮病以脓疱疹(表皮化脓)、皮肤皲裂、毛囊炎(可形成疖和痈)和干性脓皮病为主要表现。临床上可见到丘疹、毛囊性脓疱、蜀黍样红斑颈等浅表性化脓性皮炎症状。深部脓皮病常局限于面部、腿部和指间等部位,而短毛犬的幼犬则主要发生在无毛部(如腹部),也有全身性的。德国牧羊犬的病变部位常有化脓性通道。

发病初期在被毛的周围形成圆锥形隆起的硬结,皮肤肿胀,无色素沉着的皮肤上常呈红色,数日后在硬结的中央部、毛囊及皮脂腺有灰白色至黄色的脓栓形成,脓栓周围形成硬结,随后软化自溃排脓,排脓后形成痂皮。经 3~4 d 痂皮即可脱落。

幼年脓皮病(12 周龄或以下的犬易发),又称幼犬腺疫。此病常见于拉布拉多猎犬、腊肠犬和西班尼犬等。病畜局部淋巴结肿大,耳、眼和口腔周围水肿、脓肿,脱毛,常伴有发热、厌食、嗜睡等症状。

其他动物也可发生脓皮病。猫常发生于颈、面及欬部;马发生于胸颈部、四肢下部、眼眶等部位;牛有时发生在乳房。

三、治疗

局部处理结合全身用药是治疗脓皮病的原则。对于继发性脓皮病的治疗,应同时治疗原发病。

患部剪毛,早期用防腐剂(如30％六氯酚或聚乙烯吡咯酮碘溶液)清洗和热浴患部;浅表或皮肤皲裂脓皮病可用2.5％过氧化苯甲酰基脂洗涤,也可除去脓痂,敷以敏感的抗生素软膏,以促进溃疡愈合。

全身选择使用敏感的抗生素。由于多数葡萄球菌能产生青霉素酶,选择抗生素时应使用敏感、有效的药物。常用抗生素包括:苯唑西林(耐酶青霉素类)、红霉素、林可霉素、先锋霉素及喹诺酮类抗生素,还可配合使用抗厌氧菌感染药物(如甲硝唑等)。顽固性或复发性脓皮病,可使用免疫刺激剂(如菌苗)。幼年脓皮病的治疗(并非细菌感染)早期应大剂量使用皮质类固醇,如强的松或强的松龙(1 mg/kg,每日两次),以后逐渐减少,连用1月,同时配合应用抗生素。

第三节　脓　　肿

在任何组织或器官内形成外有脓肿膜包裹,内有脓汁潴留的局限性脓腔称为脓肿。如果在解剖腔内有脓汁潴留时称蓄脓,如关节蓄脓、上颌窦蓄脓和胸腔蓄脓。

一、病因

多数脓肿是由细菌感染引起。引起脓肿的致病菌主要是葡萄球菌,其次是化脓性链球菌、化脓性棒状杆菌、大肠杆菌、绿脓杆菌和腐败性细菌等。犬及猪的脓肿绝大多数是金黄色葡萄球菌感染的结果;牛有时因结核杆菌、放线菌感染形成冷性脓肿。除感染因素外,静脉内注射水合氯醛、氯化钙、高渗盐水及砷制剂等刺激性强的化学药品时,如将它们误注或漏注到静脉外也能发生脓肿;其次是注射时不遵守无菌操作规程而引起注射部位脓肿。有的是由于血液或淋巴将致病菌由原发病灶转移至新的组织或器官内所形成转移性或多发性脓肿。

二、脓肿的分类

(一)急性浅在性脓肿

初期局部肿胀,无明显的界限。局部有明显的热、肿、痛反应,触诊局温增高、坚实,有疼痛反应。后期肿胀的界限逐渐清晰成局限化,边界清楚,在肿胀的中央部开始软化并出现波动,皮肤变薄,被毛脱落,最后皮肤破溃,流出脓汁。但常因皮肤溃口过小,脓汁不易排尽。

(二)急性深在性脓肿

初期局部症状不明显,常出现皮肤及皮下结缔组织的炎性水肿,指压留有易复性压痕,但触诊时压痛明显。在压痛和水肿明显处穿刺,穿刺物为脓汁。

(三)慢性脓肿

缺乏或只出现轻微的炎性反应,发展缓慢而无痛感,有时形成厚的囊壁,类似纤维瘤,其大小几乎不变,有时囊壁很薄,与囊肿相似。

三、脓肿的诊断

浅在性脓肿根据临床表现就可以诊断,深在脓肿可经穿刺和超声波检查后确诊。且超声波检查还可确定脓肿的部位和大小。当肿胀尚未成熟或脓腔内脓汁过于黏稠时常不能排出脓汁,但在后一种情况下针孔内常有干固黏稠的脓汁或脓块附着。

根据脓汁的性状可进一步确定脓肿的病原。由葡萄球菌感染所产生的脓汁一般呈微黄色或黄白色、黏稠、臭味小。链球菌,特别是溶血性链球菌感染所产生的脓汁稀薄微带红色。大肠杆菌感染所产生的脓汁呈暗褐色,稀薄有恶臭。绿脓杆菌感染所产生的脓汁呈苍白绿色或灰绿色、黏稠,而坏死组织呈浅灰绿色。牛结核杆菌感染所产生的脓汁稀薄,有絮状物及乳脂样块。家兔发生脓肿其脓汁呈白色、软膏样且黏稠。鸡的脓汁常呈灰白色黏稠,有干酪样块。腐败性致病菌感染时脓汁呈污秽绿色或巧克力糖色,稀薄而有恶臭(表9-1)。

表 9-1　不同致病菌脓肿的性状

致病菌	颜色	味	黏稠度
葡萄球菌	浅黄或黄白色	无	黏稠
链球菌	浅红色	无	稀
大肠杆菌	暗褐色	恶臭	稀
绿脓杆菌	灰绿、浅绿色	腐霉气味	黏稠
腐败菌	污秽色	恶臭	稀

脓肿诊断时,必须与其他肿胀性疾病(如血肿、淋巴外渗、挫伤和某些疝、肿瘤等)相区别,且不能盲目穿刺,以免损伤重要器官组织(表9-2)。

表 9-2　脓肿与血肿、淋巴外渗鉴别诊断

病名	原因	形成的速度	炎性反应	穿刺液
脓肿	感染化脓菌、腐败菌、化学刺激剂	比较缓慢	初期比较显著	呈黄白色、灰白色或灰绿色,且有臭味的脓汁
血肿	因挫伤而伤及较大血管	受伤后 24 h 内发生	初期无,当感染时出现	鲜红或暗红色血液
淋巴外渗	挫伤较大淋巴管	伤后 3~4 d 或 1 周内发生	轻微或无炎性反应	透明、橙黄色淋巴液

四、脓肿的治疗原则与方法

(一)治疗原则

急性炎症期促进消散吸收;消散吸收不了,促进成熟;成熟后尽早切开排脓。

(二)治疗方法

1. 消散炎症

当局部肿胀正处于急性炎性细胞浸润阶段可局部涂擦樟脑软膏、复方醋酸铅散等进行冷敷,使血管收缩、抑制炎性产物的渗出、肿胀,止痛、消炎。同时全身应用抗生素、磺胺类药物。当炎性渗出停止后,可用温热疗法、短波透热疗法、超短波疗法以促进炎症产物的消散吸收。

2.促进脓肿成熟

当局部炎症产物已无消散吸收的可能时,局部可用鱼石脂软膏、鱼石脂樟脑软膏、超短波疗法、温热疗法等以促进脓肿的成熟。待局部出现明显的波动时,应立即进行手术治疗。

3.手术疗法

脓肿发生时常用的手术疗法有以下几种:

(1)脓汁抽出法　适用于关节部脓肿膜形成良好的小脓肿。其方法是利用注射器将脓肿腔内的脓汁抽出,然后用生理盐水反复冲洗脓腔,抽净腔中的液体,最后灌注混有青霉素的溶液。

(2)脓肿切开法　脓肿成熟出现波动后立即切开。切口应选择波动最明显且容易排脓的部位。按手术常规对局部进行剪毛、消毒后再根据情况采取局部或全身麻醉。切开前为了防止脓肿内压力过大脓汁向外喷射,可先用粗针头将脓汁排出一部分。切口要有一定的长度并作纵向切口以保证在治疗过程中脓汁能顺利地排出。深在性脓肿切开时除进行确实麻醉外,最好进行分层切开,并对出血的血管进行仔细的结扎或钳压止血,以防引起脓肿的致病菌进入血液循环,而被带至其他组织或器官发生转移性脓肿。脓肿切开后,脓汁要尽力排尽,但切忌用压挤脓肿壁(特别是脓汁多而切口过小时),或用棉纱等用力擦拭脓肿膜里面的肉芽组织,这样就有可能损伤脓肿腔内的肉芽性防卫面而使感染扩散。如果一个切口不能彻底排空脓汁时亦可根据情况作必要的辅助切口。对浅在性脓肿可用防腐液或生理盐水反复清洗脓腔。最后用脱脂纱布轻轻吸出残留在腔内的液体。切开后的脓肿创口可按化脓创进行外科处理。

(3)脓肿摘除法　常用以治疗脓肿膜完整的浅在性小脓肿。此时需注意勿刺破脓肿膜,预防新鲜手术创被脓汁污染。

第四节　蜂窝织炎

在疏松结缔组织内发生的急性弥漫性化脓性炎症称为蜂窝织炎(phlegmon)。它常发生在皮下、筋膜下及肌间的疏松结缔组织内,以在其中形成浆液性、化脓性和腐败性渗出液并伴有明显的全身症状为特征。

一、病因

引起蜂窝织炎的致病菌主要是葡萄球菌和链球菌等化脓性球菌,也能见到腐败菌或化脓菌和腐败菌的混合感染。疏松结缔组织内误注或漏入刺激性强的化学制剂后(如氯化钙、高渗盐水、松节油等)也能引起蜂窝织炎的发生。

一般是经皮肤的微细创口而引起的原发性感染,也可继发于邻近组织或器官化脓性感染的直接扩散,或通过血液循环和淋巴管的转移而发生。

二、分类

临床上常见的分类方法有以下3种。

1.按蜂窝织炎发生部位的深浅分类

按发生部位的深浅可分为浅在性蜂窝织炎(皮下、黏膜下蜂窝织炎)和深在性蜂窝织炎(筋膜下、肌间、软骨周围、腹膜下蜂窝织炎)。

2.按渗出液的性状和组织的病理学变化分类

按渗出液的性状和组织的病理学变化可分为浆液性、化脓性、厌氧性和腐败性蜂窝织炎,如化脓性蜂窝织炎伴发皮肤、筋膜和腱坏死时则称为化脓坏死性蜂窝织炎,在临床上也常见到化脓菌和腐败菌混合感染而引起的化脓腐败性蜂窝织炎。

3.按蜂窝织炎发生的部位

按发生部位可分为关节周围蜂窝织炎、食管周围蜂窝织炎、淋巴结周围蜂窝织炎、股部蜂窝织炎、直肠周围蜂窝织炎等。

三、症状

蜂窝织炎病程发展迅速。其局部症状主要表现为大面积肿胀;局部温度增高,疼痛剧烈和机能障碍。其全身症状主要表现为患病动物精神沉郁,体温升高,食欲不振并出现各系统(循环、呼吸及消化系统等)的机能紊乱。由于发病的部位不同其症状亦有差异。

(一)皮下蜂窝织炎

常发生于四肢(特别是后肢),主要由于外伤感染所引起。病初局部出现弥漫性渐进性肿胀。触诊时热痛反应非常明显,初期呈捏粉状,有指压痕,后变为稍有坚实感。局部皮肤紧张。随着炎症的进展,局部的渗出液由浆液性转变为化脓性浸润。此时患部肿胀更加明显,热痛反应剧烈,患病动物体温显著升高。随着局部坏死组织的化脓性溶解而出现化脓灶,触诊柔软而有波动感。病程经过良好者化脓过程局限化或形成蜂窝织炎性脓肿,脓汁排出后患病动物局部和全身症状减轻;病程恶化时化脓灶继续往周围和深部蔓延使病情加重。

(二)筋膜下蜂窝织炎

常发生于前肢的前臂筋膜下、鬐甲部的深筋膜和棘横筋膜下,以及后肢的小腿筋膜下和阔筋膜下的疏松结缔组织中。其临床特征是患部热痛反应剧烈;机能障碍明显,患部组织呈坚实性炎性浸润。感染依发病筋膜的局部解剖学特点而向周围蔓延。全身症状严重恶化,甚至发生全身化脓性感染而引起动物的死亡。

当颈静脉注射刺激性强的药物时,如误注和漏入到颈部皮下或颈深筋膜下时,都能引起筋膜下的蜂窝织炎。注射后经1～2 d局部出现明显的渐进性的肿胀,有热痛反应,但无明显的全身症状。

如并发化脓性或腐败性感染时,则经过3～4 d后局部即出现化脓性浸润,继而出现化脓灶。如未及时切开则可自行破溃而流出微黄白色较稀薄的脓汁。它能继发化脓性血栓性颈静脉炎。当动物采食时由于饲槽对患部的摩擦或其他原因,常造成颈静脉血栓的脱落而引起大出血。

(三)肌间蜂窝织炎

常继发于开放性骨折、化脓性骨髓炎、关节炎及腱鞘炎之后。有些是由于皮下或筋膜下蜂窝织炎蔓延的结果。

感染可沿肌间和肌群间大动脉及大神经干的径路蔓延。首先是肌外膜,然后是肌间组织,最后是肌纤维。先发生炎性水肿,继而形成化脓性浸润,并逐渐发展成为化脓性溶解。患部肌肉肿大、肥厚、坚实、界限不清,机能障碍明显,触诊和他动运动时疼痛剧烈。表层筋膜因组织内压增高而高度紧张,皮肤可动性受到很大的限制。肌间蜂窝织炎时全身症状明显,体温升高,精神沉郁,食欲不振。局部已形成脓肿时,切开后可流出灰色、常带血样的脓汁。有时化脓性溶解可引起关节周围炎、血栓性血管炎和神经炎。

四、治疗

蜂窝织炎治疗的原则：减少炎性渗出、抑制感染扩散、减轻组织内压、改善全身状况、增强机体抗病能力，局部和全身疗法并举的原则。

(一)局部疗法

1.控制炎症发展，促进炎症产物消散吸收

患病动物停止使役或剧烈活动，注意休息。最初 24～48 h，当炎症继续扩散，组织尚未出现化脓性溶解时，为了减少炎性渗出可用冷敷(50％硫酸镁溶液、10％鱼石脂酒精、90％酒精、0.1％雷佛奴尔、醋酸铅明矾液、栀子浸液等)，涂以醋调制的醋酸铅散。用 0.5％盐酸普鲁卡因青霉素溶液做病灶周围封闭。当炎性渗出已基本平息(病后 3～4 d)，为了促进炎症产物的消散吸收可用上述溶液温敷，也可用红外线疗法、紫外线、超短波等进行治疗；或外敷雄黄散，内服连翘散。

2.手术切开

如冷敷后炎性渗出不见减轻，组织出现增进性肿胀，患病动物体温升高和其他症状都有明显恶化的趋向时，不需等待脓肿成熟，应立即进行手术切开以减轻组织内压，排除炎性渗出液。局限性蜂窝织炎形成脓肿时可等待其出现波动后再行切开。

手术切开时应根据情况做局部或全身麻醉。浅在性蜂窝织炎应充分切开皮肤、筋膜、腱膜及肌肉组织等。为了保证渗出液的顺利排出，切口必须有足够的长度和深度，做好纱布引流，必要时应造反对孔。四肢应作多处切口，最好是纵切或斜切。组织切开时，应避免损伤大血管、神经、关节囊和腱鞘等。伤口止血后可用中性盐类高渗溶液作引流以利于组织内渗出液的外流。

如经上述治疗后体温暂时下降复而升高，肿胀加剧，全身症状恶化，则说明可能有新的病灶形成，或存有脓窦及异物，或引流纱布干涸堵塞而影响排脓，或引流不当所致。此时应迅速扩大创口，消除脓窦，摘除异物，清洗创腔，更换引流纱布，保证渗出液或脓汁能顺利排出。待局部肿胀明显消退，体温恢复正常，局部创口继续按化脓创处理，直至愈合。

(二)全身疗法

早期应用抗生素疗法(青霉素 G、氨苄青霉素、头孢类抗生素等)，必要时可联合用药；局部应用盐酸普鲁卡因封闭疗法；注意补液，纠正水、电解质及酸碱平衡的紊乱；对患病动物加强饲养管理。

思考题

1.试述外科感染与其他感染的不同特点。

2.外科感染的病程演变及结局是什么？

3.脓皮病、蜂窝织炎、脓肿的治疗方法有什么不同？

第十章 眼 病

学习要点 ////////////////////////////////

了解眼睑内翻、眼睑外翻、结膜炎、角膜炎、瞬膜腺脱出、眼球脱出等常见眼部疾病的发病原因；掌握眼部常见疾病（眼睑内翻、眼睑外翻、结膜炎、角膜炎、瞬膜腺脱出、眼球脱出）的症状和治疗方法。

第一节 眼睑疾病

一、眼睑内翻

眼睑内翻是指眼睑缘向眼球方向内卷,此病有一边或两边眼睑缘内翻,可一侧或两侧眼发病,下眼睑最常发病。内翻后,睑缘的睫毛对角膜和结膜有很大的刺激性,可引起流泪与结膜炎,如不去除刺激则可以发生角膜炎和角膜溃疡。

(一)病因

眼睑内翻多半是先天性的、遗传性的疾病,最常见于羔羊和犬,偶见于幼驹,猫也可发病。后天性的眼睑内翻主要是由于睑结膜、睑板瘢痕性收缩所致。眼睑的撕裂创和愈合不良以及结膜炎与角膜炎刺激,使睑部眼轮匝肌痉挛性收缩时可发生痉挛性眼睑内翻,老年动物皮肤松弛、眶脂肪减少、眼球陷没、眼睑失去正常支撑作用时也可发生。

(二)症状

睫毛排列不整齐,向内、向外歪斜,向内倾斜的睫毛刺激结膜及角膜,致使结膜充血、潮红,角膜表层发生浑浊,甚至溃疡,患眼疼痛、流泪、羞明、眼睑痉挛。

(三)治疗

犬进行肌肉注射全身麻醉,进入麻醉状态后,对眼部进行术前准备。使用红霉素眼药膏保护角膜后,眼睑及周围皮肤剃毛,轻轻刷去毛发,避免损伤眼睑组织。

用浸润过碘酊的棉花棒或软的手术海绵对术部皮肤进行消毒。不要使用肥皂、清洁剂或酒精,以免损伤角膜。

距睑缘2～4 mm处用手术镊提起眼睑皮肤,用1～2把弯止血钳钳夹眼睑皮肤,钳夹皮肤的多少以刚好达到矫正为宜。用力钳夹30 s后松开止血钳,用有齿手术镊提起眼睑皮肤皱褶,再用手术剪沿皮肤皱褶基部将其剪除。切除后的皮肤切口呈半月形创口。不要切除眼轮匝肌或睑结膜,然后用 4~0 或 5~0 的可吸收缝线结节缝合皮肤,闭合创口。缝合首先从中间开始,以使皮肤更精确地对合。创口及患眼涂布红霉素眼药膏。

术后护理:给予镇痛药,眼部局部应用抗生素治疗。佩戴伊丽莎白圈,防止动物磨蹭、抓挠术部。

二、眼睑外翻

眼睑外翻是眼睑缘离开眼球向外翻转的异常状态,以下眼睑外翻多见。

(一)病因

本病可能是先天性的遗传性缺陷(犬),或继发于眼睑的损伤、慢性眼睑炎、眼睑溃疡,或眼睑手术时切去皮肤过多,皮肤形成瘢痕收缩所引起。老龄犬肌肉紧张力丧失,也可引起眼睑外翻。在眼睑皮肤紧张而眶内容又充盈情况下眶部眼轮匝肌痉挛可发生痉挛性眼睑外翻。

(二)症状

眼睑缘离开眼球表面,呈不同程度的向外翻转,结膜因暴露而充血、潮红、肿胀、流泪,结膜内有渗出液积聚。病程长的结膜变得粗糙及肥厚,也可因眼睑闭合不全而发生色素性结膜炎、角膜炎。

(三)治疗

眼睑外翻的矫正方法有很多种,如眼睑环锯术、眼睑楔形切除术、结膜切除术、V~Y 矫正术、外侧睑成形术等。

V~Y 矫正术:首先下眼睑术部常规无菌准备。在外翻的下眼睑睑缘下方 2~3 mm 处做一深达皮下组织的"V"形皮肤切口,其"V"形基底部应宽于睑缘的外翻部分。然后由"V"形切口的尖端向上分离皮下组织,逐渐游离三角形皮瓣。接着在两侧创缘皮下做适当潜行分离,从"V"形尖部向上做结节缝合,边缝合边向上移动皮瓣,直到外翻的下眼睑睑缘恢复原状,得到矫正,当眼睑到达预期的部位时,修剪游离的三角形皮肤瓣,使之与剩余的皮肤上三角形皮肤缺损相符合。然后结节缝合剩余的皮肤切口,即将原来的切口由"V"形变成为"Y"形。手术用 4 号或 7 号丝线进行缝合,保持针距约 2 mm。

术后护理 给予镇痛药,眼部局部应用抗生素眼药水或眼药膏点眼,每天 3~4 次,维持 5~7 d。佩戴伊丽莎白圈,防止动物磨蹭、抓挠术部。

第二节　结膜和角膜疾病

一、结膜炎

结膜炎是指眼结膜受外界刺激和感染而引起的炎症,是最常见的一种眼病。有卡他性、化脓性、滤泡性、伪膜性及水泡性结膜炎等型。各种动物都可发生,马、牛、犬更为常见。

(一)病因

结膜对各种刺激非常敏感,常由于外来的或内在的轻微刺激而引起炎症。常见的有下列原因。

1. 机械性因素

机械性因素包括结膜外伤、各种异物(如灰尘、谷物芒刺、干草碎末、植物种子、花粉、烟灰、被毛、昆虫等)落入结膜囊内或粘在结膜面上、牛泪管吸吮线虫出现于结膜囊或第三眼睑内(不但呈机械性刺激,而且还呈化学作用)、眼睑位置改变(如内翻、外翻、睫毛倒生等)以及笼头不合适等。

2.化学性因素

化学性因素包括石灰粉、熏烟、厩舍空气内有大量氨以及各种化学药品(包括已分解或过期的眼科药)或农药误入眼内。

3.温热性因素

温热性因素如热伤等。

4.光学性因素

眼睛未加保护,遭受夏季日光的长期直射、紫外线或 X 线照射等。

5.传染性因素

多种微生物经常潜伏在结膜囊内,正常情况下,由于结膜面无损伤、泪液溶菌酶的作用以及泪液的冲洗作用,不可能在结膜囊内发育。但当结膜的完整性遭到破坏时易引起感染而发病。牛传染性鼻气管炎病毒可引起犊牛群发结膜炎;衣原体可引起绵羊滤泡性结膜炎;给放线菌病牛以碘化钾治疗时,由于碘中毒,常出现结膜炎。

6.免疫介导性因素

免疫介导性因素包括过敏、嗜酸细胞性结膜炎等。

7.继发性因素

继发于邻近组织的疾病(如上颌窦炎、泪囊炎、角膜炎等)、重剧消化器官疾病及多种传染病(如流行性感冒、腺疫、牛恶性卡他热、牛瘟、牛炭疽、犬瘟热等)常并发所谓症候性结膜炎。

(二)症状

结膜炎的共同症状是羞明、流泪、结膜充血、结膜浮肿、眼睑痉挛、渗出及白细胞浸润。

1.卡他性结膜炎

卡他性结膜炎是临床上最常见的病型,结膜潮红、肿胀、充血、流浆液、黏液或黏液脓性分泌物。卡他性结膜炎可分为急性和慢性两型。

(1)急性型 轻度时结膜及穹隆部稍肿胀,呈鲜红色,分泌物少,初似水,继则变为黏液性。重度时,眼睑肿胀、热痛、羞明、充血明显,甚至见出血斑。炎症可波及球结膜。分泌物量多,初稀薄,渐次变为黏液脓性,并积蓄在结膜囊内或附于内眼角。有时角膜面也见轻微的浑浊。若炎症侵及结膜下时,则结膜高度肿胀,疼痛剧烈。

(2)慢性型 常由急性转来,症状往往不明显,羞明很轻或见不到。充血轻微,结膜呈暗赤色、黄红色或黄色。经久病例,结膜变厚呈丝绒状,有少量分泌物。

水牛由于结膜外翻,长时间受到外界的刺激和暴露,致结膜干燥,患眼发痒,故患牛常试图摩擦患眼,引起球结膜下的结缔组织增殖,结膜进一步突出,出现紫红色的溃烂斑块。角膜常发炎,视力高度减退。

2.化脓性结膜炎

因感染化脓菌或在某种传染病(特别是犬瘟热)经过中发生,也可以是卡他性结膜炎的并发症。一般症状都较重,常由眼内流出多量脓性分泌物,时间越久则越浓,因而上、下眼睑常被粘在一起。化脓性结膜炎常波及角膜而形成溃疡,且常带传染性。

(三)预后

急性卡他性结膜炎,一般容易治愈,若原因不能除去可转为慢性。化脓性结膜炎常取慢性经过,且可招致角膜的严重并发症,预后慎重。

(四)治疗

1. 除去原因

应设法将原因除去。若是症候性结膜炎,则应以治疗原发病为主。若环境不良应设法改善环境。

2. 遮断光线

将患畜放在暗厩内或装眼绷带。当分泌物量多时,以不装眼绷带为宜。

3. 清洗患眼

用3‰硼酸溶液清洗患眼。

4. 对症疗法

急性卡他性结膜炎:充血显著时,初期冷敷;分泌物变为黏液时,则改为温敷,再用0.5%～1%硝酸银溶液点眼(每日1～2次)。用药后经30 min,就可将结膜表层的细菌杀灭,同时还能在结膜表面上形成一层很薄的膜,从而对结膜面呈现保护作用。但用过本品后10 min要用生理盐水冲洗,避免过剩的硝酸银分解刺激,且可预防银沉着。若分泌物已见减少或将趋于吸收过程时,可用收敛药,其中以0.5%～2%硫酸锌溶液(每日2～3次)较好。此外,还可用2%～5%蛋白银溶液、0.5%～1%明矾溶液或2%黄降汞眼膏。

疼痛显著时,可用下述配方点眼:0.5%硫酸锌0.05～0.1 mL、0.5%盐酸普鲁卡因0.5 mL、3%硼酸0.3 mL、0.1%肾上腺素2滴、蒸馏水10.0 mL。也可用10%～30%板蓝根溶液点眼。

球结膜内注射青霉素和氢化可的松:用0.5%盐酸普鲁卡因液2～3 mL溶解青霉素5万～10万IU,再加入氢化可的松2 mL(10 mg),球结膜内注射,一日或隔日一次;或以0.5%盐酸普鲁卡因液2～4 mL溶解氨苄青霉素10万IU,再加入地塞米松磷酸钠注射液1 mL(5 mg)上下眼睑皮下各注射0.5～1 mL。

慢性结膜炎的治疗以刺激温敷为主。局部可用较浓的硫酸锌或硝酸银溶液,或用硫酸铜棒轻擦上、下眼睑,擦后立即用硼酸水冲洗,然后再进行温敷。也可用2%黄降汞眼膏涂于结膜囊内。中药川连1.5 g、枯矾6 g、防风9 g,煎后过滤,洗眼效果良好。

牛的结膜炎可用麻醉剂点眼,因患牛的眼睑痉挛症状显著,易引起眼睑内翻,造成睫毛刺激角膜。奶牛由于血镁低,经常见到短暂的但却是明显的眼睑痉挛症状。

病毒性结膜炎可用0.1%无环鸟苷、0.1%碘苷(疱疹净)或4%吗啉胍等眼药水,1 h滴眼1次,病情较轻者可自愈;为防止混合感染,可加用抗生素眼药水。

自家血疗法,无菌采集新鲜自体血液2.0 mL,然后迅速将1.0 mL血液皮下注射于患眼上下眼睑,同时往患眼内滴注0.5～1.0 mL血液,每隔2 d实施1次自家血疗法,在进行第2次自家血治疗时,患眼角膜浑浊症状明显改善。

某些病例可能与机体的全身营养或维生素缺乏有关,因此应改善病畜的营养并给以维生素。

(五)预防

保持厩舍和运动场的清洁卫生;注意通风换气与光线,防止风尘的侵袭;严禁在厩舍里调制饲料和刷拭畜体;笼头不合适应加以调整;在麦收季节,可用0.9%生理盐水经常冲洗眼;治疗眼病时,要特别注意药品的浓度和有无变质情形。

二、角膜炎

角膜炎可分为外伤性、表层性、深层性(实质性)及化脓性角膜炎几种。

(一)病因

角膜炎多由于外伤(如鞭梢的打击、笼头的压迫、尖锐物体的刺激)或异物误入眼内(如碎玻璃、碎铁片等)而引起;角膜暴露、细菌感染、营养障碍、邻近组织病变的蔓延等均可诱发本病;某些传染病(如腺疫、牛恶性卡他热、牛肺疫、马流行性感冒、犬传染性肝炎)和浑睛虫病能并发角膜炎。

(二)症状

角膜炎的共同症状是羞明、流泪、疼痛、眼睑闭合、角膜浑浊、角膜缺损或溃疡。轻度的角膜炎常不容易直接发现,只有在阳光斜照下可见到角膜表面粗糙不平。

外伤性角膜炎常可找到伤痕,透明的表面变为淡蓝色或蓝褐色。由于致伤物体的种类和力量不同,外伤性角膜炎可出现角膜浅创、深创或贯通创。角膜内如有铁片存留时,于其周围可见带铁锈色的晕环。

由于化学物质所引起的热伤,轻度的仅见角膜上皮被破坏,形成银灰色浑浊。深层受伤时则出现溃疡;重剧时发生坏疽,呈明显的灰白色。

角膜面上形成不透明的白色瘢痕时叫做角膜浑浊或角膜翳。角膜浑浊是角膜水肿和细胞浸润的结果(如多形核白细胞、单核细胞和浆细胞等),致使角膜表层或深层变暗而浑浊。浑浊可能为局限性或弥漫性,也有呈点状或线状的。角膜浑浊一般呈乳白色或橙黄色。

新的角膜浑浊有炎症症状,界限不明显,表面粗糙稍隆起。陈旧的角膜浑浊没有炎症症状,界限明显。深层浑浊时,由侧面视诊,可见到在浑浊的表面被有薄的透明层;浅层浑浊则见不到薄的透明层,多呈淡蓝色云雾状。

角膜炎均出现角膜周围充血,然后再新生血管。表层性角膜炎的血管来自结膜,呈树枝状分布于角膜面上,可看到其来源。深层性角膜炎的血管来自角膜缘的毛细血管网,呈刷状,自角膜缘伸入角膜内,看不到其来源。

因角膜外伤或角膜上皮抵抗力降低,致细菌侵入(包括内源性)时,角膜的一部或数处呈暗灰色或灰黄色浸润,后即形成脓肿,脓肿破溃后便形成溃疡。

犬传染性肝炎恢复期,常见单侧性间质性角膜炎和水肿,呈蓝白色角膜翳。

角膜损伤严重的可发生穿孔,眼前房水流出,由于眼前房内压力降低,虹膜前移,常常与角膜,或后移与晶状体粘连,从而丧失视力。

(三)治疗

急性期的冲洗和用药与结膜炎的治疗大致相同。

为了促进角膜浑浊的吸收,可向患眼吹入等份的甘汞和乳糖(白糖也可以),用40%葡萄糖溶液或自家血点眼,也可用自家血眼睑皮下注射或用1%~2%黄降汞眼膏涂于患眼内。每天静脉内注射5%碘化钾溶液20~40 mL或每天内服碘化钾5~10 g,连用5~7 d;疼痛剧烈时,可用10%颠茄软膏或5%狄奥宁软膏涂于患眼内。

角膜穿孔时,应严密消毒防止感染。对新发的虹膜脱出病例,可将虹膜还纳展平;脱出久的病例,可用灭菌的虹膜剪剪去脱出部,涂黄降汞眼膏,装眼绷带。若不能控制感染,就应行眼球摘除术。

1‰三七液煮沸灭菌,待冷却后点眼,对角膜创伤愈合起促进作用,且能使角膜浑浊减退。

青霉素、普鲁卡因、氢化可的松或地塞米松,球结膜下或患眼上、下眼睑皮下注射,对小动物外伤性角膜炎引起的角膜翳效果良好。

中成药如拨云散、光明子散、明目散等,对慢性角膜炎有一定疗效。

症候性、传染病性角膜炎,应注意治疗原发病。

三、瞬膜腺脱出

瞬膜腺脱出又称樱桃眼,是因腺体肥大越过第三眼睑游离缘而脱出于眼球表面。多发于小型犬,如北京犬、西施犬等以及以上各种犬的杂交后代,性别不限,年龄多为3～12月龄,个别有2岁的。

(一)病因

病因较为复杂,诱发因素和发生机理也较为复杂。可能有遗传易感性,多数犬在没有明显促发条件下自然发病。有人怀疑腺体与眶周筋膜或其他眶组织的联系存在解剖学缺陷。尚未查知有明显的生物性、物理性、化学性的病因。

(二)症状

呈散发性,未见明显传染性。本病多发生于两个部位,多数增生物位于内侧眼角,有薄的纤维膜状蒂与第三眼睑相连。有的发生在下眼睑结膜的正中央,纤维膜状蒂与下眼睑结膜相连。二者均为粉红色椭圆形肿物,外有包膜,呈游离状,大小(0.8～1) cm×0.8 cm,厚度为0.3～0.4 cm。多为单侧性;也有先发生于一侧,间隔3～7 d另一侧病眼也同样发生而成为双侧性。有的病例在一侧手术切除后的第3～5 d,另一侧也同样发生。下眼睑结膜发生的病例多为单侧性。

发生该病的一侧眼睑结膜潮红,部分球结膜充血,眼分泌物增加,有的流泪。病犬不安,常因以眼摩擦笼栏或家具而引起继发感染,造成不同程度的角膜炎症、损伤,甚至化脓。一般无全身症状。

(三)治疗

多用手术治疗,有两种手术方法。

1.瞬膜腺切除术

动物以速眠新(846)复合麻醉剂作全身麻醉。用生理盐水冲洗患眼,并滴入含肾上腺素(1:10万)的局麻药。用一弯止血钳夹住脱出物的基部,沿止血钳上缘用手术刀将脱出物削除或用手术剪将脱出物剪除。止血钳夹持5～10 min后松开,防止局部出血。也可用经酒精灯高温烧灼的手术刀紧贴止血钳钳缘削除脱出物,削除的同时烧烙手术切面,迅速止血。如有出血,用灭菌干棉球压迫止血。全切手术简单易行,但因将瞬膜腺切除,其提供水性泪膜的功能消失,当泪腺功能不全时,易引起干性角膜结膜炎。

2.瞬膜腺复位术

适用于泪腺功能不全,不能施行腺体全切手术时施行该复位术。用组织钳夹持第三眼睑,并向鼻颞侧悬提,椭圆形切开腺体表面结膜,露出腺体。钝性分离腺体周缘的结膜,暴露深部腺体和瞬膜缘远端的结缔组织。

充分止血后,于腺体一端1/3处,用7/0可吸收线经腺体深部结膜下穿过眼球上的结缔组织和腺体。

将缝线引向腺体对侧,距瞬膜缘附近穿过结膜下结缔组织,缝线暂不打结。按此缝合法,距腺体另一端 1/3 位置缝第二根线。两根线分别抽紧打结,并轻轻向下推压腺体,使其内翻再打结。结应打在结膜下,线头应剪短。由于瞬膜腺已内翻,结膜创缘已完全对合,不需要缝合。如腺体脱出过大,可切除部分腺体,再做复位术。术后应用抗生素眼药水或眼膏每日 2～3 次,连用 5～7 d。术后不拆线。

第三节　眼外伤

眼球脱出是眼外伤中较为常见的一种。眼球脱出(proptosis of the globe)多因动物打斗引起挫伤,或挤压眼眶、耳根部引起。临床上主要发生于犬、猫等小动物。其中短头品种犬(如北京犬、西施犬等)因眼眶较大更易发生。

(一)症状

眼球脱出病例,眼球外鼓于眼睑外不能自行回缩,严重的整个眼球脱出、悬挂于眼睑外,球结膜血管充血,挫伤引起的眼球脱出常伴有局部瘀血、血肿,并有不同程度的损伤、出血,时间较长的可见突出的眼球发紫,有的眼球前房积血。伴有球结膜、角膜的损伤。

眼球脱位会出现以下严重病理变化,因涡静脉和睫状静脉被眼睑闭塞,引起静脉瘀滞和充血性青光眼;严重的发生暴露性角膜炎和角膜坏死;虹膜炎、脉络膜视网膜炎、视网膜脱离、晶状体脱位及视神经撕脱等。

(二)治疗

治疗时应尽可能早地将眼球整复,事先行全身麻醉,彻底清除异物、血凝块及坏死组织,用加有抗生素的生理盐水清洗后,轻度脱出者可用滴有油剂阿莫西林等抗生素药物的灭菌纱布块按压复位。为防止眼球再次脱出,便于整复,也可先在上下眼睑做两组纽扣缝合,暂不打结,待收紧缝线同时按压复位后打结进行假缝合。注意进行纽扣缝合时缝线不能穿透眼睑全层,以免伤及角膜。大多数情况下不需扩大眼裂即可直接还纳。如果眼球严重水肿无法还纳时,可在动物全身麻醉后,从眼外眦至眶韧带做外眦切开术,以扩大睑裂,便于眼球复位。眼肌断裂严重的,为使眼球固定在正常位置,使用可吸收缝线将巩膜和眼眶组织缝合 2～3 针,最后缝合睑裂创口。

术后全身使用广谱抗生素。同时配合局部应用广谱抗生素眼膏或药水,也可使用糖皮质激素类药物,但尽量避免早期使用,因其能妨碍角膜的愈合及降低抗感染的能力。另外,如角膜有损伤或有溃疡存在,禁止使用糖皮质激素类药物。眼睑的假缝合 5～7 d 拆线,如肿胀明显,未减退的可延至 10～15 d 拆线。术后常伴发斜视。多数犬、猫在术后 3～4 个月可相对恢复到正常的视轴。

也有的可发生角膜干燥和视神经萎缩等后遗症。伴有角膜损伤、角膜炎的可按病情配合治疗。如眼球脱出过久,眼内容物已挤出或内容物严重破坏,视神经撕脱或损伤严重无法恢复视力,脱出眼球创伤严重,因眼球炎导致眼球及眶内已感染化脓的,不宜做手术复位。严重者需行眼球摘除术。

❓ 思考题

1. 简述急性结膜炎、角膜炎的治疗方法。

2. 试述犬瞬膜腺脱出的手术治疗方法。

3. 眼球脱出如何处理?

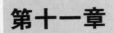

第十一章　疝

学习要点

　　了解疝的分类、不同部位疝的局部解剖构造；掌握疝的概念、临床症状；尤其是脐疝、腹股沟疝的手术方法。

第一节　概　　述

一、疝的概念

　　疝，又称赫尔尼亚（hernia），是内脏器官从异常扩大的自然孔道或病理性破裂孔脱至皮下或其他解剖腔的一种常见外科疾病。在临床上，各种动物均可发生，但以猪、马、牛、羊比较常见，尤其是仔猪。小动物中犬的发病率较高，猫亦可发生。

二、疝的组成

　　典型的疝由疝孔（疝环、疝轮）、疝囊和疝内容物 3 部分组成（图 11-1）。

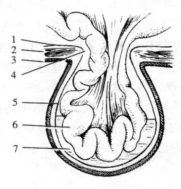

图 11-1　疝的模式图
1.腹膜　2.肌肉　3.皮肤　4.疝轮　5.疝囊　6.疝内容物　7.疝液

（一）疝孔

　　疝孔是自然孔道的异常扩大（如脐孔、腹股沟环），或是病理性破裂孔（如钝性暴力造成的腹肌撕裂），内脏可由此脱出。疝孔多呈圆形、卵圆形或狭窄的通道。疝通常根据疝孔的部位而命名，如腹股沟疝、脐疝、会阴疝等。

(二)疝囊

疝囊由腹膜和腹壁的筋膜、皮肤等构成,腹壁疝最外层常为皮肤。临床上有时将随脏器脱出的腹膜称疝囊。典型的疝囊又可分为囊口(囊孔)、囊颈、囊体和囊底4部分。囊口的位置相当于疝孔;囊颈指囊口与囊体相连接的狭窄部;囊体是疝囊的膨大部分;囊底指疝囊的顶端部分。疝囊的形状取决于发生部位的解剖结构,可呈鸡蛋形、扁平形或球形等。

(三)疝内容物

疝内容物为通过疝孔脱出到疝囊的脏器和组织。常见的疝内容物有小肠、肠系膜、网膜,其次是瘤胃、真胃,较少见的是子宫、膀胱和结肠等。疝囊内一般都含有数量不等的浆液,称疝液,疝液常在腹腔和疝囊之间相互流通。可复性疝的疝液是透明的浆液,疝发生箝闭时,由于血液循环受阻,血管通透性增加,疝液增多,箝闭的肠管由于肠壁的通透性增加,使疝液变浑浊、血性,带有恶臭腐败气味。

三、疝的分类

(一)根据疝囊是否突出体表分类

凡疝囊突出体表者称外疝,如脐疝、会阴疝等;疝囊不突出体表者称内疝,如膈疝、网膜疝等。

(二)依发病的解剖部位分类

可分为脐疝、腹股沟(阴囊)疝、腹壁疝、会阴疝、膈疝、闭孔疝等。

(三)根据发病原因分类

可分为先天性疝和后天性疝。先天性疝也称遗传性疝,是由遗传因素引起的,多发生于初生动物,如脐疝、腹股沟(阴囊)疝等;后天性疝也称病理性疝,是由后天因素引起的,可见于各种年龄的动物,如损伤性腹壁疝。

(四)根据疝内容物可否还纳分类

根据疝内容物可否还纳将疝分为可复性疝与不可复性疝。当改变动物体位或压挤疝囊时,疝内容物可通过疝孔还纳到腹腔,称可复性疝。外疝初期一般都是可复性疝。当家畜改变体位或压迫疝囊时,疝内容物不能通过疝孔还纳到腹腔,称不可复性疝。

疝内容物不能通过疝孔还纳到腹腔的原因:疝孔狭窄或疝道长而窄;疝内容物与疝囊发生粘连;疝内容物是肠管时,肠管之间互相粘连或肠管内充满过多的粪块或气体。

第二节　脐　疝

腹内脏器从脐孔脱出至皮下,称脐疝。各种家畜均可发生,但以仔猪、犊牛和幼犬多见。

一、病因

(一)先天性原因

脐疝一般以先天性原因为主,即脐疝与遗传有关,胎儿的脐静脉、脐动脉和脐尿管通过脐带与胎膜相连,胎儿出生后,脐带被切断,脐血管和脐尿管被结扎,脐孔周围结缔组织增生,在短时间内使脐孔闭锁。遗传因素导致脐孔发育不全没有闭锁或腹壁发育缺陷等,在腹内压增加的情况下(强烈努责、用力跳跃),腹腔内的脏器从脐孔脱出至皮下形成脐疝。

可发生于出生数天或数周的幼畜。犊牛的先天性脐疝多数在出生后数月逐渐消失,少数病例愈来愈大;犬、猫的脐疝有时可在5~6月龄以后逐渐消失。

(二)后天性原因

断脐不正确(脐带留得太短,正常大家畜留6~7 cm,犬留1~1.5 cm),或脐带感染,导致脐孔闭合不全。

二、症状

脐部出现局限性球形肿胀,质地柔软,无红、热、痛等炎症反应;肿胀的大小随畜种不同以及脏器脱出程度不同而差别较大,如犊牛脐疝可由拳头大小发展至小儿头大,甚至更大,犬、猫脐疝一般乒乓球大小。在病初挤压疝囊或改变体位时(直立或仰卧位)肿胀物能还纳腹腔,即具有可复性,并可摸到疝孔;当疝内容物与疝孔或疝囊粘连时,则不能还纳腹腔,也摸不清疝孔。无全身症状,精神、食欲和排便均正常。疝内容物如果是肠管,听诊可听到肠蠕动音;猪的脐疝如果疝囊膨大,有时由于皮肤被磨破而伤及粘连的肠管,形成肠瘘。

箝闭性脐疝不多见。如果发生箝闭性脐疝,箝闭的疝内容物通常是小肠,此时脐部很快出现肿胀、疼痛,触诊疝囊紧张有弹性,有疼痛反应,并出现显著的全身症状,病畜极度不安,食欲废绝,疝痛,体温升高,脉搏加快,在犬和猪还可见到呕吐,呕吐物常常有粪臭,如不及时手术常可引起死亡。

三、诊断

根据临床症状较易做出诊断,如脐部可复性肿胀物。当疝内容物发生粘连或箝闭时,应注意与脐部脓肿和脐部肿瘤相区别,必要时可做诊断性穿刺或X射线和B超检查。

(一)脐部脓肿

触诊脓肿有红、肿、热、痛,早期组织增生触之较硬,随着发展,触之有波动感,不能还纳于腹腔内;疝发生箝闭时,也有肿、热、痛,但无波动感,必要时穿刺鉴别。

(二)脐部肿瘤

触诊时不能还纳于腹腔内,无红、肿、热、痛,触之较坚实,必要时穿刺鉴别。

四、治疗

(一)非手术治疗(保守治疗)

适用于幼龄动物的小脐疝,由于疝孔较小,用非手术疗法使疝孔随着幼龄动物的生长发育而闭合。用一块大于脐孔的木片,外包纱布,抵住脐孔,然后用疝带(纱布绷带或复绷带)加以固定,防止移动。如果同时在疝孔周围用95%酒精或10%氯化钠分点注射,每点3~5 mL,效果更佳。

(二)手术治疗

较大的脐疝因不能自愈,而且随着病程的延长,疝内容物往往与囊壁发生粘连导致疝内容物难以还纳腹腔,因此必须尽早手术治疗。

术前禁食,全身麻醉或局部浸润麻醉,仰卧或半仰卧保定。在疝囊底部做梭形切口或纵行切口,仔细切开疝囊壁,不要损伤疝内容物。认真检查疝内容物有无粘连和坏死,如果无粘连和坏死,可将疝内容物直接还纳腹腔,然后缝合疝轮;如果有粘连,则需仔细剥离粘连处,再还纳腹腔(当粘连物是镰状韧带或网膜时,也可将其切除);如果有肠管坏死,需行肠部分切除吻合术,然后缝合疝轮。

缝合疝轮时,如果疝轮较小,可做荷包缝合、纽孔状缝合或结节缝合,如果疝轮较大,可用水平褥式缝合方法闭合疝轮,然后将疝轮光滑面做轻微切割,形成新鲜创面,再将切割的新鲜创面进行结节缝合,抵抗腹压和便于术后愈合。然后剪除多余的疝囊(腹膜),修整皮肤创缘,结节缝合皮肤。如果疝轮较大,为防止术后疝复发,在缝合疝轮剪除多余的腹膜后,分离疝囊壁形成左右两个纤维组织瓣,将一侧纤维组织瓣缝在对侧疝轮外缘上,然后将另一侧的纤维组织瓣缝在对侧纤维组织瓣的表面上,即重叠缝合。最后修整皮肤创缘,结节缝合皮肤。

另外,对于可复性疝,也可不切开疝囊(腹膜),切开皮肤后将内容物还纳,用止血钳靠近疝轮钳夹、结扎疝囊,切除多余疝囊,然后缝合疝轮和皮肤。钳夹疝囊时注意不要夹住疝内容物。

五、术后护理

术部包扎绷带 7～10 d,可减少复发。术后不宜喂得过饱,限制剧烈活动,防止腹压增高。行肠管吻合术者禁食 2 d,补液,连续用抗生素 5～7 d。

第三节 腹股沟(阴囊)疝

腹内脏器从腹股沟管腹环脱出至腹股沟处,称腹股沟疝。经过腹股沟管,再穿出腹股沟管皮下环进入阴囊,称腹股沟阴囊疝。腹股沟疝多见于母猪和母犬。腹股沟阴囊疝多见于公马和公猪。

一、病因

腹股沟疝有先天性和后天性两种。

(一)先天性腹股沟疝的病因

先天性腹股沟疝与遗传有关,是因腹股沟管内环先天性扩大所致。在正常情况下,胎儿的睾丸是在胎儿的腹腔内形成,然后经腹股沟管下降到阴囊内。在阴囊内随睾丸下降的腹膜和精索内筋膜共同形成总鞘膜,总鞘膜与睾丸固有鞘膜之间有一腔隙称鞘膜腔,鞘膜腔通过腹股沟管与腹膜腔相通,出生后腹股沟管关闭。当遗传性原因使腹股沟管内环过大时,容易使腹腔内的脏器经过腹股沟管或进一步进入阴囊,形成腹股沟疝或腹股沟阴囊疝。先天性腹股沟疝常在出生时或出生几个月后发生,多见于一侧(左侧)。

(二)后天性腹股沟疝的病因

后天性腹股沟疝主要是由腹压增高引起。腹股沟管区是腹壁薄弱区,有精索通过,造成局部腹壁强度减弱,当腹压增高时,如公马配种时,两前肢凌空,身体重心后移,使腹内压增高;给马装蹄时保定失误,马剧烈挣扎及腹痛时努责也可导致腹压增高,引起腹股沟疝或腹股沟阴囊疝。

母猪可由阉割不当引起腹股沟疝。

疝内容物多为小肠和网膜,子宫、膀胱和结肠少见。

二、症状

(一)腹股沟疝

在耻骨前腹白线一侧或两侧出现局部膨胀隆起(肿胀物),肿胀物大小随畜种、腹压及疝内容物的性质和多少而不同;初期触诊柔软,无热,无痛,无全身反应,肿胀物通过触压可还纳于腹腔内,即具有可复性;当脱出时间过长,疝内容物发生粘连或箝闭时,动物可表现出腹痛、腹胀,触诊局部热痛,疝囊皮肤紧张,肿胀物大小不变,触压内容物不能还纳于腹腔内;并出现全身症状,体温升高,食欲废绝;箝闭的肠管坏死后,可发生中毒性休克,引起病畜死亡。

(二)腹股沟阴囊疝

一侧或两侧阴囊增大,触诊柔软,有弹性,多数不痛,可还纳于腹腔内;但有时触诊也可出现硬、紧张和敏感;听诊时,如果内容物是小肠,可听到肠蠕动音;大家畜直肠检查可触知腹股沟管内口扩大(马可以自由通过 3 指);当疝内容物发生箝闭时,表现剧烈的腹痛,阴囊皮肤紧张、水肿,摸不到睾丸;病畜不愿走动,在运步时开张后肢(患侧后肢向外伸展),步态紧张;体温升高,脉搏和呼吸加快,如果不及时手术治疗,常导致病畜死亡。

三、诊断

根据发生部位、临床触诊等方法较易做出诊断,如腹股沟处肿胀或阴囊增大,触诊肿胀物具可复性。大家畜可进行直肠检查触摸内环的大小,马以 3 个手指并列通过为扩大,并可检查出通过内环的内脏。腹股沟阴囊疝应与阴囊积水、睾丸炎、附睾炎、睾丸肿瘤等相区别。阴囊积水:触诊柔软,一般无热无痛,但有明显的波动感,不能还纳于腹腔内,直肠检查摸不到疝内容物,必要时穿刺鉴别。睾丸炎、附睾炎:触诊睾丸肿胀,硬,热,疼痛明显,不能还纳于腹腔内,阴囊内无其他内容物。

四、治疗

手术治疗是根治本病的唯一有效方法。如果畜主同意,对于非箝闭性疝,可以择期手术;对于箝闭性疝,应立即进行手术治疗,以挽救病畜的生命。

(一)手术治疗与去势术同时进行

因本病有遗传性,所以即使是种畜也不宜留为种用。

腹股沟阴囊疝的手术一般采用腹股沟管外环切开法(腹股沟管栓塞法),整复手术与公畜去势术同时进行。马、牛采用全身麻醉,猪局麻或不麻醉,将仔猪后肢用绳系紧吊于保定栏上。

切口应靠近腹股沟管外环处,一般在阴囊颈部正外侧方纵行切开皮肤、皮下组织,然后剥离总鞘膜,将其剥离至阴囊底,使总鞘膜与阴囊分离,剥离时用手指抵压睾丸使睾丸靠近切口。

将睾丸和总鞘膜引出切口外,提起睾丸将疝内容物还纳回腹腔。将总鞘膜及精索捻转数周后,在距离腹股沟管外环 3～4 cm 处双重结扎精索,在结扎线下 1 cm 处剪断,切除睾丸和总鞘膜。将切断精索的游离端送回腹股沟管中作为生物填塞,并缝合几针固定,将腹外斜肌腱膜的裂隙对合在一起,结节缝合,闭合外环;因本方法剥离总鞘膜,阴囊损伤面大,为防止术后创液潴留,可在阴囊底部做反对孔引流,最后结节缝合皮肤切口。

另一侧睾丸经阴囊做切口切除。

为减少复发,在缝合腹外斜肌腱膜的裂隙之前,可先用结节缝合将围成内环的腹内斜肌缝到腹股沟韧带上,闭合内环。

手术中如果发现疝内容物因粘连不能还纳回腹腔时,切开总鞘膜(疝囊),剥离粘连处,然后还纳。

对于箝闭性疝,切开总鞘膜(疝囊)后一般会发现箝闭的肠管呈暗紫色,这时应立即扩大腹股沟管内环(疝孔),以改善肠管的血液循环(要注意逆行性箝闭疝),用温生理盐水纱布温敷肠管,如果肠管颜色很快恢复,出现蠕动,可将肠管还纳,如果肠管已坏死,则将坏死肠管切除,端端吻合,再将肠管还纳腹腔。然后紧贴疝囊颈部结扎疝囊,切除多余疝囊。行去势术切除睾丸。用结节缝合将围成内环的腹内斜肌缝到腹股沟韧带上,闭合内环,将腹外斜肌腱膜的裂隙对合在一起,结节缝合,闭合外环,结节缝合皮肤切口。

(二)单纯手术治疗(不做去势术)

(1)切口选在腹股沟管内外环之间,皱襞切开皮肤、皮下、腹外斜肌腱膜,找到并切开疝囊,还纳内容物,尽量靠近疝囊颈结扎疝囊(结扎疝囊时注意不要结扎疝内容物),切除多余疝囊;然后用结节缝合将围成内环的腹内斜肌缝到腹股沟韧带上,闭合内环,缝合腹外斜肌腱膜,缝合时注意精索通过外环,因此应根据动物种类不同将外环保留一定大小,结节缝合皮下和皮肤。此方法也适合做腹股沟阴囊疝。

(2)剖腹术　对于可复性疝,如果不同时做公畜去势术,还可以采用剖腹术。在阴囊疝或腹股沟疝的同侧做剖腹术,进入腹腔后用手探察内环,会发现内容物经内环进入腹股沟管,助手协助托起阴囊,术者将疝内容物缓缓牵引回腹腔,然后缝合内环,分层缝合关闭腹部切口。

对于双侧腹股沟疝,也可采用脐后腹中线切口,利用一个切口可以同时修补两侧疝,但由于损伤大,显露不好,操作不方便,很少使用。

五、术后护理

术后护理同脐疝。

思考题

1.试述疝的概念及分类。

2.脐疝的手术治疗方法是什么?

3.腹股沟(阴囊)疝的治疗方法是什么?

第十二章　直肠及肛门疾病

第一节　直肠脱

　　直肠脱是指直肠末端黏膜或部分直肠由肛门向外翻转脱出，而不能自行缩回的一种病理状态。严重的病例可在发生直肠脱的同时并发肠套叠。直肠脱发生于各种家畜，但较常见于猪、犬、牛、绵羊，而少见于马。幼龄动物发病率比成年动物高。

一、病因

　　直肠脱是由多种原因综合的结果，但主要原因是直肠韧带松弛，直肠黏膜下层组织和肛门括约肌松弛和机能不全。而直肠全层肠壁脱垂，则是由于直肠发育不全、萎缩或神经营养不良松弛无力，不能保持直肠正常位置所引起。直肠脱的诱因为长时间泻痢、便秘、病后瘦弱、病理性分娩，或用刺激性药物灌肠后引起强烈努责，腹内压增高促使直肠向外突出。此外，马胃蝇蛆直肠肛门停留，牛的阴道脱，仔猪维生素缺乏，猪饲料突然改变也是诱发本病的原因。

二、症状

　　临床诊断，可在肛门口处见到圆球形，颜色淡红或暗红的肿胀。随着炎症和水肿的发展，则直肠壁全层脱出，即直肠完全脱垂。诊断时可见到由肛门内突出呈圆筒状下垂的肿胀物。由于脱出的肠管被肛门括约肌箝压，而导致血循障碍，水肿更加严重，同时因受外界的污染，表面污秽不洁，沾有泥土和草屑等，甚至发生黏膜出血、糜烂、坏死和继发损伤。此时，病畜常伴有全身症状，体温升高，食欲减退，精神沉郁，并且频频努责，做排粪姿势。

三、直肠脱的治疗方法

（一）整复和固定

　　适用于直肠轻度脱垂的病畜，病畜在卧地或排粪后部分脱出，即直肠部分性或黏膜性脱垂。在发生黏膜性脱垂时，直肠黏膜的皱襞在一定的时间内不能自行复位或脱出的黏膜发炎，在黏膜下层形成高度水肿,失去自行复原的能力。

1. 整复

整复是治疗直肠脱的首要任务,其目的是使脱出的肠管恢复到原位。

(1)直接整复　对于黏膜脱出未发炎、水肿者,小型动物可将两后肢提起,大动物通过保定方法使后躯抬高,然后用 0.25% 温热的高锰酸钾溶液或 1% 明矾溶液清洗患部,除去污物或坏死黏膜,然后用手指谨慎地将脱出的肠管还纳原位。

(2)剪黏膜后整复　对于黏膜脱出未发炎、轻度水肿者,按照剪黏膜法进行,即按"洗、剪、擦、送、温敷"五个步骤进行。先用温水洗净患部,之后用剪刀剪除或用手指剥除干裂坏死的黏膜,再用消毒纱布兜住肠管,撒上适量明矾粉末揉擦,挤出水肿液,用温生理盐水冲洗后,涂 1%~2% 的碘石蜡油润滑,然后从肠腔口开始,谨慎地将脱出的肠管向内翻入肛门内。在送入肠管时,术者应将手臂(猪、犬用手指)随之伸入肛门内,使直肠完全复位。最后在肛门外进行温敷。

2. 固定法

(1)肛门环缩术固定　距肛门孔 1~3 cm 处,做一肛门周围的荷包缝合(用弯三角针系 10# 缝线,线端穿上青霉素胶盖,缝针距肛门缘 1~3 cm 处的 6 点钟处刺入皮下,经皮下至 3 点钟处穿出,再缝合上一个胶盖,缝针于 2~3 点钟之间的皮外进针,经皮下于 12 点处出针,再系上一个胶盖,在 9 点钟处同样出针,至 6 点钟处胶盖进针与出针,缝线绕肛门一周),收紧缝线,保留 1~2 指大小的排粪口,打成活结,以便根据具体情况调整肛门口的松紧度,经 7~10 d 病畜不再怒责时,则将缝线拆除。

(2)药物固定　本法是在整复的基础上进行的,其目的是利用药物使直肠周围结缔组织增生,借以固定直肠。临床常用 70% 的酒精溶液或 10% 的明矾溶液注入直肠周围的结缔组织中。方法是在距肛门孔 2~3 cm 处,肛门的左、右两侧直肠旁组织内分点注射 70% 酒精 3~5 mL 或 10% 的明矾溶液 5~10 mL,另加 2% 盐酸普鲁卡因溶液 3~5 mL。注射的针头沿直肠侧直前方刺入 3~10 cm。为了使进针方向与直肠平行,避免针头远离直肠或刺破直肠,在进针时应将食指插入直肠内引导进针的方向,操作时边进针边用食指触知针尖位置并随时纠正方向。

(二)脱垂黏膜环切术

1. 适应症

适应于脱垂黏膜高度水肿,黏膜表面有坏死且无法通过整复复位时。

2. 麻醉与保定

直肠后神经麻醉,倒立保定。

3. 手术方法

脱出的直肠黏膜用 0.1% 新洁尔灭溶液清洗和消毒;在距肛缘约 2 cm 处环形切开黏膜层,深达黏膜下层,但不要切到肌肉层;将发生水肿或坏死的黏膜层向下翻转,作钝性剥离,直到脱出部的顶端为止;用手术剪将翻转下来的黏膜层全部剪除,在其下面的直肠肌层即行松弛;然后将脱出部的顶端黏膜层边缘与肛门缘处的黏膜层边缘对合,用肠线作间断缝合;将脱出的直肠还纳回肛门内,立即做肛门环缩术,以防止再度脱出。

(三)直肠部分切除术

适用于直肠脱出过多,整复困难或脱出的直肠发生坏死、穿孔,或有套叠而不能复位的病例。

在充分清洗,消毒脱出肠管的基础上,取两根灭菌的兽用麻醉针头或长套管针,紧贴肛门外交叉刺穿脱出的肠管将其固定。若是马、牛等大动物,直肠管腔较粗大,最好先将一根橡胶管或塑料管插入直肠,然后用针交叉固定,进行手术。对于仔猪和幼犬,可用带胶套的肠钳夹住脱出的肠管进行固定,且兼有止血作用。

用肠钳紧靠肛门将脱出的直肠钳夹固定,在固定后方 2 cm 处将脱出的直肠环行切除,充分止血,用细丝线和圆针将断端的浆肌层做结节缝合,然后连续缝合黏膜层(直肠完全脱垂时,是两层肠壁折叠)。缝合结束后用 0.25% 高锰酸钾溶液充分冲洗、蘸干,涂以碘甘油或抗生素药物。将缝合后的直肠还纳,肛门口荷包缝合固定。

四、术后护理

术后保持术部清洁,防止感染,排便后用消毒药液清洗,如高锰酸钾,根据病情给予镇痛、消炎药。加强饲养管理,防止便秘和腹泻。

第二节　肛囊炎

肛囊炎(anal succulitis)是肛门囊内的腺体分泌物蓄积于囊内,刺激黏膜而引起的炎症。此病以犬多发,猫有时也发生。

一、病因

在肛门的两侧,有成对的肛门囊,位于肛门内、外括约肌之间偏腹侧(相当于时钟 4 时和 8 时的位置),以储存肛门周围腺的分泌物。这些分泌物是黏液状、黑灰色、有难闻气味、带小颗粒的皮脂样物,当动物排便时由于肛门外括约肌的收缩,使蓄积的分泌物排除。有人认为肛门囊炎与饲喂不合理、软便、缺乏运动、肛门外括约肌功能失调并伴有阴部神经病变、肛周瘘及瘢痕组织形成有关,使肛门囊蓄积的分泌物排空障碍,而发生肛门囊炎。另一些人则持相反的观点,认为肛门囊发炎在先,使肛门周围腺分泌增加,进而堵塞肛门囊管,导致肛门囊感染并发生脓肿。所以该病的因果关系还有待于进一步研究。也有人提出肛门囊炎与肛门周围腺分泌皮脂样物有关。

二、症状

轻症者出现排便困难,里急后重,甩尾,擦舔或咬肛门。重症者肛门呈明显肿胀、痉挛。肛门一侧或两侧下方肿胀,触诊肿胀部敏感、疼痛,有时有稀薄脓性或血样分泌物从肛门囊管口流出。严重时,脓肿自行破溃,在肛门囊附近形成一个或多个窦道。某些大型犬,脓液还可沿肌肉和筋膜面扩散,进而发展为蜂窝织炎。在一些小的纯种犬,这种排泄瘘多在时钟 4 点和 8 点的位置上。

三、诊断

根据临床症状,直肠探诊,触及瘘管可确诊。

四、治疗

轻症者可用手反复挤压肛门囊开口处。若效果不佳,可戴上乳胶手套。食指涂上润滑油,插入肛门,拇指在外面配合挤压,排除肛门囊内容物。当内容物太浓稠时应用生理盐水或消毒液冲洗囊腔。一般隔 1～2 周应再挤压一次,但不能太频繁,以免人为造成感染。在治疗过程中不需要麻醉或镇静,但注意避免使肛门囊管堵塞。

对肛门囊管闭合的患犬需要在镇静或浅麻的情况下进行套管插入术,对于严重的肛门囊炎,肛门溃烂,已形成瘘管或经保守治疗又复发者,宜手术切除肛门囊。手术常规准备,禁食灌肠,肛门周围剃毛消毒,采用全身麻醉。手术必须采取一定的标记,如向肛门囊内注入染料,或放入钝性探针,指示其界限以保证完全切除。

肛门囊腺摘除术(闭合式):在肛囊导管的口端插入一个小探头、止血钳;在肛囊上做曲线切口;分离肛囊和周围组织;结扎肛囊导管;切除肛囊和导管;结节缝合皮下组织和皮肤。

肛门囊腺摘除术(开口式):有沟探针探明肛门囊的深度;在有沟探针的指引下,切开肛门囊导管和肛门囊;牵引肛门囊,钝性分离其下层组织;切除肛门囊、导管及其开口;清洗术部,结节缝合肛门外括约肌和皮下组织;结节缝合皮肤。必要时放置引流,经2～3 d后取下。在手术过程中,最重要的是勿损伤肛门括约肌、直肠后动静脉和阴部神经的分支。

猫和其他动物很少发生肛门囊炎,其治疗方法和手术过程是相同的。

思 考 题

1. 直肠脱的整复和固定方法有几种?
2. 试述脱垂黏膜环切术的操作方法。
3. 试述直肠部分切除术手术方法。
4. 试述肛门囊腺摘除手术类型及方法。

学习要点

　　了解骨折的分类、愈合的过程、影响骨折愈合的因素；关节脱位的分类。理解掌握骨折的概念、临床局部特征、治疗方法（外固定方法和内固定方法，尤其是骨折的内固定方法）。理解掌握关节脱位的概念、临床局部特征、治疗方法（尤其是小动物膝关节脱位的治疗方法）。

第一节　骨的疾病

动物骨的疾病中比较重要的是骨折。

一、骨折定义

　　在外力作用下，使骨的完整性或连续性遭受部分中断称为骨裂，完全遭受机械破坏时称为骨折（fracture）。各种动物均可发生。常见牛、马等役畜偶发四肢长骨的骨折，主要与使役、饲养管理和保定不当等有关；而车祸等常造成犬的四肢骨、骨盆骨骨折或脊柱损伤；猫的骨折多是从高楼坠落或鼠夹夹住造成。

二、骨折的病因

（一）外伤性骨折

1. 直接暴力

　　骨折都发生在打击、挤压、火器伤等各种机械外力直接作用的部位。如车辆冲撞、重物压轧、蹴踢、角顶等，常发生开放性甚至粉碎性骨折，大都伴有周围软组织的严重损伤。小动物常因从高处跌落或者外力打击而发生四肢骨折。

2. 间接暴力

　　间接暴力指外力通过杠杆、传导或旋转作用而使远处发生骨折。如奔跑中扭闪或急停、跨沟滑倒等，可发生四肢骨折、髋骨或腰椎的骨折；肢蹄嵌夹于洞穴、木栅缝隙等时，肢体常因急速旋转而发生骨折；家养猎犬由于营养差或者缺乏锻炼等原因，在有落差的山地上奔跑、跳远时，偶有四肢长骨发生骨折的现象。

3.肌肉过度牵引

肌肉突然强烈收缩,可导致肌肉附着部位骨的撕裂。

(二)病理性骨折

病理性骨折是指有骨质疾病的骨发生的骨折。如患有骨髓炎、骨疽、佝偻病、骨软症或衰老、妊娠后期及高产奶牛泌乳期中,营养神经性骨萎缩,慢性氟中毒以及某些遗传性疾病(如牛、猪卟啉症、四肢骨关节畸形或发育不良等),这些处于病理状态下的骨骼,疏松脆弱,应力抵抗降低,有时遭受不大的外力也可引起骨折。长期食用肝、火腿肠、肉的犬,由于食物中缺钙而极易发生病理性骨折。

三、骨折的症状

(一)骨折的特有症状

当骨骼发生全骨折时具备下列特有症状。

1.肢体变形

骨折两断端因受伤时的外力、肌肉牵拉力和肢体重力的影响等,造成骨折断端移位而引起肢体变形。常见的移位有成角移位、侧方移位、旋转移位、纵轴移位(包括重叠、延长或嵌入等)。骨折后的患肢呈弯曲、缩短、延长等异常姿势。诊断时可把健肢放在相同位置,仔细观察和测量肢体有关段的长度,并两侧对比。

2.异常活动

正常情况下,肢体完整而不活动的部位,在骨折后负重或作被动运动时,出现屈曲、旋转等异常活动。但肋骨、椎骨、蹄骨、干骺端等部位的全骨折,异常活动不明显或缺乏。

3.骨摩擦音

骨折两断端互相触碰,可听到骨摩擦音,或有骨摩擦感。但在不全骨折、骨折部肌肉丰厚、局部肿胀严重或断端间嵌入软组织时,通常听不到。骨骺分离时的骨摩擦音是一种柔软的捻发音。

诊断四肢长骨骨干骨折时,常由一人固定近端后,另一人将远端轻轻晃动。若为全骨折时可以出现异常活动和骨摩擦音,但是这样的诊断不能持续或者反复进行,以免加重骨折的程度,借助 X 光摄片可以确诊。

(二)骨折的其他症状

1.出血与肿胀

骨折时骨膜、骨髓及周围软组织的血管破裂出血,经创口流出或在骨折部发生血肿,加之软组织水肿,造成局部显著肿胀。闭合性骨折时肿胀的程度取决于受伤血管的大小,骨折的部位,以及软组织损伤的轻重。肋骨、髋骨、掌(跖)骨等浅表部位的骨折,肿胀一般不严重;臂骨、桡骨、尺骨、胫骨、腓骨等的全骨折,大都因溢血和炎症,肿胀十分严重,皮肤紧张发硬,致使骨折部不易摸清。随着炎症的发展,肿胀在伤后数日内很快增重,如不发生感染,经过十余天后逐渐消散。

2.疼痛

骨折后骨膜、神经受损,患病动物即刻感到疼痛,疼痛的程度常随动物种类、骨折的部位和性质,反应各异。在安静时或骨折部固定后较轻,触碰或骨断端移动时加剧。患病动物不安、避让,马常见肘后、股内侧出汗,全身发抖等症状。骨裂时,用手指压迫骨折部,呈现线状压痛。

3.功能障碍

骨折后因肌肉失去固定的支架,以及剧烈疼痛而引起不同程度的功能障碍,都在伤后立即发生。如四肢骨骨折时突发重度跛行、脊椎骨骨折伤及脊髓时可致相应区域后部的躯体瘫痪等。但是发生不全骨折、棘突骨折、肋骨骨折时,功能障碍可能不显著。

(三)全身症状

轻度骨折一般全身症状不明显。严重的骨折伴有内出血、肢体肿胀或者内脏损伤时,可并发急性大失血和休克等一系列综合症状;闭合性骨折于损伤 2～3 d 后,因组织破坏后分解产物和血肿的吸收,可引起轻度体温上升。骨折部继发细菌感染时体温升高,局部疼痛加剧,食欲减退。

四、骨折的诊断

根据外伤史和局部症状,一般不难诊断。根据需要,可用下列方法作辅助检查。

(一)X 线检查

常用 X 线透视或摄片,可以清楚地了解到骨折的形状、移位情况、骨折后的愈合情况等,以及鉴别诊断关节附近的骨折和关节脱位。摄片时一般要摄正、侧两个方位,必要时加斜位比较。

(二)直肠检查

用于大动物髋骨或腰椎骨折的辅助诊断,常有助于了解到骨折部变形或骨的局部病理变化。

(三)骨折传导音的检查

可用听诊器置于大动物骨折任何一端骨隆起的部位作为收音区,以叩诊锤在另一端的骨隆起部轻轻叩打,病肢与健肢对比。根据骨传导音的音质与音量的改变,判断有无骨折存在。正常骨的传导音有清脆实质感,骨折后音变钝而浊,有时甚至听不清楚。此方法不适合小动物。

开放性骨折除具有上述变化外,可以见到皮肤及软组织的创伤。有的形成创囊,骨折断端暴露于外,创内变化复杂,常含有血凝块、碎骨片或异物等,容易继发感染化脓。

五、骨折的治疗

动物骨折经过治疗后,是否能恢复生产能力,这是必须考虑的问题。由于动物的种类、年龄、营养状况不同,发生骨折的部位、性质、损伤程度不一,以及治疗条件、技术水平等因素,骨折后愈合时间的长短以及愈合后病肢功能恢复的程度有较大差异。除了有价值的种畜或贵重的动物,可尽力进行治疗外,对于一般动物,若预计治疗后不能恢复生产性能,或治疗费用要超过该动物的经济价值时,就应该断然做出淘汰的决定。对于犬、猫等伴侣动物,骨折通过外固定、内固定术进行治疗。

(一)闭合性骨折的治疗

本类骨折的治疗包括整复与固定和功能锻炼两个环节。

1.骨折的整复

整复是将移位骨折段恢复正常或接近正常解剖位置,重建骨骼支架结构。整复的原则是"欲合先离,离而复合"。整复可分为闭合性整复和开放性整复两种。

(1)闭合性整复　即用手法整复,并结合牵引和对抗牵引。闭合性整复适用于新鲜较稳定的骨折,容易触摸的动物。如猫、小型犬的骨折,用此法复位可获得满意的效果。建议用下列几种方法:a.利用牵引、对抗牵引和手法进行整复。b.利用牵引、对抗牵引和反折手法进行整复。c.利用动物自身体重牵引、反牵引作用整复。动物仰卧于手术台上，患肢垂直悬吊，利用身体自重，使痉挛收缩的肌肉疲劳，产生牵引、对抗牵引力，悬吊 10～30 min，可使肌肉疲劳，然后进行手法整复。d. 戈登伸展架(Gordon extender frame)整复。通过缓慢逐渐增加压力维持一定时间(如 10～30 min)，待肌肉疲劳、松弛时整复。使用时，逐步旋扭蝶形螺母，增加患肢的牵引力，每间隔 5 min 旋紧螺母，增加其牵引力。

(2)开放性整复　指手术切开骨折部的软组织，暴露骨折段，在直视下采用各种技术，使其达到解剖复位，为内固定创造条件。开放性整复技术在小动物骨折利用率很高，其适应症为：骨折不稳定和较复杂；骨折已数天以上，骨折已累及关节面；骨折需要内固定。

开放性整复操作的基本原则是要求术者熟知局部解剖，操作时要求尽量减少软组织的损伤(如骨膜的剥离，骨、软组织、血管和神经的分离等操作)。按照规程稳步操作，更要严防组织的感染。

具体的操作技术可归纳如下几种：a. 利用某些器械发挥杠杆作用，如骨刀、拉钩柄或刀柄等，借以增加整复的力量。b. 利用抓骨钳直接作用于骨断端上，使其复位。c. 将力直接加在骨断段上，向相反方向牵引和矫正、转动，使骨断端复位和用抓骨钳或创巾钳施行暂时固定。d. 利用抓骨钳在两骨断端上的直接作用力，同时并用杠杆的力。e. 重叠骨折的整复较为困难，特别是受伤若干天后，肌肉发生挛缩，整复时翘起两断端，对准并压迫到正常位置。

2. 骨折的固定

固定是用固定材料对整复后的骨折断端加以固定以维持整复后位置，使骨折愈合牢固。固定一般包括外固定和内固定。

(1)外固定　整复之后，尤其闭合性整复，必须要进行外固定，限制关节活动，其目的是使患病动物疼痛减轻，减少骨折断端移位、形成角度和维持正常的解剖状态。大关节特别是肘、膝关节的固定有利于保持硬、软组织的愈合，但由于长时间限制关节活动，也能产生不必要的副作用。

最常见的副作用是纤维化、软组织萎缩。结果失去了正常运动的步幅；长时间限制关节活动，其关节软骨将产生不同程度的衰退；生长期动物的长期制动，则可导致关节韧带松弛。所以限制关节活动的患病动物，应根据具体情况，尽早开始活动，以防止肌肉萎缩和关节僵硬。

外固定主要用于闭合性骨折，也可用于开放性骨折，以加强内固定的作用。目前，在治疗骨折中采用中西结合、固定和活动结合的原则。固定时应尽可能让肢体关节有一定范围的活动，不妨碍肌肉的纵向收缩。肢体合理的功能活动，有利于局部血液循环的恢复和骨折端对向挤压、密接，可以加速骨折的俞合。

临床常用的外固定方法：a. 夹板绷带固定法，采用竹板、木板、铝合金板、铁板等材料，制成长、宽、厚与患部相适应，强度能固定住骨折部的夹板数条。包扎时，将患部清洁后，包上衬垫，于患部的前、后、左、右放置夹板，用绷带缠绕固定。包扎要松紧适度，以不使夹板滑脱和不过度压迫组织为宜。为了防止夹板两端损伤患肢皮肤，里面的衬垫应超出夹板的长度或将夹板两端用棉纱包裹。国外广泛应用热塑料夹板代替木制夹板作外固定材料，其优点是使用方便，70～90℃热水即可使之软化塑形，在室温下很快硬固成型，重量轻、透水、透气、透 X 线，且有"弹性记忆"，加热后可恢复原状，便于重复使用。b. 石膏绷带固定法，石膏具有良好的塑形性能，制成石膏管型与肢体接触面积大，不易发生压创，对大、小动物的四肢骨折均有较好固定作用。但用于大动物的石膏管型最好夹入金属板、竹板等加固材料。

改良 Thomas 支架绷带，是用小的石膏管型，或夹板绷带，或内固定骨折部，外部用金属支架像拐杖一样将肢体支撑起来，以减轻患部承重。该支架用铝或铝合金管制成，其他金属材料亦可，管的粗细应与动物大小相适应。支架上部为环形,可套在前肢或后肢的上部,舒适地托于肢与躯体之间,连于环前后侧的支杆(可根据需要和肢的形状做成直的或弯曲的)向下伸延,超过肢端至地面,前后支杆的下部要连接固定。使用时可用绷带将支架固定在肢体上。这种支架也适用于不能做石膏绷带外固定的桡骨及胫骨的高位骨折。

近年来,国内外对石膏的代用材料研究较多。用树脂和玻璃纤维制成的外固定管型具有重量轻、强度高的优点。水固化高分子绷带在室温下浸于水中 30 s 即开始硬化,10 min 可固化成型,30 min 达最大硬度,重量轻,强度高,已在兽医临床上应用。

对大动物四肢骨折,无论用何种方法进行外固定,都需注意使用悬吊装置。例如在 4 柱栏内,用粗的扁绳兜住动物的腹部和股部,使动物在四肢疲劳时,可伏在或倚在扁绳上休息。这对保持骨折部安静,充分发挥外固定的作用,是重要的辅助疗法。

(2)内固定 凡实行骨折开放复位的,原则上应使用内固定。内固定技术需要有各种特殊器材,包括髓内针、骨螺钉、金属丝和接骨板等。上述器材有较长一段时间滞留在体内,故要求特制的金属,对组织不出现有害作用和腐蚀作用。当不同的金属器材相互接触,由于电解和化学反应,会对组织产生腐蚀作用,影响骨愈合。

内固定的治疗技术是治疗骨折的重要方法,能在动物的不同部位进行。为确保内固定取得良好的效果,操作者要遵循下列最基本的要求:a. 操作者要具有局部解剖学知识,如骨的结构,神经和血管的分布或供应,肌肉的分离,腱和韧带的附着等。b. 骨的整复和固定,要有力学作用的观点,如骨段间的压力、张力、扭转力和弯曲力等,有助于合理的整复,促进骨折的愈合。c. 手术通路的选择、内固定的方法确定要依据骨折的类型、骨折的部位等,做出合理的设计和安排。d. 对 X 射线摄片要具备正确的判断能力。X 射线摄片是判断骨损伤的重要依据,不仅用于诊断,也可指导治疗。

内固定的技术主要有如下几种。

①髓内针固定法:这是将特制的金属针插入骨髓腔内固定骨折端的方法。本法术式简单,组织损伤较小,髓内针可回收再用,比较经济。这种方法普遍适用于小动物的长骨骨折、髋骨骨折。临床上常用髓内针固定肱骨、股骨、桡骨、胫骨的骨干骨折,适用于骨折端呈锯齿状的横骨折或斜面较小又呈锯齿形的斜骨折等,特别是对骨折断段活动性不大的安定型骨折尤为适用,对不安定型骨折,因易于发生骨折端转位,一般不用此法。而对粉碎性骨折,由于不能固定粉碎的游离骨片,也不适于应用此法。

常用的髓内针有各种类型。针的断面有呈圆形的,也有三叶草、"V"字形或菱形的,还有弯曲形一端带钩的 Rush 针。这些针又按粗细、长短不同分成各种型号。用于小动物的各种髓内针,其尖端有棱锥形的、扁形的和带螺纹的。带螺纹的髓内针可拧入骨端的骨质内,能使骨折断面间密切接触,并产生一定的压力。选择髓内针时,尽可能选用与骨髓腔的内径粗细大致相同的针。对安定型骨折,选断面呈圆形的髓内针比较方便。对不安定型骨折,如需使用髓内针,可选带棱角的,能防止断骨的旋回转位,也可使用 Rush 针,通常是从骨的一端插入 2 条,将刺入部、骨折部与骨的另一端呈 3 点固定。

髓内针固定有非开放性固定和开放性固定两种。对于稳定、容易整复的单纯闭合性骨折,一般采用非开放性髓内针固定,即整复后,针头从体外骨近端钻入;对某些稳定、非粉碎性长骨开放性骨折也可采用开放性髓内针固定,有两种钻入方式:一种仍从体外骨的一端插入髓内针;另一种从骨折近端先逆行钻入,再做顺行钻入。

如果单用髓内针得不到充分固定时,可加用辅助固定,以防止骨断段的转动和短缩。常用的辅助技术;环形结扎和半环形结扎;插入骨螺钉时的延缓效应;Kirschner 夹板辅助髓内针固定;同时插入两个或多个髓内针;骨间矫形金属丝对骨针的固定。

②骨螺丝固定法:适于骨折线长于骨直径 2 倍以上的斜骨折、螺旋骨折和纵骨折及干骺端的部分骨折。根据骨折的部位和性质,必要时,应并用其他内固定或外固定法,以加大固定的牢固性。

骨螺丝有骨密质用和骨松质用两种,前者在螺钉的全长上均有螺纹,但密而浅,主要用于骨干骨折;后者的螺纹只占螺钉全长的 1/2～2/3,螺纹较深,螺距较大,多用于骺端和干骺端的部分骨折。

本法用于骨干的斜骨折时,螺丝插入的方向为把骨表面的垂线与骨折线的垂线所构成的角度分为二等分的方向插入。必要时,用两根或多根螺丝才能将骨折段确实固定。使用骨螺丝时,先用钻头钻孔,钻头的直径应较螺丝钉直径略小,以增强螺丝钉的固定力。在骨干的复杂骨折,骨螺钉能帮助骨端整复和辅助固定作用,对形成圆筒状骨体的骨折整复有积极作用。

③环形结扎和半环形结扎金属丝固定:该技术很少单独使用,主要应用于长斜骨折或螺旋骨折以及某些复杂骨折,为辅助固定或帮助使骨断段稳定在整复的解剖位置上。使用该技术时,应有足够的强度,又不得力量过大而将骨片压碎,注意血液循环,保持和软组织的连接。用弯止血钳或专门器械将金属丝传递过去。如果长的斜骨折需多个环形结扎,环与环之间应保持 1～1.5 cm 的距离,过密将影响骨的活动。另外,用金属丝建立骨的圆筒状解剖结构时,不得有骨断片的丢失。

张力带金属丝固定:多用于肘突、大转子和跟结等部位的骨折,与髓内针共同完成固定。张力带的原理是将原有的拉力主动分散,抵消或转变为压缩力。其操作方法是,先切开软组织,将骨折端复位,选肘突的后内或后外角将针插入,针朝向前下皮质,以稳定骨断端。若针尖达不到远侧皮质,只到骨髓腔内,则其作用将降低。针插入之后在远端骨折段的近端,用骨钻做一横孔,穿金属丝,与钢针剩余端之间做"8"字形缠绕并扭紧。用力不宜过大,否则将破坏力的平衡。

④接骨板固定法:即用不锈钢接骨板和螺丝钉固定骨折段的内固定法。应用这种固定法损伤软组织较多,需剥离骨膜再放置接骨板,对骨折端的血液供应损害较大,但与髓内针相比,可以保护骨痂内发育的血管,有利于形成内骨痂。适用于长骨骨体中部的斜骨折、螺旋骨折、尺骨肘突骨折,以及严重的粉碎性骨折、老龄动物骨折等,是内固定中应用最广泛的一种方法。

接骨板的种类和长度,应根据骨折类型选购。依其功能分为张力板、中和板及支持板 3 种。张力板多用于长骨骨干骨折,接骨板的安装位置要从力学原理考虑。应将接骨板装在张力一侧,能改变轴侧来的压力,使骨断端密接,固定力也显著增强。中和板是将接骨板装在张力的一侧,能起中和或抵消张力、弯曲力、分散力等的作用,上述的各种力在骨折愈合过程中均可遇到。支持板用于松骨质的骨骺和干骺端的骨折。支持板是斜向支撑骨折断段,能保持骨的长度和适当的功能,其支撑点靠骨的皮质层。特殊情况下需自行设计加工。固定接骨板的螺丝钉,其长度以刚能穿过对侧骨密质为宜,过长会损伤对侧软组织,过短则达不到固定目的。螺丝钉的钻孔位置和方向要正确。为了防止接骨板弯曲、松动甚至毁坏,绝大部分患病动物需加用外固定,特别是对大动物,并用外固定是必须的。

近年来,在小动物和大动物外科临床上,普通的接骨板固定已被压拢技术所取代。所谓压拢技术就是使骨折断端对接的断面之间密切接触,并产生一定的压力,从而使骨折部产生最少的骨痂,达到最迅速的愈合。这种技术一般可采用牵引加压器械来进行。如果没有这种设备,在使用接骨板时,也应注意尽力压紧骨折断端后再拧入螺丝固定。

值得注意的是,近年来人医报道认为骨折的两个断端在复位时不必完全对合,有 1 mm 的间隙对于骨折的愈合反而有益。

接骨板一般需装着较长时间(成年动物为 4～12 个月),而于接骨板的直下方,由于长期压迫而脱钙,使骨的强度显著降低。取出接骨板后,其钉孔被骨组织包埋需 6 个月以上。在此期间,应加强护理,防止 2 次骨折发生。

⑤外固定支架固定法:在骨折近端与远端经皮穿入固定针,再将裸露在皮肤外的固定针用连接杆及固定夹连接而达到固定骨折的目的。临床固定效果确实,使用方便,主要应用于小动物长骨骨折的固定。外固定支架固定的要求见图 13-1。外固定支架固定的类型见图 13-2。

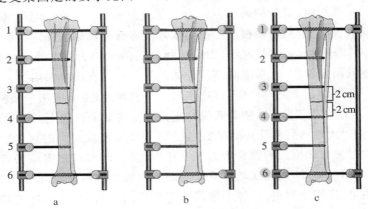

图 13-1　外固定支架固定的要求

（a. 针的数量　b. 针的大小　c. 针的位置）

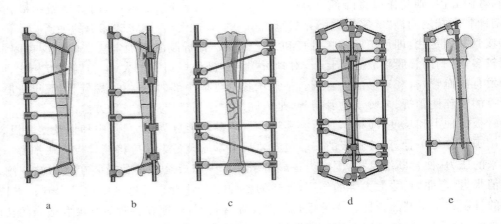

图 13-2　外固定支架固定的类型

（a. 单侧-单平面固定器　b. 单侧-双平面固定器　c. 双侧-单平面固定器

d. 双侧-双平面固定器　e. 混合型固定器）

⑥移植骨固定法:在四肢骨折时,有较大的骨缺损,或坏死骨被移除后造成骨缺失,应考虑做骨移植。同体骨移植早已成功地运用到临床上,尤其是带血管蒂的骨移植可以使移植骨真正成活,不发生骨吸收和骨质疏松现象。

新鲜的同种异体骨移植的排异问题尚未解决,而经过特殊处理后的同种异体骨被排斥的可能性大大减低。这种特殊处理法包括冷冻法或冷冻干燥法、脱蛋白和脱蛋白高压灭菌法、脱钙法、钉射线照射法等,而效果较好的是冷冻法和几种方法的综合应用。

3.功能锻炼

功能锻炼可以改善局部血液循环,增强骨质代谢,加速骨折修复和病肢的功能恢复,防止产生广泛的病理性骨痂、肌肉萎缩、关节僵硬、关节囊挛缩等后遗症。它是治疗骨折的重要组成部分。

骨折的功能锻炼包括早期按摩、对未固定关节作被动的伸展活动、牵行运动及定量使役等。

(二)开放性骨折的治疗

与闭合性骨折的治疗一样,开放性骨折的治疗也要遵循复位与固定和功能锻炼两个基本环节。此外,还要注意下列问题:①新鲜而单纯的开放性骨折,要在良好的麻醉条件下,及时而彻底地做好清创术,对骨折端正确复位,创内撒布抗菌药物。创伤经过彻底处理后,根据不同情况,可对皮肤进行缝合或作部分缝合,尽可能使开放性骨折转化为闭合性骨折,装着夹板绷带或石膏绷带暂时固定。以后逐日对患病动物的全身和局部作详细观察。按病情需要更换外固定物或作其他处理。②软组织损伤严重的开放性骨折或粉碎性骨折,可按扩创术和创伤部分切除术的要求进行外科处理。手术要细致,尽量少损伤骨膜和血管。分离筋膜,清除异物和无活力的肌、腱等软组织以及完全游离并失去血液供给的小碎骨片。用骨钳或骨凿切除已污染的表层骨质和骨髓,尽量保留与骨膜和软组织相连且保有部分血液供给的碎骨片。大块的游离骨片应在彻底清除污染后重新植入,以免造成大块骨缺损而影响愈合,然后将骨折端复位。如果创内已发生感染,必要时可作反对孔引流。局部彻底清洗后,撒布大量抗菌药物,如青霉素鱼肝油等。按照骨折具体情况,做暂时外固定,或加用内固定,要露出窗孔,便于换药处理。③在开放性骨折的治疗中,控制感染化脓十分重要。必须全身运用足量(常规量的1倍)敏感的抗菌药物2周以上。

(三)骨折的药物疗法和物理疗法

多数临床兽医认为用一定的辅助疗法,有助于加速骨折的愈合。骨折初期局部肿胀明显时,宜选用有关的中草药外敷,同时结合内服有关中药方剂,如接骨散(血竭、土鳖虫各100 g,没药、续断、牛膝、乳香各50 g,自然铜、当归、天南星、红花各25 g,研为细末,分两次服,白酒250～500 mL为引),每天1剂。

为了加速骨痂形成,需要增加钙质和维生素。可在饲料中加喂骨粉、碳酸钙和增加青绿饲料等。幼龄动物骨折时可补充维生素A、维生素D或鱼肝油,必要时可以静脉补充钙剂。

骨折愈合的后期常出现肌肉萎缩、关节僵硬、骨痂过大等后遗症。可进行局部按摩、搓擦,增强功能锻炼,同时配合物理疗法(如石蜡疗法、温热疗法、直流电钙离子透入疗法、中波透热疗法及紫外线治疗等),以促使早日恢复功能。

第二节　关节疾病

一、关节脱位

关节骨端的正常位置关系,因受力学的、病理的以及某些作用,失去其原来状态,称关节脱位(脱臼,dislocation)。关节脱位常突然发生,有的间歇发生,或继发于某些疾病。本病多发生于犬、猫、牛、马的髋关节和膝关节。肩关节、肘关节、指(趾)关节也可发生关节脱位。

二、关节脱位分类

按病因可分为先天性脱位、外伤性脱位、病理性脱位、习惯性脱位。按程度可分为完全脱位、不全脱位、单纯脱位、复杂脱位。

三、关节脱位病因

外伤性脱位最常见。以间接外力作用为主,如蹬空、关节强烈伸曲、肌肉不协调地收缩等。直接外力是第二位的因素;使关节活动处于超生理范围的状态下,关节韧带和关节囊受到破坏,造成关节脱位,严重时引发关节骨或软骨的损伤。

在少数情况是先天性因素引起的,由于胚胎异常或者胎内某关节的负荷关系,引起关节囊扩大,多数不破裂,但造成关节囊内脱位,轻度运动障碍,不痛。

如果关节存在解剖学缺陷,或者是曾经患过结核病、马腺疫、肌色素尿病、产后虚弱或者维生素缺乏的患病动物,当外力不是很大时,也可能反复发生间歇性习惯性脱位。牛、马有时发生髋关节或者膝关节的脱位。病理性脱位是关节与附属器官出现病理性异常等,加上外力作用引发的脱位。这种情况分以下4种:因发生关节炎,关节液积聚并增多,关节囊扩张而引起扩延性脱位;因关节损伤或者关节炎,使关节囊以及关节的加强组织受到破坏,出现破坏性关节脱位;因变形性关节炎引发变形性关节脱位;由于控制固定关节的有关肌肉弛缓性麻痹或痉挛,引起麻痹性脱位。

四、关节脱位症状

关节脱位的共同症状包括:关节变形、异常固定、关节肿胀、肢势改变和机能障碍。

(1)关节变形　因构成关节的骨端位置改变,使正常的关节部位出现隆起或凹陷。

(2)异常固定　因构成关节的骨端离开原来的位置被卡住,使相应的肌肉和韧带高度紧张,关节被固定不动或者活动不灵活,他动运动后又恢复异常的固定状态,带有弹拨性。

(3)关节肿胀　由于关节的异常变化,造成关节周围组织受到破坏,因出血、形成血肿及比较剧烈的局部急性炎症反应,引起关节的肿胀。

(4)肢势改变　呈现内收、外展、屈曲或者伸张的状态。

(5)机能障碍　伤后立即出现。由于关节骨端变位和疼痛,患肢发生程度不同的运动障碍,甚至不能运动。

由于脱位的位置和程度的不同,这5种症状会有不同的变化。在诊断时根据视诊、触诊、他动运动与双肢的比较不难做出初步诊断;当关节肿胀严重时,X线检查可以帮助做出正确的诊断。同时,应当检查肢的感觉和脉搏等情况,尤其是骨折是否存在。

五、关节脱位预后

影响预后的因素包括动物的种类、关节的部位、发生时间的长短、关节及周围组织损伤的程度、外伤与骨折,关节内是否出血、骨折、骨骺分离,韧带、半月板和椎间盘的损伤情况等。临床实践表明,小动物关节脱位的整复效果比大动物好。当未出现合并损伤而且整复及时的时候,固定的好坏决定预后的效果。如果并发关节囊、腱、韧带的损伤或者有骨片夹在骨间并且并发骨折时,很难得到令人满意的整复效果。病理性脱位时,整复后仍可能再次发生关节的脱位。

有些病例没有经过治疗,当肿胀逐渐消退后,患关节可以恢复到一定的程度,但是会遗留比较明显的功能障碍;当关节囊和关节周围软组织发生结缔组织化时,关节的功能不能完全恢复正常。

六、关节脱位的治疗

关节脱位的治疗原则是整复、固定和功能锻炼。

1.整复

整复就是复位。复位是使关节的骨端回到正常的位置,整复越早越好,当炎症出现后会影响复位。整复应当在麻醉状态下实施,以减少阻力,易达到复位的效果。整复的方法有按、揣、揉、拉和抬。在大动物关节脱位的整复时,常采用绳子将患肢拉开反常固定的患关节,然后按照正常解剖位置使脱位的关节骨端复位;当复位时会有一种声响,此后患关节恢复正常形态。为了达到整复的效果,整复后应当让动物安静1~2周。

2.固定

为了防止复发,固定是必要的。整复后,下肢关节可用石膏或者夹板绷带固定,经过3~4周后去掉绷带,牵遛运动让患病动物恢复。在固定期间用热疗法效果更好。由于上肢关节不便用绷带固定,可以采用5%的灭菌盐水5~10 mL或者自家血向脱位关节的皮下做数点注射(总量不超过20 mL),引发周围组织炎症性肿胀,因组织紧张而起到生物绷带的作用。在实施整复时,一只手按在被整复的关节处,可以较好地掌握关节骨的位置和用力的方向。犬、猫在麻醉状态下整复关节脱位比马、牛相对容易一些。整复后应拍X片检查。对于一般整复措施整复无效的病例,可以进行手术治疗。

3.功能锻炼

固定解除后适当进行牵遛运动,并结合适当的理疗方法。

七、常见的关节脱位

1.髋关节脱位

髋关节脱位(dislocation of the hipjoint)常见于犬、猫、牛,马也有发生。大型犬因髋关节发育异常和髋臼窝与韧带的异常,也有出现髋关节脱位的。髋关节窝浅、股骨头的弯曲半径小、髋关节韧带(尤其是圆韧带、副韧带、髀臼韧带)薄弱是主要内因,有些牛没有副韧带。

(1)髋关节脱位的类型　当股骨头完全处于髋臼窝之外时,是全脱位;股骨头与髋臼窝部分接触时是不全脱位。根据股骨头变位的方向,又分为前方脱位、上方脱位、内(下)方脱位和后方脱位。多数为髋关节前方脱位和上方脱位,仅少数为下方或后方脱位。

(2)症状　以小动物犬、猫为主来叙述。动物患肢不能负重。股骨头前上方脱位时,患肢呈外展、外旋姿势,大转子与坐骨结节间距离变长。拇指试验(thumb test)可用于诊断前上方脱位。动物侧卧保定,患肢在上,检查者站在动物背后,一手紧贴脊椎,其拇指抵压大转子与坐骨结节间的凹陷处,另一手抓住膝关节,并向外旋转。如拇指不被移动,则表明股骨头前方脱位。

另一种方法即为动物仰卧或侧卧位保定,两后肢向后牵引,如前方脱位,患肢短于健肢;如下方脱位,患肢则长于健肢。根据临床症状一般能做出初步诊断,但X射线检查可进一步查明股骨头脱位精确位置、髋臼骨折及股骨头颈骨折等,也有助于鉴别诊断髋部发育异常和骨盆其他部位骨折。

(3)治疗　分闭合性复位和开放性整复固定。

①闭合性复位:适用于最急性髋关节脱位。动物侧卧保定,患肢在上。如左髋关节脱位,术者

右手抓住膝部，左手拇指或食指按压大转子。先外旋、外展和伸直患肢，使股骨头整复到髋臼水平位置，再内旋、外展股骨，使股骨头滑入髋臼内。如复位成功，可听到复位声，患肢可做大范围的活动。术后用8字形吊带将肢屈曲悬吊，使髋关节免负体重，连用7～10 d，动物限制活动2周以上。

②开放性整复固定：闭合性复位不成功、长期脱位或脱位并发骨折者，应施开放性整复固定。一般选择背侧手术通路，此通路最易接近髋关节。在暴露髋关节后，彻底清洗关节内血凝块、组织碎片，再将股骨头整复至髋臼内。

固定股骨头有多种方法，常用的方法有：缝合关节囊和其周围软组织；骨螺钉固定，即骨螺钉钻入髋臼上缘，再用不锈钢丝将股骨颈固定在螺钉上；钢针固定，根据动物体重，选择不同粗细的髓内针或克氏钢针，用钢针将股骨头固定在髋臼中，其钢针通常在大转子下穿入股骨头至髋臼。术后患肢系上8字形吊带10～14 d，动物限制活动3周，以后逐步增加活动量2～3周，术后14～21 d拔除髓内针。

2. 膝盖骨脱位

膝盖骨脱位(dislocation of the patella)多发生于犬、牛和马。有外伤性脱位与病理性脱位、惯性脱位。外伤性脱位比较多见，习惯性脱位是病理脱位中的一种。根据膝盖骨的变位方向有上方脱位、外方脱位及内方脱位，而犬以内方脱位和外方脱位多见，牛以上方和习惯性脱位为多见，马同样发生，有时两后肢同时发病。

(1)病因　牛、马营养状态不良，突然向后踢，或由卧位起立时后肢向后方强伸、跌跤、在泥泞路上的剧烈使役、跳跃、撞击、竖立时，由于股四头肌的异常收缩，常能引起膝盖骨上方脱位。膝盖内直韧带或膝盖内侧韧带剧伸和撕裂，慢性膝关节炎，营养不良性病态均能引起膝盖骨外方脱位，犬膝盖骨外方脱位又称为膝外翻，一般为两侧性，5～6月龄多发。马和犬有先天性膝盖骨脱位。膝盖滑车形成不全(可能与遗传有关)，或损伤外侧韧带时，则可能发生内方脱位。

(2)症状　膝盖骨内方脱位常分为4级：1级脱位，动物很少出现跛行，偶见跳跃行走，此时膝盖骨越过滑车嵴。膝盖骨可人为地脱位，但释手可自行复位；2级脱位，从偶尔跳行到连续负重，出现跛行，膝关节屈曲或伸展时，膝盖骨脱位或人为脱位，并可自行复位；3级脱位，跛行程度不同，从偶尔跳行到不能负重，多数病例负重时出现轻度到中度跛行。出现中度或严重的弓形腿，胫骨扭转。触摸膝盖骨常呈脱位状态，能人为离位到滑车内，但释手能重新脱位；4级脱位，常两肢跛行，免负体重，前肢平衡差。虽然有的动物能支撑体重，但膝关节不能伸展，后肢呈爬行姿势，趾部内旋。膝盖骨持久性脱位，不能复位。

膝盖骨外方脱位也有4级之分，常累及两肢，最明显的症状是两后肢呈膝外翻姿势。膝盖骨通常可复位，内侧韧带明显松弛。膝关节内侧支持组织常增厚，负重时，趾部外旋。X线检查可发现股骨或胫骨呈现不同程度的扭转样畸形。

膝盖骨上方脱位：突然发生。病的发生是运动中在滑车面滑动的膝盖骨，由于上述原因被固定于滑车的近位端，患病关节不能屈曲。相对较短的膝内直韧带，转位稽留于内侧滑车嵴上，不能复位，称为膝盖骨上方脱位，又称膝盖骨垂直脱位。站立时大腿、小腿强直，呈向后伸直肢势，膝关节、跗关节完全伸直而不能屈曲。运动时以蹄尖着地拖曳前进，同时患肢高度外展，或患肢不能着地以三肢跳跃。他动患肢不能屈曲。触诊膝盖骨上方移位，被异常固定于股骨内侧滑车嵴的顶端，内直韧带高度紧张。如两后肢膝盖骨上方脱位同时发生时，患病动物完全不能运动。上方脱位有时在运动中，突然发出复位声，脱位的膝盖骨自然复位，恢复正常肢势。局部炎症和跛行消失。如症状长期持续，常并发关节炎、关节周围炎。

习惯性脱位:牛多发生,马也发生。主要是膝盖骨上方脱位,多并发于某些全身疾病(如马腺疫等)的恢复期。其特征是,经常反复发作,患病动物在运动中毫无任何原因突发上方脱位,继续前行,可自然复位,症状立即消失。如此反复发作。再发间隔时间不定,有的仅间隔几步,有的时间长些。

(3)诊断　根据临床症状、触诊和 X 线检查可做出诊断。本病症状与股神经麻痹、十字韧带断裂或膝关节炎、骨软骨炎相似,临床上应注意鉴别诊断。

应注意牛的膝盖骨上方脱位与股二头肌转位的鉴别诊断。股二头肌转位时,患肢伸展程度比较小,膝盖仍保持活动性,膝盖骨韧带也不甚紧张。明显摸到突出的大转子。这些症状在膝盖骨上方脱位时不出现。马的膝盖骨外方脱位应与股神经麻痹及膝盖骨的伸肌断裂鉴别诊断。股神经麻痹时膝盖骨不移位,并无带痛性肿胀,这与膝盖骨外方脱位不同。膝盖骨的伸肌断裂时,在急性期可摸到断裂凹陷处,膝盖骨外方脱位无此症状。

(4)治疗　一时性脱位,可给患病动物注射肌松剂后强迫使其急速侧身后退或直向后退,脱位的膝盖骨可自然复位。这是比较简易而又行之有效的方法,但应耐心地反复做如上动作。如确实不能整复再改变为牵引整复法,即用长绳系于患肢的系部,从腹下部向前,由对侧颈基部向上向前,从颈部上方紧拉该绳,可将患肢向前上方牵引:使膝关节屈曲,同时术者以手用力向下推压脱位的膝盖骨,促进复位。还可以倒卧复位,患肢在上侧卧保定,全身麻醉,对患肢作前方转位,用力牵引,同时术者从后上方向前下方推压膝盖骨,可复位。上述复位方法无效时,可采取手术疗法。

对于犬膝盖骨内方一级脱位采用膝盖骨上方固定的方法,即膝关节外侧支持带重叠术。自近端外侧滑车嵴,伸展至远侧滑车嵴,横过关节腔,到外侧胫骨嵴的远端切开皮肤,分离皮下组织,切开深筋膜和关节囊,打开关节腔。用单股非吸收缝合材料做支持带的重叠缝合。第 1 排用水平褥式缝合,将关节的内侧创缘拉向外侧缘的深侧。第 2 排缝合是把外侧缘与内侧缘的表面做单纯间断缝合。皮肤用非吸收缝线间断缝合。术后 24 h 做有垫绷带包扎,对易活动的犬局部绷带应多保留几天。术后限制活动 1~2 周,如需要可给予止痛剂。

犬膝盖骨内方 2 级脱位,如滑车沟变浅,可采用滑车再造术。切开关节囊,膝盖骨向外移位,暴露滑车。测量膝盖骨的宽度,确定滑车再造术的范围。滑车软骨可用手术刀(幼年动物)、骨钻、骨钳或骨锉去除。其深度达至骨松质足以容纳 50% 的膝盖骨。新的两滑车嵴应彼此平行,并垂直于新的滑车沟床。再造术完成后,将膝盖骨复位,伸屈关节,以估计其稳定性。

如胫结节向内旋转,可施胫结节外侧移位术,以使附着于胫结节的膝盖骨韧带矫正到正常的位置。先用骨凿在胫前肌下做胫结节切除术,向外侧移位,再用 1~2 根钢针将其固定。伸屈膝关节,如仍有膝盖骨内方脱位的倾向,可进一步将胫结节外移,或外侧关节囊做间断内翻缝合。如必要,可作内侧松弛术。

犬膝盖骨内方 3 级脱位,其手术方法同 2 级脱位。4 级脱位,由于骨的严重变形,上述手术方法难以矫正膝盖骨脱位,一般需作胫骨和股骨的切除术。

思考题

1.试述骨折的概念、病因、分类、骨折特有的局部症状和一般症状。

2.试述骨折的诊断与治疗方法。

3.试述关节脱位的症状及其治疗方法。

4.临床上常见的关节脱位有哪些? 试述犬膝盖骨内方脱位的症状及如何治疗。

第十四章　蹄　病

学习要点

　　了解蹄病发生的原因；掌握蹄底溃疡、指（趾）间皮肤增殖、蹄叶炎、腐蹄病等常见蹄病的治疗和预防方法。

　　动物的蹄是指（趾）端着地部分角质化的坚硬皮肤，是动物主要的负重和运动器官，以系骨、冠骨和蹄骨作为其骨质基础（图 14-1）。蹄部疾病是牛、马、骡、猪、羊等动物的常见疾病，发病率较高。致病原因主要是卫生不良，饲养、使役、护蹄管理不善，削蹄和装蹄失宜以及运动不足。蹄病可直接影响农牧业生产，役用动物影响运输和耕种；奶牛、奶山羊等则严重影响奶产量；肉用动物可降低肥育的增膘率；繁殖动物的繁殖能力下降。因此，为了充分发挥各种动物的生产性能，必须重视对蹄病的预防、诊断和治疗等工作。

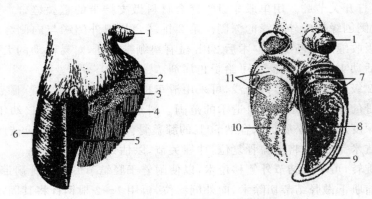

图 14-1　牛蹄（除去一侧蹄匣）
1.蹄壁的远轴面　2.蹄壁的轴面　3.肉壁　4.肉冠　5.肉缘　6.悬蹄
7.蹄球　8.蹄底　9.白线　10.肉底　11.肉球

第一节　蹄部损伤

　　蹄部损伤是动物蹄病中最常见的疾病之一，其中包括蹄冠蹴伤、蹄底刺伤、蹄底挫伤、钉伤、蹄骨骨折、牛蹄纵裂和横裂等。

▶ 一、蹄底刺伤

　　蹄底刺伤是由于尖锐物体刺入马、骡的蹄底、蹄叉或蹄叉中沟及侧沟，在牛则刺入蹄底、指（趾）

间及蹄球部,轻则损伤蹄底或蹄叉(马)真皮或蹄球(牛)真皮,重则导致蹄骨、屈腱、籽骨滑膜囊的损伤。蹄底刺伤往往引起化脓感染,也可并发破伤风。

马、骡的蹄底刺创,前蹄比后蹄多发,尤其多发生在蹄叉中沟及侧沟。

1.病因

蹄角质不良,蹄底、蹄叉过削、蹄底长时间的浸湿导致骨质变软,均为刺创发病的原因。

刺入的尖锐物体以蹄钉为最多,多因装蹄场有散落旧蹄钉及废弃的带钉蹄铁所致。另外也有木屑、竹签、玻璃碎片、尖锐石片等引起刺创。如果马在山区、丛林地带作业,由于踏灌木树桩、竹茬、田间的高粱、豆茬等亦可致本病。

2.症状

刺创后患肢突然发生跛行。若为落铁或蹄铁部分脱落,铁唇或蹄钉可刺伤蹄尖部的蹄底或蹄踵部。如果刺伤部位是在蹄踵,运步时即蹄尖先着地,同时球节下沉不充分。

有时刺伤部出血,或出血不明显,切削后可见刺伤部发生蹄血斑,并有创孔。经过一段时间之后,多继发化脓性蹄真皮炎。

从蹄叉体或蹄踵垂直刺入深部的刺创,可使蹄深层发炎、蹄枕化脓、蹄骨的屈腱附着部发炎,继发远籽骨滑液囊及蹄关节的化脓性炎症,患肢出现高度支跛。

蹄叉中、侧沟及其附近发生刺创,不易发现刺入孔,约2周后炎症即在蹄底与真皮间扩展,可从蹄球部自溃排脓。

若病变波及的范围不明确或刺入的尖锐物体在组织内折断,可行X射线检查。

3.治疗

除去刺入物体,注意刺入物体的方向和深度,刺入物的顶端有无脓液或血迹附着,并注意刺入物有无折损。如果刺入部位不明确,可进行压诊、打诊,以切削患部的蹄底或蹄叉以利确诊。

对于刺入孔,可用蹄刀或柳叶刀切削成漏斗状,排出内容物,用3%过氧化氢溶液注洗创内。注入碘酊或青霉素、盐酸普鲁卡因溶液,填塞灭菌纱布块,涂松馏油。然后敷以纱布棉垫,包扎蹄绷带。排脓停止及疼痛消退后,装以铁板蹄铁保护患部。

4.预防

要注意厩舍、系马场及装蹄场的清洁卫生。应合理装蹄,蹄底、蹄叉不宜过削。

二、牛蹄纵裂和横裂

牛蹄纵裂和横裂是指与背侧面平行或冠缘平行的蹄壁角质裂开。多发于前肢,慢性的比急性的多见。

1.病因

引起牛蹄裂的主要病因:蹄冠部直接受到损伤,这通常是小的裂开;蹄受到剧烈震荡,当奔跑、爬跨、跌倒时发生,这通常是不完全裂开。干燥、热性病和营养代谢有缺陷是其病因。

2.症状

除非完全裂开和暴露出真皮时,不会有跛行。本病跛行发生突然,在裂开的蹄冠部有明显的肿胀,有时形成化脓性过程,深部组织感染时,可扩延到指(趾)关节。许多全裂通常裂线是细而短的,不仔细检查,很难判定。当异物、泥土、粪尿等从裂口进入时,可引起感染和跛行,引起深部组织的压迫和坏死。裂缘之间有肉芽组织长入时,或裂开的角质尚与真皮小叶相连时,以及运动时动物表现非常疼痛。

横裂的另一种形式是角质从蹄冠分开,当新角质从老角质层下形成时,则缺损逐步向下退。

3.治疗

患蹄彻底清洗消毒后,用防腐剂绷带包扎。如有跛行,将蹄角质泡软,在麻醉下用手术方法去除部分离断角质,能使疼痛减轻,因这时减少了松动壁的活动。蹄冠处有急性病变,并在裂开处脓肿形成时,为了使病变不蔓延到关节,可在麻醉状态下,从蹄冠真皮脓肿部位去除一块三角形角质,三角形底部接皮肤,而三角形顶点延伸到裂口最远处。手术时病变内严禁搔刮,清洁处理后用防腐剂绷带包扎,如不包扎,肉芽组织可过度生长。治疗时动物要限制活动,以免感染蔓延到关节。

第二节　蹄冠蜂窝织炎

蹄冠蜂窝织炎(phlegmon of the coronary band)是发生在蹄冠皮下、真皮和蹄缘真皮以及与蹄匣上方相邻被毛皮肤的真皮化脓性或化脓坏疽性炎症,通称为蹄冠蜂窝织炎。

1.病因

主要原因是病原菌侵入蹄冠部的皮下组织。往往因蹄冠蹴伤未能及时合理处理,以致引起严重化脓而继发蜂窝织炎。亦可由于附近组织化脓、坏死转移所致。在道路不良或经常在阴雨天作业,畜舍不卫生,蹄冠部长时间地遭受粪尿浸渍,也会发生本病。

2.症状

在蹄冠形成圆枕形有热、痛的肿胀。蹄冠缘往往发生剥离,患肢有重度支跛。重病患畜体温升高,精神沉郁。以后可形成一个或数个小脓肿,在脓肿破溃之后,患病动物的全身情况有所好转,跛行减轻,蹄冠部的急性炎症平息。

如炎症剧烈,未及时治疗,或治疗不当,蹄冠蜂窝织炎可以并发附近的韧带、腱、蹄软骨坏死,蹄关节化脓性炎症,转移性肺炎和脓毒血症。

3.治疗

局部剪毛,用碘化酒精(1∶1 000 或 1∶2 000)处理蹄冠皮肤。用蹄刀切除其已剥离的部分。病初的几天,在蹄冠部使用 10％樟脑酒精湿绷带。不宜用温热疗法及刺激性软膏。全身采用抗生素疗法或口服磺胺类制剂。如病情未见好转,肿胀继续增大,为减少组织内的压力和预防组织坏死,可在蹄冠上做多个长 2～3 cm,深 1～1.5 cm 的垂直切口。手术后包扎浸以 10％高渗氯化钠溶液的绷带。以后可按常规进行创伤治疗。

4.预防

主要包括蹄冠创伤的预防,及时的外科处理和注意蹄部感染创的治疗。

第三节　蹄叉腐烂

蹄叉腐烂是蹄叉角质腐烂和崩坏的疾病,是马属动物的常发蹄病。常见于舍饲马、骡。多为 1 蹄发病,有时 2、3 蹄,甚至 4 蹄同时发病;多发生在后蹄。

1.病因

蹄叉角质不良是本病的致病因素。

蹄踵壁过削、蹄叉多削、蹄铁过高、长期连用高铁脐蹄铁、坚硬道路上服重役等,均对蹄叉有妨碍而易导致蹄叉腐烂。总之,削蹄、装蹄不当是蹄叉腐烂致病的主要原因。

管理不良,例如不注意蹄的卫生、运动不足、饲养于粪尿堆积不洁的厩舍,均为本病的诱发因素。

2.症状

病畜蹄叉角质渐进性萎缩,然后沿蹄叉侧沟和中沟开始腐烂和崩坏。腐败、崩坏的角质变为污秽、灰白色、带有恶臭的分解物。这种病变逐渐向深部和周围扩展,形成大小不等的空洞,充满灰褐色恶臭的不洁物,最后全蹄叉崩溃而出现跛行。

轻症还可看到蹄叉;重症则蹄叉角质消失,露出肉叉。患肢出现支跛。病变可以扩展至蹄球或蹄冠,因此更有可能继发化脓性蹄真皮炎,以致出现不正常蹄轮。

3.治疗

蹄叉腐烂的主要原因是削蹄、装蹄失宜,蹄的管理不良而引起发病。故在药物治疗之前,首先应着眼于除去病因,改善蹄的卫生,消除坏死蹄叉角质。要适应肢势、蹄形合理地削蹄、矫形装蹄,装着连尾蹄铁和人工蹄铁等,还可装浸有松馏油的麻丝垫的铁板连尾蹄铁,以促进恢复。

对于病变的局部,应清洗患部,除去腐败和崩坏的角质,用 0.1% 高锰酸钾溶液清洗,注入碘酊,用灭菌纱布块浸以 2% 甲醛溶液填塞病部,除去蹄铁,病部塞以浸松馏油的麻丝,包扎蹄绷带。当暴露肉叉时,注意防腐,为促进角质增生,可用 CO_2 激光气化,包扎松馏油绷带,待治愈后再装蹄。

4.预防

装蹄、削蹄时,蹄叉不宜过削。这样,蹄在运步时有利于蹄叉。要定期装蹄、削蹄,适当地切削蹄负缘,装铁板蹄铁及橡胶蹄枕,或连尾蹄铁并装橡胶踵,要让蹄叉在运步时负担一部分体重。要多铺清洁的垫草,做适度的运动,常清刷蹄部。

第四节　蹄叶炎

蹄叶炎或称蹄真皮炎,是指蹄真皮的弥散性、无败性炎症。常发生于马、骡,牛、羊、猪也有发生。主要发生于马、骡的两前蹄,也可发生在所有 4 蹄,偶尔发生于两后蹄或单独一蹄。牛多发于两后肢内侧趾。骟马蹄叶炎发病率比母马和公马低。

1.分类与病因

可广义地将蹄叶炎分为急性、亚急性或慢性蹄叶炎。

致病原因尚不能确切肯定,可能为多因素的。

广蹄、低蹄、倾蹄等蹄的构造上有缺陷,躯体过大使蹄部负担过重,均为发生蹄叶炎的致病因素。

蹄底或蹄叉过削、削蹄不均、延迟改装期、蹄铁面过狭等,均能使蹄部装置陷于过度劳累,成为发生蹄叶炎的诱因。

运动不足,又多给难以消化的饲料;偷吃大量精料,分娩、流产后多喂精饲料,引起消化不良;同时肠道吸收毒素,使血液循环发生紊乱。

长途运输,在坚硬的地面上长期站立,有一肢发生严重疾患,对侧肢行代偿,长时期、持续性担负体重而过劳,马体骤感寒冷使体力消耗等,均能诱发本病。

蹄叶炎有时为传染性胸膜肺炎、流行性感冒、肺炎、疝痛等的并发病或继发病。

2. 症状

患急性蹄叶炎的家畜,精神沉郁,食欲减少,不愿意站立和运动。因避免患蹄负重,常常出现典型肢势的改变。如果两前蹄患病时,病马的后肢伸至腹下,前肢向前伸出,后肢置于躯体之下,以蹄踵着地,以蹄踵承担体重。两后蹄患病时,前肢向后屈于腹下。如果四蹄均发病,站立姿势与两前蹄发病类似,体重尽可能落在蹄踵上。如强迫运步,病畜运步缓慢、步样紧张、肌肉震颤。

触诊病蹄可感到增温,特别是靠近蹄冠处。指(趾)动脉亢进。叩诊或压诊时,局部敏感。可视黏膜常充血,体温升高(40~41℃),脉搏频数(每分钟 80~120 次),呼吸变快(每分钟 50~60 次)。

亚急性病例可见上述症状,但程度较轻。常限于姿势稍有变化,不愿运动。蹄温或指(趾)动脉亢进不明显。急性和亚急性蹄叶炎如治疗不及时,可发展为慢性。

慢性蹄叶炎常有蹄形改变。蹄轮不规则,蹄前壁蹄轮较近,而在蹄踵壁的则增宽。慢性蹄叶炎最后可形成芜蹄,蹄匣本身变得狭长,蹄踵壁几乎垂直,蹄尖壁近乎水平。站立时,健侧蹄与患蹄持续不断地交替负重。X 射线摄影检查,有时可发现蹄骨转位以及骨质疏松。蹄骨尖被迫向下,并压挤至蹄底角质。严重的病例,蹄骨尖端可穿透蹄底。

3. 治疗

治疗急性和亚急性蹄叶炎原则:除去致病或促发的因素、解除疼痛、改善循环、防止蹄骨转位。必须尽早采取治疗措施,形成永久性病变后则治疗效果不佳。

如是起因于饲料营养性的急性蹄叶炎,可减少精料,喂大量粗饲料和青草,不喂麦类和豆科饲料。加强护理,限制患畜活动。

急性蹄叶炎的治疗:为减少炎性渗出,促进血管的收缩,病初 2~3 d 内进行冷脚浴;以后改用温浴疗法,每天 1~3 次,以改善局部血液循环,促进炎性产物的消散吸收。整个疗程 5~7 d。放血也是改善循环的方法之一,可减少血管容量,排出血中有毒物质。放血是指放蹄头血或静脉血(马、牛约 500 mL),应在病后 36~48 h 内进行。

镇痛消炎,可应用镇痛剂消炎痛、消炎灵等;还可用普鲁卡因掌(趾)神经封闭,每天或隔天一次。乙酰丙嗪有降压止痛作用,马、牛、猪的用量为每千克体重 0.01 mg。

对中毒性、营养性蹄叶炎可应用激素疗法,如地塞米松。脱敏疗法可在病初试用抗组胺药物,内服盐酸苯海拉明 0.5~1.0 g,或肌肉注射扑尔敏 30~40 mg,每天 1~2 次。体温过高或为了预防二次感染,可全身应用抗生素疗法。

为改善蹄的代谢机能,增加角质生成所需的蛋氨酸物质,大动物的剂量每天按 500 kg 体重10 g,连服 4 d 后剂量减半,10 d 为一疗程。

慢性蹄叶炎的治疗:应着重于护蹄,并预防急性型或亚急性型蹄叶炎的再发,如限制饲料、控制运动等。首先,应注意清理蹄部腐烂的角质以预防感染。刷洗蹄部后,在硫酸镁溶液中连续温浴,同时可选择性应用急性蹄叶炎的一些治疗措施。蹄骨微有转位的病例(例如蹄骨尖移动少于 1 cm而蹄底白线只稍微加宽),简单地每月削短蹄尖并削低蹄踵是有效方法,可防止形成严重芜蹄。削蹄后装着矫形蹄铁(如铁板蹄铁)、连尾蹄铁及半月状蹄铁,可逐渐矫正蹄骨的位置。如蹄骨已有明显的转位,就更需要施以根治的措施,即在蹄踵和蹄壁广泛地削除角质,否则蹄骨不能回到正常的位置。

第五节　指(趾)间皮炎

指(趾)间皮炎是指没有扩延到深层组织的指(趾)间皮肤表层的急性和慢性炎症。这是牛的常发疾病,往往多肢发病。特征是皮肤呈湿疹性皮炎的症状,有腐败气味。

1. 病因

环境潮湿、不卫生是其主要病因,条件性致病菌感染为其诱因。曾从病变部分离到结节状杆菌和螺旋体。

2. 症状

病变局限在指(趾)间表皮,表皮增厚,稍充血,在指(趾)间隙有一些渗出物,有时形成伪膜或痂皮。本病不引起急性跛行,但可见动物运步不自然,蹄表现非常敏感。

本病常常已到第2阶段才被发现。在球部出现角质分离(通常在两后肢),在这以前,与球部相邻的皮肤可发生肿胀,并有轻度跛行。到第2阶段时,跛行明显,角质和下面的真皮之间很快进入泥土、粪便和褥草等异物,接着可出现增殖反应。如果不发展成潜道,病变可平静下来转为慢性。本病常常发展成慢性坏死性蹄皮炎(蹄糜烂)和局限性蹄皮炎(蹄底溃疡)。

3. 治疗

首先保持蹄的干燥和清洁,其次局部应用防腐和收敛剂,每天2次,连用3d;患病动物也可进行蹄浴。轻症渗出性皮炎可很快治愈。如角质分离应将其剥离清除,每天撒布硫酸铜,或涂碘酊等消毒液。

第六节　腐蹄病

腐蹄病又称指(趾)间蜂窝织炎、指(趾)间坏死杆菌病,是偶蹄动物的指(趾)间皮肤及其皮下组织发生炎症,特征是间质皮肤充血、肿胀及溃烂,并有恶臭分泌物排出。常常包括指(趾)皮肤、蹄冠、系部和球节的肿胀,有明显跛行,并有体温反应。奶牛患本病后可导致产奶量严重下降,并有明显的全身症状。

1. 病因

目前,普遍认为腐蹄病的主要病原体是节瘤拟杆菌和坏死杆菌,此外还有其他化脓坏死微生物区系(如产气荚膜梭菌、金黄色葡萄球菌和化脓棒状杆菌等)并发感染,其中节瘤拟杆菌是引起本病的首要致病菌。

饲养管理不善,环境因素的影响,也是引发该病的诱因。如牛体弱,日粮中钙、磷比例不当,或钙、磷供应缺乏、不足,造成蹄角质层疏松;运动场泥泞潮湿,有小石子、铁屑、煤渣、粗而硬的草根、坚硬的冻土、冰等造成蹄部的损伤,引起发炎;牛舍潮湿,牛床太短,不及时清除粪、尿,造成牛蹄经常被粪、尿浸泡,使蹄底软化,一旦有尖硬的物体,可引起蹄底损伤;不定期修蹄,使部分牛出现蹄变形,负重不均,极易挫伤,细菌侵入而引起感染。

2. 症状

牛腐蹄病一般可分为急性、慢性两种,多为慢性。急性病牛,在病变发展后几个小时内,可见到一肢或数肢有轻度跛行,系部和球节屈曲,患肢以蹄尖轻轻负重,约75%的病例发生在后肢。18～36 h之后,指(趾)间隙和冠部出现肿胀,皮肤上有小的裂口,有难闻的恶臭气味,表面有伪膜形成。

36～72 h后,病变可变得更显著,指(趾)明显分开,指(趾)部,甚至球节出现明显肿胀,此时有剧烈疼痛,严重跛行,病肢常企图提起,多喜卧不愿站立。体温升高,精神沉郁,食欲减退,瘤胃蠕动减弱,泌乳量明显下降,在短时间内消瘦。再过1～2 d,指(趾)间组织可完全剥脱。如急性炎症未能及时治愈,则转为慢性。病程较长,较深部组织化脓性感染,形成有坏死组织的脓肿或窦道。蹄间质、蹄底发生溃疡、化脓和坏死,并有恶臭分泌物排出,坏死组织呈微黄色或灰白色,周围有化脓性炎症区域。坏死组织与健康组织之间界限分明。严重的可侵及腱、指(趾)间韧带、冠关节或蹄关节,后者形成腐败性关节炎,甚至在蹄底形成空洞,蹄壳脱落或继发脓毒败血症等而被迫淘汰。

绵羊和山羊常群发,具有流行性,羊群发病率可达80％以上。一般有初期型、轻型和重型3种症型。初期型:指(趾)间裂皮出现化脓性炎症,表面糜烂,有灰色黏液并恶臭;轻型:蹄后跟(有时蹄底的角质)一层层脱落;重型:蹄大面积腐败性坏死,蹄间裂的皮肤与角质完全脱离,并在脱落的蹄角质下出现灰淡黄色恶臭分泌物。病羊表现剧痛、跛行甚至难以运动、脱毛,严重者体温升高(40～40.5℃),冠部形成溃疡、瘘管或坏死,生下的羔羊也无生命力。

3. 治疗

根据病情的严重程度,可施行局部治疗,全身治疗或二者相结合。

早期小的病灶通过清洗(可用0.1％高锰酸钾溶液或2％来苏儿溶液等),去除指(趾)间的坏死组织,抗感染治疗及使用抗生素可收到疗效。在较轻的病例,硫酸铜溶液和磺胺粉(1∶4)及在局部应用多种抗生素均有效。在严重病例,全身应用青霉素、磺胺嘧啶钠、磺胺吡啶或磺胺溴二甲嘧啶1～3 d收到疗效。蹄部清创、保护及保持环境干燥可加速痊愈。还可以应用蹄穴位[蹄头(前后)、缠腕(前后)、涌泉、滴水等穴位]注射抗生素的方法治疗。

慢性病例,感染有侵及深部软组织引起脓毒性指(趾)间关节炎的危险[可进行截指(趾)术]。因此,当病史及临床指征表明为慢性病例时,应进行积极的全身治疗和局部治疗,如用湿热的硫酸镁溶液浸蹄。在浸蹄的间隔期,应该用轻型绷带保护蹄部,以防发生进一步的外源性感染。口服硫酸锌,可取得满意效果。也可应用中草药黄连解毒汤内服,药方:黄连30 g、黄柏60 g、栀子30 g、金银花60 g、地丁30 g、生地30 g、麦冬24 g、石斛24 g,散剂可开水冲服,也可煎汁后灌服。

4. 预防

预防的主要方法,首先是增强机体对腐蹄病的全身抵抗力和强化蹄角质,要禁喂发霉干草,减喂精料,补喂钙和磷并保持钙磷平衡,补喂维生素D、硫酸锌等矿物质和蛋氨酸等。其次是防止它们接近泥泞的运动场、沼泽和污浊的池塘,因为这些地方存在潜在感染因素。除去牧场上各种致伤的因素,保证牛舍和运动场干燥和清洁。定期用消毒剂浴蹄是有效的。将2％～5％的甲醛或10％的硫酸铜溶液置于牛舍或挤奶厅的出入口可达到浴蹄的目的。建议每浴500～1 000头乳牛后应更换药液。在澳大利亚和比利时,用坏死杆菌甲醛疫苗接种已获得成功。1999年王克坚等成功地研制出E型节瘤拟杆菌基因工程苗,2002年苗利光等研制出C型节瘤拟杆菌基因工程苗,这些基因工程苗经过对家兔和绵羊的免疫保护性试验,证明有较好的免疫效果和免疫原性。

第七节　指(趾)间皮肤增殖

指(趾)间皮肤增殖是指(趾)间皮肤和(或)皮下组织的增殖性反应。在文献上曾有不同名称,如指(趾)间瘤、指(趾)间结节、指(趾)间赘生物、指(趾)间纤维瘤、慢性指(趾)间皮炎、指(趾)间穹隆部组织增殖等。

各种品种的牛都可发生,发生率比较高的有荷兰牛和海福特牛。中国荷斯坦乳牛发生也很普遍。

1. 病因

引起本病的确切原因尚不清楚。一般认为与遗传有关,但仍有争议。两指(趾)向外过度扩张(开蹄),引起指(趾)间皮肤紧张和剧伸,或某些变形蹄,从而引起泥浆、粪尿等异物对指(趾)间皮肤的经常性刺激,都易引起本病。有人观察认为指(趾)骨有外生骨瘤与本病发生有关,也有人观察缺锌时可引起本病。运动场为沙质土壤,蹄部比较清洁的牛群,发病率明显降低。

2. 症状

本病多发生在后肢,可以是单侧的,也可以是双侧的。

从指(趾)间隙一侧开始增殖的小病变不引起跛行,因而容易被忽略。增大时,可见指(趾)间隙前面的皮肤红肿、脱毛,有时可看到破溃面。指(趾)穹隆部皮肤进一步增殖时,形成"舌状"突起,此突起随着病程发展,不断增大增厚,在指(趾)间向地面伸出,其表面可由于压迫发生坏死,或受伤发生破溃,引起感染,可见有渗出物,气味恶臭。根据病变大小、位置、感染程度和落到患指(趾)的压力,出现不同程度的跛行。

在指(趾)间隙前端皮肤,有时增殖成草莓样突起,由于破溃后发生感染,患畜驻立时非常小心,因为局部碰到物体或受两指(趾)压迫时,患畜可感到剧烈疼痛。增殖的突起后期可角化。有跛行时,泌乳量可明显降低,体重下降。由于指(趾)间有增殖物,可造成指(趾)间隙扩大或出现变形蹄。

3. 治疗

在有炎症期间,清蹄后用防腐剂包扎,可暂时缓和炎症和疼痛,但不能根治。对小的增殖物,可用腐蚀的办法进行治疗,但不易成功。根治的办法是手术切除,手术方法是将患畜侧卧保定,注射化学保定剂或电针麻醉,配合用神经传导麻醉,常规局部消毒后,沿增殖物周围将其彻底切除。手术中应避免损伤大血管,一般出血不多,压迫止血后,可缝合,也可不缝合。切除增殖物后脱出的脂肪不要过多切除,以免影响将来的指(趾)间皮肤愈合。最后,将两蹄尖处钻洞,用金属丝将两蹄固定于一起并用绷带包扎,外装防水蹄套。

第八节 白线裂和"白线"病

一、白线裂

白线裂系白线部角质的崩坏以及变性腐败,导致蹄底与蹄壁发生分离,多发生于马、骡的前蹄蹄侧壁或蹄踵壁。

1. 病因

广蹄、弱踵蹄、平蹄等蹄壁倾斜,还有白线角质脆弱,均为发病的原因。

装蹄时过度烧烙、白线切削过多、蹄部不清洁、环境卫生不好、干湿骤变、地面潮湿、钉伤、白线部的踏创,均为发生白线裂的诱因。广蹄、平蹄、丰蹄等装着铁支狭窄及斜面少的蹄铁,蹄钉过粗也是引起白线裂的原因。

2. 症状

通常多在白线部充满粪、土、泥、沙。跛蹄马举肢检查,易于发现病灶;装蹄马必须取下蹄铁进行检查,多在装蹄、削蹄时发现白线裂的所在部位。

白线裂只涉及蹄角质层,是为浅裂,不出现跛行;若裂开已达肉壁下缘,称为深裂,往往诱发蹄真皮炎，引起疼痛而发生跛行。

并发病与继发病：由于白线裂可引起蹄底下沉，易形成平蹄、丰蹄。

如果白线裂向深部伸展，可以转变为空壁，并可以引起化脓性蹄真皮炎。此时病灶对蹄壁真皮比蹄底真皮的影响更大，感染可向上方深部蔓延，引起蹄冠脓肿、远籽骨滑膜囊炎和化脓性蹄关节炎，有的病例侵害到腱和腱鞘。

陈旧性的白线裂可使患部蹄壁向外发生凸弯。

3.治疗

白线已经分裂即难以愈合，所以对本病的治疗主要是防止裂缝的加大和促进白线部角质的新生。

要求合理削蹄，不能过削白线。注意蹄部的清洁卫生，清除蹄底的污物，对患部涂以松馏油。蹄壁向外部扩展者，即在该蹄铁部位设侧铁唇。蹄壁薄弱者使用幅广连尾蹄铁，以使蹄叉及蹄底外缘分担体重。

如继发化脓性蹄真皮炎，应清理创部，涂碘酊、塞以浸有松馏油的麻丝，包扎蹄绷带或垫入橡胶片。经几次换药，感染完全控制，炎症解除时，也可用黏合剂或黄蜡封闭裂口。

二、"白线"病

"白线"病是牛等偶蹄动物连接蹄底和蹄壁的软角质分离，常常由一些尖锐的异物刺伤所致，刺伤后导致真皮感染形成脓肿。壁小叶比底小叶受感染更明显，也更容易，结果可在蹄冠处形成脓肿，并破溃形成窦道。通常远轴侧"白线"易遭损伤，公牛蹄尖部"白线"更多发病。

1.病因

正常运动时，远轴侧"白线"常承受最大的牵张，特别是硬地上运步或爬跨时，更加重对"白线"的牵张。变形蹄，如卷蹄、延蹄、芜蹄，"白线"处易遭受刺伤，特别是牛舍和运动场潮湿、角质变软时，更易发病。

2.症状

通常侵害后肢的外侧趾。"白线"分离后，泥土、粪尿等异物易进入，将裂开的间隙堵塞，也将使"白线"扩张得更大，并易引起感染。感染可向蹄冠、向深部蔓延，引起蹄冠部脓肿，引起深部组织的化脓性过程。

两后肢同时发病时，可掩盖跛行，直到一个蹄出现并发症时，才能被诊断出来。早期病例，很难诊断，因病变很小，容易被忽略，必须仔细削切，并清除松散的脏物才能看到黑色污迹。进一步检查，可发现较深处的泥沙和渗出物混合的污物。开始跛行的表现很不同，但一旦形成脓肿，跛行表现剧烈，特别向深部组织侵害时，蹄可见发热，球部肿胀，常在蹄冠部出现窦道，此时牛体重明显减轻，泌乳量明显下降。

3.治疗

用蹄刀从负面将裂口扩开，尽可能清除碎屑杂物和脓汁，但常常不能到达深部。尽可能扩大伤口，使脓汁排出，灌注碘酊后用麻丝浸松馏油填塞。蹄冠有窦道开口时，打通，冲洗，包扎。深部感染时，采取相应措施，扩大伤口进行治疗。全身应用抗生素。

第九节　蹄糜烂

蹄糜烂是蹄底和球负面的角质发生坏死糜烂，又名慢性坏死性蹄皮炎，是奶牛常发的蹄病。

1.病因

过长蹄、芜蹄及牛舍和运动场潮湿、不洁是本病的病因。指(趾)间皮炎与发生在球部的糜烂有直接关系,结节状杆菌也是引起糜烂的微生物。

2.症状

本病进展很慢,除非有并发症,很少引起跛行。轻病例只在底部、球部、轴侧沟有小的深色坑。进行性病例,坑融合到一起,有时形成沟状,坑内呈黑色,外观很破碎,最后,在糜烂的深部暴露出真皮。

糜烂可发展成潜道,偶尔在球部发展成严重的糜烂,长出恶性肉芽,引起剧烈跛行。

3.治疗

整个蹄应彻底清洁,消除不正常的角质,扩开所有的潜道,应用硫酸铜和松馏油绷带包扎。

第十节　蹄深部组织化脓性炎症

蹄深部组织化脓性炎症包括化脓性蹄关节炎、化脓性腱炎、化脓性远籽骨滑膜囊炎和关节后脓肿。

1.病因

常继发于蹄底和指(趾)间隙的化脓性疾病。

2.症状

蹄关节、指(趾)部屈腱系统、远籽骨滑膜囊在结构上非常密接,发生感染时,常常互相蔓延,临床上很难分清楚。蹄深部有化脓性过程时,共同的症状是蹄冠部出现肿胀,重者肿胀可延伸到球节,呈一致性肿胀,关节僵直,蹄部发热,指(趾)动脉亢进,有重度跛行。一肢的两个指(趾)很少同时发病。脓汁可从形成的窦道或临近感染的进入部位排出,但有时这些开口被肉芽组织闭合,脓汁排不出,则顺组织向上蔓延,向周围扩散。这时可出现全身性症候。单纯远籽骨滑膜囊炎时,环绕冠部和球部后一半有发热和肿胀,压迫时疼痛。滑膜囊在感染后短时间内即破裂,感染可局限在中间指(趾)节骨和深屈腱之间,形成直径超过 5 cm 的关节后脓肿,在球部后上方有明显的局限性肿胀。化脓性腱炎时,常常在腱筒内蓄脓,在球节后上方可出现波动性肿胀,屈腱坏死溶解断裂时,蹄尖出现上翘。化脓性蹄关节炎时,首先看到整个蹄冠带和邻近的皮肤高度肿胀,组织压力很大,呈蓝紫色。以后蹄缘角质和皮肤分离,有剧烈疼痛。

3.治疗

保守疗法无效时,采用手术方法引流、搔刮和固定。注意治疗原发病。必要时进行断指(趾)术。

?　思考题

1.蹄部损伤包括哪些内容?

2.蹄叶炎有哪些发病原因?简述急性蹄叶炎的症状及其治疗原则与方法。

3.腐蹄病的病原及诱因有哪些?简述腐蹄病的症状及治疗方法。

4.白线裂和"白线"病有什么不同?

第十五章　皮肤病

学习要点 //

　　了解皮肤病的分类及临床特征。掌握皮肤病临床诊断方法。理解掌握各种类型皮肤病的主要症状及治疗方法。

　　动物皮肤病属常见、多发病。随着犬、猫等伴侣动物饲养数量的增加,小动物皮肤病在兽医临床的比例越来越大。由于皮肤病病因复杂,临床症状变化也很大,而临床疗效受动物、环境及临床诊断、用药等多方面因素的影响,因此需引起足够的重视。

第一节　皮肤病概述

一、皮肤病的分类及临床特征

(一)分类

临床上犬、猫的皮肤病可以大致分为16种。

(1)寄生虫性皮肤病　由螨虫、跳蚤、虱、钩虫和犬心丝虫的幼虫等引起。

(2)细菌性皮肤病　多见于球菌等引起。

(3)真菌性皮肤病　由犬小孢子菌、须毛癣菌、石膏样小孢子菌、球孢子菌、隐球菌、组织胞浆菌和孢子丝菌等引起。

(4)病毒性皮肤病　见于伪狂犬病、猫白血病和犬瘟热的脚垫和鼻端硬化干裂等。

(5)与物理因素有关的皮肤病　由冻伤、电伤、烧伤、烫伤、创伤、殴斗伤等引起。

(6)与化学性因素有关的皮肤病　由酸性或碱性物质等引起。

(7)皮肤过敏与药疹　由昆虫叮咬、粉尘过敏、食物过敏、药物过敏等引起。

(8)自体免疫性皮肤病　由系统性红斑狼疮、自身免疫溶血性贫血、免疫介导性血小板减少症等引起。

(9)激素性皮肤病　由甲状腺机能减退、肾上腺皮质机能亢进、性激素不足或亢进、生长素不足等引起。

(10)皮脂溢　见于皮脂溢性皮肤病,临床上又分为油性皮脂溢和干性皮脂溢等。

(11)中毒性皮炎　由抗凝血杀鼠药中毒、铊中毒、碘中毒等引起。

(12)代谢性皮肤病　由维生素A、维生素B、生物素、锌、碘等缺乏引起。

(13)与遗传因素有关的皮肤病　见于皮肤过度松弛的犬品种,如沙皮犬、腊肠犬、巴赛特猎犬等。

(14)皮肤肿瘤　见于肿瘤性疾病(详见第七章)。

(15)犬、猫嗜酸性肉芽肿综合征　包括犬嗜酸性肉芽肿,猫嗜酸性溃疡、嗜酸性斑、线状肉芽肿等。

(16)其他皮肤病　见于耳尖缺血性坏死,洗澡不合理性脱毛,皮肤角化过度等。

(二)临床特征

皮肤病的一般特征是脱毛或者掉毛。在皮肤病的发生过程中,皮肤上出现各种各样的病理变化,总结起来分为原发性损害和继发性损害两大类。

1.原发性损害

原发性损害是各种致病因素造成皮肤的原发性缺损。一般分为9种。

(1)斑点　指皮肤局部色泽的变化,皮肤表面没有隆起,也没有质的变化。其特征是皮肤表面的颜色变化,可能是黑色素的增加,也可能是色素的消退(如白斑),或急性皮炎过程中因血管充血而出现的红斑。

(2)斑　斑点的直径超过 1 cm 称为斑。比如华法令中毒时可见到犬皮肤上的中毒性出血斑。

(3)结或结节　是突出于皮肤表面的隆起,大小在 7 mm 至 3 cm,它是深入皮内或皮下有弹性、坚硬的病变。

(4)丘疹　指突出于皮肤表面的局限性隆起,大小在 7～8 mm,针尖大至扁豆大。呈圆形、椭圆形或多角形,质地较硬。丘疹的顶部含浆液的称为浆液性丘疹,不含浆液的称为实质性丘疹。丘疹常与过敏和瘙痒有关。

(5)风疹　是由水肿造成的界限明显、顶部平整的隆起。风疹与荨麻疹反应有关,皮肤过敏试验呈阳性反应。

(6)脓疱　是皮肤上小的隆起,充满脓汁并构成小的脓肿。常见于葡萄球菌感染、毛囊炎、犬痤疮(粉刺)等导致的损害。

(7)水泡　水泡突出于皮肤,内含清亮液体,直径小于 1 cm。泡囊容易破损,留下湿红色缺损,且成片状。

(8)大泡　大泡的直径大于 1 cm,由于易破损而难以被观察到。在病损处常因多形核细胞浸润而出现脓疱。

(9)肿瘤　是由含有正常皮肤结构的肿瘤组织构成,可以很大。其种类很多。

2.继发性损害

继发性损害是动物皮肤在受到原发性损害之后继发的其他损害。

(1)鳞屑　是皮肤表层脱落的角质片。许多慢性炎症过程,特别是皮脂溢、慢性跳蚤过敏、全身性蠕形螨感染时常见生成多量鳞屑。

(2)痂　由干燥的渗出物形成,包括血液、脓汁、浆液等。痂常黏附于皮肤表面,病患部常出现外伤。

(3)糜烂　是水泡和脓疱破裂或由于摩擦和啃咬,使丘疹或结节的表皮破溃而形成的创面。其表面因浆液漏出而湿润,如破损未超过表皮则愈合后无瘢痕。

(4)溃疡　是指表皮变性、坏死脱落而产生的缺损,病损严重已达真皮,常见瘢痕形成。

(5)瘢痕　皮肤的损害超过表皮,造成真皮和皮下组织缺损,由新生的上皮和结缔组织修补或替代,因为纤维组织多,有收缩性但缺乏弹性而变硬,称为瘢痕。瘢痕表面光滑,无正常表皮组织,缺乏毛囊、皮脂腺等附属系统。

(6)表皮脱落　是表皮层剥落而形成的。因为瘙痒,动物自己会抓、摩擦、啃咬。常见于虱子感染,特异性、反应性皮炎等。表皮脱落后易发细菌感染。

(7)苔藓化　因为瘙痒,动物抓、搔、摩擦、啃咬皮肤,使皮肤增厚变硬,表现为正常皮肤斑纹变大。患病部位呈蓝灰色。一般见于跳蚤过敏的病患处。

(8)色素过度沉着　黑色素在表皮深层和真皮表层过量沉积,常在慢性炎症过程或肿瘤形成时出现,并伴随着与犬的一些激素性皮肤病有关的脱毛。

(9)色素改变　以黑色素的改变为主,其色素改变和脱毛可能与雌犬卵巢或子宫的变化有关。

(10)低色素化　色素消失多因色素细胞被破坏,使色素的产生停止。常发生在慢性炎症过程中,尤其是盘形红斑狼疮。

(11)角化不全　棘细胞经过正常角化而转变为角质细胞,它含有细胞核并有棘突,堆积较厚者称为角化不全。

(12)角化过度　表皮角化层增厚常常是由皮肤压力造成的。常见于犬瘟热病中的脚垫增厚、粗糙,鼻镜表面因角化过度而干裂以及慢性炎症反应。

(13)黑头粉刺　是由于过多的角蛋白、皮脂和细胞碎屑堵塞毛囊而形成的。常见于某些激素性皮肤病,如犬库兴综合征。

(14)表皮红疹　是由于剥落的角质化皮片而形成的,可见到破损的囊泡、大泡或脓疮顶部消失后的局部组织。常见于犬葡萄球菌性毛囊炎和犬细菌性过敏反应的过程中。

二、皮肤病的诊断

临床兽医在诊断皮肤病时,首先需要通过问诊了解动物病史和用药情况,同时做体检以获得详细的资料,然后做临床化验和必要的实验室分析,以便综合判断病因。

(一)临床检查

问诊主要了解病程和病史。病程部分包括:病初期动物的表现;用过什么药,药物的效果如何;犬、猫的生活环境,有无地毯、垫子,是否常去草地戏耍;是否接触过病犬、病猫;用什么洗发液以及洗澡的方式和次数;其皮肤病的进展情况,是否瘙痒等。病史调查主要内容为动物是否患过螨虫感染、真菌感染;是否处于分娩后期;有无药物过敏史、接触性皮炎史和传染病史。

一般检查的主要内容包括皮肤局部观察:被毛是否逆立,有无光泽,是否掉毛,掉毛是否是双侧性的;局部皮肤的弹性、伸展性、厚度,有无色素沉着等;病变的部位、大小、形状,集中或散在,单侧或对称,表面情况(隆起、扁平、凹陷、丘状等),平滑或粗糙,湿润或干燥,硬或软,弹性及颜色等。

(二)实验室检查

1.寄生虫检查

(1)玻璃纸带检查　用手贴透明胶带,逆毛采样,易发现寄生虫。

(2)皮肤病料检查　用药匙在病患部与周围健康部位交界处刮取病料,置于玻片上,滴加50%甘油水溶液,加盖玻片后直接镜检。亦可将病料置于试管中,加入10% KOH 浸泡过夜(如亟待检查可在酒精灯上煮沸数分钟),使皮屑溶解,尔后待其自然沉淀或以2 000 r/min 离心5 min,弃去上清液,吸取沉渣检查,或向沉渣中加入饱和硫酸镁溶液,待虫体上浮,取表面液体镜检。此法常用于螨病诊断。

（3）粪便检查　用于内寄生虫虫体、绦虫节片、虫卵等的检查。

2.真菌检查

（1）病料镜检　刮取患部鳞屑、断毛或痂皮置于载玻片上,加数滴 10％ KOH 于样本上,微加热后盖上盖玻片。显微镜下见到真菌孢子即可确诊。

（2）伍德氏灯检查　用该灯在暗室里照射患部的毛、皮屑或皮肤缺损区,出现荧光为犬小孢子菌感染,而石膏样小孢子菌感染不易看到荧光,须发癣菌感染则无荧光出现。

（3）真菌培养　即在健康处与病灶交界处剪毛,放入真菌培养基中(加指示剂)培养。

3.细菌检查

直接涂片或触片标本进行染色检查,可进行细菌培养和药敏试验等。

4.皮肤过敏试验

局部剪毛、剃毛,消毒后,用皮肤过敏试剂分点做不同的过敏原试验,局部出现黄色丘疹则为过敏。

5.病理组织学检查

取病料直接涂片或进行活体组织检查。

6.变态反应检查

变态反应检查包括皮内反应和斑贴试验。

7.免疫学检查

免疫学检查如免疫荧光检查。

8.内分泌机能检查

内分泌机能检查如甲状腺、肾上腺和性腺机能测定。

第二节　寄生虫性皮肤病

外寄生虫引起的皮肤病,以跳蚤感染占第一位,其次为螨虫、蜱、虱等,钩虫的幼虫性皮炎和犬恶丝虫的微丝蚴性皮炎也有发生。

◆ 一、跳蚤感染性皮炎

（一）病因

犬栉首蚤寄生于犬和野生犬科动物,猫栉首蚤寄生于猫和犬,它们可引起犬、猫的皮炎,也是犬绦虫的传播者。犬、猫通过直接接触或进入有成年跳蚤的地方而发生感染。

（二）症状

在短毛的犬、猫的腹下部、背部和腹股沟可发现跳蚤,而在长毛的犬、猫身上往往只发现跳蚤粪便。犬、猫因皮肤瘙痒而自己抓咬或摩擦患部,可见脱毛,皮肤上有粟粒大小的结痂。长期跳蚤感染可造成贫血。

（三）诊断

根据临床症状,发现跳蚤或其粪便、犬复孔绦虫的存在等判定。

（四）治疗

采用杀蚤喷剂或滴剂、戴项圈、使用相应的药粉或者口服驱杀跳蚤的药物。对犬要同时给予驱绦虫的药物。

二、蠕形螨性皮肤病

由犬、猫蠕形螨寄生于犬、猫的毛囊和皮脂腺内引起。犬的蠕形螨性皮肤病是顽固性、复发性的疾病。

（一）病因

犬蠕形螨与品种、环境温度和接触有关。临床上以沙皮犬、北京犬、腊肠犬等品种发病较多，在夏季多发。

（二）症状

这种皮肤病分为局部性和全身性两种。初期感染常在局部出现红斑，多见于眼、耳、唇和腿内侧的无毛处，呈圆形，患部脱毛，有少量皮屑，犬没有瘙痒感。严重感染的犬，身体大面积脱毛，浮肿，严重瘙痒，皮肤上出现红斑、皮脂溢出、脓疱、脓肿和动物抓、搔、摩擦等造成的皮肤损伤。并常见体表淋巴结病变和全身症状。

（三）诊断

根据病史、皮肤症状及皮肤刮取物镜检结果综合判断。

（四）治疗

治疗原则是对螨虫和细菌同时进行治疗。皮下注射害获灭（伊维菌素）2～3 次，每次间隔 7 d；也可以用长效害获灭（如通灭）或者净灭（多拉菌素）。瘙痒严重时可短时间应用地塞米松或口服醋酸泼尼松、扑尔敏，最好不超过 3 d；出现脓疱或脓肿时，给予抗生素配合治疗。用含伊维菌素的溶液涂布患部皮肤。环境喷洒灭螨药。

三、疥螨感染性皮炎

犬、猫均可受到疥螨感染，引起瘙痒性皮炎。

（一）病因

健康的犬、猫通过与患病或带虫的犬、猫直接接触而感染。以某些品种的犬易感，如北京犬和巴哥犬等。

（二）症状

一般症状为掉毛，皮肤变厚，出现红斑、小块痂皮和鳞屑，严重瘙痒，从而引起犬自己抓伤并常继发细菌感染。疥螨常寄生在外耳，严重时波及肘部和跗关节部，临床上常见腹下部病灶分布较多。

（三）诊断

根据病史、临床症状（奇痒、脱毛、结痂等）和皮肤刮取物的显微镜检查结果确诊。

（四）治疗

皮下注射害获灭或长效害获灭，其他参照蠕形螨的治疗。

四、犬、猫耳痒螨感染

(一)病因

犬、猫的耳痒螨有高度传染性,主要通过直接接触感染,特别是在犬的哺乳期。

(二)症状

犬、猫耳痒螨常侵害外耳道,并且是双侧性感染,表现有瘙痒感,常见犬、猫自己抓伤,有时出现耳血肿、发炎或过敏反应,在外耳道有厚的棕黑色痂皮样渗出物。进一步发展则整个耳廓广泛性感染,鳞屑明显,角化过度并自己抓伤。严重时可蔓延到头前部、后肢远端(搔抓病耳)和尾尖部。

(三)诊断

耳部取样镜检可发现耳螨。

(四)治疗

先清洁外耳道,再向耳内滴注杀螨药,如伊维菌素、阿维菌素或其他杀虫剂;皮下注射害获灭,配合应用抗生素和皮质类固醇类药物(短期止痒)。

五、蜱病

(一)病因

蜱俗称犬豆子或壁虱,褐色,长卵圆形,背腹扁平,芝麻粒到大米粒大。雌蜱吸饱血后,虫体可膨胀到蓖麻籽大小。蜱的幼虫、若虫和成虫分别在三种宿主体上寄生,吸饱血后离开宿主,落地进行蜕皮或者产卵。蜱的卵较小,呈卵圆形,一般为黄褐色。蜱还是细菌、病毒、立克次氏体和原虫的传播媒介。

(二)症状

蜱常附着在犬的头、耳、腹下部或脚趾上吸血,其附着部的皮肤受到刺激并出现炎症反应。幼犬严重感染时可出现贫血。

(三)诊断

在犬身上发现有蜱寄生。

(四)治疗

在蜱数量少时,可用手直接摘取,注意用力的方向与皮肤表面垂直。如有大量蜱寄生,应进行药浴,或清洗被毛后撒药粉治疗。注意犬窝的卫生。

六、犬虱病

(一)病因

虱病的发生与动物及环境的卫生状况有关。致病虱主要有犬毛虱和犬长颚虱两种。犬毛虱约2 mm长,黄色带黑斑,雌虱交配后产卵于犬被毛基部,1～2周后孵化,幼虫蜕皮3次,经2周发育为成虫,成熟的雌虱可以活30 d左右,以组织碎片为食,离开犬身体后3 d左右即死亡。犬长颚虱虫体呈圆锥形,长1.5～2.0 mm。它终身不离开犬的身体。产卵于犬的被毛上,卵经9～20 d孵化为稚虱,稚虱经3次蜕化后发育为成虱,从卵到成虱的发育过程需30～40 d。犬毛虱还是犬复孔绦虫的传播者。

（二）症状

犬毛虱以毛和表皮鳞屑为食,造成犬瘙痒和不安,犬啃咬瘙痒处引起皮肤损伤,脱毛,继发湿疹、丘疹、水疱、脓疱等;严重时食欲差,影响犬的睡眠,造成犬营养不良。长颚虱吸血时分泌有毒的液体,刺激犬的神经末梢,产生痒感。大量感染时引起化脓性皮炎,可见犬脱毛或掉毛,精神沉郁,体弱,贫血,对其他疾病的抵抗力差。

（三）诊断

在犬身上发现有虱寄生。

（四）治疗

治疗时应隔离病犬,皮下注射埃弗霉素 0.2 mg/kg,患部皮肤涂擦 0.1％林丹或 0.5％西维因,或者用其他杀虫剂。预防犬感染可用相应的浴液定期洗澡。

第三节　激素性皮肤病

一、库兴氏综合征

库兴氏综合征又叫肾上腺皮质机能亢进征,属于内分泌疾病,犬特别是纯种犬的发病率较高。

（一）病因

主要是肾上腺皮质的肿瘤造成的,肾上腺皮质释放激素（ACTH）大量产生,两侧肾上腺皮质肥大。

（二）症状

库兴氏综合征的主要表现为对称性脱毛,食欲异常,腹部膨大和多饮多尿。常见病犬肥胖,脱毛和代谢异常。四肢肌肉无力,运步蹒跚。严重时皮肤表面有钙化、结痂、痤疮。

（三）诊断

有长期使用类固醇药物病史者可怀疑此病,实验室检查发现肾上腺功能降低（皮质醇水平低,对 ACTH 刺激试验无反应）即可确诊。

（四）治疗

摘除肾上腺皮质肿瘤。口服氯苯二氯乙烷或曲洛司坦有一定效果。

二、甲状腺机能低下症

甲状腺机能低下症是由于甲状腺素缺乏,导致动物全身活动呈进行性减慢为特征的疾病。中年犬,尤其以纯种犬（如德国牧羊犬、爱尔兰赛特、金色猎犬、拳师犬和阿富汗猎犬）发病率高。

（一）病因

原发性甲状腺机能低下主要是由慢性淋巴细胞性甲状腺炎和非炎性甲状腺萎缩引起的。继发性甲状腺机能低下是因脑垂体受损伤,甲状腺素分泌不足,或者是由于下丘脑分泌的促甲状腺激素释放激素不足引起的,分先天性和后天性。

（二）症状

临床常见犬鼻梁上毛稀少,毛短而细,精神差,不愿走动,很易死亡;身上有异味。病程进一步发展可见皮肤脱毛,皮厚而苔藓化,有色素沉着,皮屑多,甚至出现变态性皮肤病,如皮脂溢。

（三）诊断

根据上述症状可以诊断,通过测血液中的甲状腺素水平来确诊。

（四）治疗

治疗可服用甲状腺素。先用 T4(3,5,3′,5′-四碘甲状腺原氨酸),仍不见效时再用 T3(3,5,3′-三碘甲状腺原氨酸)(比 T4 强几十倍)。

三、公猫种马尾病

种马尾病又叫尾腺增生,是一种皮脂溢疾病,与皮脂腺过度增生相关。

（一）病因

由于公猫雄性激素分泌过盛,使尾部出现痤疮,继发细菌感染。发生于繁殖期公猫。

（二）症状

公猫的整个尾背部皮脂腺和顶浆腺分泌旺盛,在尾背部出现黑头粉刺,可能发展为毛囊炎、疖、痈甚至蜂窝织炎,皮肤溃烂并且向周围健康组织扩散。病程进一步发展可见皮肤脱毛、苔藓化,或者感染螨虫。

（三）诊断

依据症状,结合病史可诊断,确诊需进行病理检查,看到尾腺增生即可确诊。

（四）治疗

尾部剪毛,用 70％酒精涂擦黑头粉刺发生的部位,将黑头粉刺挤出,涂布抗生素软膏。如出现蜂窝织炎,先用 3％双氧水溶液清洗患部,再用生理盐水冲洗干净,然后局部涂布抗生素软膏,全身应用抗生素。为避免复发,可采取去势术,去势是根治的措施。

第四节　真菌性皮肤病

（一）病因

皮肤真菌感染,如犬主要由犬小孢子菌、石膏样小孢子菌和须发癣菌引起,猫主要由犬小孢子菌引起。传播方式为直接接触传染,并且为人兽共患病。幼年、衰老、瘦弱及有皮肤缺陷的犬、猫易感染。

（二）症状

一般表现为真菌性皮炎。犬、猫患部断毛、掉毛或出现圆形脱毛区,皮屑较多。真菌急性感染或继发细菌感染,患部有丘疹、脓疱或脱毛区皮肤隆起、发红、结节化。慢性感染其患部皮肤表面有鳞屑或呈红斑状隆起,有的结痂,痂下因继发细菌感染而化脓。痂下的皮肤呈蜂巢状,有许多小的渗出孔。

（三）诊断

常用 Wood's 灯、镜检和真菌培养。

（四）治疗

轻症、小面积感染,局部外敷克霉唑或癣净等软膏。患部及周围剪毛,洗去皮屑、痂皮等污物,用硫黄香皂洗患部,再将软膏涂在患部皮肤上,每日 2 次,直到病愈。对重症或慢性感染的病犬,以外敷配合内服效果较好。可以口服灰黄霉素 40～120 mg/kg,拌油腻性食物(可促进药物吸收),连用 2 周。但要注意怀孕的犬忌服灰黄霉素(可造成胎儿畸形),而且应避免空腹给药,以防呕吐。同时做到病犬隔离,用具、环境的消毒,与犬接触的人要注意防护。

第五节 过敏性皮炎

(一)病因

引起犬、猫过敏性皮炎的病因主要为药物、食物、细菌或跳蚤等。

(二)症状

主要表现为红疹和瘙痒。在临床皮下注射维生素 K、维丁胶性钙,静脉注射鱼腥草等药物时,动物可能发生皮肤红疹、流涎,眼部、口唇或者腹部出现肿块、瘙痒和动物搔抓等症状。

有的犬因为某种食物过敏,皮肤表现顽固性瘙痒、脱毛等,在改变食物成分后症状改善。而菌性过敏有时会引起较严重的皮损及炎症。跳蚤性过敏可见许多跳蚤及动物瘙痒,搔抓造成皮损。

(三)诊断

过敏性皮炎必须经过实验室检查才能确诊,如过敏原的免疫学诊断等。

(四)治疗

药物过敏发生后,应立即停止用药,并尽快给予脱敏药物,如肾上腺素、地塞米松等,同时监测动物的表现。对食物过敏者应改变食物成分。对跳蚤过敏的采取杀虫药。如属细菌性过敏,皮损较严重,则局部与全身同时使用抗生素。

第六节 瘙痒症

瘙痒症是指临床上无任何原发性皮肤损害而以瘙痒为主的皮肤病。

(一)病因

本病病因有全身性和局部性两种。全身性病因如患肝脏疾病、糖尿病、肾功能不全、恶性肿瘤、伪狂犬病、内分泌紊乱、寄生虫、变态反应、维生素缺乏、神经性疾病和皮疹等引起的瘙痒。局部性病因如寄生虫(如绦虫、蛲虫舌形虫等)引起肛门或鼻孔瘙痒。母猫也可能受发情的影响而发生本病。对于瘙痒的原因,一般认为传递介质是组胺和蛋白水解酶;痒觉经神经末梢传递到脊髓,再经脊髓腹侧的脊髓丘脑通道上升至大脑皮层。真菌、细菌、抗原抗体反应和肥大细胞脱颗粒时均能释放或产生蛋白水解酶。花生四烯酸的分解产物白细胞三烯、前列腺素、凝血恶烷 A_2 都能诱发炎症的产生,而必需脂肪酸特别是 γ-亚麻酸可以消除白细胞三烯和凝血恶烷引起的炎症反应。

(二)诊断

临床诊断包括问诊、视诊和实验室检查,以区分真菌、细菌、变态反应等病因。必要时做活组织检查。注意瘙痒症有原发性和继发性的,如内分泌失调出现皮肤病后,可能继发细菌性脓皮病或脂溢性皮炎,引起皮肤的继发性瘙痒。

(三)治疗

针对致病因素给药,可以消除瘙痒。当确诊为特发性疾病后,可以使用皮质类固醇或者非类固醇类抗瘙痒药(如阿司匹林、抗组胺药或者必需脂肪酸等);需注意的是,应当尽量使用非类固醇类药物,以避免长期服用皮质类固醇类药物给动物带来的副作用。

第七节 黑色棘皮症

黑色棘皮症是以乳头层增生、表皮层过度角质化和色素增多为特征的一种皮肤病。此病主要见于犬,尤其是德国猎犬。

(一)病因

甲状腺机能减退或其他内分泌机能障碍、局部摩擦、机械损伤、过敏等可诱发,某些恶性肿瘤亦可伴发该病。有的黑色棘皮症是自发性的,还有的与遗传因素有关。

(二)症状

主要患病部位在背部、腹部、前后肢内侧和股后部,主要症状为皮肤瘙痒和苔藓化,患病的犬、猫搔抓皮肤引起红斑、脱毛、皮肤增厚和色素沉着,皮肤表面常见油脂多或者出现蜡样物质。最后皮肤呈墨黑色,极个别的无黑色。

(三)诊断

通过实验室检查确定病因,包括活组织检查、过敏原反应检测、激素分析和外寄生虫检查等。

(四)治疗

根据病因采取相应的治疗方法。如给予甲状腺素或促甲状腺素、碘化钾等治疗甲状腺机能减退,肌注强的松龙抗过敏。口服维生素 E 200 IU,每日 2 次,连用 1～2 月,对某些自发性黑色棘皮症病例有效。

第八节 湿疹

湿疹是皮肤的表皮细胞因致敏物质而引起的一种炎症反应。其特点是患部皮肤出现红斑、血疹、水泡、糜烂、结痂和鳞屑等损害。湿疹常伴有热、痛、痒等症状。此病春、夏季多发。

(一)病因

引起湿疹的病因较多,也较复杂,至今仍未十分清楚,常有以下因素。

(1)外界因素 厩舍过于潮湿、各种化学物质刺激、强烈阳光照射、昆虫叮咬、皮肤污垢蓄积或长期被脓性分泌物浸渍等均可导致发病。

(2)内在因素 消化道疾病导致肠道腐败分解产物被吸收、摄入致敏食物、某些抗原及药物、日光等引起的变态反应为主因,营养失调、维生素缺乏、代谢紊乱等是诱发因素。

(二)症状

按病程和皮肤损伤可分为急性和慢性湿疹两种。

1. 急性湿疹

多开始于耳下、颈部、背脊、腹外侧和肩部。病初患部呈较小的圆形疹面,经 1～2 d 汇合成手掌大或更大的疹面。疹面界限明显,呈橙黄色或红色,边缘有新鲜血疹和小水泡,再外侧为一较暗的红色圈。疹面中央有一层黄绿色的薄痂,分泌浆液性至脓性渗出物。动物表现疼痛和极痒,由于抓、搔、擦、舐的机械刺激，炎症向真皮深部甚至皮下蔓延，易发生脓疱或脓肿。

2.慢性湿疹

常发于背部、鼻、颊、眼眶等部位，犬尤易发生鼻梁湿疹。表现被毛稀，皮肤出现不一致增厚而皱起、剧痒，同时伴发色素沉着。有的皮肤形成鳞屑或水泡。

（三）治疗

治疗原则是除去病因、脱敏、消炎等。

（1）除去病因　保持动物皮肤清洁，舍内通风良好、阳光充足、清洁和干燥。动物经常运动，及时治疗发生的疾病。

（2）脱敏止痒　口服或注射盐酸异丙嗪 0.2～1.0 mg/kg，或盐酸苯海拉明口服 2～4 mg/kg 或注射 1 mg/kg；也可用葡萄糖酸钙或硫代硫酸钠静脉注射。

（3）消除炎症　急性期无渗出时，剪去被毛，用炉甘石洗剂（处方：炉甘石 15.0 g、氧化锌 5.0 g、甘油 5.0 mL，水加至 100.0 mL），或用麻油和石灰水等量混合涂于患部。有糜烂渗出时，小面积可用皮质类固醇软膏，或用生理盐水、3%硼酸液冷湿敷。渗出液减少后，可外用氧化锌滑石粉（1：1）、碘仿鞣酸粉（1：9）或 20%～40%氧化锌油等。慢性湿疹一般用焦油类药效果较好，如煤焦油软膏、5%黑豆馏油软膏等，或用含有抗生素皮质类固醇软膏。

思考题

1.常见寄生虫性皮肤病包括哪些种类？简述主要临床症状及治疗方法。

2.常见激素性皮肤病包括哪些种类？简述主要临床症状及治疗方法。

3.常见真菌性皮肤病包括哪些种类？简述主要临床症状及治疗方法。

第二篇

动物内科学

第十六章　动物内科学概论

学习要点

了掌握动物内科学的概念和研究内容。理解动物内科学在动物疾病学中的地位。了解动物内科学领域的研究概况、存在问题和努力方向。

第一节　动物内科学的概述

一、动物内科学的概念

动物内科学是研究动物非传染性内部器官疾病和群发性疾病为主的一门综合性临床学科，是运用系统的理论及相应的诊疗手段，研究疾病的发生与发展规律、临床症状、病理变化、转归、诊断和防治等的理论与临床实践问题。

动物内科学是动物疾病学的核心篇章，是临床兽医学的主要课程，亦是其他临床兽医学课程的基础。临床兽医学的共性诊断与治疗思维，集中表现在动物内科学中；且在临床实践中，内科疾病也最为常见。动物内科学内容涉及面广，整体性强，既有自身的理论体系，又与基础兽医学密切相关，其诊疗原则与方法亦适用于其他临床各科。动物内科学的主要任务是系统地研究和阐述动物内科学的病因、发病机理、临床症状和实验室检验变化、病程和预后、诊断要点和防治措施等的理论与临床实践问题。

二、动物内科学的研究内容

动物内科学的主要内容包括：消化系统疾病、呼吸系统疾病、血液及造血器官疾病、循环系统疾病、泌尿系统疾病、神经系统疾病、内分泌系统疾病、营养及代谢紊乱性疾病、中毒性疾病以及遗传性疾病等。

随着现代经济和社会的发展，动物疾病亦越来越引起人们的重视。动物内科学的研究内容不断丰富，范围越来越广泛，包括家畜、家禽、伴侣动物、特种经济动物、观赏动物、毛皮动物、实验动物、野生动物和水生动物等。其研究范围和层次逐渐增加，已经深入到生物医学和比较医学的研究领域。

由于动物的种属、品系、分布、生理和生活习性非常复杂，在长期的生活过程中，受内外不利因素的作用，导致不同种类的内科疾病发生，尤其是消化系统疾病、营养代谢性疾病及中毒性疾病等，这些疾病多为群发病，常呈地方性和季节性发生，造成严重的经济损失和危害。所以，动物内科学越来越受到世界各国的重视,许多国家都把其列为兽医临床科学的重点研究领域,以保证畜牧业生产和公共卫生事业的发展及减少经济损失。

▶ 三、动物内科学的特点

动物内科学是以动物内科学基本理论为依据,紧密结合生产实际的需要开设的实践课程。本课程突出了动物群发性疾病,如常发的营养代谢病和中毒病;也突出了国内外有研究进展的、新发现和确诊的疾病,如硒不足与缺乏症、肉鸡腹水综合征等;以及突出我国研究得比较深入且取得较大成果的疾病,如反刍动物急性碳水化合物过食综合征、牛霉稻草中毒、栎树叶中毒、棘豆属植物中毒、黄芪属植物中毒等;同时,增加了犬、猫疾病和家禽疾病。

因此,动物内科学教学的任务和目的是通过教学使学生掌握动物常见、多发内科病的病因、发病机理、临床症状、诊断要点和防治的理论知识及技能,为今后从事临床医学实践以及学习兽医临床其他学科或基础研究奠定坚实的基础。

第二节　动物内科学在动物疾病学中的地位

▶ 一、动物内科学的学科基础

动物内科学是一门涉及面广和整体性强的学科,是临床兽医各学科的基础学科,阐述的内容在临床兽医的理论和实践中有其普遍意义,是学习和掌握其他兽医学科的重要基础。其任务是通过教学使学生掌握内科常见病、多发病的病因、发病机制、临床表现、诊断和防治的基本知识、基本理论和实践技能。本课程重点阐述常见病,注重提高从业者的临床思维和提高预防和治疗疾病的实际能力。本课程在临床的理论和实践中有重要意义。

近年来,由于生物化学、化学、物理学、病理学、免疫学、药理学等基础理论和技术的迅速发展,使与这些基础学科密切相关的动物内科学,在内容上不断更新和深入。动物内科学所阐述的疾病诊断原则和临床思维方法,对临床各学科的理论和实践,均具有普遍性意义。

▶ 二、学习动物内科学对学习兽医学其他课程的影响

本篇章涉及动物解剖学、动物生理学、兽医药理学、动物病理学、兽医微生物学及免疫学、兽医临床诊断学以及畜牧专业的饲养学、营养分析等学科的知识。设立本篇章的主要目的是为动物医学专业的学生提供动物内科学的基本知识。通过本篇章的学习,掌握常见内科疾病诊断和治疗的基本理论和基本操作技能,培养其分析临床病例和提出科学合理的防治措施的能力,通过对疾病的分析而学会撰写临床病例报告,为今后在临床工作中能正确诊断、治疗和预防动物内科疾病,解决生产实际问题奠定坚实的基础。

第三节　动物内科学的学习方法和要求

▶ 一、动物内科学的学习方法

动物内科学是理论性和实践性都很强的临床专业课,本课程的学习目的在于使学生掌握扎实

的关于动物内科学基础理论知识,并熟练地掌握动物内科疾病的临床诊断和防控技术。由于动物内科学内容较为抽象、教学方法枯燥,特别是一些疾病、如营养代谢性疾病常表现为动物机体抵抗力的降低,并易继发传染病等其他疾病,内科病的征象可能被继发病的症状所掩盖,学习难度大。因而,必须在较好地掌握前期基础课程和相关专业基础课程,熟悉各种常见动物的正常生理现象的基础上,学习内科病的发病特点,把握动物新型突发疾病发展趋势和动态,才能学好本课程,具体提出如下建议。

(一)坚持理论联系实践

学好相关的基础和专业基础课程,从理论上、实践上掌握各种动物的生理病理特点。动物内科学是建立在畜禽解剖学、动物生理学、动物病理学等学科基础上的临床学科,每一种疾病的内容无不渗透着上述相关学科的基础理论知识。因此,学习与研究动物内科学,必须密切联系并能熟练地应用相关专业基础理论和技术方法,只有这样才能理解疾病发生发展规律,描述临床症状和病理变化,制定治疗与预防措施,并要及时吸纳相关学科的新理论与新技术,保证动物内科学得以不断充实、更新与提高。

(二)熟悉动物内科学发生发展的一般规律

坚持科学的认识论,立足于临床实践,防治常见病、研究疑难病、探索新出现的疾病及其他重大实践和理论问题,使动物内科学在认识论的科学理论和方法指导下,不断发展与提高。

(三)学习新理论和新技术

应用分子生物学、分子生物化学、现代电子技术等先进科学理论和技术方法,同时不断学习新的理论和方法。只有应用现代科学理论和先进技术手段武装动物内科学,才能实现在崭新角度、更深层面上,阐明发病机制、弄清实验室指标变化的特点,解释症状间的内在联系,进而明确疾病的演变规律,促进动物内科学进入新的发展阶段,切实理解掌握动物内科学的内容。

(四)坚持不断学习、向实践学习

随着社会经济的不断发展、生存环境的不断变化、物种进化,动物内科疾病也在不断变化发展,动物内科学的学生和临床工作者也必须与时俱进、树立终身学习的理念,才能够适应日益变化的内科病诊断和防控的需要。

二、动物内科学的教学要求

熟练掌握畜禽常见内部器官疾病、营养代谢性疾病、中毒性疾病的发生发展规律、临床特征及病理学变化、诊断技术和基本防治技能。能够熟练运用兽医临床诊断学的各种检查方法,依据检查的结果分析病情,对疾病建立正确的诊断,提出合理的治疗和预防方案。

牢固掌握常见内科疾病的治疗药物的药理、用途、用法、配伍禁忌等。掌握营养代谢病及中毒病的发病机制及实验室检验方法,掌握中毒病的快速诊断及急救方法。了解疑难杂症等内科病及中西医结合在内科病诊疗中的应用,提出预防和治疗方案,能将内科病与传染病、寄生虫病等鉴别。

思考题

1. 动物内科学的研究内容有哪些?
2. 简述动物内科学的特点。
3. 试述我国动物内科学的成就。

第十七章　　消化系统疾病

学习要点

掌握口炎、咽炎、食管阻塞、前胃弛缓、皱胃阻塞、胃肠炎、急性实质性肝炎和腹膜炎的概念及临床表现、诊断和防治方法。理解口炎、咽炎、食管阻塞、前胃弛缓、皱胃阻塞、胃肠炎、急性实质性肝炎和腹膜炎的病因和发病机制。了解胃肠疾病对动物健康危害严重。

第一节　　口、咽和食管疾病

一、口炎

口炎是指口腔黏膜炎症的总称,包括腭炎、舌炎、唇炎等,中兽医称之为舌疮、口疮。临床上多以口腔黏膜潮红、肿胀、流涎、采食和咀嚼障碍为特征。

本病在各种动物都有发生,而以马、牛、犬、猫及幼畜和衰老体弱的动物最为常见。

(一)病因

口炎的类型不同,其病因也各异。常见口炎的特征及病因如下。

1. 卡他性口炎

卡他性口炎是一种单纯性口炎,为口腔黏膜表层轻度的炎症。主要病因:①采食粗硬、有芒刺或刚毛的饲料;②不正确地使用口衔、开口器;③乳齿长出期和换齿期,引起齿龈及周围组织发炎,或锐齿直接损伤口腔黏膜;④抢食过热的饲料或灌服过热的药液;⑤采食冰冻饲料或霉败饲料;⑥采食有毒植物(如毛茛、白头翁等);⑦不适当地内服刺激性或腐蚀性药物或长期服用汞、砷和碘制剂;⑧当受寒或过劳,防卫机能降低时,可因口腔内的条件致病菌侵害而引起;⑨常继发于咽炎、唾液腺炎、前胃疾病、胃炎、肝炎以及某些维生素缺乏症。

2. 水疱性口炎

水疱性口炎是一种以口黏膜上生成充满透明浆液水疱为特征的炎症。主要的病因:①采食带有锈病菌和黑穗病菌的饲料、发芽的马铃薯及毛虫的细毛;②不适当地内服刺激性或腐蚀性药物;③抢食过热的饲料或灌服过热的药液;④继发于口蹄疫、传染性水疱性口炎等传染病。

3. 溃疡性口炎

溃疡性口炎是一种口黏膜糜烂、坏死为特征的炎症。主要是由于口腔不洁,被细菌或病毒感染所致。此外,还常继发或伴发于咽炎、喉炎、唾液腺炎、急性胃卡他、肝炎、血斑病、贫血、维生素A缺乏症、佝偻病和汞、铜、铅、氟中毒以及牛瘟、牛恶性卡他热、坏死杆菌病、放线菌病等疾病。

4. 真菌性口炎

真菌性口炎是一种口黏膜表层发生假膜和糜烂的疾病。此病常见于禽类、羔羊、犊牛、幼驹和犬、猫等动物。病因是因口腔不洁,受到白色念珠菌侵害所引起,且长期使用广谱抗生素的幼畜最易发生和流行。

(二)症状

口炎发病初期大多具有卡他性口炎的反应,表现采食和咀嚼障碍、流涎、口腔黏膜红肿及口温增高等病征,传染性口炎还伴发全身症状。各型口炎有其特有症状。

1. 卡他性口炎

口黏膜弥漫性或斑块状潮红,硬腭肿胀;唇部黏膜的黏液腺阻塞时,则有散在的小结节和烂斑;由植物芒或刚毛所致的病例,在口腔内的不同部位形成大小不等的丘疹,顶端呈针头大的黑点,触之坚实、敏感;舌苔为灰白色或草绿色。重剧病例,唇、齿龈、颊部、腭部黏膜肿胀甚至发生糜烂,大量流涎。

2. 水疱性口炎

在唇部、颊部、腭部、齿龈、舌面的黏膜上有散在或密集的粟粒大至蚕豆大的透明水疱,2~4 d后水疱破溃形成鲜红色烂斑。间或有轻微的体温升高。

3. 溃疡性口炎

口腔内有糜烂坏死和溃疡,齿龈出血,口腔内流出灰白色恶臭的唾液,食欲因采食困难有所减退,病畜的颌下淋巴结和唾液腺有轻微肿胀。一般10~15 d可愈。在肉食动物发病时,首先表现为门齿和犬齿的齿龈部分肿胀,呈暗红色,疼痛,出血。1~2 d后,病变部变为苍黄色或黄绿色糜烂性坏死。炎症常蔓延至口腔其他部位,导致溃疡、坏死甚至颌骨外露,散发出腐败臭味,流涎,混有血丝带恶臭。当牛、马因异物损伤口黏膜未得到及时治疗时,病变部形成溃疡,溃疡面覆盖着暗褐色痂样物,揭去痂样物时,溃疡底面为暗红色;病重者,体温升高。

4. 真菌性口炎

口黏膜上有灰白色略微隆起的斑点,主要见于犬、猫和禽类。病的初期,口黏膜出现白色或灰白色小斑点,随病情发展逐渐增大,变为灰色乃至黄色假膜,周围有红晕。剥去假膜,现出鲜红色烂斑,易出血。末期,上皮新生,假膜脱落,自然康复。病程中,病畜和病禽,表现采食障碍、吞咽困难、流涎、口有恶臭、便秘或腹泻等症状,最后多因营养衰竭而死亡。

(三)诊断

首先应判断是原发性口炎还是继发性口炎。原发性口炎,根据病史及口腔黏膜炎症变化,不难做出诊断。继发性口炎,则必须通过流行病学调查、实验室诊断、结合病因及临床特征,进行类症鉴别,找出原发病。

(四)治疗

治疗原则是消除病因,加强护理,净化口腔,抗菌消炎。

1. 消除病因

如摘除刺入口腔黏膜中的麦芒、铁丝等异物,剪断并锉平过长齿等。

2. 加强护理

给予病畜柔软而易消化的饲料,以维持其营养。草食动物可给予营养丰富的青绿饲料,优质的青干草和麸皮粥;肉食动物和杂食动物可给予牛奶、肉汤、鸡蛋等。对于不能采食或咀嚼的动物,应及时补糖输液,或者经胃导管给予流质食物。

3.净化口腔

口炎初期,可用弱的消毒收敛剂冲洗口腔。炎症轻时,可用1%食盐水或2%～3%硼酸溶液洗涤口腔;炎症重而有口臭时,用0.1%高锰酸钾溶液或0.1%雷佛奴尔溶液洗涤口腔;不断流涎时,则用2%～4%硼酸溶液或1%～2%明矾溶液或鞣酸溶液洗涤后,涂以2%龙胆紫溶液。水疱性、溃疡性和真菌性口炎时,病变部可涂擦10%硝酸银溶液后,用灭菌生理盐水充分洗涤,再涂擦碘酊甘油(5%碘酊1份、甘油9份)或2%硼酸甘油、1%磺胺甘油于患部。

4.抗菌消炎

为防止继发感染或病情较重者,除口腔的局部处理外,应全身使用抗菌类药物,如磺胺类药物或喹诺酮类药物等,同时给予维生素制剂配合治疗。

中兽医称口炎为口舌生疮,治法以清火消炎、消肿止痛为主。牛、马宜用青黛散,研为细末,装入布袋内,在水中浸湿,噙于口内,给食时取下,吃完后再噙上,每日或隔日换药一次;也可在蜂蜜内加冰片和复方新诺明(SMZ+TMP)各5g噙于口内。

(五)预防

做好平时的饲养管理,合理调配饲料,防止尖锐的异物、有毒的植物混于饲料中;不喂发霉变质的饲草、饲料;服用带有刺激性或腐蚀性的药物时,一定按要求使用;正确使用口衔和开口器;定期检查口腔,牙齿磨灭不齐时,应及时修整,并积极治疗继发性口炎的原发病。

二、咽炎

咽炎,又称为咽峡炎或扁桃体炎,是指咽黏膜、黏膜下组织和淋巴组织的炎症。临床上以咽部肿痛,头颈伸展、转动不灵活,触诊咽部敏感,吞咽障碍和口鼻流涎为特征。按其炎症性质可分为卡他性咽炎、格鲁布性咽炎和化脓性咽炎。

各种家畜都可发生。马和犬多为卡他性和化脓性咽炎;牛和猪则常见格鲁布性咽炎。但牛常伴发喉炎。因咽背淋巴结与咽后黏膜亦被侵害,病情急剧,可引起呼吸困难甚至窒息。

(一)病因

1.原发性咽炎

常见于机械性、温热性和化学性刺激,如:①采食粗硬的饲料或霉败的饲料;②采食过冷或过热的饲料和饮水以及胃管的直接刺激和损伤,或者受刺激性强的药物、强烈的烟雾、刺激性气体的刺激和损伤;③受寒或过劳时,机体抵抗力降低,防卫能力减弱,受到条件性致病菌的侵害并引起内感染。因此,在早春晚秋,气候剧变,车船长途运输,劳役过度的情况下,容易引起咽炎的发生。幼驹受到腺疫链球菌、副伤寒沙门菌感染时,发生传染性咽炎,常呈地方性流行。

2.继发性咽炎

常继发于口炎、鼻炎、喉炎、流感、马腺疫、炭疽、巴氏杆菌病、口蹄疫、恶性卡他热、犬瘟热、狂犬病、猫泛白细胞减少症、猪瘟、结核、鼻疽以及尿毒症、维生素A缺乏症等。

(二)症状

各型咽炎的共同症状为头颈伸展,吞咽困难,流涎;牛呈现哽噎运动,猪、犬、猫出现呕吐或干呕,马则有饮水或嚼碎的饲料从鼻孔返流于外;当炎症波及喉时,病畜咳嗽;触诊咽喉部,病畜敏感。

动物的喉在咽下方,咽炎多伴发喉炎。病畜每当吞咽时,常常咳嗽,初干咳,后湿咳,有疼痛表现,常咳出食糜和黏液。但不同类型的咽炎还有其特有的症状。

1.卡他性咽炎

病情发展较缓慢,最初不易引起人们的注意,经 3～4 d 后,头颈伸展、吞咽困难等症状逐渐明显,全身症状一般较轻。咽部视诊(用鼻咽镜),咽部的黏膜、扁桃体潮红、轻度肿胀。

2.格鲁布性咽炎

发病较急,体温升高,精神沉郁,厌忌采食,腮腺、颌下及舌下淋巴结间或肿胀,鼻液中混有灰白色伪膜,鼻端污秽不洁,鼻黏膜发炎;咽部视诊,扁桃体红肿,咽部黏膜表面覆盖有灰白色伪膜,将伪膜剥离后,见黏膜充血、肿胀,有的可见到溃疡。

3.化脓性咽炎

病畜咽痛拒食,高热,精神沉郁,脉率增快,呼吸急促,鼻孔流出脓性鼻液。咽部视诊,咽部黏膜肿胀、充血,有黄白色脓点和较大的黄白色突起;扁桃体肿大,充血,并有黄白色脓点。血液检查:白细胞数增多,嗜中性粒细胞显著增加,核型左移。咽部涂片检查:可发现大量的葡萄球菌、链球菌等化脓性细菌。

(三)病理变化

家畜咽炎常见的病理变化有以下几种。

1.卡他性咽炎

急性的,咽黏膜潮红、肿胀,有充血性斑纹或红斑。慢性的,咽黏膜苍白、肥厚,形成皱襞,被覆黏液。有的病例,咽黏膜糜烂,上皮缺损。

2.格鲁布性咽炎

咽黏膜表面有渗出纤维蛋白形成的假膜覆盖。

3.化脓性咽炎

咽黏膜下疏松结缔组织,呈现弥漫性化脓性炎症病变。

凡是咽炎病例,常有口腔和鼻腔的卡他性炎症,咽周围淋巴结肿胀、化脓,声门水肿、喉炎,甚至出现支气管炎和异物性肺炎等病理变化。

(四)病程及预后

原发性急性咽炎,病情发展急剧,如无并发症,1～2 周可治愈,预后良好。格鲁布性或蜂窝织性咽炎,病程长,常继发卡他性肺炎、肺坏疽、声门浮肿、急性肾炎或全身败血症。马和猪多因窒息而死亡,预后不良。

重剧性咽炎,病畜血细胞崩解,白细胞显著减少,防卫机能降低,预后判断应慎重。如果病情稳定,白细胞数已回升,抵抗力增强,是病情好转的象征。

(五)诊断

根据病畜头颈伸展、流涎、吞咽障碍以及咽部视诊的特征病理变化明显,可做出诊断。但必须与咽麻痹、咽腔内异物、咽腔内肿瘤、腮腺炎、喉卡他、食管阻塞、腺疫、流感、炭疽、猪瘟、巴氏杆菌病等疾病进行鉴别。

1.咽麻痹

咽部触诊无任何反应,刺激咽黏膜亦无吞咽动作。

2.咽腔内异物

牛和犬常见,多突然发病,吞咽困难,通过咽腔检查或 X 线透视可发现异物。

3.咽腔肿瘤

咽部无炎症变化,触诊无疼痛现象,缺乏急性症状,经久不愈。

4.腮腺炎

咽部肿胀,多发于一侧,头向健侧歪斜,舌根无压痛,无鼻液,也无食糜逆流现象。

5.喉卡他

病畜咳嗽,流鼻液,吞咽无异常。马喉囊卡他,多为一侧性,局部肿胀,触压时同侧流出鼻液,无疼痛现象。

6.食管阻塞

吞咽障碍,咽部无疼痛,通过触诊或胃管探诊发现阻塞物,牛易继发瘤胃臌气。

(六)治疗

治疗原则是加强护理,抗菌消炎,利咽喉。

1.加强护理

停喂粗硬饲料,注意饲料调配,草食动物给予青草、优质青干草、多汁易消化饲料和麸皮粥;肉食动物和杂食动物可给予稀粥、牛奶、肉汤、鸡蛋等,多给饮水。对于咽痛拒食的动物,应及时补糖输液,种畜和宠物还可静脉输给氨基酸。同时注意保持畜舍卫生,保持清洁、通风、干燥。对疑似传染病畜,应隔离观察。严禁经口投药,防止误咽。

2.抗菌消炎

青霉素为首选抗生素,并与磺胺类药物或其他抗生素(如土霉素、强力霉素、链霉素、庆大霉素等)联合应用。适时应用解热止痛剂,如水杨酸钠或安乃近、氨基比林。并酌情使用肾上腺皮质激素,如可的松。

3.局部处理

病初,咽喉部先冷敷,后热敷,每日 3～4 次,每次 20～30 min。也可涂抹樟脑酒精或鱼石脂软膏,止痛消炎膏,或用复方醋酸铅散(醋酸铅 10 g,明矾 5 g,薄荷脑 1 g,白陶土 80 g)做成膏剂外敷。同时用复方新诺明 10～15 g,碳酸氢钠 10 g,碘喉片(或杜灭芬喉片)10～15 g,研磨混合后装于布袋,衔于病畜口内。小动物可用碘酊甘油涂布咽黏膜,或用碘片 0.6 g,碘化钾 1.2 g,薄荷油 0.25 mL,甘油 30 mL,制成擦剂,直接涂抹于咽黏膜表面。必要时,可用 3% 食盐水喷雾吸入,效果良好。

重剧性咽炎,宜用 10% 水杨酸钠溶液,牛、马 100 mL,猪、羊、犬 10～20 mL,静脉注射,或用普鲁卡因青霉素 G,牛、马 200 万～300 万 IU,驹、犊、猪、羊、犬 40 万～80 万 IU,肌肉注射,每日 1 次。蜂窝织炎性咽炎最好早用盐酸土霉素,牛、马 2～4 g,猪、羊、犬 0.5～1 g,以生理盐水或 5% 葡萄糖溶液作溶媒,分上、下午两次静脉注射。此外,应用磺胺制剂也可见效。

中兽医称咽炎为内颡黄,治以清热解毒,止痛为主。可注射银黄注射液,噙服青黛散或磺胺明矾合剂。

(七)预防

做好平时的饲养管理工作,注意饲料的质量和调制;做好圈舍卫生,防止受寒、过劳,增强防卫机能;避免条件致病菌的侵害;对于咽部邻近器官炎症应及时治疗,防止炎症的蔓延;应用诊断与治疗器械(如胃管、投药管等)时,操作应细心,避免损伤咽黏膜,以防本病的发生。

三、食管阻塞

食管阻塞,俗称"草噎",是由于吞咽的食物或异物过于粗大和/或咽下机能障碍,导致食管梗阻的一种疾病。临床上多以突然发病、口鼻流涎、咽下障碍为特征,一般病情较重,发展较快,尤其是胸部食管阻塞在临床上易被误诊,牛的食管阻塞因继发急性瘤胃臌气而病情险恶。食管阻塞按阻塞程度分为完全阻塞与不完全阻塞;按阻塞部位分为颈部食管阻塞、胸部食管阻塞、腹部食管阻塞。

本病常见于牛、马、猪和犬,羊偶尔发生。

(一)病因

1. 原发性食管阻塞

(1)牛的原发性食管阻塞 通常发生于采食未切碎的萝卜、甘蓝、芜菁、甘薯、马铃薯、甜菜、苹果、梨、西瓜皮、玉米穗、大块豆饼、花生饼等时,因咀嚼不充分,吞咽过急而引起,此外还可能由于误咽毛巾、破布、塑料薄膜、毛线球、木片或胎衣而发病。

(2)马的原发性食管阻塞 多因车船运输、长途赶运或行军,陷于饥饿状态,当饲喂时,采食过急,摄取大口草料(如谷物和糠麸),咀嚼不全,唾液混合不充分,匆忙吞咽,而阻塞于食管中;或在采食草料、小块豆饼、胡萝卜等时,因突然受到惊吓,吞咽过急而引起。亦有因全身麻醉,食管神经功能尚未完全恢复即采食,从而导致阻塞。

(3)猪和羊的原发性食管阻塞 多因抢食甘薯、萝卜、马铃薯块、未拌湿均匀的粉料,咀嚼不充分就忙于吞咽而引起。猪采食混有骨头、鱼刺的饲料,亦常发生食管阻塞。犬的原发性食管阻塞,多见于群犬争食软骨、骨头和不易嚼烂的肌腱而引起。幼犬常因嬉戏,误咽瓶塞、煤块、小石子、手套、木球等异物而发病。此外,由于饥饿过甚、采食过急或采食中受到惊扰,而突然仰头吞咽或呕吐过程中从胃内反逆异物进入食管后突然滞留等均可引起食管阻塞。

2. 继发性食管阻塞

继发性食管阻塞,常继发于异嗜癖、脑部肿瘤以及食管的炎症、狭窄、扩张、痉挛、麻痹、憩室等疾病。

(二)症状

1. 共有症状

各种动物食管阻塞的共同症状是采食中突然发病,停止采食,恐惧不安,头颈伸展,张口伸舌,大量流涎,呈现吞咽动作,呼吸急促。颈部食管阻塞时,外部触诊可感阻塞物;胸部食管阻塞时,在阻塞部位上方的食管内积满唾液,触诊能感到波动并引起哽噎运动。用胃导管进行探诊,当触及阻塞物时,感到阻力,不能推进。X射线检查:在完全性阻塞时,阻塞部呈块状密影;食管造影检查,显示钡剂到达该处则不能通过。

2. 不同动物的特殊症状

马食管阻塞时,突然退槽,停止采食,神情紧张,苦闷不安,头颈伸展,呈现吞咽动作,张口伸舌,大量流涎,饲料与唾液从鼻孔逆出,咳嗽。约1h以后,强迫或痉挛性吞咽的频率减少,患畜变得安静。

牛食管阻塞时,瘤胃臌胀及流涎是其特征性症状。臌胀的程度随阻塞的程度及时间而变化,完全性阻塞时,则迅速发生瘤胃臌胀,往往因为窒息而死亡。

猪食管阻塞时,离群、垂头站立,张口流涎,表现吞咽动作,时而试图饮水、采食,但饮进的水立即逆出口腔。

犬食管不完全阻塞时,表现明显的骚动不安、呕吐和吞咽动作,摄食缓慢,吞咽小心,仅液体能通过食管入胃,固体食物则往往被呕吐出,有疼痛表现。完全阻塞及被尖锐或穿孔性异物阻塞时,则完全拒食,高度不安,头颈伸直,大量流涎,出现吞咽和呕吐动作,吐出带泡沫的黏液和血液,常用四肢搔抓颈部。另外,因阻塞物压迫颈静脉,引起头部血液循环障碍而发生水肿。

(三)病程及预后

视阻塞物的性质、阻塞的部位以及治疗的结果而定。谷物及干草引起的轻度食管阻塞,一般通过唾液的软化能自行消散,病程可能是几小时至 2 d。小块坚硬饲料引起的食管阻塞,常常由于食管收缩运动,通过呕吐排出或被纳入胃内,经 1~8 h 即可恢复健康。大块饲料或异物引起的阻塞,经过 2~3 d,若不能排出,即引起食管壁组织坏死甚至穿孔。颈部食管穿孔,可引起颈部的化脓性炎症;而胸部食管穿孔,可引起胸膜炎、纵隔炎、脓胸。阻塞后的误咽,常引起腐败性支气管炎或肺坏疽,预后不良。

就食管的阻塞部位而言,食管起始部和接近贲门部阻塞,比其他部位的阻塞容易治愈。

(四)诊断

根据病史和大量流涎,呈现吞咽动作等症状,结合食管外部触诊,胃管探诊或用 X 射线等检查可以获得正确诊断。但需与以下疾病进行鉴别诊断。

食管狭窄呈慢性经过,饮水及液状食物能通过食管,食管探诊时,细导管通过而粗导管受阻,通过 X 线检查,可发现食管狭窄部位而确定诊断。应格外注意的是,本病由于常继发狭窄部前方的食管扩张或食管阻塞(呈灌肠状),因此,与食管阻塞的鉴别要点实际上只有一个,即食管狭窄呈慢性经过。

食管炎呈疼痛性咽下障碍,触诊或探诊食管时,病畜敏感疼痛,流涎量不太大,其中往往含有黏液、血液和坏死组织等炎性产物。

食管痉挛,病情呈阵发性和一过性,缓解期吞咽正常。病情发作时,触诊食管如硬索状,探诊时胃管不能通过,用解痉药治疗效果确实。

食管麻痹,探诊时胃导管插入无阻力,无呕逆动作,并伴有咽麻痹和舌麻痹。

食管憩室,食管憩室是食管壁的一侧性扩张,病情呈缓慢经过,常继发食管阻塞。胃导管探诊时,如胃导管插抵憩室壁则不能通过,胃导管未抵憩室壁则可顺利通过。

(五)治疗

治疗原则是解除阻塞,疏通食管,消除炎症,加强护理和预防并发症的发生。

咽后食管起始部阻塞时,大家畜装上开口器后,可用徒手取出。颈部与胸部食管阻塞时,应根据阻塞物的性状及其阻塞的程度,采取相应的治疗措施。

缓解疼痛及痉挛,润滑管腔,牛、马可用水合氯醛 10~25 g,配成 2%溶液灌肠,或者静脉注射 5%水合氯醛酒精注射液 100~200 mL,也可皮下或肌肉注射 30%安乃近 20~30 mL。此外,也可用阿托品、山莨菪碱、乙酰丙嗪(氯丙嗪)、甲苯塞嗪等药物。然后用植物油(或液状石蜡)50~100 mL、1%普鲁卡因溶液 10 mL,灌入食管内。

解除阻塞,疏通食管。常用排除食管阻塞物的方法有挤压法、下送法、打气法、打水法、通噎法等。

(1)挤压法 牛、马采食胡萝卜等块根、块茎饲料而阻塞于颈部食管时,将病畜横卧保定,用平板或砖垫在食管阻塞部位,然后以手掌抵于阻塞物下端,朝咽部方向挤压,将阻塞物挤压到口腔,即可排除。若为谷物与糠麸引起的颈部食管阻塞,病畜站立保定,用双手手指从左右两侧挤压阻塞物,将阻塞物挤压、压碎,促进阻塞物软化,使其自行咽下。

（2）下送法　下送法又称疏导法,即将胃管插入食管内抵住阻塞物,徐徐把阻塞物推入胃中。主要用于胸部食管阻塞和腹部食管阻塞。

（3）打气法　应用下送法经1~2 h后不见效时,可先插入胃管,装上胶皮球,吸出食管内的唾液和食糜,灌入少量植物油或温水。将病畜保定好后,把打气管接在胃管上,颈部勒上绳子以防气体回流,然后适量打气,并趁势推动胃管,将阻塞物推入胃内。但不能打气过多和推送过猛,以免食管破裂。

（4）打水法　阻塞物是颗粒状或粉状饲料时,可插入胃管,用清水反复泵吸或虹吸,以便把阻塞物软化、洗出,或者将阻塞物冲下。

（5）通噎法　该法主要用于治疗马的食管阻塞。按中兽医传统的治疗方法,是将病马缰绳拴在左前肢系凹部、使马头尽量低下,然后驱赶病马前进或上下坡,往返运动20~30 min,借助颈部肌肉收缩,使阻塞物纳入胃内。如果先灌入少量植物油,鼻吹芸薹散(芸薹子、瓜蒂、胡椒、皂角各等份、麝香少许,研为细末),更能增进其效果。

（6）药物疗法　先向食管内灌入植物油(或液状石蜡)100~200 mL,然后皮下注射3‰盐酸毛果芸香碱3 mL,或用新斯的明注射液4~10 mg,皮下注射,促进食管肌肉收缩和分泌,往往经3~4 h奏效。为了缓解食管痉挛,牛、马可用硫酸阿托品0.03 g,皮下注射,或用36%安乃近20~30 mL,皮下或肌肉注射,具有解痉止痛的功效。猪宜用藜芦碱0.02~0.03 g或盐酸阿朴吗啡0.05 g,皮下注射,促使其呕吐,使阻塞物呕出。

（7）手术疗法　当采取上述方法不见效时,应施行手术疗法。颈部食管阻塞,采用食管切开术。牛、羊食管阻塞,常因继发瘤胃臌气引起窒息,首先应及时实施瘤胃穿刺排气,并向瘤胃内注入防腐止酵剂,然后再采用必要的急救措施,进行治疗。在靠近膈的食管裂孔的胸部食管及腹部食管阻塞,可采用剖腹按压法治疗。在牛,若此法不见效时,还可施行瘤胃切开术,通过贲门将阻塞物排除。

另外,犬、猫因异物(骨、鱼刺等)引起的颈部食管阻塞,应配合使用内窥镜和镊子将异物取出。对于大犬,可使用食管镜,而体形小的犬和猫,则使用直肠镜。在整个操作过程中都应小心进行,以免刺伤或过度撕伤食管壁。

加强护理,暂停饲喂饲料和饮水,以免因误咽而引起异物性肺炎。病程较长者,应注意消炎、强心、输液补糖或营养液灌肠,维持机体营养,增进治疗效果。排除阻塞物后1~3 d内,应使用抗菌药物,防治食管炎,并给予流质饲料或柔软易消化的饲料。

（六）预防

加强饲养管理,保持神情安静,避免惊恐不安,定时饲喂,防止饥饿。过于饥饿的牛、马,应先喂草,后喂料,少喂勤添。饲喂块根、块茎饲料时,应切碎后再喂,豆饼、花生饼等饼粕类饲料,应经水泡制后,按量给予。堆放马铃薯、甘薯、胡萝卜、萝卜、苹果、梨的地方,不能让牛、马、猪等家畜通过或放牧,防止骤然采食。施行全身麻醉者,在食管机能未复苏前,更应注意护理,以防发生食管阻塞。创伤、感染、疼痛、刺激等病理现象,都应及时治疗,以免呈现应激反应,防止食管阻塞的发生。

第二节　前胃和皱胃疾病

▶ 一、前胃弛缓

前胃弛缓是由各种病因导致前胃神经兴奋性降低,肌肉收缩力减弱,瘤胃内容物运转缓慢,微生物区系失调,产生大量发酵和腐败的物质,引起食欲减退、反刍减少、前胃运动减弱或停止,消化障碍乃至全身机能紊乱的一种疾病。

(一)病因

1. 原发性前胃弛缓

(1)饲养不当　几乎所有能改变瘤胃环境的食物性因素均可引起单纯性消化不良:①精饲料喂量过多,或突然摄入过量的适口性好的饲料;②摄入过量不易消化的粗饲料;③饲喂霉败变质的饲草饲料或冻结饲料;④饲料突然发生改变,日粮中突然加入不适量的尿素或使牛群转向茂盛的禾谷类草地;⑤误食塑料袋、化纤布或分娩后的母牛食入胎衣;⑥在严冬早春,水冷草枯,牛、羊被迫迫食入大量的秸秆、垫草或灌木,或者日粮配合不当,矿物质和维生素缺乏,特别是缺钙时,血钙水平低,致使神经-体液调节机能紊乱,引起单纯性消化不良。

(2)管理不当　伴有饲养不当时,更易促进本病的发生:①由放牧迅速转变为舍饲或舍饲突然转为放牧;②使役与休闲不均,受寒,圈舍阴暗、潮湿;③经常更换饲养员和调换圈舍或牛床,都会破坏前胃正常消化反射,造成前胃机能紊乱,导致单纯性消化不良的发生;④应激反应。

2. 继发性前胃弛缓

(1)消化系统疾病　口、舌、咽、食管等上部消化道疾病以及创伤性网胃腹膜炎、肝脓肿等肝胆、腹膜疾病的过程中。

(2)营养代谢病　相关的疾病有牛生产瘫痪、酮血病、骨软症、运输搐搦、泌乳搐搦、青草搐搦、低磷酸盐血症性产后血红蛋白尿病、低钾血症、硫胺素缺乏症以及锌、硒、铜、钴等微量元素缺乏症。

(3)中毒性疾病　相关的疾病有霉稻草中毒、黄曲霉毒素中毒、棉籽饼中毒、亚硝酸盐中毒、酒糟中毒、生豆粕中毒等饲料中毒;有机氯、五氯酚钠等农药中毒。

(4)传染性疾病　相关的疾病有流感、黏膜病、结核、副结核、牛肺疫、布鲁菌病等。

(5)寄生虫性疾病　相关的疾病有前后盘吸虫病、肝片吸虫病、细颈囊尾蚴病、泰勒焦虫病、锥虫病等。

(6)医源性因素　在兽医临床上,由于用药不当,如长期大量服用抗生素或磺胺类等抗菌药物,使瘤胃内正常微生物区系受到破坏,而发生消化不良,造成医源性前胃弛缓。

(二)症状

前胃弛缓按其病程,可分为急性和慢性两种类型。

1. 急性型

病畜食欲减退或废绝;反刍减少、短促、无力,时而嗳气并带酸臭味;瘤胃收缩的力量弱、次数少,瓣胃蠕动音稀弱;瘤胃内容物充满,触诊背囊感到黏硬如生面团样,腹囊则比较稀软(粥状);奶牛和奶山羊泌乳量下降。原发性病例,体温、脉搏、呼吸等生命体征多无明显异常,血液生化指标亦无明显改变,经过2~3 d,若饲养管理条件得到改善,给予一般的健胃促反刍处理即可康复。继发性病例,除上述前胃弛缓的基本症状而外,还显现相关原发病的症状,相应的血液生化指标亦有明显改变,病情复杂而重剧。

2. 慢性型

通常由急性型前胃弛缓转变而来。病畜食欲不定,有时减退或废绝;常常虚嚼、磨牙,发生异嗜,舔砖、吃土或采食被粪尿污染的褥草、污物;反刍不规则、短促、无力或停止;嗳气减少、嗳出的气体带臭味。病情弛张,时而好转,时而恶化,日渐消瘦;被毛干枯、无光泽、皮肤干燥、弹性减退;精神不振,体质虚弱;瘤胃蠕动音减弱或消失,内容物黏硬或稀软,瘤胃轻度臌胀;多数病例,网胃与瓣胃蠕动音微弱;腹部听诊,肠蠕动音微弱;病畜便秘,粪便干硬、呈暗褐色,附着黏液;有时腹泻,粪便呈糊状,腥臭,或者腹泻与便秘相交替;老牛病重时,呈现贫血、眼球下陷、卧地不起等衰竭体征,常有死亡。

(三)病理变化

瘤胃胀满,黏膜潮红,有出血斑。瓣胃容积增大,甚至可达正常时的3倍;瓣叶间内容物干燥,形同胶合板状,其上覆盖脱落的黏膜,有时还有瓣叶的坏死组织。有的病例,瓣胃叶片组织坏死、溃疡和穿孔,出现局限性或弥漫性腹膜炎以及全身败血症等变化。

(四)病程及预后

原发性病例,经过2~3 d,预后较好。继发性病例,病情复杂而重剧,病程1周左右,预后慎重。

(五)诊断

前胃弛缓的诊断可按如下程序进行。

1.临床症状

主要表现为食欲减退,反刍障碍以及前胃(主要是瘤胃和瓣胃)运动减弱,奶牛和奶山羊泌乳量突然下降等。

2.原发性前胃弛缓与继发性前胃弛缓的鉴别

主要依据是疾病经过和全身状态。原发性前胃弛缓仅表现前胃弛缓的基本症状,而全身状态相对良好,体温、脉搏、呼吸等生命体征无大的改变,且在改善饲养管理并给予一般健胃促反刍处理后48~72 h内即趋向康复;而继发性前胃弛缓则在改善饲养管理并给予常规健胃促反刍处置数日后,病情仍继续恶化。再依据瘤胃液pH、总酸度、挥发性脂肪酸含量以及纤毛虫数目、大小、活力和漂浮沉降时间等瘤胃液性状检验结果,确定是酸性前胃弛缓还是碱性前胃弛缓,有针对性地实施治疗。

3.确定原发病性质

主要依据流行病学和临床表现。凡单个零散发生,且主要表现消化病症的,要考虑各种消化系统疾病,如瘤胃食滞、瘤胃炎、创伤性网胃腹膜炎、瓣胃秘结、瓣胃炎、皱胃阻塞、皱胃变位、皱胃溃疡、皱胃炎、盲肠弛缓和扩张以及肝脓肿、迷走神经性消化不良等,可进一步依据各自的典型症状、特征性检验结果,分层逐步地加以鉴别论证。凡群体成批发病的,要着重考虑各类群发性疾病,包括各种传染病、寄生虫病、中毒病和营养代谢病。可依据有无传染性、有无相关虫体大量寄生、有无相关毒物接触史以及酮体、血钙、血钾等相关病原学和病理学检验结果,按类、分层次、逐步加以鉴别论证。

(六)治疗

治疗原则是去除病因,加强护理,清理胃肠,改善瘤胃内环境,增强前胃机能,防止脱水和自体中毒。

1.去除病因

改善饲养与管理,立即停止饲喂霉败变质的饲料。

2.加强护理

病初在给予充足的清洁饮水的前提下禁食1~2 d,再饲喂适量的易消化的青草或优质干草。轻症病例可在1~2 d内自愈。

3. 清理胃肠

为了促进胃肠内容物的运转与排除,可用硫酸钠(或硫酸镁)300～500 g,鱼石脂 20 g,酒精 50 mL,温水 6 000～10 000 mL,一次内服;或用液状石蜡 1 000～3 000 mL、苦味酊 20～30 mL,一次内服。对于采食多量的精饲料而症状又比较重的病牛,可采用洗胃的方法,排除瘤胃内容物,洗胃后应向瘤胃内接种健康牛的瘤胃液。重症病例应先强心、补液,后洗胃。

4. 改善瘤胃内环境

应用缓冲剂的目的是调节瘤胃内容物的 pH,改善瘤胃内环境,恢复正常微生物区系,增进前胃功能。在应用前,必须测定瘤胃内容物的 pH,然后再选用缓冲剂。当瘤胃内容物 pH 降低时,宜用碳酸盐缓冲剂(CBM):碳酸钠 50 g,碳酸氢钠 350～420 g,氯化钠 100 g,氯化钾 100～140 g,常水 10 L,牛一次内服,每日 1 次,可连用数次;也可应用氢氧化镁(或氢氧化铝)200～300 g,碳酸氢钠 50 g,常水适量,牛一次内服。当瘤胃内容物 pH 升高时,宜用醋酸盐缓冲剂(ABM):醋酸钠 130 g,冰醋酸 30 mL,常水 10L,牛一次内服,每日 1 次,可连用数次;也可应用稀醋酸(牛 30～100 mL,羊 5～10 mL)或食醋(牛 300～1000 mL,羊 50～100 mL),加常水适量,一次内服。必要时,给病牛投服从健康牛口中取得的反刍食团或灌服健康牛瘤胃液 4 000～8 000 mL,进行接种。采取健康牛的瘤胃液的方法是先用胃管给健康牛灌服生理盐水 10 L、酒精 50 mL,然后以虹吸引流的方法取出瘤胃液。

5. 增强前胃机能

应用"促反刍液"(5%葡萄糖生理盐水注射液 500～1 000 mL,10%氯化钠注射液 100～200 mL,5%氯化钙注射液 200～300 mL,20%苯甲酸钠咖啡因注射液 10 mL)一次静脉注射,并肌肉注射维生素 B_1。因过敏性因素或应激反应所致的前胃弛缓,在应用"促反刍液"的同时,肌肉注射 2%盐酸苯海拉明注射液 10 mL。对洗胃后的病畜可静脉注射 10%氯化钠注射液 150～300 mL、20%苯甲酸钠咖啡因注射液 10 mL,每日 1～2 次。酒石酸锑钾(吐酒石),宜用小剂量,牛每次 2～4 g,加水 1 000～2 000 mL 内服,每日 1 次,连用 3 次。此外,还可皮下注射新斯的明(牛 10～20 mg,羊 2～5 mg)或毛果芸香碱(牛 30～100 mg,羊 5～10 mg),但对于病情重剧、心脏衰弱、老龄和妊娠母牛则禁止应用,以防虚脱和流产。

6. 防止脱水和自体中毒

当病畜呈现轻度脱水和自体中毒时,应用 25%葡萄糖注射液 500～1 000 mL,40%乌洛托品注射液 20～50 mL,20%安钠咖注射液 10～20 mL,静脉注射;并用胰岛素 100～200 IU,皮下注射。此外还可用樟脑酒精注射液(或撒乌安注射液)100～200 mL,静脉注射;并配合应用抗生素药物。

7. 中兽医治疗

根据辨证施治原则,对脾胃虚弱、水草迟细、消化不良的牛,着重健脾和胃,补中益气,宜用加味四君子汤灌服,每日 1 剂,连服 2～3 剂;对体壮实、口温偏高、口津黏滑、粪干、尿短的病牛,应清泻胃火,宜用加味大承气汤或大戟散灌服,每日 1 剂,连服数剂;对久病虚弱、气血双亏的病牛,应以补中益气,养气益血为主,宜用加味八珍散灌服,每日 1 剂,连服数剂;对口色淡白、耳鼻俱冷、口流清涎、水泻的病牛,应温中散寒、补脾燥湿,宜用加味厚朴温中汤灌服,每日 1 剂,连服数剂。此外还可取舌底、脾俞、百合、关元俞等穴位进行针灸。

对于继发性前胃弛缓,应着重治疗原发病,并配合上述前胃弛缓的相关治疗,促进病情好转。如伴发臌胀的病牛(羊),可灌服鱼石脂、松节油等制酵剂;伴发瓣胃阻塞时,应向瓣胃内注射液状石蜡 300～500 mL 或 10％硫酸钠 2 000～3 000 mL，必要时，采取瓣胃冲洗疗法，即施行瘤胃切开术，用胃管插入网-瓣孔，冲洗瓣胃。

（七）预防

注意饲料的选择、保管，防止霉败变质；奶牛和奶羊、肉牛和肉羊应依据饲养标准合理配制日粮，不可随意增加饲料用量或突然变更饲料；严格饲喂制度；耕牛应注意适度使役和休闲；圈舍须保持安静，避免寒流、酷暑、奇异声音、光线等不良应激性刺激；注意圈舍的卫生和通风、保暖，做好预防接种工作。

二、皱胃阻塞

皱胃阻塞又称皱（真）胃积食，是由于受纳过多和/或排空不畅所造成的皱胃内食（异）物停滞、胃壁扩张和体积增大的一种阻塞性疾病。按发病原因，分为原发性阻塞和继发性阻塞；按阻塞物性质，分为食物性阻塞和异物性阻塞。在我国，黄牛、水牛、肉牛和乳牛均有此病发生，尤其是农忙季节的役用牛、肥育期的肉牛以及妊娠后期的母牛等，常有本病发生。

（一）病因

1. 原发性皱胃阻塞

常见病因包括：①长期大量采食粗硬、发霉变质而难以消化饲草，尤其被粉碎的饲草。农户散养的黄牛、水牛，在冬春季节缺乏青绿饲料，日粮营养水平低下，主要用经铡碎的谷草、麦秸、玉米秆、稻草等或酒精谷壳糟喂牛；规模养殖的牛场，用粉碎的粗硬秸秆与谷粒组成混合日粮饲喂肥育牛和妊娠后期的乳牛，可造成本病的发病率提高。②吞食异物，如成年牛吞食塑料薄膜、塑料袋、棉线团或啃舔被毛，在胃内形成毛球；犊牛、羔羊误食破布、木屑、塑料袋以及啃舔被毛，在胃内形成毛球等，可导致皱胃异物阻塞。曾有报道，犊牛因异嗜被毛而在胃内形成毛球引起的皱胃阻塞，并伴发皱胃炎或皱胃溃疡。饲料（草）混有泥沙，可引起皱胃沙土性阻塞。③使役过度、饮水不足、精神紧张、各种应激（如气温突变、运输应激）等，均可促使本病发生。

2. 继发性皱胃阻塞

常见病因包括：由腹侧迷走神经受损伤导致的幽门排空障碍，由皱胃扭转、腹内粘连、幽门肿块或粘连以及淋巴肉瘤导致的血管和神经损伤，尤其是创伤性网胃腹膜炎和因穿孔性皱胃溃疡引发的腹膜炎等疾患。

（二）症状

病初，病畜食欲、反刍减退，鼻镜干燥或干裂，中度脱水。瘤胃蠕动音短促、稀少、低弱，瓣胃音低沉，排粪迟滞，粪便干燥，肚腹外观无明显异常，临床表现如同一般的前胃弛缓。随着病情的发展，病牛食欲废绝，反刍停止，瘤胃运动极弱以至完全停止，瓣胃蠕动音消失，肠音稀、弱，常常取排粪姿势，粪便量少、糊状、棕褐色、恶臭，干硬呈粒状，混少量黏液、血丝或血块，体重迅速而明显减轻，而右侧腹部显著增大，腹痛，脱水，右腹部叩诊有"钢管音"区、冲击式触诊有震水音，瘤胃内容物稀软或有积气、积液等。全身状态亦逐渐恶化，呼吸促迫，脉搏增数（60～80 次/min），有的体温升高，出现中度发热。

病的后期，病牛精神极度沉郁，卧地不起，体质虚弱，鼻镜干燥，常流出少量黏液性鼻液，眼球塌陷，结膜发绀，舌面皱缩，血液黏稠，脉搏细弱而疾速，达到或超过 100 次/min，呈现严重的脱水和自体中毒症状，多在几周内死亡。皱胃阻塞多继发瓣胃阻塞，皱胃阻塞时其蓄积的饲草饲料量较多，可多达 24 kg,致使皱胃体积急剧扩张,此时直肠探查除怀孕后期母牛外,一般可触摸到阻塞的皱胃。

(三)实验室检验

由于皱胃阻塞是渐进过程,尽管发生了阻塞和皱胃弛缓,但其仍继续分泌氢离子、氯离子和钾离子以及回渗到胃的液体,不能从皱胃流至小肠回收,而发生不同程度的低氯血症、低钾血症以及代谢性碱中毒和脱水等病理过程。但有时由于饥饿和消耗引起贫血、低蛋白血症和代谢性酸中毒,而使 PCV、血浆总蛋白以及 CO_2 结合力等碱中毒和脱水检验指征的变化被抵消或掩盖,应作具体分析。

(四)诊断

主要依据病史调查、临床特征、血液生化指标检验诊断,直肠检查或必要时开腹探查可发现阻塞的皱胃。如长期饲喂粗硬或细碎的草料,腹部视诊、触诊右肋弓后下方有局限性膨隆,低氯血症、低钾血症及代谢性碱中毒。

1. 原发性皱胃阻塞

依据长期饲喂粗硬细碎草料的生活史,腹部视诊触诊右肋弓后下方的局限性膨隆,直肠检查结果以及低氯血症、代谢性碱中毒等实验室检验结果,一般不难做出诊断。必要时进行开腹探查,以确定或排除可能的异物性皱胃阻塞,并相应施行皱胃切开术。

2. 继发性皱胃阻塞

不论其起因是肌源性皱胃弛缓、神经性皱胃弛缓还是小肠阻塞,皱胃内积滞的都是稀软食糜、液体和气体,瘤胃内也常伴有液状食糜或气、液,因而在左右肋弓部听、叩诊可发现清脆铿锵的"钢管音",腹冲击式触诊可听到震水音,很容易误诊为迷走神经性消化不良和皱胃左方变位或右方变位,应依据生活史、病史和病程,进行综合分析,仔细加以鉴别,必要时进行剖腹探查。

3. 类症鉴别

创伤性网胃腹膜炎并发的皱胃阻塞,多发生于妊娠后期,偶有轻度体温升高,触诊剑状软骨处可引起疼痛反应,常出现白细胞增多现象,瘤胃体积增大并有反复发作的慢性臌气。

(五)治疗

目前尚缺乏简便有效的治疗方法。对于病程长、卧地不起、心跳过速、全身衰弱的重症牛,建议淘汰。对于病情较轻或初期病例,按照恢复胃泵功能,消除积滞食(异)物,纠正机体脱水,缓解自体中毒原则进行治疗。

1. 恢复胃泵功能

增强胃壁平滑肌的自主性运动,解除幽门痉挛,恢复皱胃的排空后送功能,是治疗皱胃阻塞尤其继发性皱胃阻塞的基本原则。主要措施是药物阻断胸腰段交感神经干和小量多次注射拟副交感神经药(参见急性胃扩张的治疗),使植物神经对胃肠运动的调控趋向平衡,可采用 1‰～2‰ 盐酸普鲁卡因 80～100 mL,做两侧胸腰段交感神经干药物阻断,并多次少量肌肉注射硫酸甲基新斯的明注射液。

2. 清除积滞食(异)物

清除积滞食(异)物是治疗皱胃阻塞尤其食(异)物性皱胃阻塞的中心环节。初期或轻症病牛,可投服盐类泻剂(如硫酸镁或氧化镁)、油类泻剂(如植物油和液状石蜡或 25% 的磺琥辛酯钠溶液 120～180 mL),经胃管投服,每日 1 次,连续 3～5 d。中后期或重症病牛,宜施行瘤胃切开和瓣胃、皱胃冲洗排空术,即首先施行瘤胃切开术,取出瘤胃内容物,然后应用胃导管插入网瓣孔,通过胃导管灌注温生理盐水,逐步深入地冲洗瓣胃及皱胃,直至积滞的内容物排空为止。对塑料薄膜、胎盘等异物阻塞,则必须施行皱胃切开术取出,但效果较差,并发症较多。

3. 纠正脱水和缓解自体中毒

纠正脱水和缓解自体中毒是各病程阶段病牛,特别是中后期重症病牛必须施行的救急措施。通常应用 5% 葡萄糖生理盐水 5～10 L,10% 氯化钾溶液 20～50 mL,20% 安钠咖注射液 10～20 mL,静脉注射,每日 2 次。亦可用 10% 氯化钠溶液 300～500 mL,20% 安钠咖 10～30 mL,静脉注射,每日 2 次,连续 2～3 d,兼有兴奋胃肠蠕动的作用。但在任何情况下,皱胃阻塞的病牛都不得内服或注射碳酸氢钠,否则将会加剧碱中毒。在皱胃阻塞已基本疏通的恢复期病牛,可用含氯化钠 50～100 g、氯化钾 30～50 g、氯化铵 40～80 g 的合剂,加水 4 000～6 000 mL 灌服,每日 1 次,连续使用,直至恢复正常食欲为止。

第三节　肠机能障碍、胃肠炎

此类疾病最常见的是胃肠炎。

胃肠炎是胃黏膜和/或肠黏膜及黏膜下深层组织重剧炎性疾病的总称。该病以消化不良、腹痛、腹泻、发热、脱水、不同程度的酸碱平衡失调及自体中毒为临床特征。按病程经过分为急性胃肠炎和慢性胃肠炎;按病因分为原发性胃肠炎和继发性胃肠炎;按炎症性质分为黏液性、出血性、化脓性、纤维素性及坏死性等胃肠炎,是各种动物的常见多发病,尤其多见于马、牛、猪、犬。

(一)病因

原发性胃肠炎,主要由于饲料品质不良、饲养失宜,如饲喂霉败饲料或不洁的饮水,或误咽了酸、碱、砷、汞、铅、磷等有强烈刺激或腐蚀的化学物质,或食入尖锐的异物损伤胃肠黏膜而感染。其次是各种中毒,如采食了蓖麻、巴豆等有毒植物,有机磷、氟等农药中毒以及葡萄穗霉菌毒病等真菌毒素中毒。这些因素能强烈刺激胃肠黏膜引起炎性反应,导致胃肠炎。阴暗潮湿、卫生条件差、气候骤变、受寒感冒、车船运输、过劳、过度紧张等,使动物机体处于应激状态,机体抵抗力下降,容易受到沙门菌、大肠杆菌、坏死杆菌、副结核菌等条件致病菌的侵袭而诱发胃肠炎。另外,在治疗其他炎症(如肺炎)等过程中滥用抗生素,细菌产生抗药性,造成肠道的菌群失调引起胃肠道二次感染而发病。

继发性胃肠炎,见于急性胃肠卡他、肠便秘、肠变位、幼畜消化不良、化脓性子宫炎、瘤胃炎、创伤性网胃炎等内科和产科疾病过程中;也见于炭疽、巴氏杆菌病、大肠杆菌病、沙门菌病、钩端螺旋体病、牛恶性卡他热、牛瘟、牛结核、牛副结核、牛冬痢、牛病毒性腹泻、牛黏膜病、羊快疫、羔羊出血性毒血症、牛球虫病、牛血矛线虫病、羊蝇蛆等传染病及寄生虫病过程中。

(二)症状

急性胃肠炎,病牛、羊病初多呈现急性消化不良的症状,其后转为胃肠炎。全身症状较为重剧。病牛、羊,精神沉郁,食欲减少或废绝,嗳气、反刍减少或停止,瘤胃蠕动减弱或停止,鼻镜干燥,饮欲增强,有的呻吟、磨牙;可视黏膜潮红,发绀,黄染,皮温不整,体温升高 40℃ 以上,脉搏和呼吸加快;口腔干燥,口色红紫,舌苔黄厚或薄白,口臭难闻;喜卧或回头望腹等腹痛症状。腹泻是本病的主要症状,初期肠音增强,腹泻达 10～20 次/d,粪便呈粥状、糊状至水样并且混有血液、黏液和坏死组织等,恶臭难闻;后期肠音减少或消失,腹泻次数减弱,肛门松弛,努责而不排粪。脱水体征严重,全身消瘦,皮肤干燥,缺乏弹性,少尿,血液浓稠,眼窝深陷,腹围紧缩等。自体中毒体征明显,随着病情恶化,结膜和口色蓝紫,微血管再充盈时间延长;体温降至正常温度以下,四肢厥冷,出冷汗,体表静脉萎陷,肌肉震颤,脉搏细数无力,精神高度沉郁,昏睡或昏迷,陷入休克状态。

慢性胃肠炎,主要症状同急性胃肠炎,精神不振,衰弱,食欲不定,时好时坏;异嗜,便秘,或者便秘与腹泻交替,并有轻微腹痛,肠音不整;体温、脉搏、呼吸常无明显改变,最后呈现恶病质。

(三)实验室检验

血液检查,出现相对性红细胞增多症指征,如血液浓稠,血沉减慢,红细胞压积容量增高,血红蛋白含量增多,红细胞数与白细胞数增多;嗜中性粒细胞增多,呈现核左移;血小板也显著增多。

尿液检查,尿少色暗,密度增高,呈酸性反应,有时含多量蛋白,继发肾炎时,尿沉渣内有肾上皮、红细胞、白细胞以及各种管型。

(四)病理变化

(1)卡他性胃肠炎　剖检可见,胃肠黏膜潮红、肿胀,黏膜表面被覆多量浆液性或黏液性渗出物,点状或线状出血或糜烂。镜检,胃肠黏膜上皮变性脱落,杯状细胞数量增多和黏液分泌亢进,黏膜固有层及下层充血及炎性细胞浸润。

(2)出血性胃肠炎　剖检可见,胃肠黏膜肿胀,弥漫性、斑点状出血,黏膜表面被覆多量红褐黏液或混杂少量血凝块。镜检,胃肠黏膜上皮变性,坏死和脱落,黏膜固有层和黏膜下层发生水肿、充血、出血等。

(3)纤维素性胃肠炎　剖检可见,胃肠黏膜被覆灰黄色或黄褐色纤维素性假膜,剥离假膜后,黏膜肿胀、充血、出血和糜烂。内容物稀薄如水样,混有纤维蛋白凝块。镜检,黏膜固有层和黏膜下层显示充血、出血、水肿和炎性细胞浸润。

(4)化脓性胃肠炎　胃肠黏膜被覆多量脓性渗出物。黏膜固有层和肠腔内有多量嗜中性粒细胞。其他变化同卡他性炎症。

(5)坏死性胃肠炎　剖检可见,胃黏膜溃疡大小、形状不定,黏膜糜烂或穿孔。溃疡中心柔软液化,呈污秽褐色,肠壁形成黄白色或黄绿色干硬假膜,不易剥离,剥离留有溃疡;镜检,溃疡部坏死和活组织间充血、出血、炎性细胞浸润、成纤维细胞增生。

(五)病程及预后

急性胃肠炎,病程短急,经过 2～3 d,治疗及时,护理好,多数可望康复;若治疗不及时,则预后不良。慢性胃肠炎,病程较长,病势缓慢,病程数周至数月,最终因衰竭而死。

(六)诊断

依据腹泻、重剧的全身症状、脱水和腹痛等症状,结合病史、饲养管理及流行病学的调查,即可做出诊断。

病因诊断和原发病的确定比较复杂和困难。主要依据于流行病学调查,血、粪、尿的化验,草料和胃内容物的毒物检验,以区分单纯性胃肠炎、传染性胃肠炎、寄生虫性胃肠炎和中毒性胃肠炎;必要时,可进行有关病原学的检查。

(七)治疗

治疗原则是消除炎症、清理胃肠、补液、解毒、强心及增强机体抵抗力。

消除病因,加强饲养管理,搞好畜舍卫生;当禁食或绝食 4～5 d 时,可饲喂小米汤、麸皮汤、大米粥等。若采食应给予易消化的饲草、饲料和清洁饮水,逐渐转为正常饲养。

消除炎症是治疗急性胃肠炎的根本措施。可依据病情和药物敏感试验,选用抗菌消炎药物。每日内服诺氟沙星 10 mg/kg 或呋喃唑酮 5～12 mg/kg,或者肌肉注射庆大霉素 1 500～3 000 IU/kg 或庆大霉素-小诺霉素 1～2 mg/kg,或环丙沙星 2～5 mg/kg,或黄连素 5～10 mg/kg,分 2～3 次 服,新霉素 4 000～8 000 IU/kg 等抗菌药物或中草药黄连、黄柏、穿心莲等。同时,可配合皮下、肌 肉或静脉注射部分敏感性抗生素。

清理胃肠,当粪干、色暗或排粪迟缓,有大量黏液,气味腥臭时,为促进胃肠内容物排出,减轻自 体中毒,应缓泻。常用液状石蜡(或植物油)500～1 000 mL,鱼石脂 10～30 g,酒精 50 mL,内服。 也可用硫酸钠 100～300 g(或人工盐 150～400 g),鱼石脂 10～30 g,酒精 50 mL,常水适量,内服。 还可用人工盐、食盐或碳酸盐缓冲合剂 300～400 g,加适量防腐消毒药(如煤酚皂溶液、甲醛溶液、 0.1% 高锰酸钾溶液等)内服。在用泻剂时,要注意防止剧泻及用药量过大。

当粪稀如水,频泻不止,腥臭气不大,不带黏液时,应止泻。药用炭或木炭末,牛 100～300 g,羊 10～25 g,加适量常水,内服;或者鞣酸蛋白,牛 20 g,羊 2～5 g,配合碳酸氢钠,牛 40 g,羊 5～8 g,加 水适量,内服。牛还可灌服炒面 500～1 000 g、浓茶水 1 000～2 000 mL。

补液、解毒和强心是抢救危重胃肠炎的三项关键措施。具体应根据病例血液红细胞压积容量 (PCV)、血糖、血钾、血浆二氧化碳结合力(CO₂ CP)等化验数据,计算出应该给予病例静脉输入的 生理盐水、林格氏液、葡萄糖、碳酸氢钠、氯化钠和低分子右旋糖酐等注射液的剂量。根据病情对输 液药物数量、先后及速度等进行适宜地安排。静脉补液时,药液的选择,以复方氯化钠溶液或生理 盐水为宜。当日一般先给 1/2 或 2/3 的缺水估计量,边补充边观察,其余量可在次日补完。加输一 定量的 10% 低分子右旋糖酐溶液,兼有扩充血容量和疏通微循环的作用。临床上,补液用复方氯 化钠溶液、生理盐水或 5% 糖盐水 3～4 L,静注,2～3 次/d。一般以开始大量排尿作为液体基本补 足的监护指标。

补充 NaHCO₃ 时,可先输 2/3 量,另 1/3 可视具体情况而定。有条件的可应用 pH 试纸检测尿 液的酸碱性。临床上,5% 碳酸氢钠溶液 5～10 mL/kg 静注。当静脉补 KCl 时,浓度不超过 0.3%, 输入速度不宜过快,先输 2/3 的量,另 1/3 视具体情况而定;内服时以饮水方式给药。为了维护心 脏功能,可应用西地兰、毒毛旋花子苷 K、安钠咖等药物。当心力衰竭时,禁止大量快速输液,但为了 及时补足循环容量,可用 5% 葡萄糖生理盐水或复方氯化钠溶液施行腹腔补液,或 1% 温盐水灌肠。

中兽医治疗以清热解毒、消炎止痛、活血化瘀为主。宜用郁金散、白头翁汤或银白汤,煎汤给牛 内服。

(八)预防

主要是加强饲养管理,防止各种应激性因素的刺激,做好卫生、驱虫和防疫工作,及时治疗继发 胃肠炎的传染与非传染性因素的原发病,防止本病的发生。

第四节　肝和腹膜疾病

一、急性实质性肝炎

急性实质性肝炎,是以肝细胞变性、坏死和肝组织炎性病变为病理特征的一种急性病,临床上 以黄疸、消化紊乱及肝功能改变为特征。本病在马、骡、猪比较多见,其他家畜、家禽及野生动物也 有发生。

（一）病因

长期饲喂霉变腐败草料，误食大量有毒植物或砷、磷等毒物，是引起急性实质性肝炎的主要原因。某些直接损伤肝细胞的化学毒物（如四氯化碳、氯仿、鞣酸等）中毒；某些传染病、寄生虫病、胃肠病等（如马传染性贫血、猪瘟、猪丹毒、犬病毒性肝炎、犬疱疹病毒性肝炎、鸭病毒性肝炎、沙门菌病、钩端螺旋体病、血孢子虫病、肝片吸虫病及胃肠炎等），常伴发实质性肝炎。另外某些微量元素、维生素 E、蛋氨酸、胱氨酸的缺乏也能引起本病的发生。有报道称，牛患化脓性细菌感染时，如果饲喂高浓度谷物精料过多，粗饲料不足，缺乏多汁饲料也容易诱发本病。

（二）症状及病理变化

病畜精神沉郁，食欲下降，全身无力。有的病畜先兴奋，后转为昏睡、昏迷。眼结膜不同程度的黄染，有的病畜体温升高、脉数减少，常有轻微的腹痛，背拱起，或排粪带痛。常呈现慢性消化不良症状，粪便初干燥，后腹泻，臭味大，粪色变淡，呈灰白绿色。急性肝炎转为慢性时，除消化不良外无其他明显症状。仔猪患实质性肝炎时，全身衰弱无力、呕吐、腹泻，有时阵发性痉挛、皮疹及皮肤出血。轻症的可自然痊愈，严重的在短时间内死亡。肝区触诊，有的有疼痛反应。肝部叩诊，肝肿大明显时，肝浊音区增大。尿色发暗，尿中可检出胆红素、蛋白质、肾上皮细胞。

剖检：肝肿大，边缘钝圆，血管充血，肝包膜下有时出血。肝实质脆弱，切面呈红褐色、灰褐色或灰红色，乃至黄褐色或灰黄色。组织学检查：肝细胞颗粒变性与脂肪变性，小细胞浸润及肝细胞坏死。

（三）实验室检验

血清胆红素增多，定性试验直接反应及间接反应均呈阳性。在肝损伤时，血清酶的活力发生改变，马、牛、猪、犬的谷草转氨酶活力均显著增高；且犬谷丙转氨酶活力增高；在马肝坏死时，山梨醇脱氢酶由正常的 0.065 IU/L 升高至 406 IU/L，可作为肝损害的指标。

（四）诊断

本病在临床上，根据黄疸、消化紊乱、粪便干稀不定、恶臭、色淡，肝区触、叩诊的变化，按一般消化不良治疗不易见效等，可初步诊断为急性实质性肝炎，肝功能测定可准确诊断。

（五）治疗

排除原因，清除毒物。在饲养上，立即停喂霉变草料，喂富含糖类和维生素、易消化的草料，如青草、优质干草、胡萝卜和谷粒饲料等。不喂富含脂肪的饲料，减少蛋白质饲料。如是误食有毒草料，可用 1:5 000 高锰酸钾、1%～4%鞣酸溶液等反复洗胃，同时补液利尿，促使已吸收的毒物排出体外。

保肝利胆。为了增强肝机能，可用 25%葡萄糖液，静脉注射，马一次 1 000～1 500 mL，每日 2 次。5%维生素 C 注射液 20 mL，静脉注射，每日 2 次。5%维生素 B_1 液 10 mL，静脉注射，一日 2 次。为促进胆汁排泄，可用人工盐、硫酸镁或硫酸钠，内服，马一次 300 g，加鱼石脂 15 g，兼有抑制肠道内蛋白质腐败发酵的作用。

增强肝解毒机能。为了增强肝的解毒机能，可用葡萄糖、谷氨酸。

对症治疗。根据病情，可适当应用清肠健胃剂。有出血倾向，应用止血剂，如 1%维生素 K 液肌肉注射，马、牛 10～30 mL，也可应用钙制剂。

中兽医治疗，茵陈蒿汤随证加减。

二、腹膜炎

腹膜炎是腹膜壁层和脏层各种炎症的统称,由感染、化学物质或损伤引起的腹膜炎症,多因细菌感染引起,临床上以腹壁疼痛和腹腔积有炎性渗出液为特征。马较多见,牛、猪次之。按渗出物的性质分为浆液性、浆液-纤维蛋白性、出血性、化脓性和腐败性腹膜炎;按炎症的范围分为弥漫性腹膜炎和局限性腹膜炎;按发病的原因分为原发性和继发性腹膜炎。

(一)病因

原发性腹膜炎病因:腹内脏器的急性穿孔与破裂,如腹壁透创、肠穿孔、胃破裂、腹腔和盆腔脏器穿孔或破裂等;腹腔手术,如剖腹术、穿肠术等,因消毒不严将外界细菌带至腹腔,也可因手术不慎使局部的感染扩散而导致本病的发生;马圆线虫幼虫、禽前殖吸虫、牛和羊的幼年肝吸虫等腹腔寄生虫的重度侵袭(侵袭性腹膜炎)以及家禽的腹膜真菌感染,如孢子丝菌病(霉菌性腹膜炎)等。

继发性腹膜炎常发生于邻接蔓延。腹腔内脏器缺血,如在肠炎、肠扭转、肠套叠、肠系膜血管栓塞等疾病时,肠壁失去正常的屏障作用,肠内细菌侵入腹腔,引起腹膜炎;盆腔脏器的炎症蔓延至腹膜、膀胱炎、膀胱破裂尿液刺激腹膜以及牛创伤性网胃炎,也可引起腹膜炎;另外,在一些全身性急性传染病(如巴氏杆菌病、猪丹毒、结核病和炭疽等)病程中,病原微生物常侵入腹膜,而并发腹膜炎。

(二)症状

弥漫性腹膜炎,腹腔内有数量不等、性质不同的渗出液,整个腹膜面呈灰绿色,腹膜肥厚,有大量纤维蛋白沉积,或与腹腔脏器相粘连。病马全身症状重剧,精神沉郁,头低耳聋。体温升高,脉搏细数,呼吸浅表急速,呈胸式呼吸。病马不断回顾腹部,常拱腰屈背,四肢集于腹下,运步小心,想卧又不敢卧,或卧下后很快又起立。腹围不同程度地膨大,肠音减弱或消失,触压腹壁紧张,表现疼痛不安。腹腔穿刺有大量渗出液,渗出液内有大量纤维蛋白絮状物和红细胞、白细胞。Hirsch V. M.等认为,腹腔积水中有核细胞>6 000 个/μL,总蛋白>3 g/100 mL 即可判断为腹膜炎。

局限性腹膜炎,局部腹膜潮红、粗糙或肥厚。全身症状较轻,触压腹壁时,可感到腹肌紧张,当触压到发炎的局部时,病马表现疼痛,躲避触压。牛患腹膜炎时,临床症状不明显,只表现轻度腹痛,当变换体位时常发呻吟。瘤胃及肠蠕动音减弱或消失,伴发中等程度的瘤胃臌胀,脉搏快而弱。猪及犬患腹膜炎时,除具有腹膜炎的一般症状外,常出现呕吐现象。

(三)诊断

原发性腹膜炎一般具有"全身中毒症状,而腹部体征相对较轻"的特点。临床上对腹腔积水、菌血症及免疫功能低下的病畜,如出现腹膜炎表现,需考虑原发性腹膜炎存在,进行腹腔穿刺镜检、生化检测及细菌学检查有助于诊断。根据病史与腹膜穿刺液特征可做出初步诊断。若为脓性渗液,腹膜炎诊断即可确立,但仍应送其作细菌学检查。

(四)治疗

腹膜炎的治疗原则是抗菌消炎,制止渗出,增强全身机能。

(1)护理　使病畜保持安静。病初减饲1～2 d,以减轻胃肠的负担,而后少量多次喂优质易消化的草料,如麦麸粥、优质干草等。

(2)抗菌消炎　腹膜炎往往因多种病原菌混合感染而引起,以广谱抗生素或多种抗生素联合应用,效果较好。如单独应用四环素、土霉素、卡那霉素(卡那霉素,每千克体重用 2 万～4 万 IU,每日 1 次)或庆大霉素(每千克体重用 2～4 mg,分 2～3 次注射)等;或青霉素、链霉素合并应用。若腹腔内有大量液体积聚时,可在腹腔穿刺排液后,以青霉素 200 万 IU、链霉素 100 万 IU 溶于 500 mL 生理盐水内,腹腔内注射,效果较好。

(3)制止渗出　为了减少渗出,降低腹腔内压力,以减轻对心、肺的压迫,可静脉注射 10％氯化钙液,一次 100～150 mL,每日 1 次。

(4)增强全身机能　为了增强全身机能,可采取强心、补液、缓泻等综合措施,以改善心、肺机能,防止脱水,矫正电解质和酸碱平衡失调。条件许可时,可少量输给血浆或全血,以矫正血浆胶体渗透压。

补液、矫正电解质与酸碱平衡失调,可用 5％葡萄糖生理盐水或复方氯化钠液(每千克体重 20～40 mL)、5％碳酸氢钠液 500 mL,静脉注射,每日 2 次。对出现心律失常,全身无力及肠弛缓等缺钾现象的腹膜炎病畜,可在糖盐水内加 10％氯化钾液(25 mL/L),静脉滴注。

(五)预防

主要在于防止腹膜继发感染,如对腹壁透创要彻底清洗,腹部手术要严格消毒,精心护理,防止创口感染等。

思考题

1. 简述口炎的病因及发病机理。
2. 叙述前胃弛缓和皱胃阻塞的诊断依据及防治要点。
3. 简述实质性肝炎的治疗措施。

第十八章　呼吸器官疾病

学习要点

　　掌握感冒、肺充血和肺水肿及胸膜炎的概念及临床表现、诊断要点和防治方法。理解感冒、肺充血和肺水肿及胸膜炎的病因和发病机制。了解常见动物呼吸器官疾病发病时间。

第一节　上呼吸道疾病

　　最常见的上呼吸道疾病是感冒。

　　感冒是由于气候骤变,机体突受风寒侵袭而引起的以上呼吸道炎症为主的一种急性、热性、全身性疾病。临床上以鼻流清涕、羞明流泪、呼吸增快、体表温度不均为特征。各种畜禽都可发病,尤以幼龄畜禽多见。一年四季均可发生,但以早春、秋末,气温骤变季节多发。

(一)病因

　　该病主要是由于对畜禽管理不当,寒冷突然袭击所致。如厩舍条件差,安全过冬措施跟不上,受贼风的侵袭;舍饲的家畜在寒冷气候下露宿;运动出汗后被雨淋风吹等都可引起感冒。寒冷因素作用于机体,引起机体防御机能降低,上呼吸道黏膜血管收缩,分泌减少,气管黏膜上皮纤毛运动减弱,致使呼吸道条件致病菌大量繁殖,由于细菌产物的刺激引起上呼吸道炎症,因而出现咳嗽、鼻塞、流涕,甚至体温升高等现象。

　　此外,长途运输(特别是小鸡),重度使役,营养不良及患有其他疾病时,机体抵抗力减弱的情况下,更易发病。

(二)症状

　　病畜精神不振,低头奋耳,食欲减退,体温升高,羞明流泪,结膜充血。耳尖、鼻端发凉,皮温不均。鼻黏膜充血、肿胀,鼻塞不通,初期流浆液性鼻液,以后变为黏性、脓性鼻液,常伴发咳嗽,呼吸、脉搏增快。病情严重的畏寒怕冷,拱腰颤栗,行走不灵,甚至躺卧不起。牛则磨牙,鼻镜干燥,前胃弛缓,反刍停止。猪多便秘,怕冷,喜钻草堆,仔猪尤为明显。有的病畜眼红多眵,口舌干燥。一般如能及时治疗,可很快痊愈,如治疗不及时,幼畜则易继发支气管肺炎。

(三)诊断

　　根据病因调查,结合身颤肢冷、发热、皮温不均、流清涕、咳嗽等主要症状可以诊断。在鉴别诊断上,应与流行性感冒相区别。流行性感冒为流行性感冒病毒引起,体温突然升高达 40～41℃以上,传播迅速,有明显的流行性。

(四)治疗

治疗原则为以"清热镇痛、祛风散寒"为主,有并发症时,可适当抗菌消炎。

可选用 30％安乃近、复方氨基比林、复方奎宁(孕畜禁用)、柴胡等注射液,牛、马 20～40 mL,猪、羊 5～10 mL,一次肌肉注射。为预防继发感染,在用解热镇痛剂后,体温仍不下降或症状没有减轻时,可适当应用磺胺类药物或抗生素。

中药治疗以"解表、散寒、清热"为主。感冒分为风寒、风热两种证型。风寒感冒宜用杏苏散,风热感冒可用银翘散。针灸主要针刺山根、肺俞、血印、尾尖、蹄头、百会、六脉、鼻梁、大椎等穴。

(五)预防

对感冒的预防应侧重于防止畜禽突然受寒和风雨侵袭(特别是运动出汗后)。建立合理的饲养管理和使役制度,冬天气温骤变时要做好防寒保温工作。

第二节　肺和胸膜疾病

一、肺充血和肺水肿

肺充血是指肺部毛细血管内的血液过度充盈。一般分为主动性充血和被动性充血。主动充血是流入肺内的血流量增多,流出正常。被动充血是肺的血液流出量减少,而流入量正常或增加。肺水肿是指肺充血时间过长,血液中的浆液性成分渗漏到肺泡、细支气管及肺泡间质内。肺充血和肺水肿是同一病理过程的两个阶段。本病在临床上以心率过速、呼吸极度困难、黏膜发绀、泡沫样鼻液和湿性啰音为主要特征,严重程度与不能进行气体交换的肺泡数量有关。各种动物均可发病,但役用动物,尤其是牛、马、犬多见,夏季易突然发病。

(一)病因

主动性充血常见于动物过度劳累,如马匹在炎热的天气下过度使役或奔跑;长时间用火车或轮船运输家畜,过度拥挤和闷热;吸入热空气、烟和刺激性气体及过敏反应,均可使血管迟缓,血液流入量增多,从而发生主动性充血和炎症性充血。长期躺卧的病畜,血液停滞于卧侧肺,容易发生沉积性肺充血。

被动性肺充血主要发生于代偿机能减退期的心脏疾病,如心肌炎、心脏扩张及传染病和各种中毒性疾病引起的心脏衰竭。有时也发生于左房室孔狭窄和二尖瓣闭锁不全。

肺水肿主要是由于主动性和被动性肺充血的病因持续作用而引起,也常发生于急性过敏反应、再生草热和充血性心力衰竭之后。在吸入烟尘和一些毒血症(如猪桑葚心病和有机磷中毒等)的经过中也容易发生。此外,安妥中毒也能发生肺水肿。

(二)症状

肺充血和肺水肿是同一病理过程的两个不同阶段,二者的共同症状是:动物突然发病,惊恐不安,呈进行性呼吸困难。初期呼吸加快而急促,很快出现明显的呼吸困难,头颈伸直,鼻孔高度开张,甚至张口呼吸,胸部和腹部表现明显的起伏动作。严重的病畜,两前肢叉开站立,肘突外展,头下垂。呼吸频率超过正常的 4～5 倍,听诊肺泡呼吸音粗厉。眼球突出,可视黏膜潮红或发绀,静脉怒张。脉搏加快（100 次/min），听诊第二心音增强，体温升高。病畜可因窒息而突然死亡。肺水肿时，两侧鼻孔流出多量浅黄色或白色甚至粉红色的细小泡沫状鼻液。肺部听诊，肺泡呼吸音减弱，出现广泛性的捻发音、支气管呼吸音及湿啰音。因漏出液进入肺泡，肺部叩诊出现半浊音或浊音。X 线检查，肺野阴影普遍加重，肺门血管纹理显著。

（三）病理变化

急性肺充血时，肺体积增大，呈暗红色。切开主动性充血病畜肺，有大量血液流出。慢性被动性充血者，肺因结缔组织增生而变硬，表面布满小出血点。沉积性充血则因血浆渗入肺泡而引起肺的脾样变。组织学检查，肺毛细血管明显充盈，肺泡中有漏出液和出血。肺水肿时肺肿胀，丧失弹性，按压形成凹陷，颜色比正常时苍白，肺切面流出大量浆液。组织学变化为肺泡壁毛细血管高度扩张，充满红细胞，肺泡和实质中有液体聚集。

（四）诊断

根据过度劳累、吸入烟尘或刺激性气体的病史，结合突然发病，出现进行性呼吸困难、神情不安、眼球突出、静脉怒张、结膜发绀，尤其是伴有肺水肿时，呈现浅黄色或粉红色鼻液等症状及 X 线检查，即可诊断。

临床上应与下列疾病进行鉴别。

热射病和日射病：除呼吸困难外，全身衰弱，体温极度升高，并有中枢神经系统机能紊乱。弥漫性支气管炎：缺乏泡沫状的鼻液。急性心力衰竭：常伴有肺水肿，但前期症状是心力衰竭。肺出血：特征为两侧鼻孔流出含泡沫的鲜红色血液，同时黏膜呈进行性贫血表现。

（五）治疗

治疗原则为保持病畜安静，减轻心脏负荷，制止液体渗出，缓解呼吸困难。

首先将病畜安置在清洁、干燥和凉爽的环境中，避免运动和外界因素的刺激。对极度呼吸困难的病畜，颈静脉大量的放血有急救功效。能减轻心脏负担，降低肺中血压，使肺毛细血管充血减轻，增加进入肺的空气。一般放血量为马、牛 2 000～3 000 mL，猪 250～500 mL，犬 6～19 mL/kg。被动性充血吸入氧气有良好效果，马、牛每分钟 10～15 L，共吸入 100～120 L，也可皮下注射 8～10 L。

制止渗出，可静脉注射 10%氯化钙溶液，马、牛 100～200 mL，猪、羊 20～50 mL，每日 2 次；或静脉注射 20%葡萄糖酸钙溶液，马、牛 500 mL，每日 1 次。因血管通透性增加引起的肺水肿，可适当应用大剂量糖皮质激素，如强的松龙 5～10 mg/kg，静脉注射。因弥散性血管内凝血引起的肺水肿，可应用肝素或低分子右旋糖酐溶液。过敏反应引起的肺水肿，通常将抗组胺药与肾上腺素结合使用。有机磷中毒引起的肺水肿，应立即使用阿托品减少液体漏出。

对症治疗包括用强心剂加强心脏机能，对不安的病畜选用镇静剂。

（六）预防

本病的预防，主要是保持环境清洁卫生，避免刺激性气体和其他不良因素的影响，在炎热的季节应减轻运动或使役强度。长途运输的动物，应避免过度拥挤，并注意通风，供给充足的清洁饮水。对卧地不起的动物，应多垫褥草，并注意每日多次翻身。患心脏病的动物，应及时治疗，以免心脏功能衰竭而发生肺充血。

二、胸膜炎

胸膜炎是胸膜发生以纤维蛋白沉着和胸腔积聚大量炎性渗出物为特征的一种炎症性疾病。临床表现为胸部疼痛、体温升高和胸部听诊出现摩擦音。根据病程可分为急性和慢性；按病变的蔓延程度,可分为局限性和弥漫性；按渗出物的多少,可分为干性和湿性；按渗出物的性质,可分为浆液性、浆液-纤维蛋白性、出血性、化脓性、化脓-腐败性等。各种动物均可发病。

(一)病因

原发性胸膜炎比较少见,可发生于胸壁创伤或穿孔而感染,也可发生于肋骨骨折、食道破裂、胸腔肿瘤,以及手术感染等；或因受寒冷刺激、过劳等致机体防御机能下降,病原微生物侵入而致病。继发性胸膜炎较为常见,常因邻近器官炎症的蔓延而引起,如各种类型肺炎、肺脓肿、创伤性网胃-心包炎等。

胸膜炎也常继发或伴发于某些传染病的过程中,如结核病、鼻疽、流行性感冒、马腺疫、牛肺疫、猪肺疫、马传染性贫血、支原体感染等。

(二)症状

疾病初期,精神沉郁,食欲下降或废绝,体温升高(可达 40℃)；咳嗽明显,常呈干、痛短咳；呼吸迫促而浅表,出现腹式呼吸,脉搏加快。触诊或叩击胸壁,动物表现得非常敏感,疼痛而躲避,甚至发生战栗或呻吟。站立时两肘外展,不愿活动,有的病畜胸腹部及四肢皮下水肿。胸部听诊,病初出现胸膜摩擦音,随着渗出液蓄积增多,则摩擦音消失,至渗出吸收期可重新听到摩擦音。伴有肺炎时,可听到拍水音或捻发音,同时肺泡呼吸音减弱或消失,出现支气管呼吸音。当渗出液大量积聚时,胸部叩诊呈水平浊音。

慢性病例表现食欲减退,消瘦,间歇性发热,呼吸困难,运动乏力,咳嗽反复发作,呼吸机能的某些损伤可能长期存在。

胸腔穿刺可抽出大量渗出液,一般浆液-纤维蛋白性渗出液最多,可在短时间内大量渗出,马两侧胸腔中平均可达 20～50 L,猪、羊为 2～10 L,犬 0.5～3 L。同时炎性渗出物表现浑浊,易凝固,蛋白质含量在 40 g/L 以上或有大量絮状纤维蛋白及凝块,显微镜检查发现大量炎性细胞和细菌。渗出液的白细胞常超过 5 亿/L,脓胸时白细胞高达 100 亿/L 以上。中性粒细胞增多提示为急性炎症,淋巴细胞为主则可能是结核性或慢性炎症。

X 线检查,少量积液时,心膈三角区变钝或消失,密度增高。大量积液时,心、后腔静脉被积液阴影淹没,下部呈广泛性浓密阴影。严重病例,上界液平面可达肩端线以上,如体位变化,液平面也随之改变,腹壁冲击触诊时液平面呈波动状。

超声波检查有助于判断胸腔的积液量及分布,积液中有气泡表明是厌氧菌感染。

血液学检查,白细胞总数升高,嗜中性粒细胞比例增加,呈核左移现象,淋巴细胞比例减少。慢性病例呈轻度贫血。

(三)病理变化

急性胸膜炎,胸膜明显充血、水肿和增厚,粗糙而干燥。胸膜面上附着一层黄白色的纤维蛋白性渗出物,容易剥离,主要由纤维蛋白、内皮细胞和白细胞组成。在渗出期,胸膜腔有大量浑浊液体,其中有纤维蛋白碎片和凝块,肺下部萎缩,体积减小,呈暗红色。有的病例渗出物在腐败细菌的作用下,色污秽并有恶臭。本病常有肺炎变化,甚至伴发心包炎及心包积液。

慢性胸膜炎,因渗出物中的水分被吸收,胸膜表面的纤维蛋白因结缔组织增生而机化,使胸膜肥厚,壁层和脏层及与肺表面发生粘连。

(四)诊断

根据胸膜摩擦音和叩诊出现的水平浊音等典型症状,结合 X 线和超声波检查,即可诊断。胸腔穿刺对本病与胸腔积水的鉴别诊断有重要意义,穿刺部位为胸外静脉之上,马在左侧第 7 肋间隙或右侧第 6 肋间隙,反刍动物多在左侧第 6 肋间隙,猪在左侧第 8 肋间隙或右侧第 6 肋间隙,犬在5～8 肋间隙。对抽取的胸腔积液进行理化性质和细胞学检查。渗出液的细胞组成主要是白细胞,中性粒细胞常发生变性,特别是当病原微生物产生毒素时,白细胞出现核浓缩、溶解和破碎的现象;也有一些吞噬性巨噬细胞,常常吞噬有细菌和其他病原体,有时可发现吞噬细胞胞质内有中性粒细胞和红细胞的残余。在慢性感染性胸膜炎,渗出液中可发现大量淋巴细胞及浆细胞。在某些肉芽肿性疾病,可发现单核细胞的集聚与巨细胞。

有条件的可取胸腔穿刺液涂片,革兰染色作细菌镜检,进行细菌培养鉴定及药敏试验。

(五)治疗

治疗原则为抗菌消炎,制止渗出,促进渗出物的吸收和排除。

首先应加强护理,将病畜置于通风良好、温暖和安静的畜舍,供给营养丰富、优质易消化的饲草料,并适当限制饮水。

抗菌消炎,可选用广谱抗生素或磺胺类药物,如青霉素、链霉素、庆大霉素、四环素、土霉素等。也可根据细菌培养后的药敏试验结果,选用更有效的抗生素。支原体感染可用四环素,某些厌氧菌感染可用甲硝唑(灭滴灵)。

制止渗出,可静脉注射 5％氯化钙溶液或 10％葡萄糖酸钙溶液,每日 1 次。

中药治疗:干性胸膜炎可用银柴胡 30 g、瓜蒌皮 60 g、薤白 18 g、黄芩 24 g、白芍 30 g、牡蛎 30 g、郁金 24 g、甘草 15 g,共为末,马、牛一次开水冲服。

(六)预防

加强饲养管理,供给平衡日粮,增强机体的抵抗力。防止胸部创伤,及时治疗原发病。

思考题

1. 简述感冒的病因及发病机理。
2. 试述肺充血和肺水肿的临床特征及诊断要点。
3. 简述胸膜炎有哪些临床特征。

第十九章　心血管、血液及造血器官疾病

学习要点

掌握心力衰竭、出血性贫血、溶血性贫血和再生障碍性贫血的概念及临床表现、诊断要点和防治方法。理解心力衰竭、出血性贫血、溶血性贫血和再生障碍性贫血的病因和发病机制。了解常见动物心血管、血液及造血器官疾病的危害。

第一节　心血管疾病

临床上常见的心血管疾病是心力衰竭。

心力衰竭是指心肌收缩力减弱,导致心输出血量减少,静脉血回流受阻,呈现皮下水肿、呼吸困难、黏膜发绀、浅表静脉过度充盈,乃至心搏骤停和突然死亡的一种临床综合征,又称心脏衰竭、心功能不全(cardiac insufficiency)。按病程有急性和慢性两种,慢性心力衰竭又称充血性心力衰竭(congestive cardiac failure);按病因可分为原发性和继发性;按发生部位分为左心衰竭、右心衰竭和全心衰竭。

各种动物均可发生,多发于马、犬和猫等。

(一)病因

急性原发性心力衰竭主要发生于过重使役的家畜,尤其是长期饱食逸居的家畜突然使重役,长期舍饲的肥育牛或猪长途驱赶;赛马或未成年警犬开始调教和训练时,训练量过大或惩戒过严;在治疗过程中,静脉输液量过多,注射钙制剂、砷制剂、隆朋、浓氯化钾溶液等药物时速度过快;麻醉意外;雷击、电击;心肌脓肿、心房或心室破裂、主动脉或肺动脉破裂、急性心包积血等。急性心力衰竭还常继发于马传贫、马胸疫、口蹄疫、猪瘟等急性传染病;弓形虫病、猪肉孢子虫等寄生虫病;胃肠炎、肠阻塞、日射病等内科病以及中毒性疾病的经过中,多由病原菌及其毒素直接侵害心肌引起。

慢性心力衰竭常继发于心包疾病(心包炎、心包填塞)、心肌疾病(心肌炎、心肌变性、遗传性心肌病)、心脏瓣膜疾病(慢性心内膜炎、瓣膜破裂、腱索断裂、先天性心脏缺陷)、高血压(肺动脉高血压、高山病、心肺病)等心血管疾病;棉籽饼中毒、棘豆中毒、霉败饲料中毒、慢性呋喃唑酮中毒等中毒病;肉牛采食大量曾饲喂过马杜拉菌素或盐霉素做抗球虫药的鸡肉、粪以及甲状腺机能亢进、慢性肾炎、慢性肺泡气肿、幼畜白肌病的经过中。

(二)症状

急性心力衰竭的病畜多表现高度呼吸困难,眼球突出,步态不稳,突然倒地,四肢呈阵发性抽

搐，常在出现症状后数秒钟到数分钟内死亡。病程较长着，精神高度沉郁，卧地不起，结膜发绀，浅表静脉怒张，全身出汗，呼吸迫促。心动疾速，第一心音高朗，第二心音微弱甚至听不到，心律失常，脉搏细弱几乎不感于手，常在 12～24 h 死亡。

充血性心力衰竭呈慢性经过。初期精神沉郁，食欲减退，易疲劳，易出汗。运动后呼吸和脉搏频率恢复所需的时间延长，结膜轻度发绀，浅表静脉怒张，心率略加快（马达到 80 次/min），有的出现心律失常和心杂音。随着病情的发展，病畜体重减轻，心率加快（在休息时牛达 130 次/min，马达 100 次/min 以上），第一心音增强而第二心音微弱，有的出现相对闭锁不全性缩期杂音及心律失常，心浊音区增大。左心衰竭时还伴有明显的呼吸困难，咳嗽，鼻流无色或粉红色泡沫样鼻液，肺区有广泛性湿性啰音等肺充血和肺水肿的表现；右心衰竭时，伴有结膜发绀，颈静脉怒张，胸腹下水肿，肝肿大，腹水等临床体征。由于各组织器官瘀血和缺氧，还可出现腹泻、咳嗽、蛋白尿及反应迟钝、知觉障碍、痉挛等。

X 射线检查常可见心肥大、肺瘀血或胸腔积液的变化。心电图检查可见 QRS 复波时限延长和/或波峰分裂、房性或室性早搏、阵发性心动过速、房纤颤及房室阻滞。

（三）实验室检验

严重心力衰竭动物的心房尿钠肽（atrial natriuretic peptide，ANP）含量显著增加，荷斯坦牛从正常的（14.5 ± 1.8）pmol/L 增至（73.3 ± 16.0）pmol/L，犬从正常的（8.3 ± 3.5）pmol/L 增至（52.9 ± 29.8）pmol/L。病畜醛固酮水平增高，其增加程度与病的严重性有直接的联系。如正常犬为（210.8 ± 91.5）pmol/L，轻症犬为（527.1 ± 360.6）pmol/L，重症犬为（$1\,109\pm610.3$）pmol/L。病畜的血浆去甲肾上腺素含量显著增加，且与病的临床严重性呈正相关。

（四）病理变化

急性心力衰竭病畜可能只有内脏器官瘀血。病理组织学检查可见肺充血和早期肺水肿的变化。慢性心力衰竭多数伴有心肥大或扩张。左心衰竭时，有肺充血和肺水肿，右心衰竭时，有皮下水肿、腹水、胸水和心包积液、肝充血肿大，如豆蔻样。同时伴有原发病的特征性病理变化。

（五）诊断

根据发病原因以及心率加快，第一心音增强，第二心音减弱，脉搏细弱，浅表静脉怒张，结膜发绀，水肿，呼吸困难和使役能力下降或丧失等临床表现，可做出诊断。心电图描记、X 射线检查和超声心动图检查资料，有助于判定心脏扩张或肥大，对本病的诊断有辅助意义。应注意与其他伴有水肿（如寄生虫病、肾炎、贫血、妊娠等）、呼吸困难（如急性肺气肿、牛再生草热、过敏性疾病、有机磷中毒）和腹水（如腹膜炎、肝硬化等）的疾病进行鉴别诊断。

牛的右心衰竭比左心衰竭更为常见，右心衰竭在临床上常表现如下：腹侧水肿，水肿可能弥散或局限于特定部位（如颌下、胸下、腹下、乳房或阴鞘部位及四肢下部）；颈静脉或乳房静脉扩张，出现静脉搏动；不能耐受运动，有时出现呼吸困难；持续的心动过速；产生腹水，或者胸水。因此，静脉扩张和搏动加上异常心音或心律不齐是诊断奶牛右心衰竭的关键症状。临床上牛很少发生单纯性的左心衰竭，但左右心同时衰竭常见。

（六）治疗

治疗原则是消除病因，增强心肌收缩力，改善心肌营养，恢复心脏泵功能。

为增强心肌收缩力，增加心输出量，恢复心脏泵功能，可选用洋地黄类药物。临床应用时一般先在短期内给予足够剂量（洋地黄化剂量），以后给予维持剂量。对牛可先用洋地黄毒苷酶以每千克体重 0.03 mg 剂量肌肉注射,或地高辛以每千克体重 0.022 mg 剂量静脉注射,以后的维持剂量为上述剂量的 1/8～1/5。对马可先用地高辛以每千克体重 0.010～0.015 mg 剂量静脉注射,经 2.5～4 h 后再按每千克体重 0.005～0.010 mg 剂量注射第二次,当表现心脏情况改善,心率较原来缓慢、利尿等情况时为达到洋地黄化的指征,以后每日用维持剂量(以每千克体重 0.005～0.010 mg)静脉注射。首次内服剂量为每千克体重 0.07 mg,以后每日的维持剂量为每千克体重 0.035 mg。对犬可用洋地黄毒苷每千克体重 0.06～0.12 mg 静脉注射,维持量为上述剂量的 1/8～1/4;或地高辛每千克体重 0.02～0.06 mg 分 2 次内服,连用 2d,然后改用维持剂量(每千克体重 0.008～0.01 mg),每日 2 次内服。甲基地高辛(metildigoxin)的强心作用强于地高辛,具有增加心肌收缩力,降低心率,增加心排血量,改善体循环的作用,可用于各种动物急性和慢性心力衰竭。应该指出的是,洋地黄类药物长期应用易蓄积中毒;成年反刍动物不宜内服;由心肌炎等心肌损害引起的心力衰竭禁用;发热与感染时慎用。牛、马等大家畜还可使用安钠咖 2.5～5.0 g 内服,或 20% 溶液 10～20 mL 肌肉注射。

为消除钠、水滞留,促进水肿消退,应限制钠盐摄入,给予利尿剂,常用双氢克尿噻,牛、马 0.5～1.0 g,猪、羊 0.05～0.1 g,犬每千克体重 2～4 mg(或 25～50 mg)内服,每日 2 或 3 次;速尿,牛每千克体重 2.5～5.0 mg,马每千克体重 0.25～1.0 mg,犬每千克体重 2～3 mg 内服,或每千克体重0.5～1.0 mg 肌肉注射,每日 2 或 3 次,连用 3～4 d,停药数天后再使用 3～4 d。

对于心率过快的病畜,牛、马等大家畜用复方奎宁注射液 10～20 mL 肌肉注射,每日 2 或 3 次;犬和猫用心得安,以每千克体重 0.5～2.0 mg 内服,每日 3 次,或每千克体重 0.04～0.06 mg,静脉滴注,直到心率恢复正常为止。对于伴发室性心动过速或心脏纤颤的病畜,可应用利多卡因,犊牛和山羊每千克体重 4 mg,犬每千克体重 2～4 mg,猫每千克体重 0.15～0.75 mg,按 25～80 μg/min的速度静脉滴注,直到心律失常消失。如发生室性早搏和阵发性心动过速,可应用硫酸奎尼丁,马开始用每千克体重 20 mg(赛马用 20～40 g),以后每隔 8 h 以每千克体重 10 mg 剂量内服;犬开始用每千克体重 6～20 mg,以后每隔 6～8 h 用每千克体重 6～10 mg 内服。

对于顽固性心力衰竭,在犬和猫中可使用小动脉扩张剂,如肼苯哒嗪,以每千克体重 0.5～2.0 mg 内服,每日 2 次;哌唑嗪,以每千克体重 0.02～0.05 mg 内服,每日 2 或 3 次。也可使用血管紧张素转移酶抑制剂,如甲巯丙脯酸,以每千克体重 0.5～1.0 mg 内服,每日 2 或 3 次。

为改善心肌营养和促进心肌代谢,可使用 ATP、辅酶 A、细胞色素 C 等。还可试用辅酶 Q10(泛癸利酮,ubidecarenone),它能改善心肌对氧的利用率,增加心肌线粒体 ATP 的合成,改善心功能,保护心肌,增加心输出量,对轻度和中度心力衰竭有较好效果。

此外,应针对出现的症状,采用健胃、缓泻、镇静等对症治疗。同时要加强护理,限制运动,保持安静,以减轻心脏负担。

第二节　血液及造血器官疾病

贫血(anemia)是指外周血液中单位容积的血红蛋白量、红细胞计数和(或)红细胞压积值低于正常水平最低值的综合征。在临床上是一种最常见的病理状态,主要表现是皮肤和可视黏膜的苍白,心率加快,心搏增强,肌肉无力及各器官由于组织缺氧而产生的各种综合征。

贫血不是一种独立的疾病,而是一种临床综合征。因此,引起贫血的病因有很多方面,主要包括:①血液过度丧失;②红细胞过度被破坏;③产生无效的红细胞。同时还可能是造血、神经和网状内皮系统的变化,物质代谢的破坏以及其他器官的影响和动物的饲养管理条件等。

动物贫血中主要介绍出血性贫血。

一、急性出血性贫血

急性出血性贫血是由于血管(特别是动脉血管)被破坏,使机体发生快速大量的出血之后,而血库及造血器官又不能及时代偿时所发生的贫血。

(一)病因

由于外伤或外科手术使血管壁受损,动脉血管发生大出血后,机体血液丧失过多。如鼻腔、喉及肺受到损伤而出血,多见于牛的皱胃溃疡和猪的胃出血,母畜分娩时损伤产道,公畜去势止血不良所引起的血管断端出血及发生于某些部位的肿瘤等引起的长期大量出血。内脏器官受到损伤引起的内出血,特别是作为血库的肝和脾破裂时,引起严重的大出血。另外,血小板减少性紫癜、血友病等血凝障碍性疾病也可引起急性出血性贫血。

(二)症状

根据机体状态,出血的速度,出血量的多少及出血时间的长短,临床表现不尽相同。

轻症时,病畜表现为贫血的一般症状,即衰弱无力,四肢叉开,运动不稳,可视黏膜苍白,易出汗,心搏加快。严重时常出现呼吸系统、循环系统及消化系统的症状,甚至出现休克、死亡。由于脑贫血,常出现呕吐、肌肉痉挛、可视黏膜苍白。体温一般降低,皮肤松弛且干燥,出冷汗,四肢厥冷,瞳孔散大,反应迟钝。病畜常伴有明显的渴欲,然而由于胃酸不足,常表现消化及吸收系统的症状。在大量失血时,会导致血管充盈不良,脉搏细弱,心音微弱,表现出循环系统的症状。

血液学变化:出血后由于血管内血液总量减少,引起血液动力学的应答性反应,血管和脾代偿性收缩,毛细血管网及补充性的扩散性血库(肠系膜血管及皮下血管丛)排出血液,相应部分的动脉收缩,最后液体从组织中回流到血管。红细胞、血红蛋白和血细胞的比容无明显下降。此时血液稀薄,红细胞数及血红蛋白量降低,血沉加快。在出血一段时间后,骨髓造血机能开始增强,到第四、五天时达到再生的最高峰。一般情况,幼畜比老畜再生能力强,单蹄动物比猪及部分牛的反应强。因此,在出血后血液中出现网织红细胞、多染性红细胞、嗜碱性颗粒红细胞增多,同时出现成红细胞。血液中未成熟的红细胞,其直径比正常的红细胞稍大。

(三)诊断

急性出血性贫血比较容易诊断,一般根据临床症状及发病情况可做出诊断。但对内出血所造成的贫血必须进行细致全面的检查才能做出确诊。如怀疑消化道出血,应抽取胃液或做直肠检查,如怀疑浆膜腔或组织间隙出血,应进行穿刺诊断,看是否有血液。当脾和肝破裂时,腹腔穿刺有血液存在。

(四)治疗

治疗原则是针对出血原因立即进行止血,增加血管充盈度,纠正酸中毒,防止急性肾衰竭,抢救休克状态,补充造血物质等。

1. 止血

出血性贫血时应立即止血,避免血液大量丢失,止血方法如下。

(1)局部止血 外部出血时,具有损伤且能找到出血的血管时,可应用外科止血方法进行结扎或局部压迫止血。较好的方法是电热烧烙止血。

（2）全身止血　主要是对内出血及加强局部止血时应用。选用 5% 的安络血注射液，马、牛 5～20 mL；猪、羊 2～4 mL，肌肉注射，每日 2～3 次。4% 的维生素 K3 注射液，马、牛 0.1～0.3 g；猪、羊 8～40 mg，肌肉注射，每日 2～3 次。止血敏，马、牛 10～20 mL；猪、羊 2～4 mL，肌肉注射或静脉注射。凝血质注射液，马、牛 20～40 mL；猪、羊 5～10 mL，皮下或肌肉注射。10% 的氯化钙注射液，马、牛 100～150 mL，静脉注射。对于犬、猫等小动物可使用 0.1% 的肾上腺素止血。

输血：小量输血不仅能加强血液凝固，还能刺激血管运动中枢，反射性地引起血管的痉挛性收缩，从而加强血液凝固的作用。同种家畜的相合血液，马、牛 100 mL，静脉输入。

2. 提高血管充盈度

急性失血时补充血容量可有效改善器官组织的血氧供应，预防和纠正失血性休克带来的危害。

（1）输血　大量输血不仅有止血作用，还可补充血液量和增加抗体，是治疗贫血最好的方法。病畜输入异体血后，不但可兴奋网状内皮系统，促进造血机能，而且还能够提高血压。马、牛可输 2 000～3 000 mL。

（2）补液　可应用右旋糖酐和高渗葡萄糖溶液来补充血液量。右旋糖酐 30 g，葡萄糖 25 g，加水至 500 mL，静脉注射，马、牛 500～1 000 mL，猪、羊 250～500 mL。

（3）纠正酸中毒，防止急性肾衰竭　低血压或休克，组织缺氧，导致酸中毒，可使用碳酸钠或乳酸钠。如出现急性肾衰竭，应及早输血，出现少尿或无尿时，可使用速尿等利尿剂。

（4）补充造血物质　硫酸亚铁，马、牛 2～10 g，猪、羊 0.5～2 g，内服。枸橼酸铁铵，马、牛 5～10 g，猪 1～2 g，内服，每日 2～3 次；维生素 B$_{12}$ 等肌肉注射。

（五）预防

加强饲养管理，防止各种跌倒损伤和动物的打斗造成的损伤。

二、慢性出血性贫血

慢性出血性贫血是由少量反复的出血或突然的大量出血后长时间不能恢复所引起的低血红蛋白性及正成红细胞性贫血。

（一）病因

由于各种原因引起鼻、肺、胃肠、肾、膀胱、子宫内膜及出血性素质等长期反复地失血导致的慢性出血性贫血。由于胃肠器官机能减弱，影响对铁的吸收，使肝和骨髓得不到足够的铁，造血原料缺乏引起慢性出血性贫血。寄生虫病，特别是反刍动物的血矛线虫病、肝片吸虫病和血吸虫病，犊牛的球虫病及蜱、刺蝇的重度侵袭下引起慢性出血性贫血。中毒病、草木樨中毒、蕨中毒、牛的血尿症等也可导致发生慢性出血性贫血。

（二）症状

慢性出血性贫血症状发展一般比较缓慢，初期症状不明显，但患畜呈渐进性消瘦及衰弱。严重时可视黏膜苍白，机体衰弱无力，精神不振，嗜睡，或有异食癖。血压降低，脉搏快而弱，轻微运动后脉搏显著加快，呼吸快而浅表。心脏听诊时，心音低沉而弱，心内有杂音，心浊音区扩大。由于脑贫血及氧化不全的代谢产物中毒，可引起各种症状，如晕厥、视力障碍、膈肌痉挛性收缩和呕吐。贫血严重时，胸腹部、下颌间隙及四肢末端水肿。体腔积液，胃肠吸收和分泌机能降低，腹泻，最终因体力衰竭而死亡。

血液学检查：长期慢性出血性贫血时，心腔和血管内积有大量稀薄血液，并形成少量易碎的凝胶状凝块,所有实质器官具有脂肪变性。成年动物骨髓扩大,呈灰红色。血液中幼稚型红细胞及网织红细胞增多,血红蛋白减少,血液密度降低,干物质减少,血沉加快。显微镜检查有很多有核红细胞呈有丝分裂,白细胞及巨核胚细胞大量增多。骨髓中由于铁含量不足,常见到血红蛋白贫乏的大而淡染的红细胞。发现淡染的红细胞是慢性出血性贫血的重要特征之一。

(三)诊断

临床症状结合血液学检查,一般可做出诊断。必要时进行全面检查,找出原发病及出血原因和部位,特别是少量出血的原因及部位要仔细查清楚。对内部少量出血,检查比较困难,如发现白细胞及血小板增多的低血素性贫血时,可说明有出血的存在。胃肠出血时粪便检查有潜血,泌尿器官出血时有血尿,大量时将尿静置后有红色沉淀,少量时将尿离心后,用显微镜检查沉淀,可发现红细胞。

(四)治疗

慢性出血性贫血的治疗原则是止血,治疗原发病,加强饲养管理,补充造血物质等。止血及补充造血物质可参照急性出血性贫血。补铁时,配合盐酸及抗坏血酸可促进铁的吸收,或配合铜、砷制剂可刺激骨髓造血机能。加强饲养管理:病畜日粮应给予高蛋白、多种维生素和含铁的饲料,给予良好的青草或干草,以及豆类和麦麸等。补充造血物质可参考急性出血性贫血。

(五)预防

当有慢性出血时,一定要找到出血的真正原因,然后根据病因,及早进行治疗。

❓ 思 考 题

1. 动物贫血如何分类?
2. 简述动物贫血的诊断要点。
3. 简述动物贫血的防治方法。

第二十章　　　泌尿系统疾病

学习要点 //

　　掌握肾炎和尿道炎的概念及临床表现、诊断要点和防治方法。理解肾炎和尿道炎的病因和发病机制。了解常见动物泌尿系统疾病给养殖业带来的危害。

第一节　肾脏疾病

　　肾炎是最重要的肾脏疾病之一。

　　肾炎通常是指肾小球、肾小管或间质组织发生炎症的总称。临床上以水肿,肾区敏感与疼痛,尿量改变及尿液中含多量肾上皮细胞和各种管型为主要特征。按其病程分为急性肾炎和慢性肾炎两种,按炎症的发生部位可分为肾小球性肾炎和间质性肾炎;按炎症发生的范围可分为弥漫性肾炎和局灶性肾炎;按病因可分为原发性肾炎和继发性肾炎。

　　肾炎可发生于各种家畜,临床上主要以马和猪较为多见,且以急性肾炎和慢性肾炎及间质性肾炎多发。

(一)病因

　　肾炎的发病原因尚不十分清楚,但目前认为本病的发生与感染、毒物刺激、外伤及变态反应等因素有关。

　　感染因素,多继发于某些传染病经过中,其原因是病毒和细菌及其毒素作用于肾,引起肾损伤或导致变态反应的发生。

　　中毒性因素,主要是有毒植物、霉变饲料、农药或重金属污染的饲料和饮水或误食有强烈刺激性的药物;内源性毒物主要是重剧型胃肠炎症、代谢障碍性疾病、大面积烧伤等疾病中所产生的毒素与组织分解产物,经肾排出时产生强烈刺激而致病。

　　诱发性因素,过劳、创伤、营养不良和受寒感冒均为肾炎的诱发因素。此外,本病也可由邻近器官炎症的蔓延,或致病菌通过血液循环进入肾组织而引起。

　　肾间质对某些药物呈现一种超敏反应,可引起药源性间质性肾炎,已知的致病药物有二甲氧青霉素、氨苄青霉素、先锋霉素、噻嗪类及磺胺类药物。犬的急性间质性肾炎多发生于钩端螺旋体感染之后。

　　慢性肾炎的原发性病因,基本上与急性肾炎相同,只是作用时间较长,性质较为缓和。

(二)症状

1.急性肾炎

患畜食欲减退或废绝,精神沉郁,结膜发白,消化不良,体温升高。由于肾区敏感、疼痛,患畜不愿行动。站立时腰背拱起,后肢叉开或齐收腹下,强迫行走时腰背弯曲,发硬,后肢僵硬,步态强拘,小步前进,尤其侧转弯困难。

患畜频频排尿,但每次尿量较少,严重者无尿。尿色浓暗,相对密度增高。有时出现血尿,颜色依据严重程度可为粉红色、深红色和红褐色等。

肾区触诊,患畜有痛感,直肠触摸,手感肾肿大,压之感觉过敏,患畜站立不安,甚至躺下或抗拒检查。由于血管痉挛,动脉血压可升高达 29.26 kPa(正常时为 15.96~18.62 kPa)。主动脉第二心音增高,脉搏强硬。

重症病例,眼睑、颌下、胸腹下和阴囊等部位发生水肿,对于牛来说,偶见垂皮处水肿。急性肾炎后期,患畜出现尿毒症,呼吸困难,嗜睡,昏迷。

尿液检查,蛋白质呈阳性。镜检尿沉渣,可见管型、白细胞、红细胞及多量的肾上皮细胞。血液检查,血液稀薄,血浆蛋白含量下降,血液非蛋白氮可达 1.785 mmol/L 以上(正常值为 1.428~1.785 mmol/L)。

2.慢性肾炎

患畜逐渐消瘦,血压升高,脉搏增数,硬脉,主动脉第二心音增强。疾病后期,眼睑、颌下、胸前、腹下或四肢末端出现水肿,重症者出现体腔积水。尿量不定,尿中有少量蛋白质,尿沉渣中有大量肾上皮细胞和各种管型。血中非蛋白氮含量增高,尿蓝母增多,最终导致慢性氮质血症性尿毒症。后期,患畜倦怠、消瘦、贫血、抽搐及出血性倾向,直至死亡。典型病例主要是水肿、血压升高和尿液异常。

3.间质性肾炎

肾的损害程度不同,临床症状各异。一般情况下病初尿量增多,后期尿量减少,尿沉渣中见有少量蛋白质,红细胞、白细胞及肾上皮,有时可发现颗粒管型和透明管型。血清肌酐和尿素氮升高。血压升高,心肌肥大,第二心音增强。大动物直肠检查和小动物腹壁触诊肾区,可摸到体积缩小,呈坚硬感,但无疼痛和敏感现象。

(三)病理变化

急性肾炎的眼观病变为肾体积轻度肿大、充血、质地柔软、被膜紧张、容易剥离、表面和切面皮质部见到散在的针尖状小红点。慢性病例,肉眼可见肾体积增大、色苍白、晚期肾缩小和纤维化。

间质性肾炎,根据炎症波及的范围可分为弥漫性间质性肾炎和局灶性间质性肾炎。弥漫性间质性肾炎眼观肾肿大,被膜紧张容易剥离,颜色苍白或灰白,切面间质明显增厚,灰白色,皮质纹理不清,髓质瘀血暗红。局灶性间质性肾炎眼观肾表面及切面皮质部散在多数点状、斑状或结节状病灶,病灶的外观依动物种类不同而略有差异。

(四)诊断与预后

根据病史(多发生于某些传染病或链球菌感染之后,或有中毒史),临床症状(少尿或无尿,肾区敏感、疼痛、主动脉第二心音增强和水肿)和尿液化验(尿蛋白、血尿、尿沉渣中有多量肾上皮细胞和各种管型)进行综合诊断。

本病应与肾病相区别。肾病在临床上有明显水肿和低蛋白血症,尿中有大量蛋白质,但无血尿和肾性高血压现象。

急性肾炎一般可持续 1～2 周,经适当治疗和良好护理,预后良好。慢性病例,病程可达数月或数年,若周期性出现时好时坏现象,多难以治愈。重症者,多因肾功能不全或伴发尿毒症死亡。间质性肾炎,经过缓慢,多预后不良。

(五)治疗

肾炎的治疗原则是消除病因,加强护理,消炎利尿,抑制免疫反应及对症治疗。

消除炎症、控制感染一般选用青霉素,按每千克体重计算肌肉注射量:牛、马 1 万～2 万 IU,猪、羊、马驹、犊牛 2 万～3 万 IU,每日 3～4 次,连用一周。链霉素、诺氟沙星、环丙沙星合并使用可提高疗效。

免疫抑制疗法多采用激素治疗,一般选用氢化可的松注射液,肌肉注射或静脉注射,牛、马 200～500 mg,猪、羊 20～80 mg,犬 5～10 mg,每日 1 次;亦可选用地塞米松,肌肉注射或静脉注射,牛、马 10～20 mg,猪、羊 5～10 mg,犬 0.25～1 mg,猫 0.125～0.5 mg,每日 1 次。有条件时可配合使用超氧化物歧化酶(SOD)、别嘌呤醇及去敏铁等抗氧化剂,在清除氧自由基,防止肾小球组织损伤中起重要作用。

利尿消肿可选用利尿剂,如氢氯噻嗪,牛、马 500～2 000 mg,猪、羊 50～200 mg,加水适量内服,每日 1 次,连用 3～5 d。

中兽医称急性肾炎为湿热蕴结证,代表方剂"秦艽散"加减。慢性肾炎属水湿困脾证,方用"平胃散"和"五皮饮"加减。

第二节　尿路疾病及其他疾病

该类疾病较重要的是尿道炎。

尿道炎是指尿道黏膜的炎症,其临床特征为尿频、尿痛、局部肿胀。各种家畜均可发生,多见于牛、犬和猫,而某些地区公牛多发。

(一)病因与发病机理

主要是尿道的细菌感染,如导尿时手指及导尿管消毒不严,或操作粗暴,造成尿道感染及损伤。或尿结石的机械刺激及刺激性药物与化学刺激,损伤尿道黏膜,再继发细菌感染。此外,公畜的包皮炎,母畜子宫内膜炎症的蔓延,也可导致尿道炎。犬、猫尿道炎多由泌尿道及邻近器官感染所致,如膀胱炎、阴道炎或子宫内膜炎等;交配时过度舔舐或其他异物(如草刺等)刺入尿道等。

(二)症状

患畜频频排尿,尿呈断续状流出,并表现疼痛不安,公畜阴茎勃起,母畜阴唇不断开张,黏液性或脓性分泌物不时自尿道口流出。做导尿管探诊时,手感紧张,甚至导尿管难以插入。患畜表现疼痛不安,并抗拒或躲避检查。尿液浑浊,混有黏液、血液或脓液,甚至混有坏死和脱落的阴道黏膜。局部尿道损伤为明显的一过性,或仅在每次排尿开始时滴出血液,也可见不排尿。病犬或病猫常在导尿时极度痛苦、惨叫或呻吟。有时患病犬、猫频频舔舐外阴部,视诊可见尿道口潮红、水肿或流出脓性分泌物。

(三)诊断及预后

根据临床特征和尿道逆行性造影可确诊,如疼痛性排尿,尿道肿胀、敏感,以及导尿管探诊和外部触诊即可确诊。尿道炎的排尿姿势很像膀胱炎,但采集尿液检查,尿液中无膀胱上皮细胞。应做尿液细菌培养以确定病原,单纯性尿道炎尿中无管型和膀胱以上的上皮细胞。

尿道炎通常预后良好,如果发生尿路阻塞、尿潴留或膀胱破裂,则预后不良。

(四)治疗

治疗原则是消除病因,控制感染和对症治疗。

当尿潴留而膀胱高度充盈时,可施行手术治疗或膀胱穿刺。其他治疗法可参考膀胱炎。犬、猫抗菌消炎可肌肉注射庆大霉素,每次 8 万 IU,每日 2 次;内服头孢羟氨苄,每次 50～100 mg,每日 2次;用 0.1% 高锰酸钾溶液清洗尿道及外阴部,然后向尿道内推注适量抗生素溶液。猪发生尿道炎时可用夏枯草 90～100 g,煎水、候温内服,早晚各一剂,连用 5～7 d。

思考题

1. 试述肾炎的诊断要点及防治措施。
2. 简述尿道炎的主要临床表现。
3. 简述尿道炎的临床诊断要点。

第二十一章　神经系统疾病

学习要点

　　掌握脑膜脑炎、脊髓炎及脊髓膜炎的概念及临床表现、诊断要点和防治方法。理解脑膜脑炎、脊髓炎及脊髓膜炎的病因和发病机制。了解常见动物神经系统疾病发病特点。

第一节　脑及脑膜疾病

　　脑及脑膜疾病较多,在此主要介绍脑膜脑炎。

　　脑膜脑炎是指软脑膜和脑实质发生的一种炎症性疾病。脑膜及脑实质主要受到传染性或中毒性因素的侵害,首先软脑膜及整个蛛网膜下腔发生炎症变化,继而通过血液和淋巴途径蔓延到脑实质,并引起脑实质的炎症反应,或者脑膜与脑实质同时发生炎症。在一般情况下,由于致病原因与蔓延的程度不同,因而有的病例只单独呈现脑膜炎的症状或脑炎的症状,但大多数病例呈现脑膜脑炎的症状。本病以伴有一般脑症状、局灶性脑症状和脑膜刺激症状为特征。本病主要发于马,牛、羊、猪也偶有发生。其他动物也有发生,但较为少见。主要发生在夏秋季节。

(一)病因

　　脑膜脑炎由感染性和非感染性因素引起,又可分为原发性脑膜脑炎和继发性脑膜脑炎。有些病原菌可存在于健康家畜的体内,在病理的条件下,由于机体的抵抗力降低,使得病原菌的毒性增强而导致本病。

　　1.原发性脑膜脑炎感染因素

　　(1)病毒感染　病毒沿神经干或经血液循环进入神经中枢,引起非化脓性脑炎,如疱疹病毒(猪、马、牛);虫媒病毒(犬)、肠病毒(猪)、恶性卡他热病毒(牛)、犬瘟热病毒和细小病毒、传染性腹膜炎病毒(猫)以及慢病毒(绵羊)等。

　　(2)细菌感染　细菌经血液转移引起继发性化脓性脑膜脑炎,如链球菌、葡萄球菌、肺炎球菌、大肠杆菌、巴氏杆菌、化脓杆菌、坏死杆菌、变形杆菌、化脓性棒杆菌、昏睡嗜血杆菌、猪副嗜血杆菌、马放线杆菌以及单核细胞增多性李氏杆菌等。

　　(3)中毒　如铅中毒、猪食盐中毒、马驴霉玉米中毒及各种原因引起的严重自体中毒。

　　(4)寄生虫感染　在脑组织受到马蝇蛆,牛、羊脑包虫,羊鼻蝇蚴,马原虫幼虫以及血液原虫等的侵袭,也可导致脑膜脑炎的发生。

2.继发性脑膜脑炎

多由脑部及邻近器官炎症的蔓延所引起,感染因素包括颗粒性脑膜脑炎、免疫性疾病、创伤、肿瘤、颅骨外伤、角坏死、龋齿、额窦炎、中耳炎、内耳炎、眼球炎、脊髓炎等,还可见于一些寄生虫病,如脑包虫病、脑脊髓丝虫病、普通圆线虫病等。

3.诱发性因素

饲养管理不当、受寒感冒、过度使役、长途运输等凡能降低机体抵抗力的不良因素均可促使本病的发生。

(二)症状及病理变化

神经系统和其他系统有着密切的联系,神经系统可影响其他系统、器官的活动,同时炎症的部位、性质、持续时间、动物种类以及严重程度各有不同,因此,脑膜脑炎的临床症状较为复杂,除表现神经系统症状以外,临床上还表现出体温、呼吸、脉搏、食欲等方面的改变。主要以一般脑症状、脑膜刺激症状和局灶性脑症状为特征。

1.一般脑症状

脑膜、脑实质充血、水肿,神经系统兴奋和抑制过程破坏,表现为过度兴奋或过度抑制或两种交替出现以及采食、饮水等发生变化。病初,表现为兴奋、烦躁不安、惊恐、体温升高,感觉过敏,呼吸急促,脉搏增数。攀登饲槽,或冲撞墙壁或挣断缰绳,不顾障碍向前冲,或转圈运动。兴奋哞叫,频频从鼻喷气,口流泡沫,头部摇动,攻击人畜。抵角甩尾,跳跃,狂奔,其后站立不稳,倒地,眼球向上翻转呈惊厥状。捕捉时咬人,无目的地奔走,冲撞障碍物等。其后,病畜转入抑制,头下垂,眼半闭,反应迟钝,肌肉无力,甚至呈嗜睡、昏睡状态,瞳孔散大,视觉障碍,反射机能减退及消失,呼吸缓慢而深长。最后,常卧地不起,意识丧失,昏睡,出现陈-施二氏呼吸,有的四肢做游泳动作。

2.脑膜刺激症状

以脑膜炎为主的脑膜脑炎,常伴发前几段颈脊髓膜炎症,背部神经受到刺激,颈、背部敏感。轻微刺激或触摸该处,则有强烈的疼痛反应和肌肉强直痉挛。膝腱反射检查,可见膝腱反射亢进。随着病程的发展,脑膜刺激症状逐渐减弱或消失。

3.局灶性脑症状

与炎性病变在脑组织中的位置有密切关系。由于脑组织的病变部位不同,特别是脑干受到侵害时,所表现的局灶性病变也是不一样的。主要表现为缺失性症状和释放性症状。缺失性症状包括以下几个方面:舌肌及咽麻痹,吞咽困难;面神经和三叉神经麻痹,唇歪向一侧或松缓下垂;眼肌和耳肌麻痹,斜视;上眼脸下垂,耳迟缓下垂;单瘫或偏瘫等。释放性症状包括以下几个方面:眼肌痉挛,眼球震颤,斜视,瞳孔反射功能消失;咬肌痉挛,牙齿紧闭,磨牙;唇、耳、鼻肌痉挛、收缩等。

血液学变化:细菌性脑膜脑炎时,血液中白细胞总数增高,中性粒细胞比例升高,核左移。病毒性脑膜脑炎多出现白细胞总数降低,淋巴细胞比例升高,中毒性脑膜脑炎多出现白细胞总数降低,嗜酸性粒细胞减少。

脑脊液变化:脊髓穿刺时,脑脊液增多、浑浊、其中蛋白质和细胞成分增多。

本病的主要病理变化:软脑膜小血管充血、瘀血,软脑膜轻度水肿,有的有小出血点。蛛网膜下腔和脑室的脑脊液增多、浑浊、含有蛋白质絮状物,脉络丛充血,灰质和白质充血,并有散在小出血点。慢性脑膜脑炎,有软脑膜增厚,并与大脑皮层密接。病毒性与中毒性的脑膜脑炎,其脑与脑膜血管周围有淋巴细胞浸润。有的病例,大脑皮质、基底质、丘脑、中脑、脑桥等部位,见有针尖大小至米粒大小的灰白色坏死灶,脑实质疏松软化。

病毒性和中毒性的病例,脑组织与脑膜的血管周围有淋巴细胞浸润现象。结核性脑膜脑炎,脑底和脑膜具有胶样或化脓性浸润。猪食盐中毒所导致的病例,脑组织血管周围有大量嗜酸性粒细胞浸润。慢性脑膜脑炎病例,软脑膜肥厚,呈乳白色,并与大脑皮质紧密连接,脑实质软化灶周围有星形胶质细胞浸润。

(三)病程及预后

本病的病情发展急剧,病程长短不一,发病较急的病例可在 24 h 之内死亡,病程缓慢的可持续 3 周以上。本病的死亡率较高,预后不良。有的病例可转为慢性脑积水。有些病例经治疗,病情好转,但不能痊愈。常留下慢性脑水肿、耳聋以及一定部位的肌肉麻痹等后遗症。

(四)诊断

根据脑膜刺激症状、一般脑症状和局灶性脑症状,结合病史调查和病情发展过程分析,一般可做出诊断。若确诊困难时,可进行脑脊液检查。脑膜脑炎病例,其脑脊液中嗜中性粒细胞数和蛋白质含量增加。必要时可进行脑组织切片检查。同时应该注意与流行性乙型脑炎、狂犬病、牛恶性卡他热等病毒性脑炎、维生素 A 缺乏等代谢病、食盐中毒、铅中毒等疾病鉴别诊断。

流行性乙型脑炎具有明显的季节性,主要发生在夏季至初秋 7～9 月份,且其症状除具有神经症状之外,还往往因肝受损而出现黄疸现象。

狂犬病具有咬伤病史,同时因咽部麻痹具有流涎症状。

牛恶性卡他热具有典型的口鼻黏膜炎症和角膜、结膜炎症的表现,流鼻涕、流涎、流泪、角膜浑浊、发热是牛恶性卡他热的主要临床症状。

维生素 A 缺乏症在幼年动物中可见中枢神经症状,但还具有颅骨发育异常的表现。

食盐中毒虽然可以见到中枢神经症状,但更主要的典型症状是消化系统症状,并且具有过度食用食盐的病史。

铅中毒表现兴奋不安外,还具有流涎、腹痛和贫血的表现。

(五)治疗

本病的治疗原则是加强护理、消除病因、抗菌消炎,降低颅内压、解毒和对症治疗。

1. 加强护理、消除病因

先将病畜放置在安静、通风的地方,避免光、声外界刺激。若病畜有体温升高,头部灼热时可采用冷敷头部的方法,消炎降温。根据发病情况,及时消除致病因素。

2. 抗菌消炎

选择能透过血脑屏障的抗菌药物,如氯霉素类药物和磺胺类药物。在炎症时能够通过血脑屏障的药物包括青霉素类和头孢素类药物。青霉素 4 万 IU/kg 和庆大霉素 2～4 mg/kg,静脉注射,每日 3 次;头孢唑啉钠 10～25 mg/kg,肌肉或静脉注射,每日 2 次。磺胺嘧啶钠 0.07～0.1 g/kg,静脉或深部肌肉注射,每日 2 次。亦可静脉注射氯霉素(20～40 mg/kg)或林可霉素(10～15 mg/kg),每日 3 次。新生幼畜对氯霉素的代谢和排泄功能较差,用量应减少,以免发生蓄积性中毒。

3. 降低颅内压

(1)颈静脉放血　视体质状况可先泻血 1 000～3 000 mL(大动物),再用等量的 5% 葡萄糖生理盐水 1 000～3 000 mL 作静脉注射。

(2)冷水淋头　促使血管收缩,降低颅内压。

（3）使用脱水剂和利尿剂　用 25% 山梨醇液和 20% 甘露醇，1～2 gl/kg，静脉注射。应在 30 min 内注射完成。

（4）解毒　根据不同毒物及中毒时间选择正确的解毒方法。

（5）对症治疗　当病畜狂躁不安时应进行镇静，可用 2.5% 盐酸氯丙嗪 10～20 mL 肌肉注射，或安溴注射液，马、牛 100～200 mL，猪、羊 50～100 mL，静脉注射，以调整中枢神经机能紊乱，增强大脑皮层保护性抑制作用。心功能不全时，可应用安钠咖和氧化樟脑等强心剂。地西泮，马、牛 100～150 mL，猪、羊 10～15 mg，内服，一日 3 次。

中兽医称脑膜脑炎为脑黄，方用"镇心散"和"白虎汤"加减。治疗可配合针刺鹘脉、太阳、舌底、耳尖、山根、胸堂、蹄头等穴位，效果更好。应用鲜地龙 250 g，洗净捣烂和水灌服治疗脑膜脑炎有效。

（六）预防

加强平时饲养管理，注意防疫卫生，防止传染性与中毒性因素的侵害。当发生本病时，应隔离观察和治疗，防止传播。

第二节　脊髓疾病及机能神经病

在此特着重介绍脊髓炎及脊髓膜炎。

脊髓炎及脊髓膜炎是脊髓实质、脊髓软膜及蛛网膜炎症的总称。脊髓炎及脊髓膜炎可同时发生，有时以脊髓实质炎症为主，炎症可蔓延到脊髓膜，而有的则以脊髓膜炎症为主，炎症也可蔓延至脊髓实质。本病在临床上以感觉、运动机能障碍和肌肉萎缩为特征。多发于马、羊和犬，其他动物也有发生。

（一）病因

（1）感染性因素　主要继发于某些传染性疾病和寄生虫病，如马传染性脑脊髓炎、流行性感冒、胸疫、腺疫、媾疫、犬瘟热、狂犬病、伪狂犬病、脑脊髓线虫病等。

（2）中毒性因素　主要见于某些有毒植物和霉菌毒素中毒，如萱草根、山黧豆等有毒植物中毒，镰刀霉菌毒素、赤霉菌毒素和某些青霉菌毒素等中毒。

（3）外伤　椎骨骨折、脊髓挫伤及震荡、颈部或纵隔脓肿、断尾或咬尾均可引起脊髓及脊髓膜炎，另外配种过度、受寒、过度劳役等因素可促进本病的发生。

（二）症状

病畜食欲减退，以脊髓膜炎症为主的脊髓及脊髓膜炎，主要表现脊髓膜刺激症状。当脊髓背根受到刺激时，呈现体躯某一部位感觉过敏，当用手触摸被毛，病畜即表现骚动不安、呻吟及拱背等疼痛性反应。当脊髓腹根受刺激时，病畜则出现腰、背和四肢姿势改变，如头向后仰，曲背，四肢强直，运步拘紧，步幅短缩，当沿脊柱叩诊或触摸四肢时，可引起肌肉痉挛性收缩。随着病情的发展，脊髓膜刺激症状逐渐减弱，表现感觉减弱或消失、麻痹等脊髓症状。

如以脊髓实质炎症为主，病畜多表现精神不安，肌肉震颤，脊柱僵硬，运步强拘，易于疲劳和出汗。由于炎症的性质及程度不同，临床表现有一定差异。

弥漫性脊髓炎，炎症多发生在脊髓的后段并迅速向前蔓延，病畜的后肢、臀部及尾的运动与感觉麻痹，反射机能消失，还常表现直肠括约肌麻痹，从而表现排粪排尿失常、直肠蓄粪和膀胱积尿等现象。

局限性脊髓炎，一般只表现炎症脊髓节段所支配的相应部位的皮肤感觉减退及局部肌肉发生营养性萎缩，对感觉刺激的反应消失。

分散性脊髓炎，炎症主要发生在脊髓的灰质或白质。临床上见到的是个别脊髓传导受损伤，因此呈现相应部位的感觉消失，相应肌群的运动性麻痹。

横贯性脊髓炎，病初出现不完全麻痹，随后逐渐发生完全麻痹，麻痹部肌肉萎缩。病畜站立不稳，双侧性轻瘫，皮肤和腱反射亢进。因炎症发生部位及范围不同，临床表现也有差异。当颈部脊髓发炎时，引起前、后肢麻痹，后肢皮肤和腱反射亢进，膀胱与直肠括约肌障碍，瞳孔大小不等。当胸部脊髓发炎时引起后肢麻痹，膀胱与直肠括约肌麻痹，直肠蓄粪，膀胱积尿，腱反射亢进。当腰部脊髓发炎时引起坐骨神经麻痹，膀胱与直肠括约肌障碍。

（三）病理变化

脊髓硬膜的血管明显扩张和充血，蛛网膜及软膜组织浑浊，有小出血点。蛛网膜下腔充满浆液性、浆液纤维素性或化脓性渗出物，髓质外周有炎性浸润，软化和水肿。慢性脊髓及脊髓膜炎，由于结缔组织增生，常发生局部性脊髓膜、脊神经和脊髓发生粘连以及硬膜肥厚。

（四）病程及预后

本病病程与病变性质及部位有关。若病畜卧地不起，可在数天至数十天内死亡。有的病例即使未迅速死亡，病情逐渐恶化，预后不良。病情轻者，经适当治疗，可望痊愈，但病程较长，可持续数月，即使治愈也易留一定的后遗症。

（五）诊断

根据病史，病畜感觉和运动机能障碍，肌肉萎缩，以及排粪、排尿障碍等临床特征，可做出诊断。但应与下列疾病进行鉴别。

脑膜脑炎，有明显的兴奋、沉郁、意识障碍等一般脑症状和有眼球震颤和瞳孔大小不等等局部脑症状，但排粪、排尿障碍不明显，在后期出现四肢瘫痪症状。

脑脊髓丝虫病，多发生于盛夏至深秋季节，其特征是腰痿，后肢运动障碍，并时好时坏，但排粪、排尿障碍不明显。脊髓液检查，可检出微丝蚴。

（六）治疗

主要采取加强护理，防止褥疮。控制感染等措施。

加强护理，防止褥疮。病畜保持安静，不能站立者应多铺稻草，经常翻转，防止发生褥疮；给予易消化、富有营养的饲草料；排粪、排尿障碍的病畜，应定期导尿和掏粪。四肢麻痹时，可进行按摩、针灸，或用感应电针穴位刺激治疗，并可用樟脑酒精涂擦皮肤，必要时交替肌肉注射士的宁与藜芦碱液，促进局部血液循环，恢复神经机能。

控制感染和兴奋神经。为了预防感染，应及时使用青霉素和磺胺类药物。镇痛可肌肉注射安乃近（牛、马，一次用量 $3\sim5$ g，猪、羊 $1\sim3$ g，犬、猫 $0.3\sim0.6$ g），同时配合应用巴比妥钠效果更好。静脉注射地塞米松（牛、马 $2.5\sim20$ mg/d，猪、羊 $4\sim12$ mg/d 犬、猫 $0.125\sim1$ mg/d），40%乌洛托品溶液 $20\sim40$ mL，具有抑制炎症，减少渗出，缓解疼痛的作用。根据病情发展，可以皮下注射 0.2%硝酸士的宁溶液，牛、马 $10\sim20$ mL，猪、羊 $1\sim2$ mL，兴奋中枢神经系统，增强脊髓反射机能。

改善神经营养，恢复神经细胞功能可使用维生素 B_1（马、牛 $100\sim500$ mg）、维生素 B_2（马、牛 $100\sim150$ mg）、辅酶 A（马、牛 $1\,000\sim1\,500$ IU）、ATP（马、牛 $2\,000\sim3\,000$ mg）等药物。

促进炎性渗出物的吸收,可用碘化钾或碘化钠,牛、马 10~15 g,猪、羊 1~2 g,犬、猫 0.2~1 g,内服,每日 1 次,5~6 d 为一疗程。

❓思考题

1. 试述脑膜脑炎的具体防治措施。

2. 简述脊髓炎及脊髓膜炎的临床诊断要点。

3. 临床上如何鉴别脊髓炎及脊髓膜炎?

第二十二章　动物营养代谢性疾病

学习要点 //

　　掌握奶牛酮病、维生素 A 缺乏症、铜缺乏症和异食癖的概念及临床表现、诊断要点和防治方法。理解奶牛酮病、维生素 A 缺乏症、铜缺乏症和异食癖的病因和发病机制。了解营养代谢性疾病的流行病学特点及发病原因。

第一节　营养代谢病概述

一、营养代谢性疾病的流行性特点

　　营养代谢性疾病病因复杂,种类繁多,一般缺乏特征性的临床症状,但与其他疾病相比,具有以下显著特点。

　　1. 群发性

　　许多营养代谢性疾病在一个养殖场或某一地区大群发生,不同品种动物同时或相继发病,症状基本相同或相似。在养殖场常见于日粮配合不当,过量使用饲料添加剂,饲养管理粗放,导致机体吸收的营养物质不能满足动物生长发育和生产的需要,或引发体内某些代谢紊乱而发病。

　　2. 地方流行性

　　由于地球化学方面的原因,土壤中有些矿物元素的分布很不均衡,如远离海岸线的内陆地区和高原土壤、饲料及饮水中碘含量不足,而流行人和动物的碘缺乏病;我国约有 70% 的县为低硒地区,动物硒缺乏病在这些地区呈地方性流行,同时人的克山病也时有发生;我国北方省份大都处在低锌地区,以华北面积为最大,内蒙古某些牧区绵羊缺锌症的发病率达 10%～30%。

　　3. 发病与生理阶段和生产性能有关

　　某些营养代谢性疾病发生在不同的生理阶段,如缺铁性贫血主要发生于仔猪,白肌病主要发生于幼龄动物,地方性共济失调仅侵害 1～2 月龄的羔羊;高产奶牛在产后容易发生低血钙性瘫痪、酮病等。

　　4. 病程较长,发病缓慢

　　营养代谢性疾病的发生,从病因作用到出现临床症状,往往需要数周、数月甚至更长时间,一般要经过体内代谢紊乱、组织器官机能紊乱或病理学改变,才出现临床症状。

5.多数缺乏特征症状,主要表现生长缓慢和生产性能下降

许多营养代谢性疾病缺乏特征性的临床症状,主要表现精神沉郁、食欲不振、消化障碍、生长发育停滞、贫血、异嗜、生产性能下降、生殖机能紊乱等营养不良症候群,容易与一般的营养不良、慢性消耗性疾病相混淆。

6.无传染性,发病动物体温偏低

虽然营养代谢性疾病在养殖场或一定区域大批发病,但不具传染性。病畜除继发感染外,体温一般在正常范围内或偏低,这是营养代谢性疾病早期群发时与传染性疾病的一个显著区别。

7.早期诊断困难

营养代谢性疾病多数早期仅表现生长发育缓慢、生产性能降低等亚临床症状,缺乏特征性临床症状,不易发现。疾病发展到中后期,出现典型症状,容易诊断,但往往治愈率低,或即使治愈但生产性能不能恢复,也最终淘汰。临床早期确诊较为困难。

二、营养代谢性疾病的病因

动物有机体对各种营养物质均有一定的需要量、允许量和耐受量,如果外源性供给不足就可导致营养代谢性疾病,供给过多就会导致营养过多症(即中毒)。因此,营养代谢性疾病可因一种或多种营养物质不足、缺乏、比例不当或中间代谢中某一环节出现障碍而引起。

1.营养物质摄入不足

主要见于饲料品种单一、品质不良、营养配比不平衡及饲养不当等使机体缺乏某种营养物质。如我国大面积土壤低硒、低铜、低锌导致当地牧草硒、铜或锌含量不足而发生动物硒、铜及锌缺乏症等。

2.营养物质摄入相对过剩

主要是以提高动物生产性能为目的,供给高营养的饲料,导致营养过剩而发生代谢性疾病。如奶牛干乳期饲喂高能饲料,可造成过度肥胖,是导致酮病的主要原因之一;集约化养鸡场动物性饲料饲喂过多以及日粮高钙、高钠,容易引起鸡痛风。

3.营养物质消化、吸收障碍

主要见于动物患某些影响消化吸收的慢性疾病,如慢性胃肠炎、肝脏疾病及胰腺疾病等。另外,日粮中某些物质过多或比例不当影响机体对另一些营养物质的吸收,如日粮中植酸过多,可与许多金属元素形成植酸盐,降低其吸收;日粮中钙磷比例不当可导致骨营养不良;钙过多干扰碘、锌等元素的吸收。

4.动物机体对营养物质的需要量增加

动物在妊娠、泌乳、产蛋和生长发育阶段对各种营养物质的需要量明显增加,若此时补充不足,即可导致代谢紊乱,引起发病。

5.饲料中存在抗营养因子

饲料中存在一些能使营养价值降低的物质称为抗营养因子。如豆科植物中的胰蛋白酶抑制因子,可与小肠中的胰蛋白酶结合,导致肠道对蛋白质的消化吸收障碍;游离棉酚与蛋白质结合成复合物,降低蛋白质的消化率;植物中的单宁与蛋白质、消化酶类形成复合物,影响能量、蛋白质和其他营养物质的消化利用率。植酸、草酸能与多种金属离子螯合,降低这些矿物元素的生物利用率;

硫苷干扰甲状腺利用碘;硝酸盐和亚硝酸盐可氧化、破坏胡萝卜素;某些鱼、虾、蛤类及蕨类植物含有硫胺素酶,能分解维生素 B_1。

6.某些代谢疾病与遗传有关

营养代谢性疾病的易感性在品种、个体之间有一定的差异。如犬和猫可发生先天性代谢病,更赛牛容易发生酮病,而娟姗牛生产瘫痪的发病率明显高于其他品种,肉鸡腹水综合征多发于肉用仔鸡。有报道认为,这些可能与遗传因素有关。

三、营养代谢性疾病的诊断

营养代谢性疾病多呈慢性,早期缺乏特征性的临床症状,典型症状一般出现较晚,早期确诊困难。因此,营养代谢性疾病的诊断不能停留在临床症状和病理变化层面,必须通过详细的流行病学调查、饲料分析、临床检查、病理学变化、实验室相关指标的测定及预防和治疗试验等进行综合诊断。

1.流行病学调查

着重调查疾病的发生情况,如发病季节、发病率、死亡率、发病年龄、生产性能、疫苗免疫、主要临床表现及病史等;饲养管理方式,如日粮配合及组成、饲料种类及质量、饲料添加剂种类及数量、饲养方法及程序等;环境状况,如土壤类型、水质情况及有无环境污染等。

2.临床检查

通过全面系统地临床检查,搜集症状资料,了解疾病的主要损害部位和程度,确定疾病的性质,有些营养代谢性疾病有比较典型的临床症状,可初步诊断。如维生素 A 缺乏早期表现夜盲和干眼病;新生仔猪铁缺乏表现生长缓慢和贫血;奶牛酮病呼出气体有烂水果味;钙磷代谢障碍主要表现不明原因的跛行和骨骼变形;锌缺乏常发生皮肤角化不全和鳞屑;绵羊铜缺乏病呈现被毛褪色、后躯摇摆、骨骼异常等。

3.病理学检查

有些营养代谢性疾病表现特征性的病理变化,根据尸体剖检和组织学检查可初步确诊。如犊牛和羔羊硒缺乏主要表现骨骼肌颜色变淡,呈现水煮样或鱼肉样;鸡痛风时内脏器官、输尿管及关节腔有尿酸盐沉积;皮肤角化不全和母畜所产幼畜脑室积水、先天性失明可能为维生素 A 缺乏所致;骨骼变软、骨质疏松主要是钙磷代谢障碍。

4.饲料分析

进行饲料中营养成分的分析,并与动物营养标准比较,可作为营养代谢性疾病,特别是营养缺乏病病因学诊断的直接证据。分析测定结果时要注意与该物质有拮抗作用的其他物质的含量,以便做出准确的判断。如饲料钼和硫含量过多影响机体对铜的吸收;饲料中高钙高铁可显著影响锌吸收。

5.实验室检查

实验室检查主要是测定患病个体及发病畜群血液、乳汁、尿液、被毛及组织器官等样品中某些营养物质和相关生理生化指标及代谢产物(标志物)的含量,为早期诊断和确定诊断提供依据。部分测定指标见表22-1。

表 22-1 动物营养代谢性疾病实验室测定指标

疾病名称	测定指标	疾病名称	测定指标
维生素 A 缺乏症	维生素 A、脑脊髓液压力	硒缺乏症	硒、谷胱甘肽过氧化物酶
维生素 B₁ 缺乏症	维生素 B₁、丙酮酸、乳酸	锌缺乏症	锌、碱性磷酸酶、金属硫蛋白
佝偻病	钙、磷、维生素 D	骨软病	钙、磷、维生素 D、羟脯氨酸
奶牛酮病	血糖、血脂、酮体	铜缺乏症	铜、血浆铜蓝蛋白、超氧化物歧化酶
家禽痛风	尿酸、非蛋白氮	脂肪肝出血综合征	血脂、胆固醇、转氨酶

6. 防治试验

对某些营养缺乏性疾病,在疾病高发区选择一定数量的病畜和临床健康动物,通过补充缺乏的营养物质,观察治疗和预防效果,来验证初步诊断,可作为临床诊断营养代谢性疾病的主要手段和依据。

7. 动物试验

许多营养代谢性疾病病因复杂,为了确定疾病的病因、发病机理、检测指标等,可通过严格控制日粮中可疑营养物质含量,人工复制动物模型,证明其是否能够产生与自然病例相同的临床症状和病理变化,从而为建立诊断和综合防治提供可靠依据。有些动物试验需要经过较长的时间才能复制成功,有的在整个试验过程中会受到一些意想不到的因素影响,必须严格控制试验条件,才能确保试验成功。

四、营养代谢性疾病的防治

营养代谢性疾病防治的关键是预防,因此,要做好预防工作,应主要抓住以下环节。

首先应加强饲养管理,保证供给全价日粮,特别是高产动物在不同的生产阶段根据机体的生理需要,及时、准确、合理地调整日粮结构。同时,应定期对畜群进行营养代谢性疾病的监测,做到早期预测,为进一步采取措施提供依据。

对区域性矿物质代谢障碍性疾病,可采取综合防治措施:如改良土壤、植物喷洒、饲料调换、日粮添加等方式提高饲草料中有关元素的含量。反刍兽微量元素缺乏病可通过投服微量元素缓释丸剂,在瘤胃和网胃中缓慢释放机体必需的微量元素而达到预防的目的。

第二节 能量物质营养代谢性疾病

能量物质营养代谢性疾病中最常见奶牛酮病。奶牛酮病又称酮血症、酮尿病,是高产奶牛产后因碳水化合物和挥发性脂肪酸代谢障碍所引起的一种代谢性疾病。实验室检验的特征变化为血、尿、乳中酮体含量异常升高,血糖浓度下降,消化机能紊乱,食欲减退,体重和产奶量下降,部分牛伴发神经症状。

本病在世界上许多国家流行,已成为危害奶牛业发展的主要疾病之一。各胎龄母牛均可发生本病,但多发于舍饲期间缺乏运动,且营养良好的 4～9 岁高产奶牛。在临床上,常发生于产后 2～6 周内,在产后 3 周内高发。一般来说,当血酮含量在 200 mg/L 以上而血糖含量在 500 mg/L 以下,并呈现明显症状的称为临床酮病(clinical ketosis)。血酮含量在 100～200 mg/L,但无明显症状的,称为亚临床酮病(subclinical ketosis)。

（一）病因

目前认为，能量代谢负平衡是引起奶牛酮病的根本原因。根据发病原因分为原发性和继发性两种。原发性奶牛酮病主要由饲料品质差，过量饲喂含丁酸含量高的青储饲料，运动不足，分娩时过度肥胖，特种营养（如丙酸、钴）的缺乏，泌乳增速太快且产奶量过高等原因引起。继发性奶牛酮病主要由皱胃变位、创伤性网胃炎、乳房炎、子宫炎、生产瘫痪以及其他分娩后常见的疾病等引起的食欲减退引发。奶牛酮病的发生与多种因素密切相关，主要有以下几种。

（1）奶牛高产　高产奶牛产后4～7周出现泌乳高峰，而食欲高峰则在产后8～12周才出现。从分娩到泌乳高峰这一时期，奶牛从饲料中摄取的能量不能满足泌乳消耗的需要，加之奶牛食欲较差，很容易引起能量负平衡，导致发病。

（2）日粮中营养不平衡和供给不足　奶牛分娩后饲料供给不足，饲料品质低劣，日粮不平衡，或者精料过多，粗饲料不足，导致低级脂肪酸减少，血糖降低，进而引起继发性瘤胃机能减弱，食欲减退，营养的摄取减少，造成奶牛体内的能量负平衡而呈现酮病。

（3）产前过度肥胖　干奶期能量供给水平过高，母牛产前过度肥胖，严重影响产后采食量的恢复，同样会使机体的生糖物质缺乏，引起能量负平衡，进而引发酮病。

（4）季节和气候变化　本病在冬末和春初高发，而夏季较少。冬末春初，青黄不接，优质粗饲料不足，过量采食丁酸含量高的青储饲料，加之天气寒冷，奶牛运动不足，成为发生本病的诱因。寒冷季节奶牛酮病以重症居多，而夏季发生本病多因牛舍高温潮湿，环境恶劣所致，且症状较轻。

（5）与分娩关系密切　约80%的病例发生于分娩后3周内，且以3～6胎次的牛居多。目前尚未见到不妊娠的青年母牛及公牛发生本病的确实证据，而且也未见到在一个泌乳期中间隔地先后发生两次以上的病例。

另外，本病的发生还与饲料中缺乏钴、碘、磷等矿物质及奶牛的遗传、品种密切相关。

（二）症状

临床上，根据症状可分消化型和神经型两种，消化型病例占85%左右，但有些病牛消化症状和神经症状同时存在。

消化型病初通常表现为反复无规律的、原因不明的消化紊乱。食欲降低、反刍减少、体重迅速下降、泌乳量减少；拒食精饲料、青储饲料，只采食少量青干草，继而食欲废绝；反刍无力、瘤胃弛缓、有时发生间歇性瘤胃臌气；精神沉郁、对外界反应淡漠，目光呆滞，不愿走动；体重逐渐减轻、明显消瘦、被毛粗乱无光，皮下脂肪消失、皮肤弹性减退；有时伴发卡他性肠炎症状。随病程延长，病牛体温略有下降（37℃），心率加快（100次/min），心音模糊，脉搏细弱。粪便稍干、量少，尿量也减少，呈蛋黄色水样，易形成泡沫。食欲逐渐减退者产奶量也逐渐下降，食欲废绝者产奶量迅速下降或停止。病牛的呼出气、乳汁、尿液、汗液中散发有特殊的丙酮气味。

神经型见于少数病牛。病初表现兴奋，精神高度紧张，不安。有些病牛目光怒视，横冲直撞、不可遏制，亦有举尾于运动场内无目的奔跑。有的病牛空口磨牙、流涎、感觉过敏，不断舌舔皮肤，吼叫。这种兴奋状态持续1～2d就转入抑制期，患牛表情淡漠，反应迟钝，四肢叉开或交叉站立，呆立于槽前，低头耳耷，眼睑闭合，嗜睡，呈沉郁状，对外界刺激反应性下降。

临床实验室检验特征为低糖血症、高酮血症、高酮尿症、高酮乳症。有些病牛血浆游离脂肪酸含量增高。血糖含量从正常的2.8 mmol/L（500 mg/L）降至1.12～2.24 mmol/L（200～400 mg/L）；血液酮体含量从0～1.72 mmol/L（0～100 mg/L）升高到1.72～17.2 mmol/L（100～1000 mg/L），继发性酮病牛血酮含量多在 8.6 mmol/L（500 mg/L）以下。尿液酮体含量因病牛饮水量而波动较大，但多在 13.76～22.36mmol/L（800～13 000 mg/L），明显高于正常。乳酮含量可从正常时的 0.516 mmol/L（30 mg/L）升高到 6.88mmol/L（400 mg/L）。一般来说，血酮在 3.44mmol/L（200 mg/L）时常伴有临床症状，为临床酮病的指标；在超过生理常值以上至 3.44 mmol/L（200 mg/L）之间无显著的临床症状，为亚临床酮病的指标。因此，亚临床酮病只能用血酮、尿酮、乳酮的定性或定量检测来诊断。

生糖氨基酸（如丙氨酸、脯氨酸、精氨酸、半胱氨酸等）降低，而生酮氨基酸（如亮氨酸、苯丙氨酸、赖氨酸、甘氨酸等）增高。尿液检查，尿总氮、氨氮、氨基酸氮增高，尿素氮减少，尿 pH 下降，呈酸性。血液检查，嗜酸性粒细胞增多（15%～40%），淋巴细胞增加（达 60%～80%），嗜中性粒细胞减少（约 10%）。严重的病例，血清转氨酶活性升高。

（三）诊断

根据分娩后 2～6 周内发病的病史、食欲减退或废绝、前胃弛缓、产奶量减少、渐进性消瘦和呼出特殊丙酮气味的临床症状，在排除继发性酮病的基础上可做出初步诊断；确诊需要做实验室检查，测定血糖含量和血、尿、乳中酮含量。用亚硝基铁氰化钠、硫酸铵和无水碳酸钠按比例混合研细，对尿液和乳汁的定性检查可作为诊断参考。当奶牛患创伤性网胃炎、皱胃变位及消化道阻塞性等疾病时易继发酮病，应注意鉴别诊断。

（四）治疗

本病的治疗原则是补糖抗酮，促进糖原异生，提高血糖含量，减少体脂动员。在临床上可通过增加碳水化合物饲料和优质草料，采用药物治疗和少挤奶相结合的方法取得良好疗效。最常用的 3 种治疗方法是静脉注射 50% 的葡糖糖、促肾上腺皮质激素（ACTH）和内服丙二醇。具体措施如下。

（1）替代疗法　静脉注射 50% 葡萄糖注射液 500 mL，每日 2 次，连用数日。这是提供葡萄糖的最快途径，对大多数母牛有效，但其缺点为注射后高血糖只是暂时性的，2 h 后血糖又降低，故应反复用药。因此，最好是以 50% 葡萄糖注射液 2 000 mL，缓慢静脉滴注，只是在现场条件下难以实施。皮下注射葡萄糖可延长作用时间，但通常不主张使用，因为皮下注射能引起病牛产生不适感，同时大剂量的葡萄糖进入皮下时，可引发皮下肿胀，造成局部不良反应。

如在静脉注射葡萄糖的同时，肌肉注射胰岛素 100～200 U，则效果更好。因为胰岛素既可促进葡萄糖进入细胞内，又可抑制肉毒碱脂酰转移酶 II 的活性，使油酸成酮迅速减少，而转为脂肪合成，从而恢复了脂肪的正常代谢。

从理论上讲，内服丙酸钠、丙二醇、甘油也有较好的疗效。推荐剂量都是 120～240 g，加等量水混合，每日 2 次。但丙二醇比丙酸钠和甘油更有效，因为它既能作为肝糖异生的先质也能免遭瘤胃发酵。甘油虽能在瘤胃内转变为丙酸，但也可转变为生酮脂肪酸。

（2）激素疗法　对于体质较好的患牛，肌肉注射肾上腺皮质激素及促肾上腺皮质激素（ACTH）可取得良好的效果。其抗酮作用在于能促进机体糖原异生过程中一些关键酶（转氨酶、丙酮酸羧化酶、1,6～二磷酸果糖激酶）的合成，促进糖异生而提高血糖水平。此法简单易行，且不需要同时给予葡萄糖或其先质。然而使用 ACTH 也有一些缺点，它是在消耗机体其他组织的同时刺激产生糖异生作用，可在移除过剩酮体的同时消耗草酰乙酸。同时，重复应用糖皮质激素治疗，可降低肾上腺皮质活性和对疾病的抵抗力。

肌肉或静脉注射糖皮质激素的应用剂量建议相当于 1 g 可的松,如用 ACTH,建议肌肉注射 200～800 IU。在单独注射一次适当剂量后约 48 h,即能促进糖原异生作用。静脉注射 0.5 g 氢化可的松,或肌肉注射 1～1.5 g 醋酸可的松,或皮下注射 1.0 g 促肾上腺皮质激素,或内服 25 mg 甲基强的松龙,每日 1 次,均可奏效。地塞米松作用较可的松强 15 倍,几乎没有钠的储留,用量 10～20 mg,肌肉注射 1 次可取得较好的疗效。

(3)其他疗法　包括镇静、纠正酸中毒、健胃助消化、补充维生素等营养物质等。水合氯醛除具有镇静作用外,还能促进瘤胃中的淀粉分解,刺激葡萄糖的产生和吸收,同时可抑制发酵,减少甲烷的生成,使瘤胃中积聚氢,从而促进丙酮酸生成丙酸的过程,很早就在治疗奶牛酮病时得到应用,首次用量为 30 g,加水灌服,继之再给予 7 g,每日 2 次,连用几天。补充维生素 B_{12} 和钴制剂,也常用于酮病的治疗。及时适当地补充复合维生素制剂,也可加速酮病痊愈。因维生素 A 缺乏时,可抑制促肾上腺皮质激素的分泌;维生素 B_1 在各种糖代谢过程中起辅酶作用;维生素 C 参与皮质激素的分泌,维生素 E 作为抗氧化剂,可防止不饱和脂肪酸过氧化,从而可增加肝糖原,同时能使垂体前叶细胞活化,促进促肾上腺皮质激素分泌;为防止酸中毒,可静脉注射 5% 碳酸氢钠溶液 500～1 000 mL。

(五)预防

本病的发生原因比较复杂,在生产中常采用综合预防措施才能收到良好的效果。最有效的预防措施是对妊娠牛和泌乳牛加强饲养管理,保证奶牛充足的能量摄入,且要防止在泌乳结束前牛体过度肥胖。预防酮病的饲养程序是产犊前,取中等水平的能量供给以满足其基本需要即可,如以粉碎的玉米和大麦片等为高能饲料,能很快提供可利用的葡萄糖。日粮中蛋白质含量应为 16%;优质干草至少占日粮的三分之一。产前 4～5 周到产犊和泌乳高峰期,应逐步增加能量供给。产犊后日粮应提供最多的生糖先质、最少的生酮先质,在保证不减少饲料摄入量的前提下提供最多的能量。在泌乳高峰后期,饲料中碳水化合物的来源可用大麦等代替玉米,最好不喂青储料而代之饲喂三分之一以上的优质青干草,也不宜突然更换日粮类型。质量差的青储料因丁酸含量高,缺乏生糖先质,可直接导致酮体生成。

另外,在分娩后 2～6 周内饲喂丙酸钠(每次 120 g,每日 2 次),也有较好的预防效果。

第三节　维生素营养代谢性疾病

维生素 A 缺乏症是该类疾病中的常见病,以下将主要介绍。

维生素 A 缺乏症是由维生素 A 或其前体胡萝卜素缺乏或不足所引起的一种营养代谢性疾病。临床上以生长缓慢、上皮角化、夜盲症、繁殖机能障碍以及机体免疫力低下等为特征。本病常见于犊牛、仔猪和幼禽,其他动物也可发生,但极少发生于马。

(一)病因

饲料中维生素 A 或胡萝卜素长期缺乏或不足是原发性(外源性)病因。饲料收刈加工、储存不当,如有氧条件下长时间高温处理,或烈日暴晒饲料,以及存放过久、陈旧变质,其中胡萝卜素受到(如黄玉米储存 6 个月后,约 60% 胡萝卜素被破坏;颗粒料在加工过程中可使胡萝卜素丧失 32% 以上),长期饲用便可致病。干旱年份和北方的冬季缺乏青绿饲料,又长期不补充维生素 A 时,易引起发病。幼龄动物,尤其是犊牛和仔猪于 3 周龄前,需自初乳或母乳中获取,如初乳或母乳中维生素 A 含量低下,以及使用代乳品饲喂幼畜,或是断奶过早,都易引起维生素 A 缺乏。

动物机体对维生素 A 或胡萝卜素的吸收、转化、储存、利用发生障碍,是内源性(继发性)病因。动物罹患胃肠道或肝疾病致维生素 A 的吸收障碍,胡萝卜素的转化受阻,储存能力下降。饲料中缺乏脂肪,会影响维生素 A 或胡萝卜素在肠中的溶解和吸收。蛋白质缺乏,会使肠黏膜的酶类失去活性,影响运输维生素 A 类的载体蛋白的形成。

(二)症状

各种动物的临床症状基本上相似,在组织和器官的表现程度上有些差异。

(1)视力障碍 夜盲症是早期症状(猪除外)之一。特别在犊牛,早晨、傍晚或月夜中光线朦胧时,盲目前进,行动迟缓,碰撞障碍物。所谓"干眼病",是指角膜增厚及云雾状形成,见于犬和犊牛,而在其他动物,则见到眼分泌一种浆液性分泌物,随后角膜角化,形成云雾状,有时呈现溃疡和羞明。

(2)眼部病变 成年鸡严重缺乏时,鼻孔和眼可见水样排出物,上下眼睑往往被黏着在一起,进而眼睛中则有乳白色干酪样物质积聚,最后角膜软化,眼球下陷,甚至穿孔,在许多病例中出现失明。雏鸡急性维生素 A 缺乏时,可出现眼眶水肿,流泪,眼睑下有干酪样分泌物。

(3)皮肤病变 患病动物的皮脂腺和汗腺萎缩,皮肤干燥;被毛蓬乱缺乏光泽、掉毛、秃毛。蹄表干燥。牛的皮肤有麸皮样痂块。小鸡喙和小腿皮肤的黄色(来航鸡)消失。

(4)繁殖力下降 公畜精小管生殖上皮变性,精子活力降低,青年公牛的睾丸显著小于正常。母畜发情扰乱,受胎率下降。胎儿吸收、流产、早产、死产,所产仔畜生活力低下,体质孱弱,易死亡。胎儿发育不全,先天性缺陷或畸形。

(5)神经症 患缺乏症的动物,还可呈现中枢神经损害的病征,例如颅内压增高引起的脑病,视神经管缩小引起的目盲,以及外周神经根损伤引起的骨骼肌麻痹。

(三)病理变化

患病动物结膜涂片中角化上皮细胞数量显著增多,如犊牛每个视野角化上皮细胞可由正常的 3 个以下增至 11 个以上。眼底检查,发现犊牛视网膜绿毯部由正常时的绿色至橙黄色变成苍白色。

(四)诊断

根据饲养管理情况、病史和临床特征可做出初步诊断。

在临床上,维生素 A 缺乏症引起的脑病与低镁血症性搐搦、脑灰质软化、D 型产气荚膜梭菌引起的肠毒血症有相似之处,应注意区别。与狂犬病和散发性牛脑脊髓炎的区别是前者伴有意识障碍和感觉消失,后者伴有高热和浆膜炎。许多中毒性疾病也有与维生素 A 缺乏症相似的临床病征,这些与维生素 A 缺乏症相似的中毒病在猪多于牛。但在猪的维生素 A 缺乏症中最常见的是后躯麻痹多于惊厥发作。

(五)治疗

治疗可用维生素 A 制剂和富含维生素 A 的鱼肝油。维生素 AD 滴剂:马、牛 5～10 mL;犊牛、猪、羊 2～4 mL;仔猪、羔羊 0.5～1 mL 内服。浓缩维生素 A 油剂:马、牛 15 万～30 万 IU;猪、羊、犊牛 5 万～10 万 IU;仔猪、羔羊 2 万～3 万 IU 内服或肌肉注射,每日 1 次。维生素 A 胶丸:马、牛 500 IU/kg(按体重计算);猪、羊 2.5 万～5 万 IU/头内服。鱼肝油:内服,马、牛 20～60 mL,猪、羊 10～30 mL,驹、犊 1～2 mL,仔猪、羔羊 0.5～2 mL,禽 0.2～1 mL。禽类饲料中补加维生素 A,雏鸡按每千克饲料添加 1 200 IU,蛋鸡按 2 000 IU 计算。维生素 A 剂量过大或应用时间过长会引起中毒,应用时应予注意。

(六)预防

保持饲料日粮的全价性,尤其维生素 A 和胡萝卜素含量一般最低需要量每日为 30～75 IU/kg(按体重计算),最适摄入量分别为 65～155 IU/kg(按体重计算)。孕畜和泌乳母畜还应增加 50%,可于产前 4～6 周期间给予鱼肝油或维生素 A 浓油剂;孕牛、马 60 万～80 万 IU,孕猪 25 万～35 万 IU,孕羊 15 万～20 万 IU,每周一次。日粮中应有足量的青绿饲料、优质干草、胡萝卜和块根类及黄玉米,必要时应给予鱼肝油或维生素 A 添加剂。饲料不宜储存过久,以免胡萝卜素破坏而降低维生素 A 功效,也不宜过早地将维生素 A 掺入饲料中做储备饲料,以免氧化破坏。舍饲期动物,冬季应保证舍外运动,夏季应进行放牧,以获得充足的维生素 A。

第四节　微量元素营养代谢性疾病

微量元素包括硒、铜、锌、碘、铁、钴、锰等。在此着重介绍铜缺乏症。

铜缺乏症主要是由于机体内微量元素铜缺乏或不足,而引起贫血、腹泻、被毛褪色、皮肤角化不全、共济失调、骨和关节肿大、生长受阻和繁殖障碍为特征的一种营养代谢病。各种动物均可发病,但主要发生于反刍动物,犬、猫也有发生。羔羊晃腰病、牛的舔(盐)病、摔倒病、骆驼摇摆病和猪铜缺乏症都属于原发性缺铜症;泥炭泻样拉稀、英国牛羊"晦气"病、犊牛消瘦病、牛的消耗病及羔羊地方性运动失调等,属于条件性或继发性缺铜症;海岸病和盐病属于缺铜又缺钴。本病在我国新疆、宁夏、吉林等省(自治区)相继报道,主要见于牛、羊、鹿、骆驼等家畜。

(一)病因

铜缺乏症的原因包括原发性和继发性两种。土壤中铜含量不足或存在拮抗植物吸收铜的物质而引起牧草和饲料中铜不足是导致动物铜缺乏的原发性因素。土壤中通常含铜 18～22 mg/kg,植物中含铜 11 mg/kg。但在缺乏有机质和高度风化的沙土地,以及沼泽地带的泥炭土和腐殖土含铜量不足,土壤含铜量仅 0.1～2 mg/kg。土壤铜含量低引起饲料铜含量太少,导致铜摄入不足,成为单纯性缺铜症。在这种土壤上生长的植物,其干物质中含铜量低于 3 mg/kg(铜的临界值为 3～5 mg/kg,适宜值 10 mg/kg),导致铜摄入不足,引起动物发病。

继发性缺铜症是土壤和日粮中含有充足的铜,但动物对铜的吸收受到干扰,主要是饲料中干扰铜吸收利用的物质(如钼、硫等)含量太多,如采食高钼土壤上生长的植物(或牧草)或采食工矿钼污染的饲草,或饲喂硫酸钠、硫酸铵、蛋氨酸、胱氨酸等含硫过多的物质经过瘤胃微生物作用均转化为硫化物,形成一种难溶解的铜硫钼酸盐复合物($CuMoS_4$),降低铜的利用。钼与铜具有拮抗作用,钼浓度在 10～100 mg/kg(干物质计)以上,Cu∶Mo＜5∶1 时,易产生继发性缺铜。无机硫含量＞0.4%,即使钼含量正常,也可产生继发性低铜症。除此之外,铜的拮抗因子还有锌、铅、镉、银、镍、锰等。饲料中的植物酸盐过高、维生素 C 摄食量过多,都能干扰铜的吸收利用。即使铜含量正常,仍可造成铜摄入量不足、铜排泄量过多,引起铜缺乏症。与原发性缺铜症相比,继发性缺铜症发生年龄稍迟。

吮乳犊牛,2～3 月龄后就可发生缺铜症。缺铜母羊所生的羊羔,生后不久就可产生先天性摇背症。人工喂养的犊牛因可吃到已补充了铜的饲料,不致发生铜缺乏症。一旦转入低铜草地,或高钼草地放牧,待体内铜耗竭时,很快产生缺铜症。1岁犊牛缺铜现象比2岁以上牛更严重。另外,有些犬可能因遗传基因缺陷,产生类似人的遗传病(Wilson病)样的铜中毒。

本病除冬天发生较少(因所饲精料中已补充铜)外,其他季节都可发生。春季,尤其是多雨、潮湿、施氮肥或掺入一定量钼肥的草场,发生本病的比例最高。

(二)症状

原发性缺铜症患畜表现精神不振,产奶量下降和贫血。被毛无光泽、粗乱,红色变为淡锈红色,以致黄色,或者黑色变成灰色,犊牛生长缓慢,腹泻,易骨折,特别是骨盆骨与四肢骨易骨折。驱赶运动时行动不稳,甚至呈犬坐姿势。稍作休息后,则恢复"正常"。有些牛有痒感和舔毛,间歇性腹泻,部分犊牛表现关节肿大,步态强拘,屈肌腱痉挛,行走时指尖着地,这些症状可以在出生时发生,或于断乳时发生,瘫痪和运动不协调等症状较少见。

继发性缺铜症,其主要症状与原发性缺铜类似,但贫血少见,腹泻明显,这与某些"条件因子"减少铜的可利用性有关,腹泻严重程度与钼摄入量成正比。

不同动物铜缺乏症还有其各自的临床特点。

牛以突然伸颈,吼叫,跌倒,并迅速死亡为特征。病程多为24 h。死因是心肌贫血、缺氧和传导阻滞所致。泥炭样腹泻出现于在含高钼的泥炭地草场放牧数天后,排稀呈水样。粪便无臭味,常不自主外排,久之出现后躯污秽,被毛粗乱,褪色,铜制剂治疗效果明显。消瘦病呈慢性经过,开始表现为步态强拘,关节硬性肿大,屈腱挛缩、消瘦、虚弱,多于4~5个月死亡。被毛粗乱,褪色,仅少数病例表现腹泻。

羊原发性缺铜,被毛干燥、无弹性、绒化,卷曲消失,形成直毛或钢丝毛,毛纤维易断。但各品种羊对缺铜的敏感性不一样,如羔羊摇背症,见于3~6周龄,是先天性营养性缺铜症(亦有人认为是遗传性缺铜),表现为生后即死,或不能站立,不能吮乳,运动不协调,或运动时后躯摇晃,故称之为摇背症。继发性缺铜的特征性表现为地方性运动失调,仅影响未断乳的羔羊,多发于1~2月龄,主要是运动不稳,尤其驱赶时,后躯倒地,持续3~4 d后,多数患羊可以存活,但易骨折,少数病例可表现下泻,如波及前肢,则动物卧地不起。但食欲正常。山羊缺铜与羔羊运动失调类似,但仅发生于幼羔至32月龄的羊。

梅花鹿缺铜症与羔羊缺铜症类似,仅发生于未成年鹿及刚断乳或断乳小鹿,成年鹿发病少,表现运动不稳,后躯摇晃,呈犬坐姿势,脊髓神经脱髓鞘,中脑神经变性。

猪自然发生猪缺铜病例极少。病畜表现轻瘫,运动不稳,肝铜浓度降至3~14 mg/kg,用低铜饲料实验性喂猪,可产生典型的运动失调,跗关节过度屈曲,呈犬坐姿势,补铜治疗,疗效显著。

犬、猫虽然不缺铁,但也表现出贫血症状。因缺铜造成含铜酶活性降低,导致骨骼胶原的强度下降,发生骨骼疾患,表现为骨骼弯曲、关节肿大、跛行,四肢易骨折。深色被毛的宠物,缺铜时易造成毛色变浅、变白,尤以眼睛周围为甚,状似带白边眼镜,故有"铜眼镜"之称。

鸡自然发生的鸡缺铜症可出现主动脉破裂,突然死亡。但发病率低,母鸡所产蛋的胚胎发育受阻,孵化72~96 h,分别见有胚胎出血和单胺氧化酶活性降低。

(三)实验室检查

血红蛋白浓度降为50~80 g/L,红细胞数降为(2~4)×10^{12}个/L,相当多的红细胞内有Heinz小体,但无明显的血红蛋白尿现象,贫血程度与血铜浓度下降程度成正比。

牛血浆铜浓度从0.9~1.0 mg/L降至0.7 mg/L时,称为低铜血症。继续降至0.5 mg/L以下,则出现临床缺铜症。但继发性缺铜早期,可因高钼摄入而诱发血浆铜浓度升高,TCA 可溶性铜变化不大,现在把 TCA 不溶性铜浓度升高,TCA 可溶性铜与不可溶性铜间的比值下降,作为监测条件性缺铜的指标。

肝铜浓度变化非常显著,初生动物、幼畜肝铜浓度都较高,如牛达 380 mg/kg,羊为 430 mg/kg,猪为 233 mg/kg。生后不久因合成铜蓝蛋白,肝铜浓度则迅速下降,牛为 8～109 mg/kg,羔羊为 4～34 mg/kg。成年牛缺铜时,肝铜从 100 mg/kg 降至 15 mg/kg,甚至仅 4 mg/kg。羊缺铜时肝铜从 200 mg/kg 降至 25 mg/kg 以下。因此,当肝铜(干物质)大于 100 mg/kg 为正常,肝铜小于 30 mg/kg 时为缺乏。

缺铜使某些含铜酶活性改变,如血浆铜蓝蛋白活性下降,正常值为 45～100 mg/L,低于 30 mg/L 就是缺乏,缺乏程度与血浆铜浓度成比例。其他含铜酶(如细胞色素氧化酶、单胺氧化酶和超氧化物歧化酶)活性下降,对慢性铜缺乏症有诊断意义。当铜浓度<0.4 mg/L,超氧化物歧化酶活性下降,可作为缺铜诊断的可靠指标。

(四)病理变化

剖检可见病牛消瘦,贫血,肝、脾、肾内有过多的血铁黄蛋白沉着。犊牛原发性缺铜时,腕、跗关节囊纤维增生,骨骼疏松,骺端矿化作用延迟,羔羊地方性运动失调,尚有脱髓鞘,尤其是脊髓和脑室管道内脱髓鞘,大多数摇背症羊,还有急性脑水肿、脑白质破坏和空泡生成,但无血铁黄蛋白生成。牛的摔倒病,病牛心脏松弛、苍白、肌纤维萎缩,肝、脾肿大,静脉瘀血。猪、犬、马驹和羔羊缺铜时,见有长骨弯曲,骨端肿大,关节肿胀,肋骨与肋软骨结合部肿大和骨质疏松等骨质变化。

(五)诊断

根据病史,临床上出现的贫血、腹泻、消瘦、关节肿大、关节滑液囊增厚,肝、脾、肾内血铁黄蛋白沉着等特征性病变,补铜以后疗效显著,可作出初步诊断。确诊有待于对饲料、血液、肝等组织铜度和某些含铜酶活性的测定。如怀疑为继发性缺铜症,应测定钼和硫含量。

诊断中应区别寄生虫性腹泻,如肝片形吸虫、肠道寄生虫、球虫等,要根据粪便中虫卵及卵囊计数和对铜治疗效果而确定,还应与某些病毒性、细菌性和霉菌性腹泻(如病毒性腹泻、沙门菌、镰刀菌毒素等所致的腹泻)相区别。羔羊摇背症和地方性运动失常与山黧豆属牧草中毒、羔羊白肌病、维生素 E 缺乏症所致脑软化症等混淆,后两者补硒有明显的疗效。

牛的摔倒病以突然死亡为特征,生前常缺乏临床症状,应与炭疽、再生草热和某些急性中毒病相区别。

(六)治疗

治疗措施是补铜。犊牛从 2～6 月龄开始,每周补 4 g,成年牛每周补 8 g 硫酸铜,连续 3～5 周,间隔 3 个月后再重复治疗一次,对原发性和继发性缺铜症都有较好的效果。动物饲料中应补充铜,或者直接加到矿物质补充剂中,牛、羊对铜的最小需要量是 15～20 mg/kg(干物质),猪 4～8 mg/kg,鸡 5 mg/kg,食用全植物性饲料时为 10～20 mg/kg,矿物质补充剂中应含 3％～5％的硫酸铜。50％钙和 45％钴化盐及碘化盐加黏合剂制成的盐砖,供动物舔食,或将此混合盐按 1％比例加入日粮中。如病畜已产生脱髓鞘作用,或心肌损伤,则难以恢复。

(七)预防

在低铜草地上,如 pH 偏低可施用含铜肥料,每公顷可施硫酸铜 5～7 kg,几年内均可保持牧草铜含量。有试验证明,牧草铜从 5.4 mg/kg 提高到 7.8 mg/kg,牛血铜浓度从 0.24 mg/L 升高到

0.68 mg/L，肝铜从 4.4 mg/L 升高到 28.6 mg/L，一次喷洒可保持 3～4 年。喷洒前需等降雨之后，或 3 周以后才能让牛、羊进入草地。碱性土壤不宜用此法补铜。

直接给动物补充铜。可在精料中按牛、羊对铜的需要量补给，或投放含铜盐砖，让牛自由舔食。内服硫酸铜溶液，按 1% 浓度，牛 400 mL，羊 150 mL，每周一次；妊娠母羊于妊娠期持续补铜，可防止羔羊地方性运动失调和摇摆症。羔羊出生后每两周补铜一次，每次 3～5 mL。预防性盐砖中含铜量，牛为 2%，羊为 0.25%～0.5%。用氧化铜装入胶囊投服，母羊 4 g，牛 8 g，用投药枪投入，可沉于网胃内而慢慢释放铜。用 EDTA 铜钙、甘氨酸铜或氨基乙酸铜与矿物质油混合作皮下注射，其中含铜剂量为牛 400 mg，羊 150 mg，羊每年一次，育成牛 4 个月一次，成年牛 6 个月一次，效果很好。另外，日粮添加蛋氨酸铜 10 mg/kg 亦可预防铜缺乏。

第五节　其他不明原因营养代谢性疾病

异食癖是不明原因营养代谢性疾病中较常见的一种。

异食癖是指畜禽由于营养、内分泌、环境、心理和遗传等多种因素的改变，而引起一种以舔食、啃咬通常认为无营养价值而不应该采食的异物为特征的多种疾病综合征。临床上各种动物都可发生，以羊、猪、鸡、犬、狐狸等常见，且多发生在冬季和早春舍饲动物。羊主要表现食毛癖，猪表现咬尾咬耳症，禽类表现啄羽癖、啄头癖、啄肛癖、啄蛋癖、啄趾癖，毛皮兽表现自咬症等。

(一)病因

引起本病的原因多种多样，一般认为与环境、营养和疾病因素有关。环境因素主要是指饲养密度过大，导致动物之间相互接触和冲突频繁，为争夺饲料和饮水位置，互相攻击咬斗，常易诱发恶癖；光照过强，光色不适，易导致禽啄癖；高温高湿，通风不良，圈舍空气中氨、硫化氢和二氧化碳等有害气体的刺激易使动物烦躁不安而引起啄癖。营养缺乏或配合不当等营养因素被认为是引起异食癖的主要原因。硫、钠、铜、钴、锰、钙、铁、磷、镁等矿物质不足，特别是钠盐的不足是常见原因；土壤钴含量为 1.5～2 mg/kg 时，该地区容易发生异食癖，若钴含量为 2.3～2.5 mg/kg 时，则不发生异食癖；铜缺乏、钙磷比例失调、长期饲喂过酸的饲料、硫及某些蛋白质与氨基酸的缺乏、某些维生素缺乏(特别是 B 族维生素的缺乏)等均可导致体内代谢机能紊乱而诱发异食癖。一些临床或亚临床疾病也是引起异食癖发生的原因之一。如鸡白痢、球虫病等体内外寄生虫病、猪尾尖坏死、体表创伤等疾病本身不可能引起异食癖，但可产生应激作用而引起发病。

食毛症：一般认为钙、磷、钠、铜、锰、钴等矿物元素缺乏，维生素和蛋白质供给不足是引起本病的基本原因，也有人认为饲料中硫及含硫氨基酸缺乏是主要原因。在低钴和低铜地区群发；在土壤、饲料和饮水中锌、钼含量高的地区，发病率较高。本病具有明显的季节性和区域性，发病仅局限于终年只在当地草场流行病区放牧的羊，特别是由于干旱缺水导致草场牧草匮乏时，给羊群补充高能量饲料(如玉米等)可立即促进发病。本病多发生在 11 月至翌年 5 月，1～4 月为高峰期，青草萌发并能供以饱食时即可停止。山羊发病率明显高于绵羊，其中以山羯羊发病率最高。

禽啄食癖：在集约化饲养管理条件下，饲养密度过高造成的过度拥挤、舍内光照过强、过高的环境温度、不合理混养、饲槽或饮水器不足以及饲料单一、矿物质营养缺乏、体外寄生虫感染等均可引起发病。饲喂颗粒饲料、浓缩料、日粮中玉米比例过多或日粮高钙、低纤维也容易发病。饲料中的硫元素供应不足或含硫氨基酸缺乏也可诱发本病。

猪咬尾咬耳症：任何引起不适的因素都可能引发猪咬尾咬耳症，如管理因素、疾病因素、环境因素、营养因素等应激刺激都可能是发病的原因。如猪群饲养密度过大,饲料发霉变质,饲料异味或饥饿争食,或个别个体体表创伤出血等对猪有强烈的刺激作用,均可使猪相互攻击,群体内咬斗次数和强度明显增加;粪便堆积,通风不良,贼风侵袭,有害气体浓度增大;湿度过大,温度过高或过低,或温度骤变;光照太强或明暗明显不均亦会诱发猪争斗行为。体内外寄生虫病、皮肤病等疾病因素引起行为异常也可能诱导本病。某种或某些营养素缺乏或过多,各种营养素之间平衡失调等均可诱发本病。

毛皮兽自咬症:主要与营养性因素(如硒、锰、锌、铜、铁、硫、钴等元素缺乏)、体表寄生虫感染(如疥螨、痒螨、蚤等)、病毒性疾病以及其他疾病(如脑炎、肠炎、便秘等)有关。

(二)症状

异食癖的共性表现,一般首先表现消化不良,出现味觉异常和异食症状。患畜舔食、啃咬、吞咽被粪便污染的饲草,舔食墙壁、食槽,啃吃墙土、砖瓦块、煤渣、破布等物。患畜易惊恐,对外界刺激敏感性增高,以后则反应迟钝。皮肤干燥,弹力减退,被毛松乱无光泽,拱腰,磨齿。先便秘,后下痢,或便秘、下痢交替出现。贫血,渐进性消瘦,食欲进一步恶化,甚至发生衰竭而死亡。

禽啄食癖:表现为啄羽癖、啄肛癖、啄趾癖、啄头癖、啄蛋癖不等。一旦在鸡群中发生,传播迅速,鸡之间互相攻击和啄食,严重者可对某只鸡群起而攻之,造成死亡。啄羽癖家禽互相啄食彼此羽毛或啄食自身羽毛,或啄食脱落在地上的羽毛。开始时先从尾部、翅膀等部位啄起,以后扩展到全身羽毛,以致羽毛不整齐或全身无毛。被啄食家禽常常发生皮肤出血、感染。严重时,啄癖进一步发展为啄肛、啄趾、啄肉等,甚至导致死亡;啄肛癖是啄食肛门及肛门以下腹部的一种最严重的恶癖。啄肛癖在雏鸡患鸡白痢、球虫病时,肛门附有白色或血色粪便,而引起其他鸡的啄食。产蛋鸡由于产蛋体积过大,造成泄殖腔或输卵管外翻、肛门撕裂出血时,可引起追逐啄肛。严重时啄穿腹腔,并将内脏器官拉出,在肛门附近形成空洞,终因出血和休克死亡。

猪咬尾咬耳症:被咬猪的尾巴和耳朵常出血。耳朵被咬时,容易反击,尾巴被咬时不容易反击,因此尾巴的伤害比耳朵严重。有的病例尾巴被咬至尾根部,严重者引起感染或败血症而死亡。群体中一只猪被咬并处于弱势时,有时还可能被多只猪攻击,若未能及时发现和制止常造成严重的伤亡。

毛皮兽自咬症:病前主要表现精神紧张,采食异常,易惊恐。发病时病兽自己咬自己的尾部、后肢、臀部或身体的其他部位,并发出刺耳尖叫声。轻者咬掉被毛、咬破皮肤,重者咬掉尾巴、咬透腹壁、拉出内脏。反复发作时,可因创伤感染而死亡。

(三)诊断

本病主要依据特征性临床症状即可做出诊断,但要做出病因学或病原学诊断则十分困难。要进行病原学诊断,则必须从病史调查、临床特征及实验室检查等方面具体分析,异食癖是多种疾病的一种临床综合征,只有进行病原学诊断,才能提出有效的防治措施。

(四)防治

防治本病的关键是预防,要做好预防工作,首先必须确定病原或病因,在此基础上才能有的放矢地改善饲养管理。应根据动物不同生长阶段的营养需要,喂给全价配合饲料,当发现有异食癖时,可适当增加矿物质和复合维生素的添加量。对于有明显地区性的异食癖(如食毛癖)可根据土壤和饲料情况,缺什么补什么,对土壤中缺乏某种矿物质的牧场,要增施含该物质的肥料,并采取轮换放牧。在青草缺乏季节多喂优质青干草、青储料,补饲麦芽、酵母等富含维生素的饲料。

食毛症:在发病地区应对饲料的营养成分进行分析,有针对性地补饲所缺乏的物质。一般情况下,可用食盐 40 份、骨粉 25 份、碳酸钙 35 份、氯化钴 0.05 份混合,做成盐砖或营养缓释丸,任羊自由舔食或投服到瘤胃内缓慢释放。近年来,用硫化物(主要是有机硫,尤其蛋氨酸等含巯基的氨基酸)防治本病,效果良好。用硫酸铝、硫酸钙、硫酸亚铁、少量硫酸铜等含硫化合物治疗病羊可在短期内取得满意的疗效。在发病季节坚持补饲以上含硫化合物,硫元素用量可控制在饲料干物质的 0.05%,或成年羊 0.75～1.25 g/(只·d),即能起到中长期预防和治疗效果,补饲方法以含硫化合物颗粒饲料为主。含硫颗粒饲料组方:硫酸铝 143 kg,生石膏 27.5 kg,硫酸铜 5 kg,硫酸亚铁 1 kg,玉米 60 kg,黄豆 65 kg,草粉 950 kg,加水 45 kg,制成直径为 5 mm 颗粒饲料,放牧羊 20～30 g/d,也可盆饲或撒于草地上自由采食。

禽啄食癖:鸡群中一旦发现有鸡被啄食,必须立即将被啄的鸡移出隔离饲养,如果多数鸡发生啄食,应将每个被啄鸡分开隔离饲养。及时断喙,实践证明断喙是防止鸡群发生啄癖最经济、最有效的方法,断喙时间最好选在 5～9 日龄进行。饲料配合要全价和平衡,饲料中应含有足够的优质蛋白质,尤其要含有一定数量动物蛋白,矿物质和各种维生素的含量要满足需要。同时特别注意粗纤维、蛋氨酸、食盐、钙、磷及无机硫的供应。此外经常饲喂一些沙粒,可有效地减少啄癖的发生。提供合理的光照,光照的强度以鸡可正常采食为原则,育雏鸡 0～2 周龄用 20 lx,3 周龄降至 5～10 lx,育成鸡 13～15 lx,产蛋鸡 10～20 lx;应保持适宜的温度、湿度和通风,产蛋鸡的适宜温度是 15～25℃、相对湿度 55%～65%,通风以能及时排除有害气体为宜。加强疾病控制,通过预防措施有效地控制肠道疾病和体表寄生虫病的发生,必要时采取药物治疗。加强管理,尽量减少应激转群、免疫等对鸡应激大的活动,应安排在晚上进行。经常巡视鸡群,随时把被啄伤的鸡挑出来,如有饲养价值,可以在伤处涂些紫药水或碘酒,然后隔离饲养。

猪咬尾咬耳症:合理组群,应把来源、体重、体质、性情和采食习惯等方面近似的猪组群饲养,每一动物群的多少,应以圈舍设备、圈养密度以及饲养方式等因素而定。如猪在自然温度,自然通风的饲养管理条件下,每群以 10～20 头为宜,在工厂化养猪条件下,每群也不宜超过 50 头。在架子猪,同群猪体重个体相差不超过 7～10 kg;饲养密度要适宜,以不影响动物正常的生长、发育、繁殖,又能合理利用栏舍面积为原则。在猪,一般 3～4 月龄每头需要栏舍面积以 0.5～0.6 m² 为宜,4～6 月龄以 0.6～0.8 m² 为宜,7～8 月龄和 9～10 月龄则分别为 1 和 1.2 m²;适时去势,对用于育肥的杂交仔猪,应在去势后育肥,既可提高育肥性能和胴体品质,又可防止咬尾的发生;仔猪及时断尾是控制咬尾症的有效措施。方法是在仔猪出生的当天,在离尾根大约 1 cm 处,用钝口剪钳将尾巴剪掉,并涂上碘酊,或者仔猪生下后 1～2 d 内结合打耳号,进行断尾。据资料报道,对出现咬尾现象的猪群采用饮水中添加安眠酮的办法,能迅速制止。具体做法:约 50 kg 猪每头 0.4 g,研碎后加入水中,饮水后 10～30 min,咬尾行为完全消失,且不易复发。

思考题

1. 简述奶牛酮病的发病病因和发病机理。
2. 试述维生素 A 缺乏症的病因、诊断要点及防治方法。
3. 试述营养代谢性疾病的防治措施。

第二十三章　中毒性疾病

学习要点 ///

> 　　掌握亚硝酸盐中毒、黄曲霉素中毒、有机磷杀虫剂中毒、汞中毒和一氧化碳中毒的概念及临床表现、诊断要点和防治方法。理解亚硝酸盐中毒、黄曲霉素中毒、有机磷杀虫剂中毒、汞中毒和一氧化碳中毒的病因和发病机制。了解畜禽发生急性中毒的一般原因。

第一节　动物中毒病概述

▶ 一、毒物及中毒

（一）毒物的基本特征

（1）对机体有不同水平的有害性，但具备有害性特征的物质并不都是毒物，如单纯性粉尘。

（2）经过毒理学研究之后确定的。

（3）必须能够进入机体，与机体发生有害的相互作用。

具备上述三点才能称之为毒物。

（二）毒物的毒性

1. 毒性剂量关系

毒性（toxicity，poisonousness）是指某种毒物引起机体损伤的能力，用来表示毒物剂量与反应之间的关系。毒性大小所用的单位一般以化学物质引起实验动物某种毒性反应所需要的剂量表示。气态毒物，以空气中该物质的浓度表示。所需剂量（浓度）愈小，表示毒性愈大。最通用的毒性反应是动物的死亡数。常用的评价指标有以下几种。

（1）绝对致死量或浓度（LD_{100} 或 LC_{100}）　即染毒动物全部死亡的最小剂量或浓度。

（2）半致死量或浓度（LD_{50} 或 LC_{50}）　即染毒动物半数死亡的剂量或浓度。这是将动物实验所得的数据经统计处理而得。

（3）最小致死量或浓度（MLD 或 MLC）　即染毒动物中个别动物死亡的剂量或浓度。

（4）最大耐受量或浓度（LD_0 或 LC_0）　即染毒动物全部存活的最大剂量或浓度。

实验动物染毒剂量采用"mg/kg"、"mg/m^3"表示。

2. 染毒期限

由于毒物进入机体的量和速度不同，中毒的发生有急、慢之分。毒物短时间内大量进入机体后

182

而突然发病者,为急性中毒。毒物长期小量地进入机体,则有可能引起慢性中毒。根据染毒期限,毒性通常也可以分为以下几种。

(1)急性毒性　指24 h内一次染毒或多次染毒的毒性结果。

(2)亚急性毒性　染毒期限少于3个月。

(3)亚慢性毒性　染毒期限为3～6个月。

(4)慢性毒性　染毒期限在6个月以上。

二、畜禽发生急性中毒的一般原因

(1)饲料中毒　常由于饲料品质不良,如长期或一次多量地用发霉的玉米、豆类、小麦、饼粕等饲喂畜禽,加工调制方法不当;对部分含有毒物质的饲料(如棉籽饼、菜子饼、马铃薯,木薯等)未作去毒处理,或饲喂方法不合理等所引起。

(2)有毒动植物中毒　在饲草缺乏季节,或因饲牧不及时,或由于割草时将夹杂在嫩草中间的有毒植物一起割回,家畜因误食有毒植物而中毒。此外,某些家畜对一些有毒植物具有异嗜习性,如牛喜食烟草、栎树叶,山羊喜食闹羊花等,也可引起中毒。

(3)有毒动物咬伤　在山区,畜禽可能被有毒动物咬伤而中毒,如毒蛇、斑蝥、蜈蚣、马蜂等咬伤、刺伤所引起,或误食有毒昆虫(如斑蝥、蚜虫、谷象等)。

(4)药物中毒　治病或预防用药不合理,环境消毒时不执行制度或缺乏严格的科学态度等,也可造成中毒事故。

(5)农药、化肥及化学物质中毒　由于平时对毒剂的管理制度不严,农药和化肥等保管使用不当,或用运送过农药、化学药品、化肥等毒物的运输工具,或盛放过上述物质的容器,未经清洗消毒,又用来运送或储放饲料等,均可引起中毒。

(6)环境毒物中毒　如环境污染、自然地质环境中有毒有害物质引起的中毒。

(7)其他　如人为投毒、军用毒剂中毒等。

三、畜禽急性中毒的一般症状

由于有毒物质种类繁多,程度也不完全一样。所以,毒理不一,即使同一种毒物在不同的条件下,对机体的损害也不相同。各种中毒的临床表现,也是异常复杂多样的。现按系统进行综合扼要介绍。

(一)呼吸系统

(1)窒息　可由于呼吸道机械性阻塞或呼吸中枢被抑制而发生。

(2)呼吸道炎症　吸入水溶性较大的刺激性气体可引起上呼吸道黏膜水肿、充血,而使病畜呈现流涕、喷嚏、咽部疼痛、甚至可引起中毒性肺炎。

(3)肺水肿　毒物可直接损害肺泡壁的毛细血管,引起血管扩张,渗透性增强。毒物导致机体缺氧,引起毛细血管痉挛,增加肺毛细血管的压力,尤其是中毒后病畜不安静,心搏加快,造成过多的静脉血回流,进一步使肺毛细血管压力上升,促进肺水肿的发生。中毒后腺体分泌增加,使包括支气管的黏液腺在内的腺体大量分泌,引起水肿。

(二)神经系统

毒物可直接损害神经细胞,引起脑水肿和中毒性脑病等。

(三)血液系统

1. 白细胞数变化

大多数急性中毒均呈现白细胞总数和嗜中性粒细胞比例增加。但苯、抗癫药物等急性中毒,可引起白细胞减少,甚至颗粒细胞缺乏症。

2. 血红蛋白变性

毒物引起的血红蛋白变性以高铁血红蛋白血症为最多。

(1)泌尿系统　有许多毒物可引起肾脏损害。

(2)循环系统　毒物可引起急性心肌炎、心律失常或心动过缓,甚至急性肺原性心脏病。

(3)消化系统　引起呕吐、腹泻、腹痛、急性肝功能损害等。

四、畜禽急性中毒的一般诊断方法

畜禽中毒的诊断,主要是根据病史、现场调查、临床表现以及实验室检查等进行综合分析,做出正确判断。

(1)病史调查　应详细听取畜主或管理人员介绍的发病情况,包括发病时间、地点、数量、死亡数量、病程经过、症状变化,发病后是否经过急救,效果如何,饲料来源、种类、调剂方法及饲料的更替、变换情况,最近是否用过驱虫、消毒、预防药物。在排除某些急性传染病的情况下,若没有特殊原因,畜(禽)群在饲喂后突然多数发病,且食欲越旺盛、体质越好而发病愈严重者,可考虑为急性中毒。

(2)现场调查　应查清疾病的发生与周围环境和事物的有关联系,深入畜(禽)舍、运动场和饲料加工、调制现场进行观察,了解饲养管理情况,察看饲料品质、粪尿排泄及环境、器具等是否有污染现象,应注意畜舍,特别是饲料加工、调制场所附近是否存放过农药,空气中是否有特异气味,同时还应注意交通、水源、作物的保管和利用等情况,若发现可疑线索,应深入进行分析研究。

(3)临床及病理学检查　应特别注意某些毒物中毒时,在某些器官或系统中可能出现的特有的生前症状和死后的剖检变化。如牛的黑斑病甘薯中毒,往往可呈现典型的肺泡气肿和间质性肺肿,而阿托品类、磷化锌中毒时,出现口干渴、皮肤无汗等。

(4)实验室检验　实验室检验要结合临床表现有目的地进行,并尽可能选用特异性强而又简便的检查方法。必要时可采取病畜(禽)的胃内容物、血液、内脏实质器官、排泄分泌物(尿、粪、唾液等)或有关饲料饮水等,送有关单位进行毒物分析。

(5)动物试验　将可疑毒物在易感动物进行试验,如出现特征性症状或特异性病理变化,可以反证为该毒物。

五、畜禽急性中毒的处理

急性中毒发病迅速,症状比较严重,必须及时采取措施。处理一般分为三个步骤:即去除毒物以防止毒物的继续吸收,应用解毒剂,对症治疗。但三者次序的先后,应根据病情的变化,灵活掌握。

(一)迅速脱离有毒环境,除去毒物

(1)因化学药剂污染空气而引起中毒者,应迅速离开有毒地点。

(2)因被毒物污染体表皮肤者,不论其是否已被吸收,都应尽快处理表面毒物。

(3)因采食而发生的中毒,可在中毒发生不久而毒物尚未被吸收时,采用催吐(如猪、猫、犬等)或洗胃的方法排除毒物(腐蚀性毒物除外)。洗胃一般在毒物进入胃后 6 h 内效果较好。洗胃后可根据需要通过胃管灌入解毒剂、缓泻剂或胃肠保护剂。

(二)应用解毒药

1. 一般解毒药

一般解毒剂通过与胃内存留的毒物起中和、氧化,沉淀等化学作用,来改变毒物的理化性质,使其失去毒性,或通过物理的吸附作用,阻止毒物被继续吸收。

2. 中和、吸收、保护剂

强酸中毒可采用弱碱或镁乳、肥皂水、氢氧化铝凝胶等,不要使用碳酸氢钠,因其遇酸后可生成二氧化碳,使胃肠膨胀,强碱可用弱酸中和,如稀醋、果汁等。为保护黏膜,可用牛奶、蛋清、面糊、植物油(但脂溶性毒物中毒禁用油剂)等。对重金属盐、苯酚、醇等中毒可用活性炭作吸附剂,而铅、汞中毒尚可用碘酊(猪)3～10 mL 加水 100～200 mL 口服。

3. 氧化解毒

氧化剂能将毒物氧化而破坏。常用的氧化剂是 0.01%～0.05%高锰酸钾溶液或 1%～2%过氧化氢溶液,它们对许多毒物(如生物碱、磷、亚硝酸盐等)有一定的破坏及解毒作用。

4. 沉淀解毒

大多数金属毒物(如铅、铜、汞)、非金属毒物(砷、磷等)或生物碱中毒时,可用含蛋白质较高的物质(如蛋清、牛奶、绿豆浆等)以及鞣酸或浓茶内服,使毒物沉淀。

5. 特效解毒药

如氰氢酸中毒,用亚硝酸钠和硫代硫酸钠解毒;有机磷农药中毒可用阿托品、氯磷定、解磷定等解毒;亚硝酸盐中毒,可用美蓝或高渗葡萄糖液解毒等。一些金属及其化合物中毒,可用金属络合剂解毒。金属络合剂是一些能与多种金属离子结合成稳定络合物的有机化合物,如硫基络合物。

(三)促进毒物的尽快排泄

兽医临床上常用高渗葡萄糖、快速利尿剂(如速尿,利尿酸钠等)及脱水剂(如甘露醇、山梨醇等),以迅速增加尿量,促进毒物随尿排出。但应注意的是,反复使用利尿剂或脱水剂可引起电解质紊乱。

某些毒物进入机体后,其代谢产物并不与组织相结合而储留于血中,对一些贵重种畜,可考虑采用换血疗法。或根据病畜的具体情况,适当放血,放血后(或同时)补液。

(四)支持疗法和对症处理

许多中毒并无特效的解毒剂,因而必须针对毒力效应采取相应措施,以纠正各种代谢紊乱,维持和保护重要器官的功能,增强机体的排毒解毒能力。

抢救中毒病畜,注意保持呼吸道的通畅及维持呼吸和循环系统的功能,这是一个十分重要的环节。如迅速清除口、鼻腔内的痰液,胃内容物等,以保证呼吸通畅,有喉头痉挛或水肿,或支气管痉挛而引起呼吸道阻塞时,可用 0.5%异丙肾上腺素加生理盐水(1:2)或合并给地塞米松作雾化吸入,有窒息状态者,用山梗菜碱作皮下注射或静脉注射,以兴奋呼吸中枢,必要时可配合做人工呼吸,周围循环衰竭时,应保持病畜安静,针刺有关穴位,并应尽快静脉输液和给药,以便恢复循环血量等。

六、畜禽中毒病的预防

建立健全防病防毒制度,采取领导、群众、技术人员三结合的方针,充分发动群众,订出切实可行的防病防毒制度,并由专人负责督促检查。

大型农牧场,应对饲料的来源、成分、加工等环节进行周密的检查、监督,供应力求合理,调配要符合科学性。

在牧区,应组织有关人员对有毒、有害植物的种类和分布进行详细调查,做到有计划地防止畜群采食。尽量避免到杂草丛生的地方去放牧。

在早春开始放牧前,应先用青、干草混饲一段时间后,再行放牧,以防一时贪青,采食了毒草。

严禁用发霉、变质腐烂的干草、块根、菜叶、谷类及各种农副产品饲喂畜禽。对一些含毒的农副产品,如菜籽饼、棉籽饼、蓖麻籽饼、山药蛋、木薯等用作饲料时,必须先作去毒处理。

严格遵守有关毒物及农药、化肥等的防护保管制度。喷洒过药剂的作物、牧草及经过药剂处理的谷物种子等,应严防畜禽采食。盛放过毒剂的容器、仓库、运输工具等,未作去毒处理者,严禁存放饲料。

工矿企业的废水、废气、废渣,应做妥善处理,以避免污染环境,减少公害。

提高警惕,严防坏人投毒和破坏。

第二节 饲料中毒

饲料中毒有亚硝酸盐中毒、食盐中毒、氢氰酸中毒及青贮饲料中毒等。本节主要介绍亚硝酸盐中毒。

亚硝酸盐中毒是动物摄入过量含有硝酸盐或亚硝酸盐的饲料或水,引起以皮肤黏膜发绀、血液褐变、呼吸困难等为特征的一种高铁血红蛋白症。因本病常导致皮肤、口腔黏膜呈青紫色,又称"肠源性青紫症"。多种畜禽均可发生,常见于猪和反刍动物,猪较敏感,其次为牛、羊,马和其他动物很少发生。猪常在饱腹后突然死亡,临床上猪的硝酸盐与亚硝酸盐中毒又称"饱潲症"。

(一)病因

亚硝酸盐是饲料中的硝酸盐在硝酸盐还原菌的作用下生成的。因此,亚硝酸盐的发生和存在取决于饲料中硝酸盐的含量和硝酸盐还原菌的活力。富含硝酸盐的野生植物主要有苋属植物、向日葵、柳兰等;作物类植物包括燕干草、白菜、油菜、甜菜、羽衣甘蓝、大麦、小麦、玉米等。此外,过量使用氮肥、除草剂和水应激(干旱或旱后降雨)都能导致植物中硝酸盐的含量增加。硝酸盐还原菌广泛分布于自然界,其活性受到温度、湿度的影响,其最适温度为 $20\sim40℃$。当青绿饲料和块茎饲料,经日晒雨淋、堆垛存放或用温水浸泡、文火焖煮和保温时,硝酸盐还原菌活性增强,使硝酸盐还原为亚硝酸盐,动物采食后即可引起中毒。亚硝酸盐是反刍动物瘤胃中硝酸盐还原成氨的中间产物,若反刍动物采食了大量含硝酸盐的青饲料,即使是新鲜的,也可发生亚硝酸盐中毒。饮水中硝酸盐含量超过 $500\ mg/L$,也可引起急性中毒。

(二)症状

病畜常在采食后 15 min 至数小时内发病,最急性中毒无明显前驱症状,或仅稍显不安,站立不稳,短时间即倒地而死。急性型除不安外,还表现为严重的呼吸困难,脉搏疾速细弱,全身发绀,体温正常或偏低,躯体末梢部位厥冷,耳尖、尾端血管中血液量少而凝滞,呈黑褐红色。肌肉战栗或衰竭倒地,末期出现强直痉挛,最后窒息而死。慢性中毒时,表现发育不良,腹泻,维生素 A 及维生素 E 缺乏,甲状腺肿大等。

(三)病理变化

亚硝酸盐中毒的特征性病理变化是血液呈咖啡色或黑红色、酱油色,凝固不良。其他表现有皮肤苍白、发绀,胃肠道黏膜充血,全身血管扩张,肺充血、水肿,肝、肾瘀血,心外膜和心肌有出血斑点等。一次性过量硝酸盐中毒,胃肠黏膜充血、出血,胃黏膜容易脱落或有溃疡变化,肠管充气,肠系膜充血。

(四)诊断

亚硝酸盐急性中毒的潜伏期为 0.5～1 h,3 h 达到发病高峰,之后迅速减少,并不再有新病例出现。这一发病规律可结合病史调查,如饲料种类、质量、调制等资料,提出怀疑诊断。根据黏膜发绀、血液褐变、呼吸困难和实质脏器充血等主要临床症状和病理剖检变化可做出初步诊断。确诊需进行亚硝酸盐的鉴定和变性血红蛋白的检查。

(五)治疗

一旦确诊后立即切断毒源,迅速进行治疗。

(1)特效疗法　通常用 1‰美蓝溶液(1 kg 亚甲蓝加 10 mL 无水乙醇,然后加灭菌生理盐水至100 mL,猪的标准剂量是 1～2 mg/kg,反刍动物为 8 mg/kg)静脉注射。美蓝是一种氧化还原剂,在低浓度小剂量时,美蓝可被体内的还原型辅酶Ⅰ(NADH)迅速还原成白色美蓝,白色美蓝有还原性,可使高铁血红蛋白变为亚铁血红蛋白,但高浓度大剂量时,过多的美蓝则发挥氧化作用,使病情加重。还可用 5％的甲苯胺蓝液按 5 mg/kg 静脉注射,也可肌肉注射和腹腔注射。此外,大剂量抗坏血酸(维生素 C,猪、羊 0.5～1.0 g,牛、马 5～10 g)用于亚硝酸盐中毒,疗效确切,但不及美蓝。葡萄糖对亚硝酸盐中毒也有一定的辅助疗效。

(2)辅助措施　根据病情特点,还可配合以催吐、下泄、促进胃肠蠕动和灌肠等排毒治疗措施;对于重症病畜还应采取强心、补液和兴奋中枢神经等支持疗法;急性硝酸盐中毒按急性肠胃炎治疗即可。另外,取耳尖、尾尖、蹄头等穴位适量放血的中兽医疗法也有一定效果。

(六)预防

为防止饲用植物中硝酸盐蓄积,在收割前要控制无机氮肥的大量施用,可适当使用钼肥以促进植物氮代谢。青绿菜类饲料切忌堆积放置而发热变质,使亚硝酸盐含量增加,应采取青储方法或摊开敞放以减少亚硝酸盐含量。

提倡生料喂猪,试验证明除黄豆和甘薯外,多数饲料经煮熟后营养价值降低,尤其是几种维生素被破坏,且增加燃料费。若要熟喂,青饲料在烧煮时宜大火快煮,并及时出锅冷却后再饲喂,切忌小火焖煮或煮后焖放过夜饲喂。对已经生成过量亚硝酸盐的饲料,或弃之不用,或以每 15 kg 猪潲加入化肥碳酸氢铵 15～18 g,据介绍可消除亚硝酸盐。牛羊可能接触或不得不饲喂含硝酸盐较高饲料时,要保证适当的碳水化合物的饲料量,再加入四环素(30～40 mg/kg 饲料),以提高对亚硝酸盐的耐受性和减少硝酸盐变成亚硝酸盐。

禁止饮用长期潴积污水、粪池与垃圾附近的积水和浅层井水,或浸泡过植物的池水与青储饲料渗出液等,亦不得用这些水调制饲料。

第三节　霉菌毒素中毒

霉菌毒素中毒（mycotoxicosis）是指动物采食被霉菌污染的饲料后，发生的一种急性或慢性中毒性疾病。霉菌毒素的产生需要适宜的基质、温度、湿度、通风和透气条件。霉菌毒素中毒病具有以下特点：①饲料相关性；②可诱发复制性；③地区性和季节性；④群发性和不传染性、无免疫性；⑤症状复杂多样性；⑥治疗困难。

黄曲霉毒素中毒是霉菌毒素中毒中常见的中毒病。

黄曲霉毒素（aflatoxin，AFT）中毒是动物采食被黄曲霉污染的饲料而引起的以全身出血、消化机能紊乱、腹水、神经症状等为特征的中毒性疾病。本病主要的病理变化是肝细胞变性、坏死、出血、胆管和肝细胞增生。本病为人畜共患病，各种动物都可发生。长期大剂量摄入黄曲霉毒素，有致癌作用。

本病 1960 年发生于苏格兰，当时称"火鸡 X 病"，后在美国、巴西及南非等多个国家报道。黄曲霉主要污染玉米、花生、豆类、棉籽、麦类、秸秆及其副产品，如酒糟、豆粕、酱油等。黄曲霉毒素根据其在荧光灯下的颜色可分为 B 族和 G 族。发蓝紫色荧光的为 B 族毒素，有 $AFTB_1$、$AFTB_2$；发黄绿色荧光的为 G 族毒素，有 $AFTG_1$、$AFTG_2$，其中 $AFTB_1$ 的毒性及致癌性最强。$AFTB_1$ 的毒性为氰化钾的 10 倍，砒霜的 68 倍，而且能耐 200℃高温，耐强酸，遇碱分解，遇酸还原。幼龄动物和雄性动物易感，雏鸭最易感，其次为雏鸡、兔、猫、仔猪、犊牛、成年牛和育肥猪。通常基质水分 16％以上，相对湿度 80％以上，温度 25～32℃最易产毒。

（一）病因

黄曲霉毒素中毒主要是因为动物采食了被黄曲霉毒素污染的饲料所致，本病一年四季都有发生，但多雨季节或具有霉菌产毒的适宜条件下更容易发生。

（二）症状

动物中毒以后以肝损害为主，同时伴随血管通透性破坏和中枢神经损害等。临床上主要表现为黄疸、出血、水肿和神经症状。由于品种、性别、年龄、营养状况和中毒程度的不同，临床症状有明显差异。

（三）病理变化

黄曲霉毒素中毒主要损害肝，可引发肝炎、肝变硬和肝癌，其组织学变化为肝细胞的颗粒变性、脂肪变性和空泡变性。

（四）诊断

根据病史，结合临床症状和病理变化可初步诊断，确诊需对可疑饲料进行分离培养及饲料中黄曲霉素测定。

（五）治疗

治疗首先要停喂霉败饲料，改喂青绿饲料和高蛋白饲料，减少或不喂含脂肪过多的饲料。然后通过投服 Na_2SO_4、人工盐等导泻，加快毒素的排泄。同时进行保肝止血及对症治疗。

第四节　农药中毒

农药多种多样，常见的有有机磷农药、有机汞农药、有机硫农药、有机氟农药和有机砷农药等，现着重介绍有机磷杀虫剂中毒。

有机磷杀虫剂中毒是由于动物接触、吸入或采食有机磷化合物，进入动物体内，抑制胆碱酯酶的活性，导致乙酰胆碱大量积聚，从而导致神经机能紊乱为特征的中毒性疾病。临床上主要表现为流涎、腹泻和肌肉痉挛等症状。有机磷杀虫剂按其大白鼠经口的急性半数致死量(LD_{50})，可分为剧毒($LD_{50} < 10$ mg/kg)、强毒(LD_{50} 10~100 mg/kg)及弱毒(LD_{50} 1 000~5 000 mg/kg)等。

本病在各种动物均可发生。

（一）病因

引起有机磷农药中毒的常见原因，主要有以下方面。

(1)农药保管和使用不当　如在保管、购销或运输中对包装破损未加安全处理，或对农药和饲料未加严格分隔储存，致使毒物散落或通过运输工具和农具间接沾染饲料；如误用盛装过农药的容器盛装饲料或饮水，引起动物中毒；或误饲撒布有机磷农药后，采食尚未超过危险期的田间杂草、牧草、农作物以及蔬菜等而发生中毒；或误用拌过有机磷农药的谷物种子造成中毒。

(2)不按规定使用农药　部分农药有驱除体内外寄生虫等医用作用，但药量过大或用药方法不当会造成中毒。

(3)人为的投毒活动　做好相关的管理工作。

（二）症状

有机磷农药中毒时，因制剂的化学特性、病畜种类，及造成中毒的具体情况等不同。其所表现的症状及程度差异极大，但都表现为胆碱能神经受乙酰胆碱的过度刺激而引起过度兴奋的现象，临床上将这些症状归纳为三类症候群。

1. **按症候群分类**

(1)毒蕈碱样症状　当机体受毒蕈碱作用时，可引起副交感神经的节前和节后纤维，以及分布在汗腺的交感神经节后纤维等胆碱能神经发生兴奋，表现为食欲不振、流涎、呕吐、腹泻、腹痛、多汗、尿失禁、瞳孔缩小、可视黏膜苍白、呼吸困难、支气管分泌增多、肺水肿等。

(2)烟碱样症状　当机体受烟碱作用时，可引起支配横纹肌的运动神经末梢和交感神经节前纤维(包括支配肾上腺髓质的交感神经)等胆碱能神经发生兴奋；但乙酰胆碱蓄积过多时，则将转为麻痹，表现为肌纤维性震颤，血压上升，肌紧张度减退(特别是呼吸肌)、脉搏频数等。

(3)中枢神经系统症状　这是病畜脑组织内的胆碱酯酶受抑制后，使中枢神经细胞之间的兴奋传递发生障碍，造成中枢神经系统的机能紊乱，表现为病畜兴奋不安、体温升高、搐搦、甚至陷于昏睡等。

2. **按病情程度分类**

当然，并非每一病例都表现所有上述症状，不同种畜，会有某些症状特别明显的情况。临床根据病情程度可分为以下种：

(1)轻度中毒　病畜精神沉郁或不安，食欲减退或废绝，猪、犬等单胃动物恶心呕吐，牛羊等反刍动物反刍停止，流涎，微出汗，肠音亢进，粪便稀薄。全血胆碱酯酶活力为正常情况的70%左右。

(2)中度中毒　除上述症状更为严重外，瞳孔缩小，腹痛，腹泻，骨骼肌纤维震颤，严重时全身抽搐、痉挛，继而发展为肢体麻痹，最后因呼吸肌麻痹而窒息死亡。

(3)重度中毒　以神经症状为主，表现体温升高，全身震颤、抽搐，大小便失禁，继而突然倒地、四肢作游泳状划动，随后瞳孔缩小，心动过速，很快死亡。

(三)诊断

根据流涎,瞳孔缩小,肌纤维震颤,呼吸困难,血压升高等症状进行诊断。在检查病畜存在有机磷农药接触史的同时,应采集病料测定其胆碱酯酶活性和鉴定毒物,以此确诊。同时还应根据本病的病史、症状、胆碱酯酶活性降低等变化同其他可疑病相区别。

(四)治疗

立即停止使用含有机磷农药的饲料或饮水。因外用敌百虫等制剂过量所致的中毒,应充分水洗用药部位(勿用碱性药剂),以免继续吸收。同时应用生理拮抗剂和特效解毒药物。

阿托品为乙酰胆碱的生理颉颃药,可迅速使病情缓解,但仅能解除毒蕈碱样症状,必须有胆碱酯酶复活剂的协同作用。

阿托品应用剂量为牛、马10～50 mg,猪、羊5～10 mg,首次用药后,经1 h以上仍未见病情减轻时,可适量重复用药。同时密切注意病畜反应,当出现瞳孔散大,停止流涎或出汗,脉数加速等现象时,即不再加药,而按正常的每隔4～5 h给以维持量,持续1 d或2 d。

常用的胆碱酯酶复活剂有解磷定、氯磷定、双复磷等。解磷定按每千克体重20～50 mg,溶于100 mL葡萄糖溶液或生理盐水中,静脉注射、皮下注射或注入腹腔。氯磷定可作肌肉注射或静脉注射,剂量同解磷定。双复磷的作用强而持久,能通过血脑屏障,对中枢神经系统症状有明显的缓解作用,因双复磷水溶性较高,可供皮下、肌肉或静脉注射用。

对症治疗,以消除肺水肿,兴奋呼吸中枢,输入高渗葡萄糖溶液等,提高疗效。

(五)预防

健全对农药的购销、保管和使用制度,落实专人负责,严防动物中毒。平时加强宣传工作,严防动物食入喷洒过有机磷杀虫剂的青草和农作物。用有机磷杀虫剂驱除家畜内外寄生虫时,严格按正常剂量应用,不得滥用或过量使用。

第五节 矿物质及环境污染物所致的中毒

矿物质及环境污染物所致的中毒越来越被人们所关注,现以汞中毒为例加以介绍。

汞中毒是动物吸收汞化合物后,释放汞离子,刺激局部组织并与多种含巯基的酶蛋白结合,阻碍细胞正常代谢,引起以消化、呼吸、泌尿等系统急慢性炎症及神经系统损害为特征的疾病。

各种动物均可发生汞中毒,但家畜对汞制剂的敏感性差异较大,其中牛、羊最为敏感,马和禽类次之,猪几乎不发生中毒。

(一)病因

(1)无机汞化合物 黄氧化汞(HgO)、红碘化汞(HgI_2)、硝酸汞[$Hg(NO_3)_2 \cdot 2H_2O$]等作为各种杀寄生虫和抗刺激软膏的成分,氯化汞($HgCl$)和二氯化汞($HgCl_2$)用作防腐剂。这些汞制剂及无机化合物制剂长期在动物上使用,如果误用或用量过大而引起中毒。

(2)有机汞制剂 汞溴红、硫柳汞、醋酸苯汞、硝酸苯基汞及汞撒利等在医药上用作防腐剂和利尿剂;西力生(氯化乙基汞)、赛力散(醋酸苯汞)、谷仁乐生(磷酸乙基汞)及磺胺苯汞等在农业上用作杀有害细菌及真菌制剂。当这些有机汞制剂使用不当,用量过大或长期使用,也可引起汞中毒。

(3)汞制剂污染用具、饮水。有机汞和无机汞保管和使用不当,易造成散毒和直接污染饲料、饮水和器具等,被畜禽误食、舔吮或接触皮肤、黏膜而引起中毒;用有机汞农药拌过的种子,被家畜误食、偷食而发生中毒。

(4)汞蒸气　汞在常温下容易蒸发,当环境温度过高,特别在密闭不良、浸种、撒粉或喷洒过程中都可形成汞蒸气,由于汞蒸气比空气相对密度大7倍,所以常沉积于地面附近空间,容易被动物吸入而发生中毒。

(5)环境污染　大气中的汞主要来源于工业,在炼汞时高温分解为金属汞,以气态形式进入大气,被动物吸入而中毒。水域中的汞主要来自一些生产汞制剂工厂排放的废水,这些废水流入江河湖海后,沉降于水底淤泥中,无机汞经厌氧作用转化为毒性更大的甲基汞,在鱼体内富集,当人及食肉动物(如猫)食用这类鱼易引起中毒。轰动世界的日本"水俣病",就是当地居民食用相关海域被汞污染的鱼、贝类海产品后引起中毒。

(二)症状

(1)急性中毒　主要表现消化道症状,引起剧烈的胃肠炎和腹泻,未发生突然死亡者,1～2 d后出现口膜炎和急性肾炎,伴有消化功能紊乱。当动物误食大量的汞化合物时,动物表现呕吐(猪)、流涎、反刍停止(牛、羊)、腹痛、腹泻等临床表现,在粪便内混有血液、黏液和伪膜。当动物吸入高浓度汞蒸气时,主要表现呼吸困难、咳嗽、流鼻液等症状,肺部听诊有广泛性的捻发音和啰音。当汞进入中枢神经系统后,导致神经机能紊乱,病畜表现为肌肉震颤,共济失调,视力减退或失明(猪)。当经过肾排泄时,由于对泌尿系统的损伤,病畜出现少尿量,尿液中有大量蛋白质、肾上皮细胞和管型,严重者出现血尿。同时,病畜在发病过程中出现心跳加快、节律不齐、严重脱水、黏膜出血、循环障碍等症状,最终因休克而死亡。

(2)慢性中毒　主要见于动物长期摄入少量的汞化合物,或多次少量吸入汞蒸气而引起的中毒。主要影响中枢神经系统,病畜表现为流涎,兴奋,痉挛,肌肉震颤,有的咽麻痹引起吞咽困难。随后发生抑制,对周围事物反应迟钝,共济失调,后肢轻瘫,甚至最终呈麻痹状态,卧地不起,全身抽搐,在昏迷中死亡。口腔变化主要表现为齿龈红肿甚至出血,口腔黏膜溃疡,牙齿松动易脱落,同时表现食欲减退,逐渐消瘦,站立不稳等全身症状。吸入汞蒸气所致的中毒,可引起支气管炎或支气管肺炎,病畜表现咳嗽、流鼻、呼吸困难、流泪、体温升高等症状。

无论是急性中毒还是慢性中毒,病畜皮肤往往表现瘙痒症状,由于皮肤擦痒,病畜对瘙痒部位啃咬或摩擦,使局部皮肤出血、渗出,形成疱疹或痂皮,或感染形成脓疱。同时皮肤增厚、脱毛,出现鳞屑。

(三)诊断

根据病史(汞制剂、汞蒸气的接触史及环境污染情况),结合临床症状可做出初步诊断。必要时对可疑样品,胃肠内容物、肝、尿液等进行毒物分析,可为本病的诊断提供依据。一般认为,饲料和动物组织中汞含量应低于1 mg/kg。

(四)治疗

(1)脱离毒源　首先让动物脱离毒源(含汞废水、汞农药、汞蒸气等),停喂可疑饲料和饮水。若为涂用汞软膏所致中毒,则应停止涂药,并用肥皂水清洗皮肤。同时加强护理,让病畜安静休息,给予无盐饲料。

(2)排除毒物　为了减少汞及其制剂在消化道的吸收,可灌服浓茶、豆浆、蛋清或牛奶,使汞离子与蛋白质结合,有助于延缓吸收,减轻局部刺激。同时采用温水、饱和碳酸氢钠溶液、2%氧化镁或0.2%～0.5%活性炭悬浮液洗胃,同时可以给予硫酸镁导泻,促使胃肠毒物排出。猪和犬可内服硫酸铜催吐。

（3）驱汞疗法　目前常用药物有二巯基丙磺酸钠、二巯基丁二酸钠、依地酸钙及硫代硫酸钠等。①二巯基丁二酸钠粉针剂：对汞、锑、铜、砷、锌等中毒具有良好的解毒作用，对镉、钴、镍、银等中毒也有疗效，毒性小，副作用小。临用时以 5%葡萄糖溶液溶解（不宜加热）后，缓慢静脉注射。牛 3～4 mg/kg，猪 3～5 mg/kg。②依地酸钙钠注射液：本品能与各种重金属离子（铅、汞等）络合，经肾排出。临用前与 5%葡萄糖溶液混合，稀释成约 0.5%浓度缓慢静脉注射。牛、马 3～6 g，羊、猪 1～2 g，根据病情 1 d 可注射 1～2 次。③硫代硫酸钠：效果不如巯基络合剂和依地酸钙钠。可配成5%～20%溶液静脉或肌肉注射。马、牛：5～10 g，羊、猪 1～3 g。

（4）对症疗法　驱汞治疗的同时配合以强心、补液、镇静等对症疗法，也可用维生素 B、维生素 C、细胞色素和辅酶 A 等药物，有助于提高疗效。

第六节　其他中毒病

本节将主要介绍一氧化碳中毒。

一氧化碳中毒俗称煤气中毒，是大量的一氧化碳经呼吸道吸入后，进入血液与红细胞的血红蛋白结合成稳定的碳氧血红蛋白，使血液携带氧的功能发生障碍，导致全身性组织缺氧为特征的中毒性疾病。各种动物均可发病，主要见于幼畜，在冬季多发。

（一）病因

CO 是一种无色、无味、无刺激的气体，比空气略轻，在空气中很稳定。大气中的 CO 主要来源于汽车尾气排放（6%～10%或更多）、工业厂房排放气体、火山气体、沼泽气、煤矿天然气及森林火灾（现场 CO 浓度可达 10%）等。当空气中一氧化碳浓度达到 0.1%～0.2%时，动物吸入后即可引起中毒。冬季在产羔房、母猪产仔房和育雏室等通风不良或无通风设备情况下，生火取暖，使用小型供热器或煤炉等供暖设备时，易产生大量的 CO，幼畜禽吸入后即可引起中毒。

（二）症状

血内含有 30%碳氧血红蛋白时，动物即可出现轻度中毒症状，表现羞明，流泪，呕吐，咳嗽，心跳加快，呼吸困难。此时如能及时发现并脱离现场，经过治疗或不经任何治疗很快可以得到恢复。严重中毒动物迅速出现走路不稳，昏迷，知觉障碍，反射消失，后躯麻痹，四肢厥冷。可视黏膜呈红色，也有呈苍白或发绀，全身大汗，体温升高。呼吸急促，脉细弱，四肢瘫痪或出现阵发性肌肉强直或抽搐。最后陷于极度昏迷，意识丧失，排尿失禁，呼吸和心肌麻痹而死亡。

（三）病理变化

一氧化碳急性中毒而死亡的动物，可见血管和各内脏器官内血液呈鲜红色，各脏器表面有鲜红色出血斑点。慢性中毒动物肝、肾和脾肿大，有时可见心肌坏死。大脑水肿、出血，组织学观察可见大脑和脑干白质软化，皮质和海马体坏死。

（四）诊断

根据病畜有吸入 CO 的病史，结合临床表现可初步诊断本病，必要时可测定空气中 CO 和血液中 CO 含量。

（五）防治

发现一氧化碳中毒，应立即将病畜转移到空气新鲜的地方，同时注意人的安全。有条件时，立即输氧,输氧量以 5～7 L/min 为宜,也可静脉注射 0.24％的双氧水,牛、马每次 500～1 000 mL,中小型动物可酌情减量,必要时可输血。或对病畜进行放血,马、牛静脉放血,猪实行剪耳尖、尾尖放血,放血后静脉注射 25％～50％葡萄糖和维生素 C。当动物窒息时用盐酸山梗菜碱注射液皮下注射或静脉注射。有脑水肿现象时,可应用 20％甘露醇、25％山梨醇、高渗葡萄糖等溶液交替静脉注射,同时利用利尿剂和地塞米松。当脑水肿控制并稳定后,应用细胞色素 C、辅酶 A、ATP 和大剂量的维生素 C 等药物促进细胞机能的恢复。也可选用低分子或中分子的右旋糖酐扩张血管,改善脑循环。如出现肺炎,可应用抗生素药物。

(六)预防

加强预防 CO 中毒的宣传,在每年入冬以前,应对采暖、饲料加温等设备进行检修,防止漏烟、倒烟,避免 CO 中毒。无通风设备的畜禽舍应及时设置风斗、通风孔、换气等设备,保持圈舍通风。

思考题

1.畜禽中毒病的预防措施有哪些?

2.简述亚硝酸盐中毒的防治方法。

3.简述黄曲霉素中毒的临床诊断要点。

第三篇

动物产科学

第二十四章　　动物生殖内分泌

学习要点

　　熟悉激素的分类和作用特点；掌握常用生殖激素的生理作用和临床应用。

第一节　激素概述

一、激素与生殖激素

　　激素是由内分泌腺（无管腺）产生，细胞与细胞之间传递信息、相互联系的一种信号工具。其合成部分没有严格的局限性。激素的作用模式有很多种，包括内分泌、旁分泌等。内分泌指信息分子（激素）由内分泌腺合成及分泌后，经血液流经全身，作用于远距离的靶器官。自分泌指细胞分泌某种激素或细胞因子后，结合到其自身的受体上，将信息传递给自己而发挥调节作用。旁分泌指细胞产生的因子不经血液运输，仅由组织扩散，作用于临近表达该因子受体的细胞，调节该细胞的功能。细胞外信息传递的方式还有近分泌、胞内分泌、反分泌、外分泌和神经内分泌等几种。

　　在哺乳动物，激素有的是直接影响某些生殖环节的生理活动，有的则是间接影响生殖功能。通常把直接影响生殖机能的激素称为生殖激素，其作用是直接调节公、母畜的生殖发育和整个生殖过程，包括母畜的发情、排卵、受精、胚胎附植、妊娠、分娩、泌乳、母性行为，公畜的精子生成、副性腺分泌以及性行为等生殖环节。

二、激素的分类

　　激素的种类很多，可根据化学结构、产生部位和作用对其进行分类。按激素的化学结构将其归纳为 3 类，见表 24-1。

表 24-1　激素的分类及举例

含氮类激素			类固醇类激素	脂肪类激素
蛋白质类	多肽类	氨基酸衍生物		
ACTH	促黄体素释放激素	甲状腺素	雄激素	前列腺素
促乳素	催产素	肾上腺素	雌激素	
生长素	促乳素抑制因子	多巴胺	肾上腺皮质激素	

续表 24-1

含氮类激素			类固醇类激素	脂肪类激素
蛋白质类	多肽类	氨基酸衍生物		
胰岛素		5-羟色胺		
高血糖素	hCG	褪黑素		
促甲状腺素	降钙素	组胺		

三、激素的作用特点

激素的主要功能是保证体内环境的相对稳定、调节机体与外界环境的相对平衡及调节生殖功能，主要有以下 4 个基本特点。

（1）高效性　激素的生理效应很强，血液中的含量很低，但在微克至匹克级即可发挥作用。

（2）特异性　激素对靶器官、靶组织或靶细胞具有专一性和亲和力，随着血液循环到达全身各处，虽然它能与组织、细胞广泛接触，但只对效应器官产生作用。

（3）协同性与拮抗性　动物体内的激素是相互联系、相互影响的，由此构成一套精细的调节网络，与神经系统共同来完成对机体的调控作用。激素间的相互作用的形式若为相互增强，即为协同作用；功能相互抵消或抑制则为拮抗作用。

（4）复杂性　激素的作用极其复杂，这种复杂性不仅反映在激素作用的时空特点上，也反映在激素的交叉作用、相互作用，以及激素的游离态、结合态和受体状态等方面。

第二节　褪黑素

松果腺位于间脑顶端背部，可分泌 3 类化学性质不同的激素，即吲哚类、肽类和前列腺素。吲哚类主要有褪黑素（MLT）、5-羟色胺等，松果腺分泌的主要生殖激素是 MLT。MLT 其化学结构为 N-乙酰-5-甲氧基色胺。MLT 的合成明显受光照条件的昼夜变化和季节性变化的影响，黑暗能刺激其合成，光照则能抑制其释放。

一、MLT 的生理作用

（1）对生殖系统的作用　褪黑素对生殖系统的影响，因动物种类、生理状况不同而表现出促进、抑制或无作用的多重性。对牛、鼠类、禽类等动物和人，MLT 具有抑制生殖作用；对于绵羊和鹿动物则有促进作用；对光不敏感的动物无作用，而对光周期相关的动物作用明显。

（2）对中枢神经系统的作用　MLT 对中枢神经系统有广泛的影响，如可以发挥镇静、催眠、抗惊厥、影响下丘脑神经内分泌的释放，调节昼夜节律等多种作用。在非特异性免疫方面，MLT 有一定的抗肿瘤作用和抗氧化作用。

二、MLT 的临床应用

MLT 在动物繁殖上的临床应用才刚开始，虽然其作用广泛，但目前研制出的制剂不多。

（1）诱导绵羊发情　MLT 制剂皮下埋植可使绵羊繁殖季节提早 6～7 周，并能缩短乏情期。

（2）提高产蛋量　可通过 MLT 主动免疫来提高产蛋量。

第三节　丘脑下部激素

丘脑下部激素是一类以肽类为主的激素,包括自下丘脑神经元沿轴突输送到垂体后叶的激素和正中隆起分泌进入门脉循环的激素两大类,前者是指在下丘脑分泌后储存于垂体后叶的激素,包括催产素(oxytocin,OXT 或 OT)和血管加压素;后者主要是释放激素和抑制激素,能够刺激或抑制垂体前叶激素的释放。

一、促性腺激素释放激素

促性腺激素释放激素(GnRH)是在下丘脑促垂体区(主要在弓状核和正中隆起部)的肽类神经元合成,储存于正中隆起。哺乳动物 GnRH 的结构完全相同,而在禽类、两栖类和鱼类,其结构则不完全相同。

(一)GnRH 的生理作用

GnRH 对动物的生理作用无种间特异性,对牛、羊、猪、兔、大鼠、鱼、鸟类和灵长类均有生物学活性,促进垂体前叶 LH 和 FSH 的合成与释放。

(1)刺激 LH 和 FSH 的合成与分泌　GnRH 通过对促性腺激素亚单位基因的调控来促进 LH 和 FSH 的分泌。发情周期中的卵泡期,GnRH 脉冲频率增高,排卵前 LH 分泌峰出现的当天达最高,而在黄体期则下降;性成熟期,GnRH 的频率和振幅都增加。

(2)刺激 LH 糖基化并保证 LH 的生物活性　GnRH 不仅刺激 LH 释放,也能刺激它的糖基化,以保证 LH 的生物活性。

(3)GnRH 调节类固醇激素合成　卵泡成熟和排卵过程中一些基因的转变,如组织纤维蛋白溶酶原、Ⅱ型前列腺素合成酶和孕酮受体等基因的转录与 GnRH 有密切关系。

(二)GnRH 的临床应用

GnRH 在兽医临床的应用广泛,尤其国产的 GnRH 类似物,如 LRH-A1、LRH-A2 和 LRH-A3(促排卵 1 号、2 号和 3 号),其中以 LRH-A3 的活性最高。

(1)诱导母畜产后发情　有些母畜在产后卵巢活动受到抑制,产后长时间不发情,可用 GnRH 诱导发情。常用肌肉注射 LRH-A3 350～1 000 mg,诱导产后乏情的母牛发情。

(2)提高母畜情期受胎率　在母畜配种时使用 GnRH 可促进卵泡进一步成熟,促进排卵,提高发情期受胎率。在输精配种前后,给黑白花奶牛肌肉注射 LRH-A3 200 g,可提高受胎率。

(3)提高超数排卵效果　在羊超数排卵时,于首次配种后注射 LRH-A3 15～20 μg,可促进排卵,增加可用胚胎的数量,提高其超排效果。

(4)治疗公畜不育　可治疗公畜少精、无精和性机能减退等。

二、催产素

从垂体后叶分离到的激素有催产素,牛卵泡颗粒细胞与黄体组织也能产生催产素。

(一) OT 的生理作用

(1)调节反刍动物的发情周期　OT 可以诱导子宫内膜释放 $PGF_{2\alpha}$,在催产素和 $PGF_{2\alpha}$ 之间有正反馈调节机制。小剂量的 OT 可使人和牛黄体细胞分泌孕酮的能力增加;大剂量时却能抑制孕酮的产生,并抑制 hCG 诱导孕酮分泌的能力。

(2)刺激输卵管平滑肌收缩　OT 能刺激输卵管平滑肌收缩,有利于精子及卵子的运行。

(3)使子宫发生强烈阵缩　子宫对 OT 的敏感性增加,OT 还可通过促进子宫内膜 $PGF_{2\alpha}$ 的合成,导致子宫收缩。

(4)促进排乳　OT 能刺激乳腺腺泡上皮细胞收缩,促进乳汁从腺泡经腺管进入乳池,发生放乳。

(二)OT 的临床应用

(1)诱发同期分娩　临产母牛先注射地塞米松,48 h 后按每千克体重 5～7 pg 静脉滴注 OT 类似物长效单酸 OT,4 h 左右发生分娩。

(2)终止误配　妊娠母牛发生不适当配种后 1 周内,每日注射 OT 100～200 IU,能抑制黄体发育。

(3)治疗产科病和母畜科疾病　OT 可用于治疗牛持久黄体、黄体囊肿、产后子宫出血、胎衣不下等。

第四节　垂体激素

哺乳动物的垂体前叶分离的激素主要包括促卵泡素(FSH)、促黄体素(LH)、促乳素(PRL 或 Pr)等。垂体前叶细胞分为嫌色细胞和嗜色细胞,根据嗜色性质不同,又分为嗜酸性细胞和嗜碱性细胞两种,嗜碱性细胞可分化为嗜碱 A 细胞和嗜碱 B 细胞,其中嗜碱 A 细胞产生 FSH,嗜碱 B 细胞产生 LH。

一、促卵泡素

(一)FSH 的生理作用

(1)刺激卵泡的生长发育　当卵泡生长至出现腔时,FSH 能刺激它继续发育增大至接近成熟。FSH 与卵泡颗粒细胞膜上的 FSH 受体结合后,可活化芳香化酶,内膜细胞分化,卵泡腔扩大。

(2)与 LH 的协同促进排卵　血液中 FSH 和 LH 达到一定浓度且成一定比例时,可引起排卵。

(3)促使曲细精管上皮、次级精母细胞的发育以及足细胞中的精细胞释放　给予 FSH,曲细精管上皮生殖细胞的分裂活动增加,精子细胞增多,睾丸增大,但无成熟精子形成。

(4)与 LH 和雄激素协同促使精子发育成熟　FSH 的靶细胞是间质细胞,它对间质细胞的主要作用是刺激其分泌雄激素结合蛋白,该蛋白再与睾酮结合,保持曲细精管内睾酮浓度的高水平。

(二) FSH 的临床应用

FSH 常与 LH、$PGF_{2\alpha}$(或其类似物)等配合使用,用于母畜的超数排卵,也可用于提早家畜的性成熟、母畜的催情处理以及卵巢机能减退的治疗、诱导泌乳乏情期母畜发情(参见 LH 的临床应用)。

二、促黄体素

促黄体素(LH)又称促黄体生成素,在公畜称为间质细胞刺激素。

(一)LH 的生理作用

(1)刺激卵泡发育成熟并诱发排卵　协同 FSH,促进卵泡成熟,粒膜增生,使卵泡内膜产生雌激素,并在与 FSH 达一定比例时,导致排卵,对排卵起着主要作用。

(2)促进黄体形成　LH 可刺激排卵后的粒膜形成黄体,产生孕酮。

(3)刺激睾丸间质细胞的发育和睾酮分泌　在雄性动物,LH 可引起间质细胞明显的增生,并使精囊腺和前列腺增生,雄激素分泌增加。

(4)刺激精子成熟　在公畜,LH 协同 FSH 及雄激素,使精子生成充分完成。

(二)LH 的临床应用

LH 在临床上大多与 FSH 协同应用。

(1)提早家畜性成熟　对季节性繁殖的家畜,应用孕酮配合使用促性腺激素,提早发情配种。

(2)诱导泌乳乏情期母畜的发情　产后 4 周的泌乳期母猪,用促性腺激素处理,可诱导其发情、配种,以缩短胎间距,提高母猪繁殖效率。

(3)诱导排卵和超数排卵　对于排卵延迟、不排卵以及从非自发性排卵的动物获得卵子,可在发情或人工授精时静脉注射 LH,一般可在 24 h 内排卵。

(4)预防流产　对于因黄体发育不全所引起的胚胎死亡或习惯性流产,在配种时和配种后连续注射 2～3 次 LH,可促进黄体发育和分泌,防止流产。

三、促乳素

促乳素(PRL)又称促黄体分泌素,是一种单链纯蛋白质激素。可能由于动物的种间差异,其氨基酸组成为 190 个、206 个或 210 个。

(一)PRL 的生理作用

(1)刺激和维持黄体功能　PRL 对动物的黄体具有刺激和维持其分泌孕酮的作用,故称为促黄体分泌素;这种作用在绵羊和大鼠已得到肯定,但在牛、猪及山羊尚未证实。

(2)刺激阴道分泌黏液,并使子宫颈松弛　PRL 可调节阴道分泌物。

(3)刺激乳腺发育并促进其泌乳　PRL 与雌激素协同作用于腺管系统,与孕酮协同作用于腺泡系统,促进乳腺的发育;与皮质类固醇一起则可激发和维持发育完成的乳腺泌乳。

(4)繁殖行为　能增强母畜的母性、禽类的抱窝性、鸟类的反哺行为等,刺激副性腺分泌。

(二)PRL 的临床应用

目前主要应用升高或者降低 PRL 的药物来代替 PRL 的作用。

(1)促进 PRL 分泌的药物　多巴胺耗竭剂有 α 甲基多巴呱乙啶和利血平等;多巴胺受体阻断剂有吩噻嗪类(如奋乃静和三氟拉嗪)、苯甲酰胺类(如甲氧氯普胺)等;激素类药物有雌激素和 $PGF_{2\alpha}$ 等。给牛注射利血平,可明显升高血浆中 PRL 的含量,持续时间可达 12～24 h。

(2)抑制 PRL 分泌的药物　主要有麦角生物碱,特别是它的合成品溴隐亭。给山羊注射溴隐亭,血浆 PRL 的含量明显降低,6 d 后才逐渐恢复到注射前水平。

第五节　性腺激素

一、雌激素

母畜雌激素(卵泡素、动情素)的产生部位主要是卵泡膜内层及胎盘,卵巢间质细胞也可产生。

主要的雌激素为 17β 雌二醇（$17β-E_2$），另外还有少量雌酮（E），均在肝内转化为雌三醇，从尿、粪中排出。

（一）雌激素的生理作用

（1）刺激并维持母畜生殖道发育　母畜发情时，雌激素增多，生殖道充血、黏膜增厚、上皮增生、子宫管状腺长度增加、分泌增多，阴道上皮增生和角化。经雌激素作用后，为受孕做好准备。

（2）使母畜发生性欲及性兴奋　雌激素能刺激性中枢，使母畜产生性欲及性兴奋。

（3）使促乳素分泌　增加通过刺激垂体前叶，正反馈性地引起促乳素的分泌。

（4）使母畜产生并维持第二性征　雌激素可使母畜产生并维持雌性第二性征，并可使骨骺软骨骨化早而骨骼较小、骨盆宽大，蓄积脂肪等。

（5）刺激乳腺管道系统的发育　在牛及山羊，雌激素单独即可使乳腺腺泡系统发育至一定程度，并能泌乳；而与孕酮一起共同刺激并维持乳腺的发育。

（6）与其他激素协同，刺激和维持黄体的机能，并为启动分娩提供条件　妊娠期末，当雌激素达到一定浓度，且与孕酮达到适当比例时，可使催产素对子宫肌层发生作用，为启动分娩提供必需的条件。

（7）对雄性动物的作用　雌激素可促使雄性动物的睾丸萎缩，副性腺退化，并造成不育。

（二）雌素的临床应用

与雌激素有关的制剂己烯雌酚（包括其盐、酯及制剂）、玉米赤霉醇、去甲雄三烯醇酮在所有情况下都不能使用，但苯甲酸雌二醇（包括其盐、酯及制剂）除不能用于促生长外，其他用途可以使用。

（1）催情　肌肉注射 7～8 mg 苯甲酸雌二醇，可使 80％ 的母牛在注射后 2～5 d 发情。

（2）治疗子宫疾病　雌激素可以松弛子宫颈，用于治疗慢性子宫内膜炎，排除子宫内存留物等。

（3）诱导泌乳　与孕酮配合，用于奶牛和奶山羊的诱导泌乳。

（4）化学去势　促使睾丸萎缩，副性腺退化，最后造成不育。

▶ 二、孕酮

孕酮主要由黄体及胎盘（马、绵羊）产生，肾上腺皮质、睾丸和排卵前的卵泡也可产生少量孕酮。牛、山羊、猪、兔、小鼠和犬等在整个妊娠期都需要黄体来维持妊娠，破坏黄体会导致流产；马和绵羊的妊娠后期，胎盘成为孕酮的主要来源，那时破坏黄体不会造成妊娠中断。

（一）孕酮的生理作用

（1）促进生殖道充分发育　生殖道受雌激素刺激开始发育，但只有经孕酮作用后，才能充分发育。

（2）促进母畜表现性欲和性兴奋　在少量孕酮的协同作用下，中枢神经才能接受雌激素刺激，表现出性欲和性兴奋。

（3）调节发情和排卵　孕酮对下丘脑的周期中枢有很强的负反馈作用，大量孕酮对性中枢有很强的抑制作用，抑制 GnRH 分泌，抑制 LH 排卵峰的形成。

（4）维持妊娠　胚胎到达子宫后，孕酮持续作用于子宫内膜，维持子宫内膜增生，刺激子宫腺增长和分泌子宫乳，为早期胚胎发育提供条件，使胚胎得以生存；孕酮还可抑制母体对胎儿抗原的免疫反应。

（5）促进乳腺发育　在雌激素刺激乳腺腺管发育的基础上，孕酮刺激乳腺腺泡系统，与雌激素共同刺激和维持乳腺的发育。

（二）孕酮的临床应用

（1）同期发情　连续给予孕酮能够抑制发情,抑制垂体促性腺激素释放,一旦停止给予孕酮,即能反馈性引起促性腺素释放,使家畜在短期内出现发情,从而达到同期发情的目的。

（2）判断繁殖状态　通过测定血浆、乳汁、乳脂、尿液、唾液或被毛中孕酮的水平,结合卵巢的直肠检查,就可判断母畜的繁殖状态。

（3）妊娠诊断　母畜黄体在发情周期一定阶段发生溶解,孕酮水平随之下降。

（4）预防习惯性流产　通过肌肉注射孕酮,使母畜度过习惯性流产的危险期,可望起到预防作用。

三、雄激素

雄激素主要由睾丸间质细胞产生,肾上腺皮质也能产生少量雄激素,其主要形式为睾酮。其降解产物为雄酮,通过尿液、胆汁或粪便排出体外,所以尿液中存在的雄激素主要为雄酮。

（一）雄激素的生理作用

（1）刺激并维持公畜性行为　雄激素可刺激并维持公畜性行为,在公畜去势后,性行为表现很快消失。

（2）刺激并维持精子的生成和存活　雄激素与 FSH 及 ICSH 共同作用下,刺激精细管上皮的机能,维持精子的生成,促进精子成熟,并维持精子在附睾中的存活时间。

（3）刺激并维持公畜副性腺和阴茎、包皮、阴囊的生长发育及机能　雄激素可调节雄性外阴部、尿液、体表及其他组织中外激素（信息素）的产生。

（4）使公畜表现第二性征　公畜所特有的雄性特征与雄激素的作用有关。

（二）雄激素的临床应用

在农业部公布的对食品动物的禁用药物中,与雄激素有关的制剂甲睾酮、丙酸睾酮和苯丙酸诺龙除不能用于促生长外,其他用途可以使用。用雄激素长期处理的母牛制备试情动物。

第六节　胎盘促性腺激素

一、马绒毛膜促性腺激素

马绒毛膜促性腺激素（eCG）是由妊娠 $40\sim120$ d 母马的子宫内膜杯所产生的一种糖蛋白性质的促性腺激素。由于其出现在妊娠母马的血液中,所以又称为孕马血清促性腺激素（PMSG）。eCG 具有 FSH 和 LH 两种活性,但主要与 FSH 的作用类似。

（一）eCG 的生理作用

（1）刺激卵泡生长　eCG 能使进入生长期的原始卵泡数量增加,腔前初级卵泡增加。

（2）维持妊娠　eCG 作为孕酮的补充来源,从而维持正常妊娠。

（3）促进雄性的精细管发育及精子生成　eCG 能够刺激其精子形成,同时也能刺激副性腺的发育。

（4）刺激胎儿性腺的发育　它能够从胎盘滤过而由母体进入胎儿体内,对胎儿性腺发生刺激作用。

（二）eCG 的临床应用

（1）催情　主要是利用其类似 FSH 的作用，对各种家畜催情，不论卵巢上有无卵泡，均发生作用。

（2）同期发情　在母畜进行发情处理时，配合使用 eCG 可提高母畜的同期发情率和受胎率。

（3）超数排卵　eCG 在牛羊胚胎移植中比较广泛地应用于超数排卵。

（4）治疗卵巢疾病　每日或隔日注射 eCG 1 500 IU，可使有萎缩倾向的卵泡转为正常发育。

二、人绒毛膜促性腺激素

hCG 主要来源于早期孕妇绒毛膜滋养层的合胞体细胞，由尿中排出。hCG 的生理特性与 LH 类似，FSH 的作用很小。

（一）hCG 的生理作用

（1）促进排卵及黄体生成　hCG 在卵泡成熟时能促使其排卵，并形成黄体。同时可以促进子宫生长。

（2）刺激雄性生殖器官的发育和生精机能　hCG 通过促进公畜睾丸间质细胞分泌睾酮，而刺激雄性生殖器官的发育和生精机能。

（二）hCG 的临床应用

（1）促进卵泡发育成熟和排卵　hCG 可用于治疗卵泡交替发育引起的连续发情，促进马驴正常排卵。

（2）增强超排的同期排卵效果　在超排措施中，一般都是先用 FSH、eCG 或 GnRH 等诱发卵泡发育，在母畜出现发情时再注射 hCG，其作用可以增强排卵效果。

（3）治疗繁殖障碍　hCG 主要用于治疗排卵延迟和不排卵，治疗卵泡囊肿或慕雄狂；促进公畜性腺发育，提高兴奋性机能；以及治疗产后缺奶。

第七节　其他生殖激素

一、前列腺素

前列腺素（PGs）广泛存在于家畜的各种组织和体液中。产生 PGs 最活跃的场所是精囊腺，其次是肾髓质、肺和胃肠道。绵羊子宫内膜和母体子叶中 $PGF_{2\alpha}$ 含量很高。

（一）PGs 的生理作用

（1）溶解黄体　$PGF_{2\alpha}$ 对动物（包括灵长类）的黄体具有明显的溶解作用，是生理性的黄体溶解素。子宫内膜产生的 $PGF_{2\alpha}$ 通过子宫静脉时，被卵巢动脉吸收，到达卵巢发挥作用。

（2）影响排卵　PGE1 能抑制排卵；PGE2 能引起血液中 LH 升高而促进排卵。

（3）影响输卵管的收缩　$PGF_{1\alpha}$ 和 $PGF_{2\alpha}$ 能使输卵管各段肌肉收缩。

（4）刺激子宫平滑肌收缩　PGE 和 $PGF_{2\alpha}$ 都对子宫平滑肌具有强烈刺激作用。

（5）影响精子生成　给大鼠注射 $PGF_{2\alpha}$，可使睾丸质量增加，精子数目增多。若服用 PGs 抑制剂阿司匹林或吲哚美辛，则抑制精母细胞转化为精子细胞，使精子数目减少。

（二）PGs 的临床应用

（1）调节发情周期　$PGF_{2\alpha}$ 及其类似物能显著缩短黄体的存在时间,可用来调节牛、绵羊、山羊、猪和马的发情周期。

（2）人工引产　$PGF_{2\alpha}$ 及其类似物使家畜提前分娩,达到同期分娩的目的。

（3）处理疾病　$PGF_{2\alpha}$ 及其类似物可以治疗某些家畜繁殖疾病,例如持久黄体、黄体囊肿、卵泡囊肿、隐性发情、子宫蓄脓、干尸化胎儿的处理等。

二、松弛素

松弛素(RLX)是一种多肽,其结构类似胰岛素。牛、猪、绵羊的松弛素主要来自黄体,家兔则主要来自胎盘,绵羊发情周期的卵泡内膜细胞也能产生松弛素。松弛素的分泌量一般是随着妊娠期的增长而逐渐增多,分娩后即从血液中消失。在正常情况下,生殖道和相关组织只有经过雌激素和孕激素的事先作用,松弛素才能显示出较强的作用。它的主要作用与母畜分娩有关。

三、外激素

外激素或外分泌激素是动物向周围环境释放的化学物质,作为信息,引起同类动物行为和/或生理上的特定反应。动物产生外激素的腺体分布很广,遍及身体各处,多靠近体表,包括头部、眼窝、咽喉、肩胛、体侧、胸、背、尾、阴囊、外阴部、肛门、蹄底及指(趾)间等。释放外激素的腺体有皮脂腺、汗腺、下颌腺、腹腺、跖腺、趾腺及掌腺等,有些动物的尿液中也含有外激素。

外激素能提早性成熟,将成年公猪放入青年母猪群后 5～7 d,即出现发情高峰,性成熟比未接触公猪的青年母猪提早 30～40 d。公羊对母羊的刺激同样有促进性成熟的作用。在季节性乏情期结束之前,母羊群中放入公羊,会很快出现集中发情,这种现象称为"公羊效应"。外激素也能促进雄性行为,提高后代的生殖能力,配种能力强的公羊,其后代排卵率高。

思考题

1. 常用生殖激素在临床中有哪些应用?

2. 举例说明如何调控动物的发情。

3. 图示说明生殖激素的调控网络。

第二十五章　发情与配种

学习要点 ////////////////////////////////

　　掌握母畜发情规律和特点;理解不同动物发情时外部表现及生殖系统的变化。

　　生殖活动现象从胎儿期便已经开始。在机体的不断发育过程中,卵子也在不断地发育成熟。母畜生长到一定年龄,开始出现周期性的发情和排卵活动。进入这一发育阶段的母畜接受交配以后可以受孕,繁衍后代。母畜的生殖活动受环境、中枢神经系统、丘脑下部、垂体和性腺之间相互作用的调节。

第一节　母畜生殖功能的发展阶段

一、初情期

　　初情期是指母畜开始出现发情现象并可以排卵的时期。初情期时母畜性行为表现还不充分,排卵和发情周期往往不规律,生殖器官的生长发育也尚未完成,它们虽已可能具有繁殖机能,但由于机体发育的不完全,不宜用于繁殖。

二、性成熟

　　母畜生长到一定年龄,卵子和生殖器官已经发育成熟,发情周期基本正常,具备了繁殖能力,称为性成熟。但这时母畜身体的生长尚未完成,怀孕后不仅妨碍母畜继续发育,而且影响胎儿的发育和出生后幼畜的体重,并有可能造成难产,因此此期尚不宜配种。

　　各种母畜的性成熟期大致如下:牛 12(8～14)月龄,水牛 15～23 月龄,马 18 月龄,驴 15 月龄,羊 10～12 月龄,猪 6～8 月龄。

三、繁殖适龄期

　　母畜的繁殖适龄期是指母畜既达到性成熟,又达到体成熟,可以进行正常配种繁殖的时期。体成熟是母畜身体各器官已基本发育完成并具有了雌性成年动物固有的体型和外貌。母畜达到体成熟时,应进行配种。一般在生产上,发育良好的家畜体重达到成年体重的 70%～80% 可以开始配种。母畜始配年龄:中国荷斯坦奶牛 18 个月(16～22 个月,体重 350～400 kg),黄牛 2 岁,水牛 2.5～3 岁,马 3 岁,驴 2.5～3 岁,羊 1～1.5 岁,猪 8～12 个月(我国品种为 6～8 个月、体重 50 kg

以上,引进品种为 10～12 个月、体重 80 kg 左右)。开始配种时,不仅要看年龄,也要根据母畜的发育及健康状况做出决定。

四、绝情期

动物至年老时,繁殖功能逐渐衰退,继而停止发情,称为绝情期。绝情期年龄因动物品种、饲养管理、气候及健康不同而有差别。一般来说,家畜屠宰年龄远远早于其停止繁殖和自然死亡年龄。

第二节　发情周期

母畜达到初情期以后,其生殖器官及性行为重复发生的一系列明显的周期性变化称为发情周期。发情周期周而复始,一直到绝情期为止。但母畜在妊娠或非繁殖季节内,发情周期暂时停止。在生产实践中,发情周期通常指从一次发情期的开始起,到下一次发情期开始前一天止这一段时间。

一、发情周期的四期分法

发情前期:也称前情期。在此阶段,黄体已基本溶解,卵巢主要受 FSH 影响,卵泡开始明显生长,产生的雌激素增加,引起输卵管内膜细胞和微绒毛增长,子宫黏膜血管增生,犬和猫阴道上皮发生角化,犬和猪阴门开始出现水肿,子宫颈逐渐松弛,子宫颈及阴道前端杯状细胞和子宫腺分泌的黏液增多。此期持续时间为 2～3 d。

发情期:母畜表现明显的性欲,寻找并接受公畜交配的时期。此期卵巢上格拉夫卵泡迅速增大,卵泡和卵母细胞成熟。阴门发红、肿大,并可能有黏液性分泌物流出。大多数动物在发情结束前后排卵。

发情后期:此期特点是排卵后卵泡在 LH 作用下迅速发育为黄体。阴道上皮脱落,子宫内膜黏液分泌减少,内膜腺体迅速增长。

发情间期:也称间情期,是家畜发情周期中最长的一段时间。在此阶段,黄体发育成熟,大量分泌的孕酮影响生殖器官的状态。子宫为可能受精后早期发育的胚胎提供营养和适宜的环境,子宫内膜增厚,腺体肥大。如果排卵后的卵子未受精发育为胚胎,到该期的后期,黄体开始退化。

二、发情周期中卵巢的变化

(一)卵泡发育

进入初情期后,家畜卵巢中的卵泡根据卵母细胞外包裹的卵泡细胞层数、是否出现卵泡腔和卵泡的大小,可将卵泡发育阶段划分为以下不同的类型或等级。

(1)原始卵泡　胎儿期间或出生后不久形成,其核心处为一初级卵母细胞,周围为一层扁平卵泡上皮细胞。初期卵母细胞是由出生前保留下来的卵原细胞发育而来的,除极少数能发育成熟外,其他均在储备或发育过程中凋亡消失。

(2)初级卵泡　卵泡上皮细胞发育成为立方形,周围包有一层基底膜。

(3)次级卵泡　卵泡上皮细胞已变成复层不规则多角形细胞。卵母细胞和卵泡细胞共同分泌黏多糖,构成厚 3～5 μm 的透明带,包在卵母细胞周围。

(4)三级卵泡　在 FSH 及 LH 的作用下,卵泡细胞间形成间隙,并分泌卵泡液,积聚在间隙中。

以后间隙逐渐汇合,成为一个充满卵泡液的卵泡腔,周围的上皮细胞称为粒膜。卵的透明带周围有排列成放射状的柱状上皮细胞,形成放射冠。

(5)格拉夫卵泡 又称为成熟卵泡,卵泡腔中充满由粒膜细胞分泌物及渗入卵泡的血浆蛋白所形成的黏稠卵泡液。卵泡壁变薄,卵泡体积增大,扩展到卵巢皮质层的表面,甚至突出于表面之上。

在上述发育过程中,大部分卵泡随时都有可能发生闭锁。初情期之前,卵泡的生长一直在进行,但只有达到了初情期,适宜的激素水平及其平衡状态建立起来时,卵泡才能充分发育到能够排卵的状态。

(二)卵子生成

大多数动物在出生后不久,卵母细胞处于第一次减数分裂前期的双线期。双线期开始后不久,卵母细胞进入持续很久的静止期,称为网核期。进入初情期,在发情周期中卵泡发育的过程中,初级卵母细胞(染色体 2n)恢复减数分裂。排卵前完成第一次减数分裂,形成的一个初级卵母细胞和第一极体,染色体数目减半(n)。

(三)排卵

排卵是指卵泡发育成熟后,突出于卵巢表面的卵泡破裂,卵子随同其周围的粒细胞和卵泡液排出的生理现象。动物按其排卵方式可以分为自发性排卵和诱导排卵两大类。

1.自发排卵

卵泡成熟后便自行排卵并自动生成黄体为自发排卵。大数动物为自发排卵。自发排卵的动物,根据排卵后黄体形成及所发挥功能的不同又可分为两种:第一种为排卵后自然形成功能性黄体,其功能维持一个相对稳定的时期,如牛、羊、马、猪等家畜。第二种为排卵后需经交配才形成功能性黄体,如啮齿类动物。这类动物排卵后如未经交配,则形成的黄体无内分泌功能。

2.诱导排卵

只有通过交配或子宫颈受到刺激才能排卵为诱导排卵。按诱导刺激性质的不同,又可分为两类。第一类为交配引起排卵的动物,这类动物包括有袋目、食虫目、翼手目、啮齿目、兔形目、食肉目等,其中研究最多的有猫和兔。第二类为精液诱导排卵动物,见于驼科动物,其排卵依赖于精清中的诱导排卵因子。

(四)黄体形成和退化

排卵后卵泡液流出,卵泡壁塌陷,颗粒层向卵泡腔内形成皱襞,内膜结缔组织和血管,随之长入颗粒层,使颗粒层脉管化。同时,在 LH 作用下,颗粒细胞变大,形成粒性黄体细胞,或称大黄体细胞;内膜细胞也增大,变为膜性黄体细胞,或称小黄体细胞。大黄体细胞和小黄体细胞都可以分泌孕酮。

如卵子已受精,发育的黄体将在妊娠期继续维持,即由周期黄体改称为妊娠黄体。妊娠黄体比周期黄体稍有增大,是妊娠期所必需孕酮的主要来源。

黄体结构性退化的过程为黄体细胞发生脂肪变性及空泡化,并逐渐被吸收,毛细血管也萎缩,至下次发情时,黄体迅速缩小,被结缔组织所代替,颜色变白,成为白体。在家畜中,黄体退化在排卵后 14 d 左右受子宫合成和释放的 $PGF_{2\alpha}$ 诱发。

⊙ 三、发情周期中的其他变化

发情周期中,母畜的生殖内分泌、生殖道以及性行为均发生明显的周期变化。

(一)生殖内分泌的变化

发情周期中生殖内分泌呈现明显的周期性变化,内分泌的变化可能引起卵巢和其他生殖器官以及性行为出现周期性变化的原因。发情前 P_4 含量一直低于 1.0 ng/mL,从发情后的第 5 d 左右逐渐上升,14 d 左右达到高峰(8.0 ng/mL),17~19 d 迅速下降,至下次发情时达到基础水平。发情前 E_2 含量逐渐增加,发情期极显著地升高,在排卵前达到峰值;排卵后迅速下降,以后一直维持在一个较低的水平,直到下一次发情前才开始升高。LH 峰一般发生在发情开始后 12 h 左右,导致排卵。排卵后 LH 的含量迅速降低,下一次排卵前再次升高。

(二)生殖道的变化

(1)发情前　在雌激素作用下,整个生殖道(主要是黏膜基质)开始充血、水肿。黏膜层稍增厚,其上皮细胞增高(阴道为上皮细胞增生或出现角质化),黏液分泌增多;子宫肌细胞肥大,子宫及输卵管肌肉层的收缩及蠕动增强,对催产素的敏感性提高;子宫颈开放。

(2)发情时　输卵管的分泌、蠕动及纤毛波动增强;子宫黏膜水肿变厚,上皮增高(牛)或增生为假复层(猪);子宫腺体增大延长,分泌增多。子宫颈肿大,松弛柔软,黏膜分泌物增多、稀薄,牛及猪黏液常流出阴门之外,黏液涂片干燥后镜检有羊齿叶状结晶;阴道黏膜潮红,前庭分泌物增多,阴唇充血、水肿、松软。

(3)排卵后　子宫黏膜上皮在雌激素消失后先是变低,以后又在孕激素的作用下增高(牛)。子宫腺细胞开始肥大增生,腺体的弯曲及分支增多,分泌增多。子宫肌蠕动减弱,对雌激素和催产素的反应降低;子宫颈收缩,分泌物减少而稠;阴门肿胀消退。

(三)性行为的变化

发情时,雌激素增多,并在少量孕激素的作用下,刺激母畜的性中枢,使之发生性欲和性兴奋。性欲是母畜愿意接受交配的一种反射。性欲明显时母畜表现不安,主动寻找公畜,常做排尿姿势,尾根抬起或摇摆。发情初期,性欲表现不明显,以后随着卵泡发育,雌激素分泌增多,逐渐出现明显的性欲;排卵后性欲逐渐减弱,以至消失。

性兴奋时,母畜表现为鸣叫乱转,寻找公畜,阴道扩张、湿润,使性交得以成功。

第三节　常见动物的发情特点及发情鉴定

不同动物发情季节、发情次数、发情周期长度、发情持续时间、发情行为的表现、排卵时间、排卵数量及排卵方式均不同。掌握不同动物发情周期生殖活动的特点,有助于加强母畜的管理,及时准确地鉴定发情母畜,确定最适配种时间,从而提高繁殖率。

一、奶牛和黄牛

(一)发情特点

(1)初情期　一般在 7~12 月龄时达到初情期,多数青年母牛表现安静发情。

(2)发情季节　牛在饲养管理条件良好时,为全年多次发情,发情的季节性变化不明显。

(3)发情周期　平均约 21 d(17~24 d),青年母牛较成年母牛约短 1 d。

(4)发情期　发情表现比较明显,有性欲及性兴奋的时间平均约 18 h(10~24 h);排卵发生在发情开始后 28~32 h,即发情结束后 12 h(10.5~15.5 h)。排卵 80% 发生在凌晨 4 时到下午 4 时之间。

（5）产后发情　牛产后发情多出现在产后 40 d 前后，气候炎热或冬季寒冷时可延长至 60～70 d。如果产奶量高、产后患病、营养不良、带犊哺乳，发情则更延迟。

（二）发情鉴定

牛的发情期短，但外部特征表现明显。因此，发情鉴定主要靠外部观察。对卵泡发育情况进行直肠检查，可以准确确定排卵时间。

（1）发情的外部表现　母牛表现不安，大声哞叫，逐渐接受爬跨并爬跨其他牛。性兴奋开始后数小时，常做排尿姿势。其他牛嗅其外阴部并爬跨，当触及其外阴时，举尾不拒。食欲、反刍及产奶量均有下降。年龄较大，饲舍的高产牛，特别是产后第一次发情时，发情的外部表现不很明显，需注意观察或试情。

（2）阴道、子宫及其分泌物的变化　母牛发情时，子宫颈及阴道，尤其是阴道前端充血，轻度水肿；分泌的黏液透明，量多，发情旺期排出的黏液垂于阴门之外，俗称"吊线"。子宫颈明显肿胀，宫腔开放。

（3）卵泡发育　经直肠检查可比较准确地确定母牛发情的阶段。

二、绵羊和山羊

（一）发情特点

（1）初情期　春季所产的绵羊羔，初情期为 8～9 月龄，秋季所产羔为 10～12 月龄。

（2）发情季节　羊属于季节性多次发情动物。我国北方的绵羊，集中在 8～10 月发情，冬季产羔。温暖地区饲养的优良品种，如我国的湖羊及寒羊，发情季节性不明显，但秋季发情旺盛。我国南方山羊发情季节不明显，全年均可发情交配。大多数绵羊在其第二个繁殖季节，亦即 1.5 岁左右配种。

（3）发情周期　绵羊的发情周期平均为 17 d（14～20 d），山羊平均为 21 d（16～24 d）。

（4）发情期　绵羊的发情期持续期为 24～30 h（16～35 h），绵羊的排卵一般发生在发情开始后24～27 h。山羊的排卵发生在发情开始后 30～36 h，排双卵时，两卵排出的间隔时间平均为 2 h。

（5）产后发情　我国北方的绵羊和山羊产后第一次发情均在下一发情季节。南方山羊在产后 2～3 月龄断奶，断奶后一般可出现发情而配种，基本上可以做到两年三胎。

（二）发情鉴定

绵羊的发情期短，其发情症状在无公羊存在时不太明显，因此发情鉴定以试情为主。通常是在每 100 只母羊中放入两只试情公羊（施行过阴茎移位或输精管结扎手术，或者在腹下戴上兜布的公羊），每日一次或早晚各一次。

山羊的发情症状比较明显，可采用外部观察进行发情鉴定。发情时阴唇肿胀充血、摇尾、爬跨其他母羊，嗅闻公羊会阴及阴囊部，或静立等待公羊爬跨，并回视公羊。

三、猪

（一）发情特点

（1）初情期　猪的初情期为 3～7 月龄。春季所产仔猪达到初情期时的年龄比冬季所产仔猪的早 1～3 周。

（2）发情季节　猪全年均可发情，但在严冬季节、饲养不良时，发情可能停止一段时间。

（3）发情周期　一般为 21 d(18～22 d)。

（4）发情期　发情持续期为 2～3 d(1～5 d)。排卵在发情开始后 20～36 h (18～48 h)开始。

（5）产后发情　产后第一次发情的时间与仔猪哺乳有关，一般是在断乳后 3～9 d 发情。

（二）发情鉴定

母猪的发情症状比较明显，可采用外部观察法进行发情鉴定。发情时，食欲减退、不安，常在圈内乱跑，流涎、磨牙、嘶叫，用嘴咬圈门或拱土。听到公猪的叫声或闻到公猪气味，即长时间弓背、竖耳、静立不动，表现"静立反射"。常跑向公猪圈，或寻找公猪。发情开始前两天，阴唇即开始肿胀，发情时则显著肿胀，阴门裂稍开放，阴道内流出稍带红色的分泌物。发情的第二天，症状更加明显，并有透明黏液流出阴门之外。出现性兴奋及外阴部变化后，经过一段时间至阴唇红肿开始消退，才接受公猪交配。用手按压其背部，约有 50% 的母猪表现静立反射，向前推其臀部则向后靠。如公猪在场，成年母猪的静立反射更加明显。

四、犬

（1）初情期　犬在 6～13 月龄时可达初情期，但品种间差异很大，体格小的犬初情期比体格大的犬要早。

（2）发情季节　母犬为季节性单次或双次发情的动物，一般多在春季(3～5 月)或秋季(9～11 月)各发情一次。家犬 26% 一年发情一次，65% 发情两次；野犬和野狼一般一年发情一次。

（3）发情周期　犬的发情周期与大家畜不同：一是持续时间很长，约 3 个月；二是妊娠发生在正常的发情间期，而非因妊娠将发情间期延长；三是无论妊娠与否，两次发情周期间总有一个较长时间的乏情期。

①发情前期：此期表现性兴奋，但不接受交配，外生殖器官肿胀，卵巢卵泡发育。可持续 3～16 d，平均为 9 d。阴道涂片可见到鳞状上皮细胞，并从阴道内流出少量血液。

②发情期：为母犬接受爬跨交配的时期，母犬的发情期为 6～14 d，通常为 9～12 d。母犬第一次接受公犬交配即是发情开始的标志。经产母犬发情一开始，性行为增强，尾偏向一侧，露出阴门。

③发情间期：为母犬发情结束至生殖器官恢复正常为止的一段时间。母犬的发情间期较长。排卵后如果未孕，黄体仍将维持其功能，出现假孕状态；如果受孕，发情间期则为妊娠期。此期大约可持续 75 d。

母犬多在发情期配种，其时间可选择在见到血性分泌物后第 9～12 d(即发情期的第 2～4 d)，自然交配往往一次获得成功。有时为了提高受胎率，常隔日再交配一次。

（4）产后发情　犬是单次发情动物，在一个繁殖季节里只发情一次，产后发情等到下个繁殖季节。

思考题

1.发情周期划分中四期分法不同时期的特点是什么？

2.简述牛、羊的发情特点及如何进行发情鉴定。

3.举例说明如何调控动物的发情周期。

第二十六章　　妊　娠

掌握不同动物妊娠期时间和胎盘结构特点；掌握动物早期妊娠诊断的方法。

第一节　妊娠期

一、动物的妊娠期

妊娠是指从卵细胞受精开始，经由受精卵阶段、胚胎阶段、胎儿阶段，直至分娩（妊娠结束）的整个生理过程。妊娠期是指胎生动物胚胎和胎儿在子宫内完成生长发育的时期。通常是从最后一次有效配种之日算起，直至分娩为止所经历的一段时间。各种动物妊娠期的长短很不相同，品种之间亦有差异，甚至同一品种的动物间也不尽一致。

二、胎儿数目

根据哺乳动物正常排卵的卵子数和子宫内的胎儿数，可将动物分为单胎动物和多胎动物两类。

1. 单胎动物

单胎动物在正常情况下只排出一个卵子，子宫内只有一个胎儿发育。单胎动物妊娠时的特点是子宫颈能得到良好的发育，子宫体及两子宫角都有胎盘发育，分娩时胎儿体重约占产后母体体重的10%。牛和马系单胎动物。绵羊一般看作是单胎动物，但双胎很普遍，寒羊产双羔及多羔者很常见。

2. 多胎动物

多胎动物通常一次能排 3~15 枚或更多枚卵子，妊娠时子宫内都有两个以上胎儿，只有一个胎儿的情况极少。猪、犬、猫等系多胎动物。多胎动物的胎儿数各有不同。猪一般 6~12 头，中国品种猪8~14 头，12 头以上者多见；犬因品种而异，大型犬 6~10 个，中等犬 4~7 个，小型犬 2~4 个。

第二节　母体的妊娠识别

母体妊娠识别是指孕体产生信号，阻止黄体退化，使其继续维持并分泌孕激素，从而使妊娠能够确立并维持下去的一种生理机制。妊娠识别由孕体及其所产生的促黄体分泌激素作为信号，母体接受信号并做出反应来完成。它们的作用主要是抑制 $PGF_{2\alpha}$ 的分泌完成。

反刍动物的妊娠识别主要是孕体产生的干扰素 τ(IFN-τ)，又称为抗溶黄因子，它可以阻止 $PGF_{2\alpha}$ 的合成和黄体溶解。猪的妊娠识别是滋养层的外胚层利用母体中的前体合成雌二醇和雌酮，然后在子宫内结合成为硫酸雌酮，使母体产生妊娠识别。马属动物和灵长类的妊娠识别信号是绒毛膜促性腺激素（CG），CG 的结构及生物学特性类似于 LH，孕体从怀孕 8～12 d 起开始产生 CG，通过其直接的促黄体化作用维持黄体分泌孕酮。

第三节　胎膜及胎盘

胎膜统称胚外膜，是由胚胎外的三个基本胚层（外胚层、中胚层、内胚层）所形成的，包括卵黄囊、羊膜、尿膜和绒毛膜。胎膜是维持胚胎发育并保护其安全的一个重要的暂时性器官，产后即被摒弃。

一、卵黄囊

卵黄囊是胚胎发育早期由内胚层、中胚层和滋养层构成的一个完整的囊。家畜中，只有马和肉食动物的卵黄囊有胎盘的作用，牛、羊、猪的卵黄囊和子宫内膜并不紧密接触，而只是从子宫乳中吸取养分。卵黄囊中胚层间充质分化形成的血细胞是胚胎最早产生血细胞的来源，卵黄囊中胚层形成一些重要内脏血管，卵黄囊内胚层还是原始生殖细胞的发源地。

二、羊膜囊

羊膜囊是包围胚胎并为其提供水环境的密闭的外胚层囊。除脐带外，它将胎儿整个包围起来，囊内充盈羊水，胎儿悬浮其中，对胚胎起着机械性保护作用。出生时羊膜囊液带乳白光泽，稍黏稠，有芳香气味。正常情况下，羊膜囊液中含有液体牛 5 000～6 000 mL，马 3 000～7 000 mL，山羊 400～1 200 mL，绵羊 350～700 mL，其中含有胎儿的皮肤细胞和白细胞。它清澈透明、无色、黏稠，妊娠末期增多。羊膜囊液可保护胎儿不受到外力影响，防止胚胎干燥、胚胎组织和羊膜发生粘连，分娩时有助于子宫颈扩张并使胎儿体表及产道润滑，有利于产出。

三、尿膜囊

尿膜囊是胚胎发育过程中由后肠腹侧向胚外体腔突出而形成的囊。大家畜于妊娠第 24～28 d 时尿膜囊就完全形成。尿囊与浆膜或绒毛膜接触之后，两膜的脏壁中胚层和体壁中胚层合并形成双中胚层，其中含有发达的血管网，构成尿囊循环，负责营养、气体和废物的运输。尿囊腔内储有尿囊液，构成重要的排泄储存器官。尿囊液起初清澈、透明、水样，以后逐渐变为棕黄色，含有白蛋白、果糖及尿素。尿囊液有助于分娩初期扩张子宫颈。

四、绒毛膜囊

绒毛膜囊是包围胚胎和其他胚外构造的密闭的囊，由胚外体壁中胚层和滋养层共同组成的绒毛膜形成。绒毛膜囊与羊膜囊同时形成，其来源也相同。

绒毛膜囊的形状，在牛、羊（单胎）及马与妊娠子宫同形。猪则为长梭形。膜的表面有绒毛，绒毛在尿囊上增大，尿囊上的血管在尿膜-绒毛膜内层上构成血管网，从而为形成胎儿胎盘奠定了基础。

▶ 五、脐带

脐带是由于羊膜囊不断扩大,并向腹侧包绕,将卵黄囊、尿囊以及脐尿管、动静脉等包绕成一条圆柱状的结构,为胎儿与母体进行物质交换的主要通道。在脐孔外,马和猪的脐带较长,脐血管包括两根动脉和一根静脉,而且相互扭结在一起。牛、羊的脐带较短,脐血管为两条动脉和两条静脉,它们也互相缠绕,但很疏松,且静脉在脐孔内合为一条。脐尿管壁很薄,其上端通入膀胱,下端通入尿膜囊。

▶ 六、胎盘

胎盘是母体与胎儿进行物质交换的构造,由胎儿的绒毛膜和母体的子宫内膜两部分组成,哺乳动物的胎儿胎盘主要是尿囊绒毛膜胎盘,母体胎盘由子宫内膜组成,胎盘的母体部分和胎儿部分的血液循环是两个独立的体系,胎儿血液和母体血液是不相混合的,其间隔着数层结构,这数层结构称为胎盘屏障。胎盘屏障不影响母血与子血间的物质和气体交换,但能阻止母血中大分子物质(如细菌等)进入胎儿血液循环,对胎儿有保护作用。

胎盘可按照以下分类方法进行分类。

1. 根据绒毛膜上的绒毛分布方式分类

(1)弥散型胎盘 除胚泡的两端外,大部分绒毛膜表面上都均匀分布着绒毛(马)或绒毛簇(猪),绒毛伸入到子宫内膜腺窝内,构成一个胎盘单位,或称微子叶,母体与胎儿在此发生物质交换。马和猪的胎盘属此种类型。

(2)子叶型胎盘 绒毛在绒毛膜表面上集合成群,形成绒毛叶(或称子叶),子叶与子宫内膜上的圆形突起——子宫阜紧密嵌合,此嵌合部位称为胎盘突,反刍动物的胎盘属此种类型。牛的子宫阜已发育为蘑菇状的母体胎盘,绒毛斑则发育成长圆形或盘状的胎儿子叶,把母体胎盘包起来。牛的胎盘突数量一般为75~120个。绵羊母体胎盘的表面是凹的,呈盂状,将圆的子叶包起来,绵羊的胎盘突数为80~90个,山羊可多达120个或更多。

(3)带状胎盘 绒毛集中在胚泡的赤道部周围,以带状与子宫内膜结合。绒毛膜尿膜在赤道区生长发育,侵入子宫上皮而形成。猫和犬等肉食动物的胎盘属此种类型。

(4)盘状胎盘 绒毛集中在绒毛膜的一个盘状区域,与子宫内膜相结合形成胎盘。灵长类猴和人等以及啮齿类的小鼠、大鼠、兔、蝙蝠等胎盘属此种类型。绒毛膜上的绒毛突入子宫内膜的血管壁直接接触血池。

2. 根据胎盘的屏障结构分类

(1)上皮绒毛膜胎盘 所有的三层子宫组织都存在,胎儿绒毛嵌合于子宫内膜相应的凹陷中。猪和马的弥散型胎盘属于此类型,大多数反刍动物妊娠初期的子叶胎盘也属这一类。

(2)结缔绒毛膜胎盘 子宫上皮变性脱落,胎儿绒毛上皮直接与子宫内膜的结缔组织接触。反刍动物妊娠后期的子叶胎盘属于此类型。

(3)内皮绒毛膜胎盘 子宫内膜上皮和结缔组织脱落,胎儿绒毛上皮直接与母体血管内皮接触。猫和犬等许多肉食类动物的带状胎盘属此类型。

(4)血绒毛膜胎盘 所有三层子宫组织全部脱落,绒毛上皮直接浸泡在母体血管破裂后形成的血窦中。灵长类和啮齿类的盘状胎盘属此类型。

第四节　妊娠诊断

配种后为及时掌握母畜是否妊娠、妊娠的时间及胎儿的发育情况等,所采用的各种检查称为妊娠诊断。寻求简便而有效的早期妊娠诊断方法,一直是畜牧兽医工作者长期努力的目标。

妊娠诊断的方法很多,可以概括为临床检查法、实验室诊断法和特殊诊断法 3 类,具体内容包括下述几个方面。①直接或间接检查胎儿、胎膜和胎水的存在。②检查或观察与怀孕有关的母体变化,如腹部轮廓的变化,通过直肠触摸子宫动脉的变化等。③检查与妊娠有关的激素变化,如尿液雌激素检查、血液中孕酮测定以及马绒毛膜促性腺激素测定等。④母体变化,如发情表现、阴道的相应变化、子宫颈黏液性状、外源激素诱导的生理反应等。⑤检查由于胚胎出现和发育产生的特异物质,如免疫诊断。⑥检查由于妊娠母体阴道上皮的细胞学变化。

(一)临床检查法

母畜妊娠后,可以通过问诊、视诊、听诊和触诊来了解孕畜及胎儿的变化。具体检查包括外部检查法、直肠检查法和阴道检查法。

1.外部检查法

外部检查法主要根据母畜妊娠后的行为变化和外部表现来判断是否妊娠。妊娠早期可发现发情周期停止,食欲增加,毛色光泽,性情温顺,行动谨慎安稳。妊娠中期或后期,胸围增大,向一侧(牛、羊为右侧,猪为下腹部,马为左侧)突出;乳房胀大,牛、马和驴有腹下水肿现象;牛 8 个月以后,马、驴 6 个月可见胎动。妊娠后期(猪 2 个月后,牛 7 个月后,马、驴 8 个月后)隔着腹壁(牛、羊为右侧,马、驴为左侧)或最后两对乳头上方(猪)的腹壁,可触诊到胎儿;当胎儿胸部紧贴母体腹壁处,可听到胎儿心音。特别要注意某些家畜在妊娠早期常出现假发情的现象,容易干扰正常的诊断,造成误诊。配种后因营养、生殖疾患或环境应激造成的乏情表现也有时被误诊为妊娠。因此,外部检查法并非一种准确而有效的妊娠诊断方法,常作为早期妊娠诊断的辅助或参考。

2.直肠检查法

直肠检查法是通过直肠壁直接触摸卵巢、子宫和胎儿的形态、大小和变化,因此可随时了解妊娠进程,以便及时采取有效措施。此法仍广泛应用于牛、马和驴等大家畜的早期妊娠诊断,其主要依据是母畜妊娠后生殖器官会发生相应变化。方法是先摸到子宫颈,再将中指向前滑动,寻找角尖沟;然后将手向前、向下、再向后移动,分别触摸到两个子宫角。摸过子宫角后,在其尖端外侧或下侧寻找卵巢。具体操作时要随妊娠不同阶段而有所侧重。妊娠初期,主要以卵巢上黄体的状态、子宫角的形状和质地的变化为主;胎泡形成后,要以胎泡的存在和大小为主;胎泡下沉入腹腔时,则以卵巢的位置、子宫颈的紧张度和子宫动脉妊娠脉搏为主。

3.阴道检查法

母畜妊娠后,子宫颈口周围的阴道黏膜与黄体期的状态相似,分泌物稠度增加,黏膜苍白、干燥。阴道检查法就根据这些变化来判定母畜妊娠与否。阴道检查虽然不能成为妊娠诊断的主要依据,但可作为判断妊娠的参考。

(1)阴道黏膜的变化　一般而言,妊娠 3 周后阴道黏膜由粉红色变为苍白色,表面干燥、无光泽,滞涩,阴道收缩变紧。妊娠 1.5～2 个月,子宫颈口处有黏稠的黏液,量较少。羊妊娠 20 d 后,黏液由原来的稀薄、透明变得黏稠,可拉成丝状;若稀薄而量大,呈灰白色则为未孕。羊妊娠 3 周后,用开膣器刚打开阴道时,阴道黏膜为白色,几秒钟后变为粉红。马妊娠后阴道黏液变稠,由灰白变为灰黄色,量增加,有芳香味,pH 由中性变为弱酸性,粉红色。

(2)子宫颈的变化　母畜妊娠后子宫颈紧闭,阴道部变为苍白,有子宫颈塞。牛妊娠过程中子宫颈塞有更替现象,被更替的子宫颈塞以黏液方式排出时,常黏附于阴门下角,并有粪土黏着,是妊娠的表现之一。马妊娠 3 周后,子宫颈即收缩紧闭,开始子宫颈塞较少,3～4 个月后逐渐增多,子宫阴道部变得细而尖。

(二)实验室诊断法

母畜妊娠后,尿、乳汁和血液中的成分(特别是激素)发生变化。利用这些物质进行诊断,可以及早确定母畜是否怀孕。目前常用的方法有孕酮测定法和早孕因子检测法。

1.孕酮含量测定法

母畜配种后,如果未妊娠,母畜的血浆和乳汁孕酮含量因黄体退化而下降,而妊娠母畜则保持不变或上升。这种孕酮水平差异是动物早期妊娠诊断的基础。孕酮含量测定法多采用放射免疫测定法(RIA)和酶联免疫测定法(ELISA)。一般认为牛配种后 24 d、猪 40～45 d、羊 20～25 d 测定准确率较高。判断妊娠的准确率在 85％以上,判断未孕的准确率可达 100％。孕酮测定法所需仪器昂贵,技术水平要求高,试剂要求精确,适合大批量测定。

2.早孕因子检测法

早孕因子(EPF)是妊娠早期母体血清中最早出现的一种免疫抑制因子,交配受精后 6～48 h 即能在血清中测出,目前普遍采用玫瑰花环抑制试验来测定 EPF 的含量。

(三)特殊诊断法

特殊诊断法是利用特别的仪器设备或较复杂的技术进行怀孕诊断,如阴道活组织检查、X 光诊断法和超声波诊断法等,目前常用的是超声波诊断法。超声波诊断法是利用超声波的物理特性和动物体组织结构声学特点密切结合的一种物理学检验方法,主要用于探测胎动、胎儿心搏及母体子宫动脉的血流等。此外,可根据超声波在不同脏器组织中传播时产生不同的反射规律,通过在示波屏上显示一定的波型而进行诊断。目前用于妊娠诊断的超声波妊娠诊断仪有 A 型超声诊断仪、D 型超声诊断仪(多普勒诊断仪)和 B 型超声诊断仪。B 型超声是同时发射多束超声波,在一个面上进行扫描,显示的是被查部位的一个切面断层图像,诊断结果远较 A 型和 D 型清晰、准确,而且可以复制。

思考题

1. 胎膜包括几部分? 它们的特点是什么?
2. 胎盘按照形态特征和组织结构特点各分哪几类?
3. 以牛为例,简述妊娠期母体的变化特征有哪些。

第二十七章 分 娩

学习要点 ///

掌握分娩预兆的特点和分娩启动的因素;理解接产准备工作的程序;了解产后期动物的主要恢复变化特征。

妊娠期满,胎儿发育成熟,母体将胎儿及其附属物从子宫中排出体外的生理过程称为分娩。为了保证家畜的正常繁殖,有效防止分娩期和产后期疾病,必须熟悉和掌握正常的分娩过程及接产方法。

第一节 分娩预兆与分娩启动

随着胎儿发育成熟和分娩期逐渐接近,母畜的精神状况、全身状况、生殖器官及骨盆部发生一系列变化,以适应排出胎儿及哺育仔畜的需要,通常把这些变化称为分娩预兆。根据分娩预兆可以预测分娩的时间,以便做好接产的准备工作。

一、分娩前乳房的变化

乳房在分娩前膨胀增大,但这种变化是一个渐进性的过程,且距分娩尚远。比较可靠的方法是根据乳头及乳汁的变化来判断分娩时间。

1. 牛

经产奶牛至产前2 d时,除乳房极度膨胀、皮肤发红外,乳头中充满白色初乳,当奶牛有漏乳现象,乳汁呈滴状或股状流出,大多在数小时至1 d即可分娩。

2. 猪

产前3 d左右乳头向外侧伸张,中部两对乳头可以挤出少量清亮液体;产前1 d左右前部乳头能挤出1～2滴白色初乳。

3. 马和驴

马在产前数天乳头变粗大,开始漏乳后往往在当天夜晚或次日分娩。约半数驴发生漏乳。

二、分娩期软产道的变化

1. 牛

从分娩前约1周开始,阴唇逐渐柔软、肿胀,增大2～3倍,皮肤皱襞展平。分娩前1～2 d封闭子宫颈管的黏液软化,流入阴道,有时吊在阴门之外,呈透明索状。

2.山羊

阴唇变化不甚明显,至产前数小时或 10 余小时才显著增大,产前排出黏液。

3.猪

阴唇的肿大开始于产前 3～5 d,产前数小时有时排出黏液。

4.马和驴

阴道壁松软、变短明显,黏膜潮红,黏液由黏稠变为稀薄、滑润,但无黏液外流现象。阴唇在产前 10 余小时开始肿大。

5.犬

臀部坐骨结节处下陷,外阴部肿大、充血。阴道和子宫颈变柔软。由逐渐扩张的子宫颈口流出水样透明黏液,同时伴有少量出血。

三、分娩前骨盆韧带的变化

临近分娩时骨盆韧带变得松软。在荐坐韧带软化的同时,荐髂韧带也变软,荐骨后端的活动性因而增大。由于骨盆血管内血流量增加,毛细血管壁扩张,血浆渗出管壁,浸润其周围组织,因而骨盆韧带从分娩前 1～2 周开始软化,至产前 12～36 h 荐坐韧带后缘变得非常松软,外形消失,荐骨两旁组织塌陷,在此仅能摸到一堆松软组织。其他动物的变化相似,臀部坐骨结节处肌肉下陷是临产征兆。

四、分娩前行为与精神状态的变化

母畜一般在产前都出现精神沉郁、徘徊不安等现象,有离群和寻找安静地方分娩的习性。临产前食欲不振,轻微不安、时起时卧、尾根抬起、常作排尿姿势,粪尿排泄量减少而次数增多,脉搏、呼吸加快。羊常前蹄刨地,咩叫,不安。猪在产前 6～12 h(有的猪为数天)有衔草做窝现象,这在我国本地品种猪表现尤其明显。此外,还表现不安,时起时卧,阴门中见有黏液排出。犬产前 24～36 h食欲大减,行动急躁,不断地用爪刨地、啃咬物品,初产犬表现得更为明显。

五、启动分娩的因素

随着胎儿的发育、成熟,其身体各种机能也逐渐成熟,对于分娩启动具有主导作用。

(一)内分泌因素

1.胎儿内分泌的变化

胎儿的丘脑下部-垂体-肾上腺轴,特别在牛和羊,对于发动分娩起着决定性作用。绵羊胎儿血液中皮质醇水平的升高,诱发胎盘 17_α-羟化酶、C_{17}-C_{20} 裂解酶的活动,也可能增强芳香化酶的活性。这种激活作用可将胎盘由合成 P_4 转向合成雌激素,所以表现为在 P_4 下降的同时 E_2 的分泌升高。母体 E_2/P_4 比值升高,刺激胎盘 $PGF_{2\alpha}$ 的合成与释放,导致子宫肌开始收缩,并引起母羊神经垂体释放 OT,它反过来又增强 $PGF_{2\alpha}$ 的释放和子宫肌的收缩力量。吲哚美辛或其他 PG 抑制剂能抑制子宫收缩,而 ACTH、皮质醇或地塞米松却能诱发绵羊、山羊的分娩。

2.母体内分泌变化

母体内分泌变化可能与启动分娩有关,但这些变化在动物种间有很大差别。P_4 能抑制子宫肌收缩,阻止收缩波的传播,使在同一时间内整个子宫不能作为一个整体发生协调收缩;还能对抗雌激素的作用,降低子宫对 OT 的敏感性,抑制子宫肌自发的或由 OT 引起的收缩。雌激素能使子宫颈、阴道、外阴及骨盆韧带变得松软;体内雌激素水平的增高与孕激素浓度的下降,使孕激素与雌激素的比值发生变化,因而使子宫肌对催产素的敏感性增高。OT 能使子宫发生强烈收缩,对维持正常产程有一定的作用。

(二)机械性因素

妊娠末期,胎儿发育成熟,子宫容积和张力增加,子宫内压增加,使子宫肌紧张并伸展,子宫肌纤维发生机械性扩张,刺激子宫颈旁边的神经感受器。这种刺激通过神经传至丘脑下部,促使垂体后叶释放 OT,从而引起子宫收缩,启动分娩。

(三)神经性因素

胎儿的前置部分对子宫颈及阴道产生的刺激,通过神经传导使垂体释放 OT,增强子宫收缩。很多家畜的分娩多半发生在夜晚,特别是马、驴,分娩多半发生于天黑安静的时候,而且以晚上10～12 h 最多;母犬一般在夜间或清晨分娩,这时外界光线及干扰减少,中枢神经更易接受来自子宫及产道的冲动信号,这也说明外界因素可通过神经系统对分娩发生作用。

(四)免疫学因素

对母体免疫系统来说,胎儿乃是一种半异己的抗原,可引起母体产生排斥反应。在妊娠期间,有多种因素(如 P_4、胎盘屏障等)制约,抑制了这种排斥作用,到分娩时,由于 P_4 浓度急剧下降,胎盘屏障作用减弱,出现排斥现象而将胎儿排出体外。

第二节　决定分娩过程的要素

分娩过程是否正常,主要取决于三个因素,即产力、产道及胎儿与产道的关系。如果这三个因素都正常,分娩则顺利;若其中一个因素不正常,就会造成难产。

一、产力

产力是指将胎儿从子宫中排出的力量,是由子宫肌、腹肌和膈肌节律性收缩共同构成的。子宫肌的收缩称为阵缩,是分娩过程中的主要动力;腹肌和膈肌的收缩称为努责,它在分娩的胎儿产出期与子宫收缩协调作用,对胎儿的产出起着十分重要的作用。

阵缩是指子宫阵发性的、有节律的收缩。期初,子宫收缩的时间短,间歇时间长,收缩不规律、力量不强;以后则逐渐变得持久、规律、有力。每次阵缩也是由弱到强,持续一定时间后又减弱消失,两次阵缩之间有一间歇。每次间歇时,子宫肌的收缩暂停,但并不弛缓,因为子宫肌纤维除了缩短以外,还发生皱缩。因此,子宫壁逐渐加厚,子宫腔也逐步变小。阵缩对于胎儿的安全非常重要。如果子宫持续收缩,没有间歇,胎儿就可能因缺氧而发生窒息。

二、产道

产道是胎儿产出的必经之道,其大小、形状、是否松弛等,能够影响分娩的过程。产道由软产道及硬产道共同构成。

(一)软产道

软产道是指由子宫颈、阴道、前庭及阴门这些软组织构成的通道。子宫颈是子宫的门户,妊娠期间紧闭,分娩之前开始变得松弛、柔软,分娩时扩张得很大,以适应胎儿的通过。

(二)硬产道

硬产道就是骨盆。分娩是否顺利,和骨盆的大小、形状、能否扩张等有重要关系。母畜骨盆的特点是入口大而圆,倾斜度大,耻骨前缘薄;坐骨上棘低,荐坐韧带宽,骨盆腔的横径大;骨盆底前部凹,后部平坦宽敞;坐骨弓宽,因而出口大。所以这些都是母畜骨盆对分娩的适应。

三、胎儿与母体产道的关系

分娩过程正常与否,同胎儿与盆腔之间以及胎儿自身各部分之间的相互关系十分密切。为了说明这种关系是正常或是异常,必须了解胎儿的胎向、胎位和胎势。

(一)常用术语

1.胎向

胎向是指胎儿的方向,也就是胎儿身体纵轴与母体身体纵轴的关系。

(1)纵向 胎儿的纵轴与母体的纵轴互相平行。习惯上又将纵向分为正生和倒生两种情况。正生是胎儿方向和母体方向相反,头和(或)前腿先进入产道。倒生是胎儿方向和母体方向相同,后腿或臀部先进入产道。

(2)横向 胎儿纵轴与母体纵轴呈水平垂直。横向有背部向着产道和腹部向着产道(四肢伸入产道)两种情况,前者称为背横向,后者称为腹横向。

(3)竖向 胎儿的纵轴与母体纵轴上下垂直。有的背部向着产道,称为背竖向;有的腹部向着产道,称为腹竖向。

2.胎位

胎位是指胎儿的位置,也就是胎儿背部和母体背部或腹部的关系。

(1)上位 胎儿伏卧于子宫内,背部在上,接近母体的背部及荐部。

(2)下位 胎儿仰卧于子宫内,背部在下,接近母体的腹部及耻骨。

(3)侧位 胎儿侧卧于子宫内,背部位于一侧,接近母体的左侧或右侧腹壁及髂骨。

3.胎势

胎势是指胎儿的姿势,也就是胎儿各部分是伸直的还是屈曲的。及时了解产前及产出时胎向、胎位和胎势的变化,对于早期判断胎儿异常、确定适宜助产时间及抢救胎儿生命具有重要意义。

(二)产出前的胎向、胎位、胎势

各种动物胎儿产出前在子宫中的方向总是不甚规则的纵向,其中大多数为前躯前置。

胎位则因动物种类不同而异,并与子宫的解剖特点有关。马的子宫角大弯向下,胎位一般为下位。牛、羊的子宫角大弯向上,胎位以侧位为主,个别为上位。猪的胎位也以侧位为主。

胎儿的姿势,因怀孕期长短、胎水多少、子宫腔内松紧不同而异。怀孕前期,胎儿的姿势容易改变,后期则是头、颈和四肢屈曲在一起,但仍常活动。

(三)胎儿体形与分娩的关系

胎儿有三个比较宽大的部分,即头、肩胛围及骨盆围。头部最宽处,在牛、羊是从一侧眶上突到对侧眶上突;高是从头顶到下颌骨角。肩胛围的最宽处是两个肩关节之间,高是从胸骨到鬐甲。骨盆围的最宽处是在两个髋关节之间,高是从荐椎棘突到骨盆联合。

头部通过母体盆腔最为困难;胎儿头部在出生时已基本骨化完全,无伸缩余地。肩胛围虽然较头部大、但由下向上是向后斜的,与盆骨入口的倾斜比较符合,较头部容易通过。

第三节 分娩过程

整个分娩期是指从子宫开始出现阵缩起，至胎衣完全排出为止。分娩是一个连续的过程，可将它分成三个连续的时期，即开口期、胎儿产出期及胎衣排出期。

（一）开口期

开口期也称宫颈开张期，是从子宫开始阵缩起，至子宫颈充分开大（牛、羊）或能够充分开张（马）为止。这一期子宫颈变软、扩张，一般仅有阵缩，没有努责。

开口期中，产畜出现临产前的行为变化，寻找不易受干扰的地方等待分娩。主要表现为食欲减退，轻微不安，时起时卧，尾根抬起，常作排尿姿势，并不时排出少量粪尿；呼吸、脉搏加快。经产母畜一般较为安静，有时甚至看不出什么明显的表现，一般均无努责。

（二）胎儿产出期

胎儿产出期简称产出期，是从子宫颈充分开大，胎囊及胎儿的前置部分楔入阴道（牛、羊），或子宫颈已能充分张开，胎囊及胎儿楔入盆腔（马、驴），母畜开始努责，至胎儿排出或完全排出（双胎及多胎）为止。在这一期，阵缩和努责共同发生作用。

母畜在产出期表现极度不安，起初时起时卧，前蹄刨地，有时后蹄踢腹，回顾腹部，拱背努责。继之，在胎头进入并通过盆腔及其出口时，由于骨盆反射而引起强烈的努责。这时一般均侧卧，四肢伸直，腹肌强烈收缩，有利于分娩。努责数次后，休息片刻，然后继续努责，脉搏和呼吸也加快。

牛、羊和猪的脐带一般都是在胎儿排出时从皮肤脐环之下被扯断。马在卧下分娩时则不断，等母马站立或幼驹挣扎时，才被扯断。马和猪的脐血管均断在脐孔之外。牛及羊脐动脉因和脐孔周围的组织联系不紧，断端缩回腹腔，并在腹腔外组织内造成少量出血后封闭，脐静脉断端则留在脐孔外。

（三）胎衣排出期

胎衣排出期是从胎儿排出后算起，到胎衣完全排出为止。胎衣是胎膜的总称。胎儿排出之后，产畜即安静下来。几分钟后，子宫再次出现阵缩，这时不再努责或偶有轻微努责。

因为母体胎盘血管不受到破坏，各种家畜的胎衣脱落时都不出血。胎衣排出的快慢，因各种家畜的胎盘组织构造不同而异。各种动物分娩各期的持续时间列于表27-1。

表 27-1 动物分娩各期所需时间

动物	子宫开口期	胎儿产出期	胎儿产出间隔	胎衣排出的时间
牛	2～8 h	3～4 h	20～130 h	4～6 h
水牛	4～5 h	1.5 h	—	—
绵羊	4～5 h	1.5 h	15 min	0.5～4 h
山羊	6～7 h	3 h	5～15 min	0.5～2 h
猪	2～12 h	—	2～3 h	30 min
马	10～30 min	10～20 min	20～60 min	5～90 min
犬	4 h	3～4 h	10～30 min	5～15 min

第四节 接 产

分娩是母畜的一个生理过程,在正常情况下,对母畜的分娩无须干预。然而,由于动物经驯养后运动减少,生产性能增强,环境干扰增多,这些都会影响母畜的分娩过程。

接产的目的是对分娩过程加强监视,必要时稍加帮助,以减少母畜的体力消耗。异常时则需及早助产,以免母子受到危害。应特别指出的是,一定是根据分娩的生理特点进行接产,不宜过早、过多地进行干预。

一、接产的准备工作

1.产房

为了使母畜安全生产,应准备专用的产房或分娩栏。对产房的要求是宽敞、清洁、干燥、安静、通风良好,并配有照明设备。每天应检查母畜的健康状况并注意分娩预兆。根据预产期,应在产前7～15 d将母畜送入产房,以便让它熟悉环境。为了避免母猪压死小猪,猪的产房内还应设小猪栏。天冷的时候,产房需温暖,特别是猪,温度应不低于 15℃,否则分娩时间可能延长,小猪的死亡率也增高。

2.药械和用品

应事先准备好常用的接产药械和用具,并放在固定的地方,以免用时缺此少彼,造成不便。常用的药械包括 70%酒精、5%碘酒、消毒溶液、催产素、纱布及常用产科器械等。条件许可时,最好备有一套常用的手术助产器械。

3.接产人员

农牧场和生产单位应当有受过接产训练的接产人员,熟悉各种母畜分娩的规律,严格遵守接产操作规程及必要的值班制度,尤其是夜间的值班制度,因为母畜常在夜间分娩。

二、正常分娩的接产

接产工作应注意严格的消毒,按以下方法步骤进行,以保证胎儿顺利产出和母畜安全。

(一)接产准备

清洗并消毒母畜的外阴部及其周围,用绷带缠好牛、马尾根,并将尾巴拉向一侧系于颈部。胎儿产出期开始时,接产人员应系上胶围裙,穿上胶靴,消毒手臂,准备做必要的检查工作。

对于长毛品种犬的接产,应剪去其乳房、会阴和后肢部位的长毛,用温水、肥皂水将孕犬外阴部、肛门、尾根、后躯及乳房洗净擦干,再用苯扎溴铵溶液消毒。

(二)接产处理

1.临产检查

大家畜的胎儿前置部分进入产道时,可将手臂深入产道,检查胎向、胎位及胎势,对胎儿的反常做出早期诊断并进行矫正。如果胎儿正常,正生时三件(唇及两蹄)俱全,可等候它自然排出。牛的检查时间,应在胎膜露出至排出胎水这一段时间;马是在第一胎水流出之后。除检查胎儿外,还可检查母畜骨盆有无变形,阴门、阴道及子宫颈的松软扩张程度,以判断有无因产道反常而发生难产的可能。

2.及时助产

遇到母畜阵缩努责微弱,无力排出胎儿;产道狭窄或胎儿过大,产出滞缓;正生时胎头通过阴门困难,迟迟没有进展等情况时,可以帮助拉出胎儿。当胎儿唇部或头部已露出阴门时,可撕破羊膜,擦净胎儿鼻孔内的黏液,以利呼吸。

牛、马倒生时,因为脐带可能被挤压于胎儿和骨盆底之间,妨碍血液流通,需迅速拉出,以免胎儿窒息。在猪,有时两胎儿的产出间隔时间拖长,这时如不强烈努责,虽然产出较慢,对胎儿的生命一般尚无危险;如曾经强烈努责,而下一个胎儿久未产出,则有可能窒息死亡,这时可用手掏出胎儿,也可注射催产药物,促进胎儿排出。

(三)新生仔畜的处理

1.擦去口鼻腔内的黏液(羊水)防止窒息

胎儿产出后,要及时擦净口鼻腔内的羊水,防止新生仔畜窒息,并观察呼吸是否正常。如无呼吸,必须立即抢救。

2.擦干全身,注意防寒保暖

擦干新生仔畜身上的羊水,以防仔畜受凉。对牛、羊,可让母畜舔干羊水。对头胎羊,不要擦羔羊的头的头颈及背部,否则母羊可能不认羔羊。

3.处理脐带

胎儿产出后,脐血管可能由于前列腺素的作用而迅速封闭。所以,处理脐带的目的并不在于防止出血,而是促进脐带干燥,避免细菌侵入。断脐断端不宜留得太长;断脐后将脐带断端在碘酒内浸泡片刻,或在脐带外面涂以碘酒。断脐后如持续出血,需加以结扎后处理。

4.帮助哺乳

扶助仔畜站立,并帮助吃奶。在仔畜接近母畜乳房以前,最好先挤出2~3把初乳,然后擦净乳头,让它吮乳。如母畜拒绝仔畜吮乳,需帮助仔畜吮乳,并防止母畜伤害它们。

(四)检查胎衣

检查马胎衣的方法是将胎衣平铺在地上,将胎衣破口的边缘对齐,如果两侧边缘及其血管互相吻合台,证明胎衣是完整的,否则就是缺少了一部分。

在猪,将胎衣放在水中观察比较清楚。通过核对胎儿和胎衣上脐带断端的数目即可确定胎衣是否已全部排出。

第五节 产后期

产后期是指从胎衣排出到生殖器官恢复原状的一段时间。在此期中,母畜的行为和生殖器官都发生一系列变化,其中最明显的变化包括产后子宫复旧与恶露排出。

一、子宫复旧

产后期生殖器官中变化最大的是子宫。妊娠期中子宫所发生的各种变化,在产后期中都要恢复到原来的状态,这个过程称为子宫复旧。子宫复旧与卵巢机能的恢复有密切的关系,卵巢如能迅速出现卵泡活动,即使不排卵,也会大大提高子宫的紧张度,促进子宫的变化。如卵巢的机能恢复较慢,无卵泡发育,则可引起子宫长久迟缓,导致不孕。但子宫并不会完全恢复至原来的大小及形状,因而经产多次的母畜子宫比未生产过的要大,且松弛下垂。

子宫复旧的快慢因家畜的种类、年龄、胎次、是否哺乳、产程长短、是否有产后感染或胎衣不下等而有差异。一般情况下,各种家畜产后子宫复旧的时间:奶牛 30～45 d,水牛 39 d,羊 17～20 d,马 12～14 d,猪 25～28 d。

二、恶露

母畜分娩后,从阴道排出的变性脱落的母体胎盘、残留在子宫内的血液、胎水以及子宫腺的分泌物,称为恶露。恶露最初呈红褐色,内有白色、分解的母体胎盘碎屑;以后颜色逐渐变淡,血液减少,大部分为子宫颈及阴道分泌物;最后变为无色透明,停止排出。正常恶露有血腥味,如果有腐臭味,便是有胎盘残留或产后感染。恶露排出期延长,且色泽气味反常或呈脓样,表示子宫中有病理变化,应及时予以治疗。

牛分娩后恶露很多,产后 3～4 d 大量流出,持续时间较长,为 10～12 d,如果超过 3 周仍有分泌物排出,则视为病态。马恶露不多,产后 3 d 即停止排出,持续到 3 d 以上的宜进行治疗。羊恶露在产后 4～6 d 停止排出。猪产后恶露很少,初为污红色,以后变为淡白,再转成透明,常在产后 2～3 d 停止排出。

思考题

1. 简要阐述分娩启动的机理。
2. 简述接产的准备工作及注意事项。
3. 简述子宫复旧和恶露的临床指导意义。

第二十八章　妊娠期疾病

学习要点 /////////////////////////////////

　　掌握妊娠期主要疾病的病因分类和治疗措施；理解流产的症状、发生过程与治疗措施的对应关系；了解妊娠期其他疾病的发病原因。

　　妊娠期间，母体除了维持本身的正常生命活动以外，还要供给胎儿正常发育所需要的营养物质及正常发育环境，如果母体或胎儿健康受到扰乱或损害，正常的妊娠过程就转变为病理过程，进而发生妊娠期疾病。

第一节　流　　产

　　流产是指由于胎儿或母体异常而导致妊娠的生理过程发生扰乱，或它们之间的正常关系受到破坏而导致的妊娠中断。流产可以发生在妊娠的各个阶段，但以妊娠早期最为多见。各种家畜均能发生流产，奶牛流产的发病率在10%左右。流产所造成的损失是严重的，它不仅能使胎儿死亡或发育受到影响，而且还能危害母畜的健康。

一、病因

　　流产的原因极为复杂，可概括分为三类，即普通流产（由普通疾病和饲养管理不当引起的流产）、传染性流产（由传染性疾病引起的流产）和寄生虫性流产（由寄生虫疾病引起的流产）。每类流产又可分为自发性流产与症状性流产。自发性流产为胎儿及胎盘发生异常或直接受到影响而发生的流产；症状性流产是孕畜某些疾病的一种症状，或者是饲养管理不当导致的结果。

（一）普通流产

1.自发性流产

自发性流产常见于胎膜及胎盘异常、胚胎过多和胚胎发育停滞。

（1）胎膜及胎盘异常　　胎膜异常往往导致胚胎死亡。例如，无绒毛或绒毛发育不全，可使胎儿与母体间的物质交换受到限制，胎儿不能发育。这种异常有时为先天性的，有时则可能是因为母体子宫部分黏膜因患某些疾病而发炎变性所致。

（2）胚胎过多　　猪、犬在胚胎过多时，发育迟缓的胚胎因受邻近胚胎的排挤，不能和子宫黏膜形成充分的联系，血液供应受到限制，即不能继续发育。牛、羊双胎，特别是两胎儿在同一子宫角内，流产也比怀单胎时多。

(3)胚胎发育停滞 是妊娠早期流产中胚胎死亡的主要因素。发育停滞可能是因为卵子或精子有缺陷、染色体异常或由于配种过迟、卵子老化而产生的异倍体;也可能是由于近亲繁殖、受精卵的活力降低等。

2.症状性流产

广义的症状性流产不仅包括因母畜普通疾病及生殖激素失调引起的流产,也包括因饲养管理、利用不当、损伤及医疗错误引起的流产。有时流产是几种原因共同作用的结果。

(1)生殖器官疾病 母畜生殖器官疾病是流产的常见病因。例如,局限性慢性子宫内膜炎,交配后可能受孕,但在妊娠期间如果炎症发展,则因胎盘受到侵害,致胎儿死亡。患阴道脱出及阴道炎、子宫颈炎时,炎症可以破坏子宫颈黏液塞,侵入子宫,引起胎膜炎。

(2)激素失调 激素作用紊乱,子宫内环境不能满足胚胎发育的需要,可致胚胎早期死亡。其中孕酮、雌激素和前列腺素是直接相关的生殖激素。孕酮不足,子宫收缩,可使胚胎不易附着。

(3)非传染性全身疾病 疝痛病、瘤胃臌气、里急后重等,可反射性地引起子宫收缩;牛顽固性的瘤胃迟缓及真胃阻塞,拖延时间长的,也能够导致流产。马、驴患妊娠毒血症,有时也会发生流产。此外,能引起体温升高、呼吸困难、高度贫血的疾病,都有可能发生流产。

(4)饲喂及饮食不当 饲料数量严重不足和矿物质含量不足,饲料品质不良及饲喂方法不当,饲喂了发霉的饲料、有毒的植物或被有毒农药污染的饲料,孕畜由舍饲突然转为放牧,饥饿后喂以大量可口饲料等,都可能引起流产。空腹及清晨饮冷水,均可反射性地引起子宫收缩,将胎儿排出。

(5)治疗及检查失误 全身麻醉,大量放血,手术,应用过量泻剂、驱虫剂、利尿剂,注射糖皮质激素类制剂、可引起子宫收缩的药物(如氨甲酰胆碱、毛果芸香碱、槟榔碱、麦角制剂、新斯的明),误给大量堕胎药(如雌激素制剂、前列腺素等)或刺激发情的制剂以及注射某些疫苗等,均有可能引起流产。粗鲁的直肠检查、阴道检查,怀孕后再发情时误配,也可能引起流产。

(二)传染性与寄生虫性流产

这类流产是由传染性疾病和寄生虫性疾病所引起的流产。很多微生物与寄生虫都能引起家畜流产,它们既可侵害胎盘及胎儿引起自发性流产,又可以流产作为一种症状,发生症状性流产。引起传染性流产和寄生虫性流产的常见疫病见表28-1。

表 28-1 常见传染性流产和寄生虫流产疫病

病名	病原	畜种	症状与诊断	处理方法
布鲁菌病	布鲁菌	牛、猪、羊、犬	妊娠后期流产,睾丸炎与附睾炎;细菌学检查,凝集反应、全乳环状反应(乳牛)	检疫、预防接种(猪)、淘汰(牛)
钩端螺旋体病	钩端螺旋体	牛、猪、马	妊娠后期流产、牛血红蛋白尿、死产、补体结合反应(牛)	预防接种(猪)
马副伤寒	马流产沙门菌	马	妊娠后期流产,凝聚反应,分离培养	预防接种
马鼻肺炎	马Ⅰ型疱疹病毒	马	妊娠后期流产,幼驹呼吸道疾病;胎儿肝有坏死灶,肺水肿,包涵体,分离病毒	预防接种
马病毒性动脉炎	马动脉炎病毒	马	呼吸道感染,蜂窝织炎,流产;分离病毒	隔离病马
马媾疫	马媾疫锥虫	马	阴唇、阴道、玉茎、包皮有病变,神经麻痹,补体结合试验	屠宰病马

续表 28-1

病名	病原	畜种	症状与诊断	处理方法
牛传染性鼻气管炎	牛传染性鼻气管炎病毒	牛	呼吸道疾病、死产、流产、干尸化；分离病毒，血清中和试验、荧光抗体试验	预防接种
牛病毒性腹泻	牛传染性腹泻-黏膜病毒	牛	妊娠早期流产，死胎，干尸化；分离病毒，血清中和试验	预防接种
支原体病	支原体	牛	不育，流产；分离培养	隔离、药物治疗
滴虫病	胎儿毛滴虫	牛	不育，子宫积脓，流产；原虫检查	停止本交
李氏杆菌病	李氏杆菌	牛、绵羊	神经症状、圆周运动，流产；分离培养	隔离、人工授精
弓形虫病	弓形虫	羊、猪、犬、猫	脑炎，流产；原虫检查，色素试验，细胞凝集反应，荧光抗体检查	隔离，药物治疗
猪瘟	猪瘟病毒	猪	死胎，仔猪水肿；病理学和病原学检查	屠宰病猪群
猪乙型脑炎	乙型脑炎病毒	猪	死胎、神经症状；血清学检查，病理学检查，分离病毒	隔离，停止配种
细小病毒病	细小病毒	猪	死胎，流产，干尸化；分离病毒，HI	隔离，封锁病猪群

二、症状及分类

由于流产的产生时期、原因及母畜的反应能力不同，流产的病理过程及所引起的胎儿变化和临床症状也很不一样。

1.隐性流产

母畜不表现明显的临床症状，常见于胚胎早期死亡。表现为屡配不孕或返情推迟，多胎动物可表现为窝产仔数或年产仔数减少。

2.排出不足月的活胎儿

临床表现与正常分娩相似，但没有正常分娩那样明显。往往仅在排出胎儿前 2～3 d 乳腺突然膨大，阴唇稍微肿胀，阴门内有清亮黏液排出，乳头内可挤出清亮液体。有的孕畜出现腹痛、起卧不安、呼吸和脉搏加快等临床症状。

3.排出死亡而未经变化的胎儿

胎儿死后，于数天之内将死胎及胎衣排出。妊娠初期的流产，事前常无预兆，因为胎儿及胎膜很小，排出时不易被发现，有时可能被误认为是隐性流产。胎儿未排出前，直肠检查摸不到胎动，妊娠脉搏变弱。阴道检查发现子宫颈口开张，黏液稀薄。

4.延期流产（死胎停滞）

胎儿死亡后，由于阵缩微弱、子宫颈管不开张或开放不足，死后长期停留于子宫内，称为延期流产。依子宫颈是否开放，可分为胎儿干尸化和胎儿浸溶两种。

（1）胎儿干尸化　妊娠中断后，由于黄体没有退化，仍维持其机能，所以子宫颈不开张，无微生物侵入子宫，死亡胎儿组织中的水分及胎水被吸收，变为棕黑色，好像干尸一样，称为胎儿干尸化。

如经常注意母牛的全身状况，则可发现母牛妊娠至某一时期后，妊娠的外表现象不再发展。直肠检查感到子宫呈圆球状,其大小依胎儿死亡时间的不同而异,且较妊娠月份应有的体积小得多。子宫壁紧包着胎儿,摸不到胎动、胎水及子叶。

(2)胎儿浸溶　妊娠中断后,由于黄体退化,所以子宫颈管开张,微生物即侵入子宫,死亡胎儿的软组织被分解,变为液体流出,而骨骼则留在子宫内,称为胎儿浸溶。

胎儿气肿及浸溶时,细菌引起子宫炎,母畜表现为败血症及腹膜炎的症状。胎儿软组织分解后变为红褐色或棕褐色难闻的黏稠液体,在努责时流出,排出物中可带有小的骨片。阴道检查,发现子宫颈开张,在子宫颈内或阴道中可以见到胎骨,阴道及子宫颈黏膜红肿。对于母畜以后的受孕能力和生命安全有影响,预后不佳。

三、诊断

流产的诊断既包括流产类型的确定,还应当确定引起流产的病因,如为传染性或寄生虫性的,应及早采取措施。流产病因的确定,需要参考流产母畜的临床表现、发病率、母畜生殖器官及胎儿的病理变化等,怀疑可能的病因并确定检测内容。通过详细的资料调查与实验室检测,最终做出病因学诊断。

(一)隐性流产的诊断

1.临床检查

可根据配种后返情正常或延长,大体估测是配种未孕还是隐性流产,但误差大,应谨慎对待。对牛、马和驴,配种后1～1.5个月通过直肠检查已肯定妊娠,而以后又返情,同时直肠检查原有的妊娠现象消失;小型动物,交配后经过一个周期未见发情,或经影像检查确诊为妊娠,但过了一些时间后又发情,且从阴门中流出的分泌物较多,可诊断为隐性流产。

2.孕酮分析

妊娠早期,可以通过血浆或乳汁中的孕酮水平,确诊胚胎是否死亡。

(二)临床型流产的诊断

1.临床检查

排出不足月的活胎儿或死胎、延期流产(死胎滞留)均属于临床型流产,其临床症状明显,可根据临床症状做出临床诊断。

2.病理检查

自发性流产,胎膜及(或)胎儿常有病理变化。对排出的胎儿及胎膜,要细致观察有无病理变化及发育异常。由于饲养管理不当、损伤及母畜本身的普通病、医疗事故引起的流产,胎膜及胎儿多没有明显的病理变化。

3.血清学检查

传染性及寄生虫性的流产,可在病理学检查的基础上,将胎儿、胎膜以及子宫或阴道分泌物送实验室检验,进行血清学检查。

四、治疗

防治流产的原则:在可能的情况下,制止流产的发生,当不能制止时,应尽快促使死胎排出以保证母畜及其生殖道的健康不受损害;然后分析流产产生的原因,根据具体原因提出预防措施;杜绝自发传染性及自发寄生虫性流产的传播,以减少损失。

1. 先兆流产的处理

如果孕畜出现腹痛、起卧不安、努责、阴门有分泌物排出，和脉搏加快等临床症状，属于先兆流产。处理的原则为安胎。可使用抑制子宫收缩药和镇静药物。例如，肌肉注射孕酮，马、牛 50～100 mg，羊、猪、犬 10～30 mg，每日或隔日一次，连用数次。有习惯性流产的病例，可在妊娠的一定时间试用孕酮。给以镇静剂，如溴剂、氯丙嗪等，禁用赛拉唑等麻醉性镇静剂。禁止做阴道检查，尽量减少直肠检查，以免刺激母畜。

2. 难免流产的处理

出现流产先兆，经上述处理后病情仍未稳定下来，阴道排出物继续增多，起卧不安，加剧阴道检查发现子宫颈口已经开放，胎囊已进入阴道或胎膜已破，属于难免流产。应尽快促使子宫内容物排出，以免胎儿死亡、腐败。

如子宫颈口已经开大，可用手将胎儿拉出。流产时，胎儿的位置及姿势往往异常，如胎儿已经死亡，矫正有困难，可以施行截胎术。如子宫颈管开张不大，手不易伸入，可促使子宫颈开放，促进子宫收缩。

3. 延期流产的处理

对于胎儿发生干尸化或浸溶者，可先使用前列腺素制剂，继之或同时使用雌激素，溶解黄体并促使子宫颈扩张。因为产道干涩，应在子宫或产道内灌入润滑剂，以便宫内容物的排出。

对于干尸化胎儿，由于胎儿头颈及四肢蜷缩在一起，且子宫颈开放不足，必须用一定力量或预先截胎才能将胎儿取出，但应注意勿损伤子宫颈和阴道壁。

对于胎儿浸溶，如软组织已基本液化，必须尽可能将胎骨逐块取净。分离骨骼有困难时，必须根据情况先将它破坏后再取出。操作过程中，术者应防止母畜和自己受到损伤与污染。取出干尸化及浸溶胎儿后，需用 0.2% 高锰酸钾溶液或 5%～10% 盐水等，冲洗子宫。注射促子宫收缩药，排出子宫积液。患犬若不做繁殖用，建议做子宫或子宫卵巢摘除术。

4. 隐性流产的处理

对隐性流产的病畜，应加强饲养管理，尽可能地满足家畜对维生素及微量元素的需要。妊娠早期，可视情况补充孕酮或人绒毛膜促性腺激素。在发情期间，用抗生素生理盐水冲洗子宫。

第二节　阴道脱出

阴道脱出是指阴道底壁、侧壁和上壁的一部分组织、肌肉松弛扩张，连带子宫和子宫颈向后移，使松弛的阴道壁形成皱襞嵌堵于阴门内（又称阴道内翻）或突出于阴门外（又称阴道外翻）。可以是部分阴道脱出，也可以是全部阴道脱出。常发生于妊娠末期，牛、羊、猪等家畜也可发生于妊娠各个阶段以及产后时期。本病多发生于奶牛，其次是羊和猪，较少见于犬和马。有些品种的犬发情时，常发生阴道壁水肿和脱出。

一、病因

由于生殖道、子宫阔韧带及膀胱韧带具有延伸性，直肠生殖道凹陷、膀胱生殖道凹陷和膀胱耻骨凹陷，当骨盆韧带及其邻近组织松弛、阴道腔扩张、阴道壁松软，并有一定的腹内压时便可发生阴道脱出。妊娠末期，胎盘分泌的雌激素较多，或摄食含雌激素较多的牧草，可使骨盆内固定阴道的软组织及外阴松弛,是阴道脱出的主要原因。

妊娠母畜年老经产,衰弱,营养不良,缺乏钙、磷等矿物质及运动不足,常引起全身组织紧张性降低,骨盆韧带松弛。猪喂饲霉变饲料(大麦、玉米)时,由于雌激素含量高和毒素作用,可引起阴唇红肿、韧带松弛、里急后重,以至阴道脱出。

犬在发情前期或发情期发生的阴道水肿或阴道增生,与遗传及雌激素水平过高有关。

二、症状及诊断

按其脱出程度,可分为轻度阴道脱出、中度阴道脱出和重度阴道脱出三种。

1.轻度阴道脱出

主要发生在产前。病畜卧下时,可见前庭及阴道下壁(有时为上壁)形成皮球大、粉红湿润并有光泽的瘤状物,堵在阴门内,或露出于阴门外;母畜起立后,脱出部分能自行缩回。

2.中度阴道脱出

当阴道脱伴有膀胱和肠道也脱入骨盆腔内时,称为中度阴道脱出。可见从阴门向外突出排球大小的囊状物或呈"轮胎"状突出。病畜起立后,脱出的阴道壁不能缩回;阴道壁发生充血、水肿,刺激动物频频努责,使阴道脱出更为严重,阴道黏膜表面干燥或溃疡,由粉红色转为暗红或蓝色至黑色。严重的病例可发生坏死或穿孔。

3.重度阴道脱出

子宫和子宫颈后移,子宫颈脱出于阴门外。若脱出的阴道前端子宫颈明显并紧密关闭,则不易发生早产及流产,若宫颈外口已开放且界限不清,则常在24～72 h内发生早产。产后发生者,脱出往往不完全,在其末端有时可看到子宫颈膣部肥厚的横皱襞。持续强烈的努责,可引起直肠脱出、胎儿死亡及流产等。

犬的阴道黏膜水肿脱出与其他动物普通的阴道脱出不同,它多为全层阴道壁(包括尿道乳头)外翻至阴门外,类似飞轮状。阴道脱出可以整复,但阴道增生不能整复。黏膜表面含有大量角化细胞和复层鳞状细胞,与正常发情时阴道黏膜增生、脱落一致。

三、治疗

(一)轻度脱出

轻度阴道脱出易于整复,关键是防止复发。在病畜起立后能自行缩回时,使其多站立并取前低后高的姿势,以防脱出部分继续增大,避免阴道损伤和感染。将尾拴于一侧,以免尾根刺激、损伤脱出的黏膜。给予易消化饲料,降低腹内压,对便秘、腹泻及瘤胃弛缓等疾病,应及时治疗。孕牛注射孕酮,可有一定的疗效,每天肌肉注射孕酮50～100 mg,至分娩前20 d左右为止。

(二)中度和重度脱出

必须及时整复,并加以固定,防止复发。

(1)冲洗消毒及消除水肿　整复前使病畜处于前低后高位置(不能站立的应将后躯垫高,小动物可提起后肢,以减少骨盆腔内的压力)。用温热的防腐消毒液(如0.1%高锰酸钾,0.05～0.1%苯扎溴铵等)清洗脱出的阴道黏膜,充分洗净脱出阴道上的污物,除去坏死组织。伤口大时要进行缝合,并涂以抗生素油膏。若黏膜水肿严重,可先用毛巾浸以2%明矾水或10%葡萄糖水进行冷敷,使水肿减轻,黏膜发皱。

（2）整复　先用消毒纱布将脱出的阴道托起，在病畜不努责时，用手将脱出的阴道向阴门内推送。推送时，手指不能分开，以防损伤阴道黏膜。待全部推入阴门后，再用拳头将阴道推回原位。最后，在阴道腔内注入消毒药液，或在阴门两旁注入抗生素，以便抗菌或减轻努责。如果努责强烈，可在阴道内注入2%普鲁卡因10～20 mL，或行尾间隙硬膜外麻醉等。整复后，对一再脱出的病畜，必须进行固定。

（3）固定　对一般阴道脱出或妊娠后期脱出的病例，整复后适合用阴门缝合法。该方法即用粗缝线在阴门上做2～3针间断纽扣缝合。向后牵引阴唇，距阴门口3～5 cm皮厚处一侧阴唇进针至对侧阴唇壁出针，穿上一个橡胶垫，距出针孔1.5～2 cm处再进针至对侧皮肤出针，再穿一橡胶垫，两线尾打结。阴门下1/3不缝合，以免妨碍排尿。数天后病畜不再努责时，拆除缝线。

对重度阴道脱的病例，可选用阴道侧壁固定法。这是用缝线通过坐骨小孔穿过荐坐韧带背侧壁，将阴道前部侧壁固定在臀部皮肤上的方法。具体方法是在坐骨小孔投影的臀部位置剪毛消毒，皮下注射1%盐酸普鲁卡因后用外科刀做一皮肤小切口。术者一手伸入阴道，将双股粗线的两端带入其内，缝线上穿一个大的衣服纽扣。手推阴道壁使其尽量贴近骨盆侧壁，另一只手拿着带有槽钩的长直针从皮肤切口刺入阴道腔。然后，在阴道内将缝线的两端嵌入针的槽钩内，回扣直针，将线尾自皮肤切口拉出体外。拉紧两根线尾、打结。线结打在皮肤处的纱布圆枕上，使阴道侧壁紧贴骨盆侧壁。术后肌肉注射抗生素3～4 d，阴道内涂抗生素油膏，10 d后拆线。

对阴道脱出的孕畜，特别是卧地不起的患畜，有时整复及固定后仍持续强烈努责，无法制止，甚至引起直肠脱出及胎儿死亡。对这样的病例，若胎儿已死亡，或胎儿活着且临近分娩，应进行人工引产或剖腹产。

第三节　绵羊妊娠毒血症

妊娠毒血症是母畜妊娠后期发生的一种代谢性疾病。临床上常见有绵羊妊娠毒血症及马属动物妊娠毒血症，牛、猪、兔等家畜则少见。绵羊妊娠毒血症是妊娠末期母羊由于糖类和脂肪酸代谢障碍而发生的一种以低糖血症、酮血症、酮尿症、虚弱和失明为主要特征的亚急性代谢病。其主要临床症状为精神沉郁，食欲减退，运动失调，呆滞凝视，卧地不起，继而昏睡等。杂种羊、放牧羊易患。

一、病因

妊娠毒血症病因及发病机理还不十分清楚。该病主要见于母羊怀双羔、三羔或胎儿过大时，因胎儿消耗大量营养物质，母羊不能满足这种需要而发病。此外，缺乏运动也与此病的发生有关。发病的机理可能是妊娠末期如果母体获得的营养物质不能满足本身和胎儿生长发育的需要（特别是在多胎时），则促使母羊动用组织中储存的营养物质，使蛋白质、糖类和脂肪的代谢发生严重紊乱。同时，代谢异常引起肝营养不良、使肝机能降低，糖异生障碍，并且丧失解毒功能，导致低糖血症和血液酮体及血浆皮质醇的水平升高。病羊出现严重的代谢性酸中毒及尿毒症。

二、症状及诊断

1.临床症状

病初，患羊精神沉郁，放牧或运动时常离群单独行动，对周围事物无反应。瞳孔散大，视力减退,角膜反射消失,出现意识紊乱。随着病情发展,精神极度沉郁,黏膜黄染,食欲减退或消失,磨牙,瘤胃弛缓,反刍停止。呼吸浅快,呼出的气体有丙酮味,脉搏快而弱。运动失调,表现为行动拘谨或不愿走动。行走时步态不稳,无目的地走动,或将头部紧靠在某一物体上,或做转圈运动。粪粒小而硬,常包有黏液,甚至带血。小便频数。病的后期,视觉变差或消失,肌肉震颤或痉挛,头向后仰或弯向一侧,多在 1～3 d 内死亡。死前昏迷,全身痉挛,四肢做不随意运动。

2.血液检查

血液检查有类似酮病的变化,即糖血症和高酮血症,血液总蛋白减少,淋巴细胞及嗜酸性粒细胞减少;病的后期,而血浆游离脂肪酸增多,尿丙酮呈强阳性反应,有时可发展为高糖血症。

3.病理剖检

肝有颗粒变性及坏死,肾亦有类似病变。肾上腺肿大,皮质变脆,呈土黄色。

三、治疗

为了保护肝机能和供给机体所必需的糖,可用 10％葡萄糖 150～200 mL,加入维生素 C 0.5 g,静脉输液。同时还可肌肉注射大剂量的维生素 B_1。

出现酸中毒时,可静脉注射 5％碳酸氢钠溶液 30～50 mL。此外,还可使用促进脂肪代谢的药物,如肌醇注射液,同时注射维生素 C。

有人曾应用类固醇激素治疗该病,肌肉注射泼尼松龙 75 mg 或地塞米松 25 mg、并口服丙二醇、葡萄糖,注射钙、镁、磷制剂,存活率可达 85％;但单独使用类固醇的存活率不高。大剂量应用糖皮质激素,易发生流产。

无论应用哪一种方法治疗,如果治疗效果不显著,建议施行剖腹产或人工引产。在患病早期,改善饲养管理,可以防止病情发展,至少使病情迅速缓解。增加糖类饲料的数量,如块根饲料、优质青干草,并给以葡萄糖、蔗糖或甘油等含糖物质,对治疗此病有良好的辅助作用。

思考题

1.简述流产的症状与分类,它们的特点是什么?

2.如何治疗和预防流产的发生?

3.阴道脱出的治疗方法有哪些?

第二十九章　分娩期疾病

学习要点 ///

　　熟悉难产发生的原因和难产分类；熟悉常用助产方法的基本操作和注意事项；了解难产产前检查和产后检查的重要性。

　　妊娠期满后,胎儿能否顺利产出主要取决于产力、产道和胎儿三者之间的相互关系。如果其中任何一方面出现异常,就会导致难产。难产是指由于各种原因而使分娩的第一阶段(开口期),尤其是第二阶段(胎儿排出期)明显延长,母体难于或不能排出胎儿的产科疾病。

　　家畜中牛最常发生难产,发病率为 3.25％;初生牛及体格较大的品种,以及肉牛进行品种间杂交繁育时小体格品种母牛更易发生难产。马、猪和羊的难产发病率相对较低,犬和猫则因品种不同而差别很大。难产可造成母畜子宫及产道损伤、腹膜炎、休克、弥漫性血管内凝血等疾病,如何预防、处理母畜难产,是实现安全分娩的关键。

第一节　难产的检查

　　通过全面的难产检查,才能准确诊断难产的类型、母畜全身状况、产道损伤程度、胎儿存活情况,制定正确的助产方案,达到良好的救助效果或做出准确的预后判断。难产的检查主要包括病史调查、母畜全身状况检查、产道检查、胎儿检查以及术后检查等五个方面。

一、病史调查

　　调查的目的是尽可能详细地了解病畜的情况,以便大致预测难产的种类与程度。病史调查的主要内容包括以下几个方面。

　　1.预产期

　　实际临产日期和预产期的差距与胎儿发育的个体大小有关,因此应根据有效配种日期准确地了解难产母畜的预产期。如妊娠母畜未到预产期,则可能是早产或流产,这时胎儿一般较小,有利于从产道拉出;如产期已超过预产期,胎儿可能较大,实施矫正术及牵引术的难度将会增大。

　　2.年龄及胎次

　　母畜的年龄及胎次与骨盆发育程度有关。年龄较小或初产的母畜,常因骨盆发育不全,分娩过程较缓慢,胎儿不易排出,相对于成年母畜而言更易发生难产。

　　3.分娩过程

　　通过对母畜分娩过程的详细了解可以获得分析难产的基础信息。了解的内容包括母畜开始出现不安和努责的时间,努责的强弱,胎膜及胎儿是否已经外露、胎水是否已经排出,胎儿外露的情况以及已排出胎儿的数量等。

当产程尚未超过正常的胎儿产出期,且胎膜未外露、胎水未排出、母畜努责不强时,分娩可能并未发生异常,仍处于开口期;或因努责无力,子宫颈开张不全,胎儿进入产道缓慢;如果母畜努责强烈,胎膜已经破裂并流出胎水,而胎儿长时间未排出,则可能发生了难产。

在多胎动物,如果部分胎儿排出后母畜仍有强烈努责,但超出正常产出间隔期仍未见下一个胎儿排出,则可能发生部分胎儿难产,并可能导致胎儿死亡。

4.既往繁殖史

以前是否患过产科疾病或其他繁殖疾病;此外,公畜的品种、体格大小对胎儿的体格大小具有遗传影响。当小型品种母畜与大型品种公畜,或小型体格母畜与大型体格公畜配种繁殖时,其后代体格相对较大,易发生难产。

5.饲养管理与既往病史

怀孕期间饲养管理不当或过去发生的某些疾病,也可能导致分娩时母畜的产力不足或产道狭窄。如较长时期的腹泻性疾病、营养原因导致的体弱或肥胖、运动不足、胎水过多、腹部的外伤等,可不同程度地降低子宫或腹肌的收缩能力;既往发生的阴道脓肿、阴门及子宫颈创伤可使软产道产生瘢痕组织,降低软产道的开张能力;有骨盆骨折病史的难产病例则可能出现硬产道狭窄,造成胎儿排出困难。

6.就诊前的医疗救助情况

难产病例如果在就诊前已接受过难产的医疗救助,应详细询问前期的诊断结论、救治中所使用的药物与剂量、采用的助产方法及胎儿的存活情况等,以便从中为进一步做出正确诊断、制定助产方案和评估预后获取有价值的信息。

在实际中,前期对难产病例处理不当的情形时有发生,主要见于在尚未做出难产类型正确诊断之前,盲目地强力实施牵引术或大剂量使用子宫收缩药物。助产方法不当,可能造成胎儿死亡,或加剧胎势异常程度,导致软产道严重水肿、损伤甚至子宫破裂,给后期的手术助产增加难度。如助产过程不注意消毒,则容易使子宫及软产道遭受感染,也会增大以后继发生殖器官疾病的可能性。

▶ 二、母畜的全身检查

母畜全身检查主要包括母体全身状况的一般检查和骨盆韧带及阴门等的检查。

1.一般检查

检查内容包括母畜的体温、呼吸、脉搏、可视黏膜、精神状态以及能否站立。母畜发生难产后因高度恐惧、疼痛和持续的强烈努责,机体处于高度应激状态,体力大量消耗,体质明显下降,严重时甚至可以危及生命。当难产母畜处于高度虚弱或出现生命危症时,母体将出现体温偏低、呼吸短促、脉搏细弱。精神沉郁或知觉迟钝、站立不稳等症状;如果因难产造成子宫或产道损伤而发生大量出血时,母畜的可视黏膜将变得苍白。

视诊检查犬、猫等小动物腹部充盈程度和触诊腹部,可以大致确定子宫中是否仍有胎儿。

2.骨盆韧带及阴户的检查

触诊检查盆骨韧带和阴户的松软变化程度,或向上提举尾根观察其活动程度如何,以便评估盆腔及阴门能否充分扩张。

三、产道检查

产道检查主要用于判定阴道的松软及润滑程度,子宫颈的松软及开张程度,骨盆腔的大小及软产道有无异常等。

检查时术者需将手臂或手指伸入产道,如果触摸阴道壁表面感到干涩或有粗糙处,说明产道湿滑程度不够,粗糙处可能有损伤。当触摸到子宫颈时,如果子宫颈已经完全松软或开张,术者可以在仅有胎囊挤入产道的情况下很容易地将手伸入子宫颈内,或者在胎儿大小正常且宽大部位已进入产道的情况下仍能将手掌较容易地挤入胎儿与子宫颈之间;反之则可能发生子宫颈松软或开张不全,致使子宫颈狭窄而阻碍胎儿的通过。如果因子宫捻转导致软产道狭窄或捻闭,检查中可以在阴道或子宫颈的相应部位触摸到捻转形成的皱褶。若检查时子宫颈尚未开张,充满黏稠的黏液,则胎儿产出期可能尚未开始。如果在骨盆腔的检查中发现其形状异常、畸形或大的肿瘤时,则可能发生骨盆腔狭窄。

四、胎儿检查

胎儿检查主要用于确定胎儿的胎向、胎位、胎势以及胎儿的死活、体格大小以及进入产道的深浅等。如果胎膜尚未破裂,触诊时应隔着胎膜进行,避免胎膜破裂,以免胎水过早流失,影响子宫颈的扩张及胎儿的排出;如果胎膜已经破裂,可将手伸入胎膜内直接触诊。

1. 胎向、胎位及胎势的检查

可以通过产道内触摸胎儿身体的头、颈、胸、腹、背、臀、尾及前肢和后肢的解剖特征部位,判断胎儿的方向、位置及姿势有无异常。检查时,首先要观察露出到阴门外的胎儿前置部分。如果有前肢和唇部或后肢已经露出到阴门外,表明胎向正常,为纵向的正生或倒生。可以根据腕关节和跗关节的形状和可屈曲的方向以及蹄心的方向进行区别。

2. 胎儿大小的检查

胎儿大小的检查通常可以根据胎儿进入母体产道的深浅程度,通过触摸胎儿肢体的粗细和检查胎儿与母体产道的相适宜情况来综合判断。四肢粗壮的胎儿通常体格较大,其身体宽大部位进入产道相对困难,胎儿头部或臀部的宽大部分一般难于进入子宫颈。

3. 胎儿生死状态的检查

实施难产救助之前,需对胎儿的生死状态做出正确的判断。错误的判断可能导致救助方法选择不当而造成胎儿或母体的伤害。若胎儿死亡,在保全产道不受损伤的情况下助产;若胎儿还活着,则应首先考虑挽救母子双方,其次是要挽救母畜。

五、术后检查

助产手术后,应对母畜的全身状况和生殖道进行系统检查,及时发现异常并采取相应的处理措施。通过术后检查,母畜因难产或助产过程中所受到的损伤可以得到及时诊断和治疗,有利于母畜早日恢复健康。

1. 母畜的全身状况的检查

术后应对母畜体温、呼吸、心跳和可视黏膜等情况进行仔细检查,诊断有无全身感染、出血和休克等并发症,如果出现疾病状况则应立即治疗。此外,需检查母畜能否站立,如果母畜站立困难,则应查找原因,检查是否有坐骨神经麻痹,关节错位或脊椎损伤,是否有低血钙等,并及时采取治疗措施。还应检查乳房有无病理变化、乳头有无损伤,对异常情况及时进行治疗处理。

2.生殖道检查

当难产胎儿经产道助产成功排出后,需仔细检查和确认术后子宫内是否还有其他胎儿滞留,子宫和软产道是否受到损伤,以及子宫有无内翻情况的发生等。若子宫内还有其他胎儿滞留,可通过产道触诊胎儿确认,或者经腹壁外部触诊以及 X 光检查(犬、猫等)确认。检查术后子宫及产道损伤情况时,应注意黏膜水肿和损伤情况、子宫及产道的出血和穿孔等。此外,如果发现有子宫内翻的情况,应马上进行整复,将子宫内翻的部分推回原位。

第二节　助产手术

救治难产时,可供选择的助产手术很多,但大致可以分为两类:用于胎儿的手术和用于母体的手术。用于胎儿的手术主要有牵引术、矫正术和截胎术,用于母体的手术主要有剖腹产术、外阴阴开术、子宫切除术、骨盆联合切开术和子宫捻转时的整复手术。由于子宫切除术和骨盆联合切开在动物上作为助产的手术费用高,护理麻烦,使用甚少,所以简单介绍或者不做介绍。

➤ 一、牵引术

牵引术又称拉出术,指用外力将胎儿拉出母体产道的助产手术,是救治难产最常用的助产术。主要适用于子宫迟缓,轻度的胎儿与母体产道大小不适,经矫正术或截胎术后拉出胎儿等。

牵引术可以徒手操作,也可以使用产科器械。徒手操作时,可以牵拉胎儿的四肢和头部。正生时,术者可把拇指从口角伸入口腔握住下颌或用手指掐住胎儿眼窝,牵拉头部;在马和羊,还可用中、食二指弯起来夹在下颌骨体后,用力牵拉胎儿头部。在猪,正生时可用中指及拇指捏住两侧上犬齿,并用食指按拉住鼻梁牵拉胎儿,或者掐住两眼窝牵拉。倒生时,可将中指放在两胫部之间握住两后腿跗部牵拉。

可用于牵引术的产科器械主要有产科绳、产科链、产科套、产科钩和产科钳等。牵拉四肢可用产科绳、产科链,将绳或链拴在系关节之上,为防止绳子下滑到蹄部造成系部关节损伤,可在系关节之下将绳或链打半结。用产科绳、产科链、产科套牵拉头部时,可将绳、链套在耳后,绳结移至口中,避免绳子滑脱或绳套紧压胎儿的脊髓和血管,引起死亡。牵拉已死亡胎儿时,可将产科链套在脖子上,也可用产科钩钩住胎儿下颌骨体或眼窝、鼻后孔、硬腭等部位牵拉。使用产科钩时,应将产科钩牢固地挂钩在相应部位。或将钩子伸入胎儿口内并将钩尖向上转钩住硬腭,均衡使力缓慢牵拉,以防产科钩滑落伤及子宫及母体。

由于各种家畜骨盆特点不同,牵引胎儿时应沿骨盆轴的走向牵拉。当胎儿尚在子宫时,应向上(母体背侧)、向后牵拉,使胎儿的前置部分越过骨盆入口前缘进入产道,然后向后牵拉;当胎儿肢端和头部接近阴门时,应向后和稍向上方向牵引;胎儿胸部通过阴门后改为向下后方牵拉至胎儿产出。牵拉过程中,可左、右方向轻度旋转胎儿,使其肩部或臀部从骨盆宽大处通过。牵拉中应配合母体的子宫阵缩和努责均衡使力,尽可能与母畜的产力同步。努责时,助手可推压母畜腹部,以增加努责的力量。

➤ 二、矫正术

矫正术是指通过推、拉、翻转的方法对异常胎向、胎位及胎势进行矫正的助产手术。胎儿由于姿势、位置及方向异常而无法排出时,必须先加以矫正。

正常分娩时,单胎动物的胎儿呈纵向(正生或侧生)、上位,头、颈及四肢伸直,与此不同的各种异常情况均可用矫正术进行矫正。

(一)基本方法

矫正术是通过推、拉、旋转和翻转等操作实现对胎儿胎向、胎位及胎势异常的矫正。施术中使用的主要产科器械有产科柽、推拉柽、扭正柽和产科绳(链)及产科钩等。矫正时母畜宜保持前低后高的站立姿势或侧卧并四肢伸展姿势,以免腹腔脏器挤压胎儿影响操作。

1.推拉

推就是用产科柽或者术者的手臂将胎儿或其一部分从产道中向前推动;拉是将姿势异常的头和四肢矫正或正常状态后通过术者手臂和牵拉的产科器具拉出。矫正术中,推和拉是矫正胎儿胎向、胎位及胎势异常最常用的方法,配合进行推和拉常为有效矫正的关键。通常需要将胎儿从产道推回子宫,以便有足够空间将阻碍胎儿通过的肢体屈曲部位牵引为正常姿势,或将异常胎位、胎向矫正为正常的胎位和胎向。在推的操作中,术者可通过手臂或产科柽等推的器械均衡用力推动胎儿。正生时,术者可依据矫正的需要,将手或柽放在胎儿的肩与胸之间或前胸处推动胎儿;倒生时,可将手或柽置于胎儿坐骨弓上方的会阴区推移胎儿。使用产科柽时术者应用手护住柽的前端,防止滑落损伤子宫。

2.旋转

旋转是以胎儿纵轴为轴心将胎儿从下位或侧位旋转为上位的操作,主要用于异常胎位的矫正。胎儿为下位时,可采用交叉牵拉或直接旋转的方式进行矫正。交叉牵拉时,首先在两前肢球关节上端(正生)或后肢跗趾关节上端(倒生)分别栓上绳(链),将胎儿躯干推回子宫,然后由两名助手交叉牵引绳(链)。在牵引之前,先决定旋转胎儿的方向,如果向母体骨盆右侧旋转胎儿,则应将位于母体骨盆左侧的胎儿腿向右、上、后的方向牵拉,并同时将胎儿另一条腿沿左、下、后的方向牵引。

3.翻转

翻转是以胎儿横轴为轴心进行的旋转操作,可将横向或竖向异常胎向矫正为纵向。胎儿横向时,一般有胎儿躯体的一端(前躯或后躯)临近骨盆入口。另一端稍远离骨盆入口。矫正时可将胎儿远离骨盆入口一端往前推向入子宫深处,同时把邻近骨盆入口一端拉向产道,使胎儿在牵拉过程中绕其横轴旋转约 90°,由横向转向纵向。如横向胎儿身体的两端与骨盆入口的距离大致相等,则应选择推移前躯和牵拉后躯的方式,将胎儿矫正为侧生纵向,不再需要矫正胎儿头颈即可比较容易地拉出胎儿。

(二)常见胎儿姿势异常的矫正

1.头颈侧弯的矫正

头颈侧弯是常见的一种难产类型。助产中通常首先选用矫正术。

矫正时可先将产科柽顶在头颈侧弯对侧的胸壁与前腿肩端之间。向前并向对侧推动胎儿,使骨盆入口之前腾出空间,然后把头颈拉入产道。如果术者能握住胎儿的唇部,可将肘部支在母体骨盆上,先用力向对侧推压胎头,然后把唇部拉入盆腔入口。如果头颈弯曲程度大,用手扳拉胎儿头部有困难时,可以用单滑结缚住胎头,再将颈上的两段绳子之一越过耳朵,滑至颜面部或口腔,由助手牵拉绳子,术者握住唇部向对侧推压。将头拉入盆腔。此外,也可用绳系住下颌牵拉。在矫正过程中,推动胎儿和扳正胎头的操作应相互配合。

2.前腿姿势异常的矫正

前腿姿势异常以腕关节屈曲、肩关节屈曲和肘关节屈曲较为多见,一般采用矫正术进行助产。

（1）腕关节屈曲的矫正　　首先助手将产科梃顶在胎儿胸壁与异常前腿肩端之间向前推动胎儿，术者用手钩住蹄尖或握住系部尽量向上抬，或者握住掌部上端向前向上推，使骨盆入口之前腾出矫正空间；然后向后向外侧拉，使蹄子呈弓形越过骨盆前缘伸入骨盆腔。如果屈曲较为严重，也可将绳子拴住异常前腿的系部，术者用单手握住掌部上端向前向上推，即可在助手牵拉绳的配合下将前腿拉入产道。

（2）肩关节屈曲的矫正　　矫正可分两步进行，如果胎头进入骨盆不深，首先将产科梃或推拉梃抵在对侧胸壁与肩端之间。在助手向前并向对侧推的同时，术者用手握住异常前腿的前臂下端向后拉，使肩部前置变成腕部前置，然后按腕部前置的矫正方法继续进行矫正并拉出胎儿。

（3）肘关节屈曲的矫正　　因肘关节屈曲的难产多见于牛，其他家畜如果不是两侧性异常，一般不导致难产。当肘关节呈屈曲姿势时，肩关节也随之发生屈曲，从而使得胎儿的胸部体积增大而引起难产。矫正时，可先用绳拴住异常前腿系关节的上端，在术者用手向前推动异常前腿肩部的同时，助手向后牵拉前肢即可完成矫正；或助手用产科梃推动异常前腿的肩部，术者用手或绳子牵拉异常前腿的蹄部，将肘关节拉直。

为了保证矫正术的顺利进行和避免对母体及胎儿的损伤，施术过程应注意下列事项：使用产科钩、梃等尖锐、硬质器具时，术者应注意防护器具对母体及胎儿的损伤。为了避免母畜努责和产道及子宫干涩对操作的妨碍，可适度对母体进行硬膜外麻醉或肌肉注射二甲苯胺噻唑，以及在子宫内灌入大量的润滑剂，以利于推、拉及转动胎儿，保证助产术顺利实施。难产时间久的病例，因子宫壁变脆而容易破裂，进行推、拉操作时需特别小心。如果矫正难度很大，应果断采取其他助产措施，或剖腹产术，或对死亡胎儿采用截胎术。

三、截胎术

截胎术是通过产道对子宫内胎儿进行切割或肢解的一种助产术。采用该助产术可将死亡胎儿肢解后分别取出，或者把胎儿的体积缩小后拉出。在处理胎向、胎位和胎势严重异常且胎儿已死亡的难产病历中，该助产术常为首选的方法，一般可获得良好效果。主要适用于胎儿死亡且矫正术无效的难产病例，包括胎儿过大以及胎向、胎位和胎势严重异常等。若胎儿活着、母畜体况尚可，建议做剖腹产。

（一）基本方法

截胎的主要目的是缩小胎儿的体积以便将其从产道中拉出，通常是使用截胎的产科器械，如指刀、隐刃刀、产科钩刀、剥皮铲、产科凿、线锯和胎儿绞断器等，对胎儿进行肢解。施行截胎术时，可以截取胎儿的任何部分，也可以在任何正常或异常的胎向、胎位及胎势时进行。

（二）常见胎儿异常的截胎术

1. 皮下法的皮肤剥离方法

该法适用于皮下截胎术。施术前先用绳、钩等牵拉方法固定胎儿，然后用刀根据截断部位需要纵向或横向切开皮肤及皮下软组织，剥离切口周围一部分软组织后，将剥皮铲置于皮下，在助手的协助下利用其扩大剥离范围，以利于皮下对胎儿进行肢解。在使用剥皮铲的过程中，术者需用一只手隔着皮肤保护铲端，实时检查和引导剥皮铲的操作，防止操作失误损伤母体。

2. 头部缩小术

头部缩小术适用于脑腔积水、头部过大及其他颅腔异常引起的难产。当胎儿因颅部增大，胎头部不能通过盆腔时，可用刀在头顶中线上切一纵向切口，剥开皮肤，然后用产科凿破坏头盖骨部，使它塌陷。如果头盖骨很薄，没有完全骨化，则可通过刀切的方法破坏颅腔，排出积水，使头盖部塌陷。如果线锯条能够套住头顶突出部分的基部,也可把它锯掉取出,然后用大块纱布保护好断面上的骨质部分,把胎儿取出。

3.下颌骨截断术

下颌骨截断术适用于胎头过大。施术时先用钩子将下颌骨体拉紧固定住,将产科凿置于一侧上下臼齿之间敲击凿柄,分别把两侧下颌骨支的垂直部凿断;然后将产科凿放在两中央门齿间,将颌骨体凿断,用刀沿上臼齿咀嚼面将皮肌、嚼肌及颊肌由后向前切断。此后当牵拉胎头通过产道受到挤压时,两侧下颌骨支叠在一起,可使头部变小。

4.头部截除术

头部截除术适用于胎头已伸至阴门处、矫正困难的难产,如肩部前置或枕部前置,施术时,用绳拴系下颌骨或用眼钩钩住眼眶,拉紧固定胎头,用刀经枕寰关节把头截除,然后用产科钩钩住颈部断端拉出胎儿,或推回矫正前肢异常后拉出胎儿。

5.前肢截除术

前肢截除术包括肩部和腕部的截除,适用于胎儿前肢姿势严重异常(如肩部前置、腕部前置),或矫正头颈侧弯等异常胎势时需截除正常前置前腿等情形。施术时用刀沿一侧肩胛骨背缘切透皮肤、肌肉及软骨,用绳导把锯条绕过前肢和躯干之间,将锯条放在此切口内,锯管前端抵在肩关节与躯干之间,从肩部锯下前肢,然后分别拉出躯干和截除的前肢;或采用截胎器截除前肢,即把钢绞绳绕过一侧肩部,将钢管前端抵在肩关节和躯干之间,直接从肩部绞断前肢。对矫正头颈侧弯需要截除正常前置前肢的情况,可把锯条或钢绞绳从蹄端套入,随铝管或绞管前端向前推至前腿基部,截除之后拉出前肢、然后矫正头颈的异常,拉出胎儿。进行腕关节截除术时,可将线锯条或钢绞绳从蹄尖套到腕部,锯管或绞管前端放在其屈曲面上,然后截断腕关节。

截胎术是重要的助产手术,常见的胎儿反常都可以用截胎术顺利解决。为了使手术获得良好的效果,应注意下列事项:①严格掌握截胎术适应症。建议在确定胎儿死亡后方行截胎术。②尽可能站立保定。如果母畜不能站立,应将母畜后躯垫高。③产道中灌入大量的润滑剂。④应在子宫松弛、无努责时施行截胎术。随时防止损伤子宫及阴道,注意消毒。⑤残留的骨质断端尽可能短,在拉出胎儿时其断端用皮肤、纱布块或手等覆盖。

四、剖腹产术

剖腹产术是一种通过切开母体腹壁及子宫取出胎儿的难产助产手术。在临床上适用于那些难以通过实施胎儿助产术达到救治效果的难产病例,是难产助产的一种重要方法。剖腹产术如果实施得当,不但可以挽救母子生命,而且还可能使母畜以后仍保持正常的繁殖能力。

剖腹产术主要适用于救助活的胎儿以及难以经产道有效实施胎儿助产术的难产病例。如果难产时间已久,胎儿腐败以及母畜全身状况不佳时,施行剖腹产术需谨慎。

(一)基本方法

牛、羊的手术方法基本相同,犬和猫的基本相同,猪的稍有不同。现将牛、犬的方法介绍如下。

1.牛的剖腹产术

(1)保定 根据选择的手术部位,可相应采用左侧卧或右侧卧保定。如果产畜体况良好,腹侧切开法也可采用站立保定。

(2)麻醉 在侧卧保定时采用硬膜外麻醉(2%盐酸普鲁卡因5~10 mL)与切口局部浸润麻醉相结合,或肌肉注射盐酸二甲苯胺噻唑配合切口局部浸润麻醉。站立保定时,采用腰旁神经干传导麻醉配合切口局部浸润麻醉。胎儿活的情况下应尽量少用全身麻醉及深麻醉。

（3）术部准备及消毒　剪剃被毛、清洁术部，用碘液消毒术部，铺盖并用巾钳固定手术巾。

（4）手术方法　手术过程依次包括切开腹腔、拉出子宫、切开子宫、取出胎儿、处理胎衣、缝合子宫和腹壁。

①腹下切开法：腹下切口部位有 5 处，即乳房基部前端的腹中线、腹中线与左乳静脉之间、腹中线与右乳静脉之间、乳房和左乳静脉的左侧 5～8 cm 处、乳房和右乳静脉的右侧 5～8 cm 处。

以腹中线与右乳静脉间的切口为例。首先从乳房基部前缘向前切一个 25～35 cm 的纵行切口，切透皮肤、腹横筋膜和腹斜肌腱膜-腹直肌，用镊子夹住并提起腹横肌腱膜和腹膜，切一小口，然后将食指和中指伸入腹腔，引导手术剪扩大腹膜切口。切开腹膜后，术者一只手伸入腹腔，紧贴腹壁向下后方滑行，绕过大网膜后向腹腔深部触摸子宫及胎儿，隔着子宫壁握住胎儿后肢（正生时）或前肢（倒生时）向切口牵拉，挤开小肠和大网膜，然后在子宫和切口之间垫塞大块纱布，以防切开子宫后子宫内液体流入腹腔。如果子宫发生捻转，应先在腹腔中矫正子宫然后再将子宫向切口牵拉。

切开子宫时，切口不能选择在血管较为粗大的子宫侧面或小弯上，应在血管少的子宫角大弯处，避开子叶切开一个与腹壁切口等长的切口，切透子宫壁及胎膜，缓慢放出胎水；然后取出胎儿，交给助手按常规方法断脐和清除口、鼻腔黏液，或对发生窒息的胎儿进行急救处理。在切开子宫和取出胎儿的过程中，助手应注意提拉子宫壁，防止子宫回入腹腔和子宫液体流入腹腔。胎儿取出后，剥离一部分子宫切口附近的胎膜，然后在子宫中放入 1～2 g 四环素类抗生素，或其他广谱抗生素、磺胺类药物，缝合子宫。缝合时，用圆针、丝线或肠线以连续缝合法先将子宫壁浆膜和肌肉层的切口缝合在一起，然后采用胃肠缝合法再进行一次内翻缝合。子宫缝合后，用温生理盐水清洁暴露的子宫表面，蘸干液体，涂布抗生素软膏，然后将子宫送放回腹腔并轻拉大网膜覆盖在子宫上。

腹壁可用皮肤针和粗丝线以锁边缝合法缝合，然后以相同缝合法缝合皮肤切口并涂抹消毒防腐软膏。因下腹部切口承受腹腔脏器压力较大，腹壁的缝合必须确实可靠。在缝合关闭腹腔前，可向腹腔内投入抗生素，以防止腹腔感染。

②腹侧切开法：子宫破裂时，破口多靠近子宫角基部，此时宜施行腹侧切开法，以方便缝合，本方法可参照腹下切开法。首先在切口部位切开皮肤 25～30 cm，然后按肌纤维方向依次切开腹外斜肌、腹横肌腱膜及腹膜。术者通过腹壁切口将手伸入腹腔，隔着子宫壁握住胎儿肢体细小部分向切口牵拉，暴露子宫，在子宫大弯部位切开子宫和胎膜，取出胎儿。切开子宫或胎膜前，如果子宫或胎囊内存有大量液体或胎水，应首先切一小口缓慢放出子宫内液体或胎水，然后再扩大切口，确保子宫内液体不流入腹腔。如果发生了子宫捻转，切开腹膜后，应仔细检查和确定捻转的方向，进行矫正，如果矫正困难，在不影响手术实施的情况下，可在完成子宫手术后再行矫正。如果发生了子宫破裂，则应在取出胎儿后对破口进行修整和缝合，并用大量温生理盐水冲洗腹腔。缝合子宫和腹壁时，首先以前述方法处理和缝合子宫，在对腹腔进行相应处理后，用连续缝合法缝合腹横肌腱膜和腹膜，再用结节缝合法缝合肌层，最后用结节缝合法或锁边缝合法缝合皮肤。

（5）术后护理　术后可注射催产素，以促进子宫收缩和止血。每天应检查伤口，并连续注射抗生素 3～5 d 以防止术后感染。如果伤口愈合良好，可在术后 7～10 d 拆线。

2.犬和猫的剖腹产术

（1）麻醉　犬的剖腹产多用全身麻醉，可肌肉注射速眠新注射液（参考用量每千克体重，杂种犬 0.08～0.10 mL，纯种犬 0.04～0.08 mL；手术结束后注射苏醒剂）。此外，也可采用麻醉机进行吸入麻醉。

猫的剖腹产可采用肌肉注射复方氯胺酮注射剂或隆朋联合氯胺酮进行全身麻醉；也可采用麻醉机进行吸入麻醉。

（2）手术部位　犬和猫的剖腹产手术部位可选择腹中线部位，亦可在腹侧壁距乳腺基部2～3 cm处作水平切口。犬的切口长度7～12 cm，猫为5～7 cm。

（3）手术方法　犬和猫的剖腹产方法基本相同。首先分层切开腹壁及腹膜，然后术者用右手食指、中指伸入腹腔，将一侧子宫角引出切口之外，充分暴露子宫角基部，在子宫体的背部或一侧子宫角做一切口，通过同一切口取出双侧胎儿，并通过挤压胎盘和牵拉脐带分离并取出胎盘。缝合子宫、腹壁的方法与上述的手术方法相同。

（4）术后护理　术后应注意观察，防止子宫出血引起的休克，也可注射10～20 IU的催产素。其他术后护理措施可按一般腹腔手术进行。

五、外阴切开术

外阴切开术（episiotomy）是救治难产时，为了避免会阴撕裂而采取的一种扩大阴道出口而利于胎头娩出的手术方法。救治难产时，如果发现胎儿头部已经露出阴门，牵引胎儿时会引起会阴撕裂，此时可施行外阴切开术。

（一）适应症

此手术主要适用于阴门明显阻止胎儿的排出，或明显妨碍进行矫正或牵引，胎儿过大或巨型胎儿，阴门发育不全或阴门损伤而扩张不全等情况时。

（二）基本方法

1.麻醉

如果阴门被胎儿的身体撑得很紧，则动物对疼痛的反应性降低，手术前可不施行麻醉，而是把阴门切开，将胎儿拉出后再进行麻醉，缝合切口。如果胎儿尚未露出，可用局部浸润麻醉。

2.手术部位及方法

切口可选择在阴唇的背侧面，距背联合部3～5 cm且拉得最紧的游离缘。切口应切透整个阴唇，长度一般7 cm左右。拉出胎儿后，马上清洗伤口，褥式缝合。缝线一次穿过阴唇黏膜外的所有组织。缝合一定要平整，以便尽可能地减少纤维化和影响阴门的对称性，防止形成气腔。另外，如果胎儿已经发生气肿，则尽量不用此手术。

思考题

1.简述分娩过程中顺产与难产的鉴别。

2.难产的检查措施包括哪几个方面？

3.简述常见难产类型和助产措施。

4.简述奶牛剖腹产的基本步骤和注意事项。

第三十章　产后期疾病

由于受妊娠、分娩以及产后泌乳等过程中各种应激因素的影响,动物在分娩后发生的各种疾病或者病理现象统称为产后期疾病。特别是难产时,易造成子宫迟缓、产道损伤、子宫复旧延缓,并易导致胎衣不下、产后子宫感染和子宫内膜炎等。上述疾病既可发生在正常分娩以后,也会因难产救助时间过迟或采用不正确的接产方法而发生。如果能在适当的时间内采用正确的助产手术,将会减少产后期疾病的发生。

第一节　产道损伤

母畜在分娩时,由于胎儿和母体产道的不相适应,或者在手术助产时,由于人为的因素,造成软产道不同程度的损伤,统称为产道损伤。常见的产道损伤有阴道及阴门损伤和子宫颈损伤。

一、阴道及阴门损伤

阴道及阴门损伤指由各种原因引起的阴道及阴门的损伤。分娩和难产时,产道的任何部位都可能发生损伤,但阴道及阴门损伤更易发生,如果不及时处理,容易被细菌感染。

(一)病因

初产母牛分娩时,阴门未充分松软,开张不够大,或者胎儿通过时助产人员未采取保护措施,容易发生阴门撕裂;胎儿过大,强行拉出胎儿时,也能造成阴门撕裂。难产过程中,使用产科器械不慎,截胎之后未将胎儿骨骼断端保护好就拉出胎儿,助产医生的手臂、助产器械及绳索等对阴门及阴道反复刺激,都能引起损伤。胎衣不下时,在外露的胎衣部分坠以重物,成为索状的胎衣能勒伤阴道底壁。

(二)症状

病畜表现出极度疼痛的症状,尾根高举,骚动不安,拱背并频频努责。阴门损伤时症状明显,可见撕裂口边缘不整齐,创口出血,创口周围组织肿胀,阴门内黏膜变成紫红色,并有血肿。阴道创伤时从阴道内流出血水及血凝块,阴道黏膜充血、肿胀、有新鲜创口。阴道壁发生穿透创时,其症状随破口位置不同而异。穿透创发生在阴道前端时,病畜很快就出现腹膜炎症状、如果不及时治疗,马和驴常很快死亡、牛也预后不良。如果破口发生在阴道前端下壁上，肠管及网膜还可能突入阴道腔内，甚至脱出于阴门之外。

(三)治疗

阴门及会阴的损伤应按一般外科方法处理。新鲜撕裂创口可用组织黏合剂将创缘黏接起来，也可用尼龙线按褥式缝合法缝合。在缝合前应清除坏死及损伤严重的组织和脂肪。阴门血肿较大时，可在产后 3～4 d 切开血肿，清除血凝块；形成脓肿时，应切开脓肿并做引流。

对阴道黏膜肿胀并有创伤的患畜，可向阴道内注入乳剂消炎药，或在阴门两侧注射抗生素。若创口生蛆，可滴入 2% 敌百虫，将蛆杀死后取出，再按外科方法处理。

对阴道壁发生穿透创的病例，应迅速将突入阴道内的肠管、网膜用消毒溶液冲洗净，涂以抗菌药液，推回原位。膀胱脱出时，应将膀胱表面洗净，用皮下注射针头穿刺膀胱，排出尿液，撒上抗生素粉后，轻推复位。将脱出器官及组织复位处理后，立即缝合创口。缝合前不要冲洗阴道，以防药液流入腹腔。缝合后，除按外科方法处理外，还要连续肌肉注射大剂量抗生素 4～5 d，防止发生腹膜炎而死亡。

二、子宫颈损伤

子宫颈损伤主要指子宫颈撕裂，多发生在胎儿排出期。牛、羊(有时包括马、驴)初次分娩时，常发生子宫颈黏膜轻度损伤，但均能愈合。如果子宫颈损伤裂口较深，则称为子宫颈撕裂。

(一)病因

子宫颈开张不全时强行拉出胎儿；胎儿过大、胎位及胎势不正且未经充分矫正即拉出胎儿；截胎时胎儿骨骼断端未充分保护；强烈努责和排出胎儿过速等，均能使子宫颈发生撕裂。此外，人工输精及冲洗子宫时，由于术者的技术不过关或者操作粗鲁，也能损伤子宫颈。

(二)症状

产后有少量鲜血从阴道内流出，如撕裂不深，见不到血液外流，仅在阴道检查时才能发现阴道内有少量鲜血。如子宫颈肌层发生严重撕裂创时，能引起大出血，甚至危及生命。有时一部分血液可以流入盆腔的疏松组织中或子宫内。

阴道检查时可发现裂伤的部位及出血情况。以后因创伤周围组织发炎肿胀，创口出现黏液性脓性分泌物。子宫颈环状肌发生严重撕裂时，会使子宫颈管闭锁不全，可能影响下一次分娩。

(三)治疗

用双爪钳将子宫颈向后拉并靠近阴门，然后进行缝合。如操作有困难，且伤口出血不止，可将浸有防腐消毒液或涂有乳剂消炎药的大块纱布塞在子宫颈管内，压迫止血。纱布块必须用细绳拴好，并将绳的一端拴在尾根上，便于以后取出，或者在其松脱排出时易于发现。

局部止血的同时，可肌肉注射止血剂(牛、马可注射 20% 酚磺乙胺 20 mL，凝血素 20～40 mL)，静脉注射含有 10 mL 甲醛的生理盐水 500 mL，或 10% 的葡萄糖酸钙 500 mL。止血后创面涂 2% 甲紫、碘甘油或抗生素软膏。

三、子宫破裂

子宫破裂是指动物在妊娠后期或者分娩过程中造成的子宫壁黏膜层、肌肉层和浆膜层发生的破裂。按其程度可分为不完全破裂与完全破裂(子宫穿透创)两种。不完全破裂是子宫壁黏膜层或黏膜层和肌层发生破裂,而浆膜层未破裂;完全破裂是子宫壁三层组织都发生破裂,子宫腔与腹腔相通。子宫完全破裂,当破口很小时又称为子宫穿孔。

(一)病因

难产时,子宫颈开张不全,胎儿和骨盆大小不适,胎儿过大并伴有异常强烈的子宫收缩,胎儿异常尚未解除时就使用子宫收缩药。难产助产时动作粗鲁、操作失误可使子宫受到损伤或子宫破裂。难产子宫捻转严重时。冲洗子宫使用导管不当,插入过深,可造成子宫穿孔。此外,子宫破裂也有可能发生在妊娠后期的母畜突然滑跌、腹壁受踢或意外的抵伤时。

(二)症状

子宫不完全破裂时可自行痊愈,有时可见产后有少量血水从阴门流出,但很难确定其来源,只有仔细进行子宫内触诊,才有可能触摸到破口而确诊。

子宫完全破裂,如发生在产前,有些病例不表现出任何症状,或症状轻微,不易被发现,只是以后发现子宫粘连或在腹腔中发现脱水的胎儿;若子宫破裂发生在分娩时,则努责及阵缩突然停止,子宫无力,母畜变安静,有时阴道内流出血液;若破口很大,胎儿可能坠入腹腔;也可能出现母畜的小肠进入子宫,甚至从阴道脱出。

(三)治疗

如果发现子宫破裂,应立即根据破裂的位置与程度,决定是经产道取出胎儿还是经剖腹取出胎儿,最后缝合破口应注意的是,除破口不大且在背位、不需要过多干预即可娩出胎儿的情况外,多数子宫破裂都需要行剖腹产术。

对子宫不全破裂的病例,取出胎儿后不要冲洗子宫,仅将抗生素或其他抑菌防腐药放入子宫内即可,每日或隔日一次,连用数次,同时注射子宫收缩剂。

子宫完全破裂,如裂口不大,取出胎儿后可将穿有长线的缝针由阴道进入子宫内,进行缝合。如破口很大,应迅速施行剖腹产术,但应根据易接近裂口的位置及易取出胎儿的原则,综合考虑选择手术通路,从破裂位置切开子宫壁,取出胎儿和胎衣,再缝合破口。在闭合手术切口前,应向子宫内放入抗生素。因腹腔有严重污染,缝合子宫后,要用灭菌生理盐水反复冲洗,并用吸干器或消毒纱布将存留的冲洗液吸干,再将 200 万～300 万 IU 青霉素注入腹腔内,最后缝合腹壁。

子宫破裂,无论是不全破裂还是完全破裂,除局部治疗外,均需要肌肉注射或腹腔内注射抗生素,连用 3～4 d,以防止发生腹膜炎及全身感染。如失血过多,应输血或输液,并注射止血剂。

第二节　子宫脱出

子宫角前端翻入子宫腔或阴道内,称为子宫内翻;子宫角的前端全部翻出于阴门之外,称为子宫脱出。二者为程度不同的同一个病理过程。各种动物的发病率不同,牛最高,羊和猪也常发生。

一、病因

各种动物子宫脱出的原因不尽相同,主要与产后强烈努责、外力牵引以及子宫弛缓有关。在胎儿排出后不久,部分胎儿胎盘已从母体胎盘分离,母畜在分娩第三期由于存在某些能刺激母畜发生强烈努责的因素,导致子宫脱出;部分胎儿胎盘与母体胎盘分离后,脱落的部分悬垂于阴门之外,特别是当脱出的胎衣内存有水或尿液时,或者母畜站在前高后低的斜坡上,都会增加胎衣对子宫的拉力,牵引子宫使之内翻;子宫弛缓可延迟子宫颈闭合时间和子宫角体积缩小速度,更易受腹壁肌收缩和胎衣牵引的影响。在犬,子宫脱出的主要原因是由于其体质虚弱、孕期运动不足、过于肥胖、胎水过多、胎儿过大和多次妊娠,致使子宫肌收缩力减退和子宫过度伸张所引起的子宫弛缓。

二、症状

子宫轻度内翻,能在子宫复旧过程中自行复原,常无外部症状;子宫角尖端通过子宫颈进入阴道内时,患畜表现轻度不安,经常努责,尾根举起,食欲、反刍减少。如母畜产后仍有明显努责时,应及时进行检查。手伸入产道,可发现柔软、圆形的瘤样物。对于大家畜,直肠检查时可发现肿大的子宫角似肠套叠,子宫阔韧带紧张。病畜卧下后,可以看到突入阴道内的内翻子宫角。子宫角内翻时间稍长,可能发生坏死及败血性子宫炎,有污红色、带臭味的液体从阴道排出,全身症状明显。

牛、羊脱出的子宫较大,有时还附有尚未脱离的胎衣。如胎衣已脱离,则可看到黏膜表面上有许多暗红色的子叶(母体胎盘),并极易出血。有时脱出的子宫角分为大小不同的两个部分,大的为孕角,小的为空角,每一角的末端都向内凹陷。脱出时间稍久,子宫黏膜即瘀血、水肿,呈黑红色肉冻状,并发生干裂,有血水渗出。寒冷季节常因冻伤而发生坏死。如子宫脱出继发腹膜炎、败血病等,病牛即表现出全身症状。

犬脱出的子宫露出于阴门外,有的一侧子宫角完全脱出,外观呈棒状;也有两侧子宫角连子宫体完全脱出者。脱出的子宫黏膜瘀血或出血,有的发生坏死。极少数患犬会咬破脱出的子宫阔韧带而引起大出血

三、治疗

对子宫脱出的病例,必须及早实施手术整复。子宫脱出的时间越长,整复越困难,所受外界刺激越严重,康复后不孕率也越高。对犬、猫和猪子宫脱出的病例,必要时可行剖腹产术,通过腹腔整复子宫。

整复脱出的子宫之前必须检查子宫腔中有无肠管和膀胱,如有,应将肠管先压回腹腔并将膀胱中尿液导出,再行整复。

(1)牛的子宫整复 病牛侧卧保定时,可先静脉注射硼葡萄糖酸钙,以减少瘤胃臌气。由两助手用布将子宫兜起提高,使它与阴门等高,然后整复。在确证子宫腔内无肠管和膀胱时,为了掌握子宫,并避免损伤子宫黏膜,也可用长条消毒巾把子宫从下至上缠绕起来,由一助手将它托起,整复时一面松解缠绕的布条,一面把子宫推入产道。整复时应先从靠近阴道处开始,但都必须趁患畜不努责时进行,而且在努责时要把送回的部分紧紧顶压住,防止再脱出来。为保证子宫全部复位,可向子宫内灌注 9~10 L 热水,然后导出。整复完后,向子宫内放大剂量抗生素或其他防腐抑菌药物,并注射促进子宫收缩药物。

(2)猪的子宫整复 猪脱出的子宫角很长,不易整复。如果脱出的时间短,或猪的体型大,可在脱出的一个子宫角尖端的凹陷内灌入低浓度的消毒液,并将手伸入其中,先把此角尖端塞回阴道中后,剩余部分就能很快被送回去。用同法处理另一子宫角。如果脱出时间已久,子宫颈收缩,子宫壁变硬,或猪体型小,手无法伸入子宫角中,整复时可先在近阴门处隔着子宫壁将脱出较短的一个角的尖端向阴门内推压,使其通过阴门。

(3)犬的子宫整复 对于发现及时,且子宫脱出不严重的病例,只需整复,不需内固定。可采用粗细合适、一端钝圆的胶皮管或圆管从阴道进行整复。抬高犬的后躯,术者左手握住脱出的子宫

角,右手持消毒过的胶皮管,钝端涂抹碘甘油,然后轻轻插入子宫角内斜面、向前下方徐徐推进,边推边涂抹碘甘油,到子宫体后将胶管取出。为防止子宫内膜炎的发生,可以通过此胶管送入抗生素。对于严重病例,如子宫完全脱出或连同肠管一同脱出,经阴道不易整复的,或者脱出时间较长,黏膜表面损伤严重,强行还纳容易加重损伤的,可进行腹腔切开手术牵引子宫复位。方法是将犬仰卧保定,在腹正中线的脐部至耻骨前缘之间,腹白线侧方 2~3 cm 处,剪毛、消毒、做一切口,将子宫脱出部分涂抹润滑油,找到子宫角内斜面,向前下方徐徐推进,还纳子宫至体内,同时术者伸入手指从腹腔内轻轻牵引子宫至正常位置。另一侧同样操作。最后可对阴门进行纽扣缝合。

如确定子宫脱出时间已久,无法送回,或者有严重的损伤及坏死,整复后有引起全身感染、导致死亡的危险,可将脱出的子宫切除,以挽救母畜的生命。牛手术预后良好,猪则死亡率较高。

术后必须注射强心剂并输液。密切注意有无内出血现象。努责剧烈者,可行硬膜外麻醉,或者在后海穴注射 2% 普鲁卡因,防止引起断端再次脱出。术后阴门内常流出少量血液,可用收敛消毒液(如明矾等)冲洗,如无感染,断端及结扎线经过 10 d 以后可以自行愈合并脱落。

第三节　胎衣不下

母畜娩出胎儿后,如果胎衣在正常的时限内不能排出,就称为胎衣不下或胎膜滞留。各种家畜排出胎衣的正常时间:马 1~1.5 h,猪 1 h,羊 4 h(山羊较快,绵羊较慢),牛 12 h;如果超过以上时间,则表示异常。

一、病因

引起胎衣不下的原因很多,主要和产后子宫收缩无力及胎盘未成熟或老化、充血、水肿、发炎、胎盘构造等有关。

1. 产后子宫收缩无力

饲料单纯,缺乏钙、硒以及维生素 E,母畜消瘦,过肥,老龄,运动不足和干奶期过短等都可导致动物发生子宫弛缓。胎儿过多,单胎家畜怀双胎,胎水过多及胎儿过大,流产、早产、生产瘫痪,子宫捻转,难产后子宫肌疲劳,产后未能及时给仔畜哺乳,致使催产素释放不足,都能影响子宫肌的收缩。

2. 胎盘未成熟或老化

胎盘平均在妊娠期满前 2~5 d 成熟,成熟后胎盘发生一些形态结构的变化,有利于胎盘分离;未成熟的胎盘,不能完成分离过程。因此,早产时间越早,胎衣不下的发生率越高。胎盘老化时,母体胎盘结缔组织增生,母体子叶表层组织增厚,使绒毛钳闭在腺窝中,不易分离;胎盘老化后,内分泌功能减弱,使胎盘分离过程复杂化。

3. 胎盘充血和水肿

在分娩过程中,子宫异常强烈收缩或脐带血管关闭太快会引起胎盘充血,使绒毛钳闭在腺窝中。同时还会使腺窝和绒毛发生水肿,不利于绒毛中的血液排出。水肿可延伸到绒毛末端,结果腺窝内压力不能下降,胎盘组织之间持续紧密连接,不易分离。

4. 胎盘炎症

妊娠期间如果胎盘受到各种感染而发生胎盘炎,会引起其结缔组织增生,胎儿胎盘和母体胎盘发生粘连。

5.胎盘组织构造

牛、羊胎盘属于上皮绒毛膜与结缔组织绒毛膜混合型,胎儿胎盘与母体胎盘联系比较紧密,这是胎衣不下多见于牛、羊的主要原因。马、猪的胎盘为上皮绒毛膜型胎盘,故胎衣不下发生较少。

二、症状

胎衣不下分为胎衣部分不下及胎衣全部不下两种类型。

牛发生胎衣不下时,常常表现拱背和努责,如努责剧烈,可能发生子宫脱出。胎衣在产后 1 d 之内就开始变性分解,从阴道排出污红色恶臭液体,患畜卧下时排出量较多。排出胎衣的过程一般为 7~10 d,长者可达 12 d。由于感染及腐败胎衣的刺激,病畜会发生急性子宫炎。胎衣腐败分解产物被吸收后则会引起全身症状。胎衣部分不下通常仅在恶露排出时间延长时才被发现,所排恶露的性质与胎衣完全不下时相同,仅排出量较少。

羊发生在胎衣不下时的临床症状与牛大致相似。马发生胎衣不下时,一般在产后超过 0.5 d 就会出现全身症状,病程发展很快,临床症状严重,有明显的发热反应。

猪的胎衣不下多为部分不下,并且多位于子宫角最前端,触诊不易发现。患猪表现出不安,体温升高,食欲降低,泌乳减少,喜喝水。阴门内流出红褐色液体,内含胎衣碎片。为了及早发现胎衣不下、产后需检查排出的胎衣上的脐带断端数目是否与胎儿数目相符。

犬很少发生胎衣不下,偶尔见于小品种犬。犬在分娩的第二产程排出黑绿色液体,待胎衣排出后很快转变为排出血红色液体。如果犬在产后 12 h 内持续排出黑绿色液体,就应怀疑发生了胎衣不下。如 12~24 h 胎衣没有排出,就会发生急性子宫炎,出现中毒性全身症状。

三、治疗

胎衣不下的治疗原则:尽早采取治疗措施,防止胎衣腐败吸收,促进子宫收缩,局部和全身抗菌消炎,在条件适合时剥离胎衣。胎衣不下的治疗方法很多,概括起来可以分为药物疗法和手术疗法两大类。

1.药物疗法

在确诊胎衣不下之后要尽早进行药物治疗。

(1)子宫腔内投药 向子宫腔内投放四环素类(如土霉素或其他抗生素或磺胺类),起到防止腐败、延缓溶解的作用,然后等待胎衣自行排出。药物应投放到子宫黏膜与胎衣之间,隔日投药 1 次,共 1~3 次。子宫颈口如果已经缩小,则可先肌肉注射苯甲酸雌二醇,使子宫颈口开放,排出腐败物,然后再放入防止感染的药物。

(2)肌肉注射抗生素 在胎衣不下的早期阶段,常常采用肌肉注射抗生素的方法。当出现体温升高、产道创伤等情况时,还应根据临床症状的轻重缓急而增大药量,或改为静脉注射,并配合使用支持疗法。特别是对于小家畜,全身用药是治疗胎衣不下必不可少的措施。

(3)促进子宫收缩 为加快排出子宫内已腐败分解的胎衣碎片和液体,可先肌肉注射苯甲酸雌二醇(牛、羊、猪分别注射 20 mg、3 mg 和 10 mg),1 h 后肌肉或皮下注射催产素(牛 50~100 IU,猪、羊 5~20 IU,马 40~50 IU),2 h 后重复给药一次。这类制剂应在产后尽早使用,对分娩后超过 24 h 或难产后继发子宫弛缓者,效果不佳。除催产素外,尚可应用麦角新碱,牛 5~2 mg,猪、羊 0.5~1.0 mg,皮下注射。麦角新碱比催产素的作用时间长,但不能与催产素联用。

2.手术疗法

手术疗法即徒手剥离胎衣,原则是容易剥则坚持剥,否则不可强剥。患急性子宫内膜炎或体温升高者,不可剥离。马胎衣不下超过24 h就应进行剥离,牛最好到产后72 h进行剥离。剥离胎衣应做到快(5～20 min内剥完)、净(无菌操作,彻底剥净)、轻(动作要轻,不可粗暴),严禁损伤子宫内膜。

徒手剥离胎衣是一种治疗胎衣不下的传统方法,目前仍不失其临床应用价值。但应注意在手术剥离时,存留的绒毛更多。特别是强行剥离时,实际上绒毛的一部分较大的分支是被拔出来的,其断端仍遗留在子宫内膜中。这个过程极易损伤子宫内膜及腺窝上皮,甚至造成感染。以牛胎盘的剥离为例。

首先将阴门外悬吊的胎衣理顺,并轻拧几圈后握于左手,右手沿着它伸进子宫进行剥离。剥离要按顺序,由近及远螺旋前进,并且先剥完一个子宫角,再剥另一个。在剥胎衣的过程中,左手要把胎衣扯紧,以便顺着它去找尚未剥离的胎盘,达到子宫角尖端时更要这样做。为防止已剥出的胎衣过于沉重把胎衣扯断,可先剪掉部分。胎衣即使是正常脱落,子宫内膜上仍然残留一些胎衣上的微绒毛部分。位于子宫角尖端的胎盘最难剥离,一方面是空间过小妨碍操作,再一方面是手的长度不够。这时可轻拉胎衣,使子宫角尖端向后移或内翻以便于剥离。在母体胎盘与其蒂交界处,用拇指及食指捏住胎儿胎盘的边缘,轻轻将它自母体胎盘上撕开一点,或者用食指尖把它抠开一点。再将食指或拇指伸入胎儿胎盘与母体胎盘之间,逐步把它们分开,剥得越完整效果越好。辨别一个胎盘是否剥过的依据是剥过的胎盘表面粗糙,不和胎膜相连,未剥过的胎盘和胎膜相连,表面光滑。如果一次不能剥完,可在子宫内投放抗菌防腐药物,等1～3 d再剥或留下让其自行脱落。

第四节　奶牛生产瘫痪

奶牛生产瘫痪亦称乳热症,或奶牛低钙血症,是奶牛分娩前后突然发生的一种严重的代谢性疾病,其特征是低血钙、全身肌肉无力、知觉丧失及四肢瘫痪。该病主要发生于饲养良好的高产奶牛,而且出现于产奶量最高时期(5～8岁),但第2～11胎也有发生。此病大多数发生在顺产后的3 d内(多发生在产后12～48 h),少数则在分娩过程中或分娩前数小时发病。

一、病因

奶牛生产瘫痪的发病机理不完全清楚,目前有两种说法,大多数人认为分娩前后血钙浓度剧烈降低是本病发生的主要原因,也有人认为可能是由于大脑皮质缺氧所致。

分娩前后大量血钙进入初乳,且动用骨钙的能力降低,这是引起血钙浓度急剧下降主要原因。干奶期时母牛甲状旁腺的功能减退,分泌的甲状旁腺激素减少,因而动用骨钙的能力降低;妊娠末期不变更饲料配合,特别是饲喂高钙日粮的母牛,血液中的钙浓度增高,刺激甲状腺分泌大量降钙素,同时也使甲状旁腺的功能受到抑制,导致动用骨钙的能力进一步降低。因此,分娩后大量血钙进入初乳时,血液中流失的钙含量不能迅速得到补充,致使血钙含量急剧下降而发病。

也有人认为,本病为一时性脑贫血所致的脑皮质缺氧,脑神经兴奋性降低的神经性疾病,而血钙则是脑缺氧的一种并发症。中枢神经系统对缺氧极度敏感,一旦脑皮质缺氧,即表现出短暂的兴奋(不易观察到)和随之而来的功能丧失的症状。这些症状和生产瘫痪症状的发展过程极为吻合。

二、症状与诊断

牛发生生产瘫痪时,表现的症状不尽相同,有典型与非典型(轻型)两种。

1.典型症状

病程发展很快,从开始发病至出现典型症状,整个过程不超过 12 h。病初通常是食欲减退或废绝,反刍、瘤胃蠕动及排粪、排尿停止,泌乳量降低;精神沉郁,表现轻度不安;不愿走动,后肢交替负重,后躯摇摆,好似站立不稳,四肢(有时是身体其他部分)肌肉震颤。有些病例则出现惊慌、哞叫、目光凝视等兴奋和敏感症状,头部及四肢肌肉痉挛,不能保持平衡。开始时鼻镜干燥,四肢及身体末端发凉,皮温降低,脉搏则无明显变化。不久,出现意识抑制和知觉丧失的特征症状。病牛昏睡,眼睑反射微弱或消失;瞳孔散大,对光线照射无反应,皮肤对疼痛刺激也无反应。肛门松弛、反射消失。病畜四肢屈于躯干下,头向后弯到胸部一侧。

体温降低也是生产瘫痪的特征症状之一。病初体温可能仍在正常范围之内,但随着病程发展,体温逐渐下降,最低可降至 35～36℃。

2.非典型症状

呈现非典型(轻型)症状的病例较多,产前及产后较长时间发生的生产瘫痪多表现为非典型症状,其症状除瘫痪外,主要特征是头颈姿势不自然,由头部至鬐甲呈一轻度的"S"状弯曲。病牛精神极度沉郁,但不昏睡,食欲废绝。各种反射减弱,但不完全消失。病牛有时候能勉强站立,但站立不稳,且行动困难,步态摇摆。体温一般正常或不低于 37℃。

三、防治

静脉注射钙剂或乳房送风是治疗生产瘫痪最有效的常用疗法,治疗越早,疗效越好。

1.静脉注射钙剂

最常用的是硼葡萄糖酸钙溶液(葡萄糖酸钙溶液中加入 4％硼酸,以提高葡萄糖酸钙的溶解度和稳定性),一般为静脉注射 20％～25％硼葡萄糖酸钙 500 mL。如无硼葡萄糖酸钙溶液,可改用市售的 10％葡萄糖酸钙注射液,但剂量应加大,也可按每千克体重 20 mg 纯钙的剂量注射。静脉补钙的同时,肌肉注射 5～10 mL 维丁胶性钙有助于钙的吸收和减少复发率。注射后 6～12 h 病牛如无反应,可重复注射,但最多不得超过 3 次,而且继续注射可能导致不良后果。使用钙剂的量过大或注射的速度过快,可使心率增快和节律不齐,一般注射 500 mL 溶液至少需要 10 min。

2.乳房送风疗法

本法至今仍然是治疗牛生产瘫痪最有效和最简便的疗法,特别适用于对钙疗法反应不佳或复发的病例。其缺点是技术不熟练或消毒不严时,可引起乳腺损伤和感染。

乳房送风疗法的原理是在打入空气后,乳房内的压力随即上升,乳房的血管受到压迫,因此流入乳房的血液减少,随血流进入初乳而丧失的钙也减少,血钙水平(也包括血磷水平)回升。与此同时,全身血压也升高,可以消除脑的缺血和缺氧状态,使其调节血钙平衡的功能得以恢复。另外,向乳房打入空气后,乳腺的神经末梢受到刺激并传至大脑,可提高脑的兴奋性,解除其抑制状态。

3.其他疗法

用钙剂治疗疗效不明显或无效时,也可考虑应用胰岛素和肾上腺皮质激素,同时配合应用高糖和 2％～5％碳酸氢钠注射液。对怀疑血磷及血镁浓度也降低的病例,在补钙的同时静脉注射 40％

葡萄糖溶液和 15％磷酸钠溶液各 200 mL 及 25％硫酸镁溶液 50～100 mL。

四、预防

在干奶期，最迟从产前 2 周开始，给母牛饲喂低钙高磷饲料，减少从日粮中摄取的钙量，是预防生产瘫痪的一种有效方法。应用维生素 D 制剂也可有效地预防生产瘫痪，可在分娩后立即一次肌肉注射 10 mg 双氢速甾醇；分娩前 8～2 d，一次肌肉注射维生素 D 1 000 万 IU，或按每千克体重 2 万 IU 的剂量应用。如果用药后母牛未产犊，则每隔 8 d 重复注射一次，直至产犊为止。

第五节　产后感染

产后感染是指动物在分娩过程中以及分娩后，由于其子宫及软产道可能有程度不同的损伤，加之产后子宫颈开张、子宫内滞留物以及胎衣不下等给微生物的侵入和繁殖创造了条件，从而引起的感染。产后感染的病理过程是受到侵害的部位或其邻近器官发生各种急性炎症，甚至坏死；或者感染扩散，引起全身性疾病。常见的产后感染有急性阴门炎及阴道炎、急性子宫内膜炎、产后败血病等。

一、产后阴门炎及阴道炎

在正常情况下，母畜阴门闭合，阴道壁黏膜紧贴在一起，将阴道腔封闭，阻止外界微生物侵入，抑制阴道内细菌的繁殖。当阴门及阴道发生损伤时，细菌即侵入阴道组织，引起产后阴门炎及阴道炎。本病多发生于反刍家畜，也可见于马，猪则少见。

（一）病因

微生物通过各种途径侵入阴门及阴道组织，是发生本病的常见原因。特别是在初产奶牛和肉牛，产道狭窄，胎儿通过时困难或强行拉出胎儿，使产道受到过度挤压或裂伤；难产助产时间过长或受到手术助产的刺激，阴门炎及阴道炎更为多见。少数病例是由于用高浓度、强刺激性防腐剂冲洗阴道或是坏死性厌氧丝杆菌感染而引起的坏死性阴道炎。

（二）症状

由于损伤及发炎程度不同，表现的症状也不完全一样。

黏膜表层受到损伤而引起的发炎，无全身症状，仅见阴门内流出黏液性或黏液脓性分泌物，尾根及外阴周围常黏附有这种分泌物的干痂。阴道检查，可见黏膜微肿、充血或出血，黏膜上常有分泌物黏附。黏膜深层受到损伤时，病畜拱背，尾根举起，努责，并常做排尿动作。有时在努责之后，从阴门中流出污红、腥臭的稀薄液体。有时见到创伤、糜烂和溃疡。阴道前庭发炎者，往往在黏膜上可以见到结节、疱疹及溃疡。全身症状表现为有时体温升高，食欲及泌乳量稍降低。

（三）治疗

当炎症轻微时，可用温防腐消毒液冲洗阴道，如 0.1％高锰酸钾溶液、0.5％苯扎溴铵或生理盐水等。阴道黏膜剧烈水肿及渗出液多时，可用 1％～2％明矾或鞣酸溶液冲洗。对阴道深层组织的损伤，冲洗时必须防止感染扩散。冲洗后，可注入防腐抑菌的乳剂或糊剂，连续数天，直至症状消失。

二、产后子宫内膜炎

产后子宫内膜炎为子宫内膜的急性炎症,常发生于分娩后的数天之内,如果不及时治疗,炎症易于扩散,引起子宫浆膜层及子宫周围组织的炎症,并常转为慢性过程,最终导致长期不孕。本病常见于牛、马,羊和猪也有发生。

(一)病因

分娩时或产后期,微生物可以通过各种感染途径侵入。当母畜产后首次发情(马 5～12 d,牛 12～18 d)时,子宫可排除其腔内的大部分或全部感染细菌。而首次发情延迟或子宫弛缓不能排出感染细菌的动物,可能发生子宫炎。尤其是在发生难产、胎衣不下、子宫脱出、流产或当猪的死胎遗留在子宫内时,使子宫弛缓、复旧延迟,均易引起子宫发炎。患布鲁菌病、沙门菌病、媾疫以及其他许多侵害生殖道的传染病或寄生虫病的母畜,子宫及其内膜原来就存在慢性炎症,分娩之后由于抵抗力降低及子宫损伤,可使病程加剧,转为急性炎症。

(二)症状

致病微生物在未复旧的子宫内繁殖,一旦其产生的毒素被吸收,将引起严重的全身症状,有时出现败血症或脓毒血症,全身症状明显。病畜频频从阴门排出少量黏液或黏液脓性分泌物,重者,分泌物呈污红色或棕色,且带有臭味,卧下时排出量增多。阴道检查所见变化不明显,子宫颈稍开张,有时可见胎衣或有分泌物排出。阴门及阴道肿胀并高度充血。子宫探查时,可引起患牛高度不安和持续性努责。直肠检查,感到子宫角比正常产后期的大,壁厚,子宫收缩反应减弱。

(三)治疗

主要是应用抗菌消炎药物,防止感染扩散,清除子宫腔内渗出物并促进子宫收缩。

对胎衣不下者应轻轻牵拉露在外面的胎衣,将胎衣除掉,但禁止用手探查子宫和阴道,因为此时子宫壁质地脆并含有大量的腐败物质。粗暴地清除胎衣,甚至轻微地探查阴道和子宫,都会引起严重损伤和毒素的吸收。如果患牛出现强烈、持续努责,可用硬膜外麻醉以缓解,对病畜应用广谱抗生素全身治疗及其他辅助治疗。可直接向子宫内注入或投放抗菌药物。用温热的、非刺激性的消毒液冲洗子宫,反复冲洗几次,尽可能将子宫腔内容物冲洗干净。各种家畜常用的子宫冲洗液:0.10%高锰酸钾溶液、0.10%依沙吖啶溶液、0.01%～0.05%苯扎溴铵溶液等。对伴有严重全身症状的病畜,为了避免引起感染扩散使病情加重,禁止冲洗疗法。为了促进子宫收缩,排出子宫腔内容物,可静脉内注射 50 IU 催产素,也可注射麦角新碱、$PGF_{2\alpha}$ 或其类似物,应禁止使用雌激素,因为它可增加子宫的血液流量,从而加速细菌毒素的吸收。

思考题

1. 简述产道损伤的类型和治疗措施。
2. 子宫脱出与阴道脱出治疗不同点是什么?
3. 胎衣不下的治疗方法有哪些?
4. 简述奶牛生产瘫痪的临床典型症状与诊断方法。

第三十一章　母畜的不育

　　掌握引发母畜不孕症的主要原因和分类；理解主要母畜不孕性疾病的临床特点和治疗措施。

　　不育是专指动物受到不同因素的影响，生育力严重受损或被破坏而导致的绝对不能繁殖，但目前通常将暂时性的繁殖障碍也包括在内。由于各种因素而使母畜的生殖机能暂时丧失或者降低，称为不孕。不孕症则是指引起母畜繁殖障碍的各种疾病的统称。

　　关于母畜不育的标准，目前尚无统一规定。以奶牛为例，一般认为，超过始配年龄的或产后的奶牛，经过3个发情周期（65 d以上）仍不发情，或繁殖适龄母牛经过三个发情周期（或产后发情周期）的配种仍不受孕或不能配种的（管理利用性不育），就是不育。

第一节　母畜不育的原因及分类

　　引起母畜不育的原因比较复杂，按其性质不同可以概括为七类，即先天性（或遗传）因素、营养因素、管理利用因素、繁殖技术因素、环境气候因素、衰老、疾病。每一类原因中又包括各种具体原因。为了有效防治不育，迅速从畜群中找出引起不育的原因，从而制订切实可行的防治计划，并对不育获得一个比较完整的概念和便于在防治工作中参考，遇到不育病例，特别是群体中有许多母体不育时，要从多方面调查研究分析，善于从错综复杂的情况下找出最主要的原因，确定大多母畜不育的类型，从而采取相应的措施，达到防治不育的目的。

▶ 一、先天性不育

　　母畜的先天性不育是指由于雌性动物的生殖器官发育异常，或者卵子、精子及合子有生物学上的缺陷，而使母畜丧失繁殖能力。母畜及仔畜先天性畸形的病例很多，但只有在同一品种动物或同一地域重复发生类似畸形时，才认为可能是遗传性的。

（一）生殖道畸形

　　先天性及遗传性生殖道畸形多为单个基因所引起，其中有些基因对雌雄两性都有影响，而有些则为性连锁性的。病情严重的母畜因为无生育能力，在第一次配种后可能就被发现。而病情较轻者，只有在连续几次配种后仍未受孕，经检查后才被发现。母畜常见的生殖道畸形是指子宫角、子宫颈、阴道或阴门的先天性缺陷或发育不全，主要表现形式有缪勒氏管发育不全、子宫内膜腺体先天性缺失、子宫颈发育异常、双子宫颈、子宫粘连、阴道畸形、沃尔夫氏管异常及膣肛等。

（二）卵巢发育不全

卵巢发育不全是指一侧或两侧卵巢的部分或全部组织中无原始卵泡所导致的一种遗传性疾病，为常染色体单隐性基因不完全透入所引起。因病情的严重程度不同以及发育不全有单侧性或双侧性之分，其预后表现不一，患病动物可能生育力低下或者根本不能生育。此病在许多动物均有发现，尤以牛和马较为多见。

牛患此病时多表现为生殖道发育幼稚。马患此病时，虽然可以出现发情症状，但发情周期往往不规则，不易受孕，外生殖器正常，但子宫发育不全。患此病核型为（60，XY）的牛多不表现发情，外生殖器一般正常，但乳房及乳头发育不良，子宫细小。

（三）异性孪生母犊不育

异性孪生母犊不育是指雌雄两性胎儿同胎妊娠，母犊的生殖器官发育异常，丧失生育能力。其主要特点是具有雌雄两性的内生殖器官，有不同程度向雄性转化的卵睾体，外生殖器官基本为正常雌性。

异性孪生母犊在胎儿的早期从遗传学上来说是雌性（XX）的。由于特定的原因在怀孕的最后阶段成为 XX/XY 的嵌合体。这种母犊性腺发育异常，其结构类似卵巢或睾丸，但不经腹股沟下降，亦无精子生成，并可产生睾酮。生殖道由沃尔夫氏管和缪勒氏管共同发育而成，但均发育不良，存在精囊腺。外生殖器官通常与正常的雌性相似，但阴道很短，阴蒂增大，阴门下端有一簇很突出的长毛。

二、饲养管理及利用性不育

饲养管理性不育是指母畜由于营养物质的缺乏或过剩而导致的生育能力下降。利用性不育是指为了某种生产目的，如使役、哺乳等过度使（利）用母畜而导致的不育。此外，繁殖技术不佳、生殖器官衰老、环境气候的变化或不适，也是导致不育的原因。

（一）营养性不育

动物机体不同的生理过程对营养的需要是不相同的，在生长、发育及泌乳等阶段中都有各自的独特需要，尤其是繁殖功能对营养条件更有严格的要求，营养缺乏时它会首当其冲受到影响。在有些动物，即使营养缺乏的临床症状不太明显，但往往繁殖能力已经受到严重影响。

营养性不足（如饲料数量不足，蛋白质缺乏，维生素缺乏，矿物质缺乏）或营养过剩而引起动物的生育力降低或停止。营养缺乏对生殖机能的直接作用主要是通过垂体前叶或下丘脑，干扰正常的 LH 和 FSH 释放，而且也影响其他内分泌腺。有些营养物质缺乏则可直接影响性腺，例如某些营养物质的摄入或利用不足，即可引起黄体组织的生成减少，孕酮含量下降，从而使繁殖机能出现障碍。

（二）管理利用性不育

管理利用性不育是指由于使役过度或泌乳过多引起的母畜生殖机能减退或暂时停止。这种不育常发生于马、驴和牛，而且往往是由饲料数量不足和营养成分不全共同引起的。

母畜在使役过重时，过度疲劳，生殖机能受到影响。断奶过迟时，促乳素的作用增强。性成熟也不能发情排卵。由于供应乳房的血液增多，机体所必需的某些营养物质也随乳汁排出，因此生殖系统的营养不足。此外，仔畜哺乳的刺激可能使垂体对来自乳腺神经的冲动反应加强，因而使卵巢的机能受到抑制。

三、繁殖技术性不育

繁殖技术性不育是由于繁殖技术不良所引起的。这种不育在技术力量薄弱的奶牛场中及役畜极为常见。特别在采用人工授精技术的场户,发情鉴定准确率低、精液处理和输精技术不当是造成繁殖技术性不育的主要因素。另外,不进行妊娠检查或检查的技术不熟练,不能及时发现未孕母畜,也是造成不育的原因。

为了防止繁殖技术性不育,首先要提高繁殖技术水平,制定并严格按照发情鉴定、妊娠检查、配种制度的操作规程执行,使畜主和基层场站逐步达到不漏配(做好发情鉴定及妊娠检查)、不错配(不错过适当的配种时间,不盲目配种)。检查技术熟练、准确,输精配种正确、适时。

四、衰老性不育

衰老性不育是指未达到绝情期的母畜,未老先衰,生殖机能过早地衰退。达到绝情期的母畜,由于全身机能衰退而丧失繁殖能力,在生产上已失去利用价值,应予淘汰。

衰老性不育见于马、驴和牛。经产的母马和母牛,由于阔韧带和子宫松弛,子宫由骨盆腔下垂至腹腔,阴道的前端也向前向下垂,因此排尿后一部分尿液可能流至子宫颈周围(尿腟),长久刺激该部分组织,引起持续发炎,精子到达此处即迅速死亡,因而造成不育。衰老母畜的卵巢小,其中没有卵泡和黄体。在马和驴,有时卵巢内有囊肿。经产母畜的子宫角松弛下垂,子宫内往往滞留分泌物。妊娠次数少的母畜子宫角则缩小变细。这种母畜的外表体态也有衰老现象。如果屡配不育,不宜继续留用。

五、环境气候性不育

环境因素可以通过对雌性动物全身生理机能、内分泌及其他方面发生作用而对繁殖性能产生明显的影响。雌性动物的生殖机能与日照、气温、湿度、饲料成分的变化以及其他外界因素都有密切关系。

不同的季节,日照、气温、湿度、饲料构成都会发生显著变化,这些因素协同影响发情,它们对季节性发情的动物表现尤其显著。例如,马的卵泡发育过程受季节和天气的影响很大,羊也如此,发情母羊的多少也与天气阴晴有关。牛和猪在天气严寒,尤其是饲养不良的情况下,停止发情;或者即使排卵,也无发情的外表征候或征象轻微。奶牛在夏季酷热时,配种率降低,可能是由于高温使甲状腺机能降低,发生安静发情所致。将母畜转移到与原产地气候截然不同的地方,可以影响其生殖机能而发生暂时性不育;在同一地区各年之间气候的不同变化也可影响母畜的生育力。

第二节 疾病性不育

疾病性不育是指由母畜的生殖器官和其他器官的疾病或者机能异常造成的不育。不育既可以是这类疾病的直接结果(如由于卵巢机能不全、持久黄体或排卵障碍等导致不育),也可以是某些疾病的一种症状(如心脏疾病、肾脏疾病、消化道疾病、呼吸道疾病、神经疾病、衰弱及某些全身疾病),有些传染性疾病和寄生虫病也能引起不育。本节重点介绍直接侵害母畜生殖系统,从而导致不育的一类疾病。

▶ 一、卵巢机能不全

卵巢机能不全是指包括卵巢机能减退、组织萎缩、卵泡萎缩及交替发育在内的,由卵巢机能紊乱所引起的各种异常变化。

(一)病因

1. 卵巢机能减退

卵巢机能减退和萎缩常常是由于子宫疾病、全身性的严重疾病以及饲养管理和利用不当(长期饥饿、使役过重、哺乳过度),使身体乏弱所致。雌性动物年老时,或者繁殖有季节性的动物在乏情季节中,卵巢机能也会发生生理性的减退。此外,气候的变化(转冷或变化无常)或者对当地的气候不适应(迁徙时)也可引起卵巢机能暂时性减退。雌性动物初情期第一次发情、季节性发情动物发情季第一次发情多为安静发情。牛还常见于产后第一次发情。

2. 卵巢组织萎缩

卵巢机能长久衰退以及卵巢炎时,可引起组织萎缩和硬化。此病发生于各种家畜,而且比较常见,衰老母畜尤其容易发生。

3. 卵泡萎缩及交替发育

卵泡萎缩及交替发育是指卵泡不能经常发育成熟到排卵的卵巢机能不全。此病主要见于早春发情的马和驴。引起卵泡萎缩及交替发育的主要因素是气候与温度的影响,早春配种季节天气冷热变化无常时,多发此病。饲料中营养成分不全,特别是维生素 A 不足可能导致此病。

(二)症状及诊断

1. 卵巢机能减退

卵巢机能减退的特征是发情周期延长或者长期不发情,发情的外表症状不明显,或者出现发情症状,但不排卵。直肠检查,卵巢的形状和质地没有明显的变化,但摸不到卵泡或黄体,有时只可在一侧卵巢上感觉到有一个很小的黄体遗迹。

2. 卵巢组织萎缩

卵巢萎缩时,母畜不发情,卵巢往往变硬,体积显著缩小,母牛的仅如豌豆一样大,母马的大如鸽蛋。卵巢中既无卵泡又无黄体。如果间隔 1 周左右,经过几次检查,卵巢仍无变化,即可做出诊断。卵巢萎缩时,子宫的体积往往也会缩小。诊断牛、羊的安静发情,可以利用公畜检查,亦可间隔一定的时间(3 d 左右),连续多次进行直肠检查,症状基本正常,但是卵泡发育的进展较正常时缓慢,一般达到第三期(少数则在第二期)时停止发育,保持原状 3～5 d,以后逐渐缩小,波动及紧张性逐渐减弱,外表发情症状也逐渐消失。因为没有排卵,所以卵巢上无黄体形成。发生萎缩的卵泡可能是一个,或有时也可在两侧卵巢上。

3. 卵泡萎缩及交替发育

卵泡交替发育是在发情时,一侧卵巢上正在发育的卵泡停止发育、开始萎缩。而在对侧(有时也可能是在同侧)卵巢上又有数目不等的新卵泡出现并发育,但发育至某种程度又开始萎缩,此起彼落,交替不已,最终也可能有一个卵泡获得优势,达到成熟而排卵,暂时再无新的卵泡发育。卵泡交替发育的外表发情症状随着卵泡发育的变化有时旺盛,有时微弱,连续或断续发情,发情期拖延很长,有时可达 30～90 d。一旦排卵,1～2 d 就停止发情。

卵泡萎缩及交替发育都需要进行多次直肠检查,并结合外部的发情表现才能确诊。

(三)治疗

治疗原则:对卵巢机能不全的动物,首先必须了解其身体状况及生活条件,进行全面分析找出主要原因,然后根据动物的具体情况,采取适当的措施,才能达到治疗效果。

1.利用公畜催情

公畜对母畜的生殖机能来说,是一种天然的刺激,它不仅能够通过母畜的视觉、听觉、嗅觉及触觉对母畜发生影响,而且也能通过交配,借助副性腺分泌物对母畜的生殖器官发生生物化学刺激,作用于母畜的神经系统。

2.激素疗法

(1)FSH FSH 肌肉注射,牛 200～300 IU,马 300～400 IU,犬 20～50 IU,每日或隔日 1 次,连用 2～3 次。每注射一次后需做检查,无效时方可连续应用,直至出现发情征象为止。临床上使用 FSH 时,再配合应用 LH,对催情的效果更好,FSH:LH 比例为4:1。

(2)hCG 马、牛静脉注射 2 500～5 000 IU,肌肉注射 10 000～20 000 IU;猪、羊肌肉注射 500～1 000 IU,必要时间隔 1～2 d 重复 1 次;犬 100～200 IU,肌肉注射,每天 1 次,连用 2～3 d。在少数病例,特别是重复注射时,可能出现过敏反应,应当慎用。

(3)eCG 或孕马全血 妊娠 40～90 d 的母马血液或血清中含有大量的 eCG,其主要作用类似于促卵泡素,因而可用于催情。牛 1 000～2 000 IU,羊 200～1 000 IU,猪每 100 kg 体重用 1 000 IU,犬 100～400 IU,肌肉注射,每天 1 次,连用 2～3 d。

(4)雌激素 目前常用的雌激素制剂为苯甲酸雌二醇,肌肉注射,马、牛 4～10 mg,羊 1～2 mg,猪 2～8 mg,犬 0.2～0.5 mg。本品可以用作治疗,但不得在动物性食品中检出。应当注意,牛在剂量过大或长期应用雌激素时可以引起卵巢囊肿或慕雄狂,有时尚可引起卵巢萎缩或发情周期停止,甚至使骨盆韧带及其周围组织松弛而导致阴道或直肠脱出。

3.补充维生素 A

对牛卵巢机能减退的疗效有时较激素更优,特别是对于缺乏青绿饲料引起的卵巢机能减退。一般每次给予 100 万 IU,每 10 d 注射 1 次,注射 3 次后的 10 d 内卵巢上即有卵泡发育,且可成熟排卵和受胎。

4.冲洗子宫

对产后不发情的母马,用 37℃的温生理盐水或 1:1 000 碘甘油水溶液 500～1 000 mL 隔日冲洗子宫 1 次,连用 2～3 次,可促进发情。

5.隔离仔猪

如果需要母猪在产后仔猪断奶之前提早发情配种,可将仔猪隔离,隔离后 5 d 左右,母猪即发情。

6.其他疗法

刺激生殖器官或引起其兴奋的疗法,刺激子宫颈、触诊或按摩子宫颈、子宫颈及阴道涂擦刺激性药物(稀碘酊、复方碘液)、按摩卵巢等,都可很快引起母畜表现外表发情征象。例如,在繁殖季节内按摩驴的子宫颈,往往当时就出现发情的明显征象(拌嘴、拱背、伸颈及耳向后竖起等)。但是这些方法与雌激素一样,所引起的只是性欲和发情现象,而不排卵,不能有效地配种受胎。但这些方法简便,因此在没有条件采用其他方法时仍然可以试用。

二、持久黄体

持久黄体是指妊娠黄体在分娩或流产之后,或周期黄体超过正常时间而不退化的黄体。持久黄体同样可以分泌孕酮,抑制卵泡的发育,使发情周期停止循环而引起不育。此病多见于母牛,可能是由于饲养管理不当或子宫疾病造成内分泌紊乱,特别是 $PGF_{2\alpha}$ 分泌不足,体内溶解黄体的机制遭到破坏后所致,原发性的持久黄体较少见。

持久黄体母畜发情周期停止,长时间不发情。直肠检查可发现一侧(有时为两侧)卵巢增大。在牛,卵巢表面或大或小的突出黄体,可以感觉到它们的质地比卵巢实质硬,血浆孕酮水平保持在 1.2 mg/mL 以上。根据病史和间隔 1 周连续 2～3 次的直肠检查,发现同一个黄体持续存在就可做出诊断。但应仔细检查子宫,排除妊娠的可能性。

$PGF_{2\alpha}$ 及其类似物是治疗持久黄体的首选激素。如肌肉注射 15-甲基 $PGF_{2\alpha}$ 或氯前列烯醇 0.2～0.4 mg,用药 3 d 后母牛、母猪开始发情;母犬 0.05～0.1 mg,肌肉注射,每天 1 次,连用 2～3 d(犬对前列腺素制剂在临床上有呕吐、腹泻等过敏性反应)。但持久黄体并不马上溶解,而是功能消失,即不能再合成孕酮,消失需经 2～3 个情期。或者用 OT 400 IU,分 2～4 次肌肉注射,但临床效果不如 $PGF_{2\alpha}$。

三、卵巢囊肿

卵巢囊肿是指卵巢上有卵泡状结构,其直径超过正常发育的卵泡,存在的时间在 10 d 以上,同时卵巢上无正常黄体结构的一种病理状态。本病最常见于奶牛及猪,犬也可发生。犬卵巢囊肿发病率占卵巢疾病的 37.7%。按照发生囊肿的组织结构不同又可分为卵泡囊肿和黄体囊肿两种。

卵泡囊肿壁较薄,单个或多个存在于一侧或两侧卵巢上。黄体囊肿一般多为单个,存在于一侧卵巢上,壁较厚。这两种结构均为卵泡未能排卵所引起。前者是卵泡上皮变性,卵泡壁结缔组织增生变厚,卵细胞死亡,卵泡液未被吸收或者增多而形成的;后者则是由于未排卵的卵泡壁上皮黄体化而引起,故又称之为黄体化囊肿。

除卵泡囊肿和黄体囊肿之外,临床上还有一种现象称囊肿黄体。囊肿黄体是非病理性的,与前面两种情况不同,其发生于排卵之后,是由于黄体化不足,黄体的中心出现充满液体的腔体而形成。其大小不等,表面有排卵点,具有正常分泌孕酮的能力,对发情周期一般没有影响。

(一)病因

缺乏运动,长期舍饲的牛在冬季发病较多;所有年龄的牛均可发病,但以 2～5 胎的产后牛或者 4.5～10 岁的牛多发,与围产期的应激因素有关,在双胎分娩、胎衣不下、子宫炎及生产瘫痪病牛,卵巢囊肿的发病率均高;也可能与遗传有关,在某些品种的牛发病率较高;饲喂不当,如饲料中缺乏维生素 A 或者含有大量雌激素时,发病率也升高。

(二)症状及病变

卵巢囊肿病牛的症状及行为变化在个体间差异较大,按外部表现基本可以分为两类,即慕雄狂和乏情。慕雄狂是卵泡囊肿的一种症状表现,其特征是持续而强烈地表现发情行为。如无规律的、长时间或连续性的发情、不安,偶尔接受其他牛爬跨或公牛交配,但大多数牛常试图爬跨其他母牛并拒绝接受爬跨,常像公牛一样表现攻击性的行为,寻找接近发情或正在发情的母牛爬跨。病牛常由于过多的运动而体重减轻,但颈部肌肉逐渐发达增厚,荐坐韧带松弛,臀部肌肉塌陷,尾部抬高,状似公牛。

表现为乏情的牛则长时间不出现发情征象,有时可长达数月,因此常被误认为已妊娠。有些牛在表现一两次正常的发情后转为乏情;有些牛则在病的初期乏情,后期表现为慕雄狂。但也有些患卵巢囊肿的牛是先表现慕雄狂的症状,而后转为乏情。母牛表现为慕雄狂或是乏情,在很大程度上与产后发病的迟早有一定关系,产后 60 d 之前发生卵泡囊肿的母牛中 85% 表现为乏情,以后随着时间的增长,卵巢囊肿患牛表现慕雄狂的比例增加。

(三)治疗

卵巢囊肿的治疗有许多方法,其中大多数是通过直接引起黄体化而使动物恢复发情周期。此病可自愈,牛卵巢囊肿的自愈率随着产后时间的延长有所差异,高者可达 60%,但有时只有 25%。

1. 摘除囊肿

具体操作是将手伸入直肠、找到患病卵巢,将它握于手中,用手指捏破囊肿。这种方法只有在囊肿中充满液体的病例较易实施,捏破囊肿卵泡没有困难。但操作不慎时会引起卵巢损伤出血,使其与周围组织粘连,进而对生育造成不良影响。

2. 使用 LH

具有 LH 生物活性的各种激素制剂均可用于治疗卵巢囊肿,例如 hCG 及羊和猪的垂体提取物(PLH)等。奶牛的治疗剂量 hCG 为 5 000 IU(静脉注射或肌肉注射),或者 10 000 IU(肌肉注射);PLH 为 25 mg(肌肉注射)。

3. 使用 GnRH

目前治疗卵巢囊肿多用合成的 GnRH,这种激素作用于垂体,引起 LH 释放。临床上常用的 GnRH 制剂是促排卵素 3 号(LRH-A3),一般剂量为 25 μg/头(牛),连用 3~5 d,犬每千克体重 2.2 μg,一次肌肉注射;或与每千克体重 1 μg 肌肉注射,每天 1 次,连用 3 d。治疗之后,血浆孕酮浓度增加,囊肿通常出现黄体化,18~23 d 后可望正常发情。GnRH 为小分子物质,注射之后不会引起免疫反应。

4. 使用 $PGF_{2\alpha}$

经 GnRH 治疗后,囊肿通常发生黄体化,后与正常黄体一样发生退化。因此同时可用 $PGF_{2\alpha}$ 或其类似物进行治疗,促进黄体尽快萎缩消退。

▶ 四、排卵延迟及不排卵

排卵延迟是指排卵的时间向后拖延,或在发情时有发情的外表症状但不出现排卵。本病严格说亦应属于卵巢机能不全。本病常见于配种季节的初期及末期,马、驴和绵羊多发,牛偶有发生。母猫排卵障碍的特征是交配后仍嚎叫不止,或未曾交配持续嚎叫。

(一)病因

垂体前叶分泌 LH 不足、激素的作用不平衡,是造成排卵延迟及不排卵的主要原因,气温过低或变化无常、营养不良、利用(使役或挤奶)过度均可造成排卵延迟及不排卵。对于猫来说,其排卵方式属于交配刺激性排卵,未交配或交配时阴道没有产生有效的生理刺激就不会发生排卵。

(二)症状及诊断

排卵延迟时,卵泡的发育和外表发情症状与正常发情相似,但发情的持续期延长。马拖延到 30~40 d,牛可达 3~5 d 或更长。马的排卵延迟一般是在卵泡发育到第四期时,时间延长,最后有的可能排卵,并形成黄体,有的则发生卵泡闭锁。卵巢囊肿的最初阶段与排卵延迟的卵泡极其相似,应根据发情的持续时间、卵泡的形状和大小以及间隔一定的时间后重复检查的结果慎重鉴别。

（三）治疗

对排卵延迟的动物，除改进饲养管理条件、注意防止气温的影响以外，应用激素治疗，通常可以收到良好效果。

对可能发生排卵延迟的动物，在输精前或输精的同时注射 LH 200～400 IU，或 LRH-A 50 μg，或 hCG 1000～3 000 IU，可以收到促进排卵的效果。对配种季节初次发情的，可配合使用孕酮 100 mg，效果更好。此外，应用小剂量的 FSH 或雌激素，亦可缩短发情期，促进排卵。

在猫，对用于繁殖的猫，使其与公猫交配，交配后可停止嚎叫；对不作繁殖用而要终止嚎叫的，可在发情期间，肌肉注射 hCG 250 IU 或 LRH-A 25 μg。

五、慢性子宫内膜炎

慢性子宫内膜炎各种动物均可发病，牛最为常见，马、驴、猪、犬亦多见，为动物不育的重要原因之一。犬子宫内膜炎可以转化为子宫蓄脓，能够引起严重的全身症状、但除犬外，其他动物很少影响全身健康状况。

（一）病因

慢性子宫内膜炎是子宫内膜的慢性发炎，多由于急性的炎症未及时治愈转归而来。本病的主要病原是葡萄球菌、链球菌、肠杆菌、变形杆菌、假单胞菌、化脓放线菌、支原体、昏睡杆菌等。输精时消毒不严、分娩，助产时不注意消毒和操作不慎是将病原微生物带入子宫导致感染的主要原因。公牛患有滴虫病、弧菌病、布鲁菌病等疾病时，通过交配可将病原传给母畜而引起发病。公牛的包皮中常常含有各种微生物，也可能通过采精及自然交配而将病原传播给母畜。在奶牛产后 21 d 子宫中仍然存在化脓放线菌，尤其是在产后 50 d 仍有感染时，会引起子宫复旧延迟及严重的子宫内膜炎，基本不可能受孕。

（二）症状及诊断

慢性子宫内膜炎按症状可分为隐性子宫内膜炎、慢性卡他性子宫内膜炎、慢性卡他性脓性子宫内膜炎和慢性脓性子宫内膜炎四种类型。一般来说，不同类型的慢性子宫内膜炎可根据不同情况选择临床症状、发情时分泌物的性状、阴道检查、直肠检查和实验室检查进行诊断。

1. 隐性子宫内膜炎

不表现临床症状，子宫无肉眼可见的变化。发情期正常，但屡配不育，发情时子宫排出的分泌物较多，有时分泌物不清亮透明，略微浑浊。直肠检查及阴道检查也查不出任何异常变化。

比较可靠的诊断方法是检查子宫冲洗回流液，将冲洗回流液静置后发现有沉淀，或偶尔见到有蛋白样或絮状浮游物，即可得出诊断。浮游物为异常白细胞、黏液和变性脱落的子宫内膜所形成。

2. 慢性卡他性子宫内膜炎

一般不表现全身症状，有时体温稍微升高，食欲及产乳量略微降低。发情周期正常，有时也可受到扰乱；有的发情周期虽然正常，但屡配不育，或者发生早期胚胎死亡、从子宫及阴道中常排出一些黏稠浑浊的黏液，子宫黏膜松软肥厚，有时甚至发生溃疡和结缔组织增生，而且个别的子宫腺可形成小的囊肿。

不发情时阴道检查，可见阴道黏膜正常，阴道内积有絮状的黏液；子宫颈稍微开张，子宫颈膣部肿胀，但充血不明显，有时阴道中有透明或浑浊的黏液。冲洗子宫的回流液略显浑浊，很像清鼻涕或淘米水。

直肠检查感觉子宫角变粗，子宫壁增厚、弹性减弱、收缩反应减弱。有的病例查不出明显的变化,直肠检查时应当与正常怀孕1个月左右的子宫进行鉴别。

3.慢性卡他性脓性子宫内膜炎

病畜往往有精神不振、食欲降低、逐渐消瘦、体温略高等轻微的全身症状。发情周期不正常,有脓性分泌物。病理变化的特征基本上与慢性卡他性子宫内膜炎一样、但变化比较重。子宫黏膜肿胀、剧烈充血和瘀血,同时还有脓性浸润,上皮组织变性、坏死和脱落,有时子宫黏膜上有成片的肉芽组织或瘢痕,子宫腺可形成囊肿。

阴道检查可发现阴道黏膜和子宫颈膣部充血,往往黏附有脓性分泌物。子宫颈口略微张开。直肠检查感觉子宫角增大,收缩反应微弱,壁变厚,且薄厚不均、软硬度不一致。若子宫集聚有分泌物时,则感觉有轻微波动。冲洗回流液像面汤或米汤,其中夹杂有小脓块或絮状物。

4.慢性脓性子宫内膜炎

主要症状是阴门中经常排出脓性分泌物,在卧下时排出较多。排出物污染尾根及后躯,形成干痂。病畜可能消瘦和贫血。直肠检查和阴道检查与慢性卡他性脓性子宫内膜炎所见症状相同,一侧或两侧子宫角增大,子宫壁厚而软,厚薄不一致,收缩反应很微弱。有时在子宫壁与子宫颈壁上可以发现脓肿。冲洗回流液浑浊,像稀面糊,有的似黄色脓液。

(三)治疗

各种动物慢性子宫内膜炎治疗原则是抗菌消炎,促进炎性产物的排除和子宫内膜机能的恢复。

1.子宫冲洗疗法

在马或驴,可用大量(3 000～5 000 mL)1%盐水或含有0.05%呋喃唑酮盐水冲洗子宫。子宫内有较多分泌物时,盐水浓度可提高到5%。用高渗盐水冲洗子宫可促进炎性产物的排出,防止吸收中毒,并可刺激子宫内膜产生前列腺素,有利于子宫机能的恢复。马属动物的子宫颈宽而短,环形肌不发达,很易扩张,子宫角尖端向上,输卵管的宫管结合部有明显的括约肌,子宫内冲入液体的压力增大时,液体会自行经子宫颈排出,而不必担心液体经输卵管流入腹腔。

2.子宫内给药

多胎动物(如猪、犬和猫),子宫角很长,冲入的液体很难完全排出,一般不提倡冲洗子宫。在牛、特别是患慢性子宫内膜炎时、也不提倡冲洗子宫。在子宫已复旧的牛,子宫内注药的容积也应严格控制,育成牛不超过20 mL,经产牛一般为25～40 mL。

由于子宫内膜炎多为混合感染,宜选用抗菌广谱的药物,如四环素、庆大霉素、卡那霉素、红霉素、金霉素、呋喃类药物、诺氟沙星等。子宫颈口尚未完全关闭时,可直接将抗菌药物投入子宫,或用少量生理盐水溶解,做成溶液或混悬液用导管注入子宫。

3.激素疗法

使用氯前列烯醇,可促进炎症产物的排出和子宫功能的恢复。小型动物患慢性子宫内膜炎时,可注射雌二醇2～4 mg,4～6 h后再注射催产素10～20 IU,以促进炎症产物排出;配合应用抗生素治疗可获得较好的疗效。

4.胸膜外封闭疗法

此法主要用于治疗牛的子宫内膜炎、子宫复旧不全,对胎衣不下及卵巢疾病也有一定疗效。方法是在倒数第一和第二肋间、背最长肌之下的凹陷处,用长20 cm的针头与地面呈30°～35°进针。确定进针无误后,按每千克体重0.5 mL将0.5%普鲁卡因等份注入两侧。

六、奶牛子宫积液及子宫积脓

（一）奶牛子宫积液

子宫积液是指奶牛子宫内积有大量棕黄色、红褐色或灰白色的稀薄或黏稠液体，蓄积的液体稀薄如水者亦称子宫积水（hydrotetra）。子宫积液多由慢性卡他性子宫内膜炎发展而成。由于慢性炎症过程，子宫腺的分泌功能加强，子宫收缩减弱，子宫颈管黏膜肿胀，阻塞不通，以至子宫内的渗出物不能排除而发生该病。长期患有卵巢囊肿、卵巢肿瘤、持久性处女膜、单角子宫、假孕及受到雌激素或孕激素长期刺激的母畜也可发生此病。

患子宫积液的牛，症状表现不一，如为卵巢囊肿所引起则普遍表现乏情，如为缪勒氏管发育不全所引起则乏情极为少见。子宫中所积聚液体黏稠度亦不一致，子宫内膜发生囊肿性增生时，液体呈水样，但存在持久性处女膜的病例，则为极其黏稠的液体。大多数病畜的子宫壁变薄，积液可出现在一个子宫角，或者两个子宫角中均有液体。阴道中排出异常液体，并黏附在尾根或后肢上，甚至结成干痂。

直肠检查发现，子宫壁通常较薄，触诊子宫有软的波动感，其体积大小与妊娠1.5～2个月的牛子宫相似，或者更大。两子宫角的大小可能相等，因两子宫角中液体可以互相流动，经常变化不定。卵巢上可能有黄体。

（二）奶牛子宫积脓

奶牛子宫积脓指奶牛子宫腔中蓄积脓性或黏稠脓性液体，多由脓性子宫内膜炎发展而成，故又称子宫蓄脓。其特点为子宫内膜出现炎症病理变化，多数病畜卵巢上存在持久黄体，因而往往不发情。

奶牛子宫积脓大多发生于产后早期（15～60 d），而且常继发于分娩期疾病，如难产、胎衣不下及子宫炎等。患慢性脓性子宫内膜炎的牛，由于黄体持续存在，加之子宫颈管黏膜肿胀，或者黏膜粘连形成隔膜，使脓不能排出，积蓄在子宫内，形成子宫积脓。在配种时引入或胚胎死亡之后所感染，或给孕畜错误输精及冲洗子宫，均可导致感染。

牛一般不表现全身症状，但有时尤其是在病的初期，体温可能略有升高。其症状视子宫壁损伤的程度及子宫颈的状况而异，特征症状是乏情，卵巢上存在持久黄体，子宫中积有脓性或黏性脓性液体，其数量不等，可达200～2 000 mL。产后子宫积脓，病牛由于子宫颈开放，大多数在躺下或排尿时从子宫中排出脓液，尾根或后肢粘有脓液或其干痂。

阴道检查时也可发现阴道内积有脓液，颜色为黄、白或灰绿色。直肠检查发现，子宫壁通常变厚，并有波动感，子宫体积的大小与妊娠2～4个月的牛相似，个别病牛还可能更大。两子宫角的大小可能不相等，但对称者更为常见。当子宫体积很大时，子宫中动脉可能出现类似妊娠时的妊娠脉搏，且两侧脉搏的强度均等，卵巢上存在黄体。

（三）子宫积液及子宫积脓的治疗

1.激素疗法

对子宫积脓或子宫积液病牛，应用前列腺素治疗效果良好，注射后24 h左右即可使子宫中的液体排出。子宫内容物排空之后，可用抗生素溶液灌注子宫，消除或防止感染。

另外，雌激素能诱导黄体退化，引起发情，促使子宫颈开张，便于子宫内容物排出，因此可用于治疗子宫积脓和子宫积液。

2.冲洗子宫

冲洗子宫是治疗子宫积脓或子宫积液行之有效的常用方法。通常采用的冲洗液有高渗盐水、

0.02%～0.05%高锰酸钾、0.01%～0.05%苯扎溴铵及含2%～10%复方碘溶液的生理盐水;也可将抗生素溶于大量生理盐水作为冲洗液应用。冲洗之后将抗生素注入或装于胶囊中送入子宫,效果更好。

七、犬子宫蓄脓

犬子宫蓄脓是指母犬子宫内感染后蓄积有大量脓性渗出物,并不能排出。该病是母犬生殖系统的一种常见病,多发于成年犬,特征是子宫内膜异常并继发细菌感染。

(一)病因

本病是由于生殖道感染、长期使用类固醇药物以及内分泌紊乱所致,并与年龄有密切关系。多发于6岁以上的老龄犬,尤其是未生育过的老龄犬。老龄犬一般先产生子宫内膜囊性增生,后继发子宫蓄脓,发生子宫蓄脓常常与运用孕激素防止妊娠有关。过量的孕酮诱发子宫腺体的增生并大量分泌产生有利于细菌繁殖的环境。在孕酮水平很高的情况下,如果再长期注射或内服黄体激素或使用合成黄体激素以抑制发情,则很容易形成严重的子宫蓄脓。

(二)症状

临床症状与子宫颈的实际开放程度有关,按子宫颈开放与否可分为闭锁型和开放型两种。犬子宫蓄脓的症状在发情后4～10周较为明显。

1. 闭合型

子宫颈完全闭合不通,阴门无脓性分泌物排出,腹围较大,呼吸、心跳加快,严重时呼吸困难,腹部皮肤紧张,腹部皮下静脉怒张,喜卧。

2. 开放型

子宫颈管未完全关闭,从阴门不定时流出少量脓性分泌物,呈奶酪样,乳黄色、灰色或红褐色,气味难闻,常污染外阴、尾根及飞节。患犬阴门红肿,阴道黏膜潮红,腹围略增大。

根据发病史、临床症状及血常规检验等可做出初步诊断。

(三)治疗

1. 闭锁型

闭锁型子宫蓄脓的犬,毒素很快被吸收,因此立即进行卵巢、子宫切除是很理想的治疗措施。在手术前后和手术过程中必须补充足够的液体。术前和术后7～10 d连续给予广谱抗菌药物,如甲氧苄啶和磺胺甲基异噁唑、恩诺沙星或左氧氟沙星。这些药物同样也可以用于开放型子宫蓄脓。

2. 开放型

开放型子宫蓄脓或留作种用的闭锁型子宫蓄脓的种犬,可以考虑保守治疗。治疗的原则是促进子宫内容物的排出及子宫的恢复,控制感染,增强机体抵抗力。

(1)静脉补液　治疗休克,纠正脱水和电解质及酸碱异常,同时使用广谱抗菌药物。

(2)使用前列腺素治疗　每千克体重0.25 mg皮下注射,每天1次,连用5～7 d。此方法对开放型子宫蓄脓的母犬效果较好,但对闭锁型的子宫蓄脓治疗效果不佳,存在比手术更大的危险。

八、阴道炎

阴道炎是指由各种原因引起的阴道黏膜的炎症,可分为原发性或继发性两种。原发性阴道炎通常是由于配种或分娩时受到损伤或感染而发生的。衰老瘦弱的母畜生殖道组织松弛,阴门向下凹陷,并且开张,空气容易进入而形成气膣部,尿也易于滞留在阴道中,因而发生阴道炎。粪便、尿液等污染阴道也可诱发阴道炎。阴道感染以后,由于子宫及子宫颈将阴道向前和向下方拉,因此病原物很难被排出去。

继发性阴道炎多数由胎衣不下、子宫内膜炎、子宫炎、宫颈炎以及阴道和子宫脱出引起。病初为急性,病久即转为慢性。

根据炎症的性质,慢性阴道炎可分为慢性卡他性、慢性化脓性和蜂窝织炎性三类。

1. 慢性卡他性阴道炎

症状不明显,阴道黏膜颜色稍显苍白,有时红白不匀,黏膜表面常有皱纹或者大的皱襞,通常带有渗出物。

2. 慢性化脓性阴道炎

病畜精神不佳,食欲减退,泌乳量下降。阴道中积存有脓性渗出物,卧下时可向外流出,尾部有薄的脓痂。阴道检查时动物有痛苦的表现,阴道黏膜肿胀,且有程度不等的糜烂或溃疡。有时由于组织增生而使阴道变狭窄,狭窄部之前的阴道腔积有脓性分泌物。

3. 蜂窝织炎性阴道炎

病畜往往有全身症状,排粪、尿时有疼痛表现。阴道黏膜肿胀、充血,触诊有疼痛表现,黏膜下结缔组织内有弥散性脓性浸润,有时形成脓肿,其中混有坏死的组织块亦可见到溃疡,溃疡日久可形成瘢痕,有时发生粘连,引起阴道狭窄。

单纯的阴道炎,一般预后良好,有时甚至无须治疗即可自愈。同时发生气膣、子宫颈炎或子宫炎的病例,预后欠佳。阴道发生狭窄或发育不全时,则预后不良。阴道炎如为传染性原因所引起,阴道局部可以产生抗体,有助于增强抵御疾病的能力。

治疗阴道炎时,可用消毒收敛药液冲洗。常用的药物有 200 μL/L 稀盐酸、0.05%～0.1%高锰酸钾、1∶(100～3 000)吖啶黄溶液、0.05%苯扎溴铵、1%～2%明矾、5%～10%鞣酸、1%～2%硫酸铜或硫酸锌。冲洗之后可在阴道中放入浸有磺胺乳剂的棉塞。冲洗阴道,可以重复进行,每天或者每2～3 d 进行 1 次。

气膣引起的阴道炎,在治疗的同时,可以施行阴门缝合术。其具体程序是首先给病畜施行硬膜外麻醉或术部浸润麻醉,并适当保定。对性情恶劣的病畜,可考虑给以适当的全身麻醉。在距离两侧阴唇皮肤边缘 1.2～2.0 cm 处切破黏膜,切口的长度是自阴门上角开始至坐骨弓的水平面为止,以便在缝合后让阴门下角留下 3～4 cm 的开口;除去切口与皮肤之间的黏膜,用肠线或尼龙线以结节缝合法将阴唇两侧皮肤缝合起来,针间距离 1～1.2 cm;缝合不可过紧,以免损伤组织,7～10 d后拆线。以后配种可采用人工输精,在预产期前 1～2 周沿原来的缝合口将阴门切开,避免分娩时被撕裂。缝合后每天按外科常规方法处理切口,直至愈合,防止感染。

? 思考题

1. 导致母畜不孕的主要原因有哪些?

2. 试述卵巢机能不全的病因和典型临床症状。

3. 判断黄体囊肿、持久黄体和囊肿黄体的主要诊断方法是什么?

4. 慢性子宫内膜炎的治疗措施与急性子宫内膜炎有何区别?

5. 试述子宫积液和子宫积脓的临床症状的不同点。

第三十二章　　　　公畜科学

学习要点 //

　　　　掌握常见公畜生殖障碍疾病的临床症状和治疗措施；理解公畜不育的病因分类及特点。

　　公畜具有正常的生育力有赖于以下几个方面的功能正常，即精子生成、精子的受精能力、性欲和交配能力。公畜的不育一般指公畜生育力低下，即由于各种疾病或缺陷使公畜生育力低于正常水平。

　　公畜的不育可分为先天性不育和后天性不育。作为种用公畜，先天性不育者多在选种时淘汰。生产中常见的公畜不育，主要是疾病、管理利用不当和繁殖技术错误造成的，主要表现为无精症、少精或死精症，性欲低下或无性欲，阳痿、自淫等。阴囊、睾丸、附睾和附性腺等炎症是无精、少精或死精症的主要原因。此外，精子的特异性抗原引起免疫反应而使精子发生凝集反应等，可造成不育。

第一节　公畜的先天性不育

　　公畜的先天性不育是由于染色体异常或因表达调控出现异常，导致公畜不育或生育力低下。此类疾病主要包括睾丸发育不全、无精或精子形态异常、性机能紊乱、沃尔夫氏管道系统分节不全、两性畸形和隐睾。上述各类疾病中常见的为睾丸发育不全、两性畸形和隐睾。

一、睾丸发育不全

　　指公畜一侧或双侧睾丸的全部或部分曲精细管生精上皮不完全发育或缺乏生精上皮，间质组织可能基本维持正常。本病多见于公牛和公猪，在各类睾丸疾病中约占 2%；但在有的公牛品种，发病率可高达 20%～30%。在一些猪群中可达 60%。如进行睾丸活组织检查或死后睾丸组织学检查，可以确诊。本病具有很强的遗传性，患畜可考虑去势后用作肥育或使役。

二、两性畸形

　　是动物在性两性畸形过程中某一环节发生紊乱而造成的个体兼具雌雄两性性别特征的一种疾病。根据两性畸形不同的表现形式，在临床上还可以分类为性染色体两性畸形、性腺两性畸形和表型两性畸形等。

　　XXY 综合征（XXY syndrome）患病动物较正常雄性多一条 X 染色体，各种家畜都有发生。病畜外观呈雄性,具有基本正常的雄性生殖器官和性行为,但睾丸发育不全。组织学检查见不到精子生成过程,性腺内分泌功能减弱。睾丸及附睾虽然仍位于阴囊中,但均很小,射出物中不含精子。XO综合征(XO syndrome)患病动物较正常雄性缺失一条Y染色体,表型为雌性,通常为卵巢发育不全,相当于人的特纳综合征。

性腺两性畸形个体染色体性别与性腺性别不完全一致,性腺同时具有睾丸和卵巢组织,又称为性逆转动物。分为XX真两性畸形及XX雄性综合征。具有XX核型,此种畸形在牛、猪、马及犬均有报道,但以奶山羊和猪较为多见。

表型两性畸形动物染色体性别与性腺性别相符,但外生殖器表型相左,这种畸形称为假两性畸形。根据其性腺是睾丸或卵巢,可分为雄性假两性畸形或雌性假两性畸形。如睾丸雌性化综合征:动物具有XY核型,性腺为睾丸,但多为隐睾。由于雄激素靶组织细胞缺乏相应的特异性受体而导致雌性化,外生殖器官倾向于雌性,具有一定的雌性行为,有发育良好的雌性生殖器官和乳房。

三、隐睾

隐睾指因下降过程受阻,单侧或双侧睾丸不能降入阴囊而滞留于腹腔或腹股沟管的一种疾病。双侧隐睾者不育,单侧隐睾者可能具有生育力。正常情况下,牛、羊和猪的睾丸在出生前已降入阴囊,马在出生前后2周内降入阴囊。多数犬在出生时睾丸已经降于阴囊内,但也有迟至生后6~8月才降入阴囊内者。隐睾在猪、羊、马和犬多见,牛较少见。

隐睾具有明显的遗传性倾向,其发病机理不十分清楚。目前认为:一是与睾丸大小、血管、输精管和腹股沟管的解剖异常有关;二是与睾丸下降时内分泌功能紊乱有关,促性腺激素和雄激素水平偏低可以造成睾丸附属性器官发育受阻、睾丸系膜萎缩而导致隐睾。

外部触诊可查知位于腹股沟外环之外可缩回的睾丸,偶尔可触及腹股沟内的睾丸或精索的瘢痕化余端。直肠内触诊只限于大动物,可触摸睾丸或输精管有无进入鞘膜环。患隐睾的动物血浆雄激素的水平低,可通过实验室分析雄激素浓度来确定;或者在注射hCG(或GnRH)前后分别测定血浆睾酮浓度(患隐睾的动物用药后血浆睾酮浓度升高)。

从种用角度出发,任何形式的隐睾均无治疗的必要,应禁止使用单侧隐睾公畜进行繁殖。隐睾易诱发肿瘤,因此建议做去势术,去势后可用于肥育或使役。

第二节 疾病性不育

疾病性不育是指由公畜的生殖器官和其他器官的疾病或者机能异常造成的不育。公畜生殖系统各部位都可能患疾病而影响生育。这些疾病中有一部分通常不具有传染性(如睾丸炎、精索静脉曲张、精囊腺炎综合征、阴茎和包皮损伤、阳痿和性欲缺乏等),而有些是传染性不育性疾病(如马交疹、马媾疫、胎毛滴虫病、布鲁菌病、繁殖与呼吸综合征、附睾炎、传染性化脓性阴茎头包皮炎等)。

一、睾丸炎

睾丸炎是指由损伤或感染引起的睾丸实质的炎症。由于睾丸和附睾紧密相连,易引起附睾炎,两者常同时发生或互相继发。各种动物均可以发生,多见于牛、猪、羊、马和驴。

(一)病因

常因直接损伤或泌尿生殖道的化脓感染蔓延而引起,如打击、跋踢、挤压、尖锐硬物的刺创或咬伤等,多见于一侧;某些全身性感染(如布鲁菌病、结核病、放线菌病、鼻疽、腺疫、沙门菌病、乙型脑炎、衣原体、支原体、眼原体和某些疱疹病毒)可经血流感染引起睾丸炎症;睾丸附近组织或鞘膜炎症蔓延,副性腺细菌感染沿输精管道蔓延,均可引起睾丸炎症。

(二)症状

睾丸炎可分为急性和慢性两种。

1. 急性睾丸炎

一侧或两侧睾丸呈不同程度的肿大、疼痛。病畜站立时拱背、拒绝配种。有时肿胀很大,以至同侧的后肢外展。运步时两后肢开张前行,步态强拘,以避免碰触病睾。触诊可发现睾丸紧张、鞘膜腔内有积液、精索变粗,有压痛。

病情较重者除局部症状外,病畜出现体温增高、精神沉郁、食欲减退等全身症状。当并发化脓感染时,局部和全身症状更为明显,整个阴囊肿得更大,皮肤紧张、发亮。在个别病例,脓汁可沿鞘膜管上行进入腹腔,引起弥漫性化脓性腹膜炎。

2. 慢性睾丸炎

睾丸不表现明显热痛症状,睾丸组织纤维变性、弹性消失、硬化、变小,产生精子的能力逐渐降低或消失。

一些传染病引起的睾丸炎往往有特殊症状,如结核性睾丸炎常波及附睾,呈无热无痛冷性脓肿;布鲁菌和沙门菌常引起睾丸和附睾高度肿大,最终引起坏死性化脓病变;鼻疽性睾丸炎常呈慢性经过,阴囊呈现慢性炎症、皮肤肥厚肿大,固着粘连。

(三)治疗

该病的治疗主要应控制感染和预防并发症,防止转化为慢性,导致睾丸萎缩。

急性病例应停止使役,安静休息。24 h 内局部冷敷,以后改用温敷、红外线照射等温热疗法。局部涂擦鱼石脂软膏或复方醋酸铅散,阴囊用绷带托起,可使睾丸得以安静并改善血液循环。疼痛严重的,可在局部精索区注射盐酸普鲁卡因青霉素溶液(或盐酸普鲁卡因 20 mL,青霉素 80 万 IU),隔日注射 1 次。

无种用价值者可去势。单侧睾丸感染而欲保留作种用者,可考虑尽早将患侧睾丸摘除。已形成脓肿摘除有困难者,可从阴囊底部切开排脓。由传染病引起的睾丸炎,应首先考虑治疗原发病。

二、精囊腺炎综合征

精囊腺炎综合征指精囊腺炎及其并发症。精囊腺炎的病理变化往往波及睾丸、附睾、前列腺、尿道球腺、尿道、膀胱、输尿管和肾,而这些器官的炎症也可能引起精囊腺炎。前列腺炎也不易确诊,尸检时发现患精囊腺炎的公牛其中有 43% 患有前列腺炎,单纯性的前列腺炎和尿道球腺炎在家畜中很少见。

(一)病因

精囊腺炎的病原包括细菌、病毒、衣原体和支原体,主要经泌尿生殖道上行引起感染,某些病原可经血源引起感染。常见于 18 月龄以下的小公牛,特别是从良好饲养条件转移到较差环境时易引起精囊腺感染。

(二)症状

由病毒或支原体引起感染的急性病例,常在急性期的后期症状减退。但如果继发细菌感染,或单纯由细菌感染,症状均很难自行消退,并可能引起精囊腺炎综合征。精囊腺病灶周围炎性反应可能引起局限性腹膜炎,体温达 39.4～41.1℃,食欲废绝,腹肌紧张,拱腰,不愿移动,排粪时有痛感,配种时精神萎靡或完全缺乏性欲。精液中带血,并可见其他炎性分泌物。如果脓肿破裂,可引起弥漫性腹膜炎。

慢性病例无明显临床症状。

(三)诊断

除观察临床症状外,可进行如下检查。

1. 直肠检查

急性炎症期双侧或单侧精囊腺肿胀、增大,分叶不明显,触摸有痛感;输精管壶腹也可能增大、变硬。慢性病例腺体纤维化变性,坚硬、粗大,小叶消失,触摸痛感不明显。化脓性炎症其腺体和周围组织可能形成脓肿区,并可能出现直肠瘘管,由直肠排出脓汁。同时应注意检查前列腺和尿道球腺有无痛感和增大。

2. 精液检查

精液中出现脓汁凝块或碎片,呈灰白-黄色、桃红-红色或绿色。精子活力低,畸形率增加,特别是尾部畸形的精子数量增加。

3. 细菌培养

有条件时可对精液中病原微生物进行分离培养,并试验其抗药性。为了避免包皮鞘微生物对精液的污染,可采用阴茎尿道插管,结合精囊腺和壶腹的直肠按摩,直接收集副性腺的分泌物。

(四)治疗

患病公牛应立即隔离,停止交配和采精。病势稍缓的病畜可能自行康复,生育力可望保持。

治疗时,由于药物到达病变部位浓度太低,必须采用对病原微生物敏感的磺胺类和抗生素药物,并使用大剂量,至少连续使用 2 周,有效者 1 个月后可临床康复。

单侧精囊腺慢性感染时如治疗无效,可考虑手术摘除。手术时在坐骨直肠窝避开肛门括约肌处作新月形切口,用手将腺体进行钝性分离。在靠近骨盆尿道处切除腺体,用肠线闭合直肠旁空腔,然后缝合皮肤。术后至少连续使用 2 周抗菌药物,手术治疗有时效果良好,公牛保持正常生育力。

临床康复的公牛必须经严格的精液检查后方可用于配种。

三、阴茎和包皮损伤

阴茎和包皮损伤也包括尿道的损伤及其并发症,常见的有撕裂伤、挫伤、尿道破裂和阴茎血肿。

交配时阴茎海绵体内血压很高,母畜骚动或公畜自淫时阴茎冲击异物,使勃起的阴茎突然弯折,阴茎受蹴踢、鞭打、包皮的擦伤、撕裂伤和挫伤,啃咬,公畜骑跨围栏等,均可造成阴茎海绵体、白膜、血管损伤,甚至还可能引起阴茎血肿和尿道破裂。

阴茎和包皮损伤一般有外部可见的创口和肿胀,或从包皮外口流出血液或炎性分泌物。肿胀明显可引起包皮脱垂(指包皮口过度下垂并常伴有包皮腔黏膜外翻的现象),并可能形成嵌顿包茎(指阴茎自包皮口伸出后不能缩回到原位的现象)。阴茎白膜破裂可造成阴茎血肿,发生血肿时肿胀可能局限,也可能扩散到阴茎周围组织,并引发包皮水肿。

由于包皮腔内存在多种病原微生物,各种损伤造成的血肿约有一半可继发感染而形成脓肿。感染后局部或全身发热,公畜四肢拘挛,跨步缩短,完全拒绝爬跨。如不发生感染,几天后水肿消退,血肿慢慢缩小变硬,并可能出现纤维化,使阴茎和包皮发生不同程度的粘连。如伴有尿道破裂,将出现排尿障碍,尿液可渗入皮下及包皮,形成尿性肿胀,并可能导致脓肿及蜂窝织炎。

治疗以预防感染、防止粘连和避免各种继发性损伤为原则。公畜发生损伤后立即停止使用,隔离饲养,损伤轻微者短期休息后可自愈。发生撕裂伤及血肿的参照外科手术进行治疗。全身使用抗生素1周以预防感染。

思考题

1. 简述隐睾的临床诊断要点。
2. 简述睾丸炎的临床症状和治疗措施。
3. 简述精囊腺炎综合征的临床诊断和实验室诊断方法。

第三十三章　新生仔畜疾病

学习要点 //

　　掌握新生仔畜常见疾病的病因和防治措施;掌握常见新生仔畜疾病的临床症状和诊断要点。

　　新生仔畜是指残留的脐带脱落以前的初生家畜。脱落以后至断奶这一时期的仔畜则称为哺乳幼畜。一般仔畜脐带干燥脱落的时间为 2～6 d,猪、羊脐带脱落得较马、牛早。新生仔畜疾病多与接生助产和护理仔畜不当有关。疾病类型很多,病因较复杂。

第一节　窒　　息

一、病因

　　分娩时产出期延长或胎儿排出受阻,胎盘水肿、胎盘过早剥离(常见于马)和胎囊破裂过晚;或倒生时胎儿产出缓慢和脐带受到挤压,脐带缠绕,子宫痉挛性收缩等,均可导致胎儿缺氧。体内二氧化碳水平升高兴奋呼吸中枢,引起胎儿在体内过早呼吸。吸入的羊水阻塞呼吸道,出生以后因不能正常呼吸而发生窒息。多胎动物,最后产出的一二个胎儿,常因子宫收缩导致胎盘供血不足,胎儿过早呼吸,导致窒息。

二、症状

　　轻度窒息时,仔畜软弱无力,可视黏膜发绀,舌脱出于口角外,口腔和鼻腔内充满黏液。呼吸不匀,有时张口呼吸,有时呈气喘状。听诊心跳快而弱,肺部有湿啰音,特别是喉及气管的湿啰音更为明显。

　　严重的窒息,仔畜呈假死状态,表现为全身松软,卧地不动,各种反射消失,可视黏膜苍白。呼吸停止,仅有微弱的心跳。

三、治疗

　　在排除呼吸道阻塞的前提下,采用人工呼吸配合吸氧,或用药物救治。

　　1.排出呼吸道羊水

　　首先用布擦净鼻孔及口腔内的羊水。为了诱发呼吸反射,可用草秆刺激鼻腔黏膜,或用浸有氨水的棉花放在鼻孔上,或在仔畜身上泼冷水等。如仍无呼吸,在猪和羊,可将仔畜后肢提起来抖动,并有节律地轻压胸腹部,以诱发呼吸,同时促使呼吸道内黏液排出。在驹和牛犊,可吸出鼻腔及气管内的黏液及羊水,进行人工呼吸或输氧。

2.人工呼吸配合吸氧

在排除呼吸道阻塞的前提下,人工呼吸配合吸氧或经气管插管连续使用呼吸囊或呼吸机输氧,是抢救窒息仔畜有效措施。人工呼吸的方法是有节奏按压胸腹部,使胸腔交替地扩张和缩小;或经过鼻孔或胶管进行吹气,一边吹气,一边用手压迫胸壁利用呼吸囊或呼吸机进行人工通气时,需注意呼吸的频率和压力,频率过高或压力过大,均可损伤肺;呼吸频率一般为8～12次/min。

3.药物救治

没有输氧条件或呼吸微弱的动物,可静脉注射过氧化氢葡萄糖溶液。例如,犊牛可用10%葡萄糖溶液500 mL、3%过氧化氢30～40 mL,混合后1次输注。还可使用刺激中枢的药物,如25%尼可刹米1.0 mL。为了纠正酸中毒,可静脉注射5%碳酸氢钠50～100 mL。为了预防窒息后继发肺炎,可注射抗生素加小剂量地塞米松。

接产时,对分娩过程延滞、胎儿倒生和胎膜破裂过晚者,应及时助产,以预防本病的发生或提高治愈率。

第二节　胎粪停滞

新生仔畜胎粪停滞也称秘结或胎粪不下。正常情况下,仔畜生后若能及时吃上充足的初乳,在1 d内胎粪即可顺利排出。如果1 d后不排粪且出现腹痛症状即为胎粪停滞,若不及早处理很容易导致仔畜死亡。此病主要发生于体弱的新生驹、犊牛,也常见于绵羊羔。

一、病因

母畜营养不良,初乳分泌不足或品质不佳,仔畜吃不到初乳。先天性发育不良或早产,体质衰弱的幼驹,都易发生便秘。仔畜出生后,应使其吃到足够的初乳,以增强抵抗能力,促进肠蠕动机能。

二、症状

患病仔畜吃奶次数减少,表现为不安,拱背,摇尾,努责,有时踢腹、卧地,并回顾腹部,偶尔腹痛剧烈,前肢抱头打滚,肠音减弱。以后精神沉郁,不吃奶,结膜潮红带黄色,呼吸、心跳加快,肠音消失,全身无力。最后卧地不起,逐渐全身衰竭,呈现中毒症状;有的羊羔排粪时大声咩叫。由于粪堵塞肛门,继发肠臌气。

用手指直肠检查,触到硬固的块,即可确诊。羔羊则为很黏的稠粪或粪块;有的病驹(特别是公驹),在骨盆入口处常有较大的硬粪块阻塞。

三、治疗

治疗原则是润滑肠道和促进肠蠕动,可选用下列方法。

1.灌肠排结

用温肥皂水先进行直肠浅部灌肠,将橡皮管插入直肠约10 cm深,以排除浅部粪便;然后使橡皮管插入 20～40 cm 深并灌注肥皂水。必要时经 2～3 h 再灌肠一次。

2.润肠排结

液状石蜡(或植物油)150～300 mL(羔羊 5～10 mL),一次灌服。

3.疏通肠道

硫酸钠 20～50 g,加温水 500～1 000 mL,另加植物油 50 mL,鸡蛋清 2～3 个,混合后一次灌服。

4.刺激肠蠕动

硫酸新斯的明注射液 3～6 mL,肌肉注射;或用 3%过氧化氢 200～300 mL,一次灌服;灌肠投药后,按摩腹部并热敷,可增强肠蠕动,对促进粪便排出有良好的辅助治疗作用。

5.掏结

剪短指甲,并将手指涂上油脂,伸入直肠将粪结掏出。如果粪结较大且位于直肠深部,可用铁丝制的钝钩将粪结掏出。具体方法:将仔畜放倒保定,灌肠后,用涂油的铁丝钝钩沿直肠上壁或侧壁伸到粪结处,并用食指伸入直肠内把握好钝钩的位置,使其钩住或套住粪块,用缓力将其掏出。

若上述方法无效,可施行剖腹术,然后挤压肠壁促使胎粪排出,或切开肠壁取出粪块。如有自体中毒症状,必须及时采取补液、强心、解毒及抗感染等措施。

第三节　新生仔畜溶血病

新生仔畜溶血病又称新生仔畜溶血性黄疸、同种免疫溶血性贫血或新生仔畜同种红细胞溶血病,是指新生仔畜红细胞抗原与母体血清抗体不相容而引起的新生仔畜的同种免疫溶血反应。主要特征是当仔畜吮吸初乳后,迅速出现以黄疸、贫血、血红蛋白尿为主的一种急性溶血性疾病。病情严重,死亡率高。多种新生仔畜均有发病,其中两日内幼驹发病多,也见于仔猪、犊牛、家兔、犬等。

一、病因

由于在妊娠期间,胎儿的红细胞抗原进入母畜体内并刺激母畜产生特异性抗体,该抗体通过初乳途径被吸收到仔畜血液而发生抗原抗体反应,导致新生仔畜发生溶血病。

怀孕期间胎儿抗原通过胎盘上的轻微损伤进入母体,产生同种免疫应答,血清中的抗胎儿抗体进入初乳,继而导致溶血病。

二、症状及诊断

溶血病虽依畜种不同,症状有所差异,但其共同之处是吃食母体初乳后即发病,表现为贫血、黄疸、血红蛋白尿等危重症状。

(1)临床症状　吸吮初乳后 1～2 d 甚至数小时发病,5～7 d 达到发病高峰。主要表现为精神沉郁,反应迟钝,头低耳聋,喜卧,有时有腹疼现象;可视黏膜苍白、黄染,特别是巩膜和阴道黏膜苍白、黄染;排尿时有痛苦表现,尿量少而黏稠,病轻者为黄色或淡黄色,严重者为血红色或浓茶色(血红蛋白尿);粪便多呈蛋黄色;心跳增速,心音亢进,节律不齐;呼吸加快,呼吸音粗厉。有的出现神经症状;最终多因高度贫血、极度衰竭(主要是心力衰竭)而死亡。

（2）血液检查　高度溶血，呈淡黄红色，血沉加快。红细胞数减少。红细胞形状不整，大小不均，多呈溶解状态。血红蛋白显著降低，白细胞相对值增高。日龄愈小，溶血现象愈严重，病情也愈严重。

（3）初乳检查　胎儿血液与母体初乳进行凝集反应，呈强阳性反应。

（4）病理剖检　可见皮下黄染，肠系膜、大网膜、腹膜、肠管均呈黄染。胃底部有轻度卡他性炎症，肠黏膜充血、出血，肝、脾微肿大，膀胱内积存暗红色尿液。

三、治疗

目前对该病尚无特效疗法。治疗原则是及早发现、及早换乳（人工哺乳或代养）、及时输血及采取其他辅助疗法。

1. 立即停食母乳

实行代养或人工哺乳，直至初乳中抗体效价降至安全范围，或待仔畜已远远超过肠壁闭锁期。人工哺乳时，要使仔畜吃到足够的同种动物的初乳。若无初乳，可饲喂鸡蛋黄。按日龄和体重定量饲喂；饲喂的乳汁，应加温至 $38\sim40℃$。

2. 输血疗法

为了保证输血安全，应先做配血试验，选择血型相合的同种动物作为供血者。若无条件做配血试验，也可试行直接输血，但应密切注意有无输血反应，一旦发生反应，立即停止输血。采血时，按采血量 1/10 的比例，加入 3.8% 枸橼酸钠作为抗凝剂。

输血时先缓慢输入 $15\sim30$ min，若无异常反应，即可将全部血液输入。若仔畜出现呼吸困难、心律不齐、战栗等异常现象，应立即停止输血。注意观察 $1\sim2$ h，若自行缓解，表明是输液反应。然后，根据仔畜体况，确定是否再进行输血。若需要继续输血，应降低输注速度和输液量。输血量及次数，应根据仔畜病情、输血后血液红细胞计数的结果来定。每次的输血量一般为每千克体重 $15\sim25$ mL。若仔畜病情稳定，血液红细胞计数在 40×10^{12} 个/L 以上，应停止输血。

3. 辅助疗法

可配合应用糖皮质激素（地塞米松），强心，补液。临床上，常将皮质激素、葡萄糖和维生素 C 联合输注。若有酸中毒的表现，可静脉注射 5% 碳酸氢钠。注射抗生素，可防止继发细菌感染。症状缓解后，及时补铁剂和维生素 A、维生素 B_{12}，可加快造血。有的动物在出生后 $3\sim5$ d 发病，轻度溶血，高热不退，气喘，但精神状态良好，饮食欲尚可。治疗时，可应用地塞米松等免疫抑制剂，同时配合解热疗法和抗生素疗法。

第四节　新生仔畜低糖血症

新生仔畜低糖血症是以出生后血糖含量急剧下降为特征的一种代谢性疾病。此病多发生于生后 $1\sim4$ d 的仔猪或 20 日龄以内的犬、猫，其他动物较少见。其特征是血糖水平明显较低，血液非蛋白氮含量明显增高，患病动物出现衰弱无力、运动障碍、痉挛、衰竭等症状。

一、病因

新生仔畜在生后几日内缺乏糖原异生的能力，且能量储备少，是发病的内在因素。母畜产后少乳或无乳;或者仔畜生后吮乳反射微弱或无吮乳能力;或仔畜量过多,泌乳量相对不足或体弱仔畜吃到的乳汁少;也可能与仔畜消化不良,胃、肠机能异常,营养物质消化、吸收障碍等因素有关。长时间饥饿或绝食,以及在寒冷等环境中,仔畜需要消耗大量葡萄糖,当吃奶量不足,由于能量代谢过程仍然在持续进行,仔畜血糖不断被消耗,结果导致血糖水平下降,当降至 2.78 mmol/L 以下时,极易发生低血糖症。

二、症状及诊断

1. 仔猪

多在生后 1～2 d 开始发病。病初精神萎靡,食欲消失,全身出现水肿,尤以后肢、颈下及胸腹下较为明显。肌肉紧张度降低,卧地不起,四肢绵软无力,约半数以上的病例,四肢做游泳状运动,头后仰或扭向一侧。口微张,口角流出少量白沫。有时四肢伸直,并可出现痉挛。体温可降至 36℃ 左右。对外界刺激无反应。最后,出现惊厥,角弓反张,眼球震颤,在昏迷中死亡。病猪血糖含量显著降低,平均为 1.44 mmol/L,最低可降至 0.17 mmol/L(正常仔畜血糖含量平均为 6.27 mmol/L)。病猪肝糖原含量极微(正常值平均为 2.62%)。

2. 仔犬

表现为饥饿,对周围事物的反应差,阵发性虚弱,共济失调,震颤,神经过敏,惊恐不安,抽搐。重复出现抽搐者,导致神经缺氧性损伤,可进一步发展为癫痫。后期或病重的,出现虚脱、昏迷或死亡。血糖含量下降为 1.1～2.7 mmol/L,血清或尿液中酮体含量增高。

三、治疗

尽快早期补糖,大多数病例可恢复健康。每千克体重用 10% 葡萄糖液 10～20 mL 静脉或腹腔注射,每隔 4～6 h 注射 1 次,连用 2～3 d,直至神经症状消失为止。

当动物能够进食时,应给动物喂食。例如,口服葡萄糖、玉米糖浆、水果汁、蜂蜜等,这些单糖可以在口腔被吸收。

泼尼松可对抗胰岛素的作用,每千克体重 1～2 mg,肌肉注射或口服。用药后,应注意观察仔畜的精神状态和有无神经症状,有条件的,可以监测血糖含量的变化。

妊娠后期应供给母畜充分的营养,确保食物中含有丰富的蛋白质、脂肪和糖类,以保证产后有充足的乳汁。冬季应增设防寒设备,防止仔畜室内温度过低(室温应为 23～30℃)。对体弱的仔畜或母性行为不良的母畜,应辅助仔畜吮乳。若母猪乳汁分泌不足或无乳汁,应找母猪代乳或人工哺乳。

思考题

1. 新生仔畜窒息的抢救措施有哪些?
2. 试述新生仔畜溶血病的典型临床症状。
3. 仔猪低血糖症的发病机理是什么。

第三十四章　乳房疾病

学习要点 ///

　　掌握奶牛乳腺炎的分类与症状特点，临床型乳腺炎的治疗措施；了解其他乳腺疾病的基本治疗措施。

　　乳房疾病是奶牛最常见、危害最大的一类疾病。乳房炎使乳的品质和产量下降、治疗和管理成本增加，同时还造成乳中兽药和抗生素残留，危及人类健康和环境安全。

第一节　奶牛乳腺炎

　　奶牛乳腺炎是指因微生物感染或理化刺激引起奶牛乳腺的炎症，其特点是乳汁发生理化性质及细菌学变化、乳腺组织发生病理学变化。乳汁最重要的变化是颜色的改变，乳汁中有凝块及大量的细胞。发生乳腺炎时，虽然在许多病例乳腺出现肿大及疼痛，但大多数病例在用手触诊乳腺时难以发现异常，肉眼检查乳汁也难于观察到病理性变化，对这种亚临床型乳腺炎的诊断主要依赖乳汁的白细胞计数。

一、病因

　　引起奶牛乳腺炎的病因复杂，可能是由下列一种或多种因素所致。

1. 病原微生物的感染

　　这是乳腺炎发生的主要原因。引起奶牛乳腺炎的病原微生物包括细菌、真菌、病毒、支原体等，主要包括金黄色葡萄球菌、无乳链球菌、停乳链球菌和支原体等，此类微生物定植于乳腺，并可通过挤乳工人或挤乳器传播。其中以葡萄球菌、链球菌和大肠杆菌为主，这三种细菌引起的乳腺炎占发病率的90％以上。

2. 遗传因素

　　奶牛乳腺炎具有一定的遗传性，发病率较高的奶牛，其后代往往也具有较高的发病率。乳房的结构和形态对乳腺炎发生有很大影响，漏斗形的乳头（倾斜度大的乳头）比圆柱形乳头（倾斜度小的乳头）容易感染病原微生物。

3. 饲养管理因素

　　这些因素包括牛舍、挤乳场所和挤乳用具卫生消毒不严格，违反操作规程挤乳，人工挤乳手法错误；其他继发感染性疾病未及时治疗。另外，饲喂高能量、高蛋白质日粮虽保护和提高了产乳量，但相对增加了乳房负担,使机体抵抗力降低,亦容易诱发乳腺炎。

4.其他因素

随奶牛年龄增长,胎次、泌乳期的增加,奶牛体质减弱,免疫功能下降,增加了乳腺炎的发病率;结核病、布病、胎衣不下、子宫炎等多种疾病在不同程度上继发乳房炎;应用激素治疗生殖系统疾病而引起激素失衡也是本病的诱因。

二、分类和症状

由于以乳房和乳汁有无肉眼可见变化的方法很适合临床治疗,所以目前国内多采用美国国家乳腺委员会于1978年采用的分类法。

(一)根据乳房和乳汁有无肉眼可见变化分类

1.非临床型(亚临床型)乳腺炎

这类乳腺炎又称为隐性乳房炎。这类乳腺炎的乳腺和乳汁通常无肉眼可见变化,但乳汁电导率、体细胞数、pH等理化性质已发生变化,必须采用特殊的理化方法才可检出。大约90%的奶牛乳腺炎为隐性乳腺炎,是乳腺炎中发生最多,造成经济损失最严重的乳腺炎。

2.临床型乳腺炎

这类乳腺炎的乳腺和乳汁有肉眼可见的临床变化。根据临床病变程度,可分为轻度临床型、重度临床型和急性全身性乳腺炎。

(1)轻度临床型乳腺炎　乳腺组织病理变化及临床症状较轻微,触诊乳房无明显异常,或有轻度发热、疼痛或肿胀。乳汁有絮状物或凝块,有的变稀,pH偏碱性,体细胞数和氯化物含量增加。从病程看相当于亚急性乳腺炎。这类乳腺炎只要治疗及时,痊愈率高。

(2)重度临床型乳腺炎　乳腺组织有较严重的病例变化,患病乳区急性肿胀,皮肤发红,触诊乳房发热、有硬块、疼痛敏感,患牛常拒绝触摸。乳产量减少,乳汁为黄白色或血清样,内有乳凝块。全身症状不明显,体温正常或略高,精神、食欲基本正常。从病程看相当于急性乳腺炎。这类乳腺炎如治疗早,可以较快痊愈,预后一般良好。

(3)急性全身性乳腺炎　乳腺组织受到严重损害,常在两次挤乳间隔突然发病,病情严重,发展迅猛。患病乳区肿胀严重,皮肤发红、发亮,乳头也随之肿胀。触诊乳房发热、疼痛,全乳区硬质,挤不出乳汁,或仅能挤出少量水样乳汁。患畜伴有全身症状,体温持续升高(40.5～41.5℃),心率增加,呼吸增加,精神萎靡,食欲减少,进而拒食、喜卧。从病程看相当于最急性乳腺炎。如治疗不及时,可危及患畜生命。

3.慢性乳腺炎

通常是由于急性乳腺炎没有及时处理或持续感染,而使乳腺组织处于持续性发炎的状态。一般局部临床症状可能不明显,全身也无异常,但乳产量下降。反复发作可导致乳腺组织纤维化,乳房萎缩。这类乳腺炎治疗价值不大,病牛可能成为牛群中一种持续的感染源,应视情况及早淘汰。

(二)根据可否检出病原菌及乳房、乳汁有无肉眼可见变化分类

(1)感染性临床型乳腺炎　乳汁可检出病原菌,乳房和乳汁有肉眼可见变化。

(2)感染性亚临床型乳腺炎　乳汁可检出病原菌,但乳房或乳汁无肉眼可见变化。

(3)非特异性临床型乳腺炎　乳房或乳汁有肉眼可见变化,但乳汁检不出病原菌。

(4)非特异性亚临床型乳腺炎　乳房和乳汁无肉眼可见变化,乳汁无病原菌检出,但乳汁化验

阳性。

(三)根据炎症过程和病理性质分类

根据乳腺炎的炎症过程和病理性质,可将其分为浆液性乳腺炎、卡他性乳腺炎、纤维蛋白性乳腺炎、化脓性乳腺炎、出血性乳腺炎等。

1.浆液性乳腺炎

浆液及大量白细胞渗到间质组织中,乳房红、肿、热、痛。乳上淋巴结往往肿胀。乳汁稀薄,含碎片。

2.卡他性乳腺炎

脱落的腺上皮细胞及白细胞沉积于上皮表面。如是乳管及乳池卡他性炎症,先挤出的乳汁含絮片,而后挤出的不见异常;如是腺泡卡他性炎症,则患区红、肿、热、痛,乳汁水样,含絮片,可能出现全身症状。

3.纤维蛋白性乳腺炎

纤维蛋白沉积于上皮表面或(及)组织内,为重度急性炎症。乳上淋巴结肿胀。挤不出乳汁或挤出几滴清水。本型多为卡他性乳腺炎发展而来,往往与化脓性乳腺炎并发。

4.化脓性乳腺炎

这类乳腺炎又可分为急性卡他性乳腺炎、乳房脓肿和乳房蜂窝织炎。

(1)急性卡他性乳腺炎 由卡他性乳腺炎转变而来。除患区炎性反应外,乳量剧减或完全无乳,乳汁水样,并含絮片。较重的有全身症状。数日后转变为慢性,最后乳区萎缩硬化,乳汁稀薄或黏液样,乳量渐减直到无乳。

(2)乳房脓肿 乳房中有多个小米至黄豆大的脓肿。个别的大脓肿充满乳区,有时向皮肤外破溃。乳上淋巴结肿胀,乳汁渐减直到无乳。

(3)乳房蜂窝织炎 为皮下或(及)腺间结缔组织化脓,一般是与乳房外伤、浆液性炎、乳房脓肿并发。乳上淋巴结肿胀,乳量剧减,乳汁含有絮片。

5.出血性乳腺炎

深部组织及腺管出血,皮肤有红色斑点。乳上淋巴结肿胀,乳量剧减,乳汁水样,含絮片及血液。

三、诊断

奶牛乳腺炎的诊断因有无临床症状和发病率的高低而不同。临床型乳腺炎发病率低,着重于个体病牛的临床诊断;隐性乳腺炎发病率高,着重于母牛群的整体监测。

1.临床型乳腺炎的诊断

主要是对个体病牛的临床诊断。方法仍然是一直沿用的乳房视诊和触诊、乳汁的肉眼观察及必要的全身检查,有条件的在治疗前可采乳样进行微生物鉴定和药敏试验。

2.隐性乳腺炎的诊断

根据隐性乳腺炎的主要变化(即乳汁体细胞数增加、pH升高和导电率的改变等),采用不同的方法进行隐性乳腺炎的诊断。

(1)乳汁体细胞计数(SCC) 乳中体细胞通常由巨噬细胞、淋巴细胞、多型核中性粒细胞和少量的乳腺上皮细胞等组成,每毫升牛乳中含有的细胞数目即为体细胞计数。乳腺受到感染后,会引起乳中体细胞数增加;如感染清除,乳中体细胞数将降至正常水平。

细胞计数是目前较为常用的鉴别乳区、牛和牛群乳房健康状态的有效方法,这种方法包括体细胞直接显微镜计数法(DMSCC)、体细胞电子计数法(ESCC)、奶桶体细胞计数法(BMCC)和牛只细胞计数法(ICCC)等。

(2)化学检验法 间接测量乳汁细胞数和乳汁 pH 的方法,种类较多。

①CMT 法:该法简易,检出率高,可在牛旁迅速做出诊断,世界各地广泛使用。基本原理是乳汁细胞在表面活性物质(烷基或烃基硫酸盐)和碱性药物作用下,脂类物质乳化,细胞破坏后释放其中的 DNA,DNA 与试剂结合产生沉淀或凝胶。根据沉淀或凝胶的多少,间接判定乳中细胞数的范围而达到诊断的目的。乳中体细胞数越多,释放的 DNA 越多,产生的凝胶也就越多,凝结越紧密。本法不适于初乳期和泌乳末期。

②PL 试验:即日本乳腺炎简易检验方法,是 CMT 的一种衍生方法。

③H_2O_2 玻片法:即过氧化物酶法,以测试乳中白细胞的过氧化物酶,间接测定乳中白细胞的含量,做出诊断。

④BTB 检验法:即溴麝香草酚蓝检验法,是乳汁 pH 的一种检测方法。

⑤其他化学检测法:除上述几种外,还有苛性钠凝乳试验法、氯化钙凝乳试验法、改良 N. F. T 法及氯化物硝酸盐试验等。

(3)物理检验法 乳腺感染后,血乳屏障的渗透性改变,Na^+、Cl^- 进入乳汁,使乳汁电导率值升高,因此用物理学方法检测乳中电导率的变化,可诊断隐性乳腺炎。AHI 乳腺炎检测仪由新西兰生产,方法简便、快速,只需几秒钟,能显示隐性乳腺炎阴性、阳性和可凝,但不能显示炎症轻重程度。国内在研究乳汁电导率值测试仪器方面做了很多工作,先后有 86-I 型隐性乳腺炎诊断仪、XND-A 型奶检仪、ZRD 型乳腺炎电子检测仪等。

四、治疗

乳腺炎的治疗主要是针对临床型的,对隐性乳腺炎则主要是防治和预防。对于临床型乳腺炎,治疗原则是杀灭侵入的病原菌和消除炎症症状;对于隐性乳房炎,是防治结合,预防病原菌侵入乳房,即使侵入也很快杀灭。

临床型乳腺炎的疗效判定标准:①临床症状消失;②乳汁产量及质量恢复正常(乳汁体细胞计数降至 50 万个/mL 以下);③最好能达到乳汁菌检阴性。后两点也是判定隐性乳房炎防治效果的标准。

(一)一般药物治疗

1. 抗生素

抗生素仍是治疗乳腺炎的首选药物,其次是磺胺类药。为提高疗效,抗生素等药物在使用前最好采乳样做病原分离和药敏试验。

药物治疗途径,仍采取局部乳房内给药和经肌肉或静脉全身给药,乳房内给药在每次挤完乳后进行。一般对亚急性病例,乳房内给药即可,连续 3 d。急性病例,可乳房内和全身给药,至少 3 d。最急病例,必须全身和乳房内同时给药,并结合静脉输液及选择其他消炎药物和对症治疗。

链球菌和金黄色葡萄球菌是我国奶牛乳腺炎的主要病原菌。治疗时对链球菌感染的乳腺炎首选青霉素和链霉素;对金黄色葡萄球菌感染的可采用青霉素、红霉素,亦可采用头孢菌素、新生霉素;对大肠杆菌感染的可采用大剂量双氢链霉素,也可采用庆大霉素、新霉素,但要坚持至炎症完全治愈。

2.中药制剂

为减少和避免乳中抗生素残留,可以采用中草药制剂进行治疗。

(1)六茜素 系中草药六茜草的有效成分,抗菌谱广、高效。对于由无乳链球菌、金黄色葡萄球菌和停乳链球菌引起的乳腺炎有特效。缺点是细菌的转阴率尚低于青霉素,价格与抗生素相近。

(2)蒲公英 多种治疗乳腺炎中药方剂的主要成分,例如,双丁注射液(蒲公英和地丁)、复方蒲公英煎剂(含蒲公英、金银花、板蓝根、黄芩、当归等)、乳房宁 1 号(含蒲公英等 9 味中药)。复方蒲公英煎剂治疗临床型乳腺炎,总有效率为 94.44%,病原菌转阴率为 40%。乳房宁 1 号治疗隐性乳腺炎,总有效率高于青、链霉素。

(3)氯己定(洗必泰) 对革兰阳性菌、阴性菌和真菌均有较强的杀菌作用,而且不产生抗药性。治疗临床型乳腺炎,每日 1 次,每次乳区注入 100 mL,总有效率为 91.76%,病原菌转阴率为 78.67%。

(4)苯扎溴铵(新洁尔灭) 适用于对抗生素已有耐药性的病例。100 mL 蒸馏水中加入 5% 苯扎溴铵 2 mL,每乳区注入 40～50 mL,按摩 3～5 min 后挤净,再注入 50 mL,每日 2 次。治疗临床型乳腺炎一般 2～6 d 可治愈,疗效稍优于青、链霉素。

(二)特殊药物治疗

乳腺炎治疗的特殊药物主要指一些激素、因子和酶类,包括地塞米松、异氟泼尼龙等糖皮质激素类药物;阿司匹林、安乃近、保泰松等非类固醇类药物;白细胞介素、集落刺激因子、干扰素和肿瘤坏死因子等免疫调节因子;细菌素、抗菌肽和溶菌酶等,可根据具体情况选用。

第二节 其他乳房疾病

一、乳房创伤

乳房创伤是指由于各种外力因素作用于乳房而引起其组织机械性、开放性损伤。主要发生在泌乳奶牛体积较大的前乳区,包括以下几种情况。

(一)轻度外伤

常见的轻度外伤有皮肤擦伤、皮肤及皮下浅部组织的创伤等,但可能继发感染乳腺炎,故不可忽视。可按外科对清洁创或感染创的常规处理法治疗。创面涂布甲紫或撒布冰片散,效果良好。创口大时应进行适当缝合。

(二)深部创伤

多为刺创。乳汁通过创口外流,愈合缓慢。病初乳汁中含有血液。可用 3% H_2O_2、0.1% 高锰酸钾溶液、0.1% 以下浓度的苯扎溴铵或呋喃类药物溶液充分冲洗创口;深入填充碘甘油或魏氏流膏绷带条。修整皮肤划口,结节缝合,下端留引流口。如创腔蓄积分泌物过多,必要时可向下扩创引流。

有必要时可使用抗生素,以防感染引起乳腺炎。如果创伤损坏了大血管,要迅速止血,否则动物会很快因大失血而死。

(三)乳房血肿

多由外伤造成,常伴有血乳。肿胀部位皮肤不一定有外伤症状。轻度挫伤,可能较快自然止血,血肿不大,不久就能够完全吸收愈合。较大的血肿,往往从乳房表面突起。血肿初期有波动,穿刺可放出血液;血凝后,触诊时有弹性,穿刺多不流血。血肿如不能完全被吸收,将形成结缔组织包膜,触诊时如硬实瘤体。

小的血肿不需治疗,经 3～10 d 可被吸收。早期或严重时,可采取对症治疗,如采用冷敷或冷浴,并使用止血剂;经过一段时间后,可改用温敷,促进血肿吸收。止血剂无效的,可输血治疗,一次400 mL,2 次可愈。为了避免感染乳腺炎,以不行手术切开为宜。

(四)乳头外伤

乳头外伤主要见于大而下垂的乳房,往往是在乳牛起立时被自己的后蹄踏伤。损伤多在乳头下半部或乳头尖端,大多为横创;重者可踩掉部分乳头。也可因挤乳操作粗暴引起。

皮肤创伤,按外科常规处理,但缝合要紧密。

乳头裂伤用芦荟提取液治疗,效果良好。取鲜芦荟叶捣烂挤榨出汁,即芦荟液,4～6 h 内使用。在挤乳后用此液擦洗裂伤乳头,每天 2 次。据报道治疗 36 例,擦洗 2 d 66.7％痊愈,连用 5 d 全部痊愈。

乳头断裂,必须及时缝合。缝合前,在乳头基底部皮下施行浸润麻醉,共作三层缝合。先用尼龙线连接缝合黏膜破口,打结,线头留在皮肤外;最后用丝线结节缝合皮肤。缝合时各层间撒布少量抗生素,10 d 后拆线。由于乳池内蓄积乳汁,缝合处很容易发生漏乳而形成瘘管,使缝合失败。因此,必须经常排出乳池中的乳汁。方法是用橡胶导尿管或其他细胶管,在其尖端部两侧剪多个小洞后灭菌,再以灭菌探针插入导管中,将导管经乳头管插入乳池。将导管的末端用线拴住,并缝一针于乳头皮肤上,加以固定。

二、乳池和乳头管狭窄及闭锁

乳池和乳头管狭窄及闭锁是指乳头和乳池黏膜下结缔组织增生或纤维化,形成肉芽肿和疤痕导致乳池和乳头管狭窄及闭锁。其典型特征是乳汁流出障碍。乳牛较常见,多出现在一个乳头或乳池。

本病主要由于挤乳方法不科学和挤乳不卫生,长期不良地刺激乳池和乳头管,使其发生慢性增生性炎症所致;乳头末端受到损失或发生炎症,黏膜面的乳头状瘤、纤维瘤等,也可造成乳池和乳头狭窄。先天性的很少见。

主要症状是挤奶不畅,甚至挤不出乳汁。

(1)乳池狭窄和闭锁　轻者不影响乳汁通过而进入乳头乳池,严重时影响乳汁通过,挤乳时乳头乳池充盈缓慢。完全阻塞时,乳汁不能进入乳池,挤不出乳汁。触诊乳头基部乳池棚可触知有结节,缺乏移动性。根据结节的大小和质地,可估计狭窄的程度。

(2)乳头乳池黏膜泛发性增厚　触诊乳头乳池壁变厚,池腔变窄,外观乳头缩小,挤乳时射乳量不多。乳头乳池黏膜面肿瘤、息肉,手指可以触知。当乳头乳池完全闭锁时,池内无乳,乳头乳池呈实性,乳头发硬,挤不出乳汁。

(3)乳头管狭窄及闭锁　乳池充乳,外观乳头无异常,但挤乳不畅,乳汁呈细线状或点状排出,手指捏捻乳头末端,可感知乳头管内有增生物。

乳池和乳头管狭窄及闭锁,均可用细探针或导乳管协助诊断。

本病无有效疗法或难以根治,轻度狭窄时可在乳头上涂抹软膏并按摩,或插入适度粗细的乳头管扩张器,待挤乳时取下。重度狭窄主要是通过手术方法扩张狭窄部或去除增生物。可于每次挤乳前用导乳管或粗针头穿通闭锁部向外导乳。也可行手术扩张乳头管并使之持久开通。用乳头管刀穿入乳头管,纵行切大或切开管腔。随后放入蘸有蛋白溶解酶的灭菌棉棒;或插入螺帽乳导管,挤乳时拧下螺帽,乳汁自然流出或加以挤乳;挤完后再拧上螺帽。

三、漏乳

漏乳是指乳房充盈,乳汁自行滴下或射出。临分娩时和挤乳时漏乳一般都是正常的生理现象;非挤乳时经常有乳汁流出,为不正常的漏乳。漏乳多见于奶牛和马。

(一)病因

长期不正当的挤乳造成乳头损伤,破坏了乳头括约肌的正常紧张性;或是乳头末端缺损、断离;有的可能与应激有关;有的与遗传性有关,为先天性的乳头括约肌发育不良。

(二)症状

生理性漏乳时乳房充盈,乳房受到一定刺激,乳汁呈线状不间断流出。不正常漏乳随时均可发生,乳汁呈滴状流出;乳房和乳头松弛、紧张度差,乳头或有缺损、纤维化。

(三)治疗

生理性或轻度漏乳,通常按摩、热敷即可停止。不正常漏乳无有效治疗方法,可试用下列措施。

(1)注射法　可在乳头管周围注射青霉素、高渗盐水或酒精,使结缔组织增生,以压缩乳头管腔。或用蘸有5%碘酊的细缝线在乳头管口作荷包缝合,然后在乳头管中插进灭菌乳导管,拉紧缝线打结,抽出乳导管。

(2)火棉胶帽法　每次挤乳后,拭干乳头尖端,在火棉胶中浸一下。火棉胶在乳头尖端部形成帽状薄膜,即能封闭乳头管口,又能紧缩乳头尖端。以后挤乳前把此帽撕掉。这样虽达不到根治的目的,但有助于防止漏乳。

(3)橡胶圈法　上列各法效果不良时,可用橡胶圈箍住乳头。挤乳前摘下,挤乳后箍上。

(4)因应激反应引起的漏乳,一般不发生在分娩前后,可肌肉注射维生素 B_1 1 000 mg,每天1 次,连用3~5 d。

四、血乳

血乳即乳中混血,挤出的乳汁呈深浅不等的血红色。血乳主要发生于产后,见于乳牛和奶山羊。

(一)病因

一般由应激反应、中毒、机械损伤等因素引起输乳管、腺泡及周围组织血管破裂,或是血小板减少等血凝障碍性疾病,血液流出混入乳汁形成血乳。

(二)症状

发生该病时,各乳区均可出现血乳。无血凝块,或有少量小的凝血,各乳区乳中含血量不一定相同。将血乳盛于试管中静置,血细胞下沉,上层出现正常乳汁。

发病突然,损伤乳区肿胀,乳房皮肤充血或出现紫红色斑点,局部温度升高,挤乳时有痛感,乳汁稀薄、红色,乳中可能混有血凝块。由血管破裂造成血乳者,一般无全身症状;血小板减少症病牛全身症状明显。

注意与出血性乳腺炎区别。出血性乳腺炎乳房红、肿、热、痛,炎症反应明显,全身反应严重,体温升高,食欲减少,精神沉郁。

(三)治疗

停喂精料及多汁饲料,减少食盐及饮水,减少挤乳次数,保持乳房安静,令其自然恢复。机械性乳房出血严禁按摩、冷敷和涂擦刺激药物。出血量较大者可使用止血药(如酚磺乙胺、维生素 K)和抗生素等。乳牛产后血乳不需治疗,1～2 d 即可自愈;超过 2 d 的可给予冷敷或冷淋浴,但不可按摩。

五、乳房坏疽

乳房坏疽又称坏疽性乳腺炎,是由腐败、坏死性微生物引起一个或两个乳区组织感染,发生坏死、腐败的病理过程。本病较常见于奶牛和奶山羊,主要发生于产后数日。

(一)病因

腐败性细菌、梭菌或坏死杆菌自乳头管或乳房皮肤损伤处感染,病原菌也可经淋巴管侵入乳房。

(二)症状

最急性者分娩后不久即表现症状,最初乳房肿大、坚实,触之硬、痛。随疾病恶化,患部皮肤由粉红逐渐变为深红、紫色,甚至蓝色。最后全区失去感觉,皮肤湿冷。有时并发气肿,捏之有捻发音,叩之呈鼓音。如发生组织分解,可见浅红色或红褐色油膏样恶臭分泌物排出和组织脱落。患畜有全身症状,体温升高,呈稽留热型。食欲废绝,反刍停止,剧烈腹泻,可能在发病 12 d 后死于毒血症。

(三)治疗

本病治疗原则是抗菌、解毒、强心,防止和缓解毒血症的发生。全身可采用大剂量广谱抗生素肌肉或静脉注射,补充葡萄糖和静脉注射碳酸氢钠液。对组织已开始坏死的患区,可用 1％～2％高锰酸钾溶液、3％H_2O_2 注入患区,进行冲洗治疗。严禁热敷、按摩。

及早治疗,可使病变局限于患区,促进坏疽自愈。但本病疗效不理想,已坏死乳区可能会脱落,泌乳能力丧失。多数病例在发病后数日内死亡。对临床发生乳房坏疽的病牛,应及早考虑淘汰。

第三节　酒精阳性乳

酒精阳性乳是指新挤出的牛乳在 20℃下与等量的 70％酒精混合,轻轻摇动,产生细微颗粒或絮状凝块的乳的总称。根据酸度的差异,酒精阳性乳可分为高酸度酒精阳性乳和低酸度酒精阳性乳。前者是牛乳在收藏、运输等过程中,由于微生物污染,迅速繁殖,乳糖分解为乳酸致使牛乳酸度增高,加热后凝固,实质为发酵变质乳。后者乳酸度在 11～18°T,加热不凝固,但稳定性差,质量低于正常乳,称为二等乳或生化异常乳,为不合格乳。

一、病因

酒精阳性乳发生的确切机理尚不清楚,可能与以下因素有关。

1. 过敏和应激反应

奶牛出现过敏反应时嗜酸性颗粒细胞显著升高;出现应激反应时血液中 K^+、Cl^-、尿素氮、总蛋白、游离脂肪酸含量增高,Na^+ 含量减少。在这种状态下牛乳可能为酒精阳性乳。

2. 饲养和管理因素

饲料中如果不补饲食盐,酒精阳性乳病牛血和乳中 Na^+/K^+ 比值低,补饲食盐后,Na^+/K^+ 比值提高,酒精阳性乳转为阴性,因而 Na^+/K^+ 比可作为预测酒精阳性乳发生的一个指标。在给予能增加乳中 Na^+ 的药物后,乳汁酒精试验又转为阴性。

3. 潜在性疾病和内分泌因素

酒精阳性乳的产生与肝机能障碍关系密切。另外,有的发情奶牛也产生酒精阳性乳,可能与雌激素浓度有关。

二、症状与诊断

酒精阳性乳患牛精神、食欲正常,乳房、乳汁无肉眼可见变化。检出阳性持续时间有短有长,后自行转为阴性。有的可持续 1～3 个月,或反复出现。

正常乳中酪蛋白与大部分 Ca^{2+}、Mg^{2+}、Cl^- 等离子含量高于正常乳,乳中的酪蛋白与 Ca^{2+}、P^{3-} 结合较弱,胶体疏松、颗粒较大,对酒精的稳定性较差。遇 70% 酒精时,蛋白质水分丧失,蛋白颗粒与 Ca^{2+} 相结合而发生凝集。

酒精阳性乳中 Na^+ 和 pH 都比隐性乳腺炎乳低,有 $46.1\%～50.7\%$ 乳汁呈酒精阳性反应的患牛患隐性乳腺炎。低酸度酒精阳性乳品质较差,但不是乳腺炎乳,可以适当利用。

三、防治

低酸度酒精阳性乳是二等乳,不是乳腺炎乳,不应放弃,应加以利用,减少损失。如加工成酸奶饮料,或加入微量柠檬酸钠、碳酸钠后利用。对出现酒精阳性乳的奶牛,可用以下方法防治。

1. 调整饲养管理

平衡日粮和精粗料比例,饲料多样化,尽量保证维生素、矿物质、食盐等的供应,添加微量元素。做好保温、防暑工作。

2. 药物治疗

原则是调节机体全身代谢、解毒保肝、改善乳腺机能。可试用以下方法。①内服柠檬酸钠(150 g,分两次,连服 7 d)、磷酸二氢钠(40 g～70 g,每天一次,连服 7～10 d)或丙酸钠(150 g,每天一次,连服 7～10 d)。②静脉注射 10% NaCl 400 mL,5% $NaHCO_3$ 400 mL,5%～10% 葡萄糖 400 mL;或者静脉注射 25% 葡萄糖、20% 葡萄糖酸钙各 250～500 mL,每天一次,连用 3～5 d。③挤乳后给乳房注入 0.1% 柠檬酸液 50 mL,每天 1～2 次;或注入 1% 苏打液 50 mL,每天 2～3 次;内服碘化钾 8～10 g,每天一次,连服 3～5 d;或肌肉注射 2% 甲基硫尿嘧啶 20 mL,与维生素 B_1 合用,以改善乳腺内环境和增进乳腺机能。

思考题

1. 根据奶牛乳腺炎的不同分类方法,列举各包含有哪几种疾病?
2. 临床型乳腺炎的治疗方法是什么?
3. 乳房坏疽的症状与急性乳房炎如何区别?
4. 酒精阳性乳的可能病因和防治措施是什么?

第四篇

动物传染病学

第三十五章　动物传染病的传染与流行

学习要点

掌握动物传染病流行过程的三个基本环节,流行过程发展的某些规律性和流行过程的表现形式。理解动物传染病流行过程的影响因素。了解感染与传染病的分类。

在动物疾病中,动物传染病的危害最为严重,轻则导致患病动物生产性能下降、动物产品的质量下降,重则造成大批动物死亡,带来重大经济损失,影响动物或动物产品的外贸出口,某些人兽共患传染病还会直接威胁到人类健康。因此,对动物传染病的防治和研究,在兽医科学研究领域居首要位置。做好动物传染病的预防和控制工作,对于促进畜牧业持续健康稳定发展,保障动物性食品安全,保护人民身体健康以及促进国际贸易等都具有十分重要的意义。

第一节　传染与传染病的概念及其分类

一、传染与传染病的概念

传染是指病原微生物通过一定的方式或途径侵入动物机体,并在一定的部位定居、生长、繁殖,从而引起机体一系列病理反应的过程称为感染或传染。

从被感染动物体内排出的病原体侵入另一有易感性的动物体内,能引起同样症状的疾病,这种特性叫做传染性。

凡是由病原微生物引起、具有一定的潜伏期和临诊表现,并具有传染性的疾病称为传染病。

传染和传染病要区别开,传染后不一定都患传染病,发生传染病一定先有传染。

二、传染病的特点

传染病具有一些共同特性,可以根据这些特性,区别传染病和非传染病。这些主要包括以下几方面。

(1)传染病由病原微生物和机体相互作用所导致　每种传染病都对应其特异的致病微生物,没有该病原微生物就不会发生该种传染病。

(2)具有传染性和流行性　传染病的传染性是与非传染病相区别的重要特征。当条件适宜时,某地区在一定时间内,可能有许多易感动物被感染,导致传染病传播蔓延,造成流行,这种特性叫做流行性。

（3）被感染的机体发生特异性反应　在传染病发生发展过程中,动物机体因病原微生物刺激可能导致特异性抗体的产生和变态反应出现,该特异性反应可以用免疫学方法进行检测。

（4）耐过的动物可获得特异性免疫　多数情况下,动物耐过传染病后可产生特异性免疫,使机体得到一定时期甚至终生的免疫保护从而免患该病。因此,可以采取接种特异性疫苗的办法来预防该种传染病。

（5）具有特征性临诊表现　不同的传染病潜伏期、临床症状和病理变化等均有不同,据此可以对传染病进行鉴别诊断。

（6）具有明显的流行规律　传染病在发生和发展的过程中都表现为一定的流行形式,且某些传染病可表现出明显的季节性与周期性。

三、感染的分类

感染的过程就是病原微生物与动物机体进行相互作用的过程,这种作用可导致多种结局。一种结局是动物机体通过非特异性的和特异性的免疫防御机制,清除和消灭全部病原体,这是最好的结局。最坏的结局是病原微生物侵入动物机体后,机体的防御功能很差或受到破坏,从而导致一系列临床症状和病理变化,即受感染后发生了传染病,严重的还可能导致死亡。还有可能的结局就是病原微生物与被感染的动物机体势均力敌,因此形成了持续性感染的状态。

感染表现为多种形式,依据不同的分类方法,可将感染分为多种类型。

（一）按病原体的来源分类

按病原体的来源可将感染分为外源性感染和内源性感染。如果病原体从外界侵入机体从而引起感染,为外源性感染。如果病原体(条件性致病微生物)本来就存在于动物体内,正常情况下不引起动物发病,当机体抵抗力减弱时,引起发病,为内源性感染。大多数感染属于外源性感染。

（二）按病原体感染的先后分类

按病原体感染的先后可将感染分为原发感染和继发感染。病原微生物引起动物的初始感染为原发感染。在原发感染的基础上,又由新的另一种病原微生物引起的感染称为继发感染。

（三）按感染病原体的种类分类

按感染病原体的种类可将感染分为单纯感染、混合感染和多重感染。病原微生物只有一种,该感染为单纯感染,或单一感染。病原微生物有两种或两种以上,该感染为混合感染。病原微生物有两种以上的感染为多重感染。相比较而言,单纯感染更为常见,但近些年来混合感染和多重感染呈现上升趋势,给及时准确的诊断增加了难度。

（四）按感染的部位分类

按感染的部位可将感染分为局部感染和全身感染。病原微生物在机体某部位局限性生长繁殖,该感染称局部感染。病原微生物突破机体的防御屏障侵入到血液,并随血液向全身扩散,该感染称为全身感染。

（五）按感染后所出现症状的明显程度分类

按感染后所出现症状的明显程度可将感染分为显性感染和隐性感染。感染后出现某种疾病特有的、明显的临诊症状,该感染称为显性感染。若感染后无任何临诊表现则该感染称为隐性感染,又称亚临诊感染。隐性感染因为无临诊表现常常被忽视,但会排出病原体,是比较危险的传染源,在传染病的防控上需要更加重视。

（六）按感染后所出现症状的典型与否分类

按感染后所出现症状的典型与否可将感染分为典型感染和非典型感染。感染后表现出该病特征性的临诊症状，称为典型感染；而不表现典型症状的显性感染则为非典型感染。近年来因为疫苗的使用，某些疾病表现为非典型感染，给鉴别诊断带来了困难。

（七）按感染后所出现症状的严重程度分类

按感染后所出现症状的严重程度可将感染分为良性感染和恶性感染。可引起大批动物死亡的感染称为恶性感染；反之则称为良性感染。如幼龄动物口蹄疫通常表现为恶性感染。

（八）按病程的长短分类

根据病程的长短，可将感染分为慢性、亚急性、急性和最急性感染。最急性感染的动物可能仅仅几小时就倒地死亡，如炭疽。慢性感染病程通常几个月甚至几年，如结核病。

（九）按感染持续的时间与病程分类

按感染持续的时间与病程可将感染分为持续性病毒感染和慢病毒感染等。感染动物长期甚至终生带毒，并不断向体外排毒，称为持续性病毒感染。慢病毒感染是指潜伏期长、病情进程缓慢，且常以死亡为转归的感染。如猪瘟可表现为持续性感染，牛海绵状脑病为慢病毒感染。

四、传染病的分类

为便于对传染病的学习和掌握，依据不同的分类方法，可将传染病分为多种类型。

（一）按患病动物种类分类

按患病动物的种类不同可把传染病分为人兽共患传染病、猪传染病、禽传染病、反刍动物传染病、马传染病、犬传染病、猫传染病、兔传染病以及特种经济动物传染病等。

《人畜共患传染病名录》2009 年 1 月 19 日起发布施行。列入《人畜共患传染病名录》的有牛海绵状脑病、高致病性禽流感、狂犬病、炭疽、布鲁菌病、弓形虫病、棘球蚴病、钩端螺旋体病、沙门菌病、牛结核病、日本血吸虫病、猪乙型脑炎、猪 Ⅱ 型链球菌病、旋毛虫病、猪囊尾蚴病、马鼻疽、野兔热、大肠杆菌病（O157∶H7）、李氏杆菌病、类鼻疽、放线菌病、肝片吸虫病、丝虫病、Q 热、禽结核病、利什曼病。

（二）按病原体种类分类

按病原体种类可将传染病分为病毒性传染病与细菌性传染病。

（三）按主要受侵害的系统分类

按主要受侵害的系统可将传染病分为消化系统传染病、呼吸系统传染病、生殖系统传染病及全身败血性传染病等。

（四）按疾病的危害程度分类

根据疫病的危害程度，我国将动物疫病分为 3 大类（2008 年 12 月 11 日起施行）。

一类疫病是指对人和动物危害严重，需采取紧急、严厉的强制预防、控制和扑灭等措施的动物疫病。一类动物疫病有 17 种，包括口蹄疫、猪水疱病、猪瘟、非洲猪瘟、高致病性猪繁殖与呼吸综合征、非洲马瘟、牛瘟、牛传染性胸膜肺炎、牛海绵状脑病、痒病、蓝舌病、小反刍兽疫、绵羊痘和山羊痘、高致病性禽流感、新城疫、鲤春病毒血症、白斑综合征。

二类疫病是指可造成重大经济损失，需要采取严格控制、扑灭措施，防止扩散的动物疾病。二类动物疫病有 77 种，分别如下：

多种动物共患病（9种）：狂犬病、布鲁菌病、炭疽、伪狂犬病、魏氏梭菌病、副结核病、弓形虫病、棘球蚴病、钩端螺旋体病。

牛病（8种）：牛结核病、牛传染性鼻气管炎、牛恶性卡他热、牛白血病、牛出血性败血病、牛梨形虫病（牛焦虫病）、牛锥虫病、日本血吸虫病。

绵羊和山羊（2种）：山羊关节炎脑炎、梅迪-维斯纳病。

猪病（12种）：猪繁殖与呼吸综合征（经典猪蓝耳病）、猪乙型脑炎、猪细小病毒病、猪丹毒、猪肺疫、猪链球菌病、猪传染性萎缩性鼻炎、猪支原体肺炎、旋毛虫病、猪囊尾蚴病、猪圆环病毒病、副猪嗜血杆菌病。

马病（5种）：马传染性贫血、马流行性淋巴管炎、马鼻疽、马巴贝斯虫病、伊氏锥虫病。

禽病（18种）：鸡传染性喉气管炎、鸡传染性支气管炎、传染性法氏囊病、马立克氏病、产蛋下降综合征、禽白血病、禽痘、鸭瘟、鸭病毒性肝炎、鸭浆膜炎、小鹅瘟、禽霍乱、鸡白痢、禽伤寒、鸡败血支原体感染、鸡球虫病、低致病性禽流感、禽网状内皮组织增殖症。

兔病（4种）：兔病毒性出血病、兔黏液瘤病、野兔热、兔球虫病。

蜜蜂病（2种）：美洲幼虫腐臭病、欧洲幼虫腐臭病。

鱼类病（11种）：草鱼出血病、传染性脾肾坏死病、锦鲤疱疹病毒病、刺激隐核虫病、淡水鱼细菌性败血症、病毒性神经坏死病、流行性造血器官坏死病、斑点叉尾鮰病毒病、传染性造血器官坏死病、病毒性出血性败血症、流行性溃疡综合征。

甲壳类病（6种）：桃拉综合征、黄头病、罗氏沼虾白尾病、对虾杆状病毒病、传染性皮下和造血器官坏死病、传染性肌肉坏死病。

三类疫病是指常见多发、可能造成重大经济损失、需要控制和净化的动物疫病。三类动物疫病有63种，分别如下：

多种动物共患病（8种）：大肠杆菌病、李氏杆菌病、类鼻疽、放线菌病、肝片吸虫病、丝虫病、附红细胞体病、Q热。

牛病（5种）：牛流行热、牛病毒性腹泻/黏膜病、牛生殖器弯曲杆菌病、毛滴虫病、牛皮蝇蛆病。

绵羊和山羊病（6种）：肺腺瘤病、传染性脓疱、羊肠毒血症、干酪性淋巴结炎、绵羊疥癣、绵羊地方性流产。

马病（5种）：马流行性感冒、马腺疫、马鼻腔肺炎、溃疡性淋巴管炎、马媾疫。

猪病（4种）：猪传染性胃肠炎、猪流行性感冒、猪副伤寒、猪密螺旋体痢疾。

禽病（4种）：鸡病毒性关节炎、禽传染性脑脊髓炎、传染性鼻炎、禽结核病。

蚕、蜂病（7种）：蚕型多角体病、蚕白僵病、蜂螨病、瓦螨病、亮热厉螨病、蜜蜂孢子虫病、白垩病。

犬、猫等动物病（7种）：水貂阿留申病、水貂病毒性肠炎、犬瘟热、犬细小病毒病、犬传染性肝炎、猫泛白细胞减少症、利什曼病。

鱼类病（7种）：鮰类肠败血症、迟缓爱德华菌病、小瓜虫病、黏孢子虫病、三代虫病、指环虫病、链球菌病。

甲壳类病（2种）：河蟹颤抖病、斑节对虾杆状病毒病。

贝类病（6种）：鲍脓疱病、鲍立克次体病、鲍病毒性死亡病、包纳米虫病、折光马尔太虫病、奥尔森派琴虫病。

两栖与爬行类病（2种）：鳖鳃腺炎病、蛙脑膜炎败血金黄杆菌病。

世界动物卫生组织（Office International Des Epizooties，OIE，又称国际兽疫局）已停止使用原来 A、B 两类的分类方法,将需要通报的疫病列入《法定动物疫病名录》(OIE listed diseases),这些疫病一旦发生,必须向 OIE 通报。

(五)按疾病的来源分类

按照疾病的来源可将其分为自然疫源性疾病、外来病和地方病等。有些病原体在自然条件下,即使没有人类或动物的参与,也可以通过传播媒介(主要是吸血昆虫)感染宿主(主要是野生脊椎动物)造成流行,并且长期在自然界循环延续其后代。人和动物疫病的感染和流行,对其在自然界的保存来说不是必要的,这种疾病称为自然疫源性疾病。如狂犬病、伪狂犬病、口蹄疫、布鲁菌病等均为自然疫源性疾病。外来病是指国内尚未证实存在或已消灭而在国外存在或流行、从别国输入的疫病。地方病强调的是由于自然条件的限制,某病仅在某些地区长期存在或流行,而在其他地区基本不发生或很少发生的现象,如钩端螺旋体病和类鼻疽等。

(六)其他

如虫媒传染病、烈性传染病、法定传染病、重新出现的传染病等。虫媒传染病是指传播媒介为吸血昆虫的传染病,如流行性乙型脑炎。烈性传染病是指发病急促、病程较短、病死率高、难以控制的传染病。

第二节　动物传染病的病程发展与流行规律

一、传染病的病程发展规律

传染病尽管在世界上有数百种,临诊表现也各不相同,但从病程的发生、发展上看,有着共同的规律,即传染病的病程按一定的阶段顺序发展,一般分为 4 期,分别是潜伏期、前驱期、症状明显(发病)期和恢复(转归)期。

(一)潜伏期

从病原体侵入机体至出现临诊症状之前这段时间称为潜伏期。不同传染病的潜伏期的长短不一,即便是同一种传染病其潜伏期长短也有一定的变动范围,潜伏期的长短随病原体的种类、数量、毒力和侵入途径、部位以及动物种属、品种或机体易感性的不同而不同。短则数小时,长则数月以至于数年。但一般来说,还是有一定规律可循:通常急性传染病的潜伏期短且差异范围小;慢性传染病潜伏期长且差异大。例如,炭疽的潜伏期 1~14 d,多数为 1~5 d;而结核的潜伏期常为数月乃至数年。在流行病学上,处于潜伏期的动物没有临诊症状,容易被忽视,但患病动物带有病原体并可能向外排出,因此可能是重要的传染源,故应高度关注此类动物。

(二)前驱期

从疾病最初症状出现开始,到临诊症状明显前为止这段时间叫做前驱期,是疾病的征兆阶段,多数仅可察觉出一般的症状,如体温升高、食欲减退、精神萎靡等。这些症状无特异性,为多数传染病所共有,缺乏诊断和鉴别诊断意义。一般持续数小时至一两天,患病动物处于该阶段,已具有传染性,但由于诊断不明确,可能是危险的传染源。

(三)症状明显(发病)期

前驱期后到传染病的特征性症状明显表现出来这段时间叫做症状明显(发病)期。疾病处于该阶段较容易诊断。一般持续数日至数月不等,该期传染性最强。

(四)恢复(转归)期

本期是疾病发展的最后阶段。多数动物机体的特异性免疫随疾病的发展也在增强,可逐步恢复健康。但如果病原体的致病力强,机体抵抗力弱,则以动物死亡为转归。在恢复期,某些传染病(如流感)病原体基本被肃清,不再成为传染源;而有些传染病(如鸡白痢)仍可携带并能排出病原体,成为传染源。

▶ 二、动物传染病流行过程的基本环节

动物传染病与非传染病相区别的最显著的特点是具有传染性,它不仅可以发生于动物个体,还能在动物群体之间直接接触传染或通过媒介而相互传染,其在动物群体中发生、传播和终止的过程,也就是传染病在动物群体中发生和发展的过程,称为流行过程。传染病在动物群体中蔓延流行,必须具备3个相互紧密联系的条件(又称基本环节),即传染源、传播途径和易感动物。当这3个条件同时具备且相互联系时就会引起传染病的发生或流行。缺少其中任何一个环节或者切断它们之间的联系,流行过程就会中止或者不会发生。因此,掌握传染病流行过程的3个基本环节及其影响因素,有助于我们制订有效的防疫措施,控制传染病的散播与流行。

(一)传染源

传染源又称传染来源,是指有某种病原体在其中寄居、生长、繁殖,并能将病原体排出体外的活的动物机体。具体说传染源就是受感染的动物,包括患病动物和病原携带者。

1.患病动物

患病动物是重要的传染源。与病程处于潜伏期和恢复(转归)期的患病动物相比,处于前驱期和症状明显期的患病动物可排出大量病原体,作为传染源的作用最大。患病动物能排出病原体的整个时期称为传染期。患病动物隔离的时间长短是参照该病的传染期制订的。对患病动物原则上应隔离至传染期结束为止。

2.病原携带者

病原携带者是指外表无症状,但携带并排出病原体的动物。根据所带病原体的性质,可将病原携带者分为带菌者、带毒者、带虫者等。一般来说,病原携带者排出病原体的数量不及患病动物,但因没有表现出症状,不易被发现,往往会成为十分重要的传染源。

病原携带者一般分为潜伏期病原携带者、恢复期病原携带者和健康病原携带者3类。少数传染病(如狂犬病和口蹄疫等)在潜伏期后期能够排出病原体,而猪气喘病、布鲁菌病等在恢复期仍能排出病原体,巴氏杆菌病和沙门菌病等病的健康病原携带者较多,可能成为重要的传染源。消灭和防止引入病原携带者是动物传染病防治中的主要工作之一,反复多次的病原学检查均为阴性时可排除病原携带状态。

(二)传播途径与传播方式

1.传播途径

病原体从传染源排出后,经一定的方式再侵入其他易感动物所经历的路径称为传播途径。如呼吸道、消化道等。

2.传播方式

病原体从传染源排出后,经一定的传播途径再侵入其他易感动物所表现的形式称为传播方式。它可分为水平传播方式和垂直传播方式。

(1)水平传播 指动物传染病在群体之间或个体之间水平横向平行传播的方式。包括直接接

触和间接接触传播两种。①直接接触传播：指病原体通过被感染的动物与易感动物直接接触（交配、舐咬等）、不需要任何外界条件因素的参与而引起的传播方式。如狂犬病仅能以直接接触方式进行传播，其流行特点呈链锁状。由于直接接触传播，该类传染病一般呈散发。②间接接触传播：指病原体通过传播媒介使易感动物发生传染的传播方式。传染源将病原体传播给易感动物的各种外界环境因素称为传播媒介，包括生物性传播媒介（如蚊、蝇、蚤类等）以及非生物性传播媒介（如污染物等）。

既能以直接接触的方式传播，又能以间接接触的方式传播的传染病称为接触性传染病。

间接接触传播可以通过空气、污染的饲料、饮水和土壤以及活的媒介者进行传播。空气散播主要是以飞沫、飞沫核或尘埃为传播媒介。所有的呼吸道传染病主要是通过飞沫而传播的，如口蹄疫、结核病和猪气喘病等。可经尘埃传播的有结核病和炭疽等。消化道传染病如猪瘟、鸡新城疫、沙门菌病等，其传播媒介主要是污染的饲料和饮水。经污染土壤传播的传染病有炭疽、破伤风等，其病原体对外界环境的抵抗力都较强。蚊、蝇、蜱等节肢动物和狐、狼、吸血蝙蝠等野生动物作为动物传染病的媒介者，其传播主要是机械性的，也有少数是生物性传播。饲养管理人员、兽医以及外来人员等在工作中如不注意遵守卫生防疫制度，很容易传播病原体。

（2）垂直传播　指从亲代到子代之间的纵向传播方式。可经胎盘、卵、产道传播，如猪瘟、猪细小病毒病、布鲁菌病等可经胎盘传播。白血病、鸡传染性贫血、鸡沙门菌病等可经卵传播。大肠杆菌病、链球菌病、沙门菌病等可经产道传播。

（三）易感动物

动物对某种病原体缺乏免疫力而容易感染的特性叫做易感性，有易感性的动物叫做易感动物。易感性与抵抗力是反义词。动物群体中易感个体所占比例直接影响到传染病是否会流行。

动物自身因素、病原体及外界环境因素均影响动物的易感性。易感性的高低与病原体种类及其毒力有关，动物自身的遗传特性、特异性免疫状态等更是易感性的决定因素。外界环境因素（如饲养管理、饲料、卫生条件等）均可影响到动物的易感性。

（1）动物自身因素　不同种类、不同品系的动物对于同一传染病的抵抗力差异很大，比如鸡不感染猪瘟，通过选育的白来航鸡对雏鸡白痢的抵抗力增强。

（2）外界环境因素　各种饲养管理因素，包括饲草饲料质量、畜舍环境卫生、动物群体密度、饥饿、过饱及检疫等，都影响动物的易感性。如在饲养管理条件很差的猪场很容易发生猪气喘病。

（3）特异性免疫状态　疾病的流行与否、流行强度和维持时间，与动物群体中易感动物所占的比例和易感动物群体的密度有很大关系。动物群体中有抵抗力的动物比例越高，出现疾病的危险性就越小。一般动物群体中有70%～80%有抵抗力，疫病就不会发生流行。此外，发生流行与动物群体中个体间接触的频率也有一定关系，因此需要注意饲养密度不要过大，且要做好隔离工作。

三、流行过程的表现形式、规律及其影响因素

（一）流行过程的表现形式

根据一定时间内发病率的高低和传染范围的大小可将动物传染病的表现形式分为4种，分别是散发、地方流行、流行、大流行。

（1）散发　病例零星地散在出现，疾病发生无规律性，各病例的发病时间和地点并无明显关系，称为散发。如某一地区猪瘟在进行全面防疫注射后，动物群体免疫水平普遍较高，因此可能只有散发病例出现。

（2）地方流行 在某一地区和动物群体中小规模局限性传播的，或某病的发生有一定的地区性。如猪气喘病常以地方流行性的形式出现。

（3）流行 在一定时间内一定动物群体中出现比平常多的病例称为流行。特征为传播范围广、发病率高，如新城疫易表现为流行。

（4）大流行 规模大、流行范围更广，甚至可能涉及几个国家或全球。在历史上如牛瘟和流感等都曾表现为大流行。

（二）流行过程的规律

动物传染病在流行过程中会呈现一定的规律性，如有明显的季节性和周期性。

某些动物传染病经常发生于某一季节，或在某一季节发病率明显上升，称为流行过程的季节性。如日光曝晒可使口蹄疫病毒很快失去活力，因此口蹄疫一般在夏季较少发病。夏秋季节，蚊子大量孳生，日本乙型脑炎等蚊媒性疾病容易发生。冬季舍内光照不足、湿度增高、通风不良，常易发生呼吸道传染病。

某些动物传染病（如口蹄疫）经过一定的间隔时期还会再度流行，称为传染病的周期性。牛、马等大动物群每年更新的数量不大，多年以后新生易感动物的百分比逐渐增加，疾病会再度流行，因此周期性比较明显。

通过加强研究，掌握动物传染病流行过程的季节性或周期性，改善饲养管理，增强机体抵抗力，加强防疫卫生、消毒、杀虫等工作，有计划地做好预防接种等，可以有效地控制传染病的流行。

（三）流行过程的影响因素

传染病的流行过程是在自然因素和社会因素影响下的生物性过程。这两大因素对流行过程的影响是通过对传染源、传播途径和易感动物的作用而发生的。

（1）自然因素 自然因素又称环境决定因素，主要包括气候、季节、温度、湿度和自然地理条件等。如高山、大河等地理条件对传染源的转移产生一定的限制，成为天然的隔离条件。示范性无规定动物疫病区的建立就是利用了这一点。洪水泛滥季节，地面粪尿被冲刷至河塘，造成水源污染，易导致炭疽的流行。在高温的影响下，肠道的杀菌作用降低，肠道传染病发病率就会增加。

（2）社会因素 社会因素主要包括社会的政治经济制度、生产力发展水平和人们的经济、文化、科学技术水平以及贯彻执行法规的情况等。严格执行兽医卫生法规和防治措施是控制动物疫病的重要保证。此外，畜舍的设计与布局、饲养管理制度、卫生防疫制度和措施、工作人员的素质等都是影响疾病发生的因素。如饲料更换、气候突变、频繁注射等，都易引起机体抵抗力降低而导致某些传染病（如口蹄疫、圆环病毒病等）的流行。

总之，动物传染病的流行过程受多种因素的综合影响。传染源、传播途径和易感动物相互联系，协同作用，导致传染病的流行。因此，要防止传染病的发生、控制传染病的流行，必须采取综合性系统的防治措施。

❓ 思考题

1. 传染病的特点有哪些？
2. 传染病流行过程的"3个基本环节"、"两大影响因素"是什么？
3. 如何切断传染病流行过程的"3个基本环节"？

第三十六章　　动物传染病的防疫

学习要点 ///

　　掌握动物传染病的防疫措施。理解隔离和封锁的原则和意义。了解防疫工作的基本原则和内容及疫情报告的重要意义。

第一节　动物传染病的防疫原则

▶ 一、建立、健全兽医防疫机构,保证防疫措施的贯彻落实

　　建立、健全各级兽医防疫机构,尤其是基层防疫机构,培养稳定的防疫、检疫、监督队伍和懂业务的高素质技术人员,才能保证兽医防疫措施落实到位,把疫病控制好。

▶ 二、建立、健全并严格执行兽医法规

　　兽医法规是做好动物传染病防治工作的法律依据。我国目前执行的主要兽医法规有《中华人民共和国进出境动植物检疫法》和《中华人民共和国动物防疫法》。2003年,国家又颁布了一批疫病防治方面的法律法规。这些法律法规为我国开展动物传染病防治和研究工作提供了指导原则和有效依据,认真贯彻实施这些法律法规可有效提高我国防疫工作的水平。

▶ 三、贯彻"预防为主"的方针

　　搞好饲养管理、防疫卫生、检疫、隔离、消毒和预防接种等综合性防疫措施,提高动物的健康水平,降低发病率和死亡率,控制传染病的传播蔓延。尤其是当前畜牧业向集约化、规模化发展,"预防为主"更为重要。

第二节　动物传染病的综合防疫措施

　　动物传染病的综合性防疫措施可分为平时的预防措施和发生疫病时的扑灭措施两个方面。

　　平时的预防措施:加强饲养管理,搞好卫生消毒工作,增强动物机体的抗病能力。贯彻自繁自养的原则,减少疫病传播。拟订和执行定期预防接种和补种计划。定期杀虫、灭鼠、防鸟,进行粪便无害化处理。认真贯彻执行国境检疫、交通检疫、市场检疫和屠宰检验等各项工作,以及时发现并

消灭传染源。各地(省、市)兽医机构应调查研究当地疫情分布,组织相邻地区对动物传染病的联防协作,有计划地进行消灭和控制,并防止外来疫病的侵入。

发生疫病时的扑灭措施:及时发现、诊断和上报疫情,并通知邻近单位做好预防工作。迅速隔离患病动物,污染的地方进行紧急消毒。若发生危害性大的疫病(如口蹄疫、高致病性禽流感、炭疽等),应采取封锁等综合性措施。实行紧急免疫接种,并对患病动物进行及时和合理的治疗。严格处理死亡动物和被淘汰的患病动物。

要控制传染病的流行,需要针对传染病流行过程的 3 个基本环节采取相应的措施,下面将分别予以介绍。

一、针对传染源的防疫

(一)疫情报告

从事动物疫情监测、检验检疫、疫病研究与诊疗以及动物饲养、屠宰、经营、隔离、运输等活动的单位和个人,发现动物染疫或者疑似染疫的,应当立即向当地兽医主管部门、动物卫生监督机构或者动物疫病预防控制机构报告,并采取隔离等控制措施,防止动物疫情扩散。其他单位和个人发现动物染疫或者疑似染疫的,应当及时报告。接到动物疫情报告的单位,应当及时采取必要的控制处理措施,并按照国家规定的程序上报。

(二)动物传染病的诊断

动物传染病发生后,防治的首要环节是及时而正确的诊断,它关系到能否正确制定有效的控制措施。诊断动物传染病的方法大体可分为现场诊断和实验室诊断两类。现场诊断又称临诊综合诊断,包括流行病学诊断、临诊诊断和病理解剖学诊断;实验室诊断包括病理组织学诊断、微生物学诊断、免疫学诊断和分子生物学诊断等。每种诊断方法各有优缺点,在实际工作中需要根据具体情况和实际需要选取合适的诊断方法,根据传染病的发病特点进行综合诊断,最后做出确诊。现将各种诊断方法介绍如下。

(1)流行病学诊断　某些传染病的临诊症状虽然类似,但其流行特点和规律却有很大不同。如口蹄疫、水疱性口炎、水疱病和水疱性疹等病,从临诊症状上无法鉴别,而从流行病学上却不难区分,但该方法常常被忽视。流行病学诊断是在流行病学调查(即疫情调查)的基础上进行的。可向畜主或相关知情人员询问疫情,或对现场进行仔细观察、检查,取得第一手资料,然后进行综合归纳和分析,做出初步诊断。流行病学调查需要了解本次流行的情况、进行疫情来源的调查、传播途径和方式的调查以及了解该地区的政治、经济基本情况。疫情调查可为流行病学诊断提供依据,也能为拟定有效防治措施奠定基础。

(2)临诊诊断　这是最常用的诊断方法。它是利用人的感官或借助一些最简单的器械(如体温计、听诊器等)直接对患病动物进行检查。该方法多数简便易行,有时也包括血、粪、尿的常规检验。检查内容主要包括患病动物的精神、食欲、体温、脉搏、体表及被毛变化,分泌物和排泄物特性,呼吸系统、消化系统、泌尿生殖系统、神经系统、运动系统及五官变化等。对于具有特征临诊症状的典型病例(如破伤风、狂犬病等),一般不难做出诊断。

但该方法具有其一定的局限性,对于很多不表现特征症状的病例,或症状相似的病例,往往难以做出诊断。但可提出可疑疫病的大致范围,结合其他诊断方法做出确诊。

(3)病理解剖学诊断　有些病(如猪气喘病、鸡新城疫等)有特征性病理变化,可作为诊断的依据。病理剖检应由专业人员在规定的地点和场所按照一定的操作顺序来完成,如果怀疑炭疽时则严禁剖检。应选择症状较典型、病程较长、未经治疗的自然死亡病例进行剖检,剖检尽可能多的病例。病理解剖学诊断既可验证临床诊断结果的正确与否,又可为实验室诊断提供参考依据。

(4)病理组织学诊断 有些疫病引起的病变仅靠肉眼很难做出判断,如传染性海绵状脑病还需做病理组织学检查才有诊断价值。有些病确诊还需检查特定的组织器官,如狂犬病应取脑海马角组织进行包涵体检查。

(5)微生物学诊断 微生物学诊断是实验室诊断动物传染病的重要方法之一。常用诊断方法和步骤包括病料的采集、涂片、染色、镜检、病原分离培养和鉴定以及动物接种试验等。如果从病料中分离出病原微生物,应注意"健康带菌(毒)"现象,其结果还需与流行病学、临诊症状及病理变化结合起来综合分析。如果没有发现病原体,也不能完全否定存在该种传染病。

(6)免疫学诊断 免疫学诊断是传染病诊断中非常常用的方法之一,包括血清学试验和变态反应两类方法。可以用已知抗原来测定被检动物血清中的特异性抗体,或者用已知的抗体来测定被检材料中的抗原。血清学试验又可分为凝集试验、沉淀试验、中和试验、补体结合试验以及免疫荧光试验、免疫酶技术、放射免疫测定、单克隆抗体等。近年来该方法得到了很多改进,已成为传染病快速诊断的重要工具。变应原(如结核菌素)注入患病动物时,可引起局部或全身变态反应,可用于结核病的检疫。

(7)分子生物学诊断 分子生物学诊断又称基因诊断,主要是针对不同病原微生物所具有的特异性核酸序列和结构进行检测。在传染病诊断方面,具有代表性的技术主要有聚合酶链式反应(polymerase chain reaction,PCR)技术、核酸探针技术和基因芯片技术等。这些技术可用于传染病快速诊断。

(三)检疫

动物检疫是指为了防止动物疫病的发生和传播、保护畜牧业发展和保障人民身体健康,由国家法定的检疫机构和人员,依照法定的检疫项目、检疫方法和检验检疫标准,对动物及动物产品进行疫病的检查、定性和处理的一项带有强制性的技术行政措施。检疫的目的是查出传染源、切断传播途径,防止疫病传播。

动物检疫需要依法实施,目前涉及动物检疫方面的法律有《中华人民共和国进出境动植物检疫法》和《中华人民共和国动物防疫法》,还有相关的配套法规。

动物检疫可分为国内动物检疫和出入境动物检疫。国内动物检疫包括产地检疫、运输检疫、屠宰检疫和市场检疫,出入境动物检疫包括进境检疫、出境检疫、过境检疫及运输工具检疫等。需要注意的是,动物检疫中所称的动物,是指家畜家禽和人工饲养、合法捕获的其他动物。所称动物产品,是指动物的肉、生皮、原毛、绒、脏器、脂、血液、精液、卵、胚胎、骨、蹄、头、角、筋以及可能传播动物疫病的奶、蛋等。动物检疫的对象是动物疫病,即各种动物传染病和寄生虫病。

我国农业部于2008年12月11日颁布的境内动物检疫对象(修订)名单,共有三类157种。发生一类动物疫病时,应当采取下列控制和扑灭措施:当地县级以上地方人民政府兽医主管部门应当立即派人到现场,划定疫点、疫区、受威胁区,调查疫源,及时报请本级人民政府对疫区实行封锁。疫区范围涉及两个以上行政区域的,由有关行政区域共同的上一级人民政府对疫区实行封锁,或者由各有关行政区域的上一级人民政府共同对疫区实行封锁。必要时,上级人民政府可以责成下级人民政府对疫区实行封锁。县级以上地方人民政府应当立即组织有关部门和单位采取封锁、隔离、扑杀、销毁、消毒、无害化处理、紧急免疫接种等强制性措施,迅速扑灭疫病。在封锁期间,禁止染疫、疑似染疫和易感染的动物、动物产品流出疫区，禁止非疫区的易感染动物进入疫区，并根据扑灭动物疫病的需要对出入疫区的人员、运输工具及有关物品采取消毒和其他限制性措施。

发生二类动物疫病时，应当采取下列控制和扑灭措施：当地县级以上地方人民政府兽医主管部门应当划定疫点、疫区、受威胁区。县级以上地方人民政府根据需要组织有关部门和单位采取隔离、扑杀、销毁、消毒、无害化处理、紧急免疫接种、限制易感染的动物和动物产品及有关物品出入等控制、扑灭措施。疫点、疫区、受威胁区的撤销和疫区封锁的解除，按照国务院兽医主管部门规定的标准和程序评估后，由原决定机关决定并宣布。

发生三类动物疫病时，当地县级、乡级人民政府应当按照国务院兽医主管部门的规定组织防治和净化。

二类、三类动物疫病呈暴发性流行时，按照一类动物疫病处理。

屠宰、出售或者运输动物以及出售或者运输动物产品前，货主应当按照国务院兽医主管部门的规定向当地动物卫生监督机构申报检疫。动物卫生监督机构接到检疫申报后，应当及时指派官方兽医对动物、动物产品实施现场检疫；检疫合格的，出具检疫证明、加施检疫标志。实施现场检疫的官方兽医应当在检疫证明、检疫标志上签字或者盖章，并对检疫结论负责。输入到无规定动物疫病区的动物、动物产品，货主应当按照国务院兽医主管部门的规定向无规定动物疫病区所在地动物卫生监督机构申报检疫，经检疫合格的，方可进入。跨省、自治区、直辖市引进乳用动物、种用动物及其精液、胚胎、种蛋的，应当向输入地省、自治区、直辖市动物卫生监督机构申请办理审批手续，并依法取得检疫证明。跨省、自治区、直辖市引进的乳用动物、种用动物到达输入地后，货主应当按照国务院兽医主管部门的规定对引进的乳用动物、种用动物进行隔离观察。经检疫不合格的动物、动物产品，货主应当在动物卫生监督机构监督下按照国务院兽医主管部门的规定处理。

（四）隔离与封锁

（1）隔离　将不同健康状态的动物严格分离、隔开，彻底切断其间的来往接触，以防疫病的传播、蔓延即为隔离。隔离通常有两种情况，一种是对新引进动物的隔离，防止引入疫病；另一种是发病时实施的隔离，将患病动物和可疑感染动物隔开，防止易感动物继续受到传染，将疫情控制在最小范围内以便就地扑灭。根据诊断结果，可将全部受检动物分为患病动物、可疑感染动物和假定健康动物等3类，以便区别对待。针对患病动物应选择不易散播病原体、消毒处理方便的场所进行隔离。需要有专人看管，必要时进行治疗。隔离期限自发病日起到该病的传染期结束。针对可疑感染动物应在消毒后选择适宜场所进行隔离，若在观察中出现症状，则按患病动物处理。隔离时间根据该病的潜伏期来定。针对假定健康动物，应与上述两类隔离开，立即进行紧急免疫接种，加强消毒工作。

（2）封锁　为了防止疫病蔓延，对疫区或其动物群采取划区隔离、扑杀、销毁、消毒和紧急免疫接种等强制性措施，切断或限制疫区与周围地区的交通、交流，称为封锁。封锁的原则是"早、快、严、小"，即执行封锁应在流行早期，行动果断、快速，封锁严密，范围尽可能小。

（五）患病动物的治疗

为了消除传染源，挽救患病动物，减少经济损失，必要时需要对患传染病的动物在严密封锁或隔离的条件下进行治疗。在治疗的过程中既要考虑针对病原体，消除其致病作用，又要考虑动物是完整的个体，帮助其增强机体抵抗力，恢复生理机能。切忌"头疼医头，脚疼医脚"。治疗原则：早期治疗，标本兼治，特异和非特异性治疗相结合，药物治疗与综合措施相配合。

(1)针对病原体的疗法　可分为特异性疗法、抗生素疗法和化学疗法等。应用针对某种传染病的高免血清、痊愈血清（或全血）、卵黄抗体等特异性生物制品进行治疗，称为特异性疗法。例如破伤风抗毒素只能治疗破伤风，对其他病无效。高免血清通常用于如小鹅瘟、猪瘟等急性传染病的治疗。高免血清在疾病早期使用可取得良好的疗效。耐过动物或人工免疫动物的血清或血液代替高免血清，也可起到一定作用，但用量大。抗生素为细菌性传染病的治疗药物，应用日益广泛，但需注意要合理使用抗生素。使用有效的化学药物帮助动物机体消灭或抑制病原体的治疗方法称为化学疗法。治疗动物传染病常用的化学药物有喹诺酮类、磺胺类、抗菌增效剂、硝基呋喃类以及其他中药抗菌药等。抗病毒药物有甲红硫脲、金刚烷胺盐酸盐、异喹啉、三氮唑核苷以及黄芪多糖、干扰素等。

(2)针对动物机体的疗法　对患病动物护理工作的好坏，直接关系到医疗效果的好坏，是治疗工作的基础。在传染病治疗中，为了减缓或消除某些严重的症状，调节和恢复机体的生理机能而采用的疗法，称为对症疗法。针对整个群体需要进行紧急预防性治疗。

（六）病死动物的无害化处理

为进一步规范病死动物无害化处理操作技术，有效防控重大动物疫病，确保动物产品质量安全，根据《中华人民共和国动物防疫法》等法律法规，农业部组织制定了《病死动物无害化处理技术规范》。该规范规定了病死动物尸体及相关动物产品无害化处理方法的技术工艺和操作注意事项，以及在处理过程中包装、暂存、运输、人员防护和无害化处理记录要求。

二、针对传播途径的防疫

针对传播途径进行传染病防控，可采取消毒、杀虫、灭鼠、防鸟等措施。

（一）消毒

1.消毒的概念

利用物理、化学或生物学方法消除外界环境中的病原体，从而切断其传播途径、防止疫病的流行称为消毒。防腐则仅指防止病原微生物发育、繁殖，但不一定杀灭。两者要注意区别。

2.常用的消毒方法

常用的消毒方法主要包括机械性清除法、物理消毒法、化学消毒法和生物学消毒法等。

(1)机械性清除法　如通过清扫、洗刷、通风等方法清除病原体都属于机械性清除法，是最方便、最常用、最基础的方法。清扫一般以湿式打扫（洒水后再打扫）效果较好。通风也具有消毒的意义，可在短期内使舍内空气交换，减少病原体的数量。可利用窗户或气窗换气、机械通风等。通风时间一般不少于 30 min。机械性清除不但可以去除环境中 85% 的病原体，而且可使随后的物理和化学消毒更好地发挥杀灭病原体的作用。

(2)物理消毒法　阳光、紫外线和干燥以及高温处理等方法均属于物理消毒法。阳光对于牧场、草地、畜栏、用具和物品等的消毒经济有效，但阳光的消毒能力受到季节、时间、纬度、天气等的影响。因此，利用阳光消毒要灵活掌握，并配合使用其他方法。紫外线一般用来对实验室进行空气消毒。但需要注意紫外线对表面光滑的物体才有较好的消毒效果。用紫外线消毒前，最好能先做湿式打扫。因紫外线对人有一定的损害，消毒时人必须离开现场。对污染的表面消毒时，紫外线灯管距表面在 1 m 以内。灯管周围 1.5～2 m 处为消毒有效范围。高温是最彻底的消毒方法之一，包括火焰烧灼及烘烤、煮沸消毒、蒸汽消毒。畜舍地面、墙壁可用喷射火焰消毒。对于炭疽等抵抗力强的病原体引起的传染病,患病动物的尸体以及粪便、饲料残渣、垫草、污染物等均可采用火焰进行焚烧。火焰消毒方法简单,但应用时必须注意安全。煮沸消毒是常用且有效的方法。主要用于各种金属、木质、玻璃用具以及衣物等的消毒。煮沸1~2 h可以消灭所有的病原体,包括芽孢。蒸汽消毒与煮沸消毒的效果类似。不管在农村还是在实验室、化制站均可利用此法消毒。如果蒸汽消毒辅以甲醛等化学药品消毒,杀菌力可明显增强。

(3)化学消毒法 在兽医防疫实践中化学消毒法是很常用的消毒方法。在选择化学消毒剂时应考虑以下几点:该种消毒剂杀灭微生物效果好,对使用者、工作人员的健康不得产生危害,对消毒对象的损害较轻;易溶于水、理化性质稳定、对环境污染较轻、便于现场消毒和价廉易得等。

下面以养鸡场带鸡消毒、畜禽产品的消毒为例介绍消毒剂的使用。

养鸡场带鸡消毒:带鸡消毒是指鸡舍内在鸡存在的条件下,用一定浓度的消毒剂对舍内鸡、空气、饲具及环境进行消毒。带鸡消毒一般选用含氯类、过氧化物类和季铵盐类消毒剂。消毒宜在早晨、傍晚或将鸡舍遮光后进行,每次消毒时间宜相对固定;在消毒时应避开断喙、断趾、剪冠、转群等引起的应激反应时期;为不干扰疫苗的免疫效果,在免疫前12 h至免疫后24 h内,停止带鸡消毒;应避开高温、高湿、大风和气温骤降等恶劣天气。

1~4周龄每周喷雾消毒1~2次;4周龄以上每周1~3次;发生疫情时,每日1次。从内向外依次退步喷雾消毒,按由上到下、由左至右的顺序进行,雾程可根据实际情况调节,先消毒舍顶、墙壁,然后消毒空气、鸡笼、鸡群,最后消毒地面和粪便;鸡舍较大时,可分段关闭窗户进行喷雾消毒。

畜禽产品的消毒:可疑被炭疽杆菌、口蹄疫病毒、沙门菌、布鲁菌污染的干皮张、毛、羽和绒可采用环氧乙烷熏蒸消毒。可疑污染一般病原微生物的干皮张、毛、羽和绒采用甲醛水溶液(福尔马林)熏蒸消毒。可疑污染任何病原微生物的畜禽的新鲜皮、盐湿皮,毛、羽、绒和骨、蹄、角采用过氧乙酸浸泡消毒。可疑污染炭疽杆菌、口蹄疫病毒、沙门菌、布鲁菌的骨、蹄和角采用高压蒸煮消毒法。未消毒的骨、蹄和角的外包装或其他外包装采用过氧乙酸溶液喷洒消毒。

发生传染病的地区、患病动物和病原携带者作为传染源散播病原体,其他可能已接触患病动物的动物群体和周围环境、饲料、用具和畜舍等也可能有病原体污染。这种有传染源及其排出的病原体存在的地区称为疫源地。疫源地具有向外传播病原体的条件,因此可能威胁其他地区的安全。对疫源地要搞好消毒工作,现将疫源地常用消毒剂介绍如下。

①根据污染病原体的种类与抗力确定的常用消毒剂。若为炭疽杆菌芽孢、破伤风杆菌芽孢污染物等可选择含氯类、过氧化物类、含溴类和醛类等消毒剂。若为结核分支杆菌及亲水病毒污染物可选择含氯类、含溴类、过氧化物类、醛类和含碘类等消毒剂。若为细菌繁殖体及亲脂病毒污染物(如伤寒沙门菌和副伤寒沙门菌、布鲁菌、流感病毒等病原体的污染物等)可选择含氯类、含溴类、过氧化物类、醛类、含碘类、双胍类、季铵盐类、醇类等消毒剂。若为未查明病原体的污染物或可引起严重传染病的病原体污染物(如高致病性禽流感病毒、狂犬病病毒等),应按照芽孢污染物类确定适用的消毒剂。

②根据病原体污染的消毒对象确定的常用消毒剂。常用的物体表面消毒剂有含氯类、含溴类和过氧化物类消毒剂等。常用的空气消毒剂有过氧化物类消毒剂(如过氧乙酸、二氧化氯、过氧化氢、臭氧等)。常用的生活饮用水和污水消毒剂有含氯类、含溴类和过氧化物类消毒剂。常用的排泄物、分泌物和尸体用消毒剂有含氯类、过氧化物类消毒剂。常用的手和皮肤消毒剂有含碘类、双胍类、季铵盐类、醇类等消毒剂。

③根据环境保护要求确定的常用消毒剂。在确保消毒效果的前提下,尽量选择过氧化物类消毒剂(过氧化氢、过氧乙酸、二氧化氯)、季铵盐类消毒剂等对环境影响较小的消毒剂。

上述消毒剂在使用过程中应注意以下几个方面:消毒剂不得口服;对已知传染病患病动物的排泄物、分泌物及死于传染病的动物尸体的消毒应有相应级别的个人防护措施;对不明原因的传染病,应采取最高级别的防护措施;消毒剂的使用者应做好适当防护,一旦发现消毒剂对使用者有损伤时,应及时采取应对措施,或及时就医;有些消毒剂对消毒对象有损害,应根据物品的贵重程度,合理选用消毒剂,既要保证消毒效果,又要尽量降低其损害程度。空气消毒应在无人、密闭情况下进行,消毒后开窗通风;稳定性较差的消毒剂要求现用现配,如过氧乙酸、含氯消毒剂、含溴消毒剂等;季铵盐类消毒剂、胍类消毒剂不得与肥皂、阴离子等合用;对易燃、易爆、易挥发、易腐蚀的消毒剂应采取防燃、防爆、防挥发和防腐蚀措施。

(4)生物热消毒　将污染的粪便、垃圾等与稻糠、木屑等辅料按要求摆放,利用粪便及相关物质产生的生物热或加入特定生物制剂,发酵或分解粪便、垃圾的方法。生物热消毒法主要用于污染的粪便、垃圾等的无害化处理。应用此法要注意以下几点:因重大动物疫病及人畜共患病死亡的动物尸体和相关动物产品不得使用此种方式进行处理,可采用焚烧法;发酵过程中,应做好防雨措施;发酵堆体结构形式主要可采用条垛式和发酵池式,条垛式堆肥发酵应选择平整、防渗地面;应使用合理的废气处理系统,有效吸收处理过程中因腐败产生的恶臭气体,使废气排放符合国家相关标准。

(二)杀虫

蚊、蝇、虻、蜱等节肢动物都是动物传染病的重要传播媒介。因此,在防控这类传染病时,消灭这些传播媒介是关键。杀虫方法有物理法、化学法(药物法)和生物法。物理法可使用火焰、蒸汽、机械拍打或仪器诱杀。生物法是以昆虫的天敌或病菌及雄虫绝育技术等方法来杀灭昆虫。此外,消除昆虫孳生繁殖的环境,如排除积水、污水,清理粪便垃圾,间歇灌溉农田等改造环境的措施,都是有效杀虫的方法。化学法(药物法)主要是应用化学杀虫剂来杀虫,根据杀虫剂的作用部位可将杀虫剂分为胃毒作用剂、触杀作用剂、内吸作用剂和熏蒸作用剂等。需要注意的是使用杀虫剂时严禁使用禁用药物。

(三)灭鼠

鼠类是多种动物传染病的传染源和传播媒介,可经鼠传播的传染病有炭疽、布鲁菌病、结核病、李氏杆菌病、钩端螺旋体病、伪狂犬病、口蹄疫、猪瘟、猪丹毒和巴氏杆菌病等。因此,防鼠、灭鼠具有重要意义。

首先,要根据鼠类的生态学特点来防鼠、灭鼠,从畜舍建筑和卫生措施方面着手,预防鼠类的孳生和活动。其次,采用器械灭鼠法和药物灭鼠法直接杀灭鼠类。

(四)防鸟

在传播疫病方面鸟类比鼠类的传播范围更广、传播速度更快。因此规模化养殖场应认真做好防鸟工作,尽量防止鸟类侵入圈舍甚至直接接触动物。

三、针对易感动物的防疫

做好易感动物的防疫,就是要采取措施保护易感动物,加强动物的饲养管理,增强动物机体抵抗力。贯彻自繁自养的原则,减少疫病传播。除此以外,在必要的时间针对一些传染病可以采取免疫接种的方法有效地保护易感动物不受疾病的侵害。

免疫接种是指将有效疫苗引入动物体内,使其产生特异性免疫力,由易感变为不易感的一种疫病预防措施。有组织有计划地进行免疫接种,是预防和控制动物传染病的重要措施。根据免疫接种的时机差异,可将其分为预防接种和紧急接种两类。

(一)预防接种

在经常发生某些传染病的地区,或有某些传染病潜在的地区,或经常受到邻近地区某些传染病威胁的地区,为了防患于未然,在平时有计划地给健康动物进行的免疫接种,称为预防接种。预防接种通常使用的生物制剂包括疫苗、菌苗、类毒素等。疫苗是指用于人工主动免疫的生物制剂,包括用细菌、支原体、螺旋体和衣原体等制成的菌苗,用病毒制成的疫苗和用细菌外毒素制成的类毒素。接种途径主要有点眼、滴鼻、喷雾、口服、皮下注射、皮内注射、肌肉注射或皮肤刺种等。

预防接种前,应注意了解当地有无疫病流行,对被接种的动物进行健康检查。免疫接种后,要注意观察动物接种疫苗后的反应,如有不良反应或发病等情况,应及时采取适当措施,并向有关部门报告。接种后一定时间应检查免疫效果。

一个地区、一个养殖场可能发生的传染病有多种,因此往往需用多种疫苗来预防相应的疫病。根据一定地区、养殖场或特定动物群体内传染病的流行状况、动物健康状况和不同疫苗特性,为特定动物群制定的接种计划,包括接种疫苗的类型、顺序、时间、次数、方法、时间间隔等规程和次序,称为免疫程序。养殖场可根据免疫监测结果结合实际经验来调整免疫程序。制订免疫程序时,应考虑当地疾病的流行情况及严重程度;母源抗体的水平;动物的免疫应答能力;疫苗的种类和性质;免疫接种方法和途径等。

动物免疫接种后,在免疫有效期内仍发生了该种传染病,或者疫苗效力检查不合格,说明免疫接种失败。免疫接种失败以后,需要从疫苗方面、动物方面和人为因素方面查找原因,避免再发生同类事件。如口蹄疫有多个血清型,选用的疫苗株与流行株血清型不一致就会导致免疫失败;疫苗运输、保管、稀释不当,造成疫苗失效;接种活苗时动物有较高的母源抗体或残留抗体,对疫苗产生了免疫干扰;动物群中有免疫抑制性疾病存在,如猪圆环病毒病、猪繁殖与呼吸综合征等;或有其他疫病存在,使免疫力暂时下降而导致发病。

(二)紧急接种

紧急接种是指在发生传染病时,为了迅速控制和扑灭疫情而对疫区和受威胁区尚未发病的动物进行的应急性计划外免疫接种。紧急接种在疫区及周围的受威胁区进行,某些流行性强的传染病(如高致病性禽流感)受威胁区在疫区周边外延 5～30 km 范围,紧急接种的目的是建立"免疫带"以包围疫区,就地扑灭疫情,防止其扩散蔓延。该项措施与疫区的封锁、隔离、消毒等综合措施配合使用,可取得较好的防疫效果。

(三)药物预防

为了控制某些传染病而在饲料、饮水中加入安全的药物进行的群体化学预防,可在一定时间内使受威胁的易感动物不受疫病的危害。群体防治常用的有磺胺类药物、抗生素、中草药以及喹乙醇和喹诺酮类药物等。这些药物大多可通过饮水或拌料口服,操作方便、易于大群使用。但当前存在许多用药误区,例如用药剂量过大、用药时间过长、添加药物种类过多、过早使用二线药物等。针对上述药物预防的误区,在生产实践中应注意坚持以下用药原则和方法:选择合适的药物,避免使用禁用药物,掌握药物的种类、剂量和用法,注意穿梭用药,定期更换等。

第三节　我国动物传染病的防治形势与规划

动物疫病防治工作关系着国家食物安全和公共卫生安全,关系着社会和谐稳定。为加强动物疫病防治工作,国务院办公厅发布了《国家中长期动物疫病防治规划(2012—2020年)》。规划提出,到2020年,形成与全面建设小康社会相适应,有效保障养殖业生产安全、动物产品质量安全和公共卫生安全的动物疫病综合防治能力。主要内容如下。

一、面临的形势

(一)动物疫病防治基础更加坚实

近年来,动物疫病防治工作基础不断强化。法律体系基本形成,国家修订了动物防疫法,制定了兽药管理条例和重大动物疫情应急条例,出台了应急预案、防治规范和标准。相关制度不断完善,落实了地方政府责任制,建立了强制免疫、监测预警、应急处置、区域化管理等制度。工作体系逐步健全,初步构建了行政管理、监督执法和技术支撑体系,动物疫病监测、检疫监督、兽药质量监察和残留监控、野生动物疫源疫病监测等方面的基础设施得到改善。科技支撑能力不断加强,一批病原学和流行病学研究、新型疫苗和诊断试剂研制、综合防治技术集成示范等科研成果转化为实用技术和产品。我国兽医工作的国际地位明显提升,恢复了在世界动物卫生组织的合法权利,实施跨境动物疫病联防联控,有序开展国际交流与合作。

(二)动物疫病流行状况更加复杂

我国动物疫病病种多、病原复杂、流行范围广。口蹄疫、高致病性禽流感等重大动物疫病仍在部分区域呈流行态势,存在免疫带毒和免疫临床发病现象。布鲁菌病、狂犬病、包虫病等人畜共患病呈上升趋势,局部地区甚至出现暴发流行。牛海绵状脑病(疯牛病)、非洲猪瘟等外来动物疫病传入风险持续存在,全球动物疫情日趋复杂。随着畜牧业生产规模不断扩大,养殖密度不断增加,畜禽感染病原机会增多,病原变异概率加大,新发疫病发生风险增加。研究表明,70%的动物疫病可以传染给人类,75%的人类新发传染病来源于动物或动物源性食品,动物疫病如不加强防治,将会严重危害公共卫生安全。

(三)动物疫病防治面临挑战

人口增长、人民生活质量提高和经济发展方式转变,对养殖业生产安全、动物产品质量安全和公共卫生安全的要求不断提高,我国动物疫病防治正在从有效控制向逐步净化消灭过渡。全球兽医工作定位和任务发生深刻变化,正在向以动物、人类和自然和谐发展为主的现代兽医阶段过渡,需要我国不断提升与国际兽医规则相协调的动物卫生保护能力和水平。随着全球化进程加快,动物疫病对动物产品国际贸易的制约更加突出。目前,我国兽医管理体制改革进展不平衡,基层基础设施和队伍力量薄弱,活畜禽跨区调运和市场准入机制不健全,野生动物疫源疫病监测工作起步晚,动物疫病防治仍面临不少困难和问题。

二、防治目标

到2020年,形成与全面建设小康社会相适应,有效保障养殖业生产安全、动物产品质量安全和公共卫生安全的动物疫病综合防治能力。口蹄疫、高致病性禽流感等16种优先防治的国内动物疫病达到规划设定的考核标准；生猪、家禽、牛、羊发病率分别下降到 5%、6%、4%、3% 以下，动物发病率、死亡率和公共卫生风险显著降低。牛海绵状脑病、非洲猪瘟等 13 种重点防范的外来动物疫病传入和扩散风险有效降低，外来动物疫病防范和处置能力明显提高(表 36-1)。基础设施和机构队伍更加健全，法律法规和科技保障体系更加完善，财政投入机制更加稳定，社会化服务水平全面提高。

表 36-1　优先防治和重点防范的动物疫病

优先防治的国内动物疫病(16 种)	一类动物疫病(5 种)：口蹄疫(A 型、亚洲 I 型、O 型)、高致病性禽流感、高致病性猪繁殖与呼吸综合征、猪瘟、新城疫
	二类动物疫病(11 种)：布鲁菌病、奶牛结核病、狂犬病、血吸虫病、包虫病、马鼻疽、马传染性贫血、沙门菌病、禽白血病、猪伪狂犬病、猪繁殖与呼吸综合征(经典猪蓝耳病)
重点防范的外来动物疫病(13 种)	一类动物疫病(9 种)：牛海绵状脑病、非洲猪瘟、绵羊痒病、小反刍兽疫、牛传染性胸膜肺炎、口蹄疫(C 型、SAT1 型、SAT2 型、SAT3 型)、猪水疱病、非洲马瘟、H7 亚型禽流感
	未纳入病种分类名录，但传入风险增加的动物疫病(4 种)：水疱性口炎、尼帕病、西尼罗河热、裂谷热

▶ 三、总体策略

统筹安排动物疫病防治、现代畜牧业和公共卫生事业发展，积极探索有中国特色的动物疫病防治模式，着力破解制约动物疫病防治的关键性问题，建立健全长效机制，强化条件保障，实施计划防治、健康促进和风险防范策略，努力实现重点疫病从有效控制到净化消灭。

(一)重大动物疫病和重点人畜共患病计划防治策略

有计划地控制、净化、消灭对畜牧业和公共卫生安全危害大的重点病种，推进重点病种从免疫临床发病向免疫临床无病例过渡，逐步清除动物机体和环境中存在的病原，为实现免疫无疫和非免疫无疫奠定基础。基于疫病流行的动态变化，科学选择防治技术路线。调整强制免疫和强制扑杀病种要按相关法律法规规定执行。

(二)畜禽健康促进策略

健全种用动物健康标准，实施种畜禽场疫病净化计划，对重点疫病设定净化时限。完善养殖场所动物防疫条件审查等监管制度，提高生物安全水平。定期实施动物健康检测，推行无特定病原场(群)和生物安全隔离区评估认证。扶持规模化、标准化、集约化养殖，逐步降低畜禽散养比例，有序减少活畜禽跨区流通。引导养殖者封闭饲养，统一防疫，定期监测，严格消毒，降低动物疫病发生风险。

(三)外来动物疫病风险防范策略

强化国家边境动物防疫安全理念，加强对境外流行、尚未传入的重点动物疫病风险管理，建立国家边境动物防疫安全屏障。健全边境疫情监测制度和突发疫情应急处置机制，加强联防联控，强化技术和物资储备。完善入境动物和动物产品风险评估、检疫准入、境外预检、境外企业注册登记、可追溯管理等制度，全面加强外来动物疫病监视监测能力建设。

▶ 四、优先防治病种和区域布局

(一)优先防治病种

根据经济社会发展水平和动物卫生状况，综合评估经济影响、公共卫生影响、疫病传播能力，以及防疫技术、经济和社会可行性等各方面因素,确定优先防治病种并适时调整。除已纳入本规划的病种外,对陆生野生动物疫源疫病、水生动物疫病和其他畜禽流行病,根据疫病流行状况和所造成的危害,适时列入国家优先防治范围。各地要结合当地实际确定辖区内优先防治的动物疫病,除本规划涉及的疫病外,还应将对当地经济社会危害或潜在危害严重的陆生野生动物疫源疫病、水生动物疫病、其他畜禽流行病、特种经济动物疫病、宠物疫病、蜂病、蚕病等纳入防治范围。

(二)区域布局

国家对动物疫病实行区域化管理。

(1)国家优势畜牧业产业带 对东北、中部、西南、沿海地区生猪优势区,加强口蹄疫、高致病性猪繁殖与呼吸综合征、猪瘟等生猪疫病防治,优先实施种猪场疫病净化。对中原、东北、西北、西南等肉牛、肉羊优势区,加强口蹄疫、布鲁菌病等牛、羊疫病防治。对中原和东北蛋鸡主产区、南方水网地区水禽主产区,加强高致病性禽流感、新城疫等禽类疫病防治,优先实施种禽场疫病净化。对东北、华北、西北及大城市郊区等奶牛优势区,加强口蹄疫、布鲁菌病和奶牛结核病等奶牛疫病防治。

(2)人畜共患病重点流行区 对北京、天津、河北、山西、内蒙古、辽宁、吉林、黑龙江、山东、河南、陕西、甘肃、青海、宁夏、新疆15个省(自治区、直辖市)和新疆生产建设兵团,重点加强布鲁菌病防治。对河北、山西、江西、山东、湖北、湖南、广东、广西、重庆、四川、贵州、云南12个省(自治区、直辖市),重点加强狂犬病防治。对江苏、安徽、江西、湖北、湖南、四川、云南7个省,重点加强血吸虫病防治。对内蒙古、四川、西藏、甘肃、青海、宁夏、新疆7个省(自治区)和新疆生产建设兵团,重点加强包虫病防治。

(3)外来动物疫病传入高风险区 对边境地区、野生动物迁徙区以及海港、空港所在地,加强外来动物疫病防范。对内蒙古、吉林、黑龙江等东北部边境地区,重点防范非洲猪瘟、口蹄疫和H7亚型禽流感。对新疆边境地区,重点防范非洲猪瘟和口蹄疫。对西藏边境地区,重点防范小反刍兽疫和H7亚型禽流感。对广西、云南边境地区,重点防范口蹄疫等疫病。

(4)动物疫病防治优势区 在海南岛、辽东半岛、胶东半岛等自然屏障好、畜牧业比较发达、防疫基础条件好的区域或相邻区域,建设无疫区。在大城市周边地区、标准化养殖大县(市)等规模化、标准化、集约化水平程度较高地区,推进生物安全隔离区建设。

五、重点任务

根据国家财力、国内国际关注和防治重点,在全面掌握疫病流行态势、分布规律的基础上,强化综合防治措施,有效控制重大动物疫病和主要人畜共患病,净化种畜禽重点疫病,有效防范重点外来动物疫病。农业部要会同有关部门制定口蹄疫(A型、亚洲I型、O型)、高致病性禽流感、布鲁菌病、狂犬病、血吸虫病、包虫病的防治计划,出台高致病性猪繁殖与呼吸综合征、猪瘟、新城疫、奶牛结核病、种禽场疫病净化、种猪场疫病净化的指导意见。

(一)控制重大动物疫病

开展严密的病原学监测与跟踪调查,为疫情预警、防疫决策及疫苗研制与应用提供科学依据。改进畜禽养殖方式,净化养殖环境,提高动物饲养、屠宰等场所防疫能力。完善检疫监管措施,提高活畜禽市场准入健康标准,提升检疫监管质量水平,降低动物及其产品长距离调运传播疫情的风险。严格执行疫情报告制度,完善应急处置机制和强制扑杀政策,建立扑杀动物补贴评估制度。完善强制免疫政策和疫苗招标、采购制度,明确免疫责任主体,逐步建立强制免疫退出机制。完善区域化管理制度,积极推动无疫区和生物安全隔离区建设。重大动物疾病防治考核标准见表36-2。

表36-2　重大动物疫病防治考核标准

疫病		到2020年
口蹄疫	A型	全国达到免疫无疫标准
	亚洲I型	全国达到非免疫无疫标准
	O型	海南岛、辽东半岛、胶东半岛达到非免疫无疫标准;北京、天津、辽宁(不含辽东半岛)、吉林、黑龙江、上海达到免疫无疫标准;其他区域维持控制标准
高致病性禽流感		生物安全隔离区和海南岛、辽东半岛、胶东半岛达到非免疫无疫标准;北京、天津、辽宁(不含辽东半岛)、吉林、黑龙江、上海、山东(不含胶东半岛)、河南达到免疫无疫标准;其他区域维持控制标准
高致病性猪繁殖与呼吸综合征		全国达到控制标准
猪瘟		进一步扩大净化区域
新城疫		全国达到控制标准

(二)控制主要人畜共患病

注重源头管理和综合防治,强化易感人群宣传教育等干预措施,加强畜牧兽医从业人员职业保护,提高人畜共患病防治水平,降低疫情发生风险。对布鲁菌病,建立牲畜定期检测、分区免疫、强制扑杀政策,强化动物卫生监督和无害化处理措施。对奶牛结核病,采取检疫扑杀、风险评估、移动控制相结合的综合防治措施,强化奶牛健康管理。对狂犬病,完善犬的登记管理,实施全面免疫,扑杀病犬。主要人畜共患病防治考核标准见表36-3。

表36-3　主要人畜共患病防治考核标准

疫病	到2020年
布鲁菌病	河北、山西、内蒙古、辽宁、吉林、黑龙江、陕西、甘肃、青海、宁夏、新疆11个省(自治区)和新疆生产建设兵团维持控制标准;海南岛达到消灭标准;其他区域达到净化标准。
奶牛结核病	北京、天津、上海、江苏4个省(直辖市)维持净化标准;浙江、山东、广东3个省达到净化标准;其余区域达到控制标准。
狂犬病	全国达到控制标准

(三)消灭马鼻疽和马传染性贫血

加快推进马鼻疽和马传染性贫血消灭行动,开展持续监测,对竞技娱乐用马以及高风险区域的马属动物开展重点监测。严格实施阳性动物扑杀措施,完善补贴政策。严格检疫监管,建立申报检疫制度。

(四)净化种畜禽重点疫病

引导和支持种畜禽企业开展疫病净化。建立无疫企业认证制度,制定健康标准,强化定期监测和评估。建立市场准入和信息发布制度,分区域制定市场准入条件,定期发布无疫企业信息。引导种畜禽企业增加疫病防治经费投入。种畜禽重点疫病净化考核标准见表36-4。

表36-4 种畜禽重点疫病净化考核标准

疫病	到2020年
高致病性禽流感、新城疫、沙门菌病、禽白血病	全国所有种鸡场达到净化标准
高致病性猪繁殖与呼吸综合征、猪瘟、猪伪狂犬病、猪繁殖与呼吸综合征	全国所有种猪场达到净化标准

(五)防范外来动物疫病传入

强化跨部门协作机制,健全外来动物疫病监视制度、进境动物和动物产品风险分析制度,强化入境检疫和边境监管措施,提高外来动物疫病风险防范能力。加强野生动物传播外来动物疫病的风险监测。完善边境等高风险区域动物疫情监测制度,实施外来动物疫病防范宣传培训计划,提高外来动物疫病发现、识别和报告能力。分病种制定外来动物疫病应急预案和技术规范,在高风险区域实施应急演练,提高应急处置能力。加强国际交流合作与联防联控,健全技术和物资储备,提高技术支持能力。

思考题

1. 简述传染病的诊断方法和优缺点。
2. 动物传染病的防治原则应以"预防为主",在实际工作中具体体现在哪些方面?
3. 我国当前动物疫病防治的重点工作有哪些?如何制定动物传染病的防控对策?

学习要点

　　掌握炭疽、布鲁菌病、结核病、狂犬病、口蹄疫、大肠杆菌病、沙门菌病等人兽共患传染病的病原、临诊症状、病理变化的主要特征以及诊断和防治的主要方法。理解上述传染病的流行病学意义。了解人兽共患传染病给养殖业生产和人类健康所带来的危害。

第一节　炭　疽

　　炭疽是一种急性、热性、败血性人兽共患传染病,病原为炭疽杆菌。炭疽临诊特点为发病突然、死亡迅速、天然孔出血、尸僵不全、尸体迅速腐败。其病变特点为脾肿大、皮下及浆膜下结缔组织出血性胶样浸润、血液凝固不良、呈煤焦油样。大多数哺乳动物对炭疽都易感,反刍动物和人感染炭疽较常见。人感染后多表现为皮肤炭疽、肺炭疽及肠炭疽,偶有伴发败血症。我国将其列为二类动物疫病,OIE列为必须报告的疫病。

　　本病在除南极洲以外的所有大洲都有分布,多散发。近年来,本病已有明显减少趋势。在我国仅见个别散发病例。但是随着国际上生物战剂的研究发展和恐怖组织的活动,炭疽重新引起了人们的重视。

一、病原

　　炭疽杆菌,革兰染色阳性,菌体两端平直,无鞭毛。在体内细菌呈单个、成双或短链排列,有荚膜;在培养基中则形成较长的链条,呈竹节状。在普通培养基上生长良好,菌落为粗糙型,不溶血。

　　炭疽杆菌的毒力主要取决于荚膜多肽和炭疽毒素。炭疽毒素由保护性抗原、水肿因子和致死因子3种蛋白组分构成,三者协同作用,损伤及杀死吞噬细胞,抑制补体活性,激活凝血酶原,致使发生弥漫性血管内凝血,并损伤毛细血管内皮,使液体外漏,血压下降,最终引起水肿、休克及死亡。

二、流行病学

　　本病的主要传染源是患病动物。如果尸体处理不当,也会使大量病菌散播于周围环境。炭疽杆菌遇到氧气可产生芽孢。这些芽孢抵抗力很强,可以在土壤或被感染动物的毛发中生存多年。动物通过食入、吸入或者通过皮肤上的伤口进入机体,会感染导致发病。被感染动物的血液凝固不良,并且从天然孔流出,昆虫能把这种细菌传播给其他动物。食肉动物和人类食用被感染动物的肉会被感染。但通常情况下,动物是由于摄入土壤中或饲料中的炭疽杆菌芽孢而被感染的。草食兽最易感,以绵羊、山羊、马、牛和鹿最易感;猪的易感性低,犬、猫、狐狸等肉食动物较少见,家禽几乎不感染;部分野生动物也可感染,实验动物中豚鼠、小鼠、家兔较易感。人普遍易感,但主要发生于与动物及动物产品接触机会多的人员。

本病常呈散发,有时可为地方性流行,干旱或多雨季节较易发生。此外,从疫区输入患病动物产品,如骨粉、皮革、毛发等也常引起本病的发生。

三、临诊症状

本病潜伏期一般为1～5 d,最长可达14 d。

动物炭疽病一般有三种不同的表现形式:最急性型或中风型,急性型,亚急性或慢性型。

(一)最急性型

在最急性型病例中,动物通常没有表现出任何症状而突然死亡,有临床症状的动物,在临死前不久动物体温升高至42℃,肌肉震颤、呼吸困难、黏膜充血等。很快出现持久性痉挛、倒地、死亡。死后有时可见从天然孔流出凝固不良的血液。

(二)急性型

牛可能出现急性型临床症状,死前48 h可见精神沉郁、厌食、发烧、呼吸急促、心跳加快、黏膜充血、水肿等。马通常表现为急性型经过,临床症状随感染部位不同而有所变化,出现肠炎和绞痛,并伴随着高热和精神沉郁,通常在发病48～96 h死亡。如果通过吸血昆虫叮咬经皮下传播,在叮咬部位则出现热的结节性肿胀,并蔓延至喉、胸、腹部、阴茎包皮或乳房。喉部肿胀引起呼吸困难并使气管受到压迫。疾病经过通常为1～3 d,有些动物也可存活1周或更长时间。

(三)亚急性或慢性型

家养的和野生的猪、犬和猫通常出现亚急性或慢性型疾病经过,动物通常是食入了带有炭疽菌的食物而发生感染,细菌聚积在咽部淋巴结,咽部可能发生严重的肿胀,由于呼吸道堵塞而死亡。也有几天后自愈的病例。食肉动物和杂食动物也会出现严重的急性肠炎。

四、诊断

依据本病流行病学调查、临床症状和病理学观察结果可初步作出判定,确诊需要实验室诊断。

(一)流行病学诊断

对当地近年来炭疽的发生情况、死于炭疽的动物尸体处理情况、发病动物的种类及季节、炭疽预防接种情况等作详细调查,作为诊断依据。

(二)临床症状诊断

对死因不明的突然死亡病例,或临床上体表出现局限制肿胀、高热、腹痛、兴奋不安或沉郁虚弱、病情发展急剧,死后天然孔出血的病例,都应首先怀疑为炭疽。反刍动物最容易出现最急性型和急性型,马容易出现急性型,犬、猫和猪容易出现亚急性或慢性型或出现局部病变。

(三)病理解剖学观察

对疑似病死动物禁止剖解,专业人员在特定情况下及不扩大污染的条件下可以进行解剖。解剖时,发现尸体天然孔出血、血液凝固不良并且黏稠如煤焦油样,尸体迅速腐败,皮下和浆膜下有出血性胶样浸润,脾明显肿大,脾髓软化如泥等变化,可作为炭疽病的诊断依据。

（四）实验室诊断

炭疽最急性病例往往缺乏临诊症状，对疑似病死动物禁止剖解，因此一般要依靠微生物学及血清学方法进行最终诊断。采集病料必须小心，以免受环境污染，采样人员要做好自身防护。通过显微镜检，在实验室中进行分离和培养，或利用快速检测方法进行检测，如聚合酶链反应（PCR），在相对新鲜的尸体的血液样本中可以发现大量的炭疽杆菌。此外，还可以采用血清学方法进行诊断，如 Ascoli 试验、酶联免疫吸附试验（ELISA）和荧光抗体试验（FA）。

1. 新鲜样品检测

（1）组织液涂片　取活体动物耳部血液、病变部位的水肿液或渗出液制作涂片，或取刚死亡动物末梢血制作涂片。自然干燥后，火焰固定，备用。

（2）血液琼脂平板培养　取血液、水肿液、渗出物以及组织或器官切面上采集的拭子直接接种含有多粘菌素的 5%～7% 马血（或羊血）血平板表面，置 37℃ 培养 18～24 h。在血液琼脂平板上，炭疽杆菌呈灰白色至灰色菌落，直径为 0.3～0.5 mm，不溶血，表面潮湿似毛玻璃样，不透明，无光泽，边缘不整齐。用放大镜观察，边缘呈卷发状。用接种环探触有黏滞感，挑之可拉起长丝。

（3）营养肉汤培养　取血液琼脂平板上的典型菌落接种营养肉汤，于 37℃ 培养 5～12 h。炭疽杆菌在肉汤中生长的初期特征是肉汤上部澄清，无菌膜，下部有絮状沉淀，沉淀不易摇散。

（4）荚膜诱导培养　取血液琼脂平板培养的典型菌落或营养肉汤培养物接种于含 0.7% 碳酸氢钠的营养琼脂平板，置 20% 二氧化碳培养箱中培养 18～24 h，取菌落涂片，火焰固定，备用。

（5）染色镜检　①革兰染色：取血液琼脂平板上的典型菌落或肉汤培养物制备涂片，火焰固定，进行革兰染色镜检。炭疽杆菌为革兰阳性菌，多个菌纵向连成长链，少数散在，菌体呈两端平齐的大杆状。有的菌体中央可见卵圆形不着色的芽孢，芽孢不使菌体膨大。②荚膜染色：取已固定好的血液、水肿液或渗出液、荚膜诱导培养物涂片，滴加一小滴碱性美蓝染色液染色 1 min，水洗、晾干、镜检。炭疽杆菌在低倍镜下呈短链状排列，在油镜下菌体粗大呈竹节状排列，菌体呈深蓝色或黑色，菌体周围的荚膜呈粉红色。

2. 陈旧、腐败脏器、动物尸体和环境样品（包括土壤）的检测

采集样品，稀释涂布于血琼脂平板和 PLET 琼脂平板，置 37℃ 温箱中培养。血琼脂平板培养 18～24 h，PLET 琼脂平板培养 24～48 h。挑取可疑菌落进行营养肉汤培养、荚膜诱导培养和荚膜染色鉴定。

3. 畜产品检测

（1）细菌学检测　抽取毛绒和骨粒样品或动物皮张的棉拭子涂抹样品，处理后接种溶菌酶多黏菌素平板或戊烷脒多黏菌素平板。置于 37℃ 恒温箱，培养 48～72 h。挑取可疑菌落按照营养肉汤培养、荚膜诱导培养和荚膜染色鉴定。

（2）Ascoli 反应　取被检皮张、原毛的样毛、样毛装入专用的密封金属盒或耐高温防水样品袋中，放入高压灭菌器，$1.034×10^5$ Pa 消毒 30 min。冻皮、湿皮、鲜皮应在高压消毒前置室温 48h。然后将其制备成被检样本抗原进行试验。阳性血清与被检样品浸泡液间界面清晰，并且出现清晰、致密如线的白色沉淀环，即为阳性。当反应管中阳性血清与被检样品浸泡液间界面清晰，并且出现模糊、疏松、不明显的白色沉淀环时，则可初步判定反应结果为可疑。出现可疑结果时，应对被检测样本进行第二次试验，第二次试验如出现阴性或阳性反应时，则可判定反应结果为阴性或阳性，如结果再次可疑，则可确定反应结果为阳性。

4.聚合酶链反应(PCR)

从琼脂平板上挑取新鲜炭疽杆菌菌落,处理后取上清液用作反应模板进行 PCR。该方法快速有效。

五、防治

除了应用抗生素治疗和免疫接种以外,需要采取必要的控制措施防止炭疽蔓延。特别要注意以下几点:妥善处理死亡动物是关键;尸体禁止剖检;采取隔离措施,直到所有易感动物接种疫苗,所有尸体最好焚烧处理或深埋在石灰中;杀虫、灭鼠的同时要采取清洗消毒的措施;在流行地区要进行疫苗接种。实际上,巴斯德早在 1881 年就首次证实了炭疽疫苗的有效接种。虽然接种疫苗可以防止疫情暴发,但多年没有炭疽病例发生时,兽医机构有时并不采用疫苗接种。但由于芽孢存活期长,风险总是存在的。

在我国,建议对近 3 年曾发生过疫情的乡镇易感家畜进行免疫。使用无荚膜炭疽芽孢疫苗或Ⅱ号炭疽芽孢疫苗每年进行一次免疫。发生疫情时,要对疫区、受威胁区所有易感家畜进行一次紧急免疫。

虽然炭疽对抗生素相当敏感,但该病病程短,几乎没有机会进行治疗。早期检测,隔离检疫,对患病动物和污染物进行无害化处理,在屠宰场和乳品厂实施适当的卫生程序,可确保用于人类消费的动物源性食品安全。

六、公共卫生

人感染炭疽主要表现为三种形式。最常见的是皮肤感染,这种情况可能发生于畜牧兽医工作人员、牧民和屠宰场职工。第二种表现形式是通过食入芽孢导致的消化道感染。常因食入患病动物的肉类所致。可能最致命的形式是吸入。多为羊毛、鬃毛、皮革等工厂工人感染,因此被称为"毛工病"。实际上,吸入型炭疽是很少见的。目前需要引起重视的是,炭疽芽孢有可能被开发并用作生物武器。显然,预防动物的炭疽将有利于保护人类健康。

第二节　布鲁菌病

布鲁菌病是一种急性或慢性的人兽共患传染病,病原为布鲁菌。牛、羊、猪最常发生,人也可感染。该病的病变特征是生殖器官和胎膜发炎,引起流产、不育和各种组织的局部病灶。本病分布广泛,我国目前在人、畜间仍有该病发生。

一、病原

布鲁菌为革兰阴性小球杆菌,无芽孢,无鞭毛,在条件不利时可形成荚膜。该菌为需氧菌,生长缓慢,菌落呈圆形。

布鲁菌属有 6 个种,即马耳他布鲁菌(又称羊布鲁菌)、流产布鲁菌(又称牛布鲁菌)、猪布鲁菌、沙林鼠布鲁菌、绵羊布鲁菌和犬布鲁菌。

布鲁菌有毒性较强的内毒素。不同菌株间的毒力差异较大,一般来说,不同布鲁菌的毒力强弱依次为羊布鲁菌、猪布鲁菌和牛布鲁菌。

二、流行病学

本病的传染源是患病动物及带菌动物。最危险的是受感染的妊娠母畜,其次是布鲁菌感染的公畜。主要传播途径是消化道,经皮肤感染也需要引起足够的重视,特别是布鲁菌可经无创伤的皮肤感染。其他如通过结膜、交媾也可感染。吸血昆虫可以传播本病。该病可水平传播,也可垂直传播。本病的易感动物范围很广,目前已知有 60 多种动物易感。流产布鲁菌的主要宿主是牛,而羊、猴、豚鼠有一定易感性,猪、马、犬、骆驼、鹿和人也可以感染。马耳他布鲁菌的主要宿主是山羊和绵羊,猪布鲁菌的主要宿主是猪,而对其他动物的易感性与流产布鲁菌相同。幼龄动物对布鲁菌有一定的耐受性,性成熟的动物和人易感性高。该病繁殖季节多发。流行形式一般呈地方性流行或流行性。

三、临诊症状

该病的主要临床表现为发热,可出现波浪热、弛张热或不规则热,也可出现一过性发热;母畜不孕、流产、早产、死胎等;牛最常见于妊娠第 6～8 个月发生流产,羊一般发生在妊娠后第 3 或 4 个月,猪一般发生在妊娠第 1～3 个月;公畜发生睾丸炎,附睾炎等;其他表现为易出汗、消瘦、跛行、关节痛等。该病发病率高,死亡率低,死亡多见于流产胎儿。

四、病理变化

该病的主要病理变化为流产胎儿败血症;胎衣充血、出血、化脓、坏死;母畜子宫内膜炎;公畜渗出性或增生性睾丸炎、附睾炎;出现渗出性或增生性关节炎。

五、诊断

根据流行病学资料、临诊症状和病理变化可诊断为疑似病例,确诊必须经实验室诊断。采取病料涂片、染色、镜检,齐-尼染色为红色小杆菌,即可初步诊断。通过病原分离、培养、鉴定,根据培养特性、菌落特性和其他特性进行定性和分种、分型。此外,血清学试验较为常用,牛、羊、猪均可采用血清凝集试验及补体结合试验进行诊断,山羊、绵羊群检疫适合采用变态反应方法。ELISA、FA以及 PCR 等也被应用于该病的诊断。

六、防治

布鲁菌病的防治主要采用加强饲养管理、检疫、免疫、淘汰患病动物等措施。

要控制本病传入,最好进行自繁自养。必须引种时,要严格隔离检疫,合格后方可混群。每季度检疫一次,直至全群连续 3 次均为阴性,可视为健康畜群。检出的阳性动物应予以淘汰。该病的流产胎儿、胎衣及其他污染物应无害化处理;污染场地要进行严格消毒。

布鲁菌是兼性胞内寄生菌,化学药物作用效果较差,患病动物一般不予治疗,而是采取扑杀等措施。

我国当前针对布鲁菌病的指导防治措施是建立牲畜定期检测、分区免疫、强制扑杀政策,强化动物卫生监督和无害化处理措施。在对布鲁菌病实施免疫的区域,易感家畜需要先行检测,对阴性家畜方可进行免疫。布鲁菌活疫苗(M5 株或 M5-90 株)用于预防牛、羊布鲁菌病;布鲁菌活疫苗(S2 株)用于预防山羊、绵羊、猪和牛的布鲁菌病;布鲁菌活疫苗(A19 株或 S19 株)用于预防牛的布鲁菌病。但由于活疫苗对人仍有一定毒力,因此相关人员应做好自身防护。

◆ 七、公共卫生

人主要是通过食入、吸入以及皮肤和皮肤伤口接触而导致感染,病人症状为波浪热或长期低热、畏寒、盗汗、全身不适、关节炎、神经痛等,孕妇可能流产,有些病例经过短期急性发作后可恢复健康,有的则反复发作。本病感染与职业有关,凡在养殖场、屠宰场、动物产品加工厂的工作者以及兽医、实验室工作人员,必须严格遵守防护制度,尤其在产仔季节,更要特别注意;患病动物乳肉食品必须灭菌后才能食用;必要时可接种疫苗进行预防。

第三节 结核病

结核病病原为分支杆菌,是一种慢性人兽共患传染病,临诊特点为低热、咳嗽和消瘦。病变特点为在多种组织器官形成结核结节和干酪样坏死或钙化结节。

结核病是一种古老疾病,2000 余年前,我国内经虚劳之症的记载中就包括结核,但直到 1882 年 Koch 才发现了结核杆菌,找到了该病的病原。本病分布范围广,在世界各地均有发病。我国奶牛中感染率较高,在屠宰猪、鸡时也不时发现有结核病变。人也可感染发病。世界卫生组织和国际防痨和肺病联合会共同倡议将 3 月 24 日作为"世界防治结核病日",以提醒公众加深对结核病的认识,动员公众支持在全球范围的结核病控制工作。

◆ 一、病原

本病的病原是分支杆菌属的 3 个种,即结核分支杆菌(简称结核杆菌)、牛分支杆菌和禽分支杆菌。结核分支杆菌是细长杆菌,直或稍弯,间有分支;牛分支杆菌稍短粗;禽分支杆菌为短小的多形性。革兰染色阳性,Ziehl-Neelsen 氏抗酸染色呈红色。

分支杆菌严格需氧,在培养基上生长缓慢。牛分支杆菌生长最慢,禽分支杆菌生长最快。

分支杆菌含有脂类丰富,对干燥和湿冷抵抗力很强。对链霉素、异烟肼、对氨基水杨酸和环丝氨酸等敏感。

◆ 二、流行病学

本病的传染源是患病动物,尤其是开放型患者,其体液均可带菌,通过污染饲料、饮水、空气和周围环境而散播传染。

本病主要传播途径为呼吸道、消化道。畜舍通风不良、潮湿、拥挤、缺乏运动是本病的诱发因素。

本病可感染多种动物和人,牛最易感,尤其是奶牛,猪和家禽易感性也较强,羊易感性低。野生动物中猴、鹿易感性较强。

◆ 三、临诊症状

潜伏期十几天至数月甚至数年,通常慢性经过。

日渐消瘦、贫血,易疲劳;咳嗽短而干,严重时发生气喘;体表淋巴结肿大;泌乳量减少,严重时乳汁稀薄如水;消化不良,食欲不振,顽固性下痢;性机能紊乱,孕畜流产,公畜附睾肿大;个别表现神经症状,如癫痫样发作、运动障碍等。

四、病理变化

增生性或渗出性炎症,或两者混合存在。机体抵抗力强时,表现为增生性炎,分支杆菌周围为类上皮细胞和巨噬细胞,构成特异性肉芽肿。外层是淋巴细胞或成纤维细胞形成的非特异性肉芽组织。抵抗力低时,以渗出性炎为主,组织中有纤维蛋白和淋巴细胞沉积,随后发生干酪样坏死、化脓或钙化。牛胸膜和腹膜生成密集结核结节,又称"珍珠病"。

五、诊断

群体中有进行性消瘦、咳嗽、慢性乳房炎、顽固性下痢、体表淋巴结慢性肿胀等症状时,结合流行病学、临诊症状、病理变化可进行初步诊断,确诊需要进行结核菌素试验、细菌学试验和分子生物学试验等综合判断。

(一)结核菌素试验

常用于现场检疫。诊断牛结核病时,将牛分支杆菌提纯菌素皮内注射于颈中部上 1/3 处。诊断鸡结核病时,将禽分支杆菌提纯菌素注射于鸡的肉垂内,24、48 h 判定,如注射部位出现增厚、下垂、发热、呈弥漫性水肿者为阳性。诊断猪结核病,用牛分支杆菌提纯菌素和禽分支杆菌提纯菌素分别皮内注射于猪两耳根外侧,48～72 h 后观察判定,明显发生红肿者为阳性。

(二)细菌学诊断

采取病料做涂片、染色、镜检,分离培养和动物接种试验。本法对开放性结核病的诊断具有实际意义。

(三)分子生物学诊断

可采用 PCR、基因芯片等方法,快速、简便、分辨率高、特异性好。

人结核病主要根据病史、体征、X 线检查、结核菌素试验等方法进行诊断,其中 X 线检查适用于大规模普查。怀疑开放性结核时,应采取痰液、咯血或粪尿等进行抗酸染色和分离培养、鉴定。

六、防治

本病主要采取综合性防疫措施,加强检疫,防止疾病传入,净化污染群,培育健康群。以牛场为例,每年春、秋两季用结核菌素试验定期检疫,结合临诊等检查,发现阳性病畜及时淘汰,畜群则按污染群对待。对污染牛群反复进行多次检疫,淘汰污染群的开放性病畜(即有临诊症状的排菌病畜)及阳性反应病畜。结核菌素反应阳性牛群,应定期和经常进行临诊检查,必要时进行细菌学检查,发现开放性病牛立即淘汰,根除传染源。犊牛出生后吃 3～5 d 初乳,然后则由无病母牛供养或喂消毒乳。犊牛分别在出生后 1 月龄、3～4 月龄、6 月龄进行 3 次检疫,阳性者淘汰处理。若 3 次均为阴性,且无可疑临诊症状,将其放入假定健康群中培育。假定健康群应在第一年每隔 3 个月进行一次检疫,直到没有阳性牛出现为止。在随后的 1 年至 1 年半的时间内连续进行 3 次检疫。若 3 次均阴性即为健康牛群。

七、公共卫生

人结核病主要由结核分支杆菌引起,牛分支杆菌和禽分支杆菌也可引发感染。主要临诊症状为长期低热,多为午后发热,傍晚下降,上午正常,疲倦,易烦,心悸。食欲不振、消瘦。植物性神经紊乱。重症患者发生盗汗。肺结核表现为咳嗽、咯痰甚至咯血。胸痛、气短或呼吸困难等。肠结核则发生腹痛,腹泻、便秘或两者交替出现。另外,还有结核性腹膜炎、结核性脑炎、结核性胸膜炎及肾结核、骨关节结核等。

防治人结核病的主要措施是早期发现,严格隔离,彻底治疗。咳嗽、咯痰两周以上或咯血应及时就医;婴儿注射卡介苗;牛乳煮沸后饮用;与病人、病畜禽接触时应注意个人防护。病人注意休息,按时按剂量服药,治疗人结核病以异烟肼、链霉素和对氨基水杨酸钠等最为常用。一般需要联合用药以减缓耐药性的产生,增强治疗效果。

第四节　狂犬病

狂犬病又称恐水症,俗称疯犬病,是一种人兽共患传染病,病原为狂犬病病毒,主要引发中枢神经系统的致死性感染。临诊特点是神经兴奋、意识障碍,继之局部或全身麻痹而死亡。病变特点为非化脓性脑炎、神经细胞胞质内可见内基小体。

狂犬病是一种古老的疫病,呈世界性分布。我国早在公元前556年的《左传》中就有记载。本病病死率几乎为100%,严重影响着公共卫生安全。为提高人们对狂犬病的认识,将每年的9月28日设立为世界狂犬病日。

一、病原

狂犬病病毒属于弹状病毒科狂犬病病毒属,病毒粒子呈子弹状或倒立试管形。病毒基因组为不分节段单股负链RNA。自然情况下,狂犬病流行分离株称为"街毒"。"街毒"经家兔脑或脊髓传代后对家兔的潜伏期变短,但对原宿主的毒力下降,这些特性固定下来称为"固定毒"。

狂犬病病毒可在原代仓鼠肾细胞以及BHK-21细胞、鼠成神经细胞瘤细胞、鸡胚成纤维细胞等细胞上增殖,常见有CPE。

狂犬病病毒对外界抵抗力不强,对酸、碱、石炭酸、新洁尔灭等消毒剂敏感,在紫外线、X射线下迅速灭活。对高温敏感,在70℃ 15 min、100℃ 2 min即可被杀死。

二、流行病学

狂犬病易感宿主众多,几乎所有温血动物都易感。在我国,病犬、带毒犬、隐性感染的猫是狂犬病的重要传染源。蝙蝠、狼、狐、豺、猴、浣熊、鹿、啮齿类动物、鸟类等在流行病学上的作用也需要引起重视。本病的主要储存宿主是犬、野生食肉动物、土拨鼠以及蝙蝠等。

狂犬病病毒主要经伤口或与黏膜表面直接接触而感染。咬伤是本病最主要的传播方式。野生动物可因啃食病尸而经消化道感染。还可通过蝙蝠叮咬、子宫内或哺乳等多种途径传播。狂犬病病毒还可能通过气溶胶而经呼吸道感染。

本病多散发,无明显季节性。

三、临诊症状

狂犬病的潜伏期几天至1年以上。病初精神沉郁,食欲反常,喜食异物;随后狂暴不安,常攻击人畜,狂暴与沉郁一般交替出现。最终意识障碍,流涎,四肢麻痹,吞咽困难,恐水,衰竭而死。个别动物兴奋期很短或轻微即转入麻痹期,经 2～4 d 死亡。

四、病理变化

表现为非化脓性脑脊髓炎。在神经元胞质内形成狂犬病病毒特异的包涵体,称为内基小体。内基小体对确诊狂犬病具有重要意义。

五、诊断

根据被咬伤史和临诊症状进行初步诊断。确诊需要结合实验室诊断。

(一)组织病理学检查

取新鲜脑组织制成压印标本或病理组织切片,经 Seller 染色,见鲜红色内基小体可确诊。

(二)病毒分离

常用实验动物接种法,取患病动物脑组织制成悬液或抽取脑脊液,脑内接种 3～5 周龄的小鼠,接种后出现神经症状而麻痹死亡,取脑组织进行组织病理学检查,观察到内基小体可确诊。

(三)免疫学检测

(1)荧光抗体试验(FA) 该法是世界卫生组织推荐的一种方法,我国将荧光抗体试验作为检查狂犬病的首选方法。可在疾病的早期做出诊断。

(2)酶联免疫吸附试验(ELISA) 将酶联免疫吸附试验用于狂犬病的诊断,该法与 FA 具有同样的敏感性和特异性,且操作简便,既可检测抗原,又可检测抗体,是狂犬病免疫诊断中很有前途的一种检测方法。

其他还可采用病毒中和试验、反转录-聚合酶链式反应等也可做出诊断。

六、防治

狂犬病可防不可治,做好该病的预防工作是关键。加强对犬、猫等动物的管理,按时进行疫苗接种。发现患病动物或可疑动物应尽快扑杀。在狂犬病高发地区,对野生犬科动物,进行诱饵口服疫苗免疫。被患病动物咬伤,应立即消毒、清洗伤口,同时注射狂犬病疫苗。在我国,要求对犬实行全面免疫,重点做好狂犬病高发地区的农村和城乡结合部犬的免疫工作。初生幼犬 2 月龄时进行初免,3 月龄时进行二免,此后每隔 12 个月进行一次免疫。

七、公共卫生

防止人类狂犬病的关键是控制好动物的狂犬病。高危人群,如从事狂犬病病毒相关研究的实验室人员、兽医、动物管理员和野外工作人员等要做好预防性免疫。平时要避免被动物咬伤,避免与动物亲密接触,尤其是儿童。凡被犬、猫等咬伤、抓伤的,尽快处理伤口很关键,以减少进入体内的病毒。处理伤口的步骤:首先挤压伤口,使之尽量多流些血;然后用 20% 肥皂水反复冲洗,再用大量凉开水冲洗后,用 70%～75% 的酒精或 2.5%～5% 碘酒消毒。若无明显出血,一般不必缝合或包扎。必要时在伤口处理后注射抗生素及破伤风抗毒素等。凡严重咬伤,或咬伤部位离大脑中枢较近(如颜面部及颈部等),接种疫苗的同时应注射抗狂犬病血清。狂犬病病死率几乎为 100%,因此,不管伤人动物是否患狂犬病,受伤后都要立即接种狂犬病疫苗。

第五节　破伤风

破伤风又称强直症、锁口风,病原为破伤风梭菌,是经伤口深部感染引起的一种急性人兽共患传染病。临诊特点为骨骼肌持续性痉挛、对外界刺激反射兴奋性增高。本病分布广泛,呈散发。

一、病原

破伤风梭菌是厌气性杆菌,革兰染色呈阳性,多单在。可在菌体一端形成芽孢,似鼓槌状或球拍状。多数菌株有周鞭毛,不形成荚膜。

破伤风梭菌可产生破伤风外毒素,主要为痉挛毒素,经甲醛脱毒可制成类毒素。

本菌繁殖体抵抗力弱,一般消毒剂均能在短时间内将其杀死,但芽孢抵抗力强,在土壤中可存活几十年。

二、流行病学

各种动物均有易感性,其中以单蹄兽最易感,猪、羊、牛次之,犬、猫偶尔发病,家禽自然发病罕见。实验动物中豚鼠、小鼠均易感,家兔有抵抗力,幼龄动物的易感性更高。人的易感性也很高。本病无明显的季节性,多为散发,但在某些地区一定时间里可出现群发。

本菌广泛存在于自然界。感染常见于各种创伤,如断脐、去势、手术、断尾、产后感染等。

三、临诊症状

潜伏期一般1～2周。短则1 d,长可达数月。潜伏期长短与动物种类及创伤部位、创口大小、深浅等有关。患病动物对刺激的反射兴奋性增高,出现全身性强直痉挛,牙关紧闭,吞咽困难,头颈伸直,两耳竖立,鼻孔开张,四肢腰背僵硬,行走困难,如木马样。末期患畜常因呼吸功能障碍或循环系统衰竭而死。

四、诊断

根据本病木马样临诊症状,结合创伤史,即可确诊。

五、防治

加强饲养管理、注意环境卫生,防止动物受伤,受伤后防止感染,注意精心护理。在本病常发地区,应对易感动物定期接种破伤风类毒素。早期使用破伤风抗毒素,疗效较好。

六、公共卫生

人因创伤也可感染破伤风。及时而正确地处理创口,防止厌氧微环境的形成是防止人破伤风的重要措施。一般可以注射类毒素主动免疫预防,或注射抗毒素和抗生素进行被动预防和特异性治疗。

第六节　口蹄疫

口蹄疫又称"口疮"、"蹄癀",病原为口蹄疫病毒,是一种急性、热性、高度接触性人兽共患传染病,其临诊特征是在口腔黏膜、四肢下端及乳房等处皮肤形成水疱和烂斑。该病传播迅速,流行面广,成年动物多良性经过,幼龄动物死亡率较高。

本病呈世界性分布,为OIE必须报告的疫病。本病一般呈良性经过,但感染谱广,流行快,人也会感染。且随着国际贸易的增加,国际来往越来越频繁,给本病的防控增加了难度。

一、病原

口蹄疫病毒属于微RNA病毒科中的口蹄疫病毒属,是人和动物病毒中最小的RNA病毒。

口蹄疫病毒具有多型性、易变异的特点。根据其血清学特性,目前可分为7个血清型,即A、O、C、SAT1(南非1型)、SAT2(南非2型)、SAT3(南非3型)及Asia I型(亚洲I型)。各血清型间无交叉免疫现象。每一个血清型又包含若干个亚型,同型各个亚型之间也仅有部分交叉免疫性。口蹄疫病毒在流行过程中及经过免疫的动物体均容易发生变异,因此常有新的亚型出现。我国主要是A型、O型和亚洲I型。

口蹄疫病毒在患病动物的水疱液、水疱皮、淋巴液及发热期血液内含量最高,其次是各组织器官、分泌物、排泄物中,可长期存在并向外排毒,退热后病毒可以出现于乳、粪、尿、泪、涎水及各脏器中。

口蹄疫病毒可用乳仓鼠肾传代细胞等多种哺乳动物细胞系培养,鸡胚也可以用于病毒分离培养及致弱。

口蹄疫病毒对外界环境的抵抗力较强,耐干燥。高温和紫外线对病毒有杀灭作用,病毒对酸碱敏感。

二、流行病学

本病主要的传染源是患病动物和带毒动物。病毒可直接接触传播,也可间接接触传播。主要传播途径为消化道、呼吸道以及损伤的皮肤和黏膜。病毒可远距离跳跃式传播。

偶蹄兽对口蹄疫病毒易感性最高。实验动物中以豚鼠、乳鼠、乳兔最敏感,幼龄动物易感性高于老龄动物。人对本病也有易感性,儿童发病严重。

口蹄疫传染性极强,一经发生往往呈流行性,在牧区,多呈大流行。在牧区的流行特点一般表现为秋末开始,冬季加剧,春季减轻,夏季基本平息。在农区季节性不明显。

三、临诊症状

潜伏期2~3 d,最长为21 d。主要表现为发热、口腔黏膜、四肢下端及乳房等处皮肤形成水疱。多数为良性经过,少数幼龄动物为恶性经过,主要是病毒侵害心肌所致。

四、病理变化

患病动物的口腔、蹄部、乳房、咽喉、气管、支气管和胃黏膜可见到水疱、烂斑和溃疡,上面覆盖有黑棕色的痂块。反刍动物真胃和大、小肠黏膜可见出血性炎症。心肌有灰白色或淡黄色的斑点或条纹,称为"虎斑心"。心肌细胞变性、坏死、溶解。

五、诊断

根据流行病学、临诊症状和病理剖检可进行初步诊断,确诊需要进行实验室诊断。

（1）病毒分离与鉴定　一般采用细胞培养、实验动物接种和鸡胚培养3种方法。

（2）血清学诊断　可采用ELISA、中和试验（VN）和补体结合试验进行诊断。

（3）分子生物学诊断　可采用RT-PCR、核酸杂交技术以及核酸序列分析进行诊断。

六、防治

平时的预防措施包括加强饲养管理，搞好卫生消毒工作，严格检疫，免疫接种，搞好免疫效果监测。

发生疫情时将染疫动物和受威胁动物进行扑杀，尸体无害化处理，同时隔离、封锁、彻底消毒。受威胁区的易感动物紧急注射疫苗。

七、公共卫生

人一般经伤口及口感染，引起轻度的口腔黏膜炎症，出现水疱等。一般病程为2～3周，预后良好。幼儿发病较严重，可并发胃肠炎、神经炎和心肌炎等。预防人的口蹄疫，要防止病从口入。

第七节　大肠杆菌病

大肠杆菌病是由大肠埃希菌（俗称大肠杆菌）某些致病性菌株引起的细菌性人兽共患病。该病主要侵害幼龄者，常引起严重腹泻和败血症。本病在世界各地广泛存在，严重威胁人畜健康。

一、病原

（一）形态及染色

大肠杆菌为革兰阴性杆菌，不产生芽孢，两端钝圆，散在或成对。大多数菌株以周生鞭毛运动，一般均有1型菌毛，少数菌株兼有性菌毛。除少数菌株外，通常无可见荚膜，但常有微荚膜。碱性染料对本菌有良好着色性，菌体两端偶尔略深染。

（二）培养特性

本菌为兼性厌氧菌，在普通培养基上生长良好，最适生长温度为37℃，最适生长pH为7.2～7.4。在营养琼脂上形成圆形、凸起、光滑、湿润、半透明、灰白色的菌落；在麦康凯琼脂上形成红色菌落；在伊红美蓝琼脂上产生黑色带金属光泽的菌落；在SS琼脂上呈红色，一般不生长或生长较差。

（三）生化特性

大多数菌株可发酵乳糖、葡萄糖产酸产气；发酵麦芽糖、甘露糖、L-阿拉伯糖、L-鼠李糖、D-木糖、海藻糖；不产生硫化氢，明胶穿刺大多数菌株显示有运动力。吲哚和甲基红试验均为阳性，VP试验和枸橼酸盐利用试验均为阴性。

（四）抗原及血清型

大肠杆菌抗原主要有O、K、H和F 4种，分别是菌体抗原、荚膜抗原、鞭毛抗原和菌毛抗原。目前O抗原约有180种，K抗原有103种，H抗原有60多种。通常用O∶K∶H排列表示大肠杆菌的血清型。ETEC中常见的K88、K99、987P黏附素，又分别称为F4、F5、F6黏附素抗原。

（五）体内分布、致病性和毒力因子

在人和动物的肠道内，大多数大肠杆菌在正常条件下是不致病的共栖菌，在特定条件下（如侵入肠外组织或器官）可致病。但少数大肠杆菌与人和动物的大肠杆菌病密切相关，它们是病原性大肠杆菌，正常情况下极少存在于健康机体。与动物疾病有关的致病性大肠杆菌主要有以下几种：产肠毒素大肠杆菌、产类志贺毒素大肠杆菌、肠致病性大肠杆菌、败血性大肠杆菌、肠出血性大肠杆菌、肠侵袭性大肠杆菌及尿道致病性大肠杆菌等。

（六）抵抗力及药物敏感性

大肠杆菌对外界环境因素的抵抗力弱。对低温有一定的耐受力。对一般的消毒剂都比较敏感。一般对常见广谱抗生素敏感，但由于长期滥用某些抗生素，目前已出现大量耐药菌株，需要引起人们重视。

二、流行病学

致病性大肠杆菌的许多血清型可引起各种家畜和家禽发病，据流行病学调查，不同地区的优势血清型往往有差别，即使在同一地区，不同疫场（群）的优势血清型也不尽相同。

本病的主要传染源是患病动物和带菌者，通过粪便排出病菌，污染饲料、饮水、空气以及母畜的乳头和皮肤，仔畜经消化道而感染；家禽可经消化道、呼吸道感染，或病菌经种蛋裂隙使胚胎发生感染。牛也可在子宫内或经脐带感染。人主要经消化道感染。

幼龄畜、禽对本病最易感。猪从出生至断乳期均可发病，仔猪黄痢常发于生后1周以内，以1～3日龄者居多；仔猪白痢多发于生后10～30 d，以10～20日龄者居多；猪水肿病和断奶仔猪腹泻主要见于断乳仔猪。牛生后10 d内多发，羊生后6 d至6周多发，马生后2～3 d多发。兔主要发生于20日龄及断奶前。鸡大肠杆菌病常发生于3～6周龄，主要表现为气囊炎、心包炎、肝周炎。

本病一年四季均可发生，但犊牛和羔羊多发于冬、春舍饲期间。本病的发生与一些诱发因素有关，如初乳吸吮不及时，饥饿或过饱，饲料霉变、配比不当或突然改变，气候剧变、通风换气不良、消毒不彻底、呼吸道损伤、免疫抑制及病原体感染等。

三、临诊症状及病理变化

致病性大肠杆菌感染仔猪，主要表现为仔猪黄痢、仔猪白痢、猪水肿病和断奶仔猪腹泻。

仔猪黄痢，潜伏期短，生后12 h以内即可发病，长的也仅1～3 d。粪便黄色浆状，内含凝乳小片，消瘦、昏迷而死。剖检尸体可见脱水严重，皮下常有水肿，肠道膨胀，有多量黄色液状内容物和气体，肠黏膜呈急性卡他性炎症变化，以十二指肠最为严重。

仔猪白痢，粪便乳白色或灰白色、浆状、糊状、腥臭、黏腻。能自行康复，死亡的很少。剖检尸体外表苍白、消瘦、肠黏膜有卡他性炎症变化，肠系膜淋巴结轻度肿胀。

猪水肿病，断乳仔猪胃壁和其他某些部位发生水肿。

断奶仔猪腹泻，水样腹泻，脱水，饮欲强。

禽经卵感染或孵化后感染，出壳后几天内大批急性死亡。慢性者精神沉郁，冠发紫，腹泻剧烈，粪便灰白色，间或混有血液，死前有抽搐和转圈运动，偶见全眼球炎。成年蛋鸡感染后，多表现为输卵管炎和腹膜炎，常以死亡告终。

禽大肠杆菌病剖检可见多种病理变化：急性败血症、气囊炎、关节滑膜炎、全眼球炎、输卵管

和腹膜炎、脐炎、肉芽肿等。

四、诊断

根据流行病学、临诊症状和病理变化可进行初步诊断。确诊需进行实验室检查。采病料,涂片、染色、镜检,然后分离、培养,对分离出的大肠杆菌进行生化反应、血清学或分子生物学鉴定。根据需要,做致病性检验。

鉴别诊断:猪大肠杆菌病与仔猪红痢、猪传染性胃肠炎以及由轮状病毒、冠状病毒等引起的仔猪腹泻相鉴别;牛大肠杆菌病与犊牛副伤寒相鉴别;羊大肠杆菌病与羔羊痢疾相鉴别;禽大肠杆菌病与鸡白痢、鸡伤寒、禽副伤寒相鉴别。

五、防治

控制本病重在预防。在饲养过程中需要消除前述诱发因素的不良影响。用针对本地流行血清型的大肠杆菌制备的灭活苗接种妊娠动物,可使仔畜获得良好被动免疫。可使用一些微生态制剂进行肠道菌群调整。我国研制成功的仔猪大肠杆菌病 K88、K99 双价基因工程苗和 K88、K99、987P 三价基因工程苗,取得了一定的预防效果。

六、公共卫生

本病的公共卫生意义主要是以 O157∶H7 为代表的肠出血性大肠杆菌(EHEC)引起的食物中毒。搞好饮食卫生是预防人大肠杆菌病最有效的措施。EHEC 主要感染儿童和老人,需要及早诊断,及时治疗。

第八节　沙门菌病

沙门菌病是由沙门菌属细菌引起的人兽共患传染病。临床上主要表现为败血症、腹泻和流产。本病在不同动物中的名称有所不同,如鸡白痢、禽伤寒、禽副伤寒、仔猪副伤寒、犊牛痢疾等,但以上疾病统称为沙门菌病。沙门菌也可以感染人,导致食物中毒和败血症等。本病呈世界性分布。

一、病原

沙门菌属是肠杆菌科的重要成员,本属细菌包括肠道沙门菌(又称猪霍乱沙门菌)和邦戈尔沙门菌两个种。沙门菌为革兰阴性中等大小杆菌,不产生芽孢,微荚膜,个别的形成短丝状体。除鸡白痢沙门菌和鸡伤寒沙门菌无鞭毛不运动外,其余各菌均以周生鞭毛运动,且绝大多数具有 1 型菌毛。

沙门菌的培养特性与埃希氏菌属相似。在普通培养基上生长良好,需氧或兼性厌氧,培养最适温度为 37℃,适宜 pH 为 7.4～7.6。在肠道杆菌鉴别或选择性培养基上,大多数菌株因不发酵乳糖而形成无色菌落。根据此特点可以与埃希氏菌相鉴别。沙门菌生化特性活泼,但不发酵蔗糖,不凝固牛乳,不产生靛基质。

沙门菌具有 4 种抗原,分别是 O(菌体)、H(鞭毛)、K(荚膜,又称 Vi)和菌毛抗原。依据不同的 O 抗原、K 抗原和 H 抗原可将沙门菌分为不同的血清型,到目前为止,沙门菌有 2 500 多种血清型,大部分血清型属于肠道沙门菌。

依据对宿主的感染范围,可将沙门菌属的细菌分为宿主适应性血清型和非宿主适应性血清型两大类。所谓宿主适应性血清型是指该血清型只对其适应的宿主有致病性,非宿主适应性血清型是指该血清型对多种宿主有致病性。前者包括伤寒沙门菌、副伤寒沙门菌(A 型和 C 型)、马流产沙门菌、羊流产沙门菌、鸡伤寒沙门菌和鸡白痢沙门菌;后者包括鼠伤寒沙门菌、鸭沙门菌、德尔卑沙门菌、肠炎沙门菌、纽波特沙门菌、田纳西沙门菌等。猪霍乱沙门菌和都柏林沙门菌,最初认为它们分别只对猪和牛有宿主适应性,近来发现它们对其他宿主也可致病。沙门菌的血清型虽然很多,但常见的危害人与动物的非宿主适应血清型只有 20 多种,加上宿主适应血清型,也仅有 30 余种。

沙门菌在自然界广泛分布,对外界环境的抵抗力较强,对干燥、腐败、日光有较强的抵抗力,对化学消毒剂的抵抗力较弱。通常对多种抗菌药物敏感。但因抗生素滥用,沙门菌耐药现象越来越严重,目前已成为公共卫生关注的问题。

二、流行病学

本病的主要传染源为患病动物和带菌动物。健康动物的带菌现象非常普遍,尤其是鼠伤寒沙门菌。正常情况下,病菌潜藏于消化道、淋巴组织或胆囊内。当受到外界不良因素影响,动物机体抵抗力降低,病原菌活化,发生内源性感染,如果连续通过易感动物,毒力可增强,疾病逐渐蔓延。

本病的主要传播途径是经污染的饲料和饮水通过消化道感染,患病动物与健康动物交配或用患病动物的精液人工授精也可发生感染。鼠类可传播本病。人类感染一般是因食用污染的食物而引起,或通过其他直接或间接接触方式而感染。

沙门菌属中的许多类型细菌对动物均有致病性。动物不分年龄均可感染,但幼龄动物更易感。一般来说,3 周龄以内的雏鸡、1~4 月龄的仔猪、30~40 日龄的犊牛、断乳前后的羊、6 月龄以内的幼驹最易感。孕畜感染后多数发生流产,尤其是怀孕中后期的头胎母马以及怀孕后期的母羊更为常见。

本病的流行无季节性,一年四季均可发生。但猪在潮湿多雨的季节、成年牛在夏季放牧时、马在春秋两季、育成期羔羊在夏季和早秋、家禽在育雏季节更多发。孕羊发生流产主要在晚冬和早春。

本病的流行形式一般为散发或地方流行性,有的动物表现为流行性。成年牛感染后多呈散发性,但犊牛多呈流行性。雏鸡多呈地方流行性。猪一般表现为散发,饲养管理不好可能表现为地方流行性。

禽沙门菌病可由病禽、带菌禽通过带菌卵而垂直传播。带菌卵孵化时,或形成死鸡胚,或孵出病雏。病雏粪便中含有大量病菌,污染饲料、饮水和周围环境等,通过消化道、呼吸道或眼结膜而感染。被感染的小鸡死亡率高,耐过鸡可长期带菌。和大肠杆菌病一样,本病的发生有很多诱发因素:饲料不良,饮水不足,潮湿,拥挤,通风不良,温度异常,长途运输、其他病原体感染,引进动物未实行严格隔离检疫等。

三、临床症状

潜伏期一般 1 周左右。

急性型临床表现为体温升高,呕吐,下痢,母畜繁殖障碍,不孕、流产或产弱胎,慢性型多表现为关节炎。

四、病理变化

急性型主要为败血症变化,尤其是幼畜和育成畜,出现卡他性、黏液性,以致坏死性肠炎。母畜常为卵巢炎和子宫内膜炎。慢性型表现为浆液性、脓性或纤维素性关节炎。全身组织细胞变性、坏死。个别表现为纤维素沉着和机化。

五、诊断

根据流行病学、临诊症状和病理变化,进行初步诊断,确诊需做沙门菌的分离和鉴定。

分离和鉴定一般按下列程序进行:病料采集、增菌培养、选择培养、纯培养、生化鉴定及血清学鉴定。

本病感染后不表现临诊症状,但长期携带病原的情况较为多见,检出这部分病原携带者,对于防治本病十分关键。目前实践中常用血清学方法对鸡白痢进行血清学诊断。对鸡白痢,可采取鸡的血液或血清做平板凝集试验。鸡白痢沙门菌和鸡伤寒沙门菌具有相同的 O 抗原,因此鸡白痢标准抗原也可用来对禽伤寒进行凝集试验。近年来,单克隆抗体技术和酶联免疫吸附试验(ELISA)已用于本病的快速诊断。

仔猪副伤寒除少数急性败血型经过外,多表现为亚急性和慢性,与亚急性和慢性猪瘟相似,应注意区别。另外,本病也可继发于其他疾病,尤其是猪瘟,必要时应进行实验室鉴别诊断。

六、防治

本病的防治应重视生物安全措施,加强饲养管理,消除本病的诱发因素,做好消毒、灭鼠等工作。我国目前在规模化养鸡场针对鸡白痢、禽流感、新城疫和禽白血病分阶段实施净化工作。养殖场针对不同疫病本底调查情况,一场一册制定相应净化方案。采取严格的生物安全措施、免疫预防措施、病原学检测、免疫抗体和野毒感染抗体监测,淘汰带毒鸡或鸡群,对假定阴性鸡群加强综合防控措施,逐步扩大净化效果,最终建立净化场。同时加强人流、物流管控和实行全进全出生产模式,降低疫病水平传播风险;强化本场留种和引种的检测,避免外来病原传入风险;建立完善的防疫和生产管理等制度,优化生产结构和建筑设计布局,构建持续有效的生物安全防护体系,确保净化效果持续、有效。

七、公共卫生

沙门菌病是重要的人兽共患传染病。人沙门菌病可由多种沙门菌引起,除了伤寒、副伤寒沙门菌以外,以人兽共患的鼠伤寒沙门菌、肠炎沙门菌、猪霍乱沙门菌、都柏林沙门菌、德尔卑沙门菌、纽波特沙门菌、鸭沙门菌等为最常见。主要引起胃肠炎和食物中毒,严重者甚至会导致死亡。主要通过污染的动物性食品导致感染。临诊症状主要有 3 种类型:胃肠炎型、败血症型、局部感染化脓型,其中以胃肠炎型为最常见。该型潜伏期 4～24 h,最短者仅 2 h。多数患者起病突然,畏寒发热,体温一般 38～39℃,多伴有头痛、食欲不振、恶心、呕吐、腹痛、腹泻,每天排便从 3～4 次至数十次,呈黄色水泻,带有少量黏液,有恶臭,个别病例可混有脓血。病程一般 2～4 d。治疗一般选用敏感药物进行治疗和对症治疗相结合,注意休息和加强护理。多数患者可于数天内恢复健康。

防止病从口入对于预防本病十分关键。肉类一定要充分煮熟,搞好灭鼠工作,防止食物被鼠类窃食。加强屠宰检验,尤其是急宰患病动物的检验和处理。患病动物应严格执行无害化处理。动物饲养人员、兽医、屠宰人员以及其他生产和经营动物及动物产品的人员,应注意做好卫生消毒工作。

❓ 思考题

1. 如果某奶牛养殖场有一头奶牛发病并死亡,其临诊症状与炭疽相似,应如何确诊? 需采取哪些相应的防治措施?

2. 我国近年来布鲁菌病疫情情况及应对措施有哪些?

3. 结核病的诊断要点有哪些? 如何进行结核病的综合防治?

4. 动物沙门菌病的公共卫生意义是什么?

5. 大肠杆菌病耐药性非常普遍,这说明什么? 如何克服和解决这一问题?

第三十八章　猪的主要传染病

学习要点 //

　　掌握猪的几种重要传染病,如猪瘟、猪圆环病毒病、猪繁殖和呼吸综合征等的病原、临诊症状、病理变化的特征和诊断、防治要点。理解上述传染病的流行病学意义。了解当前常见猪病的发病动态。

第一节　猪　瘟

　　猪瘟由猪瘟病毒引起,是猪的一种急性、热性、高度接触性传染病。该病特征为发病急、高热稽留和细小血管壁变性,引起全身泛发性小点出血,脾边缘出血性梗死。

　　猪瘟呈世界性分布,对养猪业造成的经济损失巨大,OIE 将其列入必须报告的疫病,并规定为国际重点检疫对象。目前该病在我国仍时有发生,是对养猪业危害最大、最受重视的传染病之一。

一、病原

　　猪瘟病毒属于黄病毒科瘟病毒属。病毒粒子呈球形,基因组为单股线状 RNA。猪瘟病毒只有一个血清型。根据病毒的毒力差异,可将野毒株分为强、中、低、无毒株和持续感染毒株。强毒株引起急性猪瘟,死亡率高;中毒株一般导致亚急性或慢性感染;低毒株可引起胎儿轻微临诊症状或亚临诊感染,但胚胎感染或初生猪感染可导致免疫失败和死亡。无毒力株能引起病毒血症,但不表现临诊症状,呈持续性病毒感染。

　　猪瘟病毒对环境的抵抗力弱,对乙醚、氯仿和去氧胆酸盐等脂溶剂敏感,过酸或过碱可使病毒失活。

二、流行病学

　　本病最主要的传染源是病猪和带毒猪。不分品种、年龄和性别均可感染,幼龄最易感。传播途径主要是消化道、呼吸道,也可经眼结膜、生殖道黏膜或皮肤擦伤感染。猪瘟的垂直传播会造成仔猪持续性病毒感染,部分仔猪无明显临诊症状,但终身带毒、散毒,是猪瘟持续发生的主要原因。人和其他动物也能机械传播病毒。本病一年四季均可发生,当前我国主要流行形式为地方性流行和散发。

三、临诊症状

　　潜伏期一般为 2～14 d。临诊表现因毒株、年龄、易感性及猪群中感染的其他病原的不同而异。

最急性型、急性型和亚急性型表现为体温升高,高温稽留或弛张热,精神萎靡,结膜炎,皮肤、结膜、黏膜出血,腹泻,妊娠母猪流产、死胎、弱胎。

慢性型表现为病情时轻时重,腹泻与便秘交替发生,生长迟缓等。

迟发型猪瘟是先天性感染猪瘟病毒的结果。通过胎盘感染导致流产、木乃伊胎、畸形、死产、产弱仔或外表健康的仔猪。子宫内感染的仔猪常见皮肤出血,初生死亡率高。

四、病理变化

最急性型病理变化不明显。急性型和亚急性型表现败血症变化,全身皮肤、黏膜、浆膜、心外膜等有出血点;脾出血性梗死;淋巴结水肿、出血,呈大理石样外观;肾有出血点或出血斑,呈"麻雀卵样肾"外观;全身浆膜、黏膜和心、肺、膀胱等出血。

慢性型在回盲瓣口、盲肠及结肠黏膜可出现扣状肿。肋骨、肋软骨间形成骨垢线。

迟发型胎儿木乃伊化、死产和畸形。死胎全身性皮下水肿、畸形。

"温和性猪瘟"一般轻于典型猪瘟的病理变化,如淋巴结呈现水肿状态,轻度出血或不出血;肾出血点不一致;脾稍肿,有1~2处梗死灶;回盲瓣很少出现纽扣状溃疡,但有溃疡和坏死病理变化。

病理组织学可见血管周围套,具有一定的诊断意义。

五、诊断

根据流行病学、临诊症状和病理变化进行初步诊断,确诊需要实验室诊断。

(一)免疫荧光试验(FA)

采集脾、肾、淋巴结、扁桃体制备冰冻切片或抹片,经荧光抗体染色后检测抗原。

(二)酶联免疫吸附试验(ELISA)

采集血液、器官或血清利用抗原捕获 ELISA 检测猪瘟病毒。

(三)反转录-聚合酶链式反应(RT-PCR)

RT-PCR 可直接检测病毒 RNA,已被大多数实验室所采用,其特点是快速、敏感。也可采用实时定量 RT-PCR 进行诊断。

(四)病原分离

采样处理后在猪肾细胞系(如 PK-15 细胞)上培养,病毒可大量繁殖,但不引起明显病变,再接种新城疫病毒可产生明显细胞病变,这种新城疫病毒强化现象常被用于猪瘟病毒的检测。

(五)鉴别诊断

本病应与猪繁殖与呼吸综合征、猪丹毒、猪肺疫、猪圆环病毒病、链球菌病和仔猪副伤寒等相鉴别。

六、防治

我国当前分区优先对种猪场进行猪瘟净化。针对猪瘟的本底调查情况,制定相应净化方案。采取严格的生物安全措施、免疫预防措施、病原学检测、免疫抗体监测、野毒感染与疫苗免疫鉴别诊断监测,淘汰带毒猪,分群饲养,建立健康动物群。对假定阴性群加强综合防控措施,逐步扩大净化效果,最终建立净化场。同时加强人流、物流管控和实行全进全出生产模式,降低疫病水平与传播风险;强化本场留种和引种的检测,避免外来病原传入风险;建立完善的防疫和生产管理等制度,优化生产结构和建筑设计布局,构建持续有效的生物安全防护体系,确保净化效果持续、有效。种猪场的猪瘟净化主要分 3 个阶段,分别是本底调查阶段、免疫控制阶段和净化阶段。

世界上许多国家和地区,常采用疫苗接种,或疫苗接种辅之以扑灭政策,以控制本病。猪瘟兔化弱毒疫苗是我国成功研制、应用广泛的优秀疫苗,不少国家使用该疫苗消灭了猪瘟,为我国猪瘟的防控树立了榜样。

第二节　猪繁殖与呼吸综合征

猪繁殖与呼吸综合征,俗称"猪蓝耳病",是由猪繁殖与呼吸综合征病毒引起的猪的一种繁殖障碍和呼吸系统的传染病,其特征为母猪厌食、发热,妊娠后期发生流产,产死胎和木乃伊胎;仔猪发生呼吸系统疾病和大量死亡。高致病性毒株可引起成年猪高热、呼吸困难和急性死亡。

该病最早于 1987 年在美国发现,随后在加拿大、德国、法国、荷兰、英国、西班牙、比利时、澳大利亚、日本、菲律宾等国家相继发生。我国内地于 1996 年由郭宝清等首次在暴发流产的胎儿中分离到猪繁殖与呼吸综合征病毒。2006 年发现病毒出现明显变异,引起所谓的"高致病性猪蓝耳病"。目前,本病几乎存在于所有猪群,对我国养猪业的健康发展提出了严重挑战。

一、病原

猪繁殖与呼吸综合征病毒归属于动脉炎病毒科动脉炎病毒属。病毒分为欧洲型和美洲型,欧洲型代表毒株为 Lelystad 病毒(LV),美洲型代表毒株为 VR2332。两型病毒均具有典型的免疫抑制特性。我国当前流行的毒株主要是传统的美洲型毒株和高致病性毒株,个别报道也有欧洲型毒株。

二、流行病学

病猪和带毒猪是本病的主要传染源,感染猪存在恢复期排毒现象。本病只感染猪,不分年龄、品种均可感染,怀孕中后期的母猪和胎儿更易感。

本病主要经呼吸道感染,传播迅速,也可垂直传播。猪场卫生条件差、饲养密度大、气候恶劣等可促进本病的流行。

持续性感染是本病重要的流行病学特征,因此,猪群一旦感染,很难彻底清除。且本病可引起免疫抑制,所以容易继发其他病原感染,如猪圆环病毒 2 型、多杀性巴氏杆菌和链球菌等。

三、临诊症状

自然感染潜伏期一般为 14 d。

该病主要表现为妊娠中后期母猪繁殖障碍,仔猪呼吸道症状明显。高致病性猪繁殖与呼吸综合征导致成年猪高热、呼吸困难和急性死亡。

母猪病初精神委顿、厌食、发热。妊娠后期发生早产、流产、死胎、木乃伊胎及弱仔。少数猪耳部发紫,个别母猪出现肢体麻痹性神经症状。

仔猪以 2～28 日龄感染后临诊症状明显,若是首次发病,死亡率可达 90% 以上。大多数仔猪表现呼吸困难、肌肉震颤、后肢麻痹、共济失调、打喷嚏、嗜睡,有的仔猪耳部和肢体末端皮肤发绀。

四、病理变化

主要病理变化为仔猪弥漫性间质性肺炎。组织学病变为肺泡壁增厚,膈有巨噬细胞和淋巴细胞浸润。流产胎儿可见动脉炎、心肌炎和脑炎。

五、诊断

根据母猪妊娠后期发生流产,产死胎和木乃伊胎,新生仔猪死亡率高,仔猪呼吸困难和间质性肺炎等可初步做出诊断。确诊需进行实验室诊断。

(一)病毒分离

采集病猪的肺、病死胎儿的肠和腹水、母猪血液、鼻拭子和粪便等,经处理后接种猪肺泡巨噬细胞或 Marc-145 细胞培养进行病毒分离。

(二)酶联免疫吸附试验(ELISA)

该方法特异性好,可用于本病的监测和诊断。

(三)反转录-聚合酶链式反应(RT-PCR)

该方法可区分美洲型毒株和欧洲型毒株。该法对一些特殊的样品,尤其是不能进行病毒分离的样品也可进行检测。

(四)鉴别诊断

本病应与猪细小病毒病、猪伪狂犬病、流行性乙型脑炎及猪瘟等进行鉴别。

六、防治

本病主要采取综合防治措施。最根本的办法是消除作为传染源的病猪和带毒猪,进行彻底消毒,切断传播途径。加强检疫和本病的监测,以防本病蔓延。

本病已列入规模化种猪场主要动物疫病净化范围,养殖场需要结合本场实际,制定动物疫病净化目标和具体实施计划,分阶段实施净化工作。净化的关键是阻断病毒在猪群中的循环,建立健康猪群,同时采取严格的生物安全措施,防止病毒的再次侵入。

第三节　猪细小病毒病

猪细小病毒病是猪的一种繁殖障碍性疾病,其特征为初产母猪流产,产死胎、畸形胎、木乃伊胎及病弱仔猪。本病呈世界性分布。

一、病原

猪细小病毒属于细小病毒科细小病毒属。病毒基因组为单股 DNA。病毒可在猪原代细胞(如猪肾细胞)及传代细胞(如 PK15)上生长繁殖,并出现细胞病理变化,产生核内包涵体。病毒能凝集人、猴、豚鼠、小鼠及鸡的红细胞。

二、流行病学

病猪和带毒猪是本病的主要传染源。病毒可通过胎盘垂直传播,具有免疫耐受性的仔猪可能持续带毒和排毒。感染公猪在配种时易传给易感母猪。本病主要是通过呼吸道和消化道感染。猪是已知的唯一易感动物,不分年龄、性别均可感染。

本病主要感染初产母猪,一般呈地方流行性或散发。一旦发生本病后,猪场可能连续几年不断地出现母猪繁殖障碍。

三、临诊症状

母猪处于不同的妊娠阶段,可分别导致流产、死胎、木乃伊胎等不同临诊症状。在妊娠 30～50 d 感染时,主要产木乃伊胎。妊娠 50～60 d 感染时多出现死产。妊娠 70 d 感染的母猪一般较易流产。本病还可导致母猪产弱仔,屡配不孕,早产或预产期推迟等表现。

四、病理变化

本病可导致母猪子宫内膜炎,胎盘钙化,胎儿溶解、吸收。感染胎儿可见充血、水肿、出血、木乃伊化等病变。组织学病理变化可见感染胎儿组织、器官炎症和核内包涵体,以及以血管套为特征的脑膜脑炎变化。

五、诊断

根据初产母猪发生流产、产死胎、畸形胎、木乃伊胎及病弱仔猪等情况,而母猪没有明显的临诊症状,可进行初步诊断。确诊必须进行实验室检查,主要方法有病毒分离鉴定,血凝试验和血凝抑制试验、酶联免疫吸附试验或荧光抗体染色试验。

本病应注意与猪伪狂犬病、猪流行性乙型脑炎、猪繁殖与呼吸综合征和猪布鲁菌病等进行鉴别诊断。

六、防治

本病的主要防治措施是引进猪时加强检疫,发病时做好消毒工作、及时隔离及淘汰病猪。预防主要采取免疫接种措施,常用的疫苗有弱毒疫苗和灭活疫苗,对初产母猪在配种前应进行疫苗接种。

第四节 猪圆环病毒病

猪圆环病毒病是由猪圆环病毒引起的猪的传染病,包括断乳仔猪多系统衰竭综合征、猪皮炎肾病综合征、猪呼吸道综合征、母猪繁殖障碍、仔猪先天性震颤、增生性坏死性肠炎等。主要临诊表现为消瘦、贫血、黄疸、生长发育不良、腹泻、呼吸困难、母猪繁殖障碍,尤其是肾、脾及全身淋巴结肿大、出血以及坏死。本病是一种免疫抑制性疾病,易导致继发感染。本病呈世界性分布,给养猪业造成了巨大的经济损失。

一、病原

猪圆环病毒(porcine circovirus,PCV)属于圆环病毒科圆环病毒属。PCV 含有单股负链环状DNA。PCV 有 3 种血清型,即 PCV-1、PCV-2 和 PCV-3。PCV-1 对猪无致病性,PCV-2 可引起一系列相关的临诊病症。2016 年以来发现的 PCV-3 与繁殖障碍、猪皮炎和肾病综合征有关。

二、流行病学

猪是 PCV-2 的主要宿主。各种年龄的猪均可感染,但仔猪感染后发病严重。怀孕母猪感染PCV-2 后,可经胎盘垂直传播。感染猪可经鼻液、粪便等排出病毒,经消化道、呼吸道传播。

PCV-2 感染受诱发因素影响明显,这些因素包括饲养管理不善、通风不良、温度不适、免疫接种应激、不同来源和日龄的猪混养以及常见的、重要的病原体感染等。PCV-2 主要侵害机体的免疫系统,可导致机体的免疫抑制。

三、临诊症状及病理变化

PCV-2 感染可以引起多种表现,现将断乳仔猪多系统衰竭综合征、猪皮炎肾病综合征和母猪繁殖障碍简介如下。

(一)断乳仔猪多系统衰竭综合征(PMWS)

PMWS 主要发生于断奶仔猪,病猪表现为精神萎靡、食欲不振、下痢、呼吸困难、眼睑水肿、黄疸、贫血、消瘦、生长发育不良,全身淋巴结尤其是腹股沟、肠系膜、支气管以及纵隔淋巴结肿胀明显。剖检可见淋巴结肿大、肝变硬、支气管炎。肺衰竭或萎缩,质地似橡皮。脾肿大、坏死、色暗。肾苍白、肿大、有坏死灶。组织学病变为间质性肺炎,淋巴组织多灶性凝固性坏死等。

(二)猪皮炎肾病综合征

此病主要发生于 8～18 周龄的猪。本病型与猪繁殖与呼吸综合征病毒、多杀性巴氏杆菌等的感染有关。病猪表现为皮肤出现红紫色不规则隆起斑块,在会阴部和四肢皮肤较明显。主要病变为肾肿大、苍白,有出血点或坏死点。组织学变化为出血性坏死性皮炎和动脉炎。

(三)母猪繁殖障碍

母猪繁殖障碍主要表现为母猪返情率增加、产木乃伊胎、流产、死产和产弱仔等。

四、诊断

该病确诊主要靠实验室检测,主要方法有病毒分离鉴定、电镜检查、原位杂交、酶联免疫吸附试验、免疫组织化学法和 PCR 等。该病应注意与猪瘟的鉴别诊断。

五、防治

该病的主要防控措施包括加强饲养管理和消毒工作,减少应激,做好猪伪狂犬病、猪繁殖与呼吸综合征、细小病毒病、喘气病、传染性胸膜肺炎等其他疫病的综合防治等。

第五节　猪伪狂犬病

猪伪狂犬病是由伪狂犬病病毒引起的一种急性传染病。主要临诊表现为体温升高,新生仔猪神经症状,还可侵害消化系统。成年猪常为隐性感染,妊娠母猪感染后可引起流产、死胎及呼吸系统临诊症状。公猪出现繁殖障碍和呼吸系统症状。其他家畜和野生动物也会感染本病。本病广泛分布于世界各国,一旦发病,很难根除,给养猪业造成了巨大的经济损失。

一、病原

伪狂犬病病毒(PRV)属于疱疹病毒科 α-疱疹病毒亚科。基因组为线状双股 DNA。病毒的 *TK* 基因是主要的毒力基因。*TK* 基因一旦失活,病毒对宿主的毒力将丧失或明显降低。

二、流行病学

病猪、带毒猪以及带毒鼠类为本病重要的传染源。多种动物都可感染PRV,其中猪最易感,发病也最严重。实验动物中家兔和小鼠最易感。

本病既可水平传播,又可垂直传播,传播途径包括消化道、呼吸道、伤口及生殖道等。饲养管理不善、卫生条件差、其他疫病控制不力、各种应激因素都易诱发本病。

三、临诊症状

潜伏期一般为3～6 d。临诊症状随日龄大小和感染毒株的毒力强弱而有很大差异,主要表现为发热、神经症状、奇痒(猪表现不明显)、呕吐、腹泻及呼吸系统症状;母畜特别是母猪繁殖障碍,出现不孕、流产、早产、死产等。多数成年动物呈隐性经过。仔猪的病死率可高达100%。

四、病理变化

一般无特征性病理变化。神经症状表现为脑膜充血、出血和水肿,脑脊髓液增多;扁桃体、肝和脾有散在白色坏死灶;肺水肿;胃底黏膜出血;流产胎儿的脑和臀部皮肤有出血点,肾和心肌出血,肝和脾有灰白色坏死灶。病理组织学变化主要是非化脓性脑膜炎,在脑神经细胞内及淋巴细胞内有嗜酸性包涵体。

五、诊断

根据流行病学调查情况和临诊症状可初步诊断为本病,确诊需要进行实验室检查。可采取病患部水肿液、侵入部的神经干、脊髓、脑组织、扁桃体以及内脏,接种家兔以分离病毒,接种兔常出现奇痒临诊症状后死亡。分离出的病毒做中和试验以确诊。另外,还可采取免疫荧光抗体试验、酶联免疫吸附试验和PCR进行确诊。本病应与李氏杆菌病、狂犬病、猪细小病毒病等进行鉴别诊断。

六、防治

本病紧急情况下用高免血清治疗以降低死亡率。消灭鼠类对预防本病有重要意义。加强检疫,淘汰阳性猪,最终建立无病猪群。免疫接种可采用猪伪狂犬病活疫苗和灭活苗对疫病流行地区的猪进行免疫。商品猪55日龄左右时进行一次免疫;种母猪55日龄左右时进行初免;初产母猪配种前、怀孕母猪产前4～6周再进行一次免疫;种公猪55日龄左右时进行初免,以后每隔6个月进行一次免疫。

依靠基因缺失苗和与之相配套的鉴别诊断方法,美国和欧洲一些国家已经实施猪伪狂犬病根除计划并取得显著成效。在我国本病已列入规模化种猪场主要动物疫病净化范围,目前正在分阶段进行种猪群中猪伪狂犬病的净化。

第六节　猪气喘病

猪支原体肺炎,又称猪地方流行性肺炎,俗称猪气喘病,是猪的一种慢性呼吸道传染病,病原为猪肺炎支原体。该病的主要表现为咳嗽、气喘,肺的心叶、尖叶、中间叶和膈叶前缘呈肉样或虾肉样实变。本病广泛分布于世界各地,患猪死亡率不高,但继发感染可造成严重死亡,给养猪业发展带来严重危害。

▶ 一、病原

猪肺炎支原体，属于支原体科支原体属。猪肺炎支原体无细胞壁，呈多形态，有环状、球状、点状、杆状和两极状。革兰染色阴性，姬姆萨或瑞氏染色良好。

本菌能在无细胞人工培养基上生长，生长条件要求较严格。在固体培养基上生长缓慢，接种后经 7～10 d 长成肉眼可见针尖和露珠状菌落，在低倍显微镜下呈煎荷包蛋样。

▶ 二、流行病学

病猪和带菌猪是本病的传染源。本病一旦传入，很难彻底扑灭。自然病例仅见于猪，不同年龄、性别和品种的猪均可感染，仔猪易感性高，发病率和死亡率较高，其次是妊娠后期和哺乳期的母猪。病猪与健康猪直接接触，或经呼吸道感染。

本病发生不分季节，但在寒冷、多雨、潮湿或气候骤变时较为多见。饲养管理和卫生条件对本病发病率和死亡率影响很大，特别是饲料质量差、饲养密度大、通风不良及继发或并发其他疾病，常导致死亡率升高。

▶ 三、临诊症状

潜伏期 3～30 d。病初体温升高；呈阵发性或痉挛性咳嗽，清晨和寒冷刺激加重；气喘，严重时出现明显的腹式呼吸；死亡率低，多继发感染其他病原导致死亡。

▶ 四、病理变化

肺心叶、尖叶、中间叶及膈叶前缘出现融合性支气管肺炎，左右两侧一般呈对称性，病变区与健康区界限明显。病变呈肉样或虾肉样实变。病理组织学变化主要是气管纤毛脱落，细支气管及血管周围淋巴样细胞浸润。

▶ 五、诊断

根据流行病学、临诊症状和病理变化可做出初步诊断，必要时进行实验室确诊。X 线检查对本病的诊断有重要价值，尤其是对隐性感染的诊断。其他也可进行病原分离鉴定和血清学试验。另外，本病应注意与猪肺疫、猪传染性胸膜肺炎、猪流感等相鉴别。

▶ 六、防治

未发病地区应坚持自繁自养、全进全出，必须引进猪时，要严格隔离和检疫；加强饲养管理，搞好卫生消毒工作，采用人工授精，保护健康母猪群。在疫区，以康复母猪培育无病后代，建立健康猪群为主。

另外，由于本病容易继发或并发感染其他疾病，因此应全面考虑疫苗预防、生物安全与药物控制等综合措施。

? 思考题

1. 简述猪瘟、猪圆环病毒病、猪繁殖和呼吸综合征等的防治要点。
2. 如何对猪伪狂犬病、猪繁殖与呼吸综合征和猪布鲁菌病进行鉴别诊断？

第三十九章　家禽的主要传染病

学习要点 ////////////////////////////////

　　掌握当前常见多发的家禽传染病,如新城疫、马立克病等的诊断与防治。了解当前常见禽病的流行形势。

第一节　新城疫

　　新城疫(Newcastle disease,ND)是由新城疫病毒引起的禽的急性、高度接触性传染病。临床上以呼吸困难、下痢、神经紊乱、黏膜和浆膜出血为主要特征。本病在世界各地均有分布。ND传播迅速,死亡率高,是严重危害养禽业的重要疾病。

一、病原

　　新城疫病毒(Newcastle disease virus,NDV)是副黏病毒科腮腺炎病毒属成员。病毒为单股负链不分节段的RNA病毒,有囊膜,囊膜上含有血凝素——神经氨酸酶(HN)。NDV可吸附于鸡、火鸡、鸭、鹅及某些哺乳动物(豚鼠)或人的红细胞表面,并引起红细胞凝集(HA)。其血凝现象能被抗NDV的抗体所抑制(HI),因此可用HA和HI试验来鉴定病毒,进行免疫监测和流行病学调查。病毒可在鸡胚成纤维细胞和其他多种组织细胞上生长。病毒的抵抗力不强,一般消毒剂均可将其灭活。

　　到目前为止,新城疫病毒只有一个血清型。从不同地区的鸡群分离到NDV的致病性差异明显。采用生物学试验,包括鸡胚平均死亡时间(MDT)、1日龄雏鸡脑内接种致病指数(ICPl)和6周龄鸡静脉接种致病指数(IVPI)可以进行NDV的毒力分型,RT-PCR技术也被用来区分强、弱毒株。采用基因分型可分为9个基因型,基因9型为我国所特有。

二、流行病学

　　本病的主要传染源是病禽和带毒禽,带毒野鸟在传播中的作用也不可忽视。传播途径主要是呼吸道和消化道,创伤及交配也可引起传染。野禽、外寄生虫、人畜可机械传播病原。鸡、火鸡、珠鸡及野鸡对本病都有易感性,其中鸡最易感。不同年龄的鸡易感性也有差异,幼雏和中雏易感性最高。水禽(鸭、鹅)对本病有抵抗力,但可从鸭、鹅肠道中分离到NDV。人也可感染,表现为结膜炎或类似流感临诊症状。

本病无明显季节性。购入外表健康的带毒鸡,将其合群饲养或宰杀,可使病毒散播。污染的环境和带毒的鸡群,是造成本病流行的常见原因。

三、临诊症状

该病的潜伏期一般为 3~5 d。主要临床症状为体温升高;消化系统症状为流涎、甩黏液、排绿色稀便等;嗉囊内充满液体,倒提时常有大量酸臭液体从口内流出;呼吸系统症状为喘、咳嗽、打喷嚏等;常伸头,张口呼吸,并发出喘鸣声或尖锐的叫声;出现神经症状,头颈向后或向一侧扭转,常伏地旋转,动作失调,反复发作;产蛋下降,蛋皮发白等。

四、病理变化

本病的主要病理变化为败血症,全身黏膜和浆膜出血,淋巴组织肿胀、出血和坏死,尤其以消化道和呼吸道出血最为明显。腺胃黏膜水肿,乳头出血。盲肠扁桃体肿大、出血、溃疡、肠淋巴滤泡肿胀、增生、出血、溃疡。组织学检查时可见非化脓性脑炎。

免疫鸡群发生新城疫时,其病理变化不典型,仅见黏膜卡他性炎症、喉头和气管黏膜充血,腺胃乳头出血少见。

五、诊断

根据流行病学、临诊症状和病理变化进行综合分析,可进行初步诊断。确诊需要进行实验室检查。利用鸡胚接种、HA 和 HI 试验、RT-PCR、中和试验及荧光抗体试验等进行病毒分离鉴定,利用 MDT 试验、ICPI 试验、IVPI 试验等对分离的毒株做毒力测定后,才能做出确诊。

本病应注意与禽霍乱、传染性支气管炎和禽流感进行鉴别。

禽霍乱:可感染各种家禽,鸭最易感,鸡多在 2 个月龄以上发病,且多散发。无神经症状,肝有灰白色坏死点。染色镜检可见两极浓染的杆菌,抗生素治疗有效。

传染性支气管炎:主要侵害雏鸡,成年鸡表现为产蛋下降。病鸡无神经症状,消化道也无明显病理变化。病毒接种鸡胚,表现为侏儒胚。

高致病性禽流感:潜伏期和病程比 ND 短,无明显的呼吸困难和神经症状,嗉囊无大量积液。确切鉴别诊断必须依靠实验室检查。

六、防治

作为 OIE 确定的必须报告的疫病,ND 的防治目标是防止易感禽被感染,或通过疫苗免疫减少易感禽的数量。OIE 要求各成员国在确诊后 24 h 内上报。国际贸易中对 NDV 有严格的限制。认为凡是由 ICPI 大于 0.7 的 NDV 引起的感染,都应报告为发生了 ND,需要采取相应的扑灭措施。

防控 NDV 的主要措施有两个方面:一是采取严格的生物安全措施,防止 NDV 强毒株进入禽群;二是进行免疫接种,提高禽群的特异免疫力。我国对鸡实行全面免疫。对于商品肉鸡,在 7~10 日龄时,用新城疫活疫苗(低毒力)和(或)灭活疫苗进行初免,2 周后,用新城疫活疫苗加强免疫一次。对于种鸡和商品蛋鸡,在 3~7 日龄,用新城疫活疫苗进行初免,10~14 日龄用新城疫活疫苗和(或)灭活疫苗进行二免;12 周龄用新城疫活疫苗和(或)灭活疫苗强化免疫,17~18 周龄或开产前再用新城疫灭活疫苗免疫一次。开产后,根据免疫抗体检测情况进行强化免疫。

目前,我国对规模化种鸡场主要动物疫病逐步实施净化,涉及的几种主要疫病包括新城疫、禽流感、鸡白痢和禽白血病。针对不同疫病本底调查情况,一场一册制定相应净化方案。采取严格的生物安全措施、免疫预防措施、病原学检测、免疫抗体和野毒感染抗体监测,淘汰带毒鸡或鸡群,对假定阴性鸡群加强综合防控措施,逐步扩大净化效果,最终建立净化场。同时加强人流、物流管控和实行全进全出生产模式,降低疫病水平传播风险;强化本场留种和引种的检测,避免外来病原传入风险;建立完善的防疫和生产管理等制度,优化生产结构和建筑设计布局,构建持续有效的生物安全防护体系,确保净化效果持续、有效。

第二节　马立克病

马立克病(Marek's disease,MD)是由马立克病病毒引起的鸡的一种淋巴组织增生性传染病,主要特征为外周神经和包括虹膜、皮肤在内的各种器官和组织的单核细胞性浸润。该病传染性强,呈世界性分布。

一、病原

马立克病病毒(Marek's disease virus,MDV)属于疱疹病毒科,是一种细胞结合性病毒。MDV分3个血清型:1型为致瘤的MDV;2型为不致瘤的MDV;3型为HVT。MDV基因组为线状双股DNA。MDV和HVT以细胞结合和游离于细胞外两种状态存在。从感染鸡羽囊随皮屑排出的游离病毒,对外界环境有很强的抵抗力。但常用化学消毒剂可使其失活。根据HVT疫苗能否提供有效保护,可将MDV分为温和毒株(mMDV)、强毒株(vMDV)和超强毒株(vvMDV)。

二、流行病学

病鸡和带毒鸡是本病主要的传染源,病毒可通过直接接触或间接接触传播。很多外表健康的鸡可长期持续带毒、排毒。鸡是最重要的自然宿主。近年来报道,有些毒株可导致火鸡感染,造成较大损失。幼龄鸡更易感,特别是出雏和育雏室的早期感染发病率和死亡率较高。日龄大的鸡可发生感染,但大多不发病。应激等环境因素也可影响MD的发病率。

三、临诊症状

本病主要表现为精神委顿,共济失调,肢体非对称进行性麻痹,因侵害的神经不同,则临诊表现不同,最常见的坐骨神经受侵害呈典型"劈叉"姿势,进行性消瘦,有些虹膜受害,导致失明。

四、病理变化

受害外周神经横纹消失,呈灰白色或黄白色,常为单侧性肿大变粗。内脏及皮肤有结节型和弥漫型肿瘤,内脏型多发生于肝、脾、肾、腺胃、卵巢等。瞳孔边缘不整齐,晶状体浑浊,呈鱼眼状。组织学变化可见病变部分淋巴样细胞浸润。

五、诊断

根据流行病学、临诊症状和剖检变化可做出初步诊断。实验室诊断可采用病理组织学检查,发现病变部分淋巴样细胞浸润即可确诊。也可采用血清学试验(如ELISA)或进行病毒分离鉴定。本病应注意与禽白血病和网状内皮细胞增生症进行鉴别。

六、防治

本病的防治重点包括两个方面，一要做好疫苗接种，二要以防止出雏室和育雏室早期感染为中心进行综合性防治。马立克疫苗是利用疫苗来预防肿瘤病的典范，随着病毒毒力的增强，也有效果很好的疫苗研制成功，但即使是保护效力最好的疫苗，长期使用也会出现一些毒力更强的毒株，给该病的防控加大了难度。选育生产性能好的抗病品系鸡，是未来防治马立克病的一个重要方面。

第三节　传染性法氏囊病

传染性法氏囊病，又称甘布罗病，是由传染性法氏囊病病毒引起的鸡的一种急性、热性、高度接触性传染病。临床上以发热、腿肌和胸肌出血和免疫抑制为主要特征。本病呈世界性分布，发病率高、淘汰率增加，另一方面导致免疫抑制，因此常给养鸡业造成巨大的经济损失。

一、病原

传染性法氏囊病病毒属于双 RNA 病毒科禽双 RNA 病毒属。病毒基因组由两个片段的双股 RNA 构成，故命名为双 RNA 病毒。病毒易发生变异，现已有超强毒毒株的存在。本病毒能在鸡胚上和细胞上增殖。在外界环境中稳定，能够在鸡舍内长期存活。

二、流行病学

本病的主要传染源是病鸡，可经粪便排出病毒，污染饲料、饮水等，通过直接和间接接触传播。自然感染仅见于鸡，各品种均能感染。3～6 周龄的鸡最易感。成年鸡一般呈隐性经过。本病一般突然发生，传播迅速。通常在感染后第 3 天开始死亡，5～7 d 达到高峰，以后很快停息，表现为高峰死亡和迅速康复的曲线。

三、临诊症状

潜伏期一般 2～3 d。病初出现啄肛现象，病鸡畏寒，扎堆。随即出现腹泻，排出白色黏稠或水样稀粪。后期严重脱水，极度虚弱，最后死亡。

四、病理变化

病初法氏囊肿大，出血，严重时呈紫葡萄色；随后法氏囊萎缩，黏膜表面有点状出血或弥漫出血，严重者法氏囊内有干酪样渗出物。肾肿大，因尿酸盐沉积而呈"花斑肾"。腿肌和胸肌条状出血，腺胃和肌胃交界处有条状出血。

病理组织学变化为法氏囊充血、出血，淋巴细胞变性、坏死，法氏囊上皮细胞和网状细胞增生。

五、诊断

根据本病的流行病学、临诊症状和病理变化可做出初步诊断。确诊需要实验室检查，主要方法有病毒分离鉴定、血清学试验和易感鸡接种等。

本病应注意与高致病性禽流感、新城疫、鸡白痢进行鉴别。

六、防治

针对本病,主要采取以下综合防治措施:采取严格的兽医卫生措施,特别是育雏室消毒,以预防IBDV的早期感染。种鸡群进行疫苗接种,提高母源抗体水平。雏鸡进行免疫接种,在 10～14 日龄、22 日龄左右时使用鸡传染性法氏囊病活疫苗分别进行初免和二免。对 40～50 日龄时出栏的肉鸡,在 24 日龄前完成免疫。对于种鸡和商品蛋鸡,在 10～14 日龄、28～35 日龄时使用鸡传染性法氏囊病活疫苗分别进行初免和二免,110～120 日龄时用鸡传染性法氏囊病灭活疫苗进行三免。开产后,根据免疫抗体检测情况进行免疫。

第四节 传染性喉气管炎

传染性喉气管炎是由传染性喉气管炎病毒引起的鸡的一种急性呼吸道传染病。本病以呼吸困难,咳嗽,咳出含有血液的渗出物,喉部和气管黏膜肿胀、出血并形成糜烂为特征。传播快,死亡率较高。在疾病早期,组织学病变可见核内包涵体。

本病呈世界性分布,在我国主要呈地方性流行。本病常引起死亡和产蛋下降,对养鸡业造成很大危害。

一、病原

传染性喉气管炎病毒,属于疱疹病毒科疱疹病毒亚科中的鸡疱疹病毒 1 型。基因组为双链 DNA。

病毒容易在鸡胚中繁殖,感染后胚体变小,绒毛尿囊膜增生和坏死,形成浑浊的斑块病灶。病毒易在鸡胚细胞培养物上生长繁殖,在接种后 12 h 可检出核内包涵体。

病毒只有一个血清型,不同毒株在致病性和抗原性上有差异,给本病的控制带来困难。

二、流行病学

病鸡和带毒鸡是主要传染源,康复鸡可带毒。传播途径主要是呼吸道。易感鸡与接种活苗的鸡长时间接触,也可感染本病。污染的垫料、饲料和饮水,可成为传播媒介。本病主要侵害鸡,不同年龄的鸡均易感,但以成年鸡的临诊症状最为特征。野鸡、孔雀、幼火鸡也可感染。

本病在易感鸡群内传播很快,感染率高,高产的成年鸡病死率较高。

三、临诊症状

自然感染的潜伏期为 6～12 d。

特征临诊症状是鼻孔有分泌物,呼吸时发出湿性啰音,继而咳嗽和喘气。严重时呼吸困难,咳出带血的黏液,窒息而死。

四、病理变化

典型的病理变化为喉和气管黏膜充血和出血。

病理组织学检查可见气管、喉头黏膜上皮细胞核内嗜酸性包涵体。

五、诊断

根据流行病学、特征性临诊症状和典型的病理变化，即可做出初步诊断，确诊需进行实验室检查。主要诊断方法有鸡胚接种、包涵体检查和中和试验、荧光抗体试验、免疫琼脂扩散试验等。

六、防治

防治本病的有效方法是封锁疫点，严格隔离，消毒，禁止可能污染的人员、饲料、设备和鸡的移动是成功控制本病的关键。避免将康复鸡或接种疫苗的鸡与易感鸡混群饲养。未发生过本病的鸡场，尽量不要使用活疫苗。

第五节 鸡传染性支气管炎

传染性支气管炎是由病毒引起的鸡的一种急性、高度接触传染性呼吸道疾病。本病以咳嗽、喷嚏和气管啰音为特征。产蛋鸡出现产蛋减少和蛋质变劣。主要病变为肾肿大，有尿酸盐沉积。本病呈世界性分布，是危害养禽业的主要禽病之一。

一、病原

鸡传染性支气管炎病毒，属于冠状病毒科冠状病毒属。基因组为单股正链 RNA。病毒粒子有囊膜和纤突。病毒血清型多。可在 $10\sim11$ 日龄的鸡胚中生长，接种鸡胚发育受阻，胚体萎缩。感染鸡胚尿囊液经 1‰胰酶处理后，具有血凝性。病毒也可在鸡胚肾细胞、肝细胞、鸡肾细胞及非洲绿猴肾细胞株上生长。

二、流行病学

本病的传染源是病鸡和带毒鸡，病鸡康复后可带毒。主要传播途径是呼吸道和消化道。鸡是本病的自然宿主，各个年龄均可发病，其中雏鸡最为严重。本病无季节性，传播迅速。一些不良因素如饲养管理不当、营养不良、卫生条件差、过热、严寒、通风不良、其他病原体感染、气雾免疫不当及运输、拥挤等均可促使本病的发生。

三、临诊症状

本病的潜伏期 3 d 或更长。临诊症状有很大差异，可分为呼吸型、肾型、肠型和肌肉型等。

（1）呼吸型 病鸡突然出现呼吸系统症状，并迅速波及全群。喷嚏、咳嗽、啰音，食欲减少，羽毛松乱，昏睡，翅下垂。产蛋鸡产蛋量和蛋质量下降，产软壳蛋、畸形蛋、"鸽子蛋"或粗壳蛋，蛋白稀薄如水。

（2）肾型 多发生于 $2\sim4$ 周龄的鸡。病鸡排白色或水样下痢，肛周羽毛污浊，迅速消瘦，饮水量增加。

（3）肠型 除表现呼吸道表现外，可见肠炎病变。

（4）肌肉型 可见深部胸肌苍白，肿胀。产蛋鸡产蛋下降。

四、病理变化

（1）呼吸型 主要表现为气管、支气管、鼻腔和鼻窦内有浆液性、卡他性和干酪样渗出物。部分病死鸡气管或支气管中有干酪样的栓子。产蛋鸡可见卵泡充血、出血、变形及卵黄性腹膜炎。幼雏感染出现输卵管发育异常。

（2）肾型 表现为肾肿大出血，表面红白相间呈斑驳状，称为"花斑肾"。严重病例，尿酸盐沉积可见于其他组织器官表面。

五、诊断

根据流行病学特点、临诊症状和病理变化可做出初步诊断，确诊需要实验室检查。主要方法有病毒分离鉴定、血清学试验及分子生物学试验等。本病需要与新城疫、传染性喉气管炎、传染性鼻炎和产蛋下降综合征进行鉴别诊断。

六、防治

本病血清型多，诱发因素复杂，需要进行综合防治，包括加强饲养管理和卫生消毒工作，做好隔离、检疫，对疫病流行地区的鸡选用与当地流行的血清型一致的疫苗进行免疫。商品肉鸡一般在1～7日龄、10～14日龄和56日龄时使用鸡传染性支气管炎活疫苗分别进行初免、二免和三免。对40～50日龄出栏的肉鸡，建议只进行两次免疫。对于种鸡和商品蛋鸡，56日龄前免疫程序同商品肉鸡，110～120日龄时用鸡传染性支气管炎灭活疫苗进行四免。开产后，根据免疫抗体检测情况进行免疫。

思考题

1. 简述新城疫、马立克病的诊断与防治要点。
2. 为什么说未发生过传染性喉气管炎的鸡场尽量不要使用活疫苗？
3. 使用 IB 疫苗时应注意哪些问题？

第四十章　其他动物的传染病

学习要点

　　掌握兔病毒性出血症、犬瘟热及羊梭菌性疾病的病原及主要防治要点。了解犬、羊等常见传染病的发病动态。

第一节　兔病毒性出血症

　　兔病毒性出血症,简称兔出血症,俗称"兔瘟",是由兔出血症病毒引起的急性、败血性、高度接触性传染病。临床上以全身多个组织器官出血、肝坏死等为主要特征。本病潜伏期短,传播快,发病率及病死率极高,是严重危害养兔业的一种重要传染病。1984 年首先在我国江苏发现本病,目前呈世界性分布。

▶ 一、病原

　　兔出血症病毒属嵌杯病毒科兔嵌杯病毒属。基因组为单股正链 RNA。病毒对绵羊、鸡、鹅和人的 O 型红细胞有凝集作用。病毒对紫外线、日光、热敏感。常用消毒剂作用足够时间可杀灭病毒。

▶ 二、流行病学

　　本病的传染源为病兔及带毒兔。病毒可通过直接接触或间接接触方式传播,经消化道、呼吸道、皮肤等途径感染。蚊、蝇可机械传播本病。兔是唯一的易感动物,长毛兔尤为敏感,3 月龄以上的兔易发病。发病季节性不明显,但以气温较低的季节更多见。流行形式呈地方性流行,新疫区发病率可达 100%,病死率达 90%。

▶ 三、临诊症状

　　本病潜伏期 1～3 d。主要临诊症状为发热,精神高度沉郁,黏膜发绀,食欲减退或废绝;呼吸急促;濒死兴奋;天然孔流出泡沫状血样液体。

▶ 四、病理变化

　　本病主要特征为实质器官瘀血和出血。气管黏膜瘀血及出血明显,有"红气管"之称。典型病例均可在气管内发现多量血色泡沫液体,肺高度瘀血、水肿,散在出血点或弥漫性出血斑。

病理组织学变化可见弥漫性血管内出血和非化脓性脑炎。

五、诊断

根据本病的流行病学、临诊表现及病理变化,可以做出初步诊断。确诊需要进行实验室检查。可用病死兔的肝悬液做常规 HA 与 HI 试验。如果 HA 试验阳性并能被已知本病的阳性血清抑制,即可确诊本病。也可采用 FA、ELISA、RT-PCR 等方法进行诊断。本病应注意与兔巴氏杆菌病相区别,取病死兔肝做涂片,染色、镜检,或用病料做细菌分离鉴定,或做小鼠接种,即可做出鉴别诊断。

六、防治

本病重在预防。平时应坚持自繁自养,引进兔时,严格隔离检疫,防止该病传入。及时注射兔瘟灭活苗。确认无病时方可混群。加强饲养管理,搞好兽医卫生防疫,做好消毒工作。发生该病后,应采用检疫、隔离、病死兔无害化处理以及消毒等措施,也可采取扑杀政策。

第二节 犬瘟热

犬瘟热是由犬瘟热病毒引起的一种急性、热性、高度接触性传染病。主要特征为双相热,上呼吸道、肺及胃肠道的卡他性炎症,皮肤湿疹和神经症状。

该病几乎遍布世界各地,是危害犬的最严重疫病之一,造成巨大经济损失。

一、病原

犬瘟热病毒,属于副黏病毒科麻疹病毒属,病毒基因组为负链 RNA。犬瘟热病毒只有一个血清型,但不同毒株其致病性有一定差异。病毒对紫外线和乙醚、氯仿等有机溶剂敏感。对热和干燥敏感。3%福尔马林、3%氢氧化钠消毒效果良好。

二、流行病学

本病的主要传染源有病犬和病水貂,通过直接和间接接触传播,经消化道和呼吸道感染,也可经交配传播。各品种的犬均可感染,4~12 月龄幼犬发病率最高。在自然条件下,犬瘟热病毒也可感染犬科的其他动物(如狼、豺等)和鼬科动物(如貂、雪貂、白鼬、臭鼬、黄鼠狼、獾、水獭、刺猬、大山猫)以及浣熊、密熊、白鼻熊、大小熊猫、海狮和猎犬等。本病在狐、水貂和艾虎等皮毛兽养殖场有时可发生流行,造成严重的经济损失。猫和猫属动物可隐性感染。雪貂易感性高,自然发病的病死率常达 100%。本病一年四季均可发生,冬季多发。

三、临诊症状

本病潜伏期一般 3~6 d。初期病犬精神委顿,食欲不振。眼、鼻流出浆液性或黏性分泌物,随后变为脓性,有时混有血丝,发臭。体温呈现明显的双相热(体温两次升高)。严重病例发生水泻,恶臭,排泄物中混有黏液和血液。病犬消瘦,脱水,脚垫和鼻过度角质化。神经临诊症状一般多在感染后 3~4 周出现。出现惊厥、共济失调,咬肌反复节律性地颤动。孕犬可发生流产、死胎和仔犬成活率下降等临诊症状。

四、病理变化

自然感染病例可见跖皮硬化症或硬脚掌病。呼吸道黏膜有卡他性或脓性渗出液,引起增生性肺炎。幼犬常见有出血性肠炎。组织学变化一般多见卡他性或化脓性支气管炎。在肾盂、膀胱黏膜、神经细胞可见包涵体。表现神经临诊症状的病犬可见脑血管套现象。

五、诊断

根据流行病学、临诊症状和病理变化可进行初步诊断,若发现细胞质内或核内包涵体,可进行确诊。除此以外,实验室诊断也可进行病毒分离,电镜及免疫电镜或琼脂扩散试验进行病毒鉴定。血清学检查常用补体结合试验、中和试验、ELISA 等方法。RT-PCR 和核酸探针技术也可用于本病的诊断。

本病要注意与犬传染性肝炎、犬细小病毒性肠炎、钩端螺旋体病、狂犬病及犬副伤寒、巴氏杆菌病、土拉杆菌病等做鉴别诊断。

六、防治

目前尚无特效疗法,平时要注意做好卫生防疫工作,利用犬五联苗(犬瘟热、犬传染性肝炎、犬细小病毒病、犬副流感和狂犬病)进行疫苗免疫接种。发现疫情应立即隔离病犬,病死犬进行无害化处理,彻底消毒被污染环境及设施等。对受威胁的易感犬进行紧急接种。病犬及早用高免血清进行特异性治疗。

第三节　犬细小病毒病

犬细小病毒病,又称为犬传染性出血性肠炎,是由犬细小病毒引起的犬的一种急性、接触性、致死性传染病。临床上以剧烈呕吐、脱水、出血性肠炎、酱油色腥臭血便和非化脓性心肌炎为特征。幼犬多发,治疗不当或贻误病情则死亡率高。

一、病原

犬细小病毒属于细小病毒科细小病毒属。病毒核酸由线形单股负链 DNA 组成。犬细小病毒可凝集猪和恒河猴的红细胞。本病毒与猫泛白细胞减少症病毒、水貂肠炎病毒之间有共同的抗原组成,可发生血清学交叉反应。本病毒能在多种不同的细胞内增殖。对外界各种理化因素有较强抵抗力。福尔马林、次氯酸钠、氨水、氧化剂和紫外线能使其灭活。

二、流行病学

病犬、带毒犬是本病的传染源,康复犬可长期通过粪便向外排毒。本病主要经消化道感染,健康犬与病犬或带毒犬也可直接接触感染,还可能存在经胎盘垂直感染。犬细小病毒病的宿主广泛,包括犬科动物(犬、郊狼、丛林狼、食蟹狐等)、鼬属(鼬、黄鼠狼、雪貂、水貂、獾等)、浣熊科和猫科动物(猫、狮子、老虎、猎豹等)均能感染本病。不同年龄、性别、品种的犬均可感染,但以刚断乳至 90 日龄的犬多发,尤其是新生幼犬,有时呈现非化脓性心肌炎而突然死亡。纯种犬比杂种犬和土种犬易感性高。本病一年四季均可发病。

三、临诊症状

犬细小病毒病的主要表现有两种：一种是以呕吐、便血、不食等为特征的出血性胃肠炎，另一种是以心悸亢进、期外收缩、心律不齐等为特征的非化脓性心肌炎。断奶后的幼犬多发。临床上肠炎型一般表现为先呕吐后腹泻，病初粪便呈黄色、灰黄色且带有黏液，进一步发展可见番茄汁样，腥臭味的血便，常见病犬严重脱水，因急性衰竭而死亡。心肌炎型的病犬一般以 4～6 周龄的幼犬为主，常见呼吸困难、轻度呕吐和腹泻，心跳快而弱，心律不齐，常因心力衰竭而死亡。

四、病理变化

肠炎型的动物消瘦脱水，可视黏膜苍白，胃底部黏膜弥漫性充血、出血。空肠、回肠病变最为严重，具有特征性。大肠内容物呈酱油色、腥臭。心肌炎型的主要病理病化在心和肺。心肌或心内膜有非化脓性坏死灶，心肌纤维变性，常见有出血斑纹。肺呈严重的气泡型肿胀，呈灰色或花瓣状，切面有大量的血样液体流出。

五、诊断

根据流行病学、临床症状和病理变化可对本病作出初步诊断，确诊必须依靠实验室检查。常用的实验室诊断方法：病毒分离鉴定、HA 和 HI 试验、电镜及免疫电镜、ELISA 和 PCR 等。抗犬细小病毒单克隆抗体已组装成快速诊断试剂盒应用于犬细小病毒抗原的检测。

六、防控

目前，我国主要用犬细小病毒灭活苗和犬五联弱毒苗进行免疫。对发病犬采取综合治疗措施。注射高免血清，或注射单克隆抗体，效果确实。口服抗菌药治疗肠炎，可同时止泻、止血并止吐，静脉输液补充营养和水分。从目前临床上看，正确诊断和及时地用药治疗，可以大大降低犬细小病毒病的死亡率。

第四节　羊梭菌性疾病

羊梭菌性疾病是由梭菌属中的细菌引起的一类急性传染病，包括羊快疫、羊猝疽、羊肠毒血症、羊黑疫和羔羊痢疾等。这类疾病症状相似，均可能造成急性死亡，对养羊业危害很大。

一、羊快疫及羊猝疽

羊快疫及羊猝疽均可引起最急性传染病。羊快疫是由腐败梭菌引起，以真胃出血性炎症为特征。羊猝疽，又称羊猝击，是由 C 型产气荚膜梭菌引起，以溃疡性肠炎和腹膜炎为特征。两者混合感染时病程极短，几乎看不到任何临诊症状即突然死亡。

（一）病原

腐败梭菌是革兰阳性厌氧大杆菌，在动物体内外均能产生芽孢，不形成荚膜。在肝被膜的触片中可发现菌呈无关节长丝状，这是腐败梭菌极突出的特征，具有重要的诊断意义。本菌可产生溶血性毒素和致死性毒素。一般消毒药物均能杀死本菌繁殖体，但芽孢抵抗力较强，消毒时需要使用高浓度高效消毒剂，如 20％漂白粉、5％氢氧化钠等。

产气荚膜梭菌曾称为魏氏梭菌，革兰染色阳性，菌体两端钝圆。芽孢位于菌体中央或近端，多数菌株能形成荚膜。本菌可产生强烈的外毒素。

（二）流行病学

（1）羊快疫　绵羊对羊快疫最易感，山羊和鹿也可感染本病。6～18个月营养良好的羊发病较多。一般经消化道感染，经外伤感染则引起恶性水肿。

（2）羊猝疽　本病主要发生于1～2岁膘情良好的成年绵羊，山羊偶尔发病。病羊和带菌羊为主要传染源，一般经消化道感染。本病常见于低洼、沼泽地区，多发生于冬、春季节，呈地方流行性。

（三）临诊症状

（1）羊快疫　突然发病，多数病羊往往还没有表现出临诊症状，就突然死亡。个别病羊腹部膨胀，有疝痛症状。最后极度衰竭、昏迷，通常在数小时至1 d内死亡。

（2）羊猝疽　病程短促，同羊快疫。有时发现病羊卧地，不安、痉挛，眼球突出，数小时内死亡。

（3）羊快疫与羊猝疽混合感染　流行初期多表现为最急性型，病程一般2～6 h。病羊突然停止采食，弓腰，行走时后躯摇摆，有腹痛表现，呼吸急促，从口、鼻流出泡沫，有时带有血色。最后四肢泳动，呼吸困难，迅速死亡。流行后期一般见于表现为急性型，病羊食欲减退，排粪困难，牙关紧闭，易惊厥，排油黑色或深绿色的稀粪，有时带有血丝，最后呼吸极度困难导致死亡。发病羊几乎100％死亡。

（四）病理变化

（1）羊快疫　刚死亡动物主要病变为真胃出血性炎症。

（2）羊猝疽　病变主要见于消化道和循环系统。十二指肠和空肠黏膜严重充血、糜烂。胸腹腔和心包积液。

（3）羊快疫与羊猝疽混合感染　尸体迅速腐败，腹围胀大，可视黏膜充血，血液凝固不良，口、鼻等处常见有白色或血色泡沫。真胃黏膜坏死脱落或水肿，肠壁增厚，结肠和直肠有条状溃疡，肝多呈水煮色，全身淋巴结水肿、充血、出血及浆液浸润。肌肉出血，肌肉结缔组织积聚血样液体和气泡。

（五）诊断

羊快疫和羊猝疽病程短促，确诊需进行实验室检查。

（1）羊快疫　用肝被膜做触片染色镜检，除可发现两端钝圆、单在及呈短链的细菌之外，常常还有呈无关节的长丝状者。也可进行细菌的分离培养和动物试验以及荧光抗体试验。

（2）羊猝疽　从体腔渗出液、脾取材，做C型产气荚膜梭菌的分离和鉴定。

（六）防治

本病的防治必须加强平时的饲养管理和综合防疫措施。在本病常发地区，每年可定期注射1～2次羊快疫、猝疽二联苗或羊快疫、猝疽、肠毒血症三联苗。

二、羊肠毒血症

羊肠毒血症，又称"软肾病"和"类快疫"，是由D型产气荚膜梭菌引起的一种急性毒血症，主要发生于绵羊。

（一）病原

D型产气荚膜梭菌为革兰阳性厌氧粗大杆菌。无鞭毛，不能运动。在动物体内可形成芽孢。

（二）流行病学

绵羊、山羊均可感染本病，绵羊多发，尤其是膘情较好的2～12月龄羊最易发。D型产气荚膜梭菌为土壤常在菌,也存在于污水中。本病主要经消化道传播,多散发。

本病季节性明显,在农区,常常是在采收季节发生,在牧区,多发于春末夏初青草萌发和秋季牧草结籽后的一段时期。

(三)临诊症状

本病潜伏期短,发病突然,很快死亡。症状主要有两种类型:一类以搐搦为特征,另一类以昏迷和静静死去为特征。

(四)病理变化

肾比平时更易于软化,似脑髓状。真胃含有未消化的饲料。回肠出血性炎症变化,重症病例整个肠段变为红色。肺出血和水肿。组织学检查可见肾皮质坏死,脑和脑膜血管周围水肿,脑膜出血。

(五)诊断

依据流行病学特点、临诊症状和病理变化可初步诊断,确诊需进行实验室检验。确诊本病应根据以下几点:肠道内发现大量 D 型产气荚膜梭菌;小肠内检出 ε 毒素;肾和其他实质脏器内发现 D 型产气荚膜梭菌。

产气荚膜梭菌毒素的检查和鉴定可用小鼠或豚鼠做中和试验。

(六)防治

本病无特效疗法。要加强羊的饲养管理和运动。出现本病时,应立即转移到高燥的地区放牧。在本病常发地区,应定期注射羊肠毒血症菌苗或羊快疫、猝狙和肠毒血症三联苗。

在牧区夏初为多发季节,应该少抢青;秋末时,可尽量到草黄较迟的地方放牧;在农区,针对引起发病的原因,减少或暂停抢茬,少喂菜根、菜叶等多汁饲料。

三、羊黑疫

羊黑疫又名传染性坏死性肝炎,是由 B 型诺维梭菌引起的一种急性高度致死性毒血症。本病的特征是肝实质坏死。绵羊和山羊多发。

(一)病原

诺维梭菌革兰阳性,严格厌氧,可形成芽孢,周身鞭毛,能运动。

(二)流行病学

2～4 岁营养良好的绵羊多发。山羊也可感染,牛偶发。实验动物中以豚鼠最为敏感。本病与肝片吸虫的感染密切相关,主要在春、夏发生于肝片吸虫流行的低洼潮湿地区。

(三)临诊症状

本病与羊快疫、羊肠毒血症类似。病程急促,绝大多数未见临诊症状而突然死亡。

(四)病理变化

病死动物皮下静脉显著充血,皮肤呈暗黑色。胸部皮下组织水肿。浆膜腔有液体渗出,暴露于空气中易于凝固,液体常呈黄色,腹腔液略带血色。真胃幽门部和小肠充血、出血。

肝充血肿胀,有凝固性灰黄色坏死灶。

(五)诊断

在肝片吸虫流行的地区发现猝死或昏睡死亡的羊,剖检见特殊的肝坏死变化,可初步诊断。确诊可做细菌学检查和毒素检查。

(六)防治

预防本病首先要防控好肝片吸虫感染。免疫可采用羊黑疫、羊快疫二联苗进行预防接种。

发生本病时,应将羊群移牧于高燥地区。可用抗血清对病羊给予治疗。

四、羔羊痢疾

羔羊痢疾是由 B 型产气荚膜梭菌引起的初生羔羊的一种急性毒血症。该病以剧烈腹泻、小肠溃疡和羔羊大批死亡为特征。

(一)病原

羔羊痢疾主要病原为 B 型产气荚膜梭菌,也称 B 型魏氏梭菌。革兰阳性杆菌,厌氧,在动物体内形成荚膜,可产生芽孢。

(二)流行病学

本病主要危害 7 日龄以内的羔羊,2～3 日龄的多发。纯种细毛羊发病率和死亡率最高,杂种羊则介于纯种羊与土种羊之间,其中杂交代数愈高者,发病率和病死率也愈高。传染途径主要是经消化道,也可通过脐带或创伤。

不良诱因可促进羔羊痢疾发生,主要因素有:母羊怀孕期营养不良,羔羊体质瘦弱;气候寒冷,羔羊受冻;哺乳不当,羔羊饥饱不匀。

(三)临诊症状

潜伏期为 1～2 d。病初精神委顿,不想吃奶。随后腹泻,粪便恶臭。最后出现血便,若不及时治疗,常在 1～2 d 内死亡。

有的表现为神经临诊症状,四肢瘫软,呼吸急促,口流白沫,最后昏迷,头向后仰,体温降至常温以下。病情严重,病程很短。

(四)病理变化

病死羊脱水严重。消化道病理变化最显著。真胃有未消化的凝乳块,小肠黏膜充血、溃疡。肠系膜淋巴结肿胀、充血,间或出血。心包积液,心内膜出血。肺充血、瘀血。

(五)诊断

依据流行病学特点、临诊症状和病理变化可做出初步诊断,确诊需进行实验室检查,进行病原菌及其毒素的鉴定。

(六)防治

本病应搞好饲养管理、隔离、消毒、预防接种和药物防治等综合措施。每年秋季对母羊注射羔羊痢疾苗,产前 2～3 周再接种一次。

思考题

1. 对羊快疫、羊猝疽、羊肠毒血症和羊黑疫做出鉴别诊断。

2. 兔病毒性出血症的流行病学特点有哪些?

3. 犬瘟热的主要防控措施有哪些?

第五篇

动物寄生虫病学

5

学习要点

　　掌握寄生虫和宿主的概念,寄生虫与宿主的相互关系以及寄生虫的综合防治措施。理解寄生虫的生活史类型和流行规律。

　　动物疾病大体可以分为三类:传染病、寄生虫病和普通病。人们对疾病的认识是与社会的进步和科学技术的发展密切相关。在个体农业经济的历史时期,家畜役用为主,分散饲养,兽医工作以治疗内外科疾病为主;随着畜牧业以及畜牧生产的发展,畜产品以及畜禽进出口的增加,畜禽传染病的传播和流行随之增多,防止动物传染病的传播和蔓延又成为主要课题;而随着兽医科技的发展,主要的烈性传染病逐渐得到控制和消灭,曾被掩盖的寄生虫病显得格外突出,养殖业遭受寄生虫病的经济损失超过传染病所带来的损失,于是,对畜禽寄生虫病的研究日渐提到议事日程。然而,当前对动物寄生虫病的危害性尚未得到足够的重视,而且在畜禽寄生虫病的防控策和措施与病毒病和细菌病相比缺乏充足的经费支持,在预测、预报和监控体系建设方面缺乏系统性和长期性。所以寄生虫病仍然严重危害畜禽乃至人类健康,严重阻碍着畜牧业生产和公共事业的发展。

　　动物寄生虫学是动物医学或兽医专业的一门核心课程,本学科的基本任务是直接为保证畜牧生产发展和人类健康服务。它与下列学科之间有着密切联系。首先是动物学,有关虫体形态和分类的知识,是鉴定虫体和最后确诊的依据,以及它们的生活史及所引起的疾病的流行病学等,没有这些知识也就不能拟定正确的防治措施。动物寄生虫病的研究,与兽医病理学、兽医药理学、兽医免疫学和临床诊断学等学科都有密切的联系。对寄生虫病进行类症鉴别与实施预防措施时,与兽医传染病学有着特别密切的联系。由此可见,动物寄生虫学是以多门学科为基础的综合学科。

　　人兽共患寄生虫病是人类健康的大敌之一,它构成公共卫生的严重威胁,有时甚至构成严重的社会问题。兽医承担着肉、乳之类动物性食品和其他畜产品有关寄生虫方面的卫生监督与检验工作,对维护人类健康有重要意义。在预防寄生虫病方面必须与家畜饲养学、动物营养学、家畜环境卫生学等学科密切配合,做好健康家畜的饲养管理工作,保护家畜免受寄生虫的侵袭。不仅有利于保护动物健康,而且有利于维护公共卫生安全,保护人类的健康。

　　学习动物寄生虫学知识,一方面是为保障畜牧业生产发展,提高经济效益服务;另一方面是为保护人类健康,提高公共卫生水平与社会效益、环境效益服务。因此,必须掌握兽医寄生虫学的基础理论、诊治技术和综合防治措施,保障动物不受或少受寄生虫的感染或侵袭,使动物的寄生虫感染减少到最低程度;务必掌握主要的人兽共患寄生虫病及其预防措施,减少公共卫生的突发事件,掌握寄生虫的流行病学以及生活史的薄弱环境,从而破坏其流行环节,根本上杜绝寄生虫的流行。

第一节　寄生虫与宿主

一、寄生虫概念和类型

寄生虫是暂时或永久地在宿主体内或体表营寄生生活的动物。一般来说,寄生虫的发育过程比较复杂,由于寄生虫较小,宿主较大,寄生虫生活演化的时间长短,与宿主之间的相互适应程度的不同,以及特定的生态环境的差别因素,导致了寄生虫与宿主的关系呈现多样性,因而也使寄生虫显示出不同的类型。

内寄生虫:凡寄生在宿主动物内部组织器官中的寄生虫称为内寄生虫。如蛔虫、隐孢子虫等。

外寄生虫:寄生在动物体表的寄生虫称为外寄生虫。如蜱、螨、虱等。

永久性寄生虫:指终生不离宿主的寄生虫,否则难以存活,这类寄生虫称为永久性寄生虫。如弓形虫和旋毛虫。

暂时性寄生虫:只在宿主体表做短暂寄生的寄生虫称为暂时性寄生虫。如蜱、蚊,它们只在吸血时侵袭宿主,吸完血后即离去。

专性寄生虫:只寄生于一种特定宿主的寄生虫。如鸡球虫只寄生于鸡而不寄生其他的动物,表明专性寄生虫同其宿主之间具有严格的特异性。

多宿主性寄生虫:能寄生于多种宿主的寄生虫。如吸虫、绦虫。这是大多数寄生虫的寄生方式。

土源性寄生虫:是随土、水或污染的食物而感染的寄生虫。主要有土源性线虫,如猪蛔虫,它们的虫卵随粪便排出体外,在外界自然环境中发育为感染性虫卵,被宿主采食后而感染宿主;土源性原虫,如溶组织阿米巴、蓝氏贾第鞭毛虫等。土源性寄生虫无须中间宿主,也被称为单宿主寄生虫。

生物源性寄生虫:通过中间宿主或媒介昆虫而传播的寄生虫,发育过程中需要多个宿主,也称为多宿主寄生虫。如血吸虫虫卵在水中发育为毛蚴,进入钉螺内发育为具有感染性的尾蚴阶段,外界环境温度适宜,尾蚴逸出,人和牲畜的皮肤(黏膜)接触含有尾蚴的水或湿草而被感染。

机会致病性寄生虫:有些寄生虫在宿主体内常处于隐性感染状态,但当宿主免疫功能受损时,虫体大量繁殖和出现强致病力,这类寄生虫称为机会致病性寄生虫,如隐孢子虫、贾第鞭毛虫等。

二、宿主概念与类型

宿主:凡是体内或体表被寄生虫暂时或永久地寄生的动物称为宿主。根据寄生虫的发育特性和他们对寄生生活的适应情况,将宿主区分为不同的类型。

终末宿主:寄生虫的成虫阶段或有性生殖阶段所寄生的宿主称为终末宿主。如犬、猫是华支睾吸虫的终末宿主。

中间宿主:寄生虫的幼虫或无性生殖阶段所寄生的宿主。如具有两个中间宿主,依其发育阶段的先后分别被称为第一、第二中间宿主。

保虫宿主:在多宿主寄生虫的宿主中,防治上处于次要地位的宿主称为保虫宿主。从流行病学的角度看,通常把不常被寄生虫的宿主称为保虫宿主。如牛、羊的肝片吸虫除主要感染牛、羊外,还感染某些野生动物,这些野生动物就是肝片吸虫的保虫宿主。

储藏宿主:某些种类的寄生虫可以在某些动物体内长期存活,但并不进行发育和繁殖,但仍保持对正常宿主的感染能力,这类宿主称为储藏宿主。如寄生于家禽和某些鸟类器官的比翼线虫,它们的感染性虫卵散布到自然界,既可以直接感染鸡和禽类,也可以被蚯蚓及这些昆虫吞食而暂时储藏在它们的体内,之后再间接感染鸡和鸟类,我们就将蚯蚓及某些昆虫称为比翼线虫的储藏宿主。

带虫宿主:某些寄生虫在感染宿主体内,随着机体抵抗力增强或通过药物治疗,宿主处于隐性感染,临床上无症状,但体内仍保留有一定的虫体,这样的宿主称为带虫宿主。

传播媒介:指在脊椎动物宿主传播寄生虫病的低等动物,通常指的是吸血的节肢动物。如硬蜱是传播梨形虫的媒介,蚊子是传播疟原虫的媒介。

三、寄生虫的生活史

(一)概念与类型

寄生虫完成一代生长、发育和繁殖的全过程称为生活史,亦称发育史。寄生虫的种类繁多,生活史形式多样。根据寄生虫在生活史中有无中间宿主,大体可分为两种类型。

(1)直接发育型 寄生虫完成生活史不需要中间宿主,虫卵或幼虫在外界发育到感染期后直接感染动物或人,此类寄生虫称为土源性寄生虫,如蛔虫、牛羊消化道线虫等。

(2)间接发育型 寄生虫完成生活史需要中间宿主,幼虫在中间宿主体内发育到感染期后再感染动物或人,此类寄生虫称为生物源性寄生虫,如旋毛虫、猪带绦虫等。

(二)寄生虫完成生活史的条件

(1)适宜的宿主 适宜的甚至是特异性的宿主是寄生虫建立生活史的前提。

(2)具有感染性的阶段 寄生虫并不是所有的阶段都对宿主具有感染能力,虫体必须发育到感染性阶段(侵袭性阶段),并且获得与宿主接触的机会。

(3)适宜的感染途径 寄生虫均有特定的感染宿主的途径,进入宿主体后要经过一定的移行路径到达其寄生部位,在此生长、发育和繁殖。但在此过程中,寄生虫必须克服宿主的抵抗力。

只有具备这三个条件,感染才成为可能。而寄生生活能否建立,在于寄生虫进入宿主体内后,能否能克服许多阻碍,到达寄生部位并发育为幼虫。

(4)寄生虫进入宿主体内后,一般要经过移行过程和发育过程,才能到达寄生部位,而后确立寄生生活。

(5)寄生虫必须有战胜宿主的抵抗力 例如,猪蛔虫,寄生生活建立的条件:猪蛔虫的感染必需有适宜的宿主——猪的存在;外界环境中有感染性的蛔虫卵;猪通过粪便或土壤接触到感染性的蛔虫卵并经口进入猪体内,在体内,卵内幼虫释出后,经过血液循环,经肝、心、脾,再移行到咽,被吞咽后进入小肠,发育为成虫,在整个发育过程中,蛔虫必须具有战胜宿主的抵抗力,进而建立寄生生活。

四、宿主和寄生虫的相互关系

寄生虫与宿主的关系,包括寄生虫对宿主的危害和宿主对寄生虫的影响两个方面。寄生虫侵入宿主机体后,能否到达寄生部位或在其体内生存和发育并使宿主发病,取决于宿主和寄生虫之间的相互作用。在寄生虫一方表现为对机体的致病作用,在宿主一方则是对寄生虫的防御机能。

(一)寄生虫对宿主的损害

寄生虫在侵入、移行、定居和繁殖的整个过程中,都以各种形式危害宿主,这种危害作用是多方面的,也是极其复杂的,主要有以下几方面。

1.夺取宿主的营养

寄生虫在宿主体内生长、发育和繁殖所需的营养物质主要来源于宿主,宿主体内寄生虫数愈多,被夺取的营养也就愈多。如蛔虫直接以小肠内消化或半消化的食物为食;钩虫、蜱和蚊吸食宿主的鲜血,造成宿主失血。寄生虫的虫数愈多,宿主被夺取的营养也愈多,可引起营养不良、贫血等。有的寄生虫消化、吞食宿主的组织细胞,如绵羊夏伯特线虫吞食宿主的肠黏膜和组织,普通圆线虫除吸血外,还吞食肠黏膜组织碎片。因此,当宿主体内寄生的虫体数量较多时,就会导致宿主的营养不良、贫血和发育受阻等。

2.机械性损伤

寄生虫对所寄生的部位及其附近组织和器官可产生损害或压迫作用。如蛔虫数量多时可堵塞肠管引起肠梗阻,或堵塞胆管引起胆道蛔虫症。钩虫用口囊和齿吸咬肠壁损伤黏膜,造成出血和炎症。疟原虫在红细胞及杜氏利什曼原虫在巨噬细胞内增殖,破坏被寄生的细胞。猪囊尾蚴寄生于脑、眼等处并压迫脑组织,可致癫痫、视力下降甚至失明。蛔虫的幼虫在肺内移行时穿破肺泡壁毛细血管,可引起出血。

3.毒性作用和抗原性刺激

寄生虫在生活期间排出的代谢产物、分泌物、排泄物和死亡虫体的分解物对宿主均具有毒性作用,这些物质可以引起组织损伤、组织改变和免疫病理反应。如溶组织阿米巴分泌溶组织酶,破坏组织细胞,引起宿主肠壁溃疡和肝脓肿;阔节裂头绦虫的分泌物、排泄物可能影响宿主的造血功能而引起贫血。且寄生虫属异物,虫体及其代谢产物、死亡虫体的分解物均具有抗原性,可诱发宿主的免疫反应,引起局部或全身变态反应。如血吸虫虫卵内毛蚴分泌物可通过卵壳渗入组织,引起周围组织形成虫卵肉芽肿,这是血吸虫病最基本的病变,也是主要致病因素;疟原虫的抗原物质与相应抗体形成免疫复合物,沉积于肾小球毛细血管基底膜,在补体参与下,引起肾小球肾炎;猪囊尾蚴和棘球蚴的囊液具有很强的抗原性,进入组织可引起过敏反应,强烈者可导致过敏性休克。

4.引入其他病原体

一些寄生中侵袭或侵入宿主时,往往引起其他继发感染。某些昆虫是病原微生物的媒介物,如某些蚊虫可传播乙型脑炎,某些蚤可传播鼠疫杆菌;某些蠕虫可将病原微生物或寄生虫携带到宿主体内,猪毛尾线虫携带副伤寒杆菌,鸡异刺线虫携带火鸡组织滴虫。一些寄生虫侵入机体可以激活宿主体内处于潜伏状态的条件性病原微生物,为病原微生物的侵入打开门户,降低宿主的体力。如仔猪感染食道口线虫后,可激活副伤寒杆菌,宿主感染猪蛔虫幼虫容易发生气喘病。

(二)宿主对寄生虫的影响

1.寄生生活对寄生虫的影响

寄生虫在经历漫长的适应宿主环境的过程中,在不同程度上丧失了独立生活的能力,对于营养和空间依赖性越大。寄生虫可选择性地寄生于某种或某类宿主,也可因环境的影响而发生形态方面的改变。如跳蚤身体左右侧扁平,以便行走于皮毛之间;寄生于肠道内的蛔虫及肠系膜血管内的血吸虫体形为细长形,以适应窄长的肠腔及血管腔。软蜱的消化道长度大为增加,饱吸一次血可耐饥数年之久。寄生虫还可因环境的影响而发生生理功能的改变。分泌对抗物质,如蛔虫可分泌抗胰蛋白酶和抗胃蛋白酶的物质,保护虫体免受宿主小肠内蛋白酶的作用。增强繁殖能力,如日本血吸虫卵孵出毛蚴进入螺体内,经无性的蚴体增殖可产生数万条尾蚴;蛔虫日产卵约24万个,牛带绦虫日产卵约 72 万个。

2.宿主对寄生虫的防御功能

宿主对寄生虫的防御功能主要表现就是免疫,寄生虫及其产物对宿主均为异物,能引起一系列免疫反应。宿主免疫系统识别及清除寄生虫的作用,包括非特异性免疫和特异性免疫。非特异性免疫又称先天免疫,如皮肤、黏膜、胎盘的屏障作用,胃液的杀灭消化某些进入胃内寄生虫作用;特异性免疫又称获得性免疫,是免疫活性细胞与寄生虫抗原相互作用的过程,使宿主产生体液免疫和细胞免疫,这种免疫具有抵抗再感染的能力。

3.产生强烈的毒素

这种毒素并不直接毒害宿主。如牛肉孢子虫的毒素是已知的最剧烈的毒素之一,而牛肉孢子虫可以产生大量的这种毒素,但是不会把产生的这种毒素作用于宿主。其因可能是寄生虫本身生存需要从宿主那里获取营养,正常情况下寄生虫从形态和生理上已具备种种复杂的特性,以使自身和宿主均不致中毒,产毒的寄生虫若使赖以生存的宿主中毒死亡,自身的生存与传播亦随之终止。

(三)寄生物之间的相互关系

寄生物之间存在着协同作用与拮抗作用。宿主体内同时感染两种或两种以上的寄生虫是比较常见的现象。同时存在的不同种类的寄生虫之间也会相互影响,它们之间常常出现相互制约或促进,增加或减少它们的致病作用,从而影响临床表现。如短膜壳缘虫寄生时有利于蓝氏贾第鞭毛虫的寄生生存,以致产生蓝氏贾第鞭毛虫病,艾滋病病毒(HIV)本身并不会杀死其宿主(人),但是由于 HIV 能损伤宿主(人)免疫系统引起免疫缺陷,从而为其他寄生物敞开了大门,使本来在通常情况下不具备致病性的其他寄生物具有所谓的条件致病作用,如弓形虫病(toxoplasmosis)、隐孢子虫病(crytosporidiasis)、肺孢子虫病(penumocystiasis)等的发病都与艾滋病病毒引起宿主(人)免疫缺陷有关。再比如蛔虫与钩虫在宿主体内同时存在时,对蓝氏贾第鞭毛虫起抑制作用。动物试验已证明,两种寄生虫在宿主体内同时寄生,一种寄生虫可以降低宿主对另一种寄生虫的免疫力,即出现免疫抑制。如疟原虫感染使宿主对鼠鞭虫、旋毛虫等都能引起免疫抑制,因此这些寄生虫在宿主体内存在时间延长、生存能力增强等。

第二节 寄生虫的分类与命名

一、寄生虫的分类

在同一群体内,其基本特征,特别是形态特征是相似的,这是目前寄生虫传统分类学的重要依据。为了准确地区分和识别寄生虫,依据一定规则,给每种寄生虫定一个专门的科学名称,这就是寄生虫的命名。

寄生虫分类的最基本单位是种。种是指具有一定形态学特征和遗传学特性的生物类群。近缘的种归结到一起称为属;近缘的属归结到一起称为科;依次类推,有目,纲,门和界。进一步细分时,还可有亚门、亚纲、亚目、超科、亚科、亚属、亚种等。

二、寄生虫的命名

为了准确地区分和识别各种寄生虫,必须给寄生虫定一个专门的名称。现在世界公认的生物命名规则是林奈创造的双名制法(binomial system)。用这种方法给寄生虫规定的名称寄生虫的学名。学名有两个不同的拉丁文单词组成,第一个单词是寄生虫的属名,第一个字母要大写,第二个单词是寄生虫的种名,全部字母要小写。

例如,日本分体吸虫的学名是"*Schistosoma japonicum*"。其中"*Schistosoma*"表示分体属,"*japonicum*"表示日本种。必要时还可把命名人和命名年代写在学名之后。如"*Schistosoma japonicum*,Katsurada,1904"表示命名人是"Katsurada",是1904年命名的。命名人的名字和年代在有的情况可以省略不写。

有时在人们已知道是哪个属或文章中第一次出现时已写过全称的,之后再出现时,属名可以简写。如日本分体吸虫 *Schistosoma japonicum*,曼氏分体吸虫 *S. mansoni* 等。

需要表示亚属时,可把亚属的名写在属名后面括号内。需表示亚种(subspecies name)时,则在种名后面写上亚种名。例如:尖音库蚊属于库蚊亚属、浅黄亚种"*Culex (Culex) pipiens pallens*"。

只确定到属,未定到种时,可在属名后加上 sp.。如分体吸虫未定种为 *Schistosoma* sp.。一个属中有若干个未定种时,可在属名后加上 spp.。如 *Schistosoma* spp.。

注意学名与俗名(中文名)的不同。学名国际通用,一般只有一个;俗名多是翻译过来的,有的是根据音译命名,有的是根据形态特点命名。所以,同种寄生虫的俗名可能会有多个。因此需注意避免相互混淆,一般应以学名为准。

第三节　寄生虫病的流行病学

研究寄生虫病流行的科学叫寄生虫病流行病学,它指从群体的角度出发,来研究寄生虫病发生、发展和流行的规律,从而制定防治、控制及消灭寄生虫病的具体措施和规划。某种寄生虫病在一个地区流行必须具备三个环节,即传染源、传播途径和易感动物。这三个环节在某一地区同时存在并相互关联时,就会造成寄生虫病的流行。寄生虫病的流行过程在数量上可表现为散发、暴发、流行或大流行;在地域上可表现为地方性,在时间上可表现为季节性。生物因素、自然因素和社会因素都会对寄生虫病的流行和传播产生重要影响。

一、寄生虫病的流行规律

寄生虫病的流行除了与宿主和寄生虫等生物因素相关外,还与自然因素和社会因素有一定关系。

(一)生物因素

宿主与寄生虫等生物性因素无疑会对寄生虫病的传播和流行产生重要的影响。宿主的遗传因素、年龄大小、体质和健康状况及免疫机能强弱、饲养管理好坏等都会影响到许多寄生虫病的发生和流行。寄生虫的种类、致病力、寄生虫虫卵或幼虫感染宿主到它们成熟排卵所需要的时间、寄生虫在宿主体内寿命的长短、中间宿主的分布、密度、习性、栖息场所,还有寄生虫的储藏宿主、保虫宿主等均可影响到寄生虫病的流行程度。

(二)自然因素

自然因素包括气候、地理、生物种群等。海拔高度和纬度不同都会对光照和土壤产生重要影响,从而影响终末宿主、中间宿主和传播媒介及寄生虫的分布。寄生虫的流行表现有季节性和地区性。例如,螨病主要发生在冬春季节,因为冬春时,阳光照射不足,被毛较密,在圈舍潮湿,卫生不良条件下,最适合螨的发育繁殖;而夏季皮肤表面常受阳光照射,经常处于干燥状态,一般就不会发生。又如日本血吸虫病在我国主要流行于南方地区,不在北方流行。其重要原因是血吸虫的中间宿主钉螺在我国的分布不超过北纬 33.7°,而南方地区有适合于日本血吸虫中间宿主——钉螺活动的水网环境,北方地区气候环境条件不利于钉螺生存,因此没有日本血吸虫病的发生。温度对球虫卵囊的影响也很大,因为卵囊孢子化的最适温度是 27℃左右,偏低或偏高均影响其孢子化率,因此其感染强度也随之下降。可见地理位置和环境会影响到寄生虫的流行情况。

(三)社会因素

社会因素包括社会经济状况,文化水平和科技水平、法律法规的制定和执行、人民生活方式、风俗习惯以及防疫保健措施等。例如,在很多农村地区,卫生条件差、生活习惯不良,无厕所或粪便管理不严,再加上猪散放饲养、当地人喜食生肉,导致猪囊虫病流行。因此对当地人民进行科普宣传,提倡讲究卫生,改变不良卫生习惯和风俗习惯,改善饲养管理条件,是预防寄生虫病流行的重要一环。

生物学因素、自然因素和社会因素常常相互作用,共同影响寄生虫病的流行。一般情况下,生物因素和自然因素是相对稳定的,但社会因素是可变的。因此社会稳定、经济发展、科技进步和法律法规的健全对控制寄生虫病的流行都具有关键性的作用。

二、寄生虫病的流行特点

寄生虫的生活史比较复杂,有多个阶段,能使动物机体感染的阶段称感染性阶段或感染期。寄生虫侵入动物机体并能生活一段时间,这种现象称寄生虫感染。

动物机体同时有两种以上虫种寄生时,称为多寄生现象。这种现象十分普遍,尤其在动物的消化道内,往往可以同时感染多种寄生虫。不同种类的寄生虫生活在同一个微环境中彼此间相互制约或相互促进,有优势虫种之说。例如,鸡球虫一般是两个以上虫种同时感染,由于存在拥挤效应,往往只有某一个种占据数量优势。

缓慢的传播和流行是许多寄生虫病的重要特点之一,不少寄生虫都属于慢性感染或隐性感染。慢性感染是指多次低水平感染或在急性感染之后治疗不彻底,未能清除所有病原体,而转入慢性持续性阶段,寄生虫在动物体内可生存相当长的一段时间。如血吸虫流行区患者属慢性感染。隐性感染是指动物感染寄生虫后,没有出现明显的临床表现,只有当动物机体抵抗力下降时寄生虫才大量繁殖,导致发病,甚至造成病患死亡。

寄生虫感染和流行的另一个特点是对宿主造成慢性和消耗性的危害。大多数寄生虫病没有特异性临床症状,在临床上动物主要表现为贫血、消瘦和发育不良,死亡率低。这是因为机体感染寄生虫后,以多种方式逐渐掠夺营养,慢性损害健康,降低动物机能所造成的。寄生虫病导致畜牧业生产成本增加,畜产品数量和质量下降,严重影响畜牧业的经济效益。

寄生虫病的感染和流行情况可以通过两个指标体现:一是感染率,它表示动物群体遭受某种寄生虫感染的普遍程度;另一个是感染强度,表示动物受到寄生虫感染的严重性。寄生中感染后的动物机体状态与寄生虫的感染强度相关,感染强度的大小与宿主个体的遗传素质、营养及寄生虫虫种的致病性有关。

三、寄生虫病的地理分布

地理位置不同,气候和自然环境自然不同,势必造成动物区系和植被的差异,又会直接或间接地影响到寄生虫的分布。国际上根据动物基本类型的分布不同,在世界上划分出六个主要的动物区。

(1)古北区　包括欧洲全部、亚洲北部;南界大约在我国的长江流域。基本上是欧亚大陆的温带地区。

(2)远东区　包括了我国的长江以南地区,还有印度、巴基斯坦和中南半岛诸国,均位于热带和亚热带。

(3)新北区　主要是北美,其地理位置与古北区相似。

(4)澳大利亚区　其陆地部分主要在南半球的热带和亚热带。

(5)埃塞俄比亚区　基本上包括非洲全部,还有阿拉伯半岛的一部分,分布在赤道两侧的热带和亚热带。

(6)新热带区　只是中南美洲,大部分位于热带和亚热带。

动物区系的不同,就意味着宿主、中间宿主和传播媒介的不同,而且必然影响到寄生虫的分布。特别是那些对宿主选择性比较严格的寄生虫,总是随着其特异性宿主的分布而存在。例如,日本分体吸虫只分布于我国长江以南的省份,长江以北则不能生存,这与它的中间宿主——钉螺的分布相一致。寄生于牛、羊、马等多种哺乳动物的刚果锥虫(*Trypanosoma congolense*)和布氏锥虫(*T. brucei*),都是分布在非洲的热带区,这与其媒介物——采采蝇(舌蝇)的分布相一致。而伊氏锥虫(*T. evansi*)虽与布氏锥虫非常相近,却分布于古北区、埃塞俄比亚区、远东区和新热带区,因为它们的媒介——虻几乎无处不在。所以,宿主与环境都影响或决定了寄生虫及寄生虫病的地理分布,生态环境越复杂,寄生虫的种类往往越多。动物的移动也会影响寄生虫与寄生虫病的分布,长距离的交通运输和频繁往来引起某些动物的移动,特别是昆虫的迁移最为常见,还有某些鱼类和鸟类迁移所引起的寄生虫区系变化。例如,活跃锥虫(*T. vivax*)的媒介动物也是舌蝇,并且和刚果锥虫与布氏锥虫具有共同的地理区域,但现在也见于南美和毛里求斯等地,研究者认为是近百年来随着牛的运输而迁往新热带区的。另外,随着人类的迁移,一些寄生虫与寄生虫病被带到新的地区,在气候合适、宿主条件和相似的生活习惯下,寄生虫和寄生虫病可扩散到新的地理区域。

一些被隔绝的地方及动物区系经常保持着其固有的、特殊的寄生虫种类。有的寄生虫在一些野生动物宿主之中,其分布范围完全取决于宿主的分布,并局限于一定的区域,这种特性称为自然疫源性,即某些疾病的病原体在一定地区的自然条件下,由于存在某种特有的野生传染源、传播媒介和易感动物而长期存在,当人或家畜进入这一生态环境时可能受到感染,但家畜或人的感染或流行对这类病原体在自然界的生存并不是必要条件。例如,细粒棘球幼和多房棘球绦虫的某些亚种,通常循环感染于狐狸、犬、狼、野猫(终末宿主)和一些野生反刍兽、啮齿类、有袋类(中间宿主)动物之间,这些都是由动物区系的自然地理分布形成的,由这类寄生虫引起的疾病称为自然疫源性寄生虫病,一旦对人或家畜“开放”,可能会造成严重的后果,这是由新宿主和新寄生虫之间的适应性问题造成的,对于畜牧业生产和人类卫生有实际意义。

宿主长距离的移动无论在其旅行中或达到一个的新的栖息地之后,通常是会失去某些寄生虫种,但在其适应新环境的过程中,也会保留原栖息地的一些寄生虫种。因此,地理上相隔遥远的宿主也可以有同样的寄生虫种类。广泛分布于世界各地的动物宿主,它们的寄生虫往往也遍布各地,特别是那些土源性寄生虫尤其如此。因此,这类寄生虫较少受到地理性限制,加之现代交通和贸易的发达,家畜及其产品交换运输的频繁,更增加了寄生虫与寄生虫病的广泛散播。地理分布对寄生虫与寄生虫病影响还有其他的规律性需要探讨研究,如寄生虫与宿主的分布类型的相关性;同种宿主的不同生态环境与其寄生虫的种类和分布的相关性;宿主与其寄生虫的发源地及移动路线等。

第四节　寄生虫病的诊断和防治

一、寄生虫病的诊断

寄生虫病的诊断是一个综合判断的过程,病原体检查是寄生虫病最可靠的诊断方法。但在宿主带虫数量较少时,常常呈现带虫免疫而不表现明显的临床症状。因此,寄生虫的诊断除了检查病原体外,还要结合流行病学资料、临床症状的观察以及实验室检查结果等进行综合分析。

(一)临床观察

临床症状的观察是生前诊断最直接的方法。如反刍兽的梨形虫病可以出现高热、贫血、黄疸、血红蛋白尿等症状,鸡的卡氏住白细胞病可出现白冠,排绿色粪便等症状,根据这些特征性的症状可以做出初步诊断,有些寄生虫病在临床观察时就可以发现病原体,建立诊断,如牛表现为被毛粗乱,常摩擦皮肤,并且在病牛被皮上发现牛皮蝇的虫道及幼虫时就可初步诊断。

(二)流行病学调查

流行病学调查对寄生虫的诊断(尤其是对群体寄生虫病的诊断)具有重要作用。通过调查,找出引起寄生虫病发生和流行的各种因素,摸清寄生虫病的传播和流行动态,为确立诊断提供依据。

(三)实验室诊断

通过对动物的粪便、尿液、血液、组织液、体表及皮屑等进行检查,查出各种寄生虫的虫卵、幼虫、成虫等,即可得出正确的诊断。

(四)治疗性诊断

在初步诊断的基础上,由于诊断条件的限制等原因不能进行确诊时,可以利用对怀疑寄生虫有疗效的药物进行治疗试验,然后观察症状是否好转或从患病动物体内排出虫体而进行确诊。如梨形虫可注射贝尼尔进行诊断性治疗。

(五)病理学诊断

病理学诊断是诊断寄生虫感染的确实和可靠方法,包括病理学剖检和组织病理学检查。病理学剖检可以确定寄生虫种类、感染强度,还可以明确寄生虫对宿主危害的严重程度,尤其利于群体寄生虫病的诊断。组织病理学检查常常作为寄生虫诊断的辅助手段。但诊断旋毛虫病时,则根据在肌肉组织中发现包囊即可确诊。

(六)免疫学诊断

寄生虫侵入机体,刺激机体引起免疫反应,利用免疫反应的原理在体外进行抗原或抗体的检测,达到诊断的目的称为免疫学诊断。随着免疫学实验技术的发展,已有多种免疫学诊断技术应用于寄生虫病的诊断,如间接血凝试验(IHA)、酶联免疫吸附试验(ELISA)等,由于寄生虫结构复杂,生活史多样以及许多寄生虫具有免疫逃避能力,寄生虫的免疫学诊断经常作为寄生虫病诊断的辅助方法。然而对于一些只有剖检或组织检查才能确诊的寄生虫病,如猪旋毛虫、弓形虫病等,免疫学诊断仍是较为有效的方法。

(七)分子生物学诊断

随着分子生物学的发展和学科间的交叉渗透。分子生物学技术因其具有较高的特异性和灵敏性，已经用于寄生虫病的诊断和流行病学的调查，目前用于寄生虫病诊断的分子生物学技术主要有PCR、DNA探针等。

二、寄生虫病的防治

寄生虫的生活史因种不同而不同，有的比较复杂，寄生虫病的流行因素也多种多样，因此要达到有效的防治目的，必须在了解各种寄生虫的生活史及寄生虫病的流行病学规律的基础上，制定综合防治措施。根据寄生虫病的流行环节和因素，采取下列几项措施，阻止寄生虫生活史的完成，以期控制和消灭寄生虫病。

(1)消灭传染源　通过普查普治带虫者和患者，查治或处理储藏宿主。此外，还应做流动人口的监测，控制流行区传染源的输入和扩散。

(2)切断传播途径　加强粪便和水源的管理，搞好环境卫生和个人卫生，以及控制或杀灭媒介动物和中间宿主。

(3)保护易感者　加强集体和个人防护工作，改变不良的饮食习惯，改进生产方法和生产条件，用驱避剂涂抹皮肤以防吸血节肢动物媒介叮刺，对某些寄生虫病还可采取预防服药的措施。

在开展寄生虫病的防治过程中，必须根据各地区，以及各种寄生虫的具体情况，制订防治方案。对土源性蠕虫及经口感染的寄生虫的控制与消灭，首先是注意管好粪便、水源，注意个人饮食卫生。如华支睾吸虫和肺吸虫病的感染分别为食生的或未煮熟的淡水鱼虾和溪蟹、蝲蛄引起的；猪、牛带绦虫病以及旋毛虫病系食用未煮熟的猪肉、牛肉所致，这些蠕虫病，也称食物源性蠕虫病，其防治关键是把好"病从口入"关，教育群众改变不良饮食习惯、加强粪管和肉品检查、以减少传播机会。包虫病的防治则屠宰卫生管理和家犬管理及药物驱虫为主，结合我国疫区的实际情况，实行对病犬"无污染性驱虫"将是最经济有效的防治对策。

寄生虫病防治工作，只有动员广大群众乃至全社会积极参与才能搞好。所以必须加强宣传，让广大群众和各级领导耳闻目睹寄生虫病对人民健康和经济发展的危害，认识到"区区小虫"关系到整个中华民族的身体素质及防治寄生虫病的重要意义，使各级领导将寄生虫病防治工作纳入当地经济发展和两个文明建设的目标；通过对寄生虫生活史的宣传，增加群众预防寄生虫病的科学知识，提高群众的自我保健和防病意识。这样才能开展群防群治，并巩固和提高寄生虫病防治工作的效果。

思考题

1.名词解释：寄生虫、宿主、土源性寄生虫、生物源性寄生虫、终末宿主、中间宿主、传播媒介。

2.寄生虫对宿主的危害有哪些？

3.寄生虫的防治措施有哪些？

第四十二章　　原　虫　病

学习要点

　　掌握梨形虫病、球虫病和重要的人兽共患病（如弓形虫病、隐孢子虫病和贾第鞭毛虫病）的概念、病原、流行特点、生活史、症状、病变、诊断和防治措施。理解原虫的一般形态结构和基本生物学特性。了解原虫的分类与寄生特性，原虫的生殖类型和生活史类型。

第一节　原虫的形态结构、分类和生活史

　　原虫又称原生动物，是最原始、最简单，最低等的单细胞真核生物，能由一个细胞进行和完成生命活动的全部功能。原虫虫体微小，大小由 $2\sim3~\mu m$ 至 $100\sim200~\mu m$，虫体形态随种类和不同发育阶段而各不同，如呈柳叶状、长圆、椭圆或梨形等，有的原虫无固定的形状或经常变形。

一、原虫的形态结构

（一）细胞结构

原虫的基本结构包括表膜、细胞质和细胞核。

1.表膜

　　表膜即细胞膜，位于虫体的外表，由单位膜构成。电镜下清晰可见单位膜分成外、中、内三层。有些原虫只有一层单位膜，称为质膜。有的虫体有一层以上的单位膜。表膜的主要成分是类脂分子，分子间镶嵌着许多蛋白质分子，外层上结合有绒毛状的多糖分子。多糖分子一端游离在外，松松覆盖在虫体的表面，称为细胞被或表被。表膜可使虫体保持一定的形状，并参与虫体的摄食、排泄、感觉和运动等生理功能。表膜可以不断地更新，并具有很强的抗原性。

2.细胞质

细胞质是由基质和细胞器组成。

　　（1）基质　主要成分是蛋白质。电镜下基质呈颗粒状、网状和纤丝状。蛋白质分子互相连成网状，网眼中有水分子和其他分子。此种结合是疏松的，易断裂也易再联合。蛋白质分子中可以平行排列聚集成纤维丝。原虫的收缩性可能与这类亚纤维丝有关。胞质有外质和内质之分，外质呈凝胶状，内质中有各种各样的细胞器，执行各种生理机能。

　　（2）细胞器　在长期的进化过程中，原虫获得了高度发达的细胞器，具有与高等动物细胞器官相类似的功能。有线粒体、内质网、高尔基复合体、核蛋白体、溶酶体、纤丝、动基体和副基体等。细

胞器因虫体不同而不同。

线粒体：由两层单位膜包围形成的封闭结构。两层膜分别叫外膜和内膜，内膜可向内部突出，形成管或嵴。内、外膜间有腔。嵴或嵴间的腔称为嵴间腔，其内充满线粒体基质，线粒体结构因虫体不同而不同，有的弯曲复杂，有的极其简单，线粒体内有多种酶参与细胞内物质的分解、代谢和高能磷酸物质的形成。

内质网：是由膜形成的网状结构，其数量、大小和形状均变化较大。其表面有或无核蛋白体附着，形成粗面或光面的内质网。内质网的功能主要为蛋白质的合成和储存，对原虫的生长与生命活动起重要作用。

高尔基复合体：通常为 4～8 个单位膜形成的碟状扁囊重叠在一起构成，囊腔与内质网管道相通。蛋白质先由核蛋白体合成，再运输到高尔基体，并在此加工并形成分泌颗粒。

核蛋白体：由蛋白质及核糖核酸构成，呈小的颗粒状，常附着内质网的外缘，或聚集成小块分散在胞质中。它的功能是合成蛋白质。

溶酶体：由一层单位膜包围而形成的囊状结构，形态、大小极不一致。囊内含有多种酸性水解酶，能对外源性食物或有害物质及细胞内衰老或破损的细胞器起分解作用。

纤丝：许多原虫的细胞质中都有纤丝，它们和微管都是非膜相结构，电镜下其直径为 5～15 nm，均匀分散或排列成堆。纤丝的功能是保持原虫的形态及伸缩运动。

微管：它是构成鞭毛、纤毛的亚单位。也有独立存在于细胞质的微管，在电镜下横切面呈管状。微管的"壁"由管蛋白构成。微管有一定的强度和弹性，其功能与支架作用有关，还可能是颗粒物质运输的"管道"。当它们构成鞭毛纤维时，则执行运动功能。

动基体：它是另一种有嵴的膜相结构。有两层膜，膜上无孔，内外膜间有间隙，内膜向内腔伸出少量的嵴，嵴为板状。内腔中有一束高度弯曲的 DNA 纤丝，与动基体的长轴平行。由于其基本单位与线粒体相似，故普遍认为它是一种特殊的线粒体，有时也称其为核样体。一个原虫只有一个动基体，常位于鞭毛基部的后方。动基体能合成 DNA，但与细胞核的 DNA 不同。

伸缩泡：它是一种周期性收缩和舒张的泡状结构，具有调节细胞内水分的功能，寄生性原虫中仅纤毛虫有伸缩泡。

3. 细胞核

细胞核是原虫生存、繁殖的主要构造。多数原虫只有一个核，有些可有两个大小相仿或大小不同的核，甚至多核。胞核由核膜、核质、核仁及染色体组成，按结构可分为二型：泡状核和实质核。除纤毛虫外都为泡状核。核仁含 RNA，染色质含 DNA 及少量的 RNA，均偏酸性，故可被碱性染料着染。

(二)运动器官

原虫的运动器官有 4 种，分别是鞭毛、纤毛、伪足和波动嵴。

(1)鞭毛　呈鞭子状。由中央的轴丝和外鞘组成。外鞘是细胞膜的延伸。轴丝由 9 个外周微管和 2 个中央微管组成。鞭毛可以做多种形式的运动，快与慢，前进与后退，侧向或螺旋形。拍打动作可起始于基部或末端。整个鞭毛基部包在长形的盲囊中，称为鞭毛囊。轴丝起始于细胞质中的一个小颗粒，称基体。

(2)纤毛　其结构与鞭毛相似。纤毛与鞭毛唯一不同的地方是运动时的波动方式。纤毛平行于细胞表面推动液体，鞭毛平行于鞭毛长轴推动液体。

（3）伪足　是肉足鞭毛亚门虫体的临时器官，它们可以引起虫体运动以捕获食物。除了一些阿米巴无特定的身体延伸外，其他肉足虫有 4 种形式的伪足：①叶状伪足，呈指型；②线状伪足，纤细，末端尖；③根状伪足，跟线状伪足，相似但有很多分枝，形成网状；④轴足，相似于线状伪足，含有细长的轴丝。

（4）波动嵴　是孢子虫的定位器官，只有电镜下才能观察到。

（三）特殊细胞器

一些原生动物还有一些特殊细胞器，即动基体与顶复体。

1. 动基体

动基体为动基体目原虫所有。光镜下动基体嗜碱性，位于基体后，呈点状或杆状。电镜下可见四周为双层膜，中央是 DNA 纤维形成的高电子致密度片层样结构。分子生物学研究表明，动基体内含有大量 DNA，呈 kDNA。kDNA 为环状，相互联锁，形成网络状结构。kDNA 环有大环和小环两种，大环数目极少，小环占绝对多数。有些虫株无大环，如伊氏锥虫，有些虫株无 kDNA，如马锥虫。kDNA 大环含有结构基因，如 9S 和 12S rRNA，细胞色素氧化酶亚基 Ⅰ、Ⅱ、Ⅲ 基因，NADH脱氢酶基因 1、4、5 基因等。kDNA 小环目前尚未发现结构基因，已证明小环参与大环某些基因的RNA 编辑。

2. 顶复体

顶复体是顶复门虫体在生活史的某些阶段所具有的特殊结构，只有在电镜下才能观察到。典型的顶复体一般含有一个极环，多个线粒体，数个棒状体，多个表膜下微管，一个或多个微孔，一个类锥体。

寄生虫在侵入宿主的时候，往往是顶复体一端与宿主细胞接触。以球虫子孢子为模型所进行的研究证实，子孢子可以产生一种含有钙调蛋白功能域的蛋白激酶，该酶主要定位于顶复体端。子孢子一旦进入细胞后，该酶被遗留在侵入部位的宿主细胞膜上，子孢子同时停止表达该酶；顶复体除微孔外的各种结构均消失，直到形成裂殖子后顶复体重新出现。表明顶复体与虫体侵入宿主细胞有着密切关系。

二、原虫的生物学特性

（一）运动

原虫的运动主要由运动细胞器完成。运动方式取决于原虫运动细胞器的类型。一般有下列几种方式。

（1）伪足运动　溶组织阿米巴原虫滋养体借助伪足进行运动。

（2）鞭毛运动　伊氏锥虫、胎儿三毛滴虫等原虫借助鞭毛的摆动前进。

（3）纤毛运动　纤毛虫的体表有很多纤毛，借助纤毛的协调作用完成运动。

（4）其他运动形式　有的原虫虽无可辨认的运动胞器，却能以某种特殊的运动方式找到合适的寄生部位，如疟原虫在按蚊体内形成的动合子，以螺旋式运动穿入蚊肠上皮细胞内进行发育，有些原虫以扭动或滑行的方式进行运动。

（二）营养

原虫摄取营养的方式有以下几种。

（1）渗透　各种孢子虫纲的虫体，可通过表膜的渗透作用，摄取溶于水中的营养物质。

(2)胞饮 是原虫通过表膜摄取液体养料,如阿米巴原虫以胞饮方式摄入养料时,先在伪足样突起物形成管状凹陷。然后断裂成许多小泡,将养料带入细胞内。

(3)吞噬 是原虫对固体食物(如宿主组织细胞活细胞碎片)的一种摄入方式,如疟原虫的滋养体可通过胞口吞噬红细胞内的血红蛋白,将其作为食物摄入细胞内。有些原虫不具有胞口,则可通过表膜内陷将食物摄入胞内。

(4)排泄和渗透 原虫为了保持体内水分的平衡,必须将摄入体内的多余水分排出,多数原虫都是通过伸缩泡来完成。每个伸缩泡周围有数个收集管,收集管与内质网相通,通过内质网收集细胞内多余的水分和代谢产物,经收集管送入伸缩泡,并通过虫体固定的开口排出体外。

三、原虫的发育

(一)原虫的生殖

原虫的生殖方式包括无性生殖和有性生殖两种主要方式。

1.无性生殖

无性生殖方式有多种。

(1)二分裂 即一个虫体分裂为两个,分裂顺序是先从基体开始,而后动基体、核,再细胞。鞭毛虫常为纵二分裂,纤毛虫为横二分裂。

(2)裂殖生殖 也称复分裂。细胞核和其基本细胞器先分裂数次,而后细胞质分裂,同时产生大量子代细胞。裂殖生殖中的虫体称为裂殖体,后代称裂殖子,一个裂殖体内包含数十个裂殖子。球虫常以此方式生殖。

(3)孢子生殖 是在有性生殖配子生殖阶段形成合子后,合子所进行的复分裂。经孢子生殖,孢子体可以形成多个子孢子。

(4)出芽生殖 即先从母细胞边缘分裂成一个小的子个体,逐渐变大。梨形虫常以这种方式生殖。

(5)内出芽生殖 又称内生殖,即先在母细胞内形成两个子细胞,子细胞成熟后,母细胞成熟后,母细胞被破坏。

2.有性生殖

有性生殖首先进行减数分裂,由双倍体转变为单倍体,然后两性融合,再恢复双倍体。有性生殖有两种基本类型。

(1)接合生殖 多见于纤毛虫。两个虫体并排结合,进行核质的交换,核重建后分离,成为两个含有新核的虫体。

(2)配子生殖 虫体在裂殖生殖过程中,出现性的分化,一部分裂殖体形成大配子体(雌性),一部分形成小配子体(雄性)。大、小配子体发育成熟后,形成大、小配子。小配子进入大配子内,结合形成合子,合子可以再进行孢子生殖。

(二)原虫的生活史

寄生原虫的生活史指虫体从一个宿主传播至另一个宿主的全过程,也是原虫导致疾病的传播过程,形式多样,在兽医上有着重要的流行病学意义。根据传播方式的不同,可将原虫的生活史分为三种类型。

1. 直接传播型

此种原虫的发育只需要一个宿主,通过接触传播或中间媒介在宿主间直接传播。有以下两种情况:①整个生活史中只有一个发育阶段。例如,滋养体以二分裂法增殖,宿主直接或间接触滋养体而感染,阴道毛滴虫、口腔毛滴虫等属此类。②生活史中有滋养体和包囊两个发育阶段。滋养体为原虫的生长、发育和繁殖阶段,包囊是原虫的感染阶段。此类原虫一般通过宿主饮水或采食包囊而感染,如多数肠道寄生阿米巴、蓝氏贾地鞭毛虫和纤毛虫属此类。

2. 循环传播型

此种原虫在完成生活史和传播的过程中,需要一种以上的脊椎动物,分别进行有性生殖和无性生殖,形成世代交替现象,如刚地弓形虫的传播是在终末宿主(猫及猫科动物)和中间宿主(多种动物和人)之间进行的。

3. 虫媒传播型

此类原虫需在吸血昆虫体内进行无性或有性繁殖,再经过媒介昆虫的叮咬、吸血将其接种于人和动物体内,如利什曼原虫需在白蛉的体内发育;疟原虫需在蚊体内发育,而后才能传播给人。

第二节　鞭毛虫病

一、伊氏锥虫病

伊氏锥虫病,又名苏拉病,是由吸血昆虫传播所引起的马、牛、骆驼等多种家畜的一种血液原虫病。马属动物感染后,一般呈急性经过,死亡率高。牛及骆驼感染后,多呈慢性经过,少数呈带虫现象。

本虫的宿主范围很广,除上述动物外,犬、猪、羊、鹿、象、兔、豚鼠、大鼠、小鼠均能感染。

(一)病原形态

伊氏锥虫为单型锥虫,呈细长柳叶形,长 $18\sim34\ \mu m$,宽 $1\sim2\ \mu m$,前端比后端尖。细胞核位于虫体中央,椭圆形。距虫体后端约 $1.5\ \mu m$ 处有一小点状动基体。靠近动基体为一生毛体,自生毛体生出鞭毛 1 根,沿虫体伸向前方并以波动膜与虫体相连,最后游离,游离鞭毛约长 $6\mu m$。在姬姆萨染色的血片中,虫体的核和动基体呈深紫色,鞭毛呈红色,波动膜呈粉红色,原生质为天蓝色。

(二)生活史

伊氏锥虫寄生在动物的血液中(包括淋巴液)和造血器官中,以纵二分裂法进行繁殖。由虻及吸血蝇类(螫蝇和血蝇)在吸血时进行传播。这种传播纯粹是机械性的,即虻吸血后,锥虫进入虻体内,但不进行任何发育,生存时间亦较短暂。等虻再吸食其他动物血液时,即将虫体传入后者体内。人工抽取病畜的带虫血液,注射入健畜体内,能成功地将病原传播给健畜。

(三)流行病学

1. 易感动物

伊氏锥虫有广泛的宿主群,而不同种类动物的易感性差异很大,马、驴、骡、犬最易感,牛属动物的易感性较低,绵羊、山羊、猪感染伊氏锥虫常常无症状或呈温和性症状。在实验动物中,以小鼠和大鼠易感性最强。马感染后一般呈急性发作,小鼠在人工接种后 10 d 内发病死亡。骆驼、牛易感性较弱,很少因急性发作而死亡,多数呈带虫状态而不发病,但畜体抵抗力降低时,特别是天冷、枯草季节则开始发作,呈慢性通过,最后陷于恶病质而死亡。

2.传染来源

由于伊氏锥虫宿主广泛,对不同种类的宿主,致病性差异大,一些感染而不发病的动物可长期带虫,成为传染源。另外,如骆驼、牛等,在感染而未发病阶段或药物治疗后未能完全杀灭其中虫体时,亦可作为传染源。

3.感染途径

除了吸血昆虫外,消毒不完全的手术器械(包括注射用具),给病畜使用后,再用于健畜时,也可造成感染,孕畜患病也可使胎儿感染,肉食兽在食入病肉时可以通过消化道的伤口而感染。

4.流行季节

本病流行于热带和亚热带地区,发病季节和传播昆虫的活动季节有关。

(四)致病作用

伊氏锥虫在血液中寄生,迅速增殖,产生大量有毒代谢产物,宿主亦产生溶解锥虫的抗体,使虫溶解死亡,释放出毒素。由于伊氏锥虫体表的可变糖蛋白具有很强的抗原变异性,虫体在血液中增殖的同时,宿主产生相应抗体,在虫体被消灭时,有一部分可变糖蛋白发生变异的虫体,逃避抗体的作用。重新增殖,从而出现新的虫血症高潮,如此反复致使疾病出现周期性的高潮。

虫体毒素作用的结果,首先是中枢神经系统受损伤,引起体温升高和运动障碍;对造血器官的损伤则引起贫血。红细胞的溶解,出现贫血和黄疸。对血管壁渗透作用的损伤,导致皮下水肿,肝损伤。

(五)症状

各种家畜的易感性不同而表现各异

马属动物易感性最强,经过4～7 d的潜伏期,体温升高到40℃以上,稽留数日,体温回到正常,经短时间的间歇,体温再度升高,如此反复。随着体温升高,病马精神不振,呼吸急促,脉搏频数,食欲减退。间歇3～6 d后,体温再度上升,症状再次出现,如此反复。病马逐渐消瘦,被毛粗乱,眼结膜、瞬膜上可见有米粒大到黄豆大的出血斑,眼内常附有浆液性到脓性分泌物。疾病后期体表水肿,水肿多见于腋下、胸前,最后病畜可见共济失调,举步困难。血液检查发现红细胞数急剧下降,血片中可见锥虫。在体温升高时较易检出虫体。

牛有较强的抵抗力,多呈慢性经过或带虫而不发病,如果饲养管理条件较差,牛抵抗力减弱,则可呈散发。发病时与马的症状相似,但发展较慢。牛的特有症状是耳、尾的干性坏死,这种干性坏死发生在尾尖和耳尖,致使尾端和耳壳边缘坏死后脱落。

骆驼伊氏锥虫病,俗称"驼蝇疫"、"青干病",多为慢性病程,可长达数年,如不治疗最终死亡。

(六)病理变化

皮下水肿为本病的主要特征,最多发部位是胸前、腹下、公畜的阴茎部分。体表淋巴结肿大充血,断面呈髓样浸润,血液稀薄,凝固不良。胸、腹腔内常有大量浆液性液体,胸膜及腹膜上常有出血点。骨骼肌浑浊肿胀,脾肿大。反刍兽第三、四胃黏膜上有出血斑。有神经症状的病畜,胸腔积液,软脑膜下充血或出血。

(七)诊断

根据流行病学、症状、血液学检查、病原学检查和血清学诊断,进行综合诊断,但以病原学检查发现伊氏锥虫为最后确诊的依据。由于虫体在末梢血液中的出现有周期性,而且血液中虫体数量忽高忽低,因此,即使是病畜也必须多次检查,才能发现虫体。

1.流行病学诊断

在本病流行地区的多发季节,发现有可疑症状的病畜,应进一步考虑是否本病。

2.症状

首先注意体温变化,如同时呈现长期瘦弱、贫血、黄疸、瞬膜上常可见出血斑,体下垂部水肿,在牛耳尖及尾梢出现干性坏死,多可疑为本病。

3.血液病原学检查

血液中虫体的检查方法有以下几种。

(1)压滴标本检查　耳静脉或其他部位采血一滴,于干净载玻片上,加等量生理盐水,混合后,覆以盖玻片,用高倍镜检查,如为阳性可在血细胞间见有活动的虫体。

(2)血片检查　按常规制成血液涂片,用姬姆萨染色或瑞氏染色后,镜检。

(3)试管采虫检查　采血于事先加抗凝剂的离心管中,以 1 500 r/min 离心 10 min,红细胞沉于管底,因白细胞和虫体均较红细胞轻,故虫体位于红细胞沉淀的表面。用吸管吸取沉淀表层,涂片、染色、镜检,可提高虫体检出率。

(4)动物接种试验　采病畜血液 0.1～0.2 mL,接种于小白鼠的腹腔,隔 2～3 d 后,逐日采尾尖血液,进行虫体检查。如有病畜感染有伊氏锥虫,则在半个月内,可在小白鼠血内查到虫体,此法检出率极高。

4.血清学诊断

检查伊氏锥虫病的血清学诊断法种类很多,实际推广并被采用的有早期的补体结合反应和现在普遍应用的间接血凝反应,该法敏感性高,操作简单。

(八)治疗

治疗要早,用药量要足,现在常用的药物有以下几种。

萘磺苯酰脲,商品名纳加诺(Naganol)、拜尔 205(Bayer-205)或苏拉明(Surarain),以生理盐水配成 10%溶液,静脉注射。

喹嘧胺,商品名为安锥赛(Antrycide)。有两种盐类,即硫酸甲基喹嘧胺和氯化喹嘧胺。前者易溶于水,易吸收,用药后能很快收到治疗效果;后者微溶于水,故吸收缓慢,但可在体内维持较长时间,达到预防目的。一般治疗多用前者,按每千克体重 5 mg,溶于注射用水内皮下或肌肉注射。

三氮脒(Berenil),亦称贝尼尔,国产品名为血虫净,以注射用水配成 7%溶液,深部肌肉注射,牛按体重以 3.5 mg/kg 给药,每天一次,连用 2～3 d。骆驼对本药较敏感,不宜用。

氯化氮胺菲啶酸盐,商品名沙莫林(Samori)n,是近年来非洲家畜锥虫病常用治疗药物,按体重以 1 mg/kg 给药,用生理盐水配成 2%溶液,深部肌肉注射。

注意:锥虫病畜经以上药物治疗后,易于产生抗药虫株。因此,在治疗后复发的病例,常建议改用其他药物,如曾用纳加诺者改用安锥赛,曾用安锥赛或血虫净者改用沙莫林。

(九)预防

加强饲养管理,尽可能消灭虻、厩蝇等传播媒介。经常注意观察动物采食和精神状态,发现异常随即进行临床检查和实验室诊断,尽早确诊,及时治疗。定期在家畜体表喷洒灭害灵等拟除虫菊酯类杀虫剂,以减少虻、蝇叮咬。药物预防常用安锥赛,注射一次有效期 3～5 个月,一般仅用于当年或头一年发过病的动物,这样既可防止锥虫产生抗药性,又可节约药品。剂量:体重 150 kg 以下,按每千克 0.5 mL;体重 150～200 kg 用 10 mL,体重 200～350 kg 用 15 mL,体重 350 kg 以上用 20 mL。注射后有的马会出现腹痛、出汗、呼吸迫促和心搏亢进等副作用,为减轻副作用可在注射前 15 min,颈部皮下注射 0.5%普鲁卡因 80～100 mL。

二、组织滴虫病

组织滴虫病亦称传染性盲肠肝炎或黑头病,是由火鸡组织滴虫寄生于禽类盲肠和肝引起的疾病。多发于火鸡和雏鸡,成年鸡也能感染。

(一)病原形态

火鸡组织滴虫为多形性虫体,大小不一,近圆形或变形虫形,伪足钝圆。无包囊阶段。盲肠腔中虫体的直径 5～16 μm,常见一根鞭毛。在肠和肝组织中的虫体无鞭毛,存在于吞噬细胞中。

(二)生活史

火鸡组织滴虫以二分裂法繁殖。寄生于盲肠的组织滴虫,被盲肠内寄生的异刺线虫吞食,进入其卵巢中,转入其虫卵中;当异刺线虫排卵时,组织滴虫即存在于卵中,并受卵壳的保护。当异刺线虫卵被鸡吞入时,孵出幼虫,组织滴虫亦随幼虫走出,侵袭鸡体。

(三)流行特点

自然情况感染下,火鸡最易感,尤其是 3～12 周龄的雏火鸡。鸡和火鸡的易感性随年龄而变化,鸡在 4～6 周龄易感性最强,火鸡 3～12 周龄的易感性最强。火鸡组织滴虫感染禽类后,多与肠道细菌协同作用而致病,单一感染时,多不显致病性,死亡率常在感染后第 17 d 达高峰,第 4 周末下降。鸡的组织滴虫死亡率低,常常作为组织滴虫的隐性宿主。

寄生于盲肠的火鸡组织滴虫被鸡异刺线虫吞食,进入异刺线虫卵内,得到虫卵的保护,能在虫卵及其幼虫中存活很长时间。当鸡感染异刺线虫时,同时感染组织滴虫。

(四)症状与病变

组织滴虫侵入盲肠壁繁殖后进入血流和寄生于肝引起发病。潜伏期 7～12 d,最短 5 d,常发生于第 11 d。以雏火鸡易感性最强。禽类感染后,精神沉郁,畏寒,下痢,食欲废绝。疾病末期,某些病禽因血液循环障碍,鸡冠、肉髯发绀,呈暗黑色,因而有"黑头病"之名,病程 1～3 周,而成年鸡很少出现症状。

病变只在盲肠和肝,引起盲肠炎和肝炎。剖检见一侧或两侧盲肠肿胀,肠壁肥厚,内充满浆液性或出血性渗出物,渗出物常发生干酪化,形成干酪状的盲肠肠芯,间或盲肠穿孔,引起腹膜炎。

(五)诊断

根据流行病学和病理变化,发现本病的典型病变,可做出初步诊断。刮取盲肠膜或肝组织检查,发现虫体即可确诊。

(六)防治

由于鸡异刺线虫在传播组织滴虫中起重要作用,可利用阳光照射和干燥杀灭异刺线虫虫卵。成禽应定期驱除异刺线虫。鸡和火鸡,成年禽和幼年禽应隔离饲养。

药物治疗:痢特灵,治疗剂量为 0.04%混饲,连用 7 d;预防用 0.011～0.022%混饲,休药 5 d。甲硝唑,治疗按 250 mg/kg 的比例混于饲料中,每天 3 次,连用 5 d,预防用 200 mg/kg 的比例混于饲料中,休药 5 d。洛硝哒唑,预防按 500 mg/kg 的比例混于饲料中,休药 5 d。

三、贾第虫病

贾第虫病由贾第虫属（*Giardia*）的蓝氏贾第鞭毛虫（*G. lamblia*）寄生于人体和动物的小肠、胆囊引起的一种以腹泻为主要症状的肠道疾病。自1976年以来，世界各地相继发生人和家畜贾第虫病流行，甚至暴发流行，因此，国际上已将贾第鞭毛虫列入人兽共患寄生虫病。

（一）病原形态

贾第鞭毛虫的发育阶段包括滋养体和包囊两种形态（图42-1）。

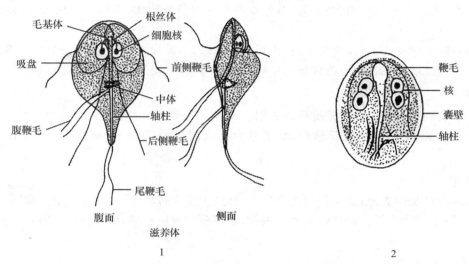

图 42-1　贾第鞭毛虫的滋养体和包囊形态模式
1.滋养体　2.成熟包囊

滋养体：呈倒置梨形，长9～21 μm，宽5～15 μm，厚2～4 μm。虫体前端宽钝，后端尖细，背面隆起，腹面扁平。一对细胞核位于虫体前端1/2的吸盘部位，有前侧、后侧、腹和尾鞭毛4对，依靠鞭毛的摆动，可活泼运动。滋养体期无胞口，细胞质内也无食物泡，以渗透方式从体表吸收营养物质。

包囊：椭圆形，囊壁较厚，包囊大小（8～14）μm×（7～10）μm，内含2个或4个核，多偏于一段，囊内可见到鞭毛，丝状物、轴柱等。

（二）生活史

成熟的4核包囊是感染期。包囊随污染饲料或饮水被宿主吞食后，在胃酸和胰酶的作用下于十二指肠内脱囊，释放出2个滋养体。滋养体主要寄生于人和某些动物的十二指肠或上段小肠，有时也可在胆道和胰管。滋养体吸附于小肠绒毛表面，以二分裂方式进行繁殖。在一定条件下，滋养体分泌囊壁形成包囊随粪便排出。一般在硬度正常粪便中找到包囊，滋养体可在腹泻者粪便中发现，包囊在外界抵抗力加强，为贾第虫的传播阶段。

（三）流行病学

传染源为排出包囊的人和动物粪便，人吞食10个具有活力的包囊即可造成感染。在一次排便，感染者排出的包囊数目可达4亿个，一昼夜可排9亿个。包囊在外界有一定的抵抗力，在潮湿粪便中可活3周，在4℃可存活2个月以上，在37℃环境中尚能存活4 d。但在50℃或干燥环境中极易死亡。

粪便中的包囊污染了人和动物的食物或饮水而引起感染。水源感染是引起贾第虫流行的重要途径,在国外尤其是旅游者屡有发病报道。由于包囊可以在蝇、蟑螂的消化道内短期存活,表明昆虫在某些情况下可能成为传播媒介。旅游者、男性同性恋者,胃切除病人、胃酸缺乏及免疫球蛋白缺陷病人易受感染,儿童患者多见。

(四)致病作用与症状

贾第虫的滋养体借助其腹吸盘和鞭毛的协助,吸附于肠上皮细胞表面,覆盖小肠勃膜或直接损伤肠黏膜细胞,使肠微绒毛变短、甚至萎缩,导致不能吸收营养物质,肠蠕动增加,排出较多的肠内容物,即形成腹泻。

急性期:恶心、厌食、上腹及全身不适,伴低热或寒战,突发性恶臭水泻,胃肠胀气和腹胀。

亚急性或慢性期:肠胀气、间隙性排恶臭味软便(呈粥样)、腹胀、腹部痉挛性疼痛。

(五)诊断

从粪便中查到包囊或滋养体是确诊的依据。腹泻病人查滋养体用生理盐水涂片法。成形粪便用碘液涂片查包囊。另外,免疫学诊断,如酶联免疫吸附试验,方法简单易行,检出率为 92% ～98.9%。

(六)防治

处理好人和动物的粪便;避免任何动物接触;开展卫生宣传教育,注意个人卫生和饮食卫生,不饮生水,不吃不洁净的瓜果。治疗病人和带虫者,常用药物有甲硝唑、痢特灵、甲硝磺咪唑和硝基吗啉咪唑等。

第三节 梨形虫病

一、巴贝斯虫病

巴贝斯虫病是由顶复门(Apicomplexa)孢子虫纲(Sporozoasida)梨形虫亚纲(Piroplasmasina)的巴贝斯科(Babesiidae)和泰勒科(Theileiidae)原虫所引起的一类血液原虫病,过去曾称为焦虫病或血孢子虫病。一般呈急性通过,通常表现为贫血,也会出现血红蛋白尿和黄疸。目前,全世界已记载各种哺乳动物的巴贝斯虫(*Babesia*)有 67 种,泰勒虫(*Theileria*)有 13 种。我国的马、牛、羊、犬中已发现 14 种梨形虫病的病原虫种。其中巴贝斯科的虫种有 10 种,泰勒科的虫体有 4 种。

(一)双牙巴贝斯虫病

由巴贝斯虫科巴贝斯虫属(*Babesia*)的双芽巴贝斯虫(*B. bigemina*)寄生于黄牛和水牛的红胞内所引起的一种急性、热性、季节性血液原虫病,本病最早发现于美国德克萨斯州,是一种蜱媒疾病,临床常出现血红蛋白尿,因此又叫德克萨斯热、蜱热病或红尿热。本病经常造成牛的发病与死亡,是严重危害养牛业的主要疾病之一。

1.病原学形态

双芽巴贝斯虫寄生于牛红细胞中,为大型虫体,大小为 4.5μm×2.0μm,虫体长度大于红细胞半径,其形态有圆形、椭圆形、梨籽形、不规则形等。虫体的形态随病情的发展而又变化,虫体开始出现时以单个个体为主,随后双梨籽形虫体所占比例增多。典型的虫体形态一个红细胞里有两个梨籽形虫体,尖端以锐角相连,每个虫体内有一团染色质块。病畜血液涂片经姬姆萨染色,虫体的原生质呈浅蓝色,边缘较深,中部淡染或不着色,呈空泡状的无色区;虫体多位于红细胞中央,一个红细胞内虫体的数目为1~2个,很少有3个以上的。

2.生活史

本病的传播媒介为硬蜱,在我国为微小牛蜱与镰形扇头蜱。含有双牙巴贝斯虫子孢子的蜱叮咬牛时,子孢子随蜱的唾液进入牛体内,在牛的红细胞内以出芽的方式进行繁殖,当红细胞破裂后,虫体逸出,侵入新的红细胞,反复分裂,最后形成配子体。当蜱在牛体吸血时,虫体连同牛的红细胞进入蜱体,在蜱的肠内进行配子生殖,以后再进入蜱和下一代幼蜱的肠壁、血淋巴、马氏管等处反复进行孢子生殖,最后进入子代若蜱的唾液腺产生许多子孢子。由此看出,牛是巴贝斯虫的中间宿主,蜱是双芽巴贝斯虫的终末宿主。

3.流行病学

巴贝斯虫病在世界各地许多国家发生和流行。该病的发生和流行与传播媒介——蜱的消长、活动密切相关。该病在流行病学方面有以下特点。

(1)传播方式 微小牛蜱是我国双芽巴贝斯虫的主要传播媒介,双芽巴贝斯虫在牛蜱内可继代传播3个世代。双芽巴贝斯虫也可经胎盘垂直传播。由于微小牛蜱在野外发育繁殖,因此本病多发生于放牧时期,舍饲牛发病较少。

(2)发病季节 微小牛蜱为一宿主蜱,每年可繁殖4~5代,每代所需的时间约为2个月。本病的发生与蜱在当年出现的次数基本相一致。在南方本病主要在6~9月,但有的地方蜱活动时间长,在冬季也可能发病。

(3)发病特点 一般来说,2岁以内的牛发病率高。症状轻微,死亡率低;而成年牛发病率低,症状明显,死亡率高。

4.致病作用和症状

该病破坏红细胞引起溶血性贫血,进而引起黄疸。虫体的代谢产物和崩解产物侵害许多组织器官,影响中枢神经系统的机能和其他系统的正常生理机能。

该病的潜伏期为8~15 d,急性病例病畜在临床上表现发热,体温可达40~42℃,呈稽留热,精神沉郁,食欲减少或废绝,反刍停止,乳牛泌量乳减少或停止,由于红细胞大量破坏,血红蛋白从肾排出,使尿的颜色呈淡红色、棕红色或黑红色(血红蛋白尿),黏膜黄染或苍白,便秘或腹泻,粪臭带黏液,重症者如不治疗在4~8 d内死亡,死亡率可达50%~80%。

慢性病例体温在40℃上下波动,减食,逐渐贫血、消瘦,经数周或数月后才能康复(幼年牛仅发热几天,可能有血红蛋白尿症状,食欲减退,略现虚弱,热退后迅速康复)。

5.病理变化

尸体消瘦、血液稀薄如水、血凝不全;皮下组织、肌间结缔组织和脂肪组织均呈黄色胶样水肿状。全身各器官浆膜、黏膜黄染。全身出血性变化,各脏器有出血斑点。胸腔内含大量淡红色液体。脾、肝、肾、心肿大,尤以脾肿大最甚。

6.诊断

根据流行病学资料、临床症状做出初步判断,主要是特征性症状(如高热、贫血、黄疸和血红蛋白尿)、发病季节与地点、动物的年龄等。但确诊必须进行实验室检查。

(1)血涂片检查 在牛体温升高的头2 d,采集外周血液(牛耳静脉)制成薄的血涂片,染色镜检,若发现红细胞内特征性虫体即可确诊。

(2)血清学检查　主要有间接荧光抗体试验(IFAT)、酶联免疫吸附试验(ELISA)和间接血凝试验(IHA)等方法,具有熟好的特异性和敏感性,得到广泛作用。

(3)基因诊断　分子生物学方法的发展,如 PCR 技术和核酸探针技术也成功地运用到牛的双芽巴贝斯虫诊断。

7.治疗

应及早确诊,及时治疗,并注意加强饲养管理和对症治疗。

(1)贝尼尔　3.5~3.8 mg/kg,配成 5%~7%水溶液分点深部肌肉注射,1 次/1~2 d,连续 2~3 次。

(2)台盼蓝(锥兰素)　5 mg/kg,用 0.4%NaCl 液配成 1%水溶液,缓慢静脉注射,一次即可,必要时第二天再用一次。

(3)黄色素(锥黄素)　3~4 mg/kg,配成 0.5%~1%水溶液,1 次/d,连 2 次。

(4)阿卡普啉(硫酸喹啉脲)　0.6~1 mg/kg,配成 5%水溶液,分 2~3 次间隔数小时皮下或肌肉注射,连用 2~3 d 效果更好。

(5)对症治疗:用强心剂——樟脑、安纳咖、葡萄糖液维护心脏功能;便秘时投以盐类泻剂缓泻或静脉注射高渗盐水,温水灌肠等,以改善胃肠机能。

8.预防

主要采取综合性预防措施。

①对可疑畜用药物定期驱虫。

②尽量消灭畜舍内外的蜱和自然环境中的蜱。

③患畜隔离饲养。新引入的家畜先隔离观察,确认健康后方可入群。

(二)牛巴贝斯虫病

由巴贝斯科巴贝斯属(*Babesia*)的牛巴贝斯虫(*B. bovis*)寄生于红细胞内所引起的一种血液原虫病。

1.病原形态

为小型虫体,虫体呈环形、椭圆形、梨籽形、边虫形和阿米巴形等。虫体长度小于红细胞半径,大小为 2.0 μm×1.5 μm。典型的虫体形态为双的梨籽形虫体,尖端相连成钝角。虫体位于红细胞边缘或偏中部。

2.生活史

牛巴贝斯虫的传播媒介为硬蜱和扇头蜱等,其发育过程与双芽巴贝斯虫相似。

3.流行病学

(1)疾病分布　牛巴贝斯虫引起黄牛、水牛感染。该病主要分布在澳大利亚、墨西哥等中美洲国家以及南欧、亚洲、非洲等地。在我国河南、河北、陕西、安徽、江西、西藏、贵州、湖南、湖北、江苏、浙江和福建等地均有本病发生。

(2)传播媒介　本病的传播媒介国外报道为蓖子硬蜱、全沟硬蜱、肛棘牛蜱、微小牛蜱和囊形扇头蜱,经卵传播方式传播本病。我国已发现微小牛蜱和廉形扇头蜱为传播者。

(3)发病季节　发病季节与蜱的活动季节基本一致。

(4)发病特点　水牛多发生于 2~12 岁的青壮年牛,黄牛则多发于 1~7 月龄的犊牛,但有些地方不受年龄限制。无论水牛或黄牛，凡外地引入者，其发病率均高于本地牛。

4.症状与病理变化

该病的潜伏期为4～10 d,病畜体温可达41℃,呈稽留热,精神沉郁,食欲减少或废绝,反刍停止,黏膜黄染或苍白,出现贫血和黄疸症状,便秘或腹泻,粪臭带黏液,病牛死亡率较低,一般为20％左右。

病理剖检变化与双芽巴贝斯虫病基本相似。不同之处在于本病的脾病变比较严重,会出现脾破裂,脾髓色暗,脾细胞突出。

6.诊断

诊断方法与双芽巴贝斯虫病相同,确诊必须在血片中查到典型虫体。

7.治疗与预防

治疗原则和药物以及预防措施可参照双芽巴贝斯虫病。

二、泰勒虫病

(一)环形泰勒虫病

环形泰勒虫病是由泰勒科(T heileriidae)泰勒属(*Theileria*)环形泰勒虫(*T. annulata*)寄生于牛的红细胞、巨噬细胞、淋巴细胞内引起的血液原虫病。本病是由蜱传播的一种季节性、地方流行性疾病,多呈急性经过,发病率和死亡率均很高,可造成巨大的经济损失。

1.病原形态

在红细胞内寄生的环形泰勒虫称为血液型原虫,虫体很小,形态多样。有圆环形、杆形、卵圆形、梨籽形、逗点形、三角形等。其中以圆环形和卵圆形为主,占总数的70％～80％,虫体感染率达高峰时,所占比率更高。红细胞的感染率一般为10％～12％,严重者可达80％以上,红细胞一般寄生1～3个虫体,最多为11个。

在淋巴结和脾的淋巴细胞中,可见裂殖体,有时称作石榴体或柯赫氏蓝体(Koch's blue bodies)。用姬姆萨染色可看到两种类型的裂殖体,一种为大裂殖体(无性生殖体),直径大约8.0 μm,呈蓝色,内含8个核,并产生直径2～2.5 μm的大裂殖子;一种为小裂殖体(有性生殖体),比大裂殖体小,含36个小核,并产生直径为0.7～1.0 μm的小裂殖子。小裂殖体破坏后,小裂殖子侵入红细胞,发育为配子体。

2.生活史

感染泰勒虫的蜱吸食牛的血液时,泰勒虫子孢子进入牛的体内,先在局部淋巴结的单核吞噬细胞和淋巴细胞内进行裂殖生殖,形成大裂殖体。裂殖生殖进行到一定代数后,部分形成小裂殖体,成熟的小裂殖体释放出小裂殖子,侵入红细胞变成环形的配子体。当幼蜱和若蜱吸血时,把带有配子体的红细胞吸入,配子体发育成大、小配子体,进而受精合成合子,进一步发育为动合子。当蜱完成蜕皮时,动合子进入蜱的唾液腺并进行孢子生殖,产生具有感染性的子孢子。在蜱吸血时,子孢随蜱唾液进入牛体内,重新开始在牛体内的发育和繁殖。

3.流行病学

(1)感染来源　患病动物、带虫者、带虫蜱。

(2)传播媒介　残缘璃眼蜱。

(3)季节动态　5～8月,6～7月为发病高峰期。

(4)年龄动态　1~3 岁牛发病多,犊牛和成牛多为带虫者,带虫免疫不稳定。

4. 临床症状

潜伏期 14~20 d,常呈急性经过,大部分病牛经 3~20 d 死亡。体温达 40~42℃,呈稽留热。呼吸、脉搏加快,可视黏膜出现深红色结节状的溢血点。颌下、胸腹下、四肢发生水肿,大部分病牛前胃迟缓。患畜体表淋巴结肿胀、血液稀薄、迅速消瘦,后期食欲、反刍停止,体温下降,往往衰竭死亡,耐过者成为带虫者。

5. 症状与病理变化

(1)潜伏期后体温升高,40~42℃,稽留热。

(2)体表淋巴结肿大,并有疼痛感。

(3)当虫体进入红细胞后病情加重,呼吸心跳加快,心音亢进,有杂音。

(4)眼角糜烂、流泪,粪干而黑,有时带黏液和血,后期腹泻,迅速消瘦。

(5)贫血,但无血红蛋白尿。

(6)全身淋巴结肿大,切面多汁。

皱胃黏膜肿胀、充血,有大头针大至黄豆大,暗红色或黄白色的结节。结节部上皮细胞坏死后形成糜烂或溃疡。溃疡中央凹下呈暗红色或褐红色,周围黏膜充血、出血,构成细窄的暗红色带,皱胃的变化具有诊断意义。

6. 诊断

(1)根据流行病学及症状做出初步判断。

(2)病原检查:涂片染色镜检,血液涂片检查血液型虫体。耳静脉取血涂片,姬姆萨染色、镜检,看红细胞内有无虫体。另外用淋巴结穿刺涂片检查石榴体。

7. 治疗

无特效治疗药物。但如能早期应用比较有效的杀虫药,再配合对症治疗,特别是输血疗法以及加强饲养管理可以大大降低病死率。①贝尼尔:每千克体重 7 mg,配成 7% 溶液,深部肌肉注射,每日 1 次连用 3 d。②磷酸伯胺喹啉:每千克体重 0.75 mg/kg,每日口服 1 次,连服 3 d。

8. 防治

(1)药物预防:贝尼尔。

(2)灭蜱、科学放牧。

(3)疫苗注射:环形泰勒虫苗。

(4)加强检疫。

(二)瑟氏泰勒虫病

1. 病原形态

瑟氏泰勒虫(*T. sergenti*)是寄生于牛红细胞和淋巴细胞的一种血液原虫病,除了特别长的杆状形外,其他的形态和大小与环形泰勒虫相似,也具有多形性,有杆形、梨籽形、圆环形、卵圆形、逗点形、圆点形和十字形等形状。与环形泰勒虫的主要区别是虫体的各种形态中以杆形和梨籽形虫体为主,占 67%~90%。瑟氏泰勒虫的红细胞染虫率较环形泰勒虫低,自然感染牛的染虫率为 0.11%~7.6%,严重发病的牛可达 33.5%。

2. 生活史和流行病学

瑟氏泰勒虫的生活史尚未完全阐明。已经证实该病的传播媒介为血蜱属的蜱。在我国,该病的传播媒介为长角血蜱,该蜱为三宿主蜱,当幼虫在带虫牛或病体牛上吸血后,若蜱将病原传给健康牛,若蜱吸到含虫血液,成蜱则可传播病原体。

瑟氏泰勒虫在我国的吉林、辽宁、甘肃、河北、河南、湖北、湖南、贵州、云南、内蒙古等地均有报道,该病的流行具有流行性,一年出现 2 次发病高峰。一般 5 月份开始发病,6～7 月份发病最多,形成第 1 个高潮。8 月份发病减少,9 月份又增加,出现第 2 个高潮,10 月份逐渐停止。以 2～3 岁的小牛最易感,年龄越大,发病率越低。我国许多地区瑟氏泰勒虫常与双芽巴贝斯、环形泰勒虫,有时也与边缘无形体混合感染,可使病情加重和死亡率增加。

3. 症状和病理变化

自然感染病例的潜伏期为 15～35 d,该病在临床上呈现急性和亚急性两种类型。

(1)急性型　有的病牛体温升温到 41.8℃,随后急剧下降,在发病的第 3～4 d 突然死亡。有的病牛高热可持续 2 周。随着体温升高,病牛精神沉郁,产奶量下降,心跳和呼吸加快。可视黏膜充血,常伴有点状或片状出血,随后苍白和黄染。病牛瘤胃蠕动减弱或停止,迅速消瘦,最终导致死亡。

(2)亚急型　体温升温至 39.6～39.8℃,持续 1～2 d。患牛食欲不振,产奶量下降,随后体温正常,症状消失。经过一段时间后,患牛体温再度上升,重复上述症状,黏膜出现黄染,迅速消瘦,粪便干燥或腹泻。有的病牛还可能会出现第 4 次或第 5 次体温升高,症状越来越重,如不及时治疗,则可能导致死亡。

病理变化:可视黏膜黄染;皮下组织和浆膜轻度黄染,并有出血点。血液稀薄,血液凝固不全。肝肿大,呈土黄色,脾肿大,皱胃黏膜上有出血点和溃疡,小肠黏膜上有出血点,肠黏膜淋巴结出血。

4. 诊断

诊断方法与环形泰勒虫病基本相同。需要注意的是做淋巴结穿刺时,在淋巴细胞内查到的石榴体很少,往往见到的是游离于细胞外的石榴体。

5. 防治

本病防治方法与环形泰勒虫病基本相同,但不能使用环形泰勒虫胶冻细胞疫苗进行本病的免疫预防,因为这两个虫种之间不发生交叉保护。

(三)羊泰勒虫病

羊泰勒虫是由泰勒科(Theileriidae)泰勒属(*Theileria*)的山羊泰勒虫(*T. hirdci*)和绵羊泰勒虫(*T. ovis*)寄生于绵羊和山羊的红细胞和淋巴细胞内引起的一种血液原虫病。其中,山羊泰勒虫致病性强,可引起羊的严重疾病,死亡率高,给养羊业造成很大的经济损失。绵羊泰勒虫的致病性较弱或无病原性,引起羊发病,一般也是良性的。

1. 病原形态

山羊泰勒虫寄生于绵羊、山羊的红细胞和淋巴细胞内。形态有环形、椭圆形、短杆形、逗点形、钉子形、圆点形等,以圆形或卵圆形居多,约占 80% 以上,圆形的虫体直径为 0.6～2.0 μm,卵圆形虫体长 1.6 μm。在一个红细胞内一般只有 1 个虫体,有时可见 2～3 个,红细胞染虫率为 1.5%～30%,最高达 90% 以上。石榴体寄生于脾和淋巴结的淋巴细胞中或游离于细胞之外。

2. 生活史

传播媒介为蜱,其生活发育过程未完全清楚。

3.流行病学

（1）分布　本病分布于北非、东地中海沿岸、中东地区、苏联南部和印度。在我国四川、甘肃、青海等地区具有报道，呈地方流行性。

（2）传播媒介　在我国，羊泰勒虫的传播媒介为青海血蜱。

（3）发病特点　本病发生在每年的4～6月份，5月份为高峰，1～6月龄羔羊发病率高，死亡率也高；1～2岁的羊次之，成年羊很少发病。

4.临床症状和病理变化

本病的潜伏期为4～12 d，临床上急性最常见，患羊体温升高至40～42℃，稽留4～7 d，体温升高后出现流鼻涕，呼吸急促，反刍及胃肠道蠕动减弱或停止，结膜苍白或轻度黄染，出现短时间的血红蛋白尿，全身淋巴结肿大，羔羊出现肢体僵硬，行走困难，卧地不起。

病理变化：尸体消瘦，血液稀薄，皮下脂肪胶冻样，点状出血。全身淋巴结肿胀，切面多汁，呈灰白色，表面有颗粒状突起，肝脾肿大，肺肿大，皱胃黏膜上有溃疡，肠黏膜上偶少量出血点。

5.诊断

根据流行特点、临床症状和病理变化可以初步诊断，在血片发现虫体即可确诊。淋巴结穿刺检查发现石榴体也可确诊。也可用ELISA进行诊断。可选用贝尼尔、阿卡普林、咪唑苯脲和硫酸喹啉脲等药物治疗。

6.预防

预防重点是灭蜱，在发病季节对羔羊可应用贝尼尔、阿卡普林、咪唑苯脲等药物进行治疗。

第四节　孢子虫病

一、球虫病

球虫病（coccidiosis）是畜牧生产中重要和常见的一类原虫病。该病由孢子虫纲、球虫亚纲、艾美耳科的各种球虫所引起。在自然界中，球虫病的分布极为广泛，家畜、野兽、禽类、爬行类、两栖类、鱼类和某些昆虫都有球虫寄生。在马、牛、羊、猪、犬等家畜以及家禽都会发生球虫病。其中以鸡、火鸡、兔、牛和猪的球虫病危害最大，尤其是幼龄动物，常有本病流行，可引起大批死亡，从而给畜牧业造成巨大的经济损失。

（一）鸡球虫病

鸡球虫病是一种全球性的原虫病，是养鸡业危害最严重的疾病之一，常常呈暴发性流行。该病是由顶复门（Apicomplexa）孢子虫纲（Sporozoa）艾美耳科（Eimeriidae）艾美耳属（Eimeria）的7种球虫寄生于鸡肠道引起的，分布很广，多危害15～50日龄的雏鸡，发病率可高达80%。病愈的雏鸡，生长发育受阻，长期不能康复。成年鸡多为带虫者，但增重和产蛋受到一定的影响，本病分布很广，世界各地普遍发生。

1.病原学

形态根据球虫卵囊的种属特异性、卵囊的形态结构（形状、大小、颜色、卵囊壁表面特征和极帽或微孔的外形、卵囊残体和孢子囊残体的有无）、潜在期的长短、最短孢子化时间、寄生部位和眼观病变等区分不同的种。世界公认的鸡艾美尔球虫有7种,在我国均有发现,现分述如下。

(1)柔嫩艾美耳球虫(E. tenella)　寄生于鸡盲肠,致病力最强。卵囊为宽卵圆形,多数为椭圆形,大小为(19.5～26.0) μm×(16.5～22.8) μm,平均为22.8 μm×19.0 μm,卵囊指数为1.16,原生质为淡褐色,卵囊壁为淡黄绿色,厚度为1 μm,孢子化的最短时间为18 h,最长为30.5 h,最短的潜在期为115 h。

(2)巨型艾美耳球虫(E. maxima)　寄生于小肠,以中段为主,有较强的致病作用,大卵囊,是鸡球虫中卵囊最大的。卵囊呈卵圆形,大小为(21.5～42.5) μm×(16.5～29.8) μm,平均大小为30.5 μm×20.7 μm。卵囊指数为1.47,原生质黄褐色,卵囊壁浅黄色。孢子化最短时间为30 h,最短潜伏期为121 h。

(3)堆型艾美耳球虫(E. acervulina)　寄生于十二指肠和小肠前段,主要为十二指肠。卵囊为卵圆形。大小为(17.7～20.2) μm×(13.7～16.3) μm,平均大小为18.3 μm×14.6 μm。原生质黄褐色,卵囊壁为浅黄色。孢子的最短时间为30 h,最短潜伏期为120 h。

(4)和缓艾美耳球虫(E. mitis)　寄生于小肠下段,致病力弱。卵囊近球形,(11.7～18.7) μm×(11.0～18.0) μm,平均大小为15.6 μm×14.2 μm,原生质无色,卵囊壁为淡黄绿色。孢子化的最短时间为15 h,最短潜伏期为93 h。

(5)早熟艾美耳球虫(E. praecox)　寄生于十二指肠和小肠的前1/3端,致病力弱。形态:卵囊较大,多数量卵圆形,少数呈椭圆形,平均为21.3 μm×17.1 μm。孢子化最短是时间为15 h,最短潜伏期为84 h。

(6)毒害艾美耳球虫(E. necatrix)　寄生于小肠中1/3,致病力强。卵囊中等大小,呈长卵圆形,大小为(13.2～22.7) μm×(11.3～18.3) μm.,平均大小为20.4 μm×17.2 μm,卵囊壁光滑,卵囊指数为1.19。孢子化的最短时间为18 h,最短的潜伏期为138 h。

(7)布氏艾美耳球虫(E. brunnetti)　寄生于小肠后段、直肠和盲肠近端区,致病力较强。卵囊较大,是仅次于巨型艾美耳球虫的第二大型卵囊。大小为(20.7～30.3) μm×(18.1～24.2) μm,平均大小为24.6 μm×18.8 μm。卵囊指数为1.31,孢子化的最短时间为18 h,最短潜伏期为120 h。

2. 生活史

鸡球虫属于直接发育型,在其生活史中只需单一宿主,不需要中间宿主,其发育包括三个阶段:孢子生殖、裂殖生殖和配子生殖,这三个发育阶段形成一个循环圈。在这三个发育阶段中,孢子生殖在外界环境中进行,称为外生性发育,其余两个发育阶段都是在动物体内进行的,称为内生性发育。孢子生殖和裂殖生殖是无性生殖,配子生殖是有性生殖。鸡球虫的感染是由于吞食了散布在土壤、地面、饲料和饮水等外界环境中的感染性卵囊而引起的。7种艾美耳球虫的生活史基本相似,不同种球虫的发育过程稍有差异。下面以柔嫩艾美耳球虫7 d的生活周期说明艾美耳球虫的典型生活史。

当鸡通过饲料或饮水摄食孢子化卵囊后,卵囊进入肌胃中,由于一些酶的影响和肌胃的机械作用,卵囊壁和孢子囊壁破裂,释放出子孢子。小肠中的胰蛋白酶和胆汁的作用,有助于促进子孢子的释放。释放的子孢子被肠内容物带到盲肠,子孢子首先进入表层上皮细胞,在上皮细胞内虫体变圆,称为滋养体(trophozoite)。滋养体的细胞核进行无性的复分裂,称作裂体生殖(schizogony),这时虫体称为裂殖体（schizont）。裂殖体分裂成第 1 代裂殖子（merozoite），呈香蕉形，长 2～4 μm，裂殖子破坏宿主细胞进入肠腔，这发生于鸡感染后的 2.5～3 d。第一代裂殖子在上皮细胞核与游离缘之间或基底膜的固有层中，发育为第 2 代裂殖体，随后分裂为长约 16 μm 的第二代裂殖子，进一步破坏宿主细胞进入肠腔，此阶段发生在鸡感染后第 5 d 左右。有些第二代裂殖子会进行代 3 代裂体生殖。生成第 3 代裂殖子。但大多数第 2 代裂殖子在上皮细胞内发育为大配子体（macrogametocytes）和小配子体（microgametocytes）。大配子体发育为大配子（macrogamets），小配子体发育为小配子（microgamets）。小配子离开宿主细胞，进入含大配子的细胞，使大配子受精而成为合子（zygote），合子周围形成一厚壁，称为卵囊（oocyst）。宿主细胞破裂后，卵囊从肠黏膜脱落，随宿主的排泄物排出体外。第一批卵囊排出宿主外的时间约为感染后的第 7 天，宿主从吃进孢子化卵囊（感染性卵囊）到粪便中出现新世代卵囊所需的时间称为潜在期（prepatent period）。潜在期的长短取决于与球虫种类，因此潜在期称为虫种分类的重要依据之一。随后卵囊在相当时间内不断排出，即卵囊随粪便排出到停止随粪便排出的时间称为显露期（sheduled period）。如不发生重复感染，球虫感染为自限性的，即球虫无性生殖不会进行下去，完成无性生殖后，进入有性生殖，形成卵囊从宿主排出，感染即结束。可能会发生重复感染，但初次感染后宿主对重复感染可产生或强或弱的免疫力。

　　3.流行病学

　　（1）易感日龄　各品种的鸡均易感，但刚孵出的小鸡小肠没有足够的胰蛋白酶和胆汁使球虫脱去孢子囊，或者因为有很高的母源抗体，有时对球虫完全无易感性。一般 15～60 日龄的鸡发病率和致死率都较高（最早可在 8 日龄感染鸡球虫病），成年鸡对球虫有一定的抵抗力（这主要是因为这些鸡曾接触过球虫，已产生的免疫力的缘故）。研究表明，堆型艾美耳球虫、柔嫩艾美耳球虫、巨型艾美耳球虫的感染常发生在 3～6 周龄的鸡，而毒害艾美耳球虫常见于 8～18 周龄的鸡。鸡的品种不同，对球虫的易感性也不同，肉鸡的发病率明显高于蛋鸡。

　　（2）感染来源和感染途径　鸡经口摄入有活力的孢子化卵囊而感染是艾美耳球虫唯一的自然感染途径。被病鸡或带虫鸡的粪便污染的饲料、饮水、土壤或用具等带有大量卵囊，是鸡的主要感染来源。由于卵囊较小，容易与灰尘一起漂浮于空气中，散布到邻近的区域内。其他家畜、野鸟、昆虫等以及管理人员的衣物都可以机械传播球虫卵囊。

　　（3）病原特性　卵囊对外界环境和消毒剂具有很强的抵抗力。在土壤中可以保持生活力达 4～9 个月，在有树荫的运动场上可达 15～18 个月。温暖潮湿的地区最有利于卵囊的发育，当气温在 22～30℃时，一般只需 18～36 h 就可以形成孢子化卵囊。卵囊对高温和干燥的抵抗力较弱。当相对湿度为 21%～30%时，柔嫩艾美耳球虫的卵囊在 18～40℃温度下，经 1～5 d 死亡。而对一些常用消毒药，如 5%的福尔马林、5%的硫酸铜、5%的氢氧化钾、5%的碘化钾、10%的硫酸等都有很强的抵抗力，甲醛熏蒸对卵囊无杀灭作用。

　　（4）发病时间　在我国北方，在高温和高湿的春季和夏季，鸡球虫病的发病率较高，4～9 月为流行季节，7～8 月最严重。而在南方湿度大的梅雨季节前后为多发时期，因为在这个时期，垫料潮湿，造成球虫病反复发作，南方一般全年流行。当鸡舍冬季温度低于 17～18℃，或非常干燥时，因卵囊孢子化不良，球虫病的发生也随之减少。

　　（5）其他因素　饲养管理条件不良是诱发因素，阴雨潮湿，鸡群过分拥挤，缺乏营养，最易发病，而且可迅速波及全群。

4.致病作用、临床症状与病理变化

（1）致病作用　鸡球虫病的发生与球虫种类、数量以及寄生部位有密切关系。每种球虫在其肠道都有其特定的寄生部位,分别寄生于盲肠、十二指肠或回肠,寄生部位改变会导致其致病力下降或消失。虫种不同,致病力也不同,柔嫩艾美耳球虫的致病性最强,其次是毒害艾美耳球虫,一般多为混合感染。

球虫在裂殖生殖阶段致病性最强。因裂殖体在肠上皮细胞中大量增殖,破坏了肠黏膜的完整性,引起肠黏膜发炎和上皮细胞的崩解,使分泌和消化机能发生障碍。营养物质不能吸收。由于肠黏膜的损伤,肠道的血管和淋巴破坏,使大量血液和淋巴液流入肠道,严重失血。崩解的上皮细胞和肠道内出血有利于细菌繁殖,产生毒素,引起鸡自体中毒。肠黏膜完整性被破坏,为病原微生物侵入打开门户,易于发生继发感染。

（2）临床症状和病理变化　按病程长短可分为急性型和慢性型。

急性型精神委顿,嗜睡,被毛松乱,闭目缩头,喜欢拥挤在一起,嗉囊充满液体,便血、下痢,肛周羽毛因排泄物污染粘连,喜饮或绝食,可视黏膜、冠、髯苍白,病末期有神精症状、昏迷,两脚外翻,严重感染时,死亡率高达80%。

慢性型无明显症状,表现为厌食,少动,生长缓慢,足翅轻瘫,偶有下痢。急性患鸡经5～10 d不愈则衰竭死亡,急性经过不愈者转为慢性。

7种鸡球虫的临床症状与病理变化各不相同,分列于表42-1。

表42-1　7种重要鸡艾美耳属球虫致病的临床症状与病理变化特征

种别	临床症状	病理变化	备注
柔嫩艾美耳球虫	对3～6周龄的雏鸡致病性最强。食欲不振,随着盲肠损伤的加重,出现下痢、血便,甚至鲜血。病鸡战栗,体温下降,最终出现自体中毒而死亡,死亡率可高达80%	盲肠严重出血肿胀;内含凝固血块,后逐渐变硬,形成红或红、白肠芯,随后从黏膜上脱落下来	急性
毒害艾美耳球虫	致病性较强,对2月龄以上的中雏鸡致病性强,患鸡精神不振,翅下垂,下痢和脱水。小肠中段高度肿胀,有时可达正常时的2倍以上,这是本病的重要特征	肠壁充血、坏死,黏膜增厚,肠内容物中含有多量的血液以及坏死的上皮组织	急性
布氏艾美耳球虫	能够引起中等的死亡率,增重和饲料转化率下降。感染10万～20万个卵囊/只可导致10%～20%的死亡率	病变部位发生在小肠至直肠部位,肠道变细,肠壁变薄,粉红色至暗红色,肠黏膜出血,肠内容物以黏液和少量血液为主	慢性
巨型艾美耳球虫	具有中等程度的致病力,常见消瘦、苍白,食欲不振和下痢,感染20万个卵囊可引起死亡	肠腔胀气,肠壁增厚,肠道内有黄色至橙色的黏液和血液	慢性
堆型艾美耳球虫	致病性较强,在十二指肠呈散在局灶性灰白色病灶,横向排列呈梯状。严重时,肠壁增厚和病灶融列成片	黏膜变薄,覆以横纹状白斑,肠道苍白,含水样液体	慢性

续表 42-1

种别	临床症状	病理变化	备注
和缓艾美耳球虫	有较轻的致病性,可引起增重不良和失去色素,由于缺乏特征性病变,往往被忽略或误诊	小肠下段苍白。做黏膜涂片时,显微镜下可见大量小型卵囊	慢性
早熟艾美耳球虫	肠道内有水样内容物,为黏液	感染后的第 4～5 天,黏膜表面见到针尖大的出血点	慢性

5.诊断

因为有时在急性病例的粪中不一定能检出卵囊,而且雏鸡和成鸡的带虫现象又极为普遍,因此单纯根据粪检是否发现卵囊来确诊球虫病是不正确的。因此应根据其流行病学、临床症状、剖检变化结合粪便检查综合分析而确诊。

鉴定球虫种类方法:将病鸡的粪便或病变部位的刮取物少许,放在载玻片上,滴上 1～2 滴甘油水(甘油和水的等量混合物),搅匀,盖上盖玻片,置显微镜下观察。也可用饱和盐水漂浮法检查粪便中的卵囊。

6.治疗

当前使用的抗球虫药,多是抑杀球虫发育史的早期阶段,而出现血症症状时,球虫发育基本完成了无性生殖而进入有性生殖阶段,此时用药,只能保护未出现明显症状或未感染的鸡,而对出现严重症状的病鸡,很难收到效果。早期治疗的重点在不晚于感染后 96 h 或见到血便出现时,马上用磺胺药(产蛋鸡禁用)或其他化学治疗药物进行治疗。常用的治疗药物如下。

①磺胺二甲基嘧啶(SM2):按 0.1% 的浓度饮水,连用 2 d;0.5% 混入饮水,引用 4 d,休药期为 2 d。

②磺胺喹恶啉(SQ):按 0.1% 混料,喂 2～3 d,停 3 d,后用 0.05% 混入饲料,喂药 2 d,停药 3 d,再给药 2 d,休药期为 10 d。

③磺胺氯吡嗪(三字球虫粉,ESB3):以 0.03% 饮水 3 d,连用 3 d,最多不超过 5 d。16 周龄以上鸡和产蛋鸡禁用。休药期 10 d。

④百球清(Baycox):2.5% 溶液,按 0.0025% 混入饮水,即 1 L 水中用百球清 1 mL。在后备母鸡群可用此剂量混饲或混饮 3 d,休药期为 8 d。

在治疗过程中应采取适当的辅助性治疗措施,配合使用止血和消炎的药物,如补充维生素 K 和维生素 A,缓解肠道的出血和炎症;注意补充营养,降低死亡率,促进病鸡的康复和恢复生产性能。

7.预防

(1)药物预防 所有的鸡场都应无条件地进行药物预防,即到了易感日龄或流行季节,应在饲料或饮水中投药进行预防,一般应从雏鸡出壳后第一天即开始使用预防药。实践证明,一种抗球虫药使用一段时间后,会引起虫体的抗药性,甚至产生抗药虫株。因此,除了选用高效抗球虫药外,国际上通常采用轮换用药或穿梭用药以保证抗球虫药物的效能。

(2)免疫预防 使用抗球虫疫苗,避免药物残留对环境和食品的污染和抗药虫株的产生。现已研制数种球虫疫苗,一种是利用少量未致弱的活卵囊制成的活虫苗,包在藻珠中,混入幼雏的饲料或直接喷入鸡舍的饲料或饮水中服用;另一种是连续选育的早熟弱毒虫株制成虫苗,已选出 7 种早熟虫株并混配成疫苗,并在生产中推广使用,上述两种疫苗均已在生产中取得较好的预防效果。

(3)加强饲养管理 球虫病的感染是经口吃进了相当量的孢子化卵囊,因此,只要能够避免孢子化卵囊的形成和大量食入,就可以控制球虫病的发生。可采取的措施:雏鸡与成鸡分群饲养,全进全出,有效隔绝病原体。保持鸡舍清洁、卫生、干燥,定期清除鸡粪,特别对于发病鸡群,投药期间每日清粪,投药结束再彻底清理粪便,使鸡群与粪便彻底隔离。补充维生素,消灭蚊蝇等病原传播者。选择有效的消毒方法,对空鸡舍火焰消毒,可以彻底消灭球虫卵囊。

(二)猪球虫病

猪球虫病是由等孢属(*Isospora*)和艾美耳属(*Eimeria*)球虫寄生于猪肠道上皮细胞内引起的原虫病。多见于仔猪,可引起仔猪严重的消化道疾病。

1.病原学形态

等孢属球虫一个种,猪等孢球虫(*Isospora suis*)是一个重要的致病种,致病力最强,可引起仔猪下痢和增重降低。艾美耳属7种,以蒂氏艾美耳球虫、粗糙艾美耳球虫和有刺艾美耳球虫的致病力较强。

2.生活史

猪球虫的发育包括3个阶段:在宿主体内进行裂体生殖和配子生殖,在外界环境中继续进行孢子生殖。猪等孢球虫的潜在期较短,为4~6 d,显露期为3~13 d,卵囊的体外孢子化时间为3~5 d。

3.流行病学

等孢球虫主要危害初生仔猪,被列为仔猪腹泻的重要病因之一。5~10 d龄的仔猪最易感,7~14 d龄即可发病,病可伴有传染性胃肠炎、大肠杆菌和轮状病毒的感染。成年猪多为带虫者,是本病的传染源。本病在温暖潮湿季节发病严重,以夏、秋两季发病率最高。

4.症状与病理变化

(1)症状 病程经过与转归,取决于摄入的球虫种类及感染性卵囊的数量。潜伏期5~7 d。一般发生于1~2周龄仔猪。病猪主要症状是腹泻,粪便黄白色或灰白色,初为黏性,后为水样稀粪,偶尔由于潜血而呈棕色,发出腐败乳汁酸臭样气味,腹泻可持续4~8 d。仔猪会出现被毛粗乱、脱水和体重减轻。一般情况下死亡率不高,但如果在其他病原体的协同下往往造成仔猪死亡,死亡率可达75%,存活的仔猪消瘦,发育迟缓。

(2)病理变化 仔猪球虫病特征性大体病变是空肠和回肠的急性炎症,肠黏膜充血,局灶性溃疡,可见肠黏膜常有黄色纤维素性坏死性假膜,肠上皮细胞坏死并脱落,在组织切片上可见肠绒毛萎缩和脱落,还可见到发育阶段的虫体(裂殖体或配子体)。

5.诊断

根据临床症状、流行病学和病理解剖结果进行综合判断。对于15 d以内的仔腹泻,用抗生素治疗无效时应考虑到猪球虫病的可能性。确诊需做粪便检查,用漂浮法查出大量的球虫卵囊;亦可用小肠黏膜直接涂片法检查,见大量的裂殖体、配子体和卵囊即可确诊。

6.治疗

可用磺胺类药物或氨丙啉等药物进行防治。

(1)磺胺类药物 以磺胺六甲氧嘧啶(SMM)、磺胺喹噁啉(SQ)最好,治疗量:每千克体重20~25 mL,1次/d,选用3 d,或按每千克饲料0.125 g混于饲料中连服5 d,可获得良好的防治效果。

(2)氨丙啉 在产前1周和产后哺乳期的母猪中添加,可以预防仔猪感染。剂量为每千克体重0.025~0.065 g,拌料或混饮喂服,连用3~5 d。

(3)百球清 3~6 d的仔猪口服,按体重以20~30 mg/kg计算用量,一次口腔灌服,不仅可以治疗球虫病,而且一次服药可促进仔猪获得抗球虫终生免疫力。

7.预防

对猪舍应经常清扫,将粪便和垫料进行无害化处理;由于一般消毒药不能杀死卵囊,所以用甲醛、戊二醛、环氧乙烷熏蒸消毒,或采用过氧乙酸喷雾法,高温火焰消毒法;含氨和酚的消毒液喷洒地面,保留数小时或过夜,清水冲去,也可明显减低仔猪的球虫感染率。地面用热水冲洗,亦可用含氨和酚的消毒剂喷洒,以减少环境中的卵囊数量。猪粪和垫草要定点进行消毒处理,饮水饲槽要定期消毒,防止被粪便中的卵囊污染。

(三)牛球虫病

牛球虫病是由牛球虫引起的以出血性肠炎为特征的一种原虫病。主要发生于犊牛。本病对养牛业的危害较大,呈世界性分布。牛球虫在我国除感染奶牛、黄牛外,还普遍感染水牛和牦牛。

1.病原形态

全世界报道的牛球虫有19种,但公认的有15种(Levine N. D. 1982)。在我国发现11种牛球虫,以邱氏艾美耳球虫和牛艾美耳球虫致病力最强,是引起牛球虫病的主要病原种类。

(1)邱氏艾美耳球虫(*E. zurnii*) 致病力最强,寄生于回肠末端、结肠和盲肠,可引起血痢。卵囊呈短卵圆形或亚球形,无色,大小为(12.25~20.00)μm×(17.78~19.11)μm,平均为16.05 μm×14.21 μm。无微孔、极粒及外残体,但有斯氏体,孢子化时间为2~3 d。

(2)牛艾美耳球虫(*E. bovis*) 致病力强,寄生于小肠至直肠。卵囊呈卵圆形,呈淡黄褐色,大小为(15.19~20.58)μm×(21.07~34.30)μm,平均为19.24 μm×25.59 μm。有微孔,无外残体和极粒,有内残体和斯氏体。孢子化时间为2~3 d。

2.生活史

生活史基本上同鸡艾美耳球虫相似。当牛吞食了感染性卵囊后,在牛的肠管上皮细胞内首先反复进行无性的裂殖生殖,继而进行有性的配子生殖(内生性发育)。当卵囊形成后随粪便排出体外,经48~72 h的孢子化生殖过程,形成孢子化卵囊(外生性发育)。只有孢子化卵囊才具有感染性,牛吞食了孢子化卵囊后即可感染,重复上述的发育过程。

3.流行病学

各种品种的牛对本病均有易感性,但以2岁以内的犊牛患病严重,发病率和死亡率均高,成年牛多半是带虫者。本病一般多发生在4~9月,在潮湿多沼泽的草场放牧的牛群,很容易发生感染,冬季舍饲期间也可能发病,主要由于饲料、垫草、母牛的乳房被粪污染,使犊牛易受感染。

4.致病作用

牛球虫主要寄生于小肠下段和整个大肠部分的上皮细胞,经裂殖生殖引起肠上皮细胞的大量破坏,肠组织结构被大量破坏后,形成有利于肠道腐败菌生长繁殖的环境,细菌产生的毒素和肠道中的其他有毒物质吸收后,引起全身性中毒,导致中枢神经和各个器官的机能失调。

5.临床症状和病理变化

潜伏期为2~3周,犊牛一般为急性经过,病程为10~15 d。病牛表现出血性肠炎、腹痛,血便中常带有黏膜碎片。约1周后,当肠黏膜破坏而造成细菌继发感染时,体温可升高到40~41℃,前胃迟缓，肠蠕动增强，排带血的稀粪，其中混有纤维性薄膜，有恶臭，极度贫血和衰弱的情况下发生死亡。慢性病例，则表现为长期下痢、贫血，最终因极度消瘦而死亡。

尸体极度消瘦，直肠黏膜肥厚，有出血性炎症变化，淋巴滤泡肿大突出，有白色和灰色的小病灶，同时还出现溃疡，表面覆以薄膜。直肠内容物呈褐色，有纤维性薄膜和黏膜碎片，恶臭。

6. 诊断

根据本病的流行病学资料、临床变化和病理变化等方面做出综合分析，并结合粪便镜检和直肠刮取物，发现卵囊是做出确诊的主要依据，临床以血痢、粪便恶臭、剖检时见直肠有特殊的出血性炎症和溃疡具有诊断意义。

7. 防治

(1)治疗 发现病牛应及时隔离治疗。

(2)选用的药物 磺胺二甲基嘧啶(SM)：第一天按体重以 0.1 g/kg 的量内服，以后将剂量减半，每天一次，连用 10 d。氨丙啉：按体重以 0.025～0030 g/kg 计算药量，一次内服，连用 5～6 d。盐霉素：按每天 0.002 g/kg 的量给药，连用 7 d。

(3)预防 犊牛和成年牛分群饲养，分开放牧，注意饲料和饮水卫生，避免球虫卵囊污染饲料、饲草和饮水；不要突然更换饲料或饲养方式，不要到低洼潮湿的地方放牧和割草放牧；在流行地区，采取隔离、治疗、消毒等综合措施，可用开水、3%～5%的热碱水对地面、饮槽等进行消毒；添加药物预防，如氨丙啉、莫能霉素，也可用磺胺喹噁啉，既能预防球虫又能提高饲料报酬。

(四)羊球虫病

羊球虫病又称出血性腹泻或球虫性痢疾。本病是由球虫寄生于羊肠道所引起，危害山羊和绵羊。其特征以下痢为主，病羊发生渐进性贫血和消瘦。发育不良，甚至发生死亡，最常见舍饲的1～4 月龄的羔羊和幼羊。

1. 病原形态

羊球虫病呈世界性分布，但绵羊和山羊有各自的球虫种类，彼此不能交叉感染。

(1)绵羊球虫种类 已报道绵羊的球虫有 16 种，在我国北方已发现 11 种。对绵羊有致病性的虫种主要为阿撒他艾美耳球虫和类绵羊艾美耳球虫，阿撒他艾美耳球虫对绵羊的致病性最强。

①阿撒他艾美耳球虫(*Eimeria ahsata*)：卵囊呈椭圆形，大小为(25.0～45.5) μm×(18.8～30.0) μm，平均大小为 33.5 μm×22.8 μm，卵囊指数为 1.47，极帽突出。有微孔。有 1 至数个极粒，无外残体。斯氏体不明显，有内存残体。室温下，孢子化时间为 3 d。

②类绵羊艾美耳球虫(*E. ovinoidalis*)：卵囊呈短椭圆形或亚球形，大小为(17.5～27.5) μm×(10.0～25.0) μm，平均大小为 23.6 μm×18.6 μm，卵囊指数为 1.27，无极帽。微孔不明显。有 1 至数个极粒，无外残体。有斯氏体和内存残体。孢子化时间为 1～2 d。

(2)山羊球虫种类 全世界报道的山羊球虫种类有 15 种，对山羊有明显致病性的虫种为雅氏艾美耳球虫、阿氏艾美耳球虫、山羊艾美耳球虫和艾氏艾美尔球虫，其中以雅氏艾美耳球虫的致病力最强。

①雅氏艾美耳球虫(*E. ninakolyakimovae*)：卵囊多呈椭圆形或亚球形呈椭圆形，大小为(18.8～28.8) μm×(18.0～23.0) μm，平均大小为 24.9 μm×20.4 μm，卵囊指数为 1.0～1.2，平均1.1。无极帽。微孔不明显。有 1 至数个极粒，无外残体。有斯氏体和内残体。孢子化时间为 57 h。

②阿氏艾美耳球虫（*E. arloin gi*）：卵囊呈椭圆形或稍卵圆形，大小为（25.0～37.0）μm×（20.0～28.0）μm，平均大小为 31.6 μm×22.2 μm，卵囊指数为 1.2～1.6，平均 1.4。有微孔，极帽呈圆拱形，有 1 至数个极粒，无外残体。有斯氏体和内残体。孢子化时间为 36 h。

③山羊艾美耳球虫（*E. caprina*）：卵囊呈宽或略显卵圆形，椭圆形，大小为（17～30）μm×（15～23）μm，平均大小为 23.7 μm×20 μm，卵囊指数为 1.2，极帽呈圆拱形，淡黄色或无色。有 1 至数个极粒，无外残体。有斯氏体和内残体。孢子化时间为 43 h。

④艾氏艾美尔球虫（*E. alijevi*）：卵囊呈球形、亚球形或椭圆形，大小为（15.0～27.0）μm×（14.0～24.0）μm，平均大小为 18.5 μm×17.3 μm，卵囊指数为 1.0～1.2，平均 1.1。无极帽和微孔。有 1 至数个极粒，无外残体。有斯氏体和内残体。孢子化时间为 130 h。

2. 生活史

各种绵羊或山羊球虫的发育史和鸡球虫的发育过程基本相似，整个生活史分为裂殖生殖、配子生殖和孢子生殖三个阶段，其中配子生殖为球虫的有性生殖阶段。刚排出的未孢子化的卵囊没有感染性，外界温暖潮湿的环境下，孢子化后形成孢子化卵囊。

3. 流行病学

羊球虫呈世界性分布。各品种的绵羊、山羊均有易感性，羔羊极易感染，成年羊一般都是带虫者。流行季节多为春、夏、秋三季，感染率和感染强度依不同球虫种类及各地的气候条件而异，冬季气温低，不利于孢子化发育，很少发生感染。夏季骤然更换饲料，感染率较高。

4. 症状与病理变化

人工感染的潜伏期为 11～17 d，本病可能依感染的球虫种类、感染强度、羊的年龄、机体抵抗力以及饲养管理条件的不同而趋急性或慢性过程。1 岁以内的幼羊症状最为明显，成年羊一般不出现明显症状。病羊精神不振，食欲减退，体温升高，被毛粗乱，可视黏膜苍白，腹泻，粪便中常混有血液和脱落的黏膜上皮，有恶臭，粪便中含有大量卵囊。仅小肠有明显的病理变化，肠黏膜上有淡白或黄色圆形或卵圆形结节，肠呈簇分布，十二指肠、回肠有卡他性炎症，有点状或带状出血。

5. 诊断

根据临床症状、病理变化和流行病学可做出初步诊断，最后在粪便中发现大量的卵囊可确诊。

6. 防治

参照牛球虫病的防治。氨丙啉按体重以每天 0.025～0.050 g/kg 给药，混入饲料或饮水，连用 2～3 周。磺胺脒、莫能霉素和氯苯胍也具有良好的防治。

二、弓形虫病

弓形虫病（Toxoplasmosis）是由刚地弓形虫（*Toxoplasma gondii*）寄生于宿主的有核细胞内引起的一种孢子虫病。刚地弓形虫属于真球虫目（*Eucoccidiorids*）、肉孢子虫科（*Eimeriorina*）、弓形虫科（Toxoplasmatidae），又称龚地弓形虫。该病是人兽共患病，呈世界性分布，在人、畜和野生动物中广泛传播，人和多种动物都可感染，特别在宿主免疫功能低下时致病，属机会致病原虫（opportunistic protozoa）。猫科动物是终末宿主，人、畜和许多野生动物都是中间宿主。孕妇感染后导致早产、流产、胎儿发育畸形。多数动物为隐性感染，但猪暴发弓形虫病时，可使整个猪场的猪群发病，死亡率高达 60% 以上，严重影响畜牧业的发展和公共卫生安全。

（一）病原形态

目前,大多数学者认为发现于世界各地的人和各种动物的弓形虫只有一个种,但有不同的虫株,其毒性可有差异。弓形虫在其生活史中可出现不同的形态。在中间宿主的各种组织细胞中有速殖子和包囊两种形态,终末宿主猫体内除了速殖子和包囊外,其肠上皮细胞内有裂殖体,配子和卵囊三种形态(图 42-2)。

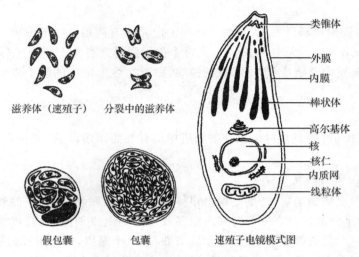

图 42-2 弓形虫的不同形态(仿李国清)

1. 滋养体

滋养体(trophozoites)又称速殖子(tachyzoite),因虫体增殖迅速而得名。呈弓形、月牙形或香蕉形,一端偏尖,一端偏钝圆,大小为$(4\sim7)$ $\mu m \times (2\sim4)$ μm。经吉姆萨染色或瑞士染色后,细胞质呈淡蓝色,有颗粒。核呈深蓝色,位于钝圆的一端。电镜观察下可见虫体的表膜分两层,有类椎体(coniod)、极环(apicar ring)、棒状体(rhoptry)、高尔基体和线粒体等细胞器。速殖子主要出现在急性病例的腹水中,为游离的单个虫体;在有核细胞(单核细胞、内皮细胞、淋巴细胞等)内可见到正在内双芽增殖(endodyogeny)的虫体;在宿主细胞的细胞质里,许多滋养体簇集在一个囊内形成假囊(pseudocyst)。假囊实际上是含有数个至数十个虫体的多种吞噬细胞。

2. 包囊

包囊(cyst)或称组织囊,呈卵圆形,有较厚的囊膜,囊中的虫体称为慢殖子(bradyzoite),即因虫体增殖缓慢而得名。包囊的直径为$50\sim60$ μm,可在患者体内长期存在,随着虫体的繁殖而增大,可大至100 μm。包囊有时可破裂,虫体从包囊逸出后进入新的新的细胞内繁殖,再形成新的包囊。动物机体中脑组织的包囊数占包囊总数的$57.8\%\sim86.4\%$。慢殖子多见于慢性病例中的脑、肝、肺、骨骼肌、心肌等组织处。

3. 裂殖体和裂殖子

成熟的裂殖体(schizont)呈圆形,直径为$12\sim15$ μm,内有$4\sim20$个裂殖子(merozoites),裂殖子大小为$(7\sim10)$ $\mu m \times (2.5\sim3.5)$ μm,前端尖,后端钝圆,核呈卵圆形,位于后端。见于终末宿主的肠上皮细胞。

4. 配子体

在终末宿主的肠上皮细胞内，经过数代增殖后的裂殖子变为配子体（matetocyte），配子体有大小两种。大配子体（macrogametocyte）呈卵圆形或亚球形，直径 15～20 μm，核致密，含有着色明显的颗粒，成熟后成为大配子；小配子体（microgamtocyte）呈圆形，直径 10 μm，色淡，核疏松，后期分裂成 12～32 个具有两根鞭毛的小配子，大小配子结合形成合子，由合子形成卵囊。

5. 卵囊

卵囊（oocyst）呈圆形或椭圆形，大小约 10 μm×12 μm，有两层透明的囊壁，孢子化后每个卵囊内有 2 个孢子囊（sporocyst），大小为 3～7 μm，每个孢子囊内含有 4 个子孢子（sporozoite），子孢子一端尖，一端钝，其胞质内含暗蓝色的核，靠近钝端，卵囊在终末宿主的肠上皮细胞形成，随粪便排出体外。

（二）生活史

从 1970 年 hutchison 等发现弓形虫在猫肠道中的有性生殖阶段后，才基本阐明弓形虫的整个发育史。

1. 在终末宿主猫体内的发育

猫吞食了患弓形虫病的动物（特别是鼠类尸体）后，成熟的卵囊、包囊或假囊被消化，其中的子孢子、滋养体或慢殖子释放出来。一部分侵入空肠或回肠的上皮细胞，进行球虫型的发育和繁殖。首先是裂体生殖产生大量的裂殖子，肠黏膜细胞破裂，裂殖子逸出，侵入附近的肠上皮细胞，继续裂体生殖。猫也是中间宿主。另一部分子孢子、滋养体或慢殖子进入肠壁淋巴，淋巴循环而被带到全身脏器和组织内，进行肠外期发育，滋养体进入有核细胞，以二分裂或内出芽方式进行繁殖，形成假囊。经过一段时间的繁殖后，由于机体产生免疫力，或者其他因素，虫体繁殖变慢，一部分滋养体被消灭，另一部分滋养体在宿主的脑、骨骼肌和心肌形成包囊，包囊内原虫即慢殖子。包囊具有很强的抵抗力，在宿主体内存活很久。经过数代的裂体生殖，一部分裂殖子在肠上皮细胞发育为大、小配子体，逐渐发育为大、小配子，结合形成合子，合子发育为卵囊，落入肠腔，随粪便排出体外。猫吞食不同发育期的弓形虫后，排出卵囊的时间不同。如吞食包囊后需 3～20 d 排出卵囊，吞食假囊后需 19 d 或更长；吞食卵囊后需 21～24 d。吞食包囊后几乎所有猫均排出卵囊，而吞食假囊和卵囊的猫有 50% 排出卵囊。

2. 在中间宿主体内的发育

当卵囊、包囊和假囊被哺乳动物和鸟类动物吞食后，慢殖子和速殖子钻入肠壁，通过淋巴、血液循环进入有核细胞，进行肠外期发育。在胞质中继续发育为假囊。当囊内的速殖子聚集至 8～16 个时，机体细胞破裂，释放的速殖子又侵入新细胞。如果虫株毒力强，宿主的抵抗力弱时，发生急性感染。反之，如果虫株的毒力弱，宿主又能很快产生免疫力。则弓形虫的繁殖变缓，形成包囊，此时疾病发作慢或成为无症状的隐性感染。

（三）流行病学

1. 易感动物

弓形虫广泛分布于世界各地，许多哺乳动物、鸟类和爬行类动物都有自然感染。我国经血清学或病原学证实可自然感染的动物有猪、黄牛、马、山羊、绵羊、鹿、兔、猫和犬等动物。家畜中以猪的感染率较高，实验动物中以小鼠、地鼠最敏感。弓形虫普遍感染的原因为：①弓形虫生活史中的多个时间均具有传染性；②虫体对中间宿主和寄生组织的选择性不严格；③终末宿主可有可无，既可在终末宿主与中间宿主之间相互感染,也可在终末宿主间、中间宿主间相互感染传播;④虫体在宿主体内保存时间长,卵囊对外界环境的抵抗力强。

2.传染源

病畜和带虫动物是弓形虫病的传染来源,猫是各种易感动物的主要传染源。感染猫1 d可以排出1 000万个卵囊,排囊可持续10～20 d,其中排出卵囊的高峰时间为5～8 d,是传播的重要阶段。卵囊具有双层囊壁,对酸、碱、消毒剂均有相当强的抵抗力。室温可生存3～18个月,在猫粪中可存活一年。对干燥和热的抵抗力较差,80℃ 1 min即可杀死,冰冻情况下不易生存,在4℃尚能存活68d。弓形虫的卵囊可被某些食粪甲虫、蝇或蟑螂机械性传播,带有速殖子和包囊的肉尸、血液、内脏以及各种带虫动物的分泌物也是重要的传染源。

3.感染途径

经口感染是弓形虫病感染的主要方式。自然条件下肉食动物吃到肉中的速殖子或包囊而感染。草食兽一般是通过污染了卵囊的水草而感染,杂食兽则两种方式兼有。在自然界,猫科动物和鼠类之间的传播循环是主要的天然疫源。弓形虫也可通过孕畜的胎盘传给后代而发生先天性感染。

4.发病季节

一般来说,弓形虫的流行没有严格的季节性,家畜可一年四季发病,但夏、秋季节发病率高,与此季节的外界条件适合卵囊生存有关。据调查,猫在7～12月份排出的卵囊较多;猪的发病季节在每年的5～10月份。温暖潮湿地区的感染率较高。

(四)致病作用

弓形虫的致病作用与虫体毒力和宿主的免疫状态有关。弓形虫可分为强毒和弱毒株系,强毒株侵入机体后繁殖迅速,可引起宿主的急性感染和死亡,弱毒株在机体内增殖缓慢,主要在组织中形成包囊,宿主带虫存活,很少死亡。目前国际上公认的强毒株是RH株,弱毒株是beverley株。

速殖子期是弓形虫的主要致病阶段,虫体侵入细胞后进行增殖,导致大量细胞被破坏,速殖子逸出又重新侵入新的细胞,如此反复,加之弓形虫代谢产生的毒素作用,刺激淋巴细胞和巨噬细胞的浸润,引起组织的炎症、坏死。包囊内的缓殖子是引起慢性感染而致病的主要形式,当宿主免疫力降低时可引起弓形虫病。

(五)临床症状和病理变化

猪感染弓形虫后,其症状表现取决于虫体毒力,感染数量、感染途径、年龄和免疫力等。3～5月龄的仔猪常表现为急性发作,与猪瘟相似,潜伏期3～7 d,病初体温升高,达40.5～42℃,持续1～2周,呼吸困难,鼻镜干燥,流浆液性、黏液性或脓液性鼻液,食欲废绝。病畜初便秘后下痢,腹股沟淋巴结明显肿大,身体下部和耳部有出血点,极速衰竭,发病一周左右死亡。怀孕母猪表现高热,废食,产出死胎、流产或畸形胎,分娩后迅速自愈。

特征性病变主要出现在肺、淋巴结和肝。全身淋巴结髓样肿大,切面湿润,尤其肠系膜淋巴结最为显著,呈绳索状,切面外翻,可见坏死灶和出血点;肝灰红色,散在针尖大小、灰白色或灰黄色的坏死灶;肺水肿,脾肿大,有出血点或坏死灶,体表出现紫斑。

病理组织学变化,在肝坏死灶周围的肝细胞胞质内、肺泡上皮和单核细胞的胞质内、淋巴窦内皮细胞和单核细胞的胞质内,常可见有单个、成双的数量不等的弓形虫,呈圆形、卵圆形、弓形或新月形等不同形状。

（六）诊断

猪弓形虫病与很多疾病相似，需结合病原学检查和血清学方可诊断。

（1）直接镜检　取肺、肝和淋巴结等组织切片，姬姆萨或瑞氏染色检查。肺涂片的检出率高，也可取病畜血液、脊髓或脑髓等涂片镜检，可找到滋养体或包囊。

（2）动物接种　将病猪的肺、肝、淋巴结研碎处理，取上清液接种于小鼠的腹腔，观察接种后的症状，如小鼠出现被毛粗乱、呼吸急促或死亡，取腹腔液或脏器涂片镜检。若接种的小鼠不发病，盲传3代后，从腹腔液发现弓形虫速殖子可确诊。

（3）血清学诊断　目前国内常用的是间接荧光抗体试验、间接血凝试验和酶联免疫吸附试验。由于血清学阳性只能说明该猪曾受感染，为了弄清是否急性感染，需在第一次采血检查后的2～4周再进行采血，若IgG抗体滴度升高数倍表明感染处于活动期。近年来也用检测IgM来诊断是否为急性感染弓形虫病。

（4）分子生物学诊断　分子生物学研究的快速发展，PCR和DNA杂交技术在弓形虫的检测已得到广泛的应用。

（七）治疗

治疗以化学药物为主，对于猪弓形虫，一般采用磺胺类药物与抗菌增效剂合用。磺胺六甲氧嘧啶（SMM）、磺胺甲氧吡嗪、三甲氧苄胺嘧啶（TMP）和二甲氧苄胺嘧啶（DVD）对弓形虫的滋养体有效。乙胺嘧啶、螺旋霉素和氯林可霉素也有效，尚缺乏治疗包囊的理想药物。

（八）预防

控制传染源，控制病猫，消灭老鼠，流产胎儿及母畜排泄物和死于本病的病尸应严格处理。

切断传播途径，勿与猫、犬等密切接触，防止猫粪污染食物、饮用水和饲料。保持畜圈清洁，定期消毒，人不吃生的或不熟的肉类和生乳等。

三、隐孢子虫病

隐孢子虫（*Cryptosporidium*）是一种引起人兽共患病的机会性原虫，其严重威胁免疫功能低下及免疫功能缺陷者的生命安全，特别是艾滋病患者。隐孢子虫可以感染包括人和其他哺乳动物、鸟类、爬行类、两栖类和鱼类的240多种动物，造成重大经济影响和社会影响。同时，隐孢子虫病也是一种重要的食源/水源性疾病，伴随着HIV/AIDS的流行，以及抗隐孢子虫有效治疗药物和疫苗的缺乏，隐孢子虫病的公共卫生意义性显得尤为重要。

（一）病原形态

隐孢子虫隶属于真球虫目、隐孢子虫科（Cryptosporidiidae）隐孢子虫属（*Cryptosporidium*），是由Tyzzer（1907）首先在小鼠胃黏膜组织切片中发现的。禽类常见的是贝氏隐孢子虫（*C. baileyi*）、火鸡隐孢子虫（*C. mele gridis*）和鸡隐孢子虫（*C. galli*），牛常见的是安氏隐孢子虫（*C. andersoni*）、微小隐孢子虫（*C. parvum*）和牛孢子虫（*C. bovis*），猪隐孢子虫（*C. suis*）、犬隐孢子虫（*C. canis*）、猫隐孢子虫（*C. felis*）以及鹿基因型（cervine genotype）常见于猪、犬、猫和羊。

隐孢子虫的卵囊呈圆形或卵圆形，卵囊壁光滑，囊壁上有裂缝，无微孔、极粒和孢子囊。每个卵囊内有4个裸露的香蕉形的子孢子和1个残体，残体由1个折光体和一些颗粒组成。成熟卵囊有厚壁和薄壁两种类型。厚壁卵囊分为明显的内外层，形成具有抵抗力的囊壁，但在末端合为一体，留一缝隙，在脱囊期间，缝隙溶解，囊壁打开，子孢子从此处逸出卵囊。此卵囊排出体外可感染其他动物。薄壁卵囊仅一层膜,体内脱囊后仅有少部分发育成感染性卵囊,从而造成宿主自体循环感染。不同种类卵囊形态和大小不同,是分类的基本依据。

隐孢子虫的子孢子和裂殖子呈香蕉形,具有复顶门寄生虫的典型细胞器,如表膜、棒状体、微线体、核、核糖体、膜下微管和顶环;但缺乏极环、线粒体、微管和类锥体等细胞器。

(二)生活史

与球虫相似,隐孢子虫的发育过程也包括裂殖生殖、配子生殖和孢子生殖3个发育阶段,但隐孢子虫所有发育阶段均在同一宿主上皮细胞膜与胞质之间的带虫空泡中进行。

隐孢子虫的卵囊排出体外即为成熟卵囊,具有感染性。卵囊被易感动物摄入后,通过消化液的作用,囊内的4个子孢子逸出,附着并侵入肠上皮细胞,在带虫空泡发育为球形的滋养体。滋养体发育为Ⅰ裂殖体。成熟的裂殖体含有8个裂殖子,裂殖子释出后,侵入其他上皮细胞,发育为第2代滋养体,通过核分裂发育为Ⅱ裂殖体。成熟的Ⅱ裂殖体含有4个裂殖子,释放出的裂殖子发育为雌、雄配子体,进一步发育为雌、雄配子。两者结合为合子,经孢子生殖形成卵囊。孢子化卵囊有薄壁和厚壁两种类型,其中薄壁占20%,厚壁卵囊占80%。完成整个生活史需要5~11 d。

(三)流行病学

1.传染源

隐孢子虫的传染源是患病动物或向外界排卵囊的动物。卵囊对外界环境有很强的抵抗力。隐孢子虫病一般随食物、水或与感染动物或污染的地表密切接触摄入卵囊而感染。卵囊对大多数消毒剂有明显的抵抗力,只有50%以上的氨水和30%以上的福尔马林作用30 min才能杀死隐孢子虫卵囊。

2.传播途径

隐孢子虫的传播途径有"粪便-口"途径,有通过污染的饲料和饮水传播,也能通过空气传播。

3.易感宿主

隐孢子虫的宿主范围很广,可寄生于240多种动物,包括哺乳动物、鸟类、鱼类、爬行动物,幼龄动物更为易感。家畜种类有奶牛、黄牛、水牛、猪、绵羊、马及宠物犬、猫,禽类报道的有鸡、鸭、鹅、火鸡、鸽子和野生禽类等。隐孢子虫宿主特异性不明显,如艾滋病病人体内分离到的火鸡隐孢子虫分离株可以感染仔猪、雏鸡、小鼠、犊牛、鸽和兔。

4.流行情况

隐孢子虫呈全球性分布,我国绝大多数省区都有家畜隐孢子虫感染的报道。北京、河南、广东、安徽、吉林等地先后从奶牛、猪、骆驼、小鼠、鹌鹑、鸽子、鸵鸟、骆驼、蜥蜴分离到隐孢子虫分离株。各地的感染率为1.4%~13.3%,牛为5.3%~40%,鸡为9.8%~100%,鸭为9.8%~100%,感染率差别较大。

(四)致病作用

隐孢子虫损伤肠道并引起临床症状的原因,推测是虫体的寄生改变了寄居宿主细胞的活动或从肠管吸收营养物质。隐孢子虫的寄生使宿主微绒毛数量减少和体积变小,成熟细胞脱落,致使双糖酶活性降低,使乳糖和其他糖类进入大肠降解。这些糖类使细菌过度生长,形成挥发性脂肪酸,改变渗透压,或在肠腔中累积未吸收的营养物质,从而引起腹泻。

(五)临床症状和病理变化

家畜隐孢子虫病主要是微小隐孢子虫引起的,以犊牛、羔羊和仔猪发病较为严重。表现为精神沉郁,腹泻。粪便中带有大量的纤维素、有时含有血液,发育停滞,消瘦,体温升高。羊的死亡率可达 40%,牛的死亡率可达 16~40%,尤以 4~30 日龄的犊牛和 3~14 日龄的羔羊死亡率高。家禽隐孢子虫病主要是贝氏隐孢子虫引起,以鸡、火鸡和鹌鹑发病最严重,潜伏期为 3~5 d,呼吸道症状为主,主要是精神沉郁、打喷嚏、啰音和呼吸困难等症状。

病理变化:家畜隐孢子虫病主要表现为肠绒毛层萎缩和损伤,肠黏膜固有层中的淋巴细胞、浆细胞、嗜酸性白细胞和巨噬细胞增多,肠黏膜的酶活性降低,呈现典型的肠炎病变。家禽隐孢子虫病的病理特征为鼻腔、鼻窦和器官黏液分泌过多;肠道黏膜可见黏液性内容物,进而气体引起的肠扩张、肠绒毛委缩和化脓性肠炎等。

(六)诊断

根据流行病学资料,临床症状及实验室检查可以做出诊断。应注意与其他因素引起的腹泻相区别。还应注意,隐孢子虫多呈隐性通过,或没有明显症状,感染者只向外界排出卵囊,而不表现出任何症状,而且发病时还常常伴有许多其他条件性病原体的感染。因此需要实验室诊断中查出病原体或用免疫学技术检测抗原或抗体。

1. 生前诊断

隐孢子虫病的病原诊断主要依靠从患者粪便、呕吐物或痰液中查找卵囊。用饱和蔗糖漂浮法收集粪便中的卵囊,通过显微镜观察,发现虫体可确诊。

2. 死后诊断

从尸体剖检刮取消化道或禽的法氏囊和泄殖腔,制成涂片,姬姆萨染色,虫体胞质呈蓝色,内含数个致密的红色颗粒。检测隐孢子虫最佳的染色方法是抗酸染色法,在绿色的背景上可观察到红色的虫体,呈椭圆形或圆形,大小为 2~5 μm。

3. 免疫学及分子生物学诊断

免疫学和分子生物学技术在隐孢子虫病的诊断和临床评价中也发挥着一定的作用。如免疫荧光试验,抗原捕获 ELISA 等已作为诊断实验室的常用技术。"虫卵-寄生虫"检查不适用于隐孢子虫诊断。另外,聚合酶链式反应(PCR)也是隐孢子虫病的实验室的常规监测技术。

(七)治疗

隐孢子虫治疗尚无理想的药物。有些药物只产生部分疗效,可靠性差,难以重复。目前主要从加强卫生措施和提高免疫力来控制本病的发生。

(八)预防

主要是阻断传播途径,加强卫生管理,防止饮水和饲料被卵囊污染,提高动物机体的免疫力。隐孢子虫的卵囊对环境和消毒剂的抵抗力很强,采用 50%氨水 5 min、30%过氧化氢 30 min、10%福尔马林 120 min、蒸汽消毒等方法对所有物体及其表面进行消毒,结合严格的饲养管理措施和药物预防在一定程度上可以预防隐孢子虫病的发生。

四、阿米巴病

阿米巴病(amoebiosis)是指由溶组织内阿米巴及其他阿米巴感染所致的高度致病性的人兽共患原虫病。阿米巴原虫种类多,其中致病性最强的是溶组织内阿米巴,又称致病性阿米巴。腹泻为阿米巴病的主要症状,溶组织阿米巴除侵入肠道外,还可侵入肝、肺以及脑等器官组织的溃疡或脓肿,严重者可引起宿主的死亡。

(一)病原形态

溶组织内阿米巴在分类上属肉足鞭毛门(Sarcomastiugophora)肉足亚纲(Sarcodina)根足总纲(Rhizopoda)叶足纲(Lobosasida)阿米巴目(Amoebida)内阿米巴科(Entamoebidae)内阿米巴属(*Entamoeba*)。溶组织内阿米巴生活史主要包括滋养体和包囊两种存在形式。

(1)滋养体　主要寄生于结肠肠腔或组织内,以二分裂法进行繁殖,按其形态分为两种类型:小滋养体和大滋养体。大滋养体又称组织型滋养体,为致病型,直径为 $10\sim60\ \mu m$,主要存在于肠道和新鲜稀粪中,活性强,运动时可伸出伪足,做定向运动。铁苏木素染色后,可见清晰的细胞核,呈泡状。小滋养体为成囊型滋养体,大小为 $7\sim20\ \mu m$。

(2)包囊　呈圆形或椭圆形,直径为 $10\sim16\ \mu m$,是溶组织内阿米巴原虫的感染型。分未成熟和成熟包囊,未成熟包囊含 $1\sim2$ 个核,成熟包囊含 4 个核。经碘液染色后呈黄色,外包围有一层透明壁。

(二)生活史

宿主经口感染致病性的四核包囊,在小肠内消化液的消化下,滋养体逸出,滋养体借助伪足的机械运动和水解酶作用入侵肠壁组织,或经血液循环移至肝和其他器官,吞噬红细胞和组织细胞,破坏和溶解组织,并在组织内增殖,形成包囊,然后包囊经粪便排出体外。包囊期是具有保护性外壁的生活阶段,多在宿主粪便和分泌物中找到,无致病性,当其发育成四核包囊时,就成为感染性包囊,被宿主吞食后,会在组织中继续发育形成滋养体。其生活史归结起来就是"包囊-滋养体-包囊"的循环过程。

(三)流行病学

猪、牛、羊、犬、猫、幼驹、野兔、水貂、灵长类动物、两栖爬行类动物以及鱼类都可大量感染溶组织内阿米巴。猪和猴可表现为无症状的自然感染,犬和鼠表现为有症状感染,人和猴表现为交叉感染。实验动物中大鼠、小鼠、豚鼠、沙鼠、仓鼠,甚至家鼠都可作为其储藏宿主。蝇类和蟑螂的粪便中可检出虫体。

1.传染源

阿米巴原虫病是一种侵袭性较强的疾病,可在人和动物间自然传播,凡是从粪便中排出阿米巴包囊的人和动物,都是感染源。

2.传播途径

阿米巴主要经口传播,可在人与动物之间互相传播。主要是通过污染的水和食物、媒介昆虫以及动物或人的密切接触造成的聚集性感染。

3.易感动物

临床上常见家畜、宠物的阿米巴病多与其他病并发;该病呈世界性分布,以热带地区更为流行,流行情况与各个地区的卫生状况、年龄因素和气候等条件有密切关系。

(四)症状和病理变化

1.症状

一般情况下,动物感染阿米巴病无明显临床症状,有时会出现轻微甚至严重的症状。临床上可分为隐性感染、急性型、慢性型和异位感染。急性型的表现为严重下痢,甚至死亡。慢性型的表现为间歇性或持续性腹泻,厌食,体重下降。

2．病变特征

显著的肠道完整性遭到破坏，一般发生在盲肠、结肠，可见肠壁溃疡、黏膜坏死。严重者可见肠壁深部损伤甚至穿孔，引发腹膜炎。慢性溃疡还可在肠壁形成"阿米巴脓肿"瘤状物。

阿米巴病还可造成身体其他器官的损伤，肝是最受侵害的器官，形成阿米巴脓肿。其次是肺。其他常见发病部位是脑、皮肤等，而肾、脾和生殖腺为不常见的发病部位。

（五）诊断

根据流行病学、临床症状和病理变化做出初步诊断，而病原学检查和血清学检测是确诊的依据。

1．病原学检查

粪便中检出溶组织内阿米巴滋养体和包囊即可确诊。注意粪检时，应注意与非致病性阿米巴和酵母菌相鉴别。

2．血清学诊断

采用间接血凝试验、补体结合试验等方法进行检测。

3．分子生物学诊断

采用 PCR 等分子生物技术进行检测。

（六）防治措施

1．预防

尽管药物治疗阿米巴原虫病很有效，但要尽量减少该病的发生。目前消灭阿米巴病的传染源和切断其传播途径仍是预防本病的关键，归结起来有以下几点。

（1）消灭传染源　应对人和动物中的带囊者和发病者进行定期检查和隔离，饲养宠物的人员或动物饲养者在与动物的接触中应加强卫生观念，防止人畜间的互相传播。

（2）切断传播途径　保持环境和饮水卫生，防止鼠类、蝇类及蟑螂等昆虫携带包囊污染物，对粪便做无害化处理，加强个人卫生和饮食卫生，防止病从口入。

2．治疗

治疗阿米巴痢疾有三个基本原则，其一是治愈肠内外的侵入性病变，其二是清除肠腔中的包囊和滋养体，其三是防止继发感染。因此，临床上多采用抗阿米巴药物同抗生素联合治疗的方法。其中甲硝唑以其疗效好、毒副作用小，廉价安全，已作为治疗动物和人阿米巴病的首选药物。

除需用药物治疗外，还必须进行对症治疗，如采用补液、补充营养和调节机体酸碱平衡等。

思考题

1．简述原虫的形态结构及繁殖方式。

2．简述弓形虫和球虫的生活史过程。

3．试述本地有哪些人兽共患原虫病，如何防治？

4．名词解释：孢子化卵囊、裂体生殖、孢子生殖、配体生殖。

第四十三章　蠕虫病

第一节　吸虫病

学习要点

掌握片形吸虫病、日本分体吸虫病、华支睾吸虫病的概念、病原、流行特点、生活史、症状、病变、诊断和防治措施。理解吸虫的一般形态结构和基本发育过程。了解吸虫的分类与描述。

一、吸虫的形态结构和发育

（一）吸虫的形态和结构

寄生于畜禽的吸虫均属于扁形动物门、吸虫纲、复殖目的寄生虫。外观:虫体两侧对称,多数背腹扁平,呈树叶状或舌状,有的呈近似圆形或圆柱形,或线状。体色一般为乳白色,淡红色或棕色。最大的虫体为姜片吸虫,长度为 75 mm,最小的如异形吸虫,长度仅为 0.3～0.5 mm。在虫体的前端有口吸盘,用以固着宿主组织;在有些吸虫的腹面有腹吸盘,位置不定。口腹吸盘的形状、大小和位置,经常作为吸虫分类的依据之一。

1.体壁

吸虫无表皮,体壁由皮层与肌层组成,又称皮肌囊,囊中包含着各系统的器官及器官之间的网状组织——实质。

（1）皮层　从外到内由外质膜、基质和基质膜组成。外质膜为单位膜,上有微绒毛。外质膜的外面为颗粒层外衣,成分为酸性黏多糖或糖蛋白,可抵抗宿主的消化酶,具有保护虫体作用。基质含有细胞结构而无核的合胞体细胞层,经皮层细胞相连,内含线粒体和分泌小体。分泌小体的崩解产物可提供酸性黏多糖,形成新的基质膜,来代替因抗体损伤的部分。基质膜也是单位膜,其内是由胶原纤维组成的基层。皮层还有体棘和感觉器。皮层为新陈代谢活跃的细胞单位,是寄生虫与宿主生理生化的交互作用层及缓冲层,具有分泌与排泄的功能;另外,气体可以经皮层进出于虫体内外;皮层还具有吸收功能,为吸虫摄取营养物质的重要途径。

（2）肌层　位于基层之下,由 3 层结构构成:外层是环肌,中部是斜肌,内层是纵肌,是虫体进行伸缩活动的组织。此外还有背腹肌和吸盘肌,能起到强有力的吸附作用。

（3）实质　实质为多细胞的结缔组织,其中的皮层细胞很大,有许多胞质通道与皮层的基质相通,细胞内有细胞核,有发达的内质网、核糖体、吞噬体、线粒体、高尔基体和许多分泌小体,实质具有输送营养物质的功能。

2.内部器官系统

(1)消化系统　一般包括口、前咽、咽、食道和肠管。口位于虫体的前端或亚前端,由口吸盘围绕。前咽短小;咽呈球形,肌肉质;食道细长,下连肠管;肠管位于虫体的两侧,向后延伸至体后部,其封闭端称为盲肠,有的末端互相连成环状,有的合成一条,有的肠管分支;食道的两侧有腺体;无肛门,肠内废物经口排出。

(2)生殖系统　吸虫生殖系统发达,除分体吸虫外,皆雌雄同体。雄性生殖器官包括睾丸、输出管、输精管、储精囊、射精管、雄茎囊和前列腺等。睾丸的大小、形态、数目、位置具有分类学意义。一般有2个睾丸,也有单个6～8个,甚至数十个。睾丸的形状有块状、树枝状和分叶状等。睾丸的排列,有左右排列、前后排列或倾斜排列。一般位于虫体后半部。每个睾丸发出一条输出管,输出管合为一条输精管,输精管远端膨大为储精囊。储精囊末端为雄茎。储精囊和雄茎之间的单细胞构成前列腺。储精囊、前列腺和雄茎由雄茎囊包围。雄茎开口于生殖孔。交配时,雄茎可经生殖孔伸出体外与雌性生殖器官相交连。

雌性生殖器官主要有卵巢、输卵管、受精囊、卵膜、梅氏腺、卵黄腺及子宫等。卵巢1个,呈块状、分叶状和分枝状。卵巢形状、大小及位置随吸虫的种类而异。由卵巢发出输卵管,输卵管与受精囊相接的汇合处的小管称为劳氏管。劳氏管一端接着受精管或输卵管,另一端向背面开口或成为盲管。输卵管还与卵黄总管相接。卵黄腺多在虫体的两侧,位置与形状根据虫体的不同而有所不同;卵黄总管由两条卵黄管组成,膨大端为卵黄囊。卵黄总管与输卵管汇合形成的囊腔为卵膜,其周围的腺体称梅氏腺。卵巢排出卵后,与受精囊的精子相遇而受精。由卵黄腺分泌的卵黄颗粒,经卵黄管与卵相遇,进入卵膜。梅氏腺的分泌物与卵黄颗粒凝聚在卵膜中,结合成卵壳。卵膜与子宫起始部位之间有子宫瓣,虫卵经过子宫瓣进入子宫。成熟的虫卵通过生殖孔排出体外。吸虫缺阴道。子宫末端有子宫颈,一般具有阴道作用。

(3)排泄系统　由焰细胞、毛细管、集合管、集合总管、排泄囊和排泄孔组成。焰细胞布满虫体的各部分,位于毛细管的末端,为凹形的细胞,在凹入处有一束纤毛似火焰颤动,收集排泄物。排泄物经毛细管、前后集合管、集合总管到排泄囊,最后由排泄孔排出体外。排泄囊呈圆形、管型等。排泄孔只有一个,位于虫体的末端。排泄囊的形态和焰细胞的数目及位置是吸虫分类的依据之一。

(4)神经系统　不发达,为梯形。咽的两侧各有一个神经节,彼此有横索相连,相当于神经中枢。两个神经节各发出神经干,分布于虫体的背腹和两侧。由神经干发出的神经末梢分布到口、腹吸盘和咽等器官。在皮层中有许多感觉器,一些吸虫在其幼虫阶段(毛蚴和尾蚴)常有眼点,有感觉的功能。

(5)淋巴系统　复殖吸虫中的单盘类、前后盘类和环肠类吸虫具有独立的淋巴系统,位于虫体两侧。淋巴系统具有能收缩的管道,充满液体,虫体的收缩可促进液体的流动,淋巴管可能具有输送营养和排泄的功能。

吸虫无循环系统和呼吸系统,行厌氧呼吸。

(二)发育

复殖吸虫的生活史比较复杂,其主要特征是在发育过程中均需要中间宿主,有的需要一个中间宿主,有的需要两个或两个以上的宿主。第一中间宿主为淡水螺,第二中间宿主多为鱼、蛙、螺或昆虫等。发育过程历经虫卵、毛蚴、胞蚴、雷蚴、尾蚴、囊蚴和成虫各期。

1. 虫卵

虫卵多呈椭圆形或卵圆形,除分体吸虫和嗜眼吸虫外都有卵盖,颜色为灰白、淡黄至棕色。有的虫卵产出时,仅含有卵细胞和卵黄细胞;有的已有毛蚴,有的已在子宫内孵化;有的必须被中间宿主吞食后才孵化,但多数需在宿主体外孵化。

2. 毛蚴

毛蚴体形近似等边三角形,外被纤毛。前部宽,有头腺,后端狭小。当卵在水中发育时,毛蚴从卵盖破壳而出,遇到适宜的中间宿主,利用头腺穿入宿主体内,脱去纤毛,发育为胞蚴。

3. 胞蚴

胞蚴呈包囊状,营无性生殖,在体内形成雷蚴。分体属的吸虫无雷蚴阶段,由胞蚴形成子孢蚴再形成尾蚴。

4. 雷蚴

雷蚴呈囊状构造。营无性生殖,有咽和一个带状的盲肠,还有配细胞和排泄器,有的雷蚴只有一个产孔。有的吸虫只有一代雷蚴,有的有母雷蚴和子雷蚴。雷蚴发育为尾蚴,成熟后逸出螺体,游于水中。

5. 尾蚴

尾蚴由体部和尾部构成。尾蚴能在水中活跃地运动。体表具棘,有1~2个吸盘。消化道包括口、咽、食道和肠管、排泄器。神经元、分泌腺以及原始的生殖器官。尾蚴可形成囊蚴而感染终末宿主,或直接钻入终末宿主体内,移行,发育为成虫。有些吸虫尾蚴进入第二宿主体内发育为囊蚴,感染终末宿主。

6. 囊蚴

囊蚴系尾蚴脱去尾部形成包囊发育而成,呈圆形或卵圆形。囊蚴通过附着物或补充宿主进入终末宿主的消化道,囊壁溶解,幼虫逸出,移行至寄生部位发育为成虫。

二、人兽共患吸虫病

(一)片形吸虫病

片形吸虫病又称肝蛭病,是由片形科(Fasciolidae)片形属(*Fasciola*)的肝片形吸虫(*Fasciola hepatica*)和大片形吸虫(*F. gigantica*),寄生于人、牛、羊和鹿等反刍动物的肝、胆囊和胆管中而引起的疾病。该病以患者/患畜慢性肝炎、胆管炎或肝硬化,并伴发全身性中毒现象和营养代谢紊乱等为主。该病危害严重,尤其引起幼畜和绵羊的大批死亡。在慢性过程中,患病动物贫血、消瘦、生产能力下降,肉奶品质和产量下降,给畜牧业经济带来很大损失,也威胁着人类的健康。

1. 病原形态

(1)肝片吸虫 新鲜肝片吸虫虫体棕褐色或淡红色。虫体背腹扁平,外观呈柳叶状。成熟的虫体大小为(21~41)mm×(9~14)mm,体表生有许多小棘。棘尖锐利。虫体前部较后部宽,前端短锥形,称头锥,锥底逐渐变宽,呈双肩样突出。头锥的前端有圆形口吸盘,直径1 mm,腹吸盘较口吸盘大,腹吸盘在双肩样突出水平线的下方,与口吸盘相距较近。消化系统由口吸盘底部的口孔开始,下接咽,食道短,两支盲肠在肩部水平左右分开,向后达虫体末端。每条肠干又分出很多侧枝。

体后端中央有纵行的排泄管。生殖系统:生殖系统发达,雌雄同体。雄性生殖器官二个分支状睾丸前后排列,占虫体后 1/2～3/4,分界不明显。每个睾丸各有一个输出管,两条输出管汇合为输精管进入雄茎囊,囊内有储精囊和射精管,其末端为雄茎,通过生殖孔伸出体外,在储精囊和雄茎之间有前列腺。雌性生殖器官:一个鹿角状分支的卵巢位于腹吸盘后方的右侧,经输卵管与卵膜相通。卵膜位于睾丸前方的纵中线上,周围为梅氏腺。卵膜与腹吸盘之间为子宫,无受精囊。卵黄腺发达,呈褐色颗粒分布于虫体两侧,左右卵黄腺通过卵黄管汇合成卵黄总管到卵黄囊,与卵膜相通。子宫内充满黄褐色虫卵,劳氏管不发达。

虫卵呈长卵圆形,大小为 $(100～158)\mu m \times (70～90)\mu m$,淡黄褐色,有卵盖,但不明显,后端稍钝。卵壳薄而透明,分两层,卵内充满卵黄细胞和一个胚细胞(图 43-1)。

(2)大片形吸虫 大片形吸虫体型较大,长达 25～75 mm,宽 5～12 mm,肩部不明显,虫体的两侧比较平行,前后的宽度变化较小,虫体后端钝圆,腹吸盘较大。肠管的内侧分支比较多,并有明显的小枝(图 43-1)。卵比肝片吸虫的卵大,呈黄褐色,长卵圆形,大小为 $(150～190)\mu m \times (75～90)\mu m$。

图 43-1　肝片形吸虫的成虫和虫卵

(引自孔繁瑶,1997)

1.肝片吸虫　2.肝片吸虫虫卵

2.生活史

肝片吸虫的终末宿主主要为人和反刍动物,猪、兔、马属动物以及一些野生动物也可寄生,但报道较少,中间宿主为锥实螺科的淡水螺。在我国,主要有小土蜗、截口土蜗、椭圆萝卜螺、耳萝卜螺、颏萝卜螺和青海萝卜螺。成虫在动物的肝、胆管和胆囊内寄生,产出的虫卵随胆汁入肠腔,经粪便排出体外。虫卵在适宜的环境下,经 10～25 d 孵出毛蚴,钻入中间宿主内。毛蚴在外界环境中,通常只能生存 6～36 h,如遇不到适宜的中间宿主则逐渐死亡。毛蚴在螺体内,经胞蚴、雷蚴和尾蚴几个无性生殖阶段,最后尾蚴逸出螺体,这一过程需 35～50 d。侵入螺体的一个毛蚴经无性繁殖可以发育形成数百个甚至上千个尾蚴。尾蚴在水中游动,在水中或附着在水生植物上脱掉尾部,形成囊蚴。终末宿主饮水或吃草时,连同囊蚴一起吞食而遭感染。囊蚴在十二指肠脱囊,一部分童虫穿过肠壁,到达腹腔,由肝包膜钻到肝,经移行到达胆管。另一部分童虫钻入肠黏膜,经肠系膜进入肝。牛、羊自吞食囊蚴发育到成虫(粪便内查到虫卵)需 2～4 个月,潜伏期 10～12 周。成虫的寄生期限,最短为 17～18 周,长的可达 3～5 年。

3.流行病学

(1)传染源 患者和带虫者不断向外界排出大量卵囊,污染环境,为本病的传染源。吸虫虫卵在 13～36℃ 才能进行发育,12℃ 停止发育,超过 37℃ 死去。虫卵最适发育温度为 25～30℃。虫卵在干燥的情况下很快死亡,但在潮湿的粪便中可以生存数月而不死。然而。虫卵在腐败的胆汁中不超过 4d 即丧失生命力。虫卵对酸和碱反应较为敏感。毛蚴的抵抗力弱,只有在光线作用下,才能从卵内孵出毛蚴,而且在水中找不到适宜的中间宿主,一般很快死亡。尾蚴在 9℃ 不能从螺体逸出,27～29℃ 方能逸出。囊蚴可在潮湿的环境中可存活数月,但对干燥和阳光的直射最敏感。因此,在夏秋季节,在低洼水田湖滩和缓流水渠处放牧的牛、羊极易感染肝片形吸虫。

(2)传播途径 经口感染。因牛羊等动物食入含囊蚴附着的饲草或污染的饮水而感染。

(3)易感宿主 肝片形吸虫的发育中有中间宿主和终末宿主。中间宿主为锥实螺科的淡水螺、我国肝片形吸虫主要为小土蜗螺等 5 种锥实螺,大片形吸虫的中间宿主为耳萝卜螺。肝片形吸虫的终末宿主较广,主要有黄牛、奶牛、水牛、绵羊、山羊、鹿等反刍动物,猪、马、驴、兔等很少感染。

（4）流行情况　片形吸虫是呈世界性分布的人兽共患寄生虫病,是我国分布最广泛、危害最严重的寄生虫病之一。

4. 致病作用

虫体大量寄生时阻塞胆管使胆汁瘀滞,引起黄疸。虫体寄生后会产生大量的毒素,使宿主出现体温升高,白细胞增多以及中枢神经系统的中毒现象,毒素的溶血作用使宿主发生水肿和稀血症。童虫的移行导致细菌进入机体,加剧中毒现象,导致病情恶化,引起动物死亡。

5. 临床症状和病变

一般来说,牛体内寄生有 250 条成虫,羊体内有 50 条成虫,就会表现出明显的临床症状,幼畜即使轻度感染,也能表现出症状。根据症状出现的快慢,片形吸虫病的症状可分为急性和慢性两种类型。

急性型,发生于秋季（10～11 月份）,多见于绵羊和犊牛。绵羊感染 2 000 以上个囊蚴后,由于大出血而引起大出血症状。体温升高 40～41℃,黏膜苍白,肝区疼痛,严重发病几日即可死亡。羊慢性型多发生于冬末春初。患羊急剧消瘦,眼睑、颌间、胸腹下部水肿。孕羊容易发生流产和死胎。饲草不足,营养下降,机体抵抗力下降,一般从 12 月开始死亡,2 月份到达高峰,待到青草出来时,病势好转,却呈现带虫现象,向外界排出虫卵。

牛的临床症状为慢性经过。犊牛（1.5～2 岁）症状明显,成年牛症状不明显,患畜食欲不振,消瘦、易腹泻,瘤胃周期性腹胀和发生瘤胃迟缓,被毛逆立无光泽,黏膜苍白,下颌、胸下水肿。患牛最后因恶病质而死亡。

病理变化:急性病例的主要变化为可视黏膜苍白,剖检腹腔中充满血水,可见虫体;肝肿大和充血,可见钻入肝的幼虫,破坏微血管,引起出血。慢性病例表现为肝硬化,体积缩小,胆管壁肥厚、钙化,形成索状物,突出于肝的表面。剖检可见肝、胆管和胆囊内充满大量成熟的肝片形吸虫,胆管内含有大量血液黏液和结石,肝实质变硬。胸腹腔及心脏含有大量的透明渗出液。

6. 诊断

（1）家畜肝片吸虫诊断　根据流行病学资料、临床症状、粪便检查等进行综合判定。粪便检查多采用反复水洗沉淀法和尼龙筛兜集卵法检查虫卵。牛的 EPG 达 100～200 个,羊 300～600 个时应考虑驱虫。死后剖检诊断可见典型病理变化,结合肝实质或胆管、胆囊内查到成虫可确诊。

（2）免疫学诊断　肝片吸虫病的免疫学诊断方法有皮内试验、间接试验、血清凝集试验和 ELISA 等,其中以 ELISA 最优,特异性强,敏感性高,重复性好,可比粪检法提前做出诊断,阳性符合率大 85% 以上。该法可诊断急性、慢性吸虫病,还可用于成群家畜片形吸虫病的普查。也可检测血清酶含量对吸虫病进行诊断。

7. 治疗与预防

治疗片形吸虫病时,不仅要进行驱虫,而且还要注意对症治疗。驱虫的药物很多,各地可根据具体情况加以选用。

（1）硝氯酚（Bayer 9015）　只对成虫有效。粉剂:牛 3～4 mg/kg（按体重给药）,羊 4～5 mg/kg（按体重给药）,一次口服。针剂:牛 0.5～1.0 mg/kg（按体重给药）,羊 0.75～1.0 mg/kg（按体重给药）,深部肌肉注射。

（2）丙硫咪唑（Albendazole，抗蠕敏）　牛 10 mg/kg（按体重给药），羊 15 mg/kg（按体重给药），一次口服，对成虫有良效，对童虫效果差，怀孕母羊禁用。

（3）碘醚柳胺（rafoxanide）　驱除成虫和 6～12 周的未成熟肝片吸虫都有效，按体重以 5～15 mg/kg 口服，牛羊泌乳期禁用，为保证药效，用药 3 周最好重复用药一次。

（4）硫双二氯酚（别丁，bit hilnolum）　驱除成虫有效，但使用后产生较强的泻下作用；剂量：羊按体重以 80～100 mg/kg 口服；牛按体重以 40～60 mg/kg 分两次口服，隔天一次。马属动物禁用。

（5）三氯苯唑（triclabendazole Fasinex，肝蛭净）　牛用 10％的混悬液或含 900 mg 的丸剂，按每千克体重 10 mg，经口投服，羊用 5％的混悬液或含 250 mg 的丸剂，按每千克体重 12 mg，经口投服。该药对成虫、幼虫和童虫均有高效驱杀作用。

预防该病，应采取：①定期驱虫。有计划地对羊群坚持每年春秋两季各驱虫 1 次。对进行驱虫的羊群应单独圈养，病死羊进行焚烧或深埋等无害化处理。②粪便处理。粪便应堆积发酵，以杀死虫卵。③饮水及放牧。水源与该病的发病率关系密切，因此应保证饮用水清洁卫生，并选择地势高而干燥的牧场放牧。④加强饲养管理，在冬春季补充精饲料，合理使役，提高机体抗病力。

（二）分体吸虫病

分体吸虫病是由分体科（Schistosomatidae）分体属（*Schistosoma*）日本分体吸虫（*Schistosoma japonicum*）寄生于家畜和人的肝门静脉系统和肠系膜静脉的血管内，造成宿主不同程度的损害为特征的人兽共患地方流行性寄生虫病。在我国，通常将日本分体吸虫病简称为日本吸虫病或血吸虫病。

1. 病原形态

日本分体吸虫成虫雌雄异体，虫体呈长圆柱状，外观似线虫。雄虫粗短，乳白色，大小为（10～20）mm×（0.5～0.55）mm。前端有发达的口吸盘和腹吸盘，腹吸盘下，虫体两侧向腹面卷曲形成抱雌沟。雌虫前细后粗，亦形似线虫，体长 20～25 mm，腹吸盘大于口吸盘，由于肠管充满消化或半消化的血液，故雌虫呈黑褐色，常居留于抱雌沟内，与雄虫呈合抱状态。

消化系统：包括口、食道和肠管。肠管在腹吸盘前背侧分为两支，延至虫体后端 1/3 处汇合成盲管。成虫摄食血液，肠管内充满被消化的血红蛋白，呈黑色。

生殖系统：雄虫由睾丸、输精管、储精囊、生殖孔组成。睾丸一般七个，呈椭圆形，单行排列，每个睾丸发出一输出管，汇于输精管，向前通于储精囊，生殖孔开口于腹吸盘后方。雌虫生殖系统包括卵巢、卵黄腺、卵膜、梅氏腺和子宫等。卵巢呈椭圆形，位于虫体中部，由卵巢发出一输卵管，向前与卵黄管汇合于卵膜，卵膜与子宫相接，子宫开口于腹吸盘后方生殖孔，内含虫卵。排泄系统由焰细胞、毛细管、集合管、排泄管及排泄孔组成。

虫卵：大小平均为 89 μm×67 μm，椭圆形，淡黄色，卵壳较薄，无卵盖。卵壳一侧有一小棘。成熟虫卵内含一毛蚴。

毛蚴：梨形或长椭圆形，左右对称，周身被有纤毛，为其运动器官。

尾蚴：属叉尾型，分体部和尾部，尾部又分尾干和尾叉。体部长 100～150 μm，尾干长 140～160 μm，尾叉长 50～70 μm。全身体表有小棘并具有许多单根纤毛的乳突状感觉器。口吸盘位于前端，腹吸盘较小，位于体后 1/4 处，腹吸盘周围有 5 对左右对称的单细胞腺体，称为钻腺。

2. 生活史

血吸虫的生活史比较复杂，包括在终末宿主体内的有性世代和在中间宿主钉螺内的无性生殖世代的交替。生活史包括卵、毛蚴、母胞蚴、子胞蚴、尾蚴、童虫和成虫 7 个阶段。终宿主为人或其他哺乳动物，中间宿主为淡水螺类。感染阶段为尾蚴，人因接触含有尾蚴的水而经皮肤感染。此虫也可经胎盘传播。成虫寿命较长，一般 3～4 年或 10～25 年，最长报道为 40 年。

日本血吸虫成虫寄生于多种哺乳动物的门脉-肠系膜静脉系统，雌虫产卵于肠黏膜下层静脉末梢内，一部分卵经肠壁进入肠腔随粪便排出体外。虫卵入水后卵内毛蚴孵出并能侵入钉螺体内，经母胞蚴、子胞蚴的无性繁殖阶段发育成尾蚴，尾蚴逸出螺体，常常分布在水的表层，当终末宿主接触尾蚴污染的水时，尾蚴可钻入宿主皮肤并脱去体部的皮层和尾部转化为童虫。穿入静脉或淋巴管的童虫随血液或淋巴液到右心、肺，再到左心运送到全身。大部分童虫再进入小静脉随血流进入肝内门静脉，虫体在此停留一段时间并继续发育，雌、雄合抱移行到门脉——肠系膜静脉寄居，逐渐发育成熟并交配产卵。通常在人体感染 30 d 后可在粪便中检到虫卵。每条雌虫日产卵量为 300～3 000 个。

3. 流行病学

血吸虫病除我国流行外，还流行于东亚、非洲和拉丁美洲的 76 个国家和地区。我国仅有日本血吸虫，即我们所说的血吸虫。在我国主要分布于长江沿岸及以南的 12 省（自治区、直辖市）。

（1）传染源　日本血吸虫是人兽共患寄生虫病，主要传染源是受感染的人和动物。其终末宿主除人外，还有多种家畜和野生动物。在我国，自然感染血吸虫的家畜有牛、犬、猪等 9 种，野生动物有褐家鼠、野兔、野猪等 31 种。

（2）传播途径　在传播途径的各个环节中，含有血吸虫虫卵的粪便污染水源、钉螺以及人畜接触疫水，是三个重要的环节。粪便污染水的方式与当地的农业生产方式、居民生活习惯及家畜的饲养管理有密切关系。钉螺是日本血吸虫的唯一中间宿主，当水中存在感染血吸虫的阳性钉螺时，便成为疫水，对人、畜具有感染性。

（3）易感动物　不论何种性别、年龄和种族，人类对日本血吸虫皆有感染性。在多数流行区域，年龄感染率通常在 11～20 岁升至高峰，之后下降。在自然感染血吸虫的家畜中，黄牛和水牛是重要的传染源，且黄牛感染一般高于水牛，年龄越大，感染率越高。野生动物有褐家鼠、野兔、野猪等 30 余种。由于宿主种类繁多，分布广泛，加大了防治难度。

（4）流行因素　包括自然因素和社会因素两方面。自然因素是指影响血吸虫生活史和钉螺的自然条件，如地理环境、气温、水质、土壤等；社会因素指影响血吸虫流行的政治、经济、文化、生活习惯等，如环境卫生、人群的文化素质和生活方式，特别是社会制度、卫生状况和全民卫生保健制度等对血吸虫病的流行和防治是非常重要的。

（4）流行区类型　我国学者根据地理环境、钉螺分布和流行病学特点将我国血吸虫流行区分为三种类型，即平原水网型、山丘水网型和湖沼型。①平原水网型：主要分布在长江三角洲，如上海、江苏、浙江等处，北至江苏宝应、兴化、大兴，南至浙江省杭嘉湖平原。另外，安徽和广东也有部分水网型流行区。这类地区河道纵横、密如蛛网，钉螺沿海岸呈线状分布。②山丘水网型：在我国 12 个流行省（自治区、直辖市）中，除上海市外，均有山区流行区分布。四川、云南、福建和广西全部为山丘流行区。该流行区内的血吸虫病和钉螺的分布呈片状、线状和点状，地域上割裂，常独立于某一特定区域。③湖沼型：主要分布在湖北、湖南、安徽、江西、江苏五省的长江沿岸及所属大、小湖泊周围的滩地和垸内沟渠。这些地区存在着大片冬陆夏水的洲滩，钉螺分布面积大，呈片状分布，占全国钉螺总面积的 79.5%。湖沼型流行区是当前我国血吸虫病流行最为严重的流行区。

4. 致病作用

血吸虫感染过程中各期均可致病,血吸虫致病是由于不同虫期释放的抗原诱发宿主的免疫应答而出现的一系列免疫病理变化。

(1)尾蚴所致的损害 尾蚴钻入人体皮肤后可引起尾蚴性皮炎,表现为尾蚴入侵部位出现的小丘疹和刺痛痒感觉,搔破皮肤可引起继发性感染。病变多发生在手、足、上肢、下肢等经常接触疫水的部位。童虫所经过的器官可因机械性损伤而出现血管炎,毛细血管栓塞破裂和点状出血,动物机体出现发热、咳嗽、痰中带血等。

(2)成虫所致损害 成虫一般无明显作用,少数引起轻微的机械性损伤。但是成虫的代谢产物、分泌物、排泄物等可诱导机体产生相应抗体,生成免疫复合物,对宿主产生损害。

(3)虫卵所致损害 虫卵是血吸虫病的主要致病因子。虫卵主要沉着在宿主肝及结肠肠壁组织,发育成熟后,卵内毛蚴释放可溶性虫卵抗原渗透到宿主组织中,刺激产生各种淋巴因子,引起淋巴系统、巨噬细胞等趋向集中于虫卵周围,形成虫卵肉芽肿。日本血吸虫虫卵在宿主组织内聚集,肉芽肿的急性期易液化而形成嗜酸性脓肿,在虫卵周围出现许多浆细胞,并伴有抗原抗体复合物沉着,称为何博礼现象。

5. 临床症状和病理变化

家畜感染血吸虫的临床症状与畜别、年龄、感染强度以及饲养管理等情况密切相关。一般黄牛的症状加重,而水牛、猪和羊的症状较轻,马则几乎没有症状。黄牛或水牛犊大量感染时,呈急性通过,体温升高达 40~41℃,腹泻,粪便内带有黏液、血液,后期黏膜苍白,水肿,日渐消瘦,之后衰竭死亡。少量感染时,呈慢性通过,表现为消化不良、发育缓慢。患病母牛不孕或流产。少量感染性者,症状不明显而成带虫牛和传染源。

病理变化:日本血吸虫的病变主要在肝和肠壁。肝表面凸凹不平,表面或切面有肉眼可见的粟米粒至高粱米大的灰白色的虫卵结节。感染初期肝肿大,后期硬化。严重感染时,肠壁肥厚,表面粗糙不平,肠道各段均有虫卵结节,以直肠部分更为常见。另外,肠系膜淋巴结和脾肿大,门静脉血管肥厚。

6. 诊断

在流行区,根据临床表现和流行病学资料做出初步诊断,确诊要靠病原学检查和血清学试验诊断。

(1)病原学诊断 病原学诊断是确诊血吸虫病的依据。主要为粪便直接涂片法和毛蚴孵化法。

(2)免疫学诊断 主要有以下几种方法。

环卵沉淀试验:以血吸虫虫卵为抗原,与待检血清共同孵育一段时间后,若在虫卵周围出现特殊的复合沉淀物即为阳性反应。可作为疗效考核、流行病学调查及检测疫情等用。

酶联免疫吸附试验(ELISA):将待测抗体结合到固相载体上,再通过免疫酶的结合和底物染色过程,利用免疫反应中抗原-抗体的高度特异性和酶促反应的高度敏感性对抗体进行检测。除常规酶联免疫吸附试验外,还发展了多项改良酶联免疫吸附试验,如聚氯乙烯薄膜快速 ELISA、斑点酶联免疫吸附试验(Dot-ELISA)等,可用比色计或目测法判断结果,可用于辅助诊断。其他检测抗体的免疫学诊断方法还有间接血凝试验、胶乳凝结试验、间接荧光抗体试验等。

循环抗原的检测：循环抗原的存在提示有活虫存在，检测循环抗原存在与否可为确定诊断或疗效考核提供依据，其检测技术基本上是采用酶联免疫吸附试验。

7. 治疗与预防

（1）治疗　用于动物血吸虫病的药物有以下几种。

吡喹酮（praziquantel）是一种广谱的抗寄生虫药，治疗血吸虫病的剂量（均按体重计算用量）为黄牛 30 mg/kg，体重以 300 kg 为限；水牛 25 mg/kg 体重，体重以 400 kg 为限；山羊 20 mg/kg；猪 60 mg/kg，均一次口服。

早期的治疗药物还有敌百虫、酒石酸锑钾、硝硫氰醚和硝硫氰胺等，它们在家畜的血防中发挥重要作用，但由于毒性或副作用大，或缺乏药物来源等原因，目前基本不用。由于吡喹酮治疗血吸虫具有疗效高，疗程短和副反应低等，目前成为治疗血吸虫的首选药物。

（2）防治　根据不同地区血吸虫的流行规律和特点，因地制宜地采取有效的综合防治措施。

①查治病人、病牛，控制传染源：采取各种可行的诊断方法，确定病人和病牛等传染源并进行治疗，当前采用的血吸虫病治疗药物一般是吡喹酮。在疾病难以控制的湖沼地区和大山区可利用吡喹酮开展群体化疗。

②切断传播途径：a. 灭螺。主要措施是结合农田水利建设，改变钉螺孳生地的环境和局部地区配合使用杀螺药。b. 粪便管理。感染血吸虫的动物的粪便污染水体是血吸虫病传播的重要环节，可对畜粪便进行无害化处理。c. 安全供水。结合农村卫生建设规划，因地制宜地建设安全供水设施，避免水体污染。

③保护易感者　加强健康教育，引导人们采取正确的生产和生活方式以预防血吸虫感染。必要时可使用防护药、具，如长筒胶靴、经药物浸渍的防护衣或涂抹防护药物等。

（三）华支睾吸虫

华支睾吸虫病（clonorchiasis）又称肝吸虫病，是由后睾科（Opisthorchiidae）支睾属（*Chonochis*）的华支睾吸虫（*C. sinensis*）成虫寄生于动物胆管内所引起的以肝胆病变为主的一种人兽共患寄生虫病。本病分布在亚洲，主要通过没做熟的淡水鱼而感染。临床表现主要为胆管胆囊炎、胆石症等并可引起多种并发症。

1. 病原学形态

成虫虫体狭窄，背腹扁平、前端尖窄、后端钝圆，体表无棘，大小为（10～25）mm×（3～5）mm。口吸盘位于体前端，而腹吸盘也位于体前 1/5 处，口吸盘略大于腹吸盘。咽球形，食道短，两肠支伸至体后端。两个睾丸呈树枝状前后排列于虫体后 1/3 处，无阴茎囊、阴茎。生殖孔位于腹吸盘前缘处，卵巢位于睾丸之前。在睾丸和卵巢之间有受精囊，呈椭圆形。受精囊旁边是劳氏管。子宫盘绕于卵巢之前，直至腹吸盘。排泄囊呈"S"状。

虫卵呈黄褐色，大小为（27～35）mm×（11～19）mm。卵前端狭小有盖，卵盖周围有厚的卵壳，形成肩峰。卵后端钝圆，有一小结节样突起。虫卵内含一个已发育好的毛蚴。

2. 生活史

华支睾吸虫按其发育程序可分为成虫、虫卵、毛蚴、胞蚴、雷蚴、尾蚴和囊蚴等阶段。发育需要两个中间宿主，终末宿主是人、犬、猫、虎、水獭和貂等多种哺乳动物。第一中间宿主为淡水螺，第二中间宿主为多种淡水鱼类和淡水虾，以鲤科鱼类为主。成虫在终末宿主（人和哺乳动物）的肝脏胆管或胆囊产卵,含毛蚴的卵随胆汁进入肠腔,之后随粪便排至体外。进入水中,被淡水螺吞食,在螺的消化道内孵出毛蚴。在螺体内,先后发育为胞蚴、雷蚴和尾蚴。成熟尾蚴离开螺体,进入水中,如遇到第二中间宿主,即可发育为囊蚴。囊蚴一般寄生在鱼的肌肉和皮下组织。如未遇到第二中间宿主,在24~48 h内即会死亡。当终末宿主吞食含有活囊蚴的鱼、虾后,囊蚴在十二指肠脱囊,循总胆管抵达肝脏胆管,发育为成虫。

3.流行病学

(1)易感动物　华支睾吸虫除主要寄生于人、犬、猫、猪外,其他哺乳动物,如狐、貂、鼬、水獭、鼠类、虎和海豹等均可感染,且感染率高。

(2)传播途径　摄食未煮熟的含有虫卵的淡水鱼或淡水虾。人畜粪便直接施于田间做肥料或在鱼塘边建厕所或用人、畜粪便做鱼饵,野生动物宿主四处排便,都会造成虫卵入水,为中间宿主的感染创造条件。

目前有10余种淡水螺可作为华支睾吸虫的第一中间宿主,多为中小型螺蛳,栖息于坑塘、沟渠中,有较强的环境适应能力。仅在日本、韩国、中国(大陆和台湾省)所发现的可作为第二中间宿主的淡水鱼就有139种。除淡水鱼外,已发现体内有华支睾吸虫囊蚴寄生的淡水虾有4种。

(3)传染源　华支睾吸虫是人兽共患寄生虫病,主要是受感染的人和动物。其终末宿主除人外,还有多种家畜和野生动物。

4.致病机制和临床症状

华支睾吸虫的致病作用主要是虫体对胆管的机械性损伤以及虫体代谢物的刺激,主要引起胆管和但管周围的炎症,导致肝实质萎缩、肝硬变。致使肝功能受损,从而影响宿主的消化机能。

动物多为隐性感染,临床症状不明显,严重感染,主要表现为消化不良,食欲减退,下痢、贫血、水肿,甚至出现腹水。病程多为慢性经过,往往因并发其他疾病而死亡。

5.诊断

可根据流行病学资料和症状做出初步诊断,再用沉淀法检查粪便中的虫卵而进行确诊。在粪便或肝胆管、胆囊内检获大量虫体而确诊。

6.治疗

目前常用药物为吡喹酮。其作用是使虫体皮层受到破坏,从而丧失吸收能力,使虫体处于饥饿状态以致其耗竭。病畜服药后1~2 d,最快在2 h后,粪便中即有虫体排出。治疗后,肝脏肿胀减轻,胆管扩张程度减轻。

吡喹酮:犬、猫50~75 mg/kg(按体重计算用量),一次性口服。猪20~50 mg/kg(按体重计算用量),一次性口服。

丙硫咪唑:犬、猫30 mg/kg(按体重计算用量),每天一次,连用12 d。

7.预防

(1)不吃生或不熟的淡水鱼、虾,防止误食囊蚴。

(2)加强粪便管理,防止虫卵入水。

(3)控制传染源,积极治疗病畜和带虫者。

(4)适当控制第一中间宿主:如鱼塘内螺分布的密度过高,可采用药物灭螺,以切断华支睾吸虫病的流行环节。

第二节　绦虫病

学习要点 ////////////////////////////////////

　　掌握莫尼茨绦虫病、猪囊尾蚴病、棘球蚴病的概念、病原、流行特点、生活史、症状、病变、诊断和防治措施。理解绦虫的一般形态结构和基本发育过程。了解绦虫的分类与描述。

一、绦虫的形态结构与发育

　　绦虫的所有种类都营寄生生活,成虫均大多数寄生于脊椎动物的消化道,主要是小肠。除个别种类,绦虫还有中间宿主,在中间宿主体内的发育期为中绦期,中绦期寄生于中间宿主的各种器官中。寄生于畜禽的绦虫均属于扁形动物门(Platyhelminthes)绦虫纲(Cestoidea)真绦虫亚纲(Eucestoda)的假叶目(Pseudophyllidea)和圆叶目(Ccyclophyllidea)。

(一)绦虫的形态结构

1.外部形态

　　虫体呈带状,背腹扁平,左右对称,多数雌雄同体,不同种大小差异明显。小的仅有数毫米,大的可达 10 cm 以上。整个虫体由数个到上千个节片组成,分为头节、颈节、体节。

　　(1)头节　吸附和固着器官,长或宽常只有 1~2 cm,呈球形、指形,位于虫体的最前端。根据头节上吸盘的不同分为三种类型:吸盘型头节(头节上有四个圆形吸盘,位于头节前端侧面,有的绦虫在头节顶端中央有顶突,其上还有一排或数排小钩,圆叶目绦虫通常为吸盘型头节)、吸槽型头节(假叶目)和吸叶型头节。顶突的有无、顶突上钩的排列和数目对绦虫的分类定种有重要的分类意义。

　　(2)颈节　又称生长节。位于头节之后,但与头节、体节的分界不甚明显,是产生节片的位置。

　　(3)体节　又称链体,为颈节后面部分,有节片组成。节片数目因种类的不同而差别很大,节片数目不等,节片之间有明显的界限,少数绦虫界限不明显。节片呈四方形,因种类及发育成熟度的不同,节片长大于宽,或宽大于长。

　　根据其前后位置和两性生殖器官发育程度的不同,节片分为:①未成熟节片,生殖器官尚未发育成熟的节片,简称幼节;②成熟节片,节片内生殖器官发育完成具有生殖能力的雄性和雌性两性生殖器官,简称成节;③孕卵节片,为成熟节片后的所有节片,雄性生殖器官消失,雌性生殖器官只留下子宫,子宫内充满虫卵,简称孕节。

　　头节主要起附着作用,颈节产生新的节片,体节主要执行营养和生殖机能,也有附着作用。

2.体壁

　　绦虫的体壁由最外层的皮层,皮层覆盖着链体各个节片,其下为肌肉系统,由皮下肌层和实质肌层组成。绦虫无消化道,靠体壁皮层外的微绒毛吸收营养物质,还能合成并输送蛋白质,又能防止虫体被宿主消化,另外绒毛具有附着作用。

3. 实质

绦虫无体腔,由体壁围城一个囊状结构,囊内充满海绵样实质,也称髓质区,各种脏器均在此。实质内常散在球形或椭圆形的石灰小体,可调节绦虫的酸碱度。

4. 消化系统

无消化系统。皮层和与之相关的细胞相当于其他寄生虫的消化系统,具有吸收、加工、储存和运送营养物质的功能。

5. 循环系统与呼吸系统

绦虫无循环及呼吸系统,行厌氧呼吸。

6. 神经系统

神经中枢在头节中,由神经节向后分出两侧主干及背侧左右辅干,共6条神经干,贯穿整个链体,在头节和每一体节内有横支相连。

7. 排泄系统

排泄系统为浸埋在实质中的若干焰细胞和两对纵走的排泄管所组成的原肾系统。起始于焰细胞,由焰细胞发出的细管汇集成大的排泄管,排泄管贯穿链体,每一节片的后方由横贯和纵管相连接。头节的排泄系统较为发达,可形成排泄管丛。

8. 生殖系统

多为雌雄同体。每个成熟节片都有1～2套(组)雄性和雌性生殖系统,其生殖系统特别发达。生殖器官是随着体节的逐渐发育而成的。首先分化成雄性生殖器官,当雄性生殖系统逐渐发育完成后,接着出现雌性生殖系统的发育,再后形成成节。受精后,雄性生殖系统渐趋萎缩,而后消失,雌性生殖系统则加快发育,至子宫扩大充满虫卵时,雌性器官中的其他部分亦逐渐萎缩消失,至此即成为孕节,充满虫卵的子宫占有了整个节片。

(1)雄性生殖器官共由睾丸、输出管、输精管、储精囊、射精管、前列腺和雄茎囊组成,末端为生殖孔。睾丸一个至数百个,圆形或椭圆形,分布于近背侧髓质区(实质)中。由每个睾丸发出的输出管合成输精管,多个睾丸的输出管相连接成网状,汇合成输精管。输精管膨大为储精囊,储精囊有内、外之分,内储精囊在雄茎囊内。与储精囊末端相连的部分为射精管和雄茎,雄茎可自生殖孔向外伸出。

(2)雌性生殖系统　包括卵巢、输卵管、卵膜、子宫、阴道、生殖孔、卵黄腺,均与卵膜相连,卵膜为中心区域(或称生殖中心)。卵巢一个,多为左右两叶,位于节片的后半部,但在两组生殖器官的绦虫中,卵巢位于节片两侧。卵巢发出输卵管与卵膜相通。卵巢腺分为两叶或一叶,在卵巢附近(圆叶目),或成泡状散在实质中(假叶目),由卵黄管通往卵膜。阴道为一个弯曲的小管,远端开口于生殖腔,近端为受精囊,并与卵膜相连。子宫呈管状或囊状,前者盘曲于节片中部,开口于腹面(假叶目)。囊状子宫无开口,随虫卵的增多和发育而膨大。有的到一定时期还会消失。

(3)虫卵　呈圆形、椭圆形、三角形和四方形等,由内向外由六钩蚴、胚膜、胚层和卵壳组成。六钩蚴无纤毛,体内具有1对穿刺腺,6个小钩和1对焰细胞。

(二)绦虫的发育

绦虫生活史比较复杂,需要1个或2个中间宿主。圆叶目绦虫生活史中只需1个中间宿主,而假叶目需要2个中间宿主。两者的成虫均寄生于脊椎动物的消化道内,交配和受精可在同一体节或同一虫体的不同体节进行,也可在两条虫体间进行。虫卵自子宫孔排出或随孕节脱落后散出。

1.圆叶目绦虫

虫卵发育是在成虫体内,虫卵从母体释放出时,六钩蚴已发育成熟,随终末宿主的粪便排出到外界,被适宜的中间宿主吞食,六钩蚴在中间宿主的消化道内逸出。到达寄生部位后,发育为具有某种形态特征的中绦期——绦虫蚴。当终末宿主随食物或饮水摄入了含有成熟六钩蚴的中间宿主后,绦虫的头节附着在宿主肠壁上,发育为成虫。圆叶目绦虫的绦虫蚴有囊尾蚴和似囊尾蚴(图43-2)。

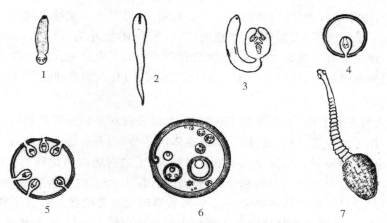

图43-2　各种类型绦虫中绦期的模式构造图
1.原尾蚴　2.裂头蚴　3.似囊尾蚴　4.囊尾蚴　5.多头蚴　6.棘球蚴　7.链尾蚴

(1)囊尾蚴型　为一个半透明囊体,囊壁的外表为角质层,内为生发层,在囊壁凹入处含有一个头节,囊腔内充满液体。在压力改变时,头节向外翻出。囊尾蚴寄生部位随绦虫的种类不同而不同,常见的寄生部位有肝、腹腔、肌肉、脑及眼。根据寄生宿主的不同,有猪囊尾、牛囊尾蚴、羊囊尾蚴和细颈囊尾蚴等。

(2)似囊尾蚴型　为一个含有凹入头节的双层囊状体,其一端具有六钩的尾巴样结构,发育经过随绦虫的种类而异。在甲壳纲及昆虫纲等无脊椎动物中间宿主内发育完成。

2.假叶目绦虫

终末宿主主要是鱼类,还有两栖类、爬行类、鸟类和哺乳类。中间宿主为两个,第一中间宿主为甲壳纲的节肢动物(如剑水蚤),第二中间宿主为鱼类、蛙类和其他脊椎动物。

假叶目绦虫的虫卵自子宫孔排出后必须在水中发育。在水中孵出钩毛蚴被第一中间宿主吞食,在其体内发育为原尾蚴,当第二中间宿主吞食了含有原尾蚴的第一中间宿主后,原尾蚴在其体内发育为裂头蚴或实尾蚴,裂头蚴被终末宿主吞食后,在其肠内发育为成虫。如孟氏裂头蚴是孟氏迭宫绦虫的幼虫。

二、常见的人兽共患绦虫病

(一)猪囊尾蚴病

由猪带绦虫(*Taenia solium*)的中绦期——猪囊尾蚴(*Cysticercus cellulosae*)寄生于猪或人的肌肉、脑、心、眼等器官引起的疾病,是人畜共患寄生虫病。猪囊尾蚴病严重危害人体健康和养猪业的发展,在公共卫生学上具有极为重要的意义,是肉品检验中必检的项目之一,本病广泛流行于我国东北、华北及西南各地。

1. 病原形态

(1)猪带绦虫　外观呈半透明乳白色,长 2～4 m,由 700～1 000 节组成。头节小,呈球形,顶突后有 4 个圆形吸盘,有 25～50 个小钩,分内外两圈交替排列,颈节细而短,直径为头节的一半。成节近似方形,每节内有一组雌雄同体的生殖系统。睾丸泡状,分散于节片背侧,有 150～300 个,卵巢分三叶。子宫位于节片的中央,呈棒状,生殖孔位于体节侧,呈不规则的交替排列。孕节的子宫发达,呈树枝状,两边分别有侧枝缘,每侧有 7～13 对侧枝,每个孕节充满虫卵(3 万～5 万)。

(2)猪囊尾蚴　呈椭圆形,大如黄豆,半透明,乳白色囊泡,大小为(6～10) mm×5 mm,囊内有无色透明的液体,囊壁上有一粟粒大的头节,倒缩囊内。头节上有顶突及四个吸盘。

(3)虫卵　圆形或椭圆形,直径 31～43 μm,卵壳两层,内有六钩蚴,胚膜较厚,具辐射状条纹。

2. 生活史

成虫寄生在人的小肠上段,头节深埋于肠黏膜内,以吸盘和小钩固着在肠壁上。虫体后端的孕节单个或 5～6 节相连地脱落,随粪便排出,脱离虫体的孕节,仍有一定的活动力,可因受压而破裂,孕节内的虫卵散出,污染环境。当猪食入孕节或虫卵,在十二指肠内消化液的作用下,24～72 h 后虫卵胚膜破裂,六钩蚴逸出。借其小钩和分泌物的作用,在 1～2 d 内钻入肠壁,随血液或淋巴液进入血循环,到达猪的全身组织。约在感染 60 d 后多数囊尾蚴发育成熟。被囊尾蚴寄生的猪肉俗称"米猪肉"或"豆猪肉"。囊尾蚴在猪体内寄生部位主要为运动较多的肌肉,以股内侧肌最多,再依次为深腰肌、肩胛肌、咬肌、腹内斜肌、膈肌、心肌、舌肌等,还可寄生于脑、眼等处。囊尾蚴在猪体内可存活数年之久。人因食入含活囊尾蚴的猪肉而感染。囊尾蚴到达小肠,在消化液的作用下,头节翻出,以吸盘和小钩吸附在肠壁上,2～3 个月发育为成虫,即可有孕节或虫卵随粪便排出。成虫在人体内寿命可达 25 年以上。若虫卵进入人体,亦可在人体内发育为囊尾蚴,引起囊虫病,但无法继续发育为成虫。

3. 流行病学

(1)传染源　感染猪带绦虫成虫的人是本病的传染源。在中国农村,猪仍以分散饲养为主。猪常在圈外活动、觅食,故误吞入人粪中猪带绦虫节片或虫卵机会较多。特别在经济落后或边远地区缺乏厕所,人在野外随地大便或以猪圈为厕所,故猪囊虫病感染率甚高。在这些地区,人患猪带绦虫病亦相应较多。

(2)传播途径　人因食用生的或半生的含猪囊尾蚴的猪肉而被感染。在烹炒时肉未熟透,或尝生的肉馅,或吃生肉片火锅,或生熟刀具不分等都可能食入活囊尾蚴。

(3)易感人群　人对猪带绦虫普遍易感,感染猪带绦虫后人体可产生带虫免疫,对宿主再次感染有保护作用。

(4)分布　猪带绦虫病和囊虫病分布较广,除因宗教教规而禁食猪肉的国家和民族外,世界各地均有散在病例,尤以发展中国家多见,主要分布于中非、南非、拉丁美洲和南亚地区。本病在我国分布也相当广泛。已知在我国 30 个省(自治区、直辖市)有本病发生和流行,东北、华北、中原及西北、西南地区是我国最重要的流行区。其中以黑龙江省的感染率为最高。

4. 致病作用与症状

猪囊尾蚴对猪的危害一般不明显。初期由于六钩蚴在体内移行,会引起组织损伤。成熟囊尾蚴的致病作用取决于寄生部位,寄生数量次之。寄生于皮下与肌肉,大量寄生可引起寄生部位的肌肉发生疼痛、跛行等,但不久可消失;寄生于眼结膜组织或舌部表层时,可出现豆状肿胀;重度感染可见两肩显著外展,臀部不正常肥胖、宽阔,呈狮子体型,发音嘶哑和呼吸困难。大量寄生于猪脑时,可引起严重的神经症状,突然死亡。寄生于眼内,引起视力减退。

5.诊断

猪囊尾蚴的生前诊断比较困难。当舌部浅表寄生囊尾蚴时,触诊发现豆状结节。严重感染的猪,可出现两肩显著增宽,臀部不正常肥胖、宽阔,头部呈大胖脸型,整个猪体从背面观呈哑铃状或葫芦形,前观呈狮子体型,发音嘶哑和呼吸困难。这些可作为生前诊断的依据。

近年来发展起来的血清学免疫诊断法已用于诊断猪囊虫的感染。如酶联免疫吸附试验(ELISA),以猪囊尾蚴的囊液为抗原采用间接血凝集试验。

可用 X 线、B 超、CT 等检查人脑和深部组织的囊尾蚴,皮下结节活组织检查可基本确诊。

6.治疗

(1)囊虫病 ①猪囊尾蚴病:有囊尾蚴的猪肉,不能食用,及时做无害化处理。②人囊尾蚴病:丙硫咪唑,20 mg/kg,2 次/d 口服,15 d 一疗程,间隔 15 d,至少 3 个疗程;吡喹酮,20 mg/kg,2 次/d 口服,连服 6 d。

(2)人猪带绦虫病 可用如下药物:①仙鹤草根芽;②南瓜籽和槟榔合剂;③氯硝柳胺(灭绦灵),用后应注意检查排出虫体有无头节,并对排出的虫体和粪便深埋或烧毁,防止病源散布。

7.预防

应采取综合性防治措施,大力进行驱除人绦虫、消灭猪囊虫的防治工作。①猪带绦虫病人是猪囊尾蚴感染的唯一来源,应对高发人群定期普查,发现病人,及时驱虫,以切断感染来源。②加强人粪管理和改变猪的饲养方式,做到人有厕所,猪有圈,杜绝猪和人粪的接触机会,人粪要进行无害化处理。③坚持卫生检验制度:实行定点屠宰,集中检疫,在检验过程中发现囊蚴猪肉,不得直接食用,要做无害化处理。④加大宣传力度,提高人们对猪囊尾蚴病的危害和感染途径的认识,改变不良生活习惯。⑤免疫预防,用猪囊尾蚴细胞工程疫苗和基因工程疫苗对疫区的猪进行免疫预防。

(二)牛囊尾蚴病

本病是由带科(Taeniidae)带吻属(Taeniarhynchus)肥胖带吻绦虫(又称牛带绦虫、无钩绦虫)(T. saginatus)中绦期——牛囊尾蚴(cysticercus bovis)寄生于牛的肌肉内引起的一种人兽共患寄生虫病,俗称牛囊虫病。牛是中间宿主,人是终末宿主。

1.病原形态

(1)牛带绦虫 又名牛肉绦虫及无钩绦虫。乳白色,虫体较大,长达 5～10 m,个别可达 25 m。由 1 000～2 000 个节片组成。头节仅有四个吸盘,无顶突和小钩。成熟节片的卵巢仅有 2 个分叶,缺副叶。孕节子宫分布较多,有 15～30 对,每个孕节内含有虫卵 10 万个以上。

(2)牛囊尾蚴 简称牛囊虫,为卵圆形的半透明囊泡,乳白色,囊泡内充满液体。囊壁上有一小白点,即为头节。牛囊虫主要寄生于牛的咀嚼肌、舌肌、心肌和腿肌等处。

(3)虫卵 呈球形,内含六钩蚴,大小为(30～40) μm×(20～30) μm。

2.生活史

牛带绦虫寄生于终末宿主人的小肠(空肠)中,成熟后孕节脱落,随粪便排出体外,也可以主动地从肛门逸出,污染牧地和饮水后,这些孕节或其中的虫卵被中间宿主黄牛、水牛和瘤牛等吞食,在小肠内孵出六钩蚴,穿过肠壁进入血液循环而分布至全身。但以肩胛外肌、咬肌、心肌及臀部肌肉为多,其次为舌肌、腰肌、肋间肌、颈部肌肉及内部脂肪等,此外,少数可寄生于肝、肾、肺等脏器。经10～12周发育成熟。人吃了生的或未煮熟的牛肉内的活囊虫而感染,约经3个月发育为成虫,其寿命可达25年以上。

3. 流行病学

人是牛带绦虫唯一终末宿主,其感染是由于食入活的牛囊尾蚴所致。和猪带绦虫一样,其流行与当地居民饮食习惯和卫生环境有密切关系。在地方流行地区,如西藏、广西及贵州群众有生吃牛肉习惯,感染机会较多,造成局部流行。此外,煮肉时肉块过大,未熟先尝以及熟食和生肉的砧板不分,也可造成散发。

牛带绦虫的中间宿主很多,除牛外,尚有长颈鹿、角马、山羊、绵羊、驯鹿、骆驼等。牛包括黄牛、水牛、牦牛及野牛等,但主要是黄牛。

牛的感染是由于人粪污染饲草、饲料和饮水所致。这取决于人粪管理和饲养方式,在牧区,农村缺少厕所,随地大小便,致使虫卵扩散,牛又以放牧为主,被牛吞食,造成本病的流行。

4. 致病作用与症状

牛感染囊尾蚴后,由于六钩蚴的移行使组织产生损伤,可见体温升高、腹泻、呼吸困难,反刍减弱或消失,严重者可使牛死亡。牛囊尾蚴在肌肉寄生则几乎不表现症状。

牛囊尾蚴不感染人,人不会感染牛囊尾蚴病。牛带绦虫可引起人腹痛、腹泻、腹痛和贫血等症状。

5. 诊断

牛生前诊断可采用间接血凝集试验(IHA)和酶联免疫吸附试验(ELISA)。死后剖检在咬肌、舌肌、肩胛肌和颈肌等处发现牛囊尾蚴寄生可确诊。

6. 治疗与预防

牛囊尾蚴病可用丙硫咪唑、吡喹酮或甲硫咪唑治疗。牛带绦虫可用丙硫咪唑、吡喹酮或氯硝柳胺和槟郎南瓜籽合剂以及仙鹤草等治疗。

预防:在流行区对牛带绦虫进行普查和普治;加强粪便管理,改进牛的饲养方式。人粪进行无害化处理,防止污染饲草和饮水。加强宣传教育,改变人们的生活方式。加强牛肉的饲养管理。

(三)棘球蚴病

棘球蚴病是由带科棘球属(*Echinococcus*)成员棘球绦虫的中绦期——棘球蚴寄生于人、牛、羊、猪、骆驼等家畜及野生动物的肝、肺、脑、脾等多种脏器引起的重要的人兽共患寄生虫病,又称包虫病(hydatidosis)。棘球绦虫的种类很多,世界公认的有细粒棘球绦虫(*E. granulosus*)、多房棘球绦虫(*E. multilocularis*)、少节棘球绦虫(*E. oligathrus*)和福氏棘球绦虫(*E. vogeli*)。在我国只有细粒棘球绦虫和多房棘球绦虫两种,主要以细粒棘球绦虫为主。

1. 病原形态

(1)棘球绦虫　分阶段简述如下。

成虫:小型绦虫,长2～7 mm,由头节和3～4个节片组成。头节上4个吸盘,顶突上有36～40个小钩。成节内含一组雌雄同体的生殖器官,生殖孔开口于节片一侧的中部或偏后,睾丸35～55个,雄茎囊呈梨形。卵巢分左右两瓣。孕节子宫有12～15对侧枝,内充满虫卵,有500～800个。

细粒棘球蚴:也称为续绦期。眼观为圆形或不规则的囊状体,内含液体。大小因寄生时间、部位和宿主的不同而异,大小由不足 1 cm 到数十厘米。棘球蚴为单房囊,由囊壁和内含物组成。囊壁乳白色,分两层,外为角皮层,厚 1~4 mm,较脆,易破。内为胚层,又称生发层。两层合称棘球蚴的内囊,其外有宿主组织形成的纤维包膜,称棘球蚴外囊。内容物包括囊液及子囊、孙囊和原头蚴组成的棘球砂。

生发囊:具有细胞核的生发层向囊腔芽生出成群的细胞,这些细胞空泡化后形成仅有一层生发层的小囊。也称育囊。

原头蚴:生发囊长出小蒂与胚层相连,在小囊内壁上可生成原头蚴。

子囊:在囊壁的生发层上长出的第二代包囊。

孙囊:在子囊的生发层上长出的包囊。

棘球砂:游离在囊液中的育囊、原头蚴和子囊统称为棘球砂。

虫卵大小为(32~36) μm×(25~30) μm,被覆一层辐射状线纹的胚膜,内为六钩蚴。

(2)多房棘球绦虫 分阶段简述如下。

成虫:和细粒棘球绦虫相似。长度为 1.2~4.5 mm,是带科绦虫中最小的一种。虫体有 2~6 个节片,最前端为头节,头颈部呈梨形,有顶突和 4 个吸盘,顶突上有两圈小钩共 14~34 个。生殖孔不规则交替开口于节片一侧的中部偏前,睾丸 14~35 个,孕节子宫呈袋状,无侧枝,内含虫卵 200 个左右。虫卵的形态和大小与细粒棘球绦虫相似。

幼虫:称为泡球蚴,呈圆形或椭圆形,大小由豌豆到核桃大,囊泡内含透明囊液和原头蚴,有的含胶状物而无原头蚴。泡球蚴主要是外生性出芽繁殖,不断以侵润方式长入周围组织,少数也可向内芽生形成隔膜而分离出新囊泡。1~2 年即可全部占据所寄生的器官,还可以向器官表面蔓延至体腔内,犹如恶性肿瘤,因此,又称为"虫癌"。囊泡的外生性子囊可经血液及淋巴迁移到其他部位,发育为新的泡球蚴。

2.生活史

细粒棘球绦虫必须依赖两种哺乳动物宿主才能完成其生活周期。其主要经过虫卵、棘球蚴和成虫三个阶段。成虫寄生于犬科动物(如狼、野犬、豺犬等)和猫科动物的小肠内,孕节片或虫卵随粪便排出。细粒棘球绦虫的虫卵经由有蹄动物中间宿主(如绵羊、牛、猪、马、骆驼)吞入虫卵发育成棘球蚴;多房棘球绦虫经由啮齿目和兔形目动物吞入虫卵发育成棘球蚴(也称泡球蚴)。棘球蚴在肝、肺和其他脏器中发育,人偶然受感染后导致棘球蚴在肝、肺等器官形成占位性病灶;棘球蚴被终末宿主吞食后在小肠内发育为成虫。

细粒棘球绦虫主要在家畜中循环,细粒棘球绦虫的中间宿主有多种,主要为有蹄类家畜(例如绵羊、牛、猪、山羊、马、骆驼);多房棘球绦虫主要在啮齿目和兔形目等野生动物中循环,其主要的中间宿主是鼠兔、青海田鼠等。

细粒棘绦虫的孕卵节片随终末宿主的粪便排出体外,节片破裂,虫卵逸出,污染草、料和饮水,牛、羊等中间宿主吞食虫卵后感染。在消化道的六钩蚴钻入肠壁经血流或淋巴散布到体内各处,以肝、肺为主。经 6~12 个月生长为具有感染性的棘球蚴,它的生长可持续数年。犬等终末宿主食用此肝或肺等感染,棘球蚴在肠壁上经 40~50 d(多房棘球绦虫需 30~33 d)发育为成虫。

3.流行病学

(1)传染源 感染的犬、狼和狐是囊型包虫病的主要传染源,而感染的犬、狐、狼和猫是多房棘球蚴病的传染源。

(2)感染途径与方式　包虫病是通过食入虫卵而传播,中间宿主包括人、有蹄类动物、鼠类等。感染的途径主要为经口食入。

(3)易感人群　不同种族和性别的人对棘球蚴均易感。从事牧业生产、狩猎和皮毛加工的人群为高危人群。

(4)分布　我国目前以细粒棘球蚴病为多见,在我国 20 多个省(自治区、直辖市)均有报道,其中以内蒙古、青海、西藏和四川西北部牧区流行较严重,新疆最为严重,绵羊的感染率最高。感染动物的死亡多发生于冬季和夏季。

4. 致病作用与症状

棘球蚴对脏器的机械性压迫作用和毒素作用,导致脏器萎缩、机能障碍。肝有棘球蚴寄生时,浊音区扩大,触诊有痛感,消化障碍,营养失调,消瘦。肺有棘球蚴寄生时,可见长期慢性呼吸困难、微弱、连续咳嗽,剧烈运动后咳嗽加剧,听诊时肺泡呼吸音减弱或完全消失。宿主产生过敏反应(休克),突然死亡。

5. 诊断

棘球蚴病的生前诊断较困难,死后剖检发现虫体即可确诊。可采用皮内变态反应、间接血凝和酶联免疫吸附试验对动物进行诊断。

6. 治疗

要做到早发现早治疗,方可取得良好的效果。①吡喹酮,90 mg/kg(按体重计算),连服两次,对原头蚴的杀灭率高。②丙硫咪唑,20～30 mg/kg(按体重计算),每天 1 次,连用 5 d,疗效好,无副作用。

7. 预防

(1)对犬进行定期驱虫。驱虫后的犬粪要进行无害化处理,或深埋或烧毁,防止病原的扩散。

(2)病畜的脏器不得生喂犬。

(3)经常保持畜舍、饲草、料和饮水的卫生,防止犬粪污染。

(4)人与犬接触时,应注意个人卫生。

三、其他绦虫病

其他绦虫病中比较重要的是莫尼茨绦虫病。

莫尼茨绦虫病是由裸头科(*Anoplocephalidae*)莫尼茨属(*Moniezia*)的扩展莫尼茨绦虫(*M. expansa*)和贝氏莫尼茨绦虫(*M. benedeni*)寄生于山羊、绵羊、黄牛、水牛、骆驼等反刍兽的小肠内所引起的疾病。该病分布广泛,呈地方性流行,对羔羊和犊牛危害严重,甚至造成大批死亡。

(一)病原形态

我国常见的莫尼茨绦虫有两种:扩展莫尼茨绦虫和贝氏莫尼茨绦虫,二者外观相似,均为大型绦虫。

1. 扩展莫尼茨绦虫

虫体为乳白色,长带状。体长可达 10 m,宽 1.6 cm 左右。由头节、颈节、体节组成。头节为球形,有 4 个吸盘,无顶突和小钩。节片的宽度大于长度。每一成熟节片内有两组生殖器官,两者呈对称分布,每组的雌性生殖器官包括卵巢(呈扇形)、卵黄腺、子宫等。每组的雄性生殖器官包括分布在排泄管内侧的数百个睾丸以及输精管、雄茎囊等。在节片的后缘均有 8～15 个泡状节间腺。虫卵近似三角形,卵内有一个含有六钩蚴的梨形器(图 43-3)。

2.贝氏莫尼茨绦虫

形态和构造与扩展莫尼茨绦虫相似,外观上不易区别,其主要区别是节间腺不同。贝氏莫尼茨绦虫的节间腺是密集的小点组成的条带状,集中分布在每一节片后缘的中间部分。虫卵近似四角形,有梨形器(图43-3)。

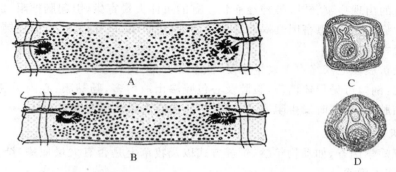

图43-3 莫尼茨绦虫成节与虫卵(引自孔繁瑶,1997)
A.贝氏莫尼茨绦虫 B.扩展莫尼茨绦虫 C.贝氏莫尼茨绦虫虫卵 D.扩展莫尼茨绦虫虫卵

(二)生活史

莫尼茨绦虫的成虫寄生于牛、羊、骆驼等反刍动物的小肠,孕卵节片或虫卵随终末宿主的粪便排出体外,被中间宿主——地螨吞食后,卵内的六钩蚴孵出,穿过消化道进入体腔,经过40d以上发育为具有感染性的似囊尾蚴,牛、羊吃草时,吞食含有似囊尾蚴的地螨后而感染,地螨在终末宿主体内被消化,释放出似囊尾蚴,在牛羊小肠内。经40~60 d发育为成虫。

(三)流行病学

莫尼茨绦虫病呈世界性分布,在我国西北和内蒙古的牧区流行广泛,在华北、华东、东南及西南各地也经常发生,农区不发生。该病主要危害羔羊和犊牛,成年动物多为带虫者。本病的流行与地螨的生活习性有密切关系,目前报道的地螨种类有30余种,在我国已报道平滑肋甲螨、超肋甲螨、斑氏甲螨、腹翼甲螨和长毛腹翼甲螨等均可自然感染莫尼茨绦虫,其中肋甲螨和腹翼甲螨感染率较高。

地螨多分布在潮湿的牧区和草原上,地螨性喜温暖潮湿,白天藏于草皮下或土下,黄昏或黎明爬出活动,此时牛羊放牧时易吃到地螨。因此,莫尼茨绦虫的流行具有流行性,南方一般在4~6月份,北方4~6月份。

六钩蚴在地螨内发育为具有感染性的似囊尾蚴需要的时间与外界的温度密切相关,在27~35℃时需要26~30 d,16℃则需107~206 d,成螨在牧地可存活14~19个月,因此被污染的牧地可保持感染力近2年之久。

(四)致病作用

(1)机械作用 莫尼茨绦虫为大型虫体,当大量虫体寄生时,可阻塞肠管,导致肠套叠、肠扭转,甚至肠破裂的严重后果。

(2)毒素作用 虫体较大,产生的新陈代谢产物多,而且有特殊的毒性物质,引起各组织器官发生炎症和退行性病变,同时还破坏神经系统功能。

(3)夺取营养 虫体大,而且生长迅速,虫体数量多时,虫体夺取宿主大量的营养物质,从而使宿主衰弱、消瘦,影响幼畜的生长发育,导致宿主呈现贫血、消瘦和体质衰弱。

(五)临床症状和病理变化

主要危害羔羊和犊牛,成年动物为带虫者,一般无临床症状。

羔羊和犊牛感染表现为精神委顿,食欲减退,饮欲增加,腹泻,粪便中常混有脱落的节片。日见消瘦、贫血,有的出现痉挛、转圈等神经症状。有的虫体大量寄生,引起肠梗阻,发生肠破裂,导致腹膜炎而死亡。病的末期,患畜因衰竭而卧地不起,空口咀嚼,口吐白沫,反应迟钝或消失。最后因恶病质衰竭而死亡。

羔羊感染扩展莫尼茨绦虫多发生于夏、秋季节,而贝氏莫尼茨绦虫病多发生在秋后。

病理变化:剖检可见尸体消瘦,腹腔及心包腔渗出液增多,肠黏膜、心内膜和心包膜有出血点,肠系膜淋巴结肿大,肠有时发生阻塞或扭转,小肠内有大量莫尼茨绦虫虫体。

(六)诊断

通过流行病学调查,如动物年龄,饲养方式以及牧草上是否有大量地螨,结合临床症状做出诊断,发现病原体可确诊。

生前诊断:观察粪便中是否有节片排出,如未发现节片,用饱和盐水检查粪便中有无虫卵,两者都未发现,应考虑绦虫可能未发育成熟,可用药物进行诊断性驱虫。

死后剖检:在小肠内找到大量虫体或相应病变,可确诊。

(七)治疗

常用的驱绦虫药吡喹酮、丙硫咪唑、硫双二氯酚、氯硝柳胺等药物都有良好的作用。

(八)预防

(1)选择合适的时机驱虫 由于动物在早春放牧开始就可感染,所以应在放牧后4~5周时进行"成虫期前驱虫";驱虫后2~3周,再进行第二次驱虫。成年动物一般为带虫者,是重要的传染源,故全群动物同时驱虫。驱虫后的动物要及时地转移到清净的安全牧场。

(2)牧场净化 污染的牧地空闲2年后可以净化;还可采用轮牧减少感染机会。

(3)减少地螨滋生 土地经过几年的耕作后,地螨量可大大减少,有利于绦虫病的预防。

(4)合理放牧 尽可能地避免在低湿地、清晨、黄昏和雨后放牧,以减少感染。

第三节　线虫病

学习要点

掌握猪蛔虫病、旋毛虫病和消化道圆线虫病的概念、病原、流行特点、生活史、症状、病变、诊断和防治措施。理解线虫的一般形态结构和基本发育过程。了解线虫的分类与描述。

一、线虫的形态和生活史

线虫是指线形动物门(Nemathelminthes)的动物,是地球上存在最普遍的生物之一。数量大,种类多,据不完全统计,地球上自由生活的线虫有 3 万多种,在动物蠕虫中,寄生于动物的线虫就有 1 万多种。其中大部分线虫属于土源性线虫,因其生活史简单,不需要中间宿主,所以线虫的分布十分广泛,没有较大的地域性限制。可以说,世界上没有一只动物没有线虫寄生,许多动物寄生线虫不仅给畜牧业造成严重的经济损失,而且有的还是人兽共患寄生线虫,可感染人体,严重也可导致人体死亡。

(一)线虫的形态

1.外部形态

大多数线虫为圆柱状,两端逐渐变细,多为线状、毛线状或纺锤形等,多为两侧对照,横断面为圆形。活体呈乳白色或淡黄色,吸血虫体略呈红色。线虫大小随不同种类的线虫大小差别大,如猪蛔虫雌虫长达 40 cm,而麦地那龙雌虫长达 1 m。寄生性线虫均为雌雄异体,一般雄虫小,后端有不同程度的弯曲,并有辅助交配器官,易与雌虫相区别。线虫虫体一般可分为头端、尾端、背面、腹面和侧面。体表有口、排泄孔、肛门和生殖孔。雄虫的肛门和生殖孔合为泄殖孔。

2.体壁和体腔

体壁由无色的角皮(角质层)、皮下组织和肌层构成。线虫的角皮分化形成了多种特殊的组织构造,如头泡、颈泡唇片、叶冠、颈翼、尾翼、乳突和交合伞等,有附着、感觉和辅助交配等功能,其位置、形状和排列是线虫分类的依据。皮下组织紧贴在角皮基底膜之下,由一层合胞体细胞组成。在背面、腹面和两侧有背索、腹索和侧索,还有神经干。肌层位于皮下组织,由单层细胞组成。

体腔包围着一个充满液体的腔,此腔没有源于内胚层的浆膜做衬里,所以成为假体腔。假体腔液液压很高,维持着线虫的形态和强度。

3.消化系统

线虫的消化系统包括口孔、口腔、咽、食道、肠、直肠、肛门等。

(1)口孔　位于头部顶端,常有 6 片、3 片或 2 片唇片围绕。唇片上有感觉乳突。有的线虫没有唇片,在口缘部发育为叶冠、角质环(口领)等。

(2)口腔　在口与食道之间有口腔,有些线虫的口腔内形成硬质的口囊,有些在口腔中有齿和切板。

(3)食道　线虫食道通常为肌质结构,多呈圆柱状、棒状或漏斗状。有些线虫食道后有食道球,食道球的形状在分类上具有重要意义。食道的功能是将食物泵入肠道,食道壁内有食道腺,分泌消化液,帮助消化食物。不同的线虫的食道其形态结构的差异很大,常作为线虫分类鉴别的特征。根据其形态的不同,将食道分为 6 种,即杆状型食道、丝状型食道、棒状型食道、后食道球形食道、肌腺型食道、列细胞体型食道(毛尾线虫型食道)。

(4)肠、直肠和肛门　食道后为管状的肠、直肠,末端为肛门。雄虫的直肠和肛门与射精管汇合为泄殖腔,泄殖腔开口处有乳突。乳突的数目、形状和排列具有分类意义。

4.排泄系统

线虫的排泄系统由排泄管和腺体组成。分为腺形或管形。排泄孔位于食道部腹面正中线上。

5.神经系统

神经系统位于食道部的神经环,由神经纤维和神经节组成。向前发出三对神经干,支配口周的感觉器官,向后发出背、腹及两侧共3～4对神经干,包埋于皮下层或纵索中,分别控制虫体的运动和感觉。纵行神经干之间尚有一些联合。线虫的感觉器官是头部和尾部的乳突和头感器,它们可对机械的或化学的刺激起反应。

6. 生殖系统

线虫雌雄异体,雌虫尾部较直,雄虫尾部弯曲或蜷曲。

(1)线虫雄性生殖器官 雄性生殖系统为单管形,由睾丸、输精管、储精囊及射精管相连而成,射精管通入泄殖腔。许多线虫还有辅助交配器官,如交合刺、引器、储精囊和射精管,它们起到辅助交配的作用,形态具有分类意义。雄虫尾部有两种类型,尾翼发达,演化为交合伞,唯一不发达,有性乳突,交合刺,引器,交合伞等的形态差异,在虫种鉴定上非常重要(图43-4)。

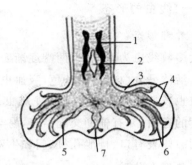

图 43-4 雄虫尾部构造(引自 Urquhart 等,1996)
1.交合刺 2.引器 3.交合伞 4.腹肋
5.外背肋 6.侧肋 7.背肋

(2)线虫雌性生殖器官 为单管型或双管型,多为双管型,包括卵巢、输卵管(受精囊)、子宫、阴道(为双管型生殖系统两条子宫汇合而成)等部分,这些管状结构在外观上只有粗细之分。阴道开口于阴门,阴门的位置因种而异,可在虫体腹面前端,中部或后端。其位置及形态具有分类意义。有些线虫的阴门被有表皮形成的阴门盖。

(3)虫卵 线虫虫卵的大小及形状差异很大,卵壳厚度不一。线虫卵壳通常由三层构成:内膜较薄,具有脂质特性;中间层具几丁质而较坚韧,它赋予虫卵硬性,当这一层很厚时使虫卵呈黄色;最外层为蛋白膜,由蛋白质组成蛔虫类的虫卵该层很厚而且具有黏性,使虫卵对外界环境条件具有较强抵抗力,在蛔虫的流行病学上具有重要意义。有些线虫的卵壳很薄。

(二)线虫的生活史

1. 线虫生殖方式

线虫的生殖方式有三种,分别为卵生、卵胎生、胎生。

卵生:雌虫产出的虫卵处于单细胞或桑椹期,这种生殖方式称为卵生,如蛔虫、毛首线虫及圆线虫均属于此类生殖方式。

卵胎生:雌虫产出带幼虫的虫卵。后圆线虫、类圆线虫和多数旋尾线虫均属于此种方式。

胎生:雌虫直接产出幼虫。旋毛虫和恶丝虫属于此种方式。

2. 线虫生活史

线虫的发育过程要经过虫卵、幼虫、成虫三个阶段,在幼虫阶段往往有四次蜕皮,蜕皮前的幼虫称为第一期幼虫,第一次蜕皮后称为第二期幼虫,第二次蜕皮后称为第三期幼虫,依此类推,幼虫只有发育到第五期幼虫,才能进一步发育为成虫。

(1)虫卵阶段 线虫大多是雌雄异体,进行交配产卵,卵具有三层卵膜,内层是类脂层,中层是几丁质层,外层是卵黄层。不同种类线虫的虫卵,其形状和发育程度亦不相同。线虫虫卵随种类不同,呈圆形或椭圆形,黄褐色、灰褐色或无色透明。虫卵的基本构造分卵壳和卵胚(或卵细胞)两部分。虫卵的大小随种类不同而不同,小的仅 0.02 mm,大的可达 0.25 mm。

线虫的虫卵类型如表 43-1 所示。

表 43-1　线虫虫卵特征

虫卵类别	虫卵形状	虫卵特点
蛔虫型	圆形或椭圆形	内含一个卵细胞
鞭虫型	腰鼓状	两端有栓塞，卵内为未分裂的单个胚细胞
圆线虫型	椭圆形	卵壳薄而光滑，内含几个胚细胞
尖尾线虫型	卵圆形	左右不对称，两端光滑，内含幼虫
旋尾型	椭圆形	卵壳薄而光滑，内含幼虫
膨线虫型	椭圆形	卵壳厚，表面除两端外，具有小凹陷

(2)幼虫阶段　虫卵成熟后，需经历 5 个幼虫期，即第一期幼虫、第二期幼虫……第五期幼虫（未成熟的成虫），期间要经过 4 次蜕皮发育，第一次和第二次蜕皮一般在外环境中进行，发育成第三期的感染性（侵袭性）幼虫，被宿主摄入后，在其体内完成最后两次蜕皮，而发育成成虫。

从虫卵或初期幼虫转化为具有感染性的幼虫，这段时间称为感染前期的发育。从侵入终末宿主至成虫排出虫卵或幼虫到宿主体外的时间称为潜在期，不同种类线虫的潜在期不同，这是线虫的一个重要生物特征。

根据线虫的生活史发育中需不需要中间宿主，将其分为无中间宿主线虫和有中间宿主的线虫。幼虫在外界环境中不需要中间宿主，在粪便和土壤中直接发育到感染阶段，称直接发育型或土源性线虫；幼虫需要在中间宿主（如昆虫和软体动物等）体内才能发育到感染阶段，称为间接发育或生物源性线虫。

(1)需中间宿主的线虫发育　这类类型的线虫发育过程需要中间宿主。幼虫通常在中间宿主体内经 2 次蜕皮发育为感染性幼虫，终末宿主因摄食了含有感染性幼虫的中间宿主，或中间宿主吸血、采食时将感染性幼虫输入终末宿主而感染，这种需要在中间宿主体内发育到感染期的线虫又称生物源性线虫。具有这种发育模式的线虫有旋毛虫、丝虫、后圆线虫、旋尾线虫、龙线虫等。

(2)不需中间宿主的线虫发育　这类类型的线虫发育过程不需要中间宿主。幼虫通常在外界环境中蜕皮 2 次，发育为感染性幼虫，被终末宿主摄食（食入含有幼虫的虫卵），有时幼虫也可穿过终末宿主皮肤，而发生感染。在发育过程中不需要中间宿主的线虫又称土源性线虫。具有这种发育模式的线虫有蛔虫、圆线虫、毛尾线虫、钩虫、蛲虫等。

二、人兽共患线虫病

(一)旋毛虫病

旋毛虫病是毛尾目（Trichurata）毛形科（Trichinellidae）毛形属（*Trichinella*）的旋毛形线虫（*T. spiralis*）寄生于其宿主动物所引起的疾病。成虫寄生于动物的肠腔，称为肠型旋毛虫；幼虫寄生于同一动物的横纹肌内，称为肌型旋毛虫。主要的宿主是猫、犬、猪、鼠类、狐狸、野猪及人等，是一种人兽共患寄生虫病，由于误食含有旋毛虫幼虫包囊的生猪肉而发生旋毛虫病，可使人死亡。旋毛虫被列为屠宰场生猪肉必检项目，具有重要的公共卫生意义。

1.病原形态

旋毛形线虫的成虫细小，前部较细，后部较粗，雌雄异体。寄生于宿主的小肠的微绒毛基部及隐窝腺中,以空肠的寄生密度最大。成虫的消化道简单,包括口、咽、食道、肠管、肛门。食道前部无食道腺,后部被食道腺围绕,生殖器官为单管型,肠管和生殖器官均位于虫体较粗的后端,肛门在虫体尾端腹面。

雄虫长 1.4～1.6 mm,直径 0.04～0.05 mm,尾端有泄殖腔,其外侧有 1 对耳状的交配叶,内有 2 对小乳突,无交合刺。

雌虫较雄虫大,体长 3～4 mm,直径 0.06 mm,阴门开口于食道的中央,卵巢位于虫体尾部,占体长的 1/4,可产出幼虫(胎生)。

幼虫寄生于同一宿主的横纹肌内,多见于膈肌、舌肌、咬肌和肋间肌内,称肌旋毛虫。长达 1.15 mm,在肌纤维内形成包囊,虫体在包囊内呈螺旋状卷曲。在人、猪旋毛虫的包囊呈椭圆形,犬、猫的旋毛虫包囊呈圆形。

2. 生活史

旋毛虫的发育比较特殊,成虫和幼虫寄生在同一宿主体内。宿主感染时,先为终末宿主,后变为中间宿主。虫体不需要在外界发育,但完成过整个生活史则必须更换新的宿主。当宿主摄食了含有包囊幼虫的动物而受感染,包囊在宿主的胃液和胰液的作用下被溶解,释放出幼虫,幼虫在十二指肠和空肠的上部黏膜内,经两昼夜发育成为成虫。雌、雄成虫在肠黏膜内进行交配,交配后的雄虫不久便死去。雌虫钻入肠腺和淋巴结间隙中发育,并在感染后的 7～10 d 天,开始产出幼虫。每条雌虫可产 1 000～1 500 条,最多 10 000 条。雌虫的寿命一般在 3～4 周。新产生的幼虫随血液循环到全身肌肉、组织和器官,但是只有进入横纹肌纤维内的幼虫才能定居和发育。幼虫多寄生于活动量较大的肋间肌、膈肌、舌肌和嚼肌中。幼虫在感染后 17～20 d 开始蜷曲盘绕起来,其外由被寄生的肌肉细胞形成包囊,常有 2.5 个盘曲,此时具备了感染能力。此类幼虫如被另一宿主食下,即又开始下一个生活史。

3. 流行病学

由于旋毛虫为人兽共患动物源性寄生虫病,分布于世界各地,在哺乳动物间广泛传播。据统计,世界上包括猪、犬、鼠、猫、熊、狐、狼、貂、黄鼠狼等 100 多种动物,甚至不食肉的鲸鱼也可感染旋毛虫。因此,旋毛虫的流行性存在自然疫源性。鼠、犬等动物活动范围广,猪、鼠等为杂食动物,犬与人关系密切,猪肉等又为人类的重要食品,人感染主要是食入含旋毛虫幼虫囊包的生或半生的猪肉及其他动物肉类,猪是人类感染旋毛虫的主要传染源。导致本病广泛流行不易根除的因素之一是旋毛虫对外界的抵抗力特别强,尤其是肌肉包囊中的幼虫,在 −12℃ 的极端条件下可保持生命力 57 d,在腐败的肌肉内可存活 100 d 以上,盐渍、烟熏都不能杀死肌肉深部的幼虫。

4. 致病作用与临床症状

成虫对肠道和幼虫对肌肉两方面的致病作用分述如下。

成虫对肠道的致病作用:引起肠炎,出现炎性腹泻,严重时便内带有血液,造成肠黏膜增厚,水肿,黏液增多和瘀斑性出血。

幼虫对肌肉的致病作用:大量幼虫侵入横纹肌,使肌纤维遭受严重破坏,出现肌肉炎症和纤维变性。表现为肌纤维肿胀,肌纤维排列明显紊乱。受虫体影响的部位,横纹肌消失,呈网状结构,即将溶解,附近肌细胞坏死、崩解。这时动物体温升高,肌肉酸痛,进而出现咀嚼、吞咽、行走与呼吸困难,眼睑水肿,食欲不振,全身出现中毒症状。

猪在临床上初期出现呕吐和腹泻的肠炎症状,消瘦,后期有疼痛、麻痹、声音嘶哑和水肿等。

5.诊断

(1)生前诊断　由于虫体产生的幼虫绝大部分不随粪便排出,所以生前诊断比较困难,故实验室不能用粪便检查法,可用活体组织(剪一块舌肌)作压片检查,国外用 ELISA 和 IFAT 等方法诊断旋毛虫病,阳性符合率在 90% 以上。

(2)死后剖检　死后剖检可采用肌肉压片法和消化法,割取一小块动物的膈肌作样品,撕去肌膜和脂肪,用弯剪刀剪取 24 个小肉粒(豆粒大小),用旋毛虫检查玻板作压片镜检,或放在旋毛虫投影仪下检查。若发现有旋毛虫包囊或虫体,则可诊断为阳性。

6.治疗

临床上常采用广谱、高效、低毒的去线虫药物,如甲苯哒唑(Mebendazole)、阿苯哒唑,丙硫咪唑(Albendazole)等,对旋毛虫病均有很好的疗效,其中丙硫咪唑是我国治疗猪旋毛虫病的首选药物。

7.预防

①科学饲养,规范化管理,以保证养殖场饲养管理的质量。养猪有圈,不让猪接触到人的粪便。在旋毛虫流行的地区,一律停止放牧,减少感染的机会。禁止用废肉渣喂猪,必要时将其煮沸。加强防鼠、灭鼠,防止鼠粪污染饲料。

②开展宣传教育,普及卫生知识,改变人们吃生肉的习惯,提倡熟食。

③严格执行肉类检疫制度和加强进出口检疫力度。不让人吃到病肉是预防人患旋毛虫病的关键。根据以往的规定,在 24 个肉片只发现包囊幼虫或钙化的旋毛虫不超过 5 个,横纹肌和心脏高温处理后出厂,5 个以上,横纹肌和心脏供工业用或销毁。目前一旦查出旋毛虫,不论 5 个以上或以下,都供工业用或销毁,不准食用。

(二)广州管圆线虫病

广州管圆线虫病是由后圆线虫科(Metastrongylidae)管圆属(*Angiostrongylus*)的广州管圆线虫(*Angiostrongylus cantonensis*)引起。广州管圆线虫的成虫是鼠类的肺线虫,主要寄生于鼠的肺动脉,其幼虫可引起人的嗜酸性粒细胞增多性脑膜炎或脑膜脑炎。

1.病原形态

雌雄异体。虫体细长,白色,体表具微细环状横纹。头端钝圆,口孔周围有两圈小乳突,缺口囊。雄虫长 15~26 mm,交合伞对称,呈肾形;两根交合刺细而等长,具横纹。雌虫长 17~45 mm,子宫双管形,白色,与充满血液的肠管缠绕成红、白间的螺旋纹状,阴门靠近肛门,尾端呈斜锥形。

虫卵长圆形,大小为(67~74) μm×(46~48) μm,卵壳薄而透明,卵内含多个卵细胞。

2.生活史

成虫寄生于终末宿主鼠的肺动脉中,产卵。卵随血流进入肺毛细血管,发育为第一期幼虫,后通过呼吸系统,上行至咽喉部,转入消化道随粪便排出体外。排出的第一期幼虫侵入中间宿主螺蛳或蛞蝓体内继续发育,经 2 次蜕皮变为感染性幼虫(第三期幼虫)。鼠类等终末宿主吞食了含有感染性幼虫的中间宿主或被感染性幼虫污染的食物而感染。虫体进入终末宿主消化道后,随血液循环,在肺动脉内发育为成虫。

3.流行病学

本病分布于热带和亚热带地区,主要流行于东南亚、太平洋岛屿、日本和美国;我国见于台湾、香港、广东、浙江、福建、海南、天津、黑龙江、辽宁、湖南等地,多数呈散在分布。

传染源:本虫可寄生在十几种哺乳动物,包括啮齿类、犬类、猫类等,鼠类是本病最主要的传染源。本病患者作为传染源的意义不大,因人是广州管圆线虫的非正常宿主,该虫很少能在人体肺血管内发育为成虫,位于中枢神经系统的幼虫不能离开人体继续发育。

中间宿主和转续宿主:有50余种。在我国发现的中间宿主主要有褐云玛瑙螺和福寿螺等。

传播途径:主要经口感染。生食或半生食螺类、鱼、虾、蟹等(如爆炒或麻辣福寿螺、凉拌螺肉等)为本病暴发的主要原因。

4.致病作用和临床症状

幼虫主要侵犯中枢神经系统,引起嗜酸性粒细胞增多性脑膜脑炎。

临床症状:该寄生虫主要寄生在人的脑脊液中,感染时,常引起发热,嗜酸性粒细胞显著升高和脑膜脑炎等。严重者可出现昏迷或死亡。

5.诊断

(1)主要依据为有无生/半生食福寿螺或褐云玛瑙螺史和临床症状。

(2)嗜酸性粒细胞显著增高(20%～70%)也是本病的主要临床症状。

(3)本病的病原学检查较困难,较难获得虫体。

(4)在所食福寿螺或褐云玛瑙螺中可以尝试检查虫体。

(5)已有的免疫学诊断试剂盒也可提供辅助诊断支持。

6.治疗与防治

(1)治疗可以使用阿苯达唑和甲苯咪唑等药物。

(2)加大宣传力度,倡导健康卫生的饮食。关键是不吃生/半生螺肉。

(3)此外,幼虫可经损伤或完整的皮肤侵入,应加强螺蛳加工中的防护。切忌吃生的或未煮熟鱼类、虾、螺、蟹等食物。

(4)在食用型螺类或蜗牛养殖场要定期灭鼠。

三、其他线虫病

(一)猪蛔虫病

猪蛔虫病是蛔科蛔属(*Ascaris*)的猪蛔虫(*Ascaris suum*)寄生于猪小肠内所引起的一种线虫病。该病主要侵害2～6月龄的仔猪,对养猪业的危害非常严重。感染本病的仔猪生长发育不良,或发育停滞,成为僵猪,严重者造成死亡。猪蛔虫在体内的移行,可造成各器官和组织的损害,引起乳斑肝和肺炎。

1.病原形态

猪蛔虫为大型虫体,呈中间粗,两端细的圆柱形,淡红色或淡黄色。头端有"品"字形的3个唇片。雄虫长150～250 mm,尾端向腹面弯曲,有1对等长的交合刺,无引器。泄殖孔周围有许多小乳突。泄殖腔开口于近尾端。雌虫长200～400 mm,虫体较直,尾端稍钝。生殖孔呈双管型,阴门开口在虫体前1/3与中1/3交界处的腹面中线上。肛门开口于虫体的末端。

虫卵分为受精卵和未受精卵:受精卵短椭圆形,黄褐色,大小为(50～75) μm×(40～80) μm。卵壳厚,表面粗糙,由四层组成。最外层是凹凸不平的蛋白质膜,向内依次是卵黄膜、几丁质膜和脂膜。未受精卵比受精卵狭长,平均大小约90 μm×40 μm。卵壳薄,多数未受精卵无蛋白质膜,内部充满大小不等的油滴状卵黄颗粒和空泡。

2.生活史

蛔虫发育不需要中间宿主。成虫寄生于猪的小肠，雌虫受精后，产出的虫卵随粪便排出体外，在适宜的温度、湿度和充足的氧气环境下，在卵内发育为第 1 期幼虫，蜕皮变为第 2 期幼虫，在经过一段时间发育为感染性虫卵，被猪吞食后在小肠内孵出幼虫。大多数幼虫很快钻入肠壁血管，随血液循环进入肝，进行第 2 次蜕化，变为第 3 期幼虫，幼虫随血液经肝静脉、后腔静脉进入右心房、右心室和肺动脉，穿过肺毛细血管进入肺泡，在此进行第 3 次蜕化，发育为第 4 期幼虫，并继续发育。幼虫上行进入细支气管、支气管、气管，随黏液到达咽部，被咽下后进入小肠，经第 4 次蜕化发育第 5 期幼虫（童虫），继续发育为成虫。从感染性虫卵被猪吞食到在猪小肠内发育为成虫需 2～2.5 个月，成虫寿命在小肠一般生存 7～10 个月。

3.流行病学

猪蛔虫呈全球分布，广泛流行，主要危害仔猪。患病猪和带虫猪不断排出卵囊至外界环境中，污染的泥土、饲料和饮水是猪蛔虫感染的主要来源，经口摄入虫卵是猪蛔虫的主要感染途径。仔猪吸奶时易受感染。蚯蚓和粪甲虫作为转续宿主，使蛔虫的第二期幼虫得以发育，并保持很长时间对猪的感染力，猪吞食后可被感染。因此，猪蛔虫的发生具有明显的季节性，温暖、潮湿的地区以及温度较高的夏季发病率高，而在低温、干燥的秋、冬季节发病率较低。

蛔虫分布广，感染率高与猪蛔虫的生活史简单、雌虫的生殖能力强有关。猪蛔虫病属于土源性寄生虫，不需要中间宿主参与，因而不受中间宿主所限制，加之蛔虫具有强大的繁殖能力，寄生在猪小肠中的雌虫产卵，每条雌虫每天平均可产卵 10 万～20 万个，产卵旺盛时期每天可排 100 万～200 万个，每条雌虫一生可产卵 3 000 万个。虫卵对各种环境因素的抵抗力很强，猪蛔虫卵具有四层卵膜，内膜能保护胚胎不受外界各种化学物质的侵蚀；中间两层能保持虫卵内水分而不受干燥的影响；外层有阻止紫外线透过的作用，且对外界其他不良环境因素有很强的抵抗力。此外，虫卵的全部发育过程都在卵壳内进行，使胚胎和幼虫得到了保护，因此，大大增加了感染性虫卵在自然界的累积。温度、湿度和氧气对虫卵的发育影响很大。高于 40℃ 或低于 -2℃ 时，虫卵停止发育，45～50℃ 时 30 min 死亡。在 -27～-20℃ 时，感染性虫卵可活 30 d。虫卵在疏松湿润的土壤中可以存活 2～5 年，在 2% 福尔马林中可以正常发育。一般用 60℃ 以上的 3%～5% 热碱水，20%～30% 的热草木灰或新鲜石灰水能杀死虫卵。猪拱土的习惯，增加了感染机会；母猪乳房不洁，拖地污染虫卵，仔猪在吮乳时就容易把虫卵食入，这都是幼猪感染本病的途径。

4.致病作用和症状

猪蛔虫幼虫和成虫阶段的致病作用与症状各不同。

（1）幼虫期　幼虫移行至肝时，引起肝组织出血、变性和坏死，形成云雾状的蛔虫斑，有时也称乳斑。移行至肺时，引起蛔虫性肺炎，临床表现为咳嗽、呼吸增快、体温升高、食欲减退和精神沉郁。病猪伏卧在地，不愿走动。幼虫移行时还引起嗜酸性白细胞增多，出现荨麻疹和某些神经症状之类的反应。

（2）成虫期　成虫寄生在小肠时机械性地刺激肠黏膜，引起腹痛。成虫少量寄生时没有可见病变，寄生多时可见有卡他性炎症、出血或溃疡。肠破裂时，可见有腹膜炎和腹腔内出血。因胆道蛔虫症而死亡的病猪，可发现蛔虫钻入胆道，使胆管阻塞。病程较长的，有化脓性胆管炎或胆管破裂，胆汁外流，胆囊内胆汁减少，肝黄染和变硬等病变。成虫能分泌毒素，作用于中枢神经和血管，引起一系列神经症状。成虫夺取宿主大量的营养，使仔猪发育不良，生长受阻，被毛粗乱，常是造成"僵猪"的一个重要原因,严重者可导致死亡。

5.病理变化

幼虫在宿主体内移行,造成各器官和组织的损害,特别对肝和肺的损害较大。剖检发现肝有出血,变性和坏死,肝表面形成云雾状,灰白色,称为"乳斑肝"。幼虫移行到肺时,使毛细血管及肺泡破裂,造成大量的点状出血和水肿。成虫可引起小肠堵塞、出血、黏膜溃疡等病灶。

6.诊断

根据仔猪多发,表现消瘦贫血,生长缓慢或停滞,初期发生肺炎,抗生素治疗无效时可怀疑本病。生前诊断可用粪便检查发现特征性虫卵而确诊,必要时可进行免疫学检查或驱虫诊断。死后剖检时在患猪肺部见有大量出血点;将肺组织撕碎,用幼虫分离法检查时,可见大量的蛔虫幼虫。

7.治疗

对蛔虫有效的驱虫药物很多,常用的有以下几种:①左旋咪唑,8～10 mg/kg(按体重计量),混在少量饲料中喂服,也可配成 5% 溶液,皮下或肌肉注射。②甲苯咪唑,10～20 mg/kg(按体重计量),混在饲料内喂服。③芬苯达唑,按每千克体重 10 mg 口服。④伊维菌素针剂,0.3 mg/kg(按体重计量),一次皮下注射;饲料预混剂,每天 0.1 mg/kg(按体重计量),连用 7 天。⑤阿维菌素,0.3 mg/kg(按体重计量),皮下注射或口服。⑥多拉菌素,按每千克体重 0.3 mg,一次肌肉注射。

另外,还可采用中、西药结合进行治疗,西药驱虫效果好,同时配合使用君子散、化虫丸、乌梅丸或香砂六君子丸进行调理脾胃,促进动物机体的机能恢复。

8.预防

猪蛔虫简单的生活史、虫卵的高产量和顽强的抵御力是该病流行广的原因。因此,必须重视防治工作,加强饲养和环境卫生管理,采取综合防治措施。

(1)定期驱虫　进行预防性和治疗性驱虫。对规模化养猪场,对全群猪驱虫后,以后每年对公猪至少驱虫 2 次;母猪产前 1～2 周驱虫 1 次;仔猪转入新圈、群时驱虫 1 次;后备猪在配种前驱虫 1次。育肥猪在 3 月龄和 5 月龄各驱虫 1 次。引入的种猪要进行驱虫。对散养育肥猪,仔猪断奶后驱虫 1 次,4～6 周后再驱虫 1 次。母猪在怀孕前和产仔前 1～2 周驱虫。

(2)保持饲料和饮水清洁　确保每次喂食新鲜,并根据不同时期、不同阶段猪的营养需求,提供合理均衡的营养物质,提高猪体的抵抗疾病能力。远离粪堆、垃圾等废物,防止猪场饮水和清洗用水的污染。

(3)粪便的处理　保持猪舍和运动场的清洁,及时清理粪便并做无害化处理,防止虫卵传播。粪便可做堆积发酵,杀死虫卵,定期用 20%～30% 发热石灰水或 40% 热碱水消毒。产房和猪舍在进猪前必须进行彻底清洗和消毒。

(二)牛、羊消化道线虫病

牛、羊消化道线虫病流行和分布极为广泛,是牛、羊常见多发的寄生虫病。病原体主要属于圆线目(Strongylata)毛圆科(Trichostrongylidae)、盅口科(Cathostomidae)、钩口科(Ancylostoma-tidae)、圆线科(Strongyloidae),毛尾目(Trichurata)毛尾科(Trichuridae)的各种线虫。这些线虫分布广泛,且多为混合感染,对牛、羊危害极大。线虫病主要特征为贫血、消瘦、腹泻,严重时可造成羊大批死亡。还可以降低羊的抵抗力,继发其他疾病的发生。与兽医关系密切的主要包括毛圆线虫病、食道口线虫病、仰口线虫病、毛尾线虫病和夏伯特线虫病等。

1.毛圆线虫病

毛圆线虫病的病原体是毛圆科(Trichostrongylidae)的血矛属(Haemonchus)、毛圆属(Trichostrongylus)、奥斯特属(Ostertagia)、古柏属(Cooperia)、细颈属(Nematodirus)、似细颈属(Nematodirella)、马歇尔属(Marshallagia)、长颈属(Mecistocirrus)等。其中以血矛属的捻转血矛线虫致病力最强,而且毛圆科线虫在形态、生态和疾病流行及防治等方面具有共同点。在此以血矛线虫病为代表作重点叙述,对其他属线虫疾病作简单的介绍。

(1)血矛属(Haemonchus)　以捻转血矛线虫为例介绍如下。

①病原形态:血矛属的捻转血矛线虫,寄生于皱胃,偶见于小肠,又称捻转胃虫。虫体呈毛发状,因吸血而呈淡红色。颈乳突明显,头端尖细,口囊小,口囊内有1个背侧矛形小齿。雄虫长15～19 mm,交合伞发达,有1个"人"字形背肋偏向一侧;交合刺短而粗,末端有小钩,有引器。雌虫长27～30 mm,因白色的生殖器官环绕于红色(含血液)的肠道,故形成红白相间的外观;阴门位于虫体后半部,有一个显著的瓣状或舌状阴门盖。虫卵大小为(75～95) μm×(40～50) μm,卵壳薄而光滑,新鲜排出的虫卵含16～32个胚细胞。

②生活史:捻转血矛线虫的虫卵随粪便排出体外,在适宜的条件下,经4～5 d孵出幼虫,再经4～5 d幼虫脱皮两次成为感染性幼虫,感染性幼虫在潮湿的环境中离开粪便,群集在草上,当羊、牛吃草时吞食了感染性幼虫而被感染,幼虫在胃内经两次蜕皮,过2～3周发育为成虫。

捻转血矛线虫为直接发育类型,没有中间宿主,生活史包括自由生活和寄生生活两个阶段:①自由生活阶段,桑椹期的虫卵在潮湿的环境中1～2 d孵化成1期幼虫,3～4 d孵化成2期幼虫,1期和2期幼虫在体外均以细菌为食物;经过1～2周的时间,发育为带鞘的第3期感染性幼虫(L3)。②寄生生活阶段,牛羊等反刍动物进食时,经口感染了3期幼虫,幼虫到达皱胃后钻入黏膜发育蜕皮,发育成第4期幼虫,再返回胃腔经最后一次蜕皮逐渐发育为成虫,从感染至发育成熟大约需要3周的时间。

③流行病学:捻转血矛线虫在毛圆科线虫中的致病力最强,反刍动物的肠道线虫主要是血矛线虫。捻转血矛线虫比其他肠道线虫产卵多,雌虫1 d可产卵5 000～10 000个。虫卵对外界抵抗力较强,特别是3期幼虫可在潮湿的土壤中存活3～4个月,在干燥的环境中存活更久。适宜的发育温度是20～30℃,4℃以下虫卵停止发育,1℃以下或60℃以上可致死亡。低湿的草地有利于本病的传播,在露水草和阴天、小雨后放牧,最易感染本病。羊的发病多在4～10月,尤以5～6月和8～10月多发,7月发病可略减少,冬季极少有发病。虫卵对一般消毒药抵抗力较强。

羔羊和青年羊发病率及死亡率最高,成年羊抵抗力较强,尤其是在春季,温度适宜,感染性期幼虫可从土壤中移行至牧草上,经口感染宿主,导致捻转血矛线虫病的暴发,可引起宿主的大批死亡,这一现象被称为"春潮"。可能由两种原因导致,一种是当年春季感染,越冬的幼虫在春季开始恢复活力,宿主在草场进食时,就会被大量感染;另一种是胃肠黏膜内幼虫发育受阻,夏秋季节时,宿主营养好,抵抗力强,使得幼虫发育受阻,但是在冬末春初,气候环境等条件相对恶劣,宿主由于缺乏营养使得抵抗力下降,胃肠内的幼虫慢慢活跃起来,导致宿主发病。另外,宿主对捻转血矛线虫有"自愈"现象,这是由于宿主感染捻转血矛线虫后,皱胃黏膜水肿,形成不利于虫体生存的环境,使得原有的和新感染的虫体一起被排出体外而引起的。

④致病作用:虫体寄生于真胃,以虫体的前端刺入胃黏膜引起损伤,造成真胃炎症和出血。该虫体寄生在真胃黏膜时,往往有数千条以上,在2 000条时,每天吸血可达30 mL,而且在虫体离开后仍继续流出血液。虫体寄生时,除直接吸血和因胃壁创伤持续出血造成失血引起贫血外,还因分

泌毒素影响造血功能、消化液的分泌紊乱和对饲料的消化吸收障碍,使病羊呈现营养不良等一系列的症状。捻转血矛线虫对羔羊的致病力往往与羊的体况有关,所以有时引起致死性的进行性贫血,有的发生贫血后可"自愈",不造成严重影响。贫血不仅引起循环失调和营养障碍,还可导致肝坏死和肝细胞脂肪变性,有时伴发铁缺乏。

⑤临床症状和剖检变化:以贫血、衰弱和消化紊乱为主。急性者多见于羔羊,有的膘情尚好,突然死亡,这多是因一次大量感染虫体而引起的;一般为亚急性经过,病羊被毛粗乱、消瘦、精神萎靡,行走无力,严重时卧地不起,眼结膜苍白,下颌间或下腹部水肿。大便有时干燥,并带有黏液,很少出现下痢,病程可达 2~3 个月甚至更长,以后因严重消瘦陷于恶病质死亡。如不死则转为慢性;慢性者症状不明显,病程可达七八个月以上。

剖检在真胃内可见大量虫体,它们吸着在胃黏膜上或游离于胃内容物中;附着在胃黏膜上时如覆盖着毛毯样的一层暗棕色虫体,有的绞结成黏液状团块,有些还会慢慢蠕动。病死羊尸体消瘦,尸僵不全,血液稀薄,呈淡红色且不易凝固。胸、腹腔内常有中等量积水,肝、肾、脾等实质脏器质地松软,色较淡。

⑥诊断:根据本病在当地的流行情况、患羊的症状、死羊或病羊的剖检结果进行综合判断。粪便检查可用饱和盐水漂浮法,但虫卵特征性不强,需做幼虫培养,特别是第 3 期幼虫做进一步的鉴定。

⑦治疗:左旋咪唑是一种广谱的驱线虫药,毒性较低,价格不贵。用量按每千克体重 6~10 mg,混精料喂服或个体灌服。左旋咪唑除对捻转血矛线虫有良好的驱除效果外,对肠道其他线虫也有很好的效果。本品应在羊屠宰前 7 d 停止使用。

丙硫苯咪唑(抗蠕敏)对常见的胃肠道线虫、肺线虫、绦虫均有效;可同时驱除混合感染的多种胃肠道寄生虫。驱除捻转血矛线虫单独使用时每千克体重用 5~15 mg,用于混合寄生的多种肠道寄生虫时,尤其混合绦虫寄生时,可按每千克体重 20 mg+左旋咪唑 10 mg 投服。本品应在羊屠宰前 14 d 停止使用。

阿维菌素(虫克星、阿福丁)或伊维菌素(灭虫丁、伊福丁)是强力、广谱的驱肠道线虫药,对体外寄生虫也有杀灭作用。这类药物商品名较多,选购时应注意名称、浓度及质量。通常有注射剂和粉剂两种,注射可用 1%针剂,用量按每 10 千克体重注射 0.2 mg 计算,用短针头注射于皮下,不要注入肌肉和静脉。喂服用 1%预混剂,按每 30 千克体重 1 g 计算。但是由于牛、羊等反刍动物的胃内容物影响药物疗效,所以对羊、牛等一般不口服投药,应以注射剂为首选。在用药后 35 d 内不得屠宰食用。以上各种药物,如果是用于第一次治疗时,应在第一次投药后的第 15 d 和第 30 d 按第一次用药量再各投药一次,以驱除残存的虫体或虫卵又孵化出的成年虫体。

⑧预防:用药物进行预防性驱虫是重要和有效的措施,药物预防必须是策略性的,应有计划地进行。

可用以下程序:每年对全群羊要做两次预防性驱虫,一次应在晚冬或早春(2~3 月)对幼虫进行驱除,以阻止"春季高潮"的出现,另一次在秋季(8~9 月),以防止成虫"秋季高潮"的出现和减少幼虫造成的"冬季高潮"。在本病严重的地区或羊群,应在 5~6 月增加一次驱虫。新购入的羊应驱虫 1~2 次。

用药物预防的同时,还应注意放牧和饮水的卫生,对羊排出的粪便及时清扫,集中发酵处理。还要加强饲养,以增强羊的抗病力。

预防性免疫接种,一般多应用致弱的感染性幼虫作为疫苗进行免疫接种。

（2）毛圆属（*Trichostrongylus*）　毛圆属线虫体细小，呈淡红色或褐色，头端细，尾端粗。无头泡，口囊不明显。本属的一个重要特征是在食道区有明显凹陷的排泄孔。雄虫交合刺粗短，末端尖，有引器。雌虫尾短，锥状，阴门位于虫体后半部。虫卵椭圆形，壳薄。新鲜粪便的虫卵，内含10～20个卵胚细胞，呈葡萄状。

蛇形毛圆线虫（*T. colubriformis*），寄生于牛、羊小肠前部，偶见皱胃，也可感染人，是一种人畜共患寄生虫病，也是牛、羊体内最常见的线虫。虫体细小。雄虫长4～6 mm，交合伞侧叶大，背叶不明显，背肋小，末端分小枝，1对交合刺粗而短，近于等长，远端具有明显的三角突，引器呈梭形。雌虫长5～6 mm，阴门位于虫体后半部。

突尾毛圆线虫（*T. probolurus*），寄生于羊、驼、兔及人的小肠中。雄虫长4.3～5.5 mm，交合伞侧叶大，背叶不明显，背肋小，末端分小枝，交合刺几乎等长，远端的三角突粗大。雌虫长4.5～5.5mm。虫卵大小为(76～92) μm×(37～46) μm。

艾氏毛圆线虫（*T. axei*），雄虫长3.5～4.5 mm，交合伞侧叶大，背叶不明显，背肋小，末端分小枝，两根交合刺不等长，不同形。引器近梭形。雌虫长4.6～5.5 mm。寄生于绵羊、山羊、牛和鹿的皱胃，偶见于小肠。

成虫通常寄生在空肠上段，成虫以纤细的头部侵入宿主的黏膜内。交配后，虫卵随宿主粪便排出，然后在土壤中发育，24 h内幼虫孵出，经两次蜕皮发育为感染期幼虫。宿主经口感染感染期幼虫，在宿主小肠内经第三次蜕皮后钻入肠黏膜，数日后逸出，进行第四次蜕皮，然后虫体头端插入肠黏膜，发育为成虫。感染性幼虫进入宿主体内，可导致宿主真胃内pH升高，胃内环境改变，胃功能紊乱，导致胃内钠含量增加，干物质的钾含量降低。患畜发生腹泻，消瘦，脱水，最后导致死亡。断奶后至1岁的羔羊易发生本病。

2.食道口线虫病

牛羊食道口线虫病是由盅口科（Cyathostomidae）食道口属（*Oesophagostomum*）的多种食道口线虫的幼虫及其成虫寄生于肠壁与肠腔引起的疾病。有些种类的幼虫可在肠壁形成结节，所以又称为结节虫。寄生在结肠和盲肠。此病在我国各地的牛、羊普遍存在，有病变的肠管不适于做肠衣而遭废弃，给畜牧业造成一定的经济损失。寄生于羊的主要有哥伦比亚食道口线虫、微管食道口线虫、粗纹食道口线虫、甘肃食道口线虫。寄生于牛的主要有辐射食道口线虫。

（1）病原形态　口囊小而浅，其外周有明显的口领，口缘有叶冠，有或无须沟，颈乳突位于食道附近两侧，其位置因种不同而异，有或无侧翼膜（图43-5）。雄虫的交合伞发达，有一对等长的交合刺。雌虫阴门位于肛门前方附近，排卵器发达，呈肾形。虫卵较大。

（2）生活史和流行病学　虫卵随粪便排出后，发育为感染性幼虫，宿主经口感染感染性幼虫。幼虫进入宿主体内，钻入肠壁，导致机体发生免疫反应，肠壁形成结节。虫体在其内蜕两次皮，后返回肠腔，发育为成虫。

从感染宿主到成虫排卵需30～50 d，本病主要发生在春、秋季节，且主要侵害羔羊和犊牛。虫卵的抵抗力较强，在相对湿度为48%～50%，平均温度11～12℃时，可生存60 d以上，但不耐低温，在低于9℃时，虫卵即停止发育。第1、第2期幼虫对干燥敏感，第3期幼虫的抵抗力较强，适宜条件下可生存10个月，冰冻可使之死亡。感染性幼虫适宜于潮湿的环境，尤其是在有露水或小雨时，幼虫便爬到青草上。感染性幼虫为披鞘3期幼虫。哥伦比亚食道口线虫、辐射食道口线虫幼虫可在肠壁的任何部位形成结节。

（3）致病作用与临床症状　幼虫阶段：幼虫钻入宿主肠壁引起炎症，机体免疫反应导致局部组

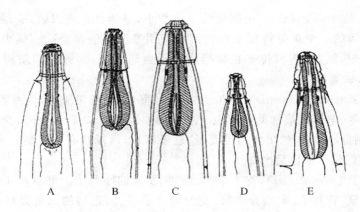

图 43-5　食道口线虫前部
A. 哥伦比亚食道口线虫　B. 微管食道口线虫　C. 粗纹食道口线虫　D. 辐射食道口线虫　E. 甘肃食道口线虫

织形成结节,钙化,使宿主消化吸收受到影响。成虫阶段:主要是虫体分泌的毒素可加重结肠性炎症的发生。牛、羊在临床上所表现的症状与感染虫体的数量和机体的抵抗力有关。如一岁以内的羊寄生 80～90 条,年龄较大的羊寄生 200～300 条时,即为严重感染。表现持续性腹泻或顽固性下痢。粪便呈暗绿色,表面带有黏液,有时带血。便秘和腹泻交替进行,下颌间可能发生水肿,最后多因机体衰竭而死亡。

（4）诊断　生前在粪便中检出大量虫卵,结合剖检在大肠壁上找到结节,肠腔内找到虫体或在新鲜结节内找到幼虫,均可确诊。但也有仅见结节而不见虫体的。

（5）防治　治疗、预防可用噻苯唑、左旋咪唑或伊维菌素等药物进行驱虫。

预防措施主要包括定期驱虫和加强饲养卫生管理,春、秋两季各进行一次驱虫。粪便进行生物热处理,保持牧场、饲料与饮水的卫生。

3.仰口线虫病

牛、羊仰口线虫病又称钩虫病,是钩虫科（Ancylostomatidae）仰口属（Bunstomum）的羊仰口线虫和牛仰口线虫引起的一类线虫病。主要特征:引起动物贫血。寄生于牛羊小肠（十二指肠）。

（1）病原形态　虫体前端稍向背侧弯曲,口囊大,略呈漏斗状,口孔腹缘有一对半月形切板,口囊内有一个背齿,有多枚亚腹齿。雄虫长 10～20 mm,交合伞的外背肋不对称,有一对等长的交合刺;雌虫长 15～28 mm,生殖孔在虫体中部之前。羊仰口线虫（B. trigonocephalum）口囊内亚腹齿 1 对,交合刺较短,为 0.57～0.71 mm 。牛仰口线虫（B. phlebotomum）口囊内亚腹齿 2 对,交合刺长,为羊仰口线虫的 3～5 倍。

（2）生活史　成虫寄生于小肠,交配产卵,卵随粪便排到外界。适宜的温度下,形成第一期幼虫,经 2 次蜕化,发育到三期幼虫（感染性幼虫）。经过口或皮肤途径进入体内,经口感染的直接到感染部位,逐渐发育为成虫,经血液循环再入小肠寄生;经皮肤感染的幼虫随血流进入肺内,通过支气管、气管进入口腔,咽下,进入小肠发育为成虫,一般认为经皮肤是主要的感染途径。

（3）流行病学　仰口线虫病分布于全国各地,在较潮湿的草场中放牧的牛、羊流行更严重。多呈地方性流行,一般秋季感染,春季发病。感染性幼虫在夏季牧场能存活 2～3 个月,在春季和秋季生活时间稍长一些。严冬的寒冷气候对幼虫有杀灭作用。牛、羊可以对仰口线虫产生一定的免疫力。低于 8℃,虫卵不能发育;高于 35℃仅能发育到第 1 期幼虫,只有 14～31℃条件下才能正常发育。

（4）致病作用和临床症状　成虫吸血可导致宿主贫血,据统计每100条虫体可吸血8 mL,吸血过程中频繁移位,造成肠黏膜多处出血。虫体分泌毒素,导致寄生部位损伤、炎症、溃疡;经皮肤移行过程中,会造成组织损伤、肺出血等。患畜表现以贫血为主的一系列症状,如黏膜苍白、皮下水肿、消化紊乱、下痢、大便带血。消瘦、营养不良,最后以恶病质而死亡。幼畜还可有神经症状,发育受阻。

（5）诊断　确诊应依靠粪便虫卵检查,饱和盐水漂浮法。剖检在十二指肠和空肠检出虫卵可确诊。

（6）治疗与预防　治疗可用丙硫苯咪唑、左咪唑、伊维菌素、甲苯咪唑等,剂量见蛔虫病和毛圆线虫病。应采取综合预防措施,首先定期驱虫;加强圈舍卫生,保持圈舍清洁干燥;粪便及时进行发酵处理,严防粪便污染饲料和饮水;避免在低洼潮湿处放牧等。

4.夏伯特线虫病

夏伯特线虫病是由圆线科(Strongyloidae)夏伯特属(Chabertia)的线虫寄生于牛、羊、骆驼、鹿及其他反刍动物的大肠内引起的,本病遍及各地,主要以西北、内蒙古和山西较为严重。有或无颈沟。

（1）病原形态　颈沟前有不明显的头泡,或无头泡;口孔开口于前腹侧,有两圈不发达的叶冠;口囊呈亚球形,底部无齿。雄虫交合伞发达,交合刺等长且较细,有引器。雌虫阴门靠近肛门。常见的种有绵羊夏伯特线虫和叶氏夏伯特线虫。

绵羊夏伯特线虫(C. ovina)虫体较大,为乳白色或淡黄色,前端向腹面弯曲,有一近似半圆球形的大口囊;其前缘有两圈由小三角形组成的叶冠。腹面有浅的颈沟,颈沟有膨大的头泡。雄虫长16.5～21.5 mm。有发达的交合伞,交合伞刺褐色,引器呈淡黄色。雌虫长22.5～26.0 mm,尾端尖,阴门距尾端0.3～0.4 mm。虫卵椭圆形,大小为$(85～132)\ \mu m \times (42～56)\ \mu m$。

叶氏夏伯特线虫(C. erschowi)无颈沟和头泡,外叶冠的小叶呈圆锥形,尖端骤然变细;内叶冠狭长,尖端突出于外叶冠基部下方。雄虫14.2～17.5 mm,雌虫17.0～25.0 mm。

（2）生活史与流行病学　生活史类似于捻转血矛线虫,从感染宿主到成熟需30～50 d,成虫寿命约9个月左右。虫卵和感染性幼虫在低温($-12～-3$℃)下长期生存。干燥和日光照射,经10～15 min死亡。

1岁以内的羔羊最易感染,发病较重。成年羊抵抗力强,症状不明显。

（3）致病作用与临床症状　成虫口囊大,吸附在宿主的肠黏膜上,且频繁更换部位,严重损害肠黏膜,造成溃疡出血,加之分泌毒素,造成贫血。患畜消瘦,黏膜苍白,排出带血的粪便,下痢,幼畜发育迟缓,下颌水肿,严重可导致死亡。

诊断和防治可参照反刍家畜毛圆线虫病。

思考题

1.日本血吸虫病的病原形态、发育过程、流行特征和防御措施是什么?

2.简述扩展莫尼茨绦虫与贝氏莫尼茨绦虫的区别。

3.人和动物怎样感染旋毛虫病,病原体特征以及怎样诊断与治疗?

4.简述猪蛔虫病的病原体特征与防治措施。

5.简述牛、羊消化道线虫的科、属鉴别,寄生部位、发育特征和防治。

第四十四章　蜘蛛昆虫病

学习要点

　　掌握螨病、蜱病、羊鼻蝇蛆病的概念、病原、流行特点、生活史、症状、病变、诊断和防治措施。理解蜱、螨、昆虫等节肢动物的一般形态结构和基本发育过程。了解蜱、螨、昆虫的分类与描述。

　　节肢动物是无脊椎动物,种类非常多,是动物界中最大的一门,分布广泛,水、陆、空都有它的分布。共 100 多万种,约占动物的 85%。由于大多数节肢动物营自由生活,除了其本身致病外,广泛分布于生态环境中。而有部分营寄生生活,可寄生于动物的体表或体内,通过叮咬和吸血等方式直接危害寄生动物,或可传播各种疾病间接危害动物,严重时可致动物大批发病、死亡。

第一节　节肢动物的形态和发育

一、节肢动物的形态和结构

　　节肢动物身体一般左右对称,不同部位的体节相互愈合而形成头部、胸部和腹部,某些种类的头部和胸部愈合成头部,或胸部与腹部结合成躯干部。身体各部的分工有所分化,头部区域负责摄食和感觉,胸部趋于运动和支持,腹部趋于代谢和生殖。除身体分节外,附肢也分节,使节肢动物的活动范围和活动能力增强。

(一)体表

　　节肢动物的体表是由几丁质及其他无机盐沉着变硬而成,不仅有保护内部器官及防止水分蒸发的功能,而且与其内壁所附着的肌肉一起完成各种活动并支持体躯,功能与脊椎动物的骨骼相似,因而称为外骨骼。外骨骼不仅具有保护节肢动物的功能,而且与节肢动物的运动有密切的关系。节肢动物的肌肉附着在外骨骼上,在肌肉收缩时起杠杆作用,从而产生相应的运动。

(二)体腔

　　节肢动物的体腔为混合体腔(mixocoel)。节肢动物为开管式循环,因此混合体腔中又充满血液,因此又称为血腔(haemocoel)。心脏呈管状,位于消化管的背侧,循环系统为开管式,血液自心脏流出,向前行至头部,再由前向后,进入血腔,又经心孔流入心脏。

(三)内部构造

(1)呼吸系统 节肢动物除螨类直接用体表呼吸外,多数种类利用鳃、气管或书肺进行气体交换。

(2)感觉系统 节肢动物神经干位于消化管腹侧,许多神经节随着体节的愈合而合并。感觉器官发达。昆虫有单眼和复眼。

(3)消化系统 分为前肠、中肠和后肠。前肠包括口、咽、食道和前胃,具有储存和研磨食物的功能。中肠又称胃,是消化和吸收的重要部位。后肠包括小肠、直肠和肛门,吸收肠腔水分和排出粪便。

(4)排泄系统 分为两类:甲壳类的绿腺、颚腺,以及蛛形纲的基节腺(与后肾同源的腺体)营排泄功能;蛛形纲、多足纲和昆虫纲的马氏管,收集血淋巴中的代谢产物排出体外。代谢产物也不同:前者的代谢产物为氨,马氏管的代谢产物为尿酸。

(5)生殖系统 大多雌雄异体,有卵生和卵胎生两种生殖方式。

二、节肢动物的发育

节肢动物常为雌雄异体,发育过程中大多要经历蜕皮和变态。

(一)蜕皮

节肢动物由于外骨骼一经分泌形成就不能再继续扩大,这样造成了节肢动物生长的障碍。于是相应地出现了蜕皮现象。

蜕皮:肢动物的身体长到一定的限度后,便蜕去旧皮,重新形成新皮。在新皮未骨化之前,大量吸收水分和空气,迅速扩大身体。这种现象即称为蜕皮。蜕皮后,虫体才得以继续充分生长和发育。

(二)变态

昆虫从卵到成虫的个体发育过程中,不仅随着虫体的长大而发生着量的变化,而且在外部形态、内部器官和生活习性等方面也发生着周期性的质的改变,这种现象称为变态。节肢动物的变态主要有完全变态和不完全变态。

(1)完全变态 在其个体发育过程中,要经过卵、幼虫、蛹和成虫四个阶段。卵后各发育时期的形态与生活习性完全不同,称完全变态。如蚊、蝇。

(2)不完全变态 在个体发育过程中,只经过卵、若虫和成虫三个阶段,称不完全变态。如蝉、螨、虱等。

第二节 节肢动物的分类

节肢动物门分 7 个纲,与兽医有关的节肢动物涉及 4 个纲。

一、蛛形纲

蛛形纲(Arachnida)虫体头、胸、腹区分不明显,互相融合。虫体分假头和躯体两部。无触角;成虫有 4 对肢,肢分节,虫体前端为假头,由口器和假头基组成。如各种蜘蛛、蝎子、蜱、螨等(图 44-1)。本纲中与兽医有关的是蜱螨目的种类。

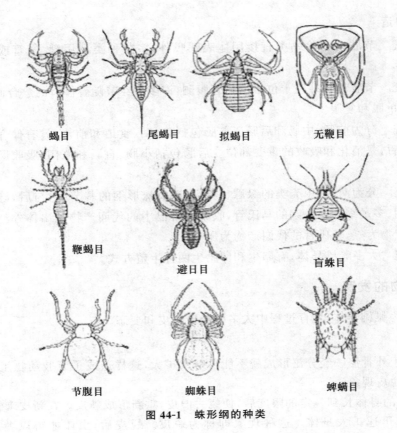

图 44-1　蛛形纲的种类

二、甲壳纲

　　海洋或淡水中生活,极少数潮湿陆地生活;身体:头胸部、腹部;13 对附肢;2 对触角。有的为畜禽寄生虫的中间宿主,如各种虾、蟹、水蚤、剑水蚤等(图 44-2)。

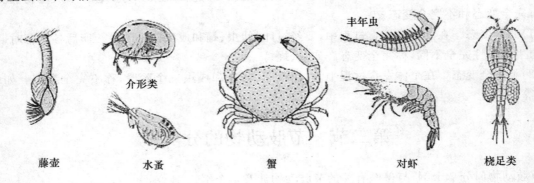

图 44-2　甲壳纲的种类

三、昆虫纲

　　广泛分布于陆地、淡水、海岸。动物界最多的 1 个类群。身体分为头、胸、腹;头部 1 对触角;

口器多样化,胸部有 3 个体节;1 对足/体节;翅有或无,高等种类有 2 对翅;腹部附肢退化。发育过程中的变态类型多。如螳螂、蝗虫、蜜蜂、蝉、甲虫、蝴蝶、蛾子、苍蝇、蚊子。

四、蠕形纲

营脊椎动物体内寄生生活,成虫与幼虫形态变化很大,幼虫颇似螨类,成虫细长,蠕虫状,无附肢,体表有许多明显的环纹,体表呼吸。如寄生于犬科动物鼻内的锯齿舌形虫。

第三节　节肢动物对畜、禽的危害

兽医节肢动物对畜、禽的危害主要包括直接危害和间接危害两方面。

一、直接危害

(一)侵袭和骚扰动物,影响生长发育

许多寄生性的节肢动物,在其寄生在宿主体表或体内时,侵袭骚扰动物,影响其采食和休息;同时可吸食宿主动物的血液、组织液,或咬食动物表皮,分泌毒素,使被叮咬部位出现红肿、毛囊炎等,并夺取宿主营养,使宿主消瘦,贫血和发育不良。

(二)引起特异性的寄生虫病

如疥螨寄生于家禽、家畜及经济动物的皮内引起疥螨病,痒螨寄生于畜禽皮肤表面可引起痒螨病;寄生蝇的幼虫寄生于牛、羊体内,可引起牛皮蝇蛆病和羊狂蝇蛆病。

二、间接危害

节肢动物携带病原体传播疾病,引起相应的传染病和寄生虫病,从而给畜、禽及经济动物带来严重危害。传播疾病的节肢动物称传播媒介或病媒节肢动物或病媒昆虫。由节肢动物传播的疾病称虫媒病。根据病原体与节肢动物的关系,将节肢动物传播疾病的方式分为机械性传播和生物性传播两类。

(一)机械性传播

节肢动物对病原体的传播只起携带输送的作用。病原体可以附在节肢动物的体表、口器上或通过消化道从而散播,借机转入另一个宿主,形态和数量均不发生变化,但仍保持感染力。如牛虻传播伊氏锥虫、炭疽杆菌;蝇类传播蛔虫等。

(二)生物性传播

病原体在节肢动物体内经历了发育、增殖的阶段,才能传播到新的宿主。对病原体来说,这种过程是必需的。例如,某些原虫和蠕虫,在节肢动物体内的发育构成生活史中必需的一环。待病原体发育至感染期或增殖至一定数量之后,才能传播。生物性传播只有某些种类的节肢动物才适合于某些种类病原体的发育或增殖。根据病原体在节肢动物体内发育或增殖的情况,可分为以下 4 种形式。

(1)发育式　病原体在节肢动物体内只有发育,没有数量的增加,如丝虫幼虫期在蚊体内的发育。

(2)增殖式　节肢动物成为病原体的增殖场所,只有数量的增加,但无可见的形态变化,如病

毒、立克次体、细菌、螺旋体等。这些病原体必须在其易感节肢动物体内达到一定量时，才具传播能力。

(3)发育增殖式　病原体在节肢动物体内不但发育，数量也大增。病原体只有待发育及增殖完成后才具感染性，如疟原虫在蚊体内的发育和增殖。

(4)经卵传递式　有的病原体不仅在节肢动物体内增殖，而且侵入雌虫的卵巢，经卵传递，以致下一代也具感染力。例如，硬蜱体内的森林脑炎病毒，蚊体内的日本脑炎病毒，软蜱体内的回归热疏螺旋体。有的节肢动物的幼虫感染病原体，但不传播，经卵传递至下一代幼虫才有传播能力，如微小牛蜱传播双芽巴贝斯虫。因而一次感染了媒介，可产生众多的感染后代，起着更大的传播作用。

节肢动物对人体健康最大的危害是传播疾病，它们不但能在人与人之间传播，也能在动物与动物之间以及动物与人之间传播。有的节肢动物寿命很长，且能长期保存病原体，如乳突钝缘蜱能保存回归热病原体长达25年。因此，节肢动物既是某些疾病的传播媒介，又是病原体的长期储存宿主，对保持自然疫源性疾病的长期存在起着重要作用。

第四节　蜱螨类疾病

一、蜱病

蜱病是由蜱(ticks)寄生于动物体表所引起的一类外寄生虫病。蜱属于蛛形纲(Archnida)蜱螨目(Acarian)，蜱分为三个科：硬蜱科(Ixodidae)、软蜱科(Argasidae)和纳蜱科(Nuttallidae)。其中最常见且对家畜危害性最大的是硬蜱科，其次是软蜱科，而纳蜱科不常见也不重要。

(一)硬蜱病

硬蜱又称壁虱、扁虱、草爬子、犬豆子等，是家畜、家禽体表的一种吸血性的外寄生虫。由硬蜱科的蜱寄生于动物的体表引起的寄生虫病称为硬蜱病。硬蜱科包括13个属，我国记录的有9属104种，多数寄生于哺乳动物，也有寄生于鸟类、爬虫类，个别寄生于两栖类。

1. 病原形态

硬蜱呈红褐色或暗灰色，卵圆形，虫体芝麻粒到米粒大。背腹扁平，背面有几丁质的盾板。4对足。头、胸、腹愈合在一起，不可分辨。按其外部附器的功能与位置，区分为假头与躯体两部分。

(1)假头　位于躯体前端，由假头基和口器组成，口器由一对须肢、一对螯肢和一个口下板组成。假头基呈矩形、六角形、三角形或梯形。雌蜱假头基背面有一对椭圆形或圆形的孔区，由许多小凹点聚集组成，有感觉及分泌体液帮助产卵的功能。假头基背面外缘和后缘的交接处可因蜱种不同而有发达程度不同的棘突，假头基腹面横线中部位常有耳状突。须肢位于假头基前方左右两侧，分4节，第1节较短小，第2、3节较长，第4节最小，居于第3节腹面的凹窝内，其端部具有短粗的感觉毛，称须肢器。须肢在吸血时起固定和支撑蜱体的作用。螯肢位于两须肢中间，从背面可看到。螯肢分为螯杆和螯趾，螯杆包在螯鞘内，螯趾分内侧的动趾和外侧的定趾。口下板的形状因种类而异，在腹面有呈纵列的倒齿，每侧的齿列数常以齿式表示，端部的齿细小，称为齿冠，螯肢和口下板之间为口腔。

(2)躯体　在躯体背面有一块盾板，雄虫的盾板几乎覆盖整个背面，雌虫、若虫和幼虫的盾板呈圆形、卵圆形、心脏形、三角形或其他形状,覆盖背面的前1/3。盾板前缘两侧为肩突。盾板上有1对颈沟和1对侧沟,还有大小、深浅、数目及分布状态不同的刻点。躯体背面后半部,在雄蜱及雌蜱都有后中沟和1对后侧沟,有些属硬蜱盾板上有银白色的花纹。有些属硬蜱在盾板上侧缘有1对眼。有些属硬蜱躯体后缘具有方块形的缘垛,通常为11个,正中的一个有时较大,色淡而明亮,称为中垛。有些属硬蜱躯体后端突出,形成尾突。在腹面前部正中有一横裂的生殖孔,生殖孔两侧有1对向后伸展的生殖沟。肛门在后部正中,除个别属外,通常有肛沟围绕肛门的前方或后方。腹面有气门板1对,位于第4对足基节的后外侧,其形状因种类而异,是分类的重要依据。有些属硬蜱雄虫腹面有腹板,其板片数量、大小、形状和排列状况也常是鉴别种的特征。

硬蜱的成虫和若虫有4对足,幼虫有3对。足由6节组成,从体侧向外依次为基节、转节、股节、胫节、后跗节和跗节。第1对足跗节接近端部的背缘有哈氏器,为嗅觉器官,哈氏器包括前窝、后囊,内有各种感觉毛。

(3)内部构造　包括消化系统、生殖系统、呼吸系统、循环系统和神经系统。

消化系统:包括前口腔、咽、食道、中肠、直肠和肛门。

生殖系统:硬蜱雌雄异体。雌性生殖系统由1对卵巢、1对输卵管、1个子宫和1个与生殖孔相通的阴道组成。雄蜱由1对睾丸、1对输精管和1个通入生殖孔的射精管组成。

呼吸系统:若虫和成虫有较发达的气管,通过气门进行气体交换和调节体内的水分平衡。幼虫无气管系统,以体表进行呼吸。

循环系统:心脏位于躯体前2/3处,呈三角形。心脏向前连接主动脉,在前端包围着脑部形成围神经血窦,由心脏的搏动推动血淋巴液的循环。

神经系统:有一个中枢神经节(脑)位于第1、2基节水平线上。

蜱类有较发达的感觉器官,如体表的感毛,眼、哈氏器和须肢器等。

2.生活史与流行病学

(1)生活史　蜱的发育需要经过卵、幼虫、若虫及成虫四个阶段。幼虫、若虫、成虫这三个活跃期都要在人畜及野兽(禽)体上吸血。雌雄交配后,吸饱血的雌蜱离开宿主落地,爬到缝隙内或土块间不动,经过4～9 d卵发育后,开始产卵。卵经15～30 d孵出幼虫,幼虫爬到草上或灌木枝梢,等宿主经过时,便爬上其体表吸血,吸饱血后脱皮变为若虫。几天后若虫开始吸血,然后脱皮变为成虫,雌雄交配,雌虫吸饱血后落地产卵。

有些蜱由幼虫吸血开始直至发育为成虫都在一个宿主身上生活,只在雌虫吸血之后才离开宿主落地产卵,为一宿主蜱,如牛蜱属。

有些蜱的幼虫和若虫在一个宿主体上发育,若虫吸饱血后落地脱皮变为成虫,另找一个宿主吸血,为二宿主蜱,如某些璃眼蜱。

有些蜱三个活跃期都要更换宿主,每次吸饱血后都落在地面脱皮变态,为三宿主蜱,如革蜱属。

(2)流行病学　蜱呈世界性分布,我国各地都有蜱的报道。与农区相比,牧区蜱流行更为严重。蜱类的出现有明显的季节性。春季开始活动,夏、秋两季为活动高峰期,冬季一般在自然界或宿主体上过冬。蜱的嗅觉锐敏,动物的汗臭和呼出的CO_2是吸引蜱的因素。当人、畜距离蜱15 m时,开始感受。蜱的吸血量很大,有的饱食后其体重可增至原重450倍。蜱的耐饥饿力也很强,在相当长的时间内(数周到数月)即使找不到宿主也不至于死亡。

3.我国常见寄生于家畜的蜱种类

(1)微小牛蜱(*Boophilus microplus*)　微小牛蜱为小型蜱。无缘垛;无肛沟;有眼,很小;假头基呈六角形;须肢很短,第二、三节有横脊;雄虫有尾突;腹面肛侧板与副肛侧板各1对。主要寄生于黄牛和水牛,也有寄生在其他家畜和人体上的。一宿主蜱,整个生命周期50 d,每年繁殖4～5代,能传播牛双芽巴贝斯虫病和牛边缘边虫病。

(2)全沟硬蜱(*Ixodes persulcatus*)　全沟硬蜱为小型的三宿主蜱;无缘垛、无眼,肛沟围绕肛门前方。假头基宽,五边形。颈沟浅;刻点浅且分布均匀,表面有小细毛;肛板短;肛侧板前部宽于后部;气门板呈卵圆形。全沟硬蜱成虫寄生于家畜和野生动物,也侵袭人,主要传播牛巴贝斯虫病和人森林脑炎。多分布森林地带,主要分布于针、阔混交林和柞林地区的密林中。全沟硬蜱生活周期为2～3年,越冬的雌虫于5～6月出来活动。主要分布在东北、新疆、西藏等地区。

(3)血红扇头蜱(*Rhipicephalus sanguineus*)　为中型蜱。有眼;有缘垛;假头基宽短,六角形,侧角明显;须肢粗短,中部最宽,前端稍窄;须肢第1、2节腹面内缘刚毛较粗,排列紧密。雄蜱肛门侧板似三角形,长为宽的2.5～2.8倍,内缘中部稍凹,下方凸角不明显或圆钝,后缘向内斜;副肛侧板呈锥形,末端尖细;气门板长,呈逗点形。主要寄生于犬,也寄生于其他家畜。能传播犬巴贝斯虫、驽巴贝斯虫和马巴贝斯虫病。三宿主蜱,一年繁殖三代。在华北地区活动季节为5～9月。分布于华北、西北、辽宁、河南、江苏、福建、广东等地区。

(4)草原革蜱(*Dermacentor nuttalli*)　为大型蜱。盾板有银白色花斑;有缘垛;有眼;假头基呈矩形,基突短小,转节背距圆钝;基节外距不超出后缘;雄蜱气门板背突达不到边缘。成虫寄生在牛、马、羊等家畜及大型野生动物体上,而幼虫和若虫寄生于啮齿动物和小型兽类,为典型的草原种类,分布于东北、华北、西北广大牧区。草原革蜱为三宿主蜱,一年繁殖一代,成虫活动季节主要在3～6月,仅叮咬而不大量吸血,以饥饿成虫在草原上越冬。

草原革蜱主要传播驽巴贝斯虫和马巴贝斯虫病。

(5)残缘璃眼蜱(*Hyalomma detritum*)　为大型蜱。须肢窄长;眼相当明显,呈半球形,位于眼眶内;足细长,褐色或黄褐色,背缘有浅黄色纵带,各关节处无淡色环带。雌蜱侧沟不明显,雄蜱中垛明显,淡黄色或与盾板同色;后中沟深,后缘达到中垛;后侧沟呈长三角形;肛侧板略宽,前尖后圆,副肛侧板末端圆钝,肛下板短小;气门板大,曲颈瓶形,背突窄长,顶端达到后板边缘。残缘璃眼蜱主要寄生于牛、马、羊、骆驼、猪等。残缘璃眼蜱为二宿主蜱。主要生活在家畜舍内及停留处,一年繁殖一代,每年5～8月为成虫活动期,6～7月为活动高峰期。8～9月为幼虫活动期,以若虫越冬。残缘璃眼蜱能传播牛泰勒虫病和驽巴贝斯虫病。主要分布于东北、华北、西北、华中等地区。

(6)龟形花蜱　大型蜱,有肛后沟;盾板花斑(少数无);体形宽,呈卵形;须肢窄长,尤其第二节显长。有眼(如无眼则为盲花蜱属,寄生于爬虫类)。

3.危害

(1)直接危害　由于蜱的叮咬而引起动物局部发炎、水肿、出血和角质增厚。影响皮革质量。由于蜱唾液内毒素的作用引起动物麻痹,甚至死亡。

(2)间接危害　硬蜱是各种焦虫病的传播者,它们还能传播布氏杆菌病、鼠疫、森林脑炎等14种细菌性和83种病毒性疾病。

4.治疗

(1)双甲脒:0.0375％浓度,间隔7 d重复用药一次。

(2)二嗪农:250 mg/kg(按体重计算)二嗪农水乳剂喷淋。

(3)蝇毒磷:0.05％蝇毒磷乳液进行喷洒、药浴或洗涮。

(4)溴氰菊酯:0.01％浓度间隔10～15 d重复用药一次。

（5）碘硝酚：20%注射液，剂量为 10 mg/kg（按体重计算），皮下注射。

（6）伊维菌素注射液：剂量为 0.02 mg/kg（按体重计算），一次皮下注射。

5.防治

硬蜱的防治需要采取综合防治措施。

（1）消灭畜体上的蜱　对于家畜体表的硬蜱可用手工或机械清除，或用药物进行驱杀，如有机磷、菊酯类等要进行喷雾、涂抹，或注射伊维菌素、多拉菌素等。

（2）消灭畜舍的蜱　对于圈舍周围活动的蜱，采用堵塞缝隙以及在圈舍内喷洒杀虫剂等防治措施。

（3）生物灭蜱　对于自然环境中活动的蜱，可采用轮牧、喷洒杀虫剂、生物防治等措施。

（二）软蜱病

软蜱病是由软蜱科的蜱类寄生在动物体表，叮咬、吸血，引起宿主发病的外寄生虫病。软蜱呈椭圆形或长椭圆形，体型偏平，左右对称。与兽医有关的有 2 个属，即钝缘蜱属（*Argas*）和锐缘蜱属（*Ornithodoros*）。

1.病原形态

软蜱整个躯体均无几丁质板，虫体也分为假头和躯体。

（1）假头（capitulum）　位于躯体前部的腹面。假头基较小，一般近方形，其上无孔区。须肢圆柱形，端部向下后方弯曲，由 4 节组成。在须肢后内侧或具一对须肢后毛。口下板不发达，其上的齿较小。口下板基部有一对口下板后毛。螯肢结构与硬蜱相同。

（2）躯体（idiosoma）　均由弹性的革质表皮构成，其结构因属种不同而异，或呈皱纹状，或为颗粒状，或具乳突或有圆形陷窝，背腹肌附着处所形成的凹陷称盘窝（disc）。腹面前端有时突出，称顶突（hood）。大多数种类无眼。生殖孔和肛门的位置与硬蜱大致相同。性的二态现象不明显。雌性生殖孔呈横沟状，雄性则为半月形，这是区别两性的主要依据。足的结构与硬蜱相似，但基节无距。爪垫退化或付缺。幼蜱和若蜱的形态与成蜱相似，但生殖孔未形成，且幼蜱只有 3 对足。

2.生活史和流行病学

软蜱的发育过程和流行病学与硬蜱相似。不同之处是软蜱只有吸血才爬到宿主身上，吸饱血后会爬离宿主。软蜱病多发生在有杂物堆积的鸡舍或圈舍。活动季节为 3～11 月，以 8～10 月最多。寿命长，可达 15～25 年。

3.我国畜体常见的软蜱类

波斯锐缘蜱（*Argas perskcus*），又称软蜱、鸡蜱，属蛛形纲、蜱螨目的软蜱科（Argasidae）锐缘蜱属（*Argas*），主要寄生于鸡、鸭、鹅和野鸟，偶见于牛、羊、犬和人。虫体扁平，呈卵圆形，前部钝窄，后部宽圆，吸血时体呈红色乃至青黑色，饥饿时淡黄色。软蜱的发育经虫卵、幼虫、若虫和成虫四个阶段。由虫卵孵出幼虫，在温暖季节需 6～10 d，凉爽季节约需 3 个月。主要寄生于鸡，也侵袭人。成蜱活动季节为 3～11 月，以 8～10 月最多。软蜱吸血量大，危害十分严重，可使禽类贫血，消瘦，衰弱，生长缓慢，产蛋量下降，头扎入皮肤强行拔除对机体造成组织破损伤害，并能引起蜱性麻痹，甚至造成死亡。软蜱的各活跃期都是鸡、鸭、鹅螺旋体病病原体的传播者，并可作为布氏杆菌病、炭疽和麻风病等病原体的带菌者。

拉合尔钝缘蜱（*Ornithodoros lahorensis*），成蜱略呈卵圆形，前端尖窄，后缘宽圆，土黄色，雌蜱长宽约 10 mm×5.6 mm，雄蜱约 8 mm×4.5 mm。背面表皮呈皱纹状，布有很多星状小窝；躯体前半部中段有 1 对长形盘窝,互相平行而靠近,躯体中部和后部也有几对圆形盘窝。假头中等大小,头窝较深而窄,假头基矩形,宽约为长的 1.4 倍,须肢长筒形;口下板齿式为 2/2;口下板后毛和须肢后毛均短小。生殖孔位于基节之间,雌虫的呈横裂状,雄虫的为半圆形,肛前沟浅而不完整,肛后中沟紧靠肛门之后,相当明显,在肛后中沟两侧有几对不规则的盘窝,气门板新月形,雌虫的与肛门宽约等,雄虫的气门稍大于肛门宽度。足粗细中等;跗节Ⅰ背缘 2 个粗大的瘤突和 1 个粗大的亚端瘤突,跗节Ⅱ～Ⅳ的假关节短,背缘有 1 个小瘤突,亚端部背缘还有 1 个大的瘤突,斜向上方;爪垫退化。主要生活在羊圈或其他牲畜棚里,寄生于绵羊、骆驼、山羊、牛、马、犬等家畜,有时也侵袭人。主要分布于新疆、甘肃和西藏等地。

4.致病作用

致病作用与硬蜱相似,可吸血、分泌毒素,危害动物健康,生产性能下降,传播疾病,如鸡螺旋体病和羊焦虫病。

5.治疗与预防

可参照硬蜱的防治方法,其中消灭畜舍内的软蜱是防治的重点,如要消灭鸡体上的软蜱时,应将药物涂在幼虫寄生部位。

二、螨病

螨病是由寄生性螨类寄生在畜禽体表或表皮内所引起的寄生虫病。螨类为螨亚目(Trombidiformes)、革螨亚目(Gamasida)、疥螨亚目(Sarxcoptiformes)的多个种类。已记载的有 3 万多种寄生于动物的螨,以疥螨亚目的疥螨科(Sarcoptidae)、痒螨科(Paoroptidae)的种类最为重要。它们分别寄生于畜、禽的皮肤表皮内或皮肤表面,引起畜、禽的慢性寄生性皮肤病,即通常所称的螨病,又称疥癣,俗称癞,以剧痒、脱毛、湿疹性皮炎和接触性感染为特征。螨病常发生于冬季,对家畜的危害很大,给畜牧业的发展造成巨大的损失。

虫体呈圆形、卵圆形或长椭圆形。背腹扁平,头、胸、腹愈合在一起;分为鄂体(假头)和躯体两部分。鄂体由背面的一对螯肢、两侧的一对须肢及腹面的一个口下板构成。躯体外皮由坚固的角质构成。成蜱和若蜱有足 4 对,幼螨有足 3 对,躯体和足上生有许多刚毛。

(一)疥螨病

疥螨病是由疥螨科的螨虫寄生于多种畜、禽和野生哺乳动物的皮肤表皮层内所引起的慢性、寄生性皮肤病。患部剧痒、结痂、皮肤增厚、患部逐渐向周围扩展和具有高度传染性为本病特征。

1.病原形态

疥癣虫属螨目中的疥螨科;成虫体呈圆形,微黄白色,背面隆起,腹面扁平。雌螨体长(0.33~0.45) mm×(0.25~0.35) mm,雄螨体长(0.20~0.23) mm×(0.14~0.19) mm。躯体可分为两部(无明显界限),前面称为背胸部,有第 1 和第 2 对足,后面称为背腹部,有第 3 和第 4 对足,体背面有细横纹、锥突、圆锥形鳞片和刚毛。假头后方有一对短粗的垂直刚毛,背胸上有一块长方形的胸甲。肛门位于背腹部后端的边缘上。躯体腹面有 4 对短粗的足。在雄螨的第 1、2、4 对足上,雌螨在第 1、2对足上各有盂状吸盘一个,长在一根不分节的中等长短的盘柄的末端。在雄螨的第 3 对足和雌螨的第 3、4 对足上的末端,各有长刚毛一根。卵呈椭圆形,平均大小为 150 μm×100 μm。

2.生活史

疥螨的发育属于不完全变态,需要经过卵、幼虫、若虫、成虫四个阶段,雄螨有一个若虫期,而雌螨有两个若虫期。其全部发育过程均在宿主身上完成，一般2～3周内完成。

雌虫和雄虫在皮肤表面交配后，雄虫死亡，雌虫在宿主表皮内挖凿与体表平行的隧道，在此处产虫卵。雌虫每天产卵1～2粒，持续4～5周，可产卵40～50粒，留在雌螨挖进途中的隧道中。卵一般经3～4 d孵化为幼虫，孵化的幼螨离开隧道，沿毛囊和毛孔钻入皮肤表面开凿小孔，并在穴内经3～4 d蜕皮发育为稚（若）虫。若虫有大小两型，小型若虫是雄性若虫，大型若虫为雌性第一期若虫，经蜕变发育后变为雌性第二期若虫。雄性若虫进一步发育为成虫后与雌性第二期若虫在隧道或体表交配后，雌性第二期若虫再蜕皮变为雌虫。成熟的雌螨一般不离开隧道，但当寄生部位皮肤被擦伤后，雌虫离开寄居处，并开始挖掘新的隧道。具有采食能力阶段的疥螨，以宿主的组织液、皮肤细胞碎片作为食物。

3.流行病学

疥螨主要通过接触感染。既可由健康动物与患病动物直接接触或通过被疥螨及其虫卵污染的畜舍、用具等间接接触引起感染。雌虫产卵数量虽然少，但发育速度很快，在适宜的条件下1～3周即可完成1个世代。条件不利时停止繁殖，但长期不死，常为疾病复发的原因。疥螨在宿主体外的生活期限，随温度、湿度和阳光照射强度等多种因素的变化而有显著的差异。一般仅能存活3周左右，在18～20℃和空气湿度为65%时经2～3 d死亡，而在7～8℃时则经15～18 d才死亡。疥螨在动物体外经10～30 d仍不失去侵袭特性。疥螨病主要发生于冬季、秋末和春初，因为这些季节，日光照射不足，家畜被毛长而密，皮肤湿度较高，特别在畜舍潮湿，卫生状况不良的情况下，最适合疥螨的发育和繁殖。夏季虫体大部分死亡，仅有少数潜伏在耳壳、系凹、蹄踵、腹股沟部以及被毛深处，成为最危险的感染来源。幼龄家畜易患螨病且病情较重，成年后有一定的抵抗力，但往往成为感染源。

4.临床症状

（1）猪疥螨病　5月龄以下猪多发，常由头部的眼圈、颊部和耳朵开始，严重的蔓延到腹部和四肢。表现剧痒而到处擦痒，患部摩擦而出血，被毛脱落，可见渗出液结成的痂皮，皮肤增厚，出现皱褶或龟裂。病程的延长，使食欲不振，营养衰退，偶有因高度衰弱而死亡。

（2）绵羊疥螨病　主要在头部明显，嘴唇周围、口角两侧，鼻子边缘和耳根下面。发病后期病变部位形成坚硬白色胶皮样痂皮，农牧民叫做"石灰头"病。

（3）犬、猫疥螨病　多见于四肢末端、面部、耳廓、腹侧及腹下部，逐渐蔓延至全身。病初在皮肤上表现为红斑、丘疹和剧烈瘙痒，甚至有小水疱或脓疱形成，破溃后流出黏稠黄色油状渗出物，渗出物干燥后形成鱼鳞状黄痂。此外，有大量麸皮样脱屑，或结痂性湿疹。由于剧烈瘙痒，犬、猫啃咬和摩擦患部而出血、结痂、形成痂皮。病变部脱毛，皮肤增厚，尾根、额部、颈部和胸部的皮肤形成皱襞。

5.诊断

根据发病季节（秋末、冬季和初春多发）和明显的症状（剧痒、皮肤病变和脱毛）以及接触感染、大面积发生均可做出初步判断。确诊需用小刀在患部与健康部位交界处刮深层皮肤，刮取痂屑时需直至微出血为止。检查的方法有直接镜检法、氢氧化钠溶解法等。

6.治疗

治疗螨病的药物和处方很多，介绍以下数种供选用。①3%敌百虫水溶液，洗擦患部或用喷雾器喷淋猪体。②500 μg/kg双甲脒（特敌克）水乳液，药浴或喷雾。③溴氰菊酯（倍特）间隔10 d喷淋两次，每头猪每次用3 L药液。④750 μg/kg螨净水乳溶液，间隔7～10 d喷淋两次。⑤虫克星注射液和1%伊维菌素，200 μg/kg（按体重计算用量），皮下注射。

7.预防

(1)搞好卫生　畜舍要经常保持清洁、干燥通风。进猪时应隔离观察,防止引进螨病病畜。

(2)隔离治疗　发现病畜应立即隔离治疗,以防止蔓延。在治疗病畜同时,应彻底消毒猪舍和用具,将治疗后的病猪安置到消毒过的卫生猪舍内饲养。由于大多数治螨药物对螨卵的杀灭作用差,因此需治疗2~3次,每次间隔7~10 d,以杀死新孵出的幼虫。

(3)药浴疗法　最适用于羊,此法既可用于治疗螨病,也可用于预防螨病。山羊在抓绒后,绵羊在剪毛后5~7 d进行。药浴应选择无风晴朗的天气进行。老弱幼畜和有病羊应分群分批进行。药液温度应保持在36~38℃,药液温度过高对羊体健康有害,过低影响药效,最低不能低于30℃。大批羊药浴时,应随时增加药液,以免影响疗效。药液的浓度要准确,大群药浴前应先做小群安全试验。药浴前让羊饮足水,以免误饮中毒。药浴时间为1 min左右,注意浸泡羊头。

(二)痒螨

痒螨病是由痒螨科的螨虫寄生于多种家畜和野生哺乳动物的皮肤表皮层内所引起的慢性和寄生性皮肤病。在我国家畜中以绵羊、牛、水牛和兔最为常见。

1.病原形态

虫体长圆形,体长0.5~0.9 mm;口器长,圆锥形;螯肢和须肢均细长;体背部有细皱纹,肛门在体末端;足长,雌虫第1、2、4对足和雄虫的前3对足有吸盘。雄虫腹面有2个性吸盘;生殖器在第4基节之间。雌虫躯体腹面有1个生殖孔,其后端为纵裂的阴道。雌性第二若虫的末端有两个突起供接合用,成虫无此构造。

2.生活史

痒螨的口器为刺吸式,寄生于皮肤表面,吸取渗出液为食。雌螨多在皮肤上产卵,约经3 d孵化为幼螨,采食24~36 h进入静止期后蜕皮成为第一若螨,采食24 h,经过静止期蜕皮成为雄螨或第二若螨。第二若螨蜕皮变为雌螨,雌、雄才进行交配。雌螨采食1~2 d后开始产卵,一生可产卵约40个,寿命约42 d。痒螨整个发育过程2~3周。痒螨病通常始发于毛长而稠密处,以致蔓延全身,绵羊、牛、兔多发。

3.流行病学

疥螨与痒螨相似,但是,痒螨具有坚韧的角质外皮,对不利环境的抵抗力超过疥螨,如在6~8℃和85%~100%空气湿度条件下,在畜舍能活2个月,在牧场能活35 d。夏天对痒螨的发育不利,光照和干燥对痒螨的发育不利,它们喜潜伏在皮肤皱褶及阳光照不到的部位,如耳壳、眼下窝、毛根下等,使动物患上潜伏型的痒螨病。一到秋冬,重新活跃起来,仍可引起疾病。

4.临床症状

主要症状在毛根部,侵害被毛稠密和温度、湿度比较恒定的皮肤。在适宜的条件下,感染后2~3周呈现致病性。发痒,皮肤出现丘疹、小水泡、脓疱、结痂、脱毛皮肤增厚等一系列症状。耳廓内形成黄白色痂皮,羊逐渐消瘦、贫血,当大面积脱毛时,常因瘦弱、寒冷而死亡。绵羊痒螨病最为严重和典型。

绵羊痒螨,多发生在长毛部位;开始仅限于背部和臀部,然后蔓延到体侧;奇痒;患畜初期皮肤出现结节,逐渐融合成黄色脂肪样痂皮。有时患部肥厚,形成龟裂。患羊被毛结成束状,泥泞,大面积脱毛。贫血、营养障碍,大批死亡。

5.诊断

根据流行病学和临床症状可做出诊断,也可采取病料查找虫体,以便确诊;在症状不太明显时,采取皮肤刮取物进行实验检查,检查有无虫体。方法:将病料浸入 40～50℃温水里,置恒温箱中 1～2 h 后,将其倾入表面皿上,置解剖镜下检查。活螨在温热作用下,由皮屑内爬出,集结成团,若见沉于水底部的痒螨虫即可确诊。

6.治疗与防治

可参照疥螨病。

第五节　昆虫类疾病

◆ 一、牛皮蝇蛆病

牛皮蝇蛆病是由皮蝇科(Hypodermatidae)皮蝇属(*Hypoderma*)的牛皮蝇(*Hypodermabovis*)、纹皮蝇(*H. lineatum*)、中华皮蝇(*H. sinense*)的幼虫寄生于牛背部皮下组织内所引起的一种慢性寄生虫病,主要在我国西北、东北牧区流行,草原放牧牛最常见、危害较严重。病原主要寄生于牦牛、黄牛,偶尔寄生于羊、鹿、麝、野牛、马等。患畜主要表现为消瘦、产奶量下降、皮革质量降低等,因其感染率高,危害严重。

(一)病原形态

皮蝇成虫较大,体表密生有色长绒毛,形状似蜂。复眼不大,离眼式,有三个单眼。触角芒简单,无分支。腋瓣大。口器退化,不能采食,也不能叮咬牛。幼虫在发育初期时色白,以后由黄变为褐色至黑褐色,体型粗短。口钩仅在第 1 期幼虫清晰可见,在第 2、3 期幼虫则退化不显。后气门 1 对,呈肾形,具有许多小气孔。第 2 期幼虫的小气孔随着龄期的增长,逐渐增多,常可有 20～40 个,其排列不围绕气门钮。第 3 期幼虫的小气门孔,亦呈肾形排列。幼虫体节上有扁平的结节和体棘。蛹色黑褐,微向背方弯曲,头端较窄,尾端较粗。由于皮蝇幼虫在家畜体内寄生 7～8 个月,在此期间虫体由第 1 期幼虫到第 3 期幼虫增大 200 余倍。寄生于牛的皮蝇有 2 种。

1.牛皮蝇

牛皮蝇(*H. bovis*)成蝇体长约 15 mm,头部被有浅黄色绒毛;胸部的前部和后部绒毛淡黄色,中间部分为黑色;腹部绒毛前端为白色,中间为黑色,末端为橙黄色。卵的大小为(0.76～0.80)mm×(0.22～0.29)mm,一端有柄,以柄附着在牛毛上,每根毛上只粘附 1 枚虫卵。第 1 期幼虫淡黄色,半透明,长约 0.5 mm,宽 0.2 mm,体分20 节,各节密生小刺,后端有 2 个黑色圆点状后气孔。第 2 期幼虫长 3～13 mm。第 3 期幼虫,体粗壮,色泽随虫体成熟由淡黄、黄褐变为棕褐色,长可达 28 mm,体分 11 节,无口前钩,体表具有很多结节和小刺,最后两节腹面无刺。有 2 个后气孔,气门板呈漏斗状(图 44-3)。

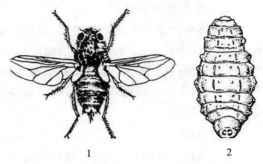

图 44-3　牛皮蝇(引自孔繁瑶,1997)
1.成虫　2.第 3 期幼虫

2.纹皮蝇

纹皮蝇(*H. lineatum*)成蝇体长 12～15 mm,雌蝇产卵器伸出时可长达 18 mm。体黑色,全身被覆细长绒毛。头部有复眼 1 对,单眼三角突出,黑色,有 3 个圆形单眼,单眼大于后面 1 对单眼。头顶深灰色,并有淡黄色的绒毛。雌蝇复眼间距较雄蝇宽。新羽化的活体成蝇呈亮瓷色,以后转成亮黄色。触角窝很深,触角由 3 节组成,第 1 节很短,第 2 节呈黄褐色,上具长鬃,第 3 节最大,呈柿形,棕褐色,基部常呈黑色。口器完全退化,仅为一棕红色的小锥形体。胸部的中胸黑色,被有棕红色绒毛,毛端变成淡灰色,胸部两侧的毛较长,呈赤黄色。并具有 4 条黑色纵纹。中胸两个侧面生有淡黄绒毛,并杂有赤黄色毛,在翅的后面生有一簇密而长的白色毛。翅透明无色。足的前足股节全黑,其长度相当于胫节长度,在近基部有长的灰黄毛丛。胫节棕褐色,后足胫节明显长于中足胫节,前足胫节生有黑褐色短鬃,近股节部的腹面有金黄色的短鬃。后足股节的基部及端部稍膨大,呈黑色,其中间的一段呈棕色,第 1 跗节的长度略等于或小于第 2～4 跗节的总和。爪为黑色。腹部黑色,第 2 腹节上密生淡黄色绒毛,第 3 腹节上绒毛呈棕黑色,较短,第 4、5 腹节有红棕色的长毛。卵与牛皮蝇的相似,但一根牛毛上可见一列虫卵。刚自卵孵出的第 1 期幼虫,体长为 0.644 mm×0.2 mm,半透明,乳白色,长椭圆形,前端较尖。体分 12 节,各节均有小刺。口钩顶端呈镰刀状,其前端尖锐,后端较钝。第 2 期幼虫长 10～15 mm。第 3 期幼虫长可达 26 mm,呈圆桶形,前端稍尖,背面微凹,腹面隆起。体色随着幼虫发育的程度而不同,由淡褐色至深褐色。体表具有很多结节和小刺,但最后一节腹面无刺。气门板浅平,不呈漏斗状。

(二)生活史和流行病学

两种皮蝇生活史基本相似,属于完全变态,整个过程经卵、幼虫、蛹和成虫 4 个阶段。成蝇不采食,自由生活,雌、雄蝇交配后,雄蝇死去,雌蝇围绕动物飞翔,产卵于动物体表。

产卵部位:牛皮蝇产卵于牛的四肢上部、腹部、乳房和体侧,每根毛上一枚卵;纹皮蝇的卵只产在后肢球节附近、前胸及前腿部,每根毛上可见数枚卵。400～800 枚/蝇。幼虫经毛囊部钻入皮下,进入动物体内发育并移行,在动物体内发育需经过 3 个期,即第 1 期、第 2 期和第 3 期。

牛皮蝇幼虫沿外周神经的外膜组织移行到椎管硬膜外的脂肪组织中,最后从椎间孔爬出到背部皮下发育为第 3 期幼虫;第 3 期幼虫一般于次年春季从动物体内排出到土壤中或厩肥内化蛹,蛹期 1～2 月,羽化为成蝇。在我国大部分地区,蝇蛆的发育周期为一年,即 1 年完成一次生活史。纹皮蝇与牛皮蝇有相似发育过程,但其第二期幼虫寄生于食道壁。牛皮蝇成虫出现于 6～8 月,纹皮蝇出现于 4～6 月。在我国牧区成蝇在春季至秋季内活动,以夏季为盛。

(三)危害与临床症状

成蝇飞翔产卵会造成牛只不安,影响采食和休息,进而影响其生产性能;幼虫移行,造成组织损伤;寄生于背部幼虫,引起局部结缔组织增生和皮下炎症,虫体由背部皮下钻出,破坏被皮的完整,影响皮革价值;分泌毒素,导致机体中毒,对血液和血管壁有损害作用,引起贫血,或出现过敏反应。严重感染时,患畜表现消瘦,生长缓慢,肉质降低,泌乳量下降。如幼虫误入大脑,可引起神经症状,甚至引起死亡。

(四)诊断

幼虫出现于背部皮下时,可触到隆起,内含幼虫,用力挤压,可挤出幼虫,即可确诊。

(五)治疗与防治

消灭寄生于牛体内的幼虫,对防治牛皮蝇蛆病具有重要的作用,既可减少幼虫的危害,又可防止幼虫发育为成虫。消灭幼虫可以采用机械或药物治疗的方法。在牛数不多和虫体寄生量少的情况下,可用手指压迫皮孔周围的机械方法,将幼虫挤出,并将其杀死。

药物:阿维菌素或伊维菌素皮下注射,剂量为 0.2 mg/kg(按体重计算);倍硫磷乳剂对牛进行注射或浇泼,剂量为 6～7 mg/kg(按体重计算)。还有蝇毒磷和皮蝇磷。每一种药要有休药期。治疗要掌握好用药时间,消灭体内寄生虫,防止虫体发育为成虫;一般在流行区于 4～11 月用药,12月至翌年 3 月不用药,以免将其杀死在食道和脊椎处引起局部反应。

生物防治技术:利用雄性不育技术等有一定效果;环境控制:防止成蝇在牛体上产卵。

二、羊鼻蝇蛆病

羊鼻蝇蛆病由羊狂蝇科、狂蝇属(*Oestrus*)的羊狂蝇(*Oestrus ovis*)幼虫寄生在羊的鼻腔及其附近的腔窦内引起的,主要危害绵羊,人的眼鼻也有感染的报道。中国西北、内蒙古、华北和东北等地区较为常见。

(一)病原形态

羊狂蝇(*Oestrus ovis*)的幼虫寄生于羊的鼻腔或其附近的腔窦中。成虫是一种中型的蝇类,呈淡灰色,体长 10～12 mm,略带金属光泽,外形似蜜蜂。头部大,呈黄色,两复眼小,相距较远;触角短小,呈球形,位于触角窝内,触角芒简单无分支;口器退化。头部和胸部具有很多凹凸不平的小结。翅透明。腹部具有银灰色与黑绿色光泽的块状斑。第1 期幼虫呈淡黄白色,长约 1 mm,前端有 2 个黑色的口前钩,体表丛生小刺。第 2 期幼虫呈椭圆形,长 20～25 mm,体表的刺不明显。第 3 期幼虫呈棕褐色,长 28～30 mm,前端尖,有两个强大、黑色的口前钩。背面隆起,腹面扁平。虫体背面无刺,各节上有深褐色的带斑。腹面各节前缘具有数列小刺。虫体后端平齐,凹入处有两个"D"形气门板,中央有钮孔(图 44-4)。

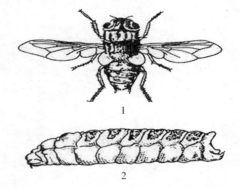

图 44-4　羊鼻蝇(引自孔繁瑶,1997)
1.成虫　2.第 3 期幼虫

(二)生活史和流行病学

羊狂蝇成虫于每年 5～9 月出现。雌雄交配后,雌蝇待体内幼虫发育后开始活动,在鼻孔内或鼻周围产生蛆。一期幼虫附着在鼻腔黏膜上,逐渐向鼻内移行,至鼻腔、鼻窦内蜕化为二期幼虫;幼虫寄生 9～10 个月,于第二年春天发育成熟为三期幼虫。幼虫活动刺激羊,使羊打喷嚏,成熟的幼虫落地化蛹,再发育为成虫。

在我国北方,每年繁殖 1 代,南方每年 2 代。

(三)致病作用与临床症状

成虫产幼虫时,骚扰羊群,引起羊只不安,影响其采食和休息;幼虫进入鼻腔和窦内,少数到颅腔中,到第 3 期时返回鼻孔,排出外界。在其寄生和排出过程中,幼虫的口部和体表小钩机械性刺激和损伤黏膜,引起黏膜发炎和肿胀,有浆液性和黏液性鼻液流出,若结痂则阻塞鼻孔,造成呼吸困难,病羊甩头、喷鼻等,逐渐消瘦。在寄生部位黏膜发炎、肿胀,如被细菌感染引起化脓,流出浆液性和脓性鼻涕,粘于鼻孔周围,干涸后成硬痂。病羊呼吸困难,打喷嚏,摇头,还出现旋转等神经症状,类似脑包虫。

（四）诊断

根据流行病学、症状和尸体解剖，可初步诊断。也可用药喷入鼻腔，收集用药后的鼻腔喷出物，发现死亡幼虫，即可确诊。

（五）防治

防治羊狂蝇蛆病，应以消灭鼻腔内的第一期幼虫为主要措施。或对于良种羊，在成蝇飞翔季节，可用1％滴滴涕软膏涂抹羊鼻孔周围，防治雌蝇产幼虫。每年在蝇类活动季节结束后马上用药。①阿维菌素或伊维菌素，剂量为有效成分0.2 mg/mg，1％溶液皮下注射。②氯氰碘柳胺，剂量为5 mg/kg，口服；或以2.5 mg/kg，皮下注射，可杀死各期幼虫。③20％碘硝酚注射液，10 mg/kg的剂量皮下注射，经1～2 d后可100％驱杀羊鼻蝇的一、二、三期幼虫。

思考题

1.简述硬蜱的形态结构与发育史，何为一、二、三宿主蜱？

2.简述硬蜱的危害，如何防治？

3.疥螨和痒螨的形态有何不同？

4.牛皮蝇幼虫和羊鼻蝇幼虫有何危害？怎样防治？

参 考 文 献

［1］林德贵.兽医外科手术学.5版.北京:中国农业出版社,2011.

［2］梁谷,陈根强.临床医学概论.2版.郑州:河南科学技术出版社,2012.

［3］王洪斌.现代兽医麻醉学.北京:中国农业出版社,2010.

［4］彭广能.兽医外科与外科手术学.北京:中国农业大学出版社,2009.

［5］庞全海.兽医内科学.3版.北京:中国林业出版社,2015.

［6］王建华.动物内科病.4版.北京:中国农业出版社,2010.

［7］王春璈.奶牛临床疾病学.北京:中国农业科学技术出版社,2007.

［8］刘宗平.兽医临床症状鉴别诊断学.北京:中国农业出版社,2008.

［9］陈溥言.兽医传染病学.6版.北京:中国农业出版社,2015.

［10］何昭阳.动物传染病学导读.北京:中国农业出版社,2007.

［11］汤泰元.临床传染病学图解.北京:科学出版社,2008.

［12］余四九.兽医产科学.北京:中国农业出版社,2013.

［13］侯振中,田文儒.兽医产科学.北京:科学出版社,2011.

［14］章孝荣.兽医产科学.北京:中国农业大学出版社,2011.

［15］朱士恩.动物生殖生理学.北京:中国农业出版社,2006.

［16］秦建华,张龙现,等.动物寄生虫病学.北京:中国农业大学出版社,2013.

［17］李国清.兽医寄生虫学.北京:中国农业出版社,2006.

［18］孔繁瑶.家畜寄生虫学.2版.北京:中国农业大学出版社,1997.

［19］林娇娇.家畜血吸虫病.北京:中国农业出版社,2015.

猪口吻绳保定

猪保定夹保定

仔猪保定架保定

犬嘴套保定

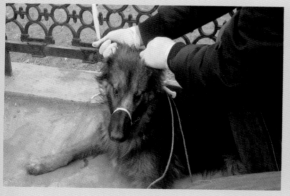

犬扎口保定

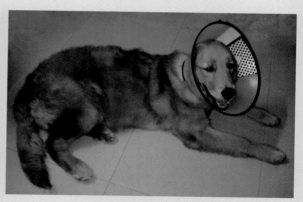

犬颈圈保定

眼部疾病-瞬膜腺脱出（单眼发病）

眼部疾病-瞬膜腺脱出（双眼发病）

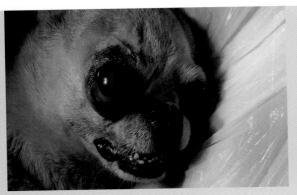

眼部疾病－眼球脱出

眼部疾病－眼球感染坏死

眼部疾病－角膜穿孔

眼部疾病－角膜溃疡

猫癣－口腔周围的癣斑

猫癣－躯干背部的癣斑

脓皮病－躯体腿部病变

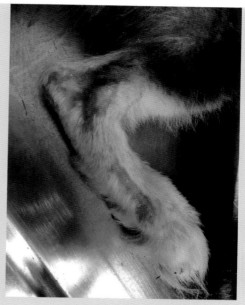

脓皮病－腿部病变

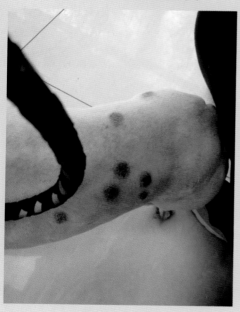

犬小孢子菌病

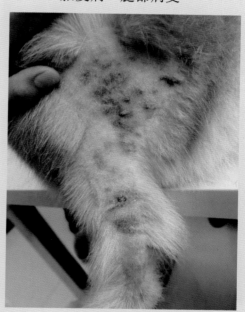

犬细菌性毛囊炎

猪脐疝－可复性脐疝（站立时）

猪脐疝－可复性脐疝（仰卧时）

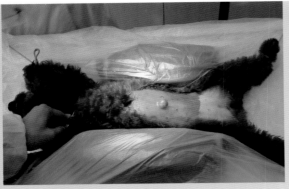

幼犬脐疝

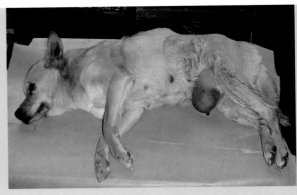

犬腹股沟疝

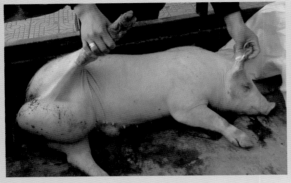

猪腹股沟疝

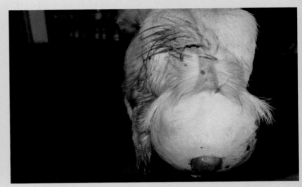

羊会阴疝

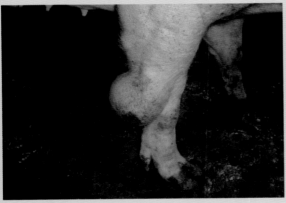

猪前肢脓肿

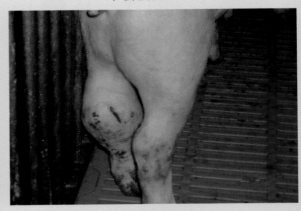

猪后肢脓肿

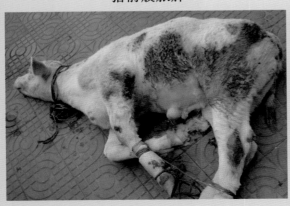

犊牛脐部脓肿

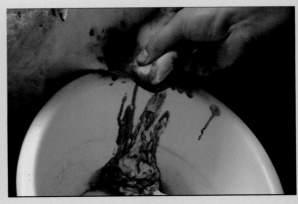

犊牛脐部脓肿－脓汁呈乳白色黏稠状

羊腹壁脓肿－脓汁呈稀薄灰褐色

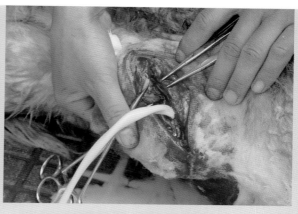

犊牛脐部脓肿－脓汁呈稀薄乳白色

犬脱肛

犬直肠脱

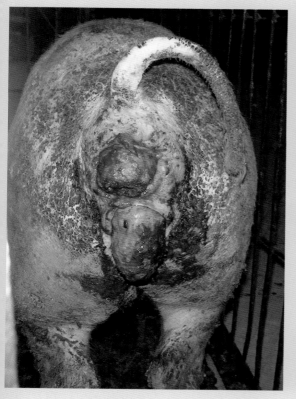

母猪直肠脱＋阴道脱

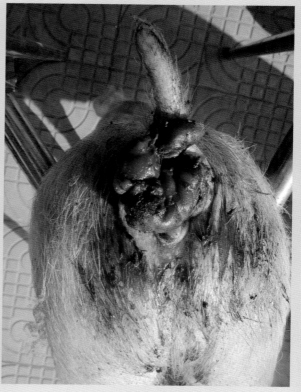

仔猪直肠脱

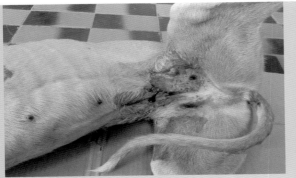

创伤－刺伤

创伤－咬伤

创伤－汽车压伤

创伤－烫伤

创伤－下颌骨开放性骨折

创伤－右后肢开放性骨折

颈部肿瘤

胸部肿瘤

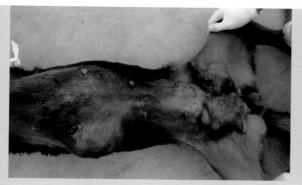

腹部乳腺肿瘤

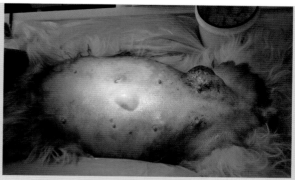

腹部乳腺肿瘤 + 脐疝

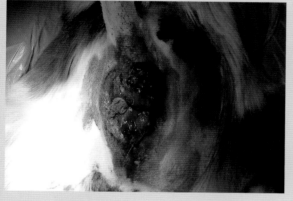

肛周肿瘤（破溃）

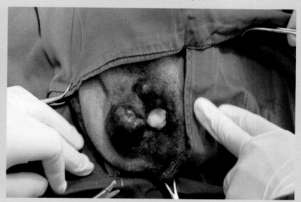

肛周肿瘤

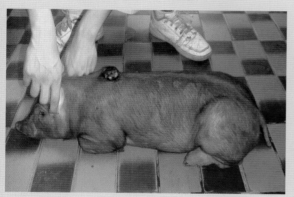

猪背部黑色素瘤

猪臀部膝部黑色素瘤

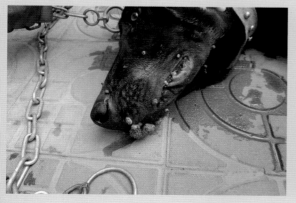

犬乳头状瘤 1

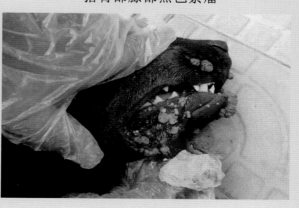

犬乳头状瘤 2

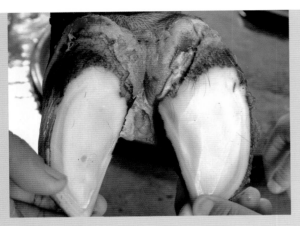

蹄病－指（趾）间皮炎

蹄病－指（趾）间皮肤增殖

蹄病－蹄横裂

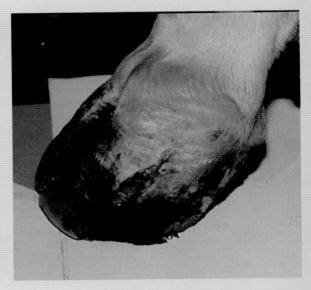

蹄病－蹄纵裂

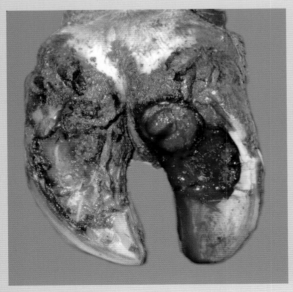

蹄病－蹄底溃疡

蹄病－白线病（白线裂）

奶牛难产

肉牛难产

羊难产 1

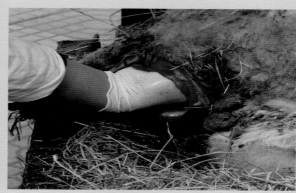
羊难产 2

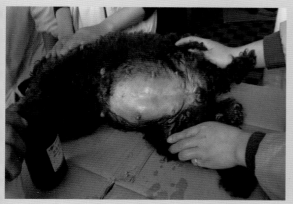
犬难产 1

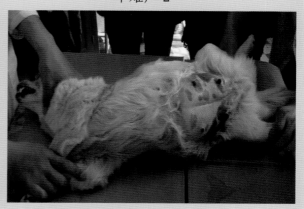
犬难产 2

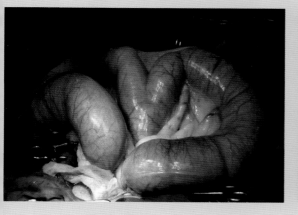
子宫蓄脓 - 开放型

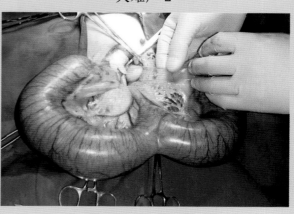
子宫蓄脓 - 闭合型

羊捻转矛线虫病－贫血（结膜苍白）

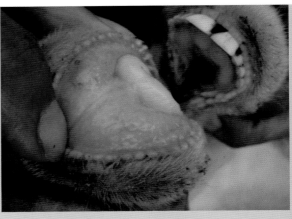

羊捻转矛线虫病－贫血（口腔黏膜苍白）

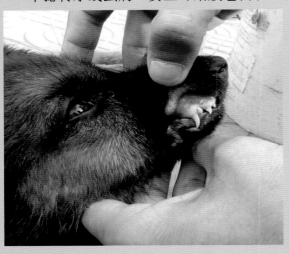

犬贫血－口腔黏膜苍白

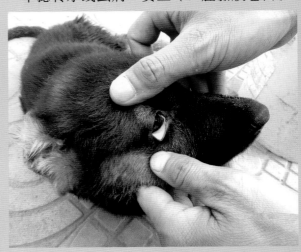

犬贫血－眼结膜苍白

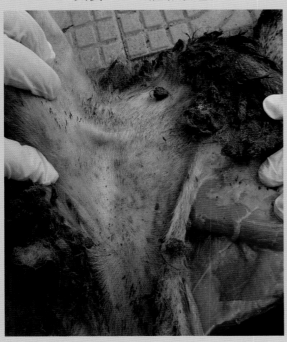

羊肝疾病－皮肤黄染

羊肝疾病－膈肌等组织黄染

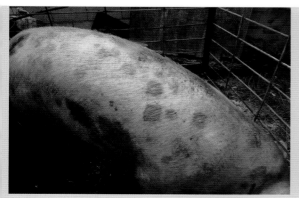

猪丹毒－皮肤上出血疹块

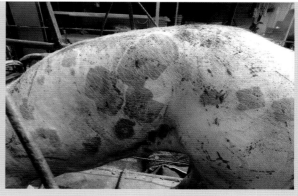

猪丹毒－皮肤上出血疹块融合成片

猪瘟－淋巴结周边出血呈大理石样花纹

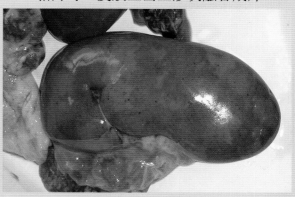

猪瘟－肾点状出血

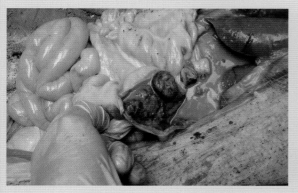

猪瘟－回盲口溃疡

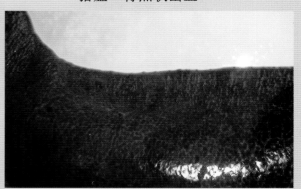

猪瘟－脾边缘梗死

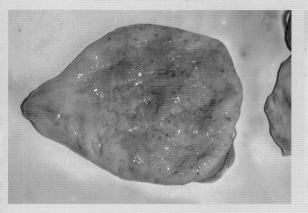

猪瘟－膀胱黏膜出血

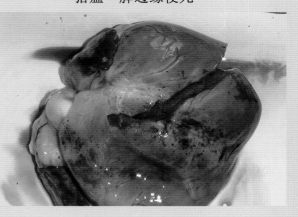

猪瘟－心肌出血

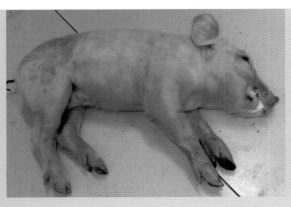
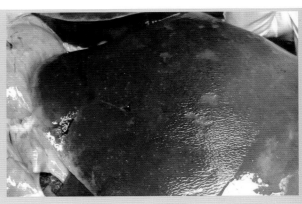

猪伪狂犬病－病死猪口吐白沫　　　　　　猪伪狂犬病－肝脏黄白色坏死灶

猪繁殖与呼吸综合征－耳呈蓝紫色　　　　猪繁殖与呼吸综合征－躯体呈蓝紫色

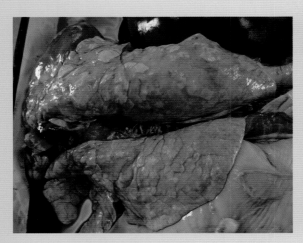

猪繁殖与呼吸综合征－花斑肺　　　　　　猪繁殖与呼吸综合征－橡皮肺

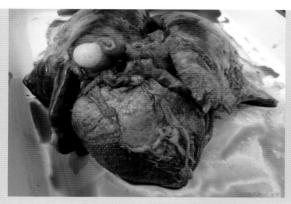

副猪嗜血杆菌病-绒毛心

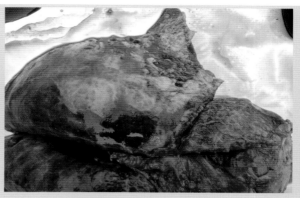

副猪嗜血杆菌病-纤维蛋白

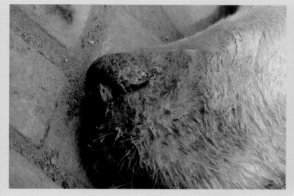

犬瘟热-鼻脓性分泌物

犬瘟热-眼脓性分泌物

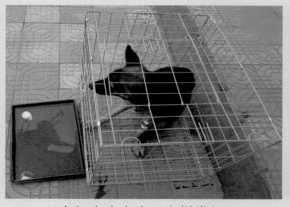

犬细小病毒病-血样粪便

犬细小病毒病-粪便中的肠黏膜样物质1

犬细小病毒病-粪便中的肠黏膜样物质2

犬细小病毒病-粪便中的肠黏膜样物质3

猪肠道寄生虫

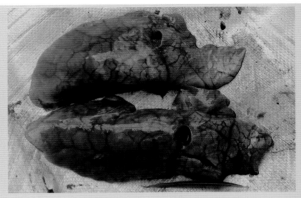

猪弓形体病－肺间质增宽

羊体内绦虫成虫

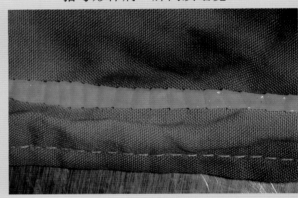

羊绦虫的体节

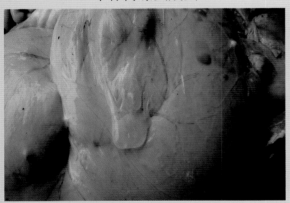

羊细颈囊尾蚴－寄生在瘤胃

羊细颈囊尾蚴－寄生在心

猪蛔虫病

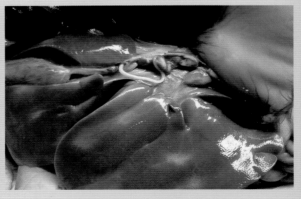

猪蛔虫病－蛔虫阻塞胆管